中国安全生产志

中国安全生产监督管理体制机构志

（1949.10—2018.3）

《中国安全生产志》编纂委员会 编

应急管理出版社

·北京·

内 容 提 要

《中国安全生产监督管理体制机构志》为《中国安全生产志》系列志书之一。该志客观、全面地记叙了中华人民共和国成立以来的各个历史阶段，中国安全生产监督管理体制和机构的发展演变情况，反映出党和政府对人民生命安全问题的殷切关注和对安全生产工作的高度重视；重点记载了2001年国家安全生产监督管理体制改革，直到2018年3月第十三届全国人大第一次会议决定撤销国家安全生产监督管理总局，这一时期体制改革、机构调整的主要任务和具体内容，包括国家安全生产监督管理局（总局）主要职责、内设机构和人员编制及其调整变化情况，国务院安全生产委员会的组建背景及其单位、人员构成、历次全体会议及其主要议题，以及国家层面上建立的旨在指导协调安全生产某项具体工作任务的部际联席会议、领导小组等。可以了解和研究中国安全生产历史过程，更好把握安全生产体制改革、机构建设的规律特点，在习近平新时代中国特色社会主义思想指导下，不断提升新形势下安全生产、应急管理工作水平，具有一定的史料价值和借鉴意义。

《中国安全生产志》编纂委员会

主　任　赵铁锤

副主任（总纂）　朱义长

《中国安全生产监督管理体制机构志》编写组

主　编　朱义长

副主编　蔡燕莉　杨国顺

成　员　周寅生　田玉章　吴晓煜　柏　然　吕海燕
　　　　滕　飞　李少钦　朱安愚　陈　哲　尹忠昌
　　　　陈　宁

编纂说明

本志为《中国安全生产志》系列志书之一，记载1949年10月至2018年3月，中国安全生产监督管理体制和机构相关情况。重点是国家安全生产监督管理局（国家煤矿安全监察局）建立之后，直至国家安全生产监督管理总局撤销（其职责职能并入中华人民共和国应急管理部），这一时期中国安全生产监管体制的发展演变过程，包括：国家安全生产监管体制改革、机构调整的主要内容；国家安全生产监督管理局（总局）职能配置、内设机构和人员编制及其调整变化情况；全国安全生产委员会、国务院安全生产委员会的组建背景及其单位、人员构成，全国安委会、国务院安委会历次全体会议以及所抓的重点工作；国家层面上建立的旨在指导协调安全生产某项具体工作任务的部际联席会议、领导小组，以及其开展活动、发挥作用的大致情况。对国家煤矿安全监察体制和机构，也做出了必要的记载和叙述。部分内容为保持其连贯性和完整性，适当上溯或下延。

本志中"安全生产"的概念，包括了职业健康（职业卫生）、职业病防治等。其内涵与外延，与早些年中国劳动管理部门、卫生行政部门以及全国总工会等采用的"劳动保护""职业安全卫生"等概念，在一定程度上重合。

本志记载机构范围所限：一是负有国家安全生产（劳动保护）综合监管职能的部、委、局内设机构，如劳动部（国家劳动总局）劳动保护司、矿山安全监察局等，国家经贸委安全生产局，国家安全生产监督管理局（总局）规划科技司、监督管理一司等，以及国家煤矿安全监察局行业安全基础管理司等；二是负有相关管理职能的国家应急救援指挥中心所属的综合部室；三是由国家安全生产监督管理局（总局）管理的社团组织，如中国安全生产协会、中国职业安全健康协会等。

本志记载任职者，限于负有国家安全生产（劳动保护）综合监管职能的部、委、局内设机构副职以上（包括非领导职务），副部级机构的内设机构副职以上人员，以及国家经贸委安全生产局内设处室的主要负责人。所记载机构或单位主要负责人（司长、主任）出现两名以上时，对继任者的任职年月做出标记；单位副职领导（含正副司局级领导职务和非领导职务）不做任职时间标记。

鉴于国家安全生产监督管理局（总局）机关司局（室）副职领导职务与非领导职务之间调整互换频繁，且国家安监机构调整为国家安全生产监督管理总局之后，作为国家安全生产监察专员配置到各业务司局，与副司长、巡视员等职务角色时常相互转换等实际情况，要准确记载各司局（室）、各单位在各个阶段的班子构成，以及各位副职领导任职情况及变化极为困难，事实上也没有必要。因此，对于各司局（室）、各单位除了司长（主任、院长等）等主要负责人之外的其他司局级负责人，当出现两种以上职务称呼时，统一用"副职领导（含正副司局级领导职务和非领导职务）"来表示，一概不标明其具体职务。当某个司局（室）、单位只有一种称呼的副职时，则不采用上述办法，而直接标明。副职人员的排列顺序没有严格的标准，大致上以任职、退休（调出）时间为参考，并不反映其当时在单位领导班子内的排序及地位。如有异议，则以其任命、管理机关当时下发的正式文件为准。

本志关于机构的称谓，既有全称也有简称。为减少篇幅，当同一机构在同一节、同一段落重复出现时，尽量用简称。所使用简称，既有较为规范性的称谓，如国家安全监管局、国家安全监管总局、国家煤矿安监局；也有习惯性称谓，与安全生产史志委员会已经出版发行的史志著作中的称谓一致，如国家安监局、国家安监总局、国家煤监局。

国家机关"三定"概念，历史上曾指"定任务、定编制、定人员"，后演变为"定职责、定内设机构、定人员编制"。本志书中的"三定"均为后者。

本志书所记载领导讲话、批示，凡不加引号者为其主要内容和基本精神；凡加引号者，均来自公开发行的报刊或公开、合法出版物。

本志书所记载的机构设置、干部职务任免信息等，多数来自中央组织部公开网站"中国党政干部资料库"、原国家安全生产监督管理总局政府网站，以及其他公开发行资料。

当本志书所记载的内容与国家或地方安监部门、相关部门印发的正式文件不一致时，以正式文件的记载为准。

编　者

2021年3月24日

目　　录

编纂说明	I
综述	1

第一章　安全生产监管体制和机构大事记 …………………………… 10

第二章　劳动行政主管部门履行安全生产监督管理职责 …………… 79

　　第一节　劳动行政主管部门安全生产监管机构建设历史回顾 …… 80

　　第二节　劳动部（国家计委劳动局、国家劳动总局、劳动人事部）
　　　　　　内设劳动保护机构 …………………………………………… 90

　　第三节　劳动部职业安全卫生监察局 ………………………………… 92

　　第四节　劳动部（劳动总局、劳动人事部）矿山安全（卫生）监察局 … 93

　　第五节　劳动部（国家劳动总局、劳动人事部）锅炉压力容器安全
　　　　　　监察局 ………………………………………………………… 97

　　第六节　劳动部职业安全卫生与锅炉压力容器监察局 …………… 99

　　第七节　劳动部安全生产管理局 …………………………………… 101

**第三章　综合经济部门负责全国安全生产监督管理工作（国家经济贸易
　　　　委员会安全生产局）** ……………………………………………… 104

　　第一节　1998年机构改革调整的内容及过程 ……………………… 104

　　第二节　国家经济贸易委员会安全生产局 ………………………… 105

　　第三节　国家经贸委及其安全生产局的主要工作 ………………… 107

**第四章　国家安全生产监督管理局——国家经贸委管理阶段
　　　　（2001年1月至2003年3月）** …………………………………… 110

　　第一节　组建国家安全生产监督管理局的背景和安全生产监管体制改革的
　　　　　　主要内容 ……………………………………………………… 110

— V —

第二节 "委管局"阶段国家安全监管局(国家煤矿安监局)职能配置、
领导班子、安全生产监察专员、内设机构及其负责人……………… 112

第三节 国家局所属事业单位编制、名称、隶属关系等沿革
变化…………………………………………………………………………… 119

第四节 地方安全生产监管体制改革和安监机构建设…………………………… 128

第五章 国家安全生产监督管理局——国务院直属机构阶段
（2003年3月至2005年2月）…………………………………………… 132

第一节 国家安全生产监督管理局调整为国务院直属机构的
背景和意义………………………………………………………………… 132

第二节 机构调整主要内容和国家安全生产监督管理局
（国家煤矿安全监察局）基本职责……………………………………… 134

第三节 国务院直属机构阶段国家安全监管局（国家煤矿安监局）
领导班子、安全生产监察专员、内设机构及其负责人………………… 136

第四节 机构调整所涉及的几个具体问题………………………………………… 145

第五节 安全监管支撑体系建设及其相关机构单位……………………………… 147

第六节 地方安全生产监督管理机构和队伍建设………………………………… 153

第六章 国家安全生产监督管理总局——从调整为国家安全监管总局到
2008年国务院新一轮机构改革（2005年2月至
2008年3月）……………………………………………………………… 156

第一节 国家安全生产监督管理部门升格的背景和过程………………………… 156

第二节 国家安全生产监督管理总局的主要职责及其调整……………………… 159

第三节 国家安全生产监督管理总局领导班子、内设机构及其
负责人……………………………………………………………………… 160

第四节 国家安全监管总局与国家煤矿安监局工作关系………………………… 170

第五节 中央编办和国家安全监管总局下发的"三定"方案对其他
问题的规定………………………………………………………………… 173

第六节 直属单位变更隶属关系、加挂牌子和更改名称………………………… 175

第七节 国家安全生产监督管理总局主要直属单位机构、编制和
负责人……………………………………………………………………… 177

第八节 国家安全生产应急救援指挥中心………………………………………… 184

目 录

第七章　国家安全生产监督管理总局——从 2008 年国务院机构改革到 2018 年撤并 ……… 190

第一节　本次国务院机构改革及国家安全生产监督管理总局下达实施新"三定"方案的意义 ……… 190

第二节　国家安全生产监督管理总局机构定位、职能调整和基本职责 ……… 191

第三节　国家安全生产监督管理总局领导班子和相关领导人员 ……… 194

第四节　国家安全监督管理总局内设机构及其负责人（2008 年 3 月至 2018 年 3 月） ……… 196

第五节　职业卫生监督管理职责划分、调整和国家安全生产监督管理总局内部分工 ……… 209

第六节　国家安全生产监督管理总局管理的协会、学会 ……… 213

第七节　"十一五"期间（2006—2010 年）全国地方安全生产监管机构和队伍建设 ……… 216

第八节　国家安全生产监督管理总局撤并之前全国地方安全生产监管机构和队伍情况 ……… 218

第八章　煤矿安全监管监察体制和机构 ……… 239

第一节　中国煤矿安全生产监管监察体制历史演变 ……… 239

第二节　与国家煤炭工业局实行"一个机构、两块牌子"的国家煤矿安全监察局（2000 年 1—12 月） ……… 245

第三节　与国家安全生产监督管理局"一个机构、两块牌子"的国家煤矿安全监察局（2001 年 1 月至 2005 年 3 月） ……… 250

第四节　由国家安全生产监督管理总局管理的国家煤矿安全监察局（2005 年 3 月至 2018 年 3 月） ……… 255

第五节　省级煤矿安监局所属事业单位 ……… 275

第九章　全国安全生产委员会（1985 年 1 月至 1993 年 7 月） ……… 285

第一节　全国安全生产委员会的起始、章程及组成 ……… 285

第二节　全国安全生产委员会召开的十四次全体委员会议 ……… 293

第三节　全国安全生产委员会召开的四次现场会 ……… 298

第十章 国务院安全生产委员会（2001年3月至2018年7月） ... 302

 第一节 国务院安全生产委员会的组建及其运行的几个阶段 ... 302
 第二节 国务院办公厅文件关于国务院安委会及其办公室的
    职责规定 ... 305
 第三节 国务院安全生产委员会工作规则 ... 308
 第四节 国务院安委会成员单位安全生产工作职责 ... 312
 第五节 2001届（年）国务院安全生产委员会 ... 340
 第六节 2003届（年）国务院安全生产委员会 ... 344
 第七节 2008届（年）国务院安全生产委员会 ... 353
 第八节 2013届（年）国务院安全生产委员会 ... 366
 第九节 地方政府安全生产委员会机构与工作 ... 379

第十一章 安全生产联席会议和领导（协调）小组 ... 383

 第一节 煤矿整顿关闭工作部际联席会议 ... 385
 第二节 煤矿瓦斯防治部际协调领导小组 ... 389
 第三节 清理纠正国家机关工作人员和国有企业负责人投资入股
    煤矿工作部际联席会议 ... 397
 第四节 危险化学品安全生产监管部际联席会议 ... 399
 第五节 金属非金属矿山整顿工作部际联席会议 ... 403
 第六节 烟花爆竹安全监管部际联席会议 ... 405
 第七节 道路交通安全监管联席会议（公安部牵头） ... 408
 第八节 全国油气田及输油气管道安全保护工作部际联席会议
    （公安部牵头） ... 409
 第九节 校车安全管理部际联席会议（教育部牵头） ... 412
 第十节 国家海上搜救部际联席会议（交通部牵头） ... 414
 第十一节 重特大生产安全事故责任追究沟通协调工作部际联席
    会议（监察部牵头） ... 418
 第十二节 尾矿库专项整治行动工作协调小组 ... 421
 第十三节 油气输送管道安全隐患整改工作领导小组 ... 423
 第十四节 职业病防治工作部际联席会议（卫生部和国家安全
    监管总局牵头） ... 425

附录 ·· 428

　　附录一　中国安全生产监督管理机构示意图（2017年）·············· 428
　　附录二　中国安全生产监督管理职能示意图······························· 429
　　附录三　中国安全生产监管体制沿革图······································· 430
　　附录四　中央政府劳动保护、安全生产监管机构演变情况一览表
　　　　　　（1949年11月—2018年3月）··· 431
　　附录五　国务院办公厅、中央机构编制委员会及其办公室下发的
　　　　　　安全生产体制机构重要文件（15个）································ 433
　　　1　国务院办公厅关于印发煤矿安全监察管理体制改革实施方案
　　　　　的通知（1999年12月30日）··· 433
　　　2　国务院办公厅关于印发国家安全生产监督管理局（国家煤矿
　　　　　安全监察局）职能配置、内设机构和人员编制规定的通知
　　　　　（2000年12月31日）··· 437
　　　3　中央机构编制委员会办公室关于国家安全生产监督管理局
　　　　　（国家煤矿安全监察局）主要职责、内设机构和人员编制调整
　　　　　意见的通知（2003年10月23日）·· 441
　　　4　国务院办公厅关于完善煤矿安全监察体制的意见
　　　　　（2004年11月4日）··· 447
　　　5　国务院关于国家安全生产监督管理局（国家煤矿安全监察局）
　　　　　机构调整的通知（2005年2月26日）······································· 449
　　　6　国务院办公厅关于印发国家安全生产监督管理总局主要职责、
　　　　　内设机构和人员编制规定的通知（2005年3月16日）·············· 449
　　　7　国务院办公厅关于印发国家煤矿安全监察局主要职责内设机构
　　　　　和人员编制规定的通知（2005年3月16日）···························· 455
　　　8　中央机构编制委员会关于印发国家安全生产应急救援指挥
　　　　　中心主要职责、内设机构和人员编制规定的通知
　　　　　（2005年5月8日）··· 458
　　　9　中央机构编制委员会办公室关于国家安全生产监督管理总局
　　　　　所属部分事业单位更名的批复（2005年8月11日）·················· 460
　　　10　国务院办公厅关于加强煤炭行业管理有关问题的意见
　　　　　（2006年7月6日）··· 462
　　　11　中央机构编制委员会办公室关于调整安全监管总局和煤矿

		安监局机构编制的批复（2006年12月21日）	465
	12	中央机构编制委员会办公室关于进一步明确矿井关闭监管职责分工的通知（2008年1月17日）	466
	13	国务院办公厅关于印发国家安全生产监督管理总局主要职责、内设机构和人员编制规定的通知（2008年7月11日）	467
	14	国务院办公厅关于印发国家煤矿安全监察局主要职责、内设机构和人员编制规定的通知（2008年7月11日）	471
	15	中央机构编制委员会办公室关于国家煤矿安全监察系统事业单位机构编制的批复（2009年10月12日）	475

附录六　国家安全生产监督管理部门2000年以来下发的体制机构文件目录（2000—2017年） …… 476

附录七　安全生产监管体制改革调查研究类文献 …… 485

1. 美籍采矿专家姜汉信关于改革中国煤矿安全生产监管体制的建议（1999年3月6日） …… 485
2. 国家煤炭工业局关于改革煤矿安全保障体制的报告（1999年5月） …… 489
3. 国家安全监管局政策法规司课题组关于深化我国安全生产监督管理体制改革的课题研究报告（2002年12月） …… 497
4. 国家安全生产监督管理局课题组关于完善我国安全生产监督管理体制的研究报告（2004年11月） …… 515
5. 国家安全监管总局课题组关于国外安全生产体制制度和加强我国安全生产的对策措施的研究报告（2006年3月） …… 529
6. 国家安全监管总局办公厅关于完善安全生产监管体制机制情况的调研报告（2013年4月9日） …… 559
7. 中国机构编制管理研究会　国家安全监管总局办公厅课题组关于深化安全生产监督管理体制改革的研究报告（节选）（2016年2月） …… 567

编纂后记 …… 589

综　　述

　　安全生产监督管理体制是指政府安全生产监督管理职责权利的配置格局、组织形式和运作方法等，包括谁来代表政府对全国或地方政府行政区域内的安全生产活动实施监督管理，以及如何界定中央政府与地方政府、综合监管部门与专业监管部门的职责权限，如何协调监管机构与相关机构、监管主体与监管对象之间的关系，监管系统内部如何运转等。建立责权明确、协调一致、高效运转的监管体制，是搞好安全生产的基础。

　　本志书所叙述、记载为狭义上的安全生产监督管理体制，更多的是指政府层面上的安全生产监管职责权力配置等。广义上的安全生产监管体制，常常涉及企业主体责任、行业管理部门责任以及人民群众参与和监督等问题，以致与"安全生产工作格局"概念交叉重叠。在以往的一些领导讲话和规范性文件中，也确实有把用于表述安全生产各方面职责任务、总体分工布局的一些说法，如"管生产必须管安全""企业负责、行业管理、国家监察、群众监督""政府统一领导、部门依法监管、企业全面负责、群众参与监督、全社会广泛支持"，以及"企业负责、地方监管、国家监察"等，称之为安全生产监管工作体制（煤矿安全监管体制）的。本志书仅记载政府层面安全生产监管体制发展变化，不更多涉及行业和地方安全管理、企业安全管理以及群众监督等问题。

　　安全生产监督管理机构是指政府依法履行安全生产监督管理行政职能的部门，以及担负指导协调职责的议事机构（如安全生产委员会、安全生产某项工作联席会议或领导小组）。中国的安全生产监督管理机构呈现出系统性和层级性，既包括了国家相关行政部门和议事协调机构，也包括了地方各级政府相关行政部门和议事协调机构。上级政府部门、机构对下级政府部门、机构的安全生产工作，具有宏观指导、监督检查、协调推动等职责和作用；下级政府部门、机构依照法律法规赋予的权限，按照本级政府和上级政府部门、机构的指示指令开展安全生产监督管理工作。

　　体制与机构之间的关系密切。体制对于机构具有重要的决定性的作用，有什么样的监督管理体制就有什么样的机构。中华人民共和国成立以来的实践表明，一旦安全生产监管体制出现问题，必然导致机构和人员力量薄弱，体系紊乱，工作滑坡；只有解决了体制问题，安全生产监督管理工作才能有机构负责，有人做，才能得到切实有效的加强。

中国共产党代表和维护最广大人民群众的根本利益。早在土地革命战争时期，中国共产党就重视解决劳动者安全健康监督管理的体制和机构方面的问题。1931年11月7日召开的中华苏维埃第一次全国代表大会，通过并颁布施行了《中华苏维埃共和国劳动法》。随后，苏维埃中央人民委员会设立了劳动人民委员部（也简称为劳动部），由苏维埃中央人民委员会副主席项英兼任部长。依法建立了劳动检查员制度，赋予其监督检查劳动法贯彻实施情况的权力，明确规定"凡劳动检查员认为某一企业将有立即危害工人身体健康及生命者，劳动检查员有封闭该企业之权"[①]。抗日战争、解放战争时期建立的各革命根据地（解放区），也为此做出了积极探索。1942年4月，陕甘宁边区政府颁布了《边区劳动保护条例草案》，规定政府相关部门对企业安全生产、劳动保护状况履行监督检查职责，"当地主管机关应对各企业时常检查，凡发现其建筑设备损坏，致有立即危害工人身体健康及生命之可能的程度，得命令该企业即停工修理"。1948年之后，按照东北人民政府的要求，东北各省市煤炭管理局和各矿务局，都在其内部建立了安全生产主管机构。所有这些，都为中华人民共和国成立后安全生产监管体制和机构建设，提供了工作基础和有益借鉴。

中华人民共和国成立之初，生产安全事故与社会治安事故的界限不清晰。各地频频发生的一些火灾、爆炸、车辆和轮船颠覆等，既有生产经营过程中管理不善、疏忽大意所导致的生产安全事故，也有敌对势力包括国民党潜伏或派遣特务、少数坏分子有意制造的社会治安事故。为此，在建立全国政权最初的一段时间内，公安机关在负责社会治安的同时，也负责安全生产方面的一些监督管理工作。从公安部到地方各级公安机关，都内设有经济保卫机构，履行企业生产安全监督检查、事故防范以及责任追究等职责。厂矿企业的保卫机构，更是把监督管理安全生产、查处事故和追究责任等作为其主要职责。1950年，全国发生的几起伤亡人数众多、社会影响严重的事故，如北京辅华矿药制造厂爆炸燃烧事故（1950年6月14日发生，死亡42人，重伤166人，轻伤200多人）、广西南宁市铁路工程处炸药仓库爆炸事故（发生于1950年7月23日，死亡和失踪24人，重伤281人，轻伤283人），以及一些煤矿瓦斯爆炸事故，如河北省保定地区曲阳县红土岭煤矿瓦斯爆炸事故（发生于1950年2月25日，死亡33人）、河南省

[①] 见《苏维埃中国》第一卷第73页，党中央1933年于上海编印，中国现代史资料编辑委员会1957年7月翻印。

洛阳地区新豫煤矿公司宜洛煤矿老李沟井瓦斯爆炸事故（发生于1950年2月27日，死亡176人，重伤27人，轻伤24人）等，均由公安机关牵头，对事故原因进行了追查并提出了改进安全管理的对策措施。北京市公安局具体组织实施了辅华矿药制造厂爆炸燃烧事故的抢险救援和善后处置。时任北京市公安局局长的罗瑞卿，还就事故暴露出的公安机关在政治思想觉悟、工作作风、治安防范能力等方面的问题，做出了深刻检查。1950年6月20日的《人民日报》曾全文登载了罗瑞卿的检查。

随着政权的稳定和生产发展，敌对破坏活动相应减少，工矿企业生产过程中因管理不善而导致的伤亡事故越来越多，生产安全事故与社会治安事故两类"事故"概念，不同内涵、外延，逐步被认识和接受。同时，随着国家劳动部门的组建和地方各级政府劳动管理部门的建立健全，安全生产与社会治安两种不同的监督管理职能，逐步变得清晰和明确，分别由劳动管理部门、公安部门依法履行。

之后，中国安全生产监督管理体制的演变发展，大致上经历了以下四个阶段。

（1）第一阶段：劳动部门履行综合监管和行政监察职责，工业经济部门负责本行业领域安全生产的监督管理（1949年10月至1998年6月）。

1950年5月，政务院第31次政务会议批准实施的《劳动部暂行组织条例》，规定劳动部负责"检查各种企业、工厂、矿场之安全卫生设备状况"。5月20日，劳动部公布《省市劳动局暂行组织规则》，规定了省市劳动部门负责安全卫生的监督和管理工作，"检查工矿安全卫生并督导劳动保护实施事宜"，"掌管工矿安全卫生设备的研究、检查及劳动保护的督导等事宜"。劳动部内设劳动保护司，地方各级劳动部门内设劳动保护处、科、股，负责对全国和区域劳动保护、安全生产实施综合性监督管理。1954年依照《宪法》成立国务院，原中央人民政府劳动部改称中华人民共和国劳动部。国务院批准的《劳动部组织简则》规定：劳动部负责"管理劳动保护工作，监督检查国民经济各部门的劳动保护、安全技术和工业卫生工作，领导劳动保护监督机构的工作，检查企业中的重大事故并且提出结论性的处理意见"。煤炭、冶金（重工）、机械、纺织等产业部门相继设立了专管安全生产的机构。煤炭系统各个局矿都成立了安全生产委员会。重工业系统自上而下地建立安全处、安全科、安全股或安全小组。中华全国总工会在各级工会普遍设立了劳动保护部（组），基层工会组织配备了劳动保护委员会，以加强对企业安全生产、劳动保护工作的监督（短期内曾由全国总工会统一负责全国劳动保护、安全生产工作）。1955年4月25日，天津国棉一厂发生锅炉爆炸事故，死伤77人（其中8人死亡，重伤17人）。事故发生后，国家高度重视锅炉安全监管问题，劳动部设立锅炉检查总局，地方各级劳动部门也相继建立了锅炉和压力容器安全监管机构。"一五"计划中后期，全国已初步建立由劳动部门综合监管、行业部门具体管理、工会组织配合协助，涵盖各个重点行业领域的安全生产监管体制和工作格局。

"文化大革命"期间，劳动部门受到冲击，各级"革命委员会"有的内设劳动小组，有的则予以取消。1970年，劳动部并入国家计划经济委员会（简称国家计委），其安全生产综合管理职能也相应转移。1975年9月，在国家计委劳动局基础上组建国家劳动总局，内设劳动保护局，随后又增设锅炉压力容器安全监察局。1981年1月，国家劳动总局成立矿山安全监察局，各省（自治区、直辖市）劳动部门设立矿山安全监察处，矿山企业比较集中的地（市）设立矿山安全监察室。随后，国务院颁布施行《矿山安全条例》和《矿山安全监察条例》，建立健全了矿山安全监察法律制度。1982年5月，国家劳动总局、国家人事局、国务院科技干部局和国家编制委员会合并为劳动人事部，内设劳动保护局、矿山安全监察局、锅炉压力容器安全监察局负责相关安全生产工作。1988年3月，劳动和人事两部分设，安全生产工作职能归劳动部，内设职业安全卫生监察局、矿山安全卫生监察局和锅炉压力容器安全监察局。1993年7月，国务院在撤销全国安全生产委员会的同时，规定由劳动部负责"管理全国安全生产工作，对安全生产行使国家监察职权"。劳动部据此将内设机构作出调整，成立安全生产管理局以承担原全国安全生产委员会办公室的工作，将职业安全卫生监察局与锅炉压力容器安全监察局合并为职业安全卫生与锅炉压力容器监察局，保留矿山安全卫生监察局。

计划经济时期，中国经济成分比较单一，工业生产活动集中在公有制企业。全民所有制企业（即国有企业）分别隶属于不同的工业经济部门，直接接受中央和地方政府相关部门的生产指令和监督管理。集体所有制企业尽管隶属于乡镇、街道等集体组织，但也要接受工业经济部门的计划约束和业务指导。与之相适应，工矿企业安全生产监督管理，一向由工业经济部门负责实施。煤炭、冶金、石油、化工、机械、电力、纺织等专业经济部门的内部，都设立了安全生产工作机构，负责研究制定本行业领域安全生产政策、法规和标准，组织开展监督检查，协调进行重特大事故抢险救援和调查处理。

在政府监管、行业管理的同时，还实行了工会组织监管和企业内部监察等。各级工会从代表和维护职工群众安全健康合法权益的立场出发，积极参与和监督安全生产，建立了安全监督工作制度和群众监督网络。安全生产工作任务较重的大中型企业普遍在其内部设立了专门机构,配备专职人员,负责监督检查所属单位的安全生产。

计划经济时期,中国安全生产体制可以概括为"国家监察、行业管理、企业负责、群众监督、劳动者遵章守纪"。劳动部门代表国家履行安全生产综合监管和行政监察职责,维护了国家安全生产大政方针的统一性。工业经济部门对安全生产实施行业管理,有效地防止了生产、安全"两张皮"现象的发生。工会、共青团以及企业的女工、家属委员会等群众团体积极参与监督,使安全生产获得了较扎实的群众基础。产业工人所具有的主人翁责任感、较高的思想素质和较为严格的组织纪律观念,使安全生产各项规章制度得到比较认真的贯彻落实。除了"大跃进""文化大革命"这样的特殊时期,这种监管体制和工作格局,基本上适应了计划经济时期安全生产的需要。

(2) 第二阶段:国家综合经济部门及委管机构对安全生产实施监管监察(1998年6月至2003年3月)。

1998年6月,国务院机构改革,将煤炭、冶金、化工、机械等工业经济部门改组为国家经贸委管理的国家局(副部级机构),并明确了以三年为过渡期,最终完全撤销工业经济部门,加快建立社会主义市场经济体制的改革目标。为适应工业经济部门缩编和撤销后,对各个行业领域安全生产实施统一监管的需要,国务院决定将劳动部承担的安全生产综合监管、职业安全监察、矿山安全监察职能转移至国家经济贸易委员会。原来各个工业部门所承担的安全生产行业管理职能,也一并移交国家经贸委。在国家经贸委内成立安全生产局(内设综合处、监督一处、监督二处、政策法规处),负责综合管理全国安全生产工作,代表国家行使安全生产监督职权。同时将原劳动部承担的职业卫生监察(包括矿山卫生监察)职能,移交卫生部;锅炉压力容器安全监察职能,移交至国家质量技术监督局;属于劳动保护工作的女职工和未成年工特殊保护、工作时间和休息休假等,仍保留在劳动部门,由新组建的劳动和社会保障部管理。

1999年12月,国务院批准在国家煤炭工业局加挂"国家煤矿安全监察局"牌子。2001年初,国家经贸委管理的9个国家局(即国家煤炭工业局、国家冶金工业局、国家石油和化学工业局、国家机械工业局、国家轻工业局、国家建筑材料工业局、国家有色金属工业局,国家纺织工业局、国家国内贸易局)撤销。同时,以国家经贸委安全生产局和被撤销9个国家局的专业管理干部为基础,成立委管副部级的国家安全生产监督管理局。国家安全生产监督管理局与国家煤矿安全监察局实行"一个机构、两块牌子",仍由国家经贸委管理。依据国务院下达的主要职责、内设机构和人员编制的"三定"方案,国家安全生产监督管理局（国家煤矿安全监察局）这一时期的主要任务，概括起来就是"起草法规、综合管理、监督检查、查处事故、资格认证、指导协调"。在国家经贸委及其所属机构对全国安全生产实施监督管理的这段时间里，安全生产法治建设、重点行业安全专项整治、煤矿安全技术改造等重点工作取得了积极进展。出台了《安全生产法》等法律法规，初步建立了安全生产监管部门与地矿、环保、工商等部门之间的协调配合、联合执法机制，关闭整顿了一批不具备安全生产条件和破坏资源、污染环境的小矿小厂，运用国债资金对煤矿重大隐患进行了治理，并建立了中央财政对煤矿安全技术改造予以扶持的政策和制度。这些成绩的取得，与国家经贸委作为综合经济部门所具有的多种调控手段、较强协调能力是分不开的，这也正是国家综合经济部门管理安全生产这一体制的长处所在。

同时也要看到综合经济部门管理安全生产的弊端和不足。尤其是在经济建设与安全生产发生矛盾，保煤、保电、保增长等成为"压倒性任务"时，安全标准和要求难免会降低，安全生产监督检查等日常性也会有所放松。再由于综合经济部门管理面很宽，经贸委领导的精力有限，难以深入研究、集中精力抓好安全生产。这一时期，全国安全生产某些方面的工作，常常失之于一般化、表面化，既缺乏针对性、可操作性较强的对策措施，也缺乏抓住不放、一抓到底的坚韧不拔、深入细致的工作作风。同时由于多了一个管理层次，决策效率受到影响，各地发生的安全生产重大问题和紧急情况，要通过国家局、国家经贸委才能反映到国务院。国家安全生产监督管理局作为"委管局"，监督管理全国安全生产的权威性和执行力显得不足。国家经贸委关于1998年、1999年全国安全生产工作的总结也指出：原劳动部安全生产工作职能被"一分为四"（分别移交给国家经贸委、劳动和社会保障部、卫生部、国家质检总局）后，不仅造成"职能交叉、政出多门"，而且一些地方"安全监管队伍离散，大批富有专业经验的管理人才将流失，一些安全管理机构被削弱，安全生产监督管理工作出现断档，多年来积累的基础资料被遗弃，重点行业和部分国有企业安全管理工作出现滑坡"。20世纪90年代末期，中国事故总量开始节节攀升，2002年达到历史峰值。全国安全生产严重被动局面的出现，与这一时期国家安全生产监管体制不健全、不完善，有着一定的因果关系。

（3）第三阶段：国务院设立专门机构履行安全生产综合监管职能（2003年3月至2018年3月）。

2003年3月，第十届全国人大第一次会议批准了国务院改革方案，国家安全生产监督管理局（国家煤矿安全监察局）调整为国务院直属机构，代表国务院履行对全国安全生产的综合监管职能。随后又经中央机构编制委员会办公室批准，将原卫生部承担的作业场所职业卫生监督检查职责转移到国家安全生产监督管理局（国家煤矿安全监察局）。从此，在国家层面上有了独立履行职责的安全生产综合监管机构，当年首次实现了全国事故总量下降。

2004年10月至2005年2月，相继发生了河南省郑州煤炭工业公司大平煤矿瓦斯爆炸、东方航空公司云南分公司一架从包头飞往上海的飞机坠落、陕西省铜川矿务局陈家山矿瓦斯爆炸、辽宁省阜新矿业集团公司孙家湾矿瓦斯爆炸多起特别重大事故，全国安全生产形势陡然严峻。为此，党中央、国务院做出了提高安全生产监管机构行政规格、强化政府安全监管权威的重大决策。2005年2月，国务院下发《关于国家安全生产监督管理局（国家煤矿安全监察局）机构调整的通知》，决定将国家安全生产监督管理局调整为国家安全生产监督管理总局，规格为正部级；国家煤矿安全监察局单设，为国家安全生产监督管理总局管理的国家局。3月，国务院办公厅印发了国家安全监管总局和国家煤矿安监局主要职责、内设机构和人员编制的规定。明确国家安全监管总局是国务院主管安全生产综合监督管理的直属机构，也是国务院安全生产委员会的办事机构。随后，国务院办公厅、中央编办又依据实际需要，对国家安全监管总局的职能做出调整和规范。其主要职责是：承担国务院安委会办公室的工作，研究提出安全生产重大方针政策和主要措施建议，指导协调国务院有关部门和各省（自治区、直辖市）政府的安全生产工作；组织以国务院名义开展的安全生产大检查和专项检查，组织协调特别重大事故应急救援，承担国务院特别重大事故调查组的事故查处工作；组织起草安全生产综合性法律法规，制定发布工矿商贸领域和综合性安全生产规章，指导全国安全生产行政执法，制定全国安全生产发展规划；监督管理矿山、危险化学品、烟花爆竹以及冶金、机械、有色、纺织等无主管部门工业行业安全生产，监督管理中央企业中工矿商贸单位的安全生产；按照分级、属地原则，对地方安全生产监管部门进行业务指导，综合管理全国伤亡事故调度统计和安全生产行政执法分析，指导、组织、协调安全生产检测检验、宣传教育、规划科技、国际交流合作工作等。

这一时期中国安全生产监管体制较为完善和稳定。按照《安全生产法》和有关文件规定，国家安全监管总局对全国安全生产工作实施综合监管，并负责对工矿商贸和中央企业安全生产实行直接监管；由国家安全监管总局管理的国家煤矿安全监察局，负责煤矿安全监察执法；其他行业领域如消防、道路交通、水上交通、铁路、民航、建筑施工、电力、水利、国防工业、核工业、特种设备、旅游、学校等方面的安全监管，分别由公安、交通等行业主管部门负责。煤矿安全实行国家监察与地方监管相结合。水上交通安全监管和特种设备安全监察实行省以下垂直管理。这种监管体制和模式，较好地适应了市场经济条件下加强安全生产的需要。

(4) 第四阶段：把安全生产监督管理纳入国家应急管理总体格局，安全生产工作持续加强改进（2018年3月之后）。

2018年3月，第十三届全国人大第一次会议通过的《国务院机构改革方案》，决定将国家安全生产监督管理总局的职责、国务院办公厅的应急管理职责、公安部的消防管理职责、民政部的救灾职责、国土资源部的地质灾害防治、水利部的水旱灾害防治、农业部的草原防火、国家林业局的森林防火相关职责、中国地震局的震灾应急救援职责，以及国家防汛抗旱总指挥部、国家减灾委员会、国务院抗震救灾指挥部、国家森林防火指挥部的职责进行整合，组建中华人民共和国应急管理部，作为国务院组成部门。

当月中共中央印发的《深化党和国家机构改革方案》，提出了构建"统一指挥、专常兼备、反应灵敏、上下联动、平战结合的中国特色应急管理体制"重大战略任务，明确新组建应急管理部主要职责是：组织编制国家应急总体预案和规划，指导各地区各部门应对突发事件工作，推动应急预案体系建设和预案演练；建立灾情报告系统并统一发布灾情，统筹应急力量建设和物资储备并在救灾时统一调度；组织灾害救助体系建设，指导安全生产类、自然灾害类应急救援，承担国家应对特别重大灾害指挥部工作；指导火灾、水旱灾害、地质灾害等防治；负责安全生产综合监督管理和工矿商贸行业安全生产监督管理等。中国地震局、国家煤矿安全监察局由应急管理部管理。公安消防部队转制后，与安全生产等应急救援队伍一并作为综合性常备应急骨干力量，由应急管理部管理，实行专门管理和政策保障。武警森林部队转为非现役专业队伍后，现役编制转为行政编制，并入应急管理部，承担森林灭火等应急救援任务。

应急管理部组建和投入运行后，把安全生产作为应急管理工作的基本盘、基本面；把对全国特别是重点行业领域安全生产实施监督管理，摆上重要日程。在充分发挥煤矿安全监察机构的作用、不断加强以煤矿为主的矿山安全监管监察工作的同时，以原国家安全生产监督管理总局相关司局为基础，成立了危险化学品安全监管司、安全生产基础司、安全生产执法局、安全生产综合协调司、调查评估和统计司等安全生产专业监管机构。地方各级政府应急管理部门内部，也都设置了相应的安全生产监管机构。十八大以来全国安全生产形势持续向好，事故总量和重特大事故继续下降，年度死亡人数由2012年的71983人，下降到2019年的29519人，降幅约59%；一次死亡10人以上的重特大事故由2012年的59起，下降到2019年18起，降幅约70%。各行业领域、各地区安全生产状况进一步好转。实践表明，党中央、国务院关于安全生产和应急管理体制改革的重大决策部署，完全符合国情，符合现阶段加强中国安全生产监督管理客观要求，因而是切实可行的和富有成效的。

安全生产及其监管体制是一个历史的动态的范畴，随着安全生产事业的发展进步，而不断充实、丰富和完善。2020年新冠肺炎疫情发生以来，党和政府高度重视积极应对，采取措施进一步健全完善公共安全体系，以更加有效地防范化解自然灾害、重大疫情和生产安全事故等方面风险，提升防灾减灾救灾能力，切实保护人民的生命安全和健康。新形势下，安全生产监管体制机构以及监督管理工作，势必得到新的加强和改进。

第一章　安全生产监管体制和机构大事记

1949年9月　中国人民政治协商会议通过《中国人民政治协商会议共同纲领》，规定中国"实行工矿检查制度，以改进工矿的安全和卫生设备"。

1949年10月1日　中华人民共和国中央人民政府成立。11月2日，明确中央人民政府设立劳动部，负责全国劳动保护、劳动就业等工作。李立三任部长。

1950年1月　公安部首次召开全国经济保卫工作会议，提出要"有计划、有步骤、有重点地组成与加强这个方面作战的队伍"，以"战胜敌人的破坏，保卫生产的安全"。随后又相继召开了第二次、第三次全国经济保卫工作会议，明确和强化公安、保卫部门在爆炸性物品管理、消防安全、道路交通安全等方面的职责，在公安系统逐步建立健全相应的监管机构。

1950年5月1日　铁道部成立行车安全监察室，各铁路局和铁路分局也相继设立安全监察机构，负责监督检查铁路安全规章制度的贯彻执行情况。

1950年5月　中央人民政府劳动部正式组建，内设劳动保护司，张维汉任司长。燃料工业部等产业部门在部内的生产或人事部门设立了专管劳动保护、安全生产工作的机构。中华全国总工会设立劳动保护部，工会基层组织一般都设立了劳动保护委员会（小组）。

1950年6月1日　中央人民政府政务院人民监察委员会发出《处理宜洛煤矿沼气爆炸事件的通报》，要求地方政府和企业"建立技术保安监察组织。对工矿保安工作实行自上而下的监督检查。同时在各工矿建立群众性的安全监督组织，发动群众自下而上地监督与协助保安工作"。

1950年10月　政务院批准、发布《中央人民政府劳动部试行组织条例》和《省、市劳动局暂行组织通则》，明确规定"各级劳动部门自建立伊始，即担负起监督、指导各产业部门和工矿企业劳动保护工作的任务"。依照通则，地方各级政府劳动部门普遍设置劳动保护处或劳动保护科（股），其主要职能就是负责劳动保护、安全生产工作。

1951年9月15日　劳动部部长李立三在全国第一次劳动保护工作会议的总

结报告中指出：中央人民政府成立两年来，各地在劳动保护方面做了很多工作，"东北区国营厂矿已普遍设立了技术保安科，专门负责技术保安工作的干部达2590余名"。

1952年8月 华北行政委员会爱国增产节约竞赛运动委员会发出《关于加强厂矿安全卫生工作的紧急指示》，要求企业建立安全卫生管理机构，"各厂矿应即加强或设立安全生产的主管机构，指派有能力的专职人员负责安全卫生工作，较小厂矿也应指定专人管理此项工作，贯彻安全责任制"。

1952年9月17日 政务院人民监察委员会《关于处理某些国营、地方国营厂矿企业忽视安全生产致发生重大事故的通报》，要求"建立与健全安全生产的主管机构"。

1952年12月23—31日 第二次全国劳动保护工作会议在北京召开。劳动部部长李立三传达了毛泽东主席在劳动部《三年来劳动保护工作总结与今后方针任务》报告上的批示："在实施增产节约的同时，必须注意职工的安全、健康和必不可少的福利事业；如果只注意前一方面，忘记或稍加忽视后一方面，那是错误的。"会议讨论了加强劳动保护组织机构，以及在厂矿企业设立劳动监察员等问题。

1953年5月7日 中共中央批转华东局《关于1953年工业生产工作提纲》。提纲指出：要避免生产竞赛活动一开展，伤亡事故就增加的"老规律"；强调建立专职机构和群众性的安全制度和安全操作规程，使安全生产长久和巩固下去。

1953年5月28日 重工业部发布了《关于在生产厂矿建立责任制的指示》，要求普遍展开反对无人负责现象的斗争，建立各生产厂矿的责任制度，如技术责任制、生产调度责任制等。

1954年4月1日 政务院第211次政务会议批准将劳动保险工作移交中华全国总工会统一管理，撤销劳动部劳动保险局。

1954年7月13日 劳动部部长李立三在全国劳动保护工作座谈会上的总结讲话中指出：建立健全工会的劳动保护委员会，这是继续开展劳动保护工作的重要问题。目前较大厂矿有条件建立工会劳动保护委员会的，最好是尽早建立起来；如果一般厂矿还没有条件建立委员会的，应当在工会"劳保委员会"内有委员专门负责劳动保护工作；如果一般厂矿连"劳保委员会"也没有建立，则必须在工会委员会的委员中，指定一名委员专管劳动保护和安全生产工作。必须明确管生产的管安全，确立安全生产的一长负责制，负责生产的同时负责安全，负责工程技术的人员同时负责工程技术安全，把安全生产工作从组织领导上统一起来。企业要建立健全安全技术科。厂矿企业在推行一长负责制后，其安全技术劳动保护机构应明确职责分工，健全工作制度，提高干部质量，提高业务水平。有些企业把劳动保护机构取消的做法是不妥当的，是对工作有害的。

1954年8月 燃料工业部煤矿管理总局设立技术安全监察局，并在济南、哈尔滨、武汉、重庆、西安建立5个地区性煤矿技术安全监察局，受地方煤矿管理局和燃料工业部煤矿管理总局技术安全监察局双重领导；在开滦、阳泉、抚顺等地设立16个重点矿区技术安全监察局，受地区技术安全监察局的领导；在各个煤矿建立技术安全监察站，代表国家对煤矿技术安全行使监督检查权，主要是监督检查煤矿瓦斯、煤尘、防火、防水等情况，分析事故发生的原因，提出加强安全生产的措施。

1955年2月 全国总工会主席赖若愚发表题为《正确贯彻党的劳动保护政策》一文，指出建立与健全劳动保护专管机构，也是做好劳动保护工作的重要条件。从目前情况看，如何划清职责范围，建立必要的制度，把劳动保护机构充实起来，也是亟待研究和解决的问题。

1955年3月 全国总工会召开第一次全国工会劳动保护工作会议，讨论各级工会组织加强劳动保护机构建设问题，起草《工会群众安全检查员暂行条例》。

1955年5月16日 为吸取天津国营第一棉纺厂4月25日发生的锅炉爆炸教训，国务院第四办公室向国务院提出建立国家蒸汽锅炉及起重设备、受压容器安全监督机构的建议。

1955年7月 国务院批准在劳动部设立锅炉检查总局，编制40人。当年年底，锅炉检查总局的组建工作基本完成，1956年1月正式成立劳动部锅炉检查总局，局长罗英，副局长戴谦、王向明。同时，上海、天津、沈阳等重点工业城市建立起锅炉安全监察机构。

1955年12月30日 国务院批准劳动部成立劳动保护研究所。

1956年5月2日 中共中央批转劳动部党组《关于最近伤亡事故和加班加点的严重情况及意见的报告》，要求各地党委和政府劳动部门、产业部门及工会组织，必须引起足够的注意；同时迅速将国家监察机构建立起来，对各产业部门和所属企业中的劳动保护工作进行经常性的监督检查。

1956年5月 中共中央批转劳动部党组《关于最近工伤事故和加班加点严重情况及意见的报告》，指出"劳动部门必须早日制定必要的法规制度，同时迅速将国家监督机构建立起来，对各产业部门及其所属企业劳动保护工作实行监督检查"。

1956年6月29日 劳动部部长马文瑞在第一届全国人民代表大会第三次会

议上汇报劳动工资工作时建议：迅速建立国家劳动保护监察员制度，健全国家劳动保护监察机构，系统地加强劳动保护监督检查工作。在企业和主管部门方面，要健全安全生产责任制，贯彻执行"管生产的必须管安全"的方针。

1956年9月　国务院批准的《劳动部组织简则》规定，劳动部负责"管理劳动保护工作；监督检查国民经济各部门的劳动保护、安全技术和工业卫生工作，领导劳动保护监督机构的工作，检查企业中的重大事故并且提出结论性的处理意见"。

1956年11月　劳动部劳动保护司改称劳动保护局。

本月　地质部决定充实和健全各地质局、队的技术安全机构，迅速配备干部，各地质局、队的安全干部由局长或队长直接领导，不能随意调动。

1957年11月29日　国务院全体会议第63次会议批准发布《爆炸物品管理条例》。12月9日，公安部发布《爆炸物品管理规则》，规定各级公安机关对管辖地区内爆炸物品的制造、销售、购买、使用、储存、运输等，统一实施监督检查。各级公安部门相继成立爆炸物品管理机构。

1958年9月15日　劳动部副部长毛齐华在第三次全国劳动保护工作会议的总结讲话中指出：安全生产"监督检查机构是上层建筑"，必须依靠群众、依靠企业来进行监督检查。劳动部门、企业安全技术部门的机构不一定很大，人要少而精，办法是多交流经验。"过去我们曾想过在中央建立锅炉检查总局，地方设置分局，从上而下地搞。这实际上是主观主义，行不通的。因为这样不能发挥地方的积极性，这种想法不久也就改变了。"[①]

1958年9月　劳动部撤销锅炉检查总局，将其业务并入劳动保护局，设立锅炉安全检查处，人员精简为13人。

1963年5月28日　国务院批转劳动部《关于加强各地锅炉和受压容器安全监察机构的报告》，决定恢复劳动部锅炉安全监察机构，拨给全国500人的编制。国务院的文件同时要求各省、自治区、直辖市人民委员会"加强或恢复本地区劳动部门的锅炉安全监察机构，增配必要的干部"。

1964年3月　国家编制委员会发出《关于注意加强劳动保护工作的通知》，要求各地编委在统一安排行政编制时，注意充实安全监督机构的编制，加强劳动保护工作。劳动部同时发文，要求省级劳动部门根据国家编委的通知精神，"尽快提出充实你地区劳动保护机构的意见，与本省、自治区、直辖市编制委员会共同研究，以便加强劳动部门的劳动保护机构编制"。

---

① 1958年劳动部及地方锅炉安全工作机构被撤销。

1966 年 "文化大革命"正式开始之前，劳动部劳动保护局内设劳动保护处、锅炉处和矿山处，编制 30 人左右。各省、自治区、直辖市劳动局设立了劳动保护处，负责劳动保护、锅炉和矿山安全工作。地、市、县设立了劳动保护科（股），人员编制多则 10 余人，少者 3～5 人。

1970 年 6 月 22 日 中共中央批准国务院《关于国务院各部门建立党的核心小组和革命委员会的请示报告》，由国家计划委员会、国家经济委员会、物资部、劳动部等 9 个单位合并组成国家计划革命委员会，劳动部和中央安置小组办公室合并为国家计划革命委员会劳动局，下设劳动保护组，人员 3 人。

1970 年 12 月 11 日 毛泽东主席批示"照发"，中共中央下发《关于加强安全生产的通知》，要求各级党组织、革命委员会和国务院有关部门要对安全生产进行一次深入的思想教育和认真的检查，查思想、查纪律、查态度、查领导，总结经验教训。中共中央《通知》下发后，国务院组织力量对各地贯彻执行情况进行了监督检查，一些地方和企业安全生产管理机构和安全生产规章制度有所恢复。

1974 年 7 月 5 日 国务院、中央军委发出《关于加强爆炸物品管理的通知》，要求"现有爆炸物品工厂和烟花炮竹厂，要从实际需要出发，统筹安排，指定有关单位归口领导并加强管理"，"今后新建爆炸物品（包括焰火炮竹）工厂、仓库。必须按照规定，由上级主管部门和公安机关审查批准"。

1975 年 2 月 15—23 日 国家计划经济委员会在北京召开全国安全生产会议，总结交流《中共中央关于加强安全生产的通知》的贯彻落实情况，研究提出加强安全生产的对策措施。国务院副总理王震、余秋里、谷牧到会讲话，指出事故多发"不能怪下面，责任在领导"，要求各地区、各部门和企业必须有一位领导分管安全生产；各级要有一定的机构对安全生产工作负责，定期计划、布置、检查、总结；企业的安全技术干部列为生产人员，不能随便调离。

1975 年 4 月 7 日 国务院转发的《全国安全生产会议纪要》要求"迅速改变安全工作无人负责的状况。各省、市、自治区，国务院各有关部门，各企业单位，都必须有一位领导同志负责安全生产工作。要有一定的机构负责安全工作，定期计划、布置、检查、总结"。

1975 年 9 月 30 日 国务院发布《关于调整国务院直属机构的通知》，决定在国家计委劳动局的基础上组建国家劳动总局，为国务院的直属机构。国家劳动总局内设保护组（1979 年 6 月改称劳动保护司）、锅炉组（1979 年 6 月改称锅炉压力容器安全监察局），两个组各定员 5～6 人。

1975 年 10 月 国家计委批转国家劳动总局《关于加强锅炉、压力容器安全管理工作的通知》，要求各地抓紧恢复和建立锅炉安全管理机构。

1977年3月2日 国家劳动总局在北京召开各省（市、区）劳动部门主管劳动保护、锅炉安全工作负责人会议，深入揭批"四人帮"江青反革命集团干扰破坏安全生产罪行。国务院副总理王震、余秋里、谷牧等出席会议并讲话。会议要求建立健全安全生产管理机构，削弱的要加强，改变安全生产工作无人负责的现象。

1977年5月16日 国家计划经济委员会转发全国安全生产工作会议纪要，要求各省、国务院各部门、各级计委和工交办、企业主管部门和企业，都要确定一名领导分管安全工作。要有安全机构具体抓。各县、公社、大队也应有人负责安全工作，管生产的必须管安全。

1978年9月5日 国务院有关领导批示同意国家劳动总局8月1日向国务院提出的《关于统一归口，建立、加强锅炉压力容器监督检查机构的请示报告》，国家劳动总局恢复锅炉压力容器安全监察局，林超任局长，并要求各地劳动部门成立锅炉压力容器安全监察处、科，全国人员编制不应低于1963年国务院批准的编制数（1963年编制500人）。

1979年1月15日 中华全国总工会发出加强工会劳动保护工作的通知，并重新公布了基层工会和工会小组劳动保护工作两个条例。全国总工会劳动保护部内设安全技术处、工业卫生处和综合处。

1979年4月9日 国务院批转国家劳动总局和卫生部《关于加强厂矿企业防尘防毒工作的报告》。报告要求恢复和健全安全机构，加强队伍建设，省（市、区）劳动、卫生部门和企业主管部门设安全处（科），省辖市和县一级应设专管机构或专职人员。企业应按职工2‰~5‰配备专职安全人员，不满500人的企业也要配备专（兼）职人员。企业安全检查人员属生产人员应保持稳定，不要轻易调动。

1979年4月28日至5月6日 国家劳动总局召开全国劳动保护工作座谈会，会议着重讨论了以下四个方面的重点工作：一是加强法制，健全国家劳动保护法规制度；二是恢复和建立国家劳动保护监察制度，要有一个强有力的劳动保护监察机构和一支精通业务、有职有权的监察队伍；三是开展社会化劳动保护宣传教育；四是加强劳动保护科学研究。

1979年5月28日 国家劳动总局下发《关于建立劳动保护室的意见》，要求上海、黑龙江、四川、北京、天津五省市选点建立劳动保护室。

1979年6月 经国务院批准，国家劳动总局党组决定将劳动保护组正式恢复为劳动保护局，代表政府对全国劳动保护、安全生产工作实施国家监察，保护职工在生产劳动中的安全和健康。

1979年10月20日 国务院批转国家劳动总局《关于健全锅炉压力容器安全监察机构加强监督检查工作的报告》，要求各省、市、自治区革委会必须给予高度重视，加强领导，严格管理，尽快把锅炉压力容器安全监察机构建立和健全起来；批准在劳动总局锅炉压力容器安全监察局下成立锅炉压力容器检测中心站。国家劳动总局的报告明确提出：各省、市、自治区劳动局设立锅炉压力容器安全监察处，工业集中的重点城市可设科。全国在现有基础上约需增加800人，新增编制请国务院拨给。此编制人数各地要集中使用，不得挪用。各省、市、自治区应根据分配的人员名额，统一安排安全监察机构及编制。

1979年 国家劳动总局对内设机构作出调整，恢复设立锅炉压力容器安全监察局。

1980年9月16日 煤炭工业部发出"建立健全安全监察机构、强化安全监察工作"的第一号安全指令，要求各省级煤炭管理机构和各个矿务局、矿，必须于当年12月底之前把安全监察机构建立起来，并投入运行、发挥作用。

1980年11月15—21日 国家劳动总局在天津召开北方13省（直辖市、自治区）劳动局长座谈会，研究和讨论建立安全生产国家监察制度问题。会议认为应当先在事故多发的矿山安全领域建立国家安全监察机构，设立矿山安全监察员；再针对各类工厂建立安全监察机构。

1981年1月1日 国家劳动总局正式设立矿山安全监察局，代表政府对全国矿山安全卫生工作实施国家监察，保护矿山职工在开采矿产资源活动中的安全和健康。

1981年1月 国家劳动总局副局长章萍在《劳动保护》上发表署名文章，建议国家建立安全生产监察制度："长期以来，有些同志怕被扣上管、卡、压的政治帽子，忌讳监督二字，建国三十年了，连劳动保护监察制度都未建立，对实施安全生产妨碍极大。这个错误必须纠正"；"现在国家劳动总局正在着手建立矿山和工厂的安全监察制度"，第一步先在矿山建立安全监察机构，计划配置安全监察员4300人，在总结经验的基础上建立工厂安全监察机构。

1982年1月4日 国务院副总理薄一波在听取国家劳动总局的工作汇报时指出：安全生产监察机构"三起两落"这个现象不要再反复了，"提醒大家注意，要加强安全监察机构。我赞成体制改革，但不主张把安全监察机构取消，也不主张削弱。这是我们党解决了官僚机构之后需要加强的工作"。

1982年2月6日 国务院发布、施行《锅炉压力容器安全监察条例》，建立锅炉压力容器安全监察制度。

1982 年 2 月 13 日 国务院发布《矿山安全条例》和《矿山安全监察条例》，自 1982 年 7 月 1 日起施行。条例明确：建立矿山安全监察制度，设立三级安全监察机构，即国家劳动总局设矿山安全监察局，省（区、市）政府劳动部门设矿山安全监察处，矿山企业比较集中的地市劳动部门设矿山安全监察室。

1982 年 3 月 8 日 国家经委、国家劳动总局、全国总工会就贯彻执行国务院发布的《矿山安全条例》和《矿山安全监察条例》发出通知。指出：为迅速有效地贯彻执行这两个条例，应迅速建立矿山安全监察机构，配备矿山安全监察人员；经国家编制委员会同意，全国共配备矿山安全监察工作人员 1700 人。其中，矿山安全监察处 270 人，矿山安全监察室（组）1430 人。各地可以分批分期组建，人员在三年内配齐。年内要配备 50% 以上。

1982 年 3 月 13 日 国务院作出《关于矿山安全监察人员编制问题的批复》，原则同意全国矿山安全监察人员编制暂定为 1700 人。今年各地应按分配方案先调配一定数量的人员（可按三分之一掌握），尽快把工作开展起来。

1982 年 5 月 国家劳动总局改为劳动人事部，内设劳动保护局、矿山安全监察局和锅炉压力容器安全监察局。国务院常务会议批准的《劳动人事部任务与职责》规定：劳动人事部"负责贯彻执行党和国家的方针、政策、法律和指示，研究拟定有关劳动保护的具体方针、政策和规章制度"，"综合管理劳动保护、矿山安全、锅炉压力容器安全工作，实行国家监察。规定要按照劳动保护规划要求，督促各地区、各部门改善劳动条件，推动劳动保护科学研究和宣传教育工作，参加重大伤亡事故的处理"。

1983 年 3 月 23 日至 4 月 1 日 劳动人事部在北京召开全国安全生产工作会议，明确提出要实行国家安全生产监察制度。

1983 年 5 月 18 日 国务院批转劳动部、国家经委、全国总工会关于加强安全生产和劳动保护安全监察工作的报告，要求"劳动部门要建立国家安全监察制度。加强机构，充实安全监察干部，安全监督干部，监督检查生产部门和企业对各项安全法规的执行情况，认真履行职责，充分发挥应有的监督作用"。

1983 年 5 月 国务院批准增加 8000 名劳动安全卫生监察人员编制。提出要建立"企业负责、行业管理、国家监察、群众监督"的安全生产工作体制；要求各级经委"都要建立和健全管安全生产的专职机构，配备专业人员，把安全生产工作认真管好，做出成绩来"。

1984 年 1 月 劳动部下发年度工作要点，确定"改革劳动保护体制，大力推行监督制度"，"按照国务院规定，建立和加强劳动保护、矿山安全的监察队伍，健全机构，充实人员，提高素质，开展工作"；"建立健全劳动保护教育中心和企业劳动保护教育室"。

1984年4月26日 劳动人事部和国家经委发出增加各省安全监察人员编制的通知。为了加强劳动安全监察机构，决定在机构改革、人员编制压缩的情况下，给全国各地劳动安全监察机构增加编制6000人，给各地经委增加安全生产管理人员编制2000人。

1984年11月26日 国务院办公厅转发全国"安全月"活动领导小组的报告，批准成立全国安全生产委员会，作为非常设机构①，其主要任务是在国务院领导下，研究、统筹、协调、指导关系全局的重大安全生产问题。国务院有关部委、中华全国总工会等为成员单位。主任由国务委员张劲夫担任。全国安全生产委员会办公室设在劳动人事部。全国"安全月"活动领导小组及其办公室同时撤销。国务院转发的全国"安全月"活动领导小组的报告指出："在安全生产上，实行国家监察、行政管理和群众（工会组织）监督相结合的制度，从初步经验看，这种制度是适合我国国情的。各地区、各部门和企业（包括乡镇企业）在体制机构改革时，对劳动保护、安全生产、工业卫生工作和机构要适当充实和加强。"

1984年 全国总工会劳动保护部与生产部合并为"生产保护部"，下设保护处、生产处、工资处和综合处。

1985年1月3日 全国安全生产委员会成立并召开第一次会议。全国总工会、国家经委、劳动人事部、公安部、农牧渔业部、铁道部等分别汇报了1984年本系统安全生产工作情况和1985年工作设想。国务委员、全国安全生产委员会主任张劲夫讲话指出：要认真实行、逐步完善国家监察（劳动部门）、行政管理（经济主管部门）和群众监督（工会组织）相结合的制度；在体制、机构改革时，对劳动保护、安全卫生工作和机构不应削弱，而要适当充实加强。劳动部门要按照国务院的要求，搞好立法工作，适当加强机构，充实干部，认真履行监察职责，把监察和服务正确地统一起来。

1985年1月 劳动部部长赵守一在全国劳动厅（局）长会议上的讲话中，对安全生产工作体制问题做了阐述：要逐步建立"三结合"的安全工作体制，实行国家监察（劳动部门）、行政管理（经济主管部门）和群众监督（工会组

---

① 全国安全月活动领导小组11月2日的报告提出：建议成立一个常设的全国安全生产委员会。现在中国工业建筑交通企业的伤亡、肇事、运输事故、农机伤害、农药中毒及触电事故，由各部门分管。只是在"安全月"中由"安全月"领导小组统一协调指导，事过之后又各行其是。这种状况已不能适应生产发展的要求。

织）相结合。劳动部门要真正履行国家赋予的职责，加强安全监察机构，充实安全监察干部，全面推行国家安全监察员制度。在经济体制改革中，安全监察工作要统筹城乡，兼顾全民和集体企业，并要渗透到制定生产计划、企业整顿、技术改造、经济承包、新建扩建项目中去。

1985年4月11日 国务委员、安委会主任张劲夫在全国安全生产委员会第二次全体会议上指出：我们要认真贯彻"三结合"的安全生产工作制度，劳动人事部门要代表国家进行监察，要认真行使职权；工会要代表工人利益说话，组织群众进行监督；行政主管部门要搞好安全生产责任制。

1985年8月 劳动人事部、全国总工会联合发出《关于增加工会劳动保护专业干部编制的通知》。通知说：为了执行国家监察、行政管理和群众（工会）监督相结合制度，加强劳动保护，搞好安全生产，保障职工安全健康，保证"四化"建设和经济体制改革的顺利进行，经国务院批准，给工会系统增加800名劳动保护专业干部编制（由工会经费开支），用于充实和健全省属市以上的各级总工会的劳动保护工作机构，设立"工会劳动保护监督检查员"。要求新增加的800名工会劳动保护专业干部编制，全部分配到省属市以上的各级总工会，重点是工矿集中的城市。

1986年7月 国务院发出《关于加强工业企业管理若干问题的决定》，明确规定厂长（或经理）对企业的安全生产负有全面责任。要求企业"认真抓好安全生产工作，维护国家财产，保障职工人身安全"。

1986年10月13日 在山东省肥城矿务局召开的全国安全生产现场会上，劳动人事部副部长、全国安全生产委员会副主任李伯勇在讲话中指出："煤矿安全生产是一个综合性问题，做好这项工作，需要在各级政府统一领导下，认真落实国家监察、行政管理和群众监督相结合的安全工作体制"。

同日 劳动人事部、卫生部联合发出《关于卫生部门和劳动部门在劳动卫生监察工作上的分工协作纪要》，要求从卫生部门从预防医学角度监督企业的劳动卫生工作，劳动部门从工程技术及监督管理角度监督企业的劳动卫生工作。

1986年12月 国务院发出《关于乡镇煤矿实行行业管理的通知》，明确煤炭工业管理部门负责监管乡镇煤矿安全生产。

1987年1月 劳动部下发年度工作要点，明确"健全国家安全监察机构，强化国家监察管理"；"做好全国安全生产委员会办公室的组织协调工作"。

1987年4月27日 全国劳动安全监察工作会议的报告指出：目前全国大多数省级政府劳动管理部门已设立劳动保护、矿山和锅炉压力容器安全监察处，地市和县分别设立了科、股（室），初步形成了劳动安全监察工作系统。

1987年7月22日　劳动人事部、农牧渔业部发布《关于加强乡镇企业劳动保护工作的规定》。要求乡镇企业领导对劳动保护、安全生产工作全面负责,执行"管生产必须管安全"的原则;乡镇企业主管部门应建立安全管理机构或配备专职安全管理干部,管理乡镇企业的劳动保护工作。乡镇企业应根据生产需要,配备专职或兼职的安全管理人员。企业的车间、班组应有兼职安全员。

1987年12月3日　国务院发布《尘肺病防治条例》,明确了卫生行政部门、劳动部门和工会组织在尘肺病防治工作方面的监督职责。

1987年12月4日　劳动人事部副部长李伯勇在锅炉压力容器安全技术鉴定委员会会议上指出:国家劳动安全监察是建立在国家和各级政府或人大的法规基础上的工作制度。当前国务院已颁布了《矿山安全监察条例》《锅炉压力容器安全监察条例》等劳动安全监察法规,国家劳动安全监察工作已经走向法规化。我们要在总结过去经验的基础上,对传统路子和现行体制进行改革,要对从前的安全监察工作机构和工作制度进行改革。

1988年3月　第七届全国人大第一次会议通过的国务院机构改革方案决定将劳动与人事分开,分别成立劳动部和人事部。

1988年5月　国务院批准下发劳动部"三定"(定任务、定机构和定编制)方案。规定劳动部"综合管理职业安全卫生、矿山安全卫生、锅炉压力容器安全工作,实行国家监察"。根据规定,劳动部设职业安全卫生监察局(劳动保护局更名)、矿山安全卫生监察局、锅炉压力容器安全监察局。三个局人员编制115人。根据七届人大一次会议批准的国务院机构改革方案,国务院印发劳动部"三定"方案。明确劳动部综合管理全国职业安全卫生、矿山安全、锅炉和压力容器安全工作。

1988年6月13日　经国务院批准,劳动部、人事部发出《关于矿山安全监察人员编制问题的通知》。要求省、地(市)两级劳动部门矿山安全监察机构参照国务院1982年《国务院关于矿山安全监察人员编制问题的批复》下达的暂定编制方案,配齐人员,达到暂定编制标准。

1988年6月15日　劳动部发出《关于印发劳动部"三定"方案的通知》,规定劳动部"综合管理职业安全卫生、矿山安全、锅炉和压力容器安全工作,实行国家监察。拟定有关法规和规划,并负责组织实施和监督检查。参与重大伤亡事故的调查。组织指导全国安全生产工作。"

1988年9月3日　劳动部就安徽省劳动局《关于国家监察与行业安全管理的请示报告》作出批复。指出劳动部是国务院领导下的综合管理全国劳动工作的职能部门,对职业安全卫生、矿山安全、锅炉和压力容器安全工作,实行国家监察综合管理。

1988年9月19日 国务院办公厅发出关于全国安全生产委员会组成人员的通知。全国安全生产委员会人员组成调整后：主任为邹家华（国务委员），副主任为李伯勇（劳动部副部长）、叶青（国家计委副主任）、陈秉权（全国总工会副主席）。

1990年4月24日 国务委员、全国安全生产委员会主任邹家华在山西省大同矿务局召开的全国煤矿安全生产现场会上指出：强化国家监察、行政管理、群众监督的安全生产工作体制；国务院已授权各级劳动部门的矿山安全监察机构，对国务院颁发的《矿山安全条例》的贯彻执行情况进行国家监察，各有关部门和企业要支持他们的工作。各级政府要按《矿山安全监察条例》的要求，健全劳动部门的矿山安全监察机构，加强力量，使他们能够充分行使监察职责。

1990年5月25日 冶金部颁布、实施《职业安全、卫生监察规定》。冶金行业实行两级监察组织机构，通过建立纵向、横向监察网络，对全行业实施职业安全和卫生监察。

1991年6月13日 国务院办公厅发出关于调整全国安全生产委员会等五个非常设机构主要负责人职务的通知：根据国务院领导同志的工作分工，经国务院常务会议讨论决定，由朱镕基同志兼任全国安全生产委员会主任、国家无线电管理委员会主任、国务院重大技术装备领导小组组长、国务院清理"三角债"领导小组组长、国务院"质量、品种、效益年"领导小组组长。6月20日，国务院调整全国安全生产委员会组成人员，李沛瑶（劳动部副部长）、叶青（国家计委副主任）、陈秉权（全国总工会副主席）为副主任。

1991年11月1日 国务院新闻办公室发表《中国的人权状况》白皮书。其中指出：中国十分注意劳动保护和安全生产，贯彻"安全第一，预防为主"方针，采取国家监察、行业管理、群众监督相结合的办法。建立劳动安全卫生监察体系，实行国家监察制度。全国设立劳动监察机构2700多个，监察人员达3万余名。

1992年4月7日 国务院副总理朱镕基主持会议研究劳动安全监察与综合管理问题，决定由劳动部代表国务院综合管理全国劳动安全工作，重大问题请示国务院决定；加强企业在安全生产中的责任，要让企业自己负责劳动安全工作。随后全国安全生产委员会撤销，在劳动部设立安全生产管理局、职业安全卫生与锅炉压力容器监察局、矿山安全卫生监察局，负责统筹管理全国安全生产工作。

1992年11月7日 《矿山安全法》颁布，规定县级以上地方各级人民政府劳动行政主管部门对本行政区域内的矿山安全工作实施统一监督。县级以上人民政府管理矿山企业的主管部门对矿山安全工作进行管理。

1993年7月22日 国务院下发《国务院关于加强安全生产工作的通知》，规定劳动部负责综合管理全国安全生产工作，对安全生产行使国家监察职权；负责安全生产工作法规、政策的研究制定；组织指导各地区、各有关部门对事故隐患进行评估和整改；代表国务院对特大事故调查结果进行批复，根据需要对特大事故进行调查。安全生产中的重大问题由劳动部请示国务院决定。撤销全国安全生产委员会，由劳动部代表国务院综合管理全国安全生产工作。劳动部据此对安全监察机构作了相应调整，在劳动部内设安全生产管理局，取代原全国安全生产委员会办公室，综合管理全国安全生产工作；保留矿山安全卫生监察局；将原职业安全卫生监察局与锅炉压力容器安全监察局合并成立职业安全卫生与锅炉压力容器监察局。

1993年10月28日 劳动部印发矿山安全卫生监察局"三定"方案。规定其内设煤矿安全监察、非煤矿安全监察、矿山工业卫生监察、法规标准、综合5个处，行政编制28人。

1994年1月 根据八届全国人大一次会议批准的国务院机构改革方案，国务院办公厅印发《劳动部职能配置、内设机构和人员编制方案》，明确劳动部综合管理全国职业安全卫生、矿山安全卫生、锅炉压力容器安全工作和全国安全生产工作，负责制订政策、法规和技术标准，行使国家监察职权。劳动部设置安全生产管理局、职业安全卫生与锅炉压力容器监察局、矿山安全卫生监察局等内设机构。

1994年3月8日 国务院副总理邹家华在全国安全生产电话会议讲话中，阐述了安全生产管理体制问题：我国安全生产工作施行"企业负责、行业管理、国家监察和群众监督"的安全生产管理体制。这是适合我国市场经济体制的客观要求，也是市场经济国家的普遍做法，是符合国际惯例的。当然，随着我国市场经济的发展，这个体制也要在实践中不断发展完善。在政府转变职能和企业转换机制的过程中，要继续强调"管生产必须管安全"的原则，使企业负起管好安全的责任。行业主管部门要通过计划、组织、协调、指导和监督检查，加强对行业所属企业安全工作的管理。国家劳动部和各省、市、县的劳动机构代表国家对安全生产进行监察。各级工会要发挥自身优势，发动职工群众查隐患、堵漏洞，保安全。

1994年10月20日 煤炭工业部发出通知，要求各省煤炭工业管理局内设安全监察局，安全监管局局长按副厅局级干部配备。

1995年4月5日 煤炭工业部发布实施《煤炭工业安全监察暂行规定》。省（区、市）、市（地）、县（市）、乡（镇）人民政府煤炭工业主管部门设立的安全监察机构（称安全监察局、处、站），主管所辖地区煤炭行业的安全监察与管理工作。各级煤炭工业主管部门按企业隶属关系，向煤炭工业企业派驻安全监察机构，主管其企业的安全监察与管理工作。各级安全监察机构的局、处、站长按所在单位行政副职配备；总工程师、主任工程师按所在单位副总工程师级配备。

1996年1月22日 国务院副总理吴邦国在全国安全生产电视电话会议上指出：随着机构改革和政府职能转变，专业经济部门将逐步改组为不具有政府职能的经济实体，或改为国家授权经营国有资产的单位和自律性行业组织。需要强调的是，无论怎样改，安全生产管理和安全生产责任只能加强，不能削弱。各有关部门必须承担自己的责任。劳动部门更要有效地发挥职能作用，对安全生产实行监察，监督检查安全生产监督管理是否到位，国家关于安全生产的法律法规是否真正落到实处。要继续探索完善新时期的安全生产监察体制，并在"九五"期间有一个实质性进展。

1996年4月23日 劳动部提出"九五"时期安全生产规划建议："九五"期间，要建立和完善安全生产国家监察体系，初步建立一套较为完整的安全生产监察法规和制度；强调要"深化安全生产监察体制改革，逐步建立从中央到地方双重领导的安全生产监察体制，中央负责省，省负责地（市）县安全生产监察员的考核和任命。同时提出要健全县以上各级劳动行政部门安全生产监察机构，按不少于企业职工万分之二的比例配备安全生产监察员，并保持监察员队伍的相对稳定；工矿企业多的乡镇，配备负责安全生产监察人员"。

1996年8月29日 第八届全国人大常委会第21次会议通过并发布《煤炭法》，规定煤矿安全生产实行矿务局局长、矿长负责制。

1997年10月20日 经国务院同意，国务院办公厅转发了劳动部《关于认真落实安全生产责任制的意见》，要求"各级劳动行政部门要认真履行安全生产的综合管理职能和行使国家监察的职权。要切实加强安全生产工作的综合与协调，定期分析安全生产形势，研究安全生产中的重大问题并提出相应对策，为党委和政府当好参谋助手"。

1998年3月 根据九届全国人民代表大会一次会议批准的国务院机构改革方案，劳动部撤销，成立劳动和社会保障部。6月17日，国务院发布《关于劳动和社会保障部职能配置、内设机构和人员编制规定的通知》，明确原劳动部承担的安全生产综合管理、矿山安全监察职能，交由国家经济贸易委员会承担；承担的职业卫生监察（包括矿山卫生监察）职能，交由卫生部承担；承担的锅炉压力容器监察职能，交由国家质量技术监督局承担。劳动保护工作中的女职工和未成年工特殊保护、工作时间和休息休假，以及与劳动保护工作关系密切的工伤保险、劳动保护争议与仲裁等，由新组建的劳动和社会保障部负责管理。

1998年6月17日 根据《国务院关于机构设置的通知》，国务院办公厅印发《劳动和社会保障部职能配置、内设机构和人员编制规定的通知》。将原劳动部承担的锅炉压力容器监察职能，交由国家质量技术监督局承担，国家质量技术监督局成立锅炉压力容器安全监察局，其主要职能是：管理锅炉、压力容器、压力管道、电梯、起重机械、客运索道、大型游乐设施、场（厂）内专用机动车辆等特种设备的安全监察、监督工作；监督检查特种设备的设计、制造、安装、改造、维修、使用、检验检测和进出口；按规定权限组织调查处理特种设备事故并进行统计分析；监督管理特种设备检验检测机构和检验检测人员、作业人员的资质资格；监督检查高耗能特种设备节能标准的执行情况。

1998年7月17日 国家经贸委发文，对安全生产局的主要职责、内设机构及人员编制作出规定。明确安全生产局是国家经贸委综合管理全国安全生产工作、对安全生产行使国家监督职权的职能部门。设置综合处（4人）、监督一处（5人）、监督二处（5人）、政策法规处（4人）。闪淳昌任安全生产局局长，杨富、任树奎任副局长。

1998年8月3日 国家经贸委、劳动和社会保障部联合发出《关于机构改革期间安全生产工作有关问题的通知》：根据国务院机构改革方案和国务院关于机构设置的通知，原劳动部承担的安全生产综合管理、职业安全监察、矿山安全监察职能已交由国家经济贸易委员会承担。国家经贸委内设安全生产局，综合管理全国安全生产工作，对安全生产行使国家监督职能；各地应当继续加强对安全生产工作的领导，认真落实各级安全生产责任制，确保机构改革期间安全生产管理和监察队伍不乱，人心不散，工作不断。

1998年10月13日 国务院办公厅发出《关于做好合并中央与地方水上安全监督机构工作的通知》。明确沿海（包括岛屿）海域和港口、对外开放水域及主要跨省、自治区、直辖市内河（长江、珠江、黑龙江）干线及港口的水上安全监督管理，实行"一水一监、一港一监"垂直管理体制，由交通部统一领导；合并中央与地方的水上安全监督机构，统一政令、统一布局、统一监督管理；在统一领导体制下，界定有关水域的中央与地方的管理分工。

1999年1月9日 国家经贸委副主任石万鹏在出席国家煤炭工业局召开的全国煤炭工业工作会议时指出：这次机构改革，煤矿安全管理的职能转到国家经贸委，但是国家煤炭工业局作为全国煤炭工业的主管部门，在煤矿安全上仍负有行业管理的职能。

1999年3月13日 国务院总理朱镕基在中办国办信访局《群众反映》第31期登载的美籍华裔采矿专家姜汉信《关于改革煤矿安全保障体制的建议》一文作出批示：请邦国同志批示。3月16日副总理吴邦国批示指出：我国煤矿事故每年死亡近万人，必须改革目前我国煤矿安全保障体制；要求国家经贸委、国家煤炭工业局借鉴美国等先进国家经验，提出改革意见，将死亡人数大大降下来。

1999年3月20日 国务院副总理吴邦国在《国内动态清样》第933期《河北省发生一起严重煤矿冒水事故》一文上批示："近期煤矿事故增加，应引起高度重视。机构改革后，安全生产职能转到经贸委，请主动衔接，避免出现真空。"

1999年4月1日 中央编办发出《关于原劳动部劳动保护科学研究所等单位成建制划转国家经贸委管理的批复》，将原劳动部劳动保护科学研究所（劳动部事故调查分析技术中心）等机构及其128名事业编制（其中经费自理23名）划归国家经贸委，更名为"国家经贸委安全科学技术研究中心"（加挂"国家经贸委事故调查分析技术中心"牌子）。

1999年6月24日 国务院副总理吴邦国在国家经贸委、国家煤炭工业局关于煤矿安全保障体制改革问题的请示上作出批示："此报告没有写清楚。本意为：94个国有重点煤矿下放后，实行政企分开，地方煤炭局（原归属煤炭工业部领导）不再直接管理企业。为从体制上加强改进矿山安全监督工作，大幅度降低工伤伤亡人数，建议将地方煤炭局改组为矿山安全监督机构。实行垂直管理，原经费渠道不变"；在文中"省级矿山安全监察局可在省煤炭工业局的基础上改组重建"处批示："将现有的地方煤炭局（原归属煤炭工业部领导的）在不管企业以后改组为矿山安全监督机构，不是重新设立，而是在原有基础上"；在文中"省级矿山安全监察局及其所属的矿山安全监察站的人员经费、办公经费、设备及基础设施经费等，纳入省级财政预算"处批示："此事要与财政部研究，最好是原有经费渠道不变"。6月28日，国务院总理朱镕基批示"原则同意"。随后副总理李岚清、温家宝也圈阅同意。国务院秘书长王忠禹7月4日批示：矿山安全特别是煤矿安全亟须加强，如何改法，请编办提出意见。

1999年12月30日 国务院办公厅发出《关于印发煤矿安全监察管理体制实施方案的通知》。由中央编办、国家经济贸易委员会和国家煤炭工业局联合制定的方案，提出要按照"精简、统一、效能"的原则，改革现行的煤矿安全监管体制，实行垂直管理。设立国家煤矿安全监察局，与国家煤炭工业局"一个机构、两块牌子"，在国家经贸委的管理下，负责全国煤矿安全生产监督监察行政执法工作。

2000年1月5日　国家煤炭工业局印发《关于改革煤矿安全监察管理体制有关问题的通知》。强调要坚持积极稳妥的方针，切实加强组织领导，确保思想不散、秩序不乱、人员妥善安排、国有资产不流失、各项工作正常运转。在新的机构正式建立之前，各单位要继续履行好现行职能，不得擅自调整、增设内设机构、提高机构规格、增加人员编制和领导职数，也不得自行调整所属单位隶属关系。

2000年1月10日　国家煤矿安全监察局在北京西郊宾馆召开成立大会。会上宣布张宝明为国家煤矿安全监察局局长；王显政（副部长级）、赵铁锤为副局长；濮洪九为中央纪委驻国家煤矿安全监察局纪检组组长。

2000年1月21日　国家经贸委在向国务院《关于全国安全生产大检查情况的报告》中指出：不少地区反映，这次机构改革将安全生产监督管理职能一分为四，形成多头管理、力量分散的局面，特别是安全生产综合管理和特种设备安全管理职能交叉，造成政出多门、企业无所适从的状况。此报告建议"理顺关系，强化安全生产监督管理职能"，"加强安全生产综合管理，拟组建全国安全生产委员会，建立安全监察员制度"；认真贯彻落实煤矿安全监察体制改革实施方案，强化煤矿安全监察工作；"尽量避免职能重复交叉，明确安全生产监察综合管理与特种设备质量技术监督管理职责"。

2000年3月16日　中央编办发出《关于国家煤炭工业局内设机构调整的批复》，国家煤炭工业局规划发展司、行业管理司（地方乡镇煤矿整顿与安全监察办公室）、企事业改革司（企业下放办公室），分别加挂国家煤矿安全监察局安全技术装备保障司、政策法规司和安全监察司的牌子。

同日　中共中央同意成立国家煤矿安全监察局党组，张宝明为书记，王显政、赵铁锤、濮洪九为党组成员。

2000年3月29日　全国首个省级煤矿安全监察机构——辽宁煤矿安全监察局揭牌仪式在沈阳举行。国家煤炭工业局（国家煤矿安全监察局）局长张宝明出席揭牌仪式并讲话。

2000年4月7日　中央编办印发《关于部分省（自治区）煤矿安全监察局加挂煤炭工业局牌子的通知》。经国务院批准，同意在河北、内蒙古、辽宁、吉林、黑龙江、安徽、山东、湖南、四川、贵州、云南和陕西12个省级煤矿安全监察局暂时加挂省（自治区）煤炭工业局的牌子，作为过渡，履行煤炭行业管理职能。

2000年4月19—20日　国家煤矿安全监察局在杭州召开首次全国煤矿安全

监察工作会议。国务院副总理吴邦国在向会议的致信中指出:"国务院决定组建煤矿安全监察局,目的在于从体制上、制度上解决煤矿安全问题,大幅度降低煤矿因工伤亡人数。这体现党对广大矿工的关心。希望煤炭战线职工不辜负党中央、国务院的期望,切实负起责任,为根本扭转煤矿安全严峻形势作出贡献"。

2000年5月10日 中央编办发出《关于各地煤矿安全监察局行政编制分配和办事处设置方案的通知》。

2000年5月11日 中央编办、国家煤矿安监局联合印发《关于各地煤矿安全监察局行政编制分配和办事处设置方案的通知》,明确在全国设置19个省级煤矿安全监察局、68个办事处,人员编制共计2800名。

2000年6月1日 国家经贸委党组在向中共中央办公厅《关于贯彻落实江泽民总书记重要批示情况的报告》中反映:通过近期的调研工作,我们了解到地方反映集中的问题是"安全管理职能交叉,安全生产管理体制不顺;安全生产管理工作缺乏法律依据;安全管理力量薄弱,安全管理工作不到位等"。

2000年6月13日 国务院办公厅关于江西省上栗县东源乡石岭花炮厂"3·11"特大爆炸事故的通报指出:在地方政府机构改革和企业改革、改组、改制过程中,安全生产监督管理工作不能断档。

2000年6月13—26日 国家煤矿安全监察局相继发出关于山西、辽宁、黑龙江、河南、湖南、安徽、江西、四川、吉林、内蒙古煤矿安全监察局职能配置、内设机构和人员编制方案的通知。

2000年上半年 一批省级煤矿安全监察局相继挂牌。其中:辽宁煤矿安全监察局,3月29日挂牌;湖南煤矿安全监察局,4月10日挂牌;吉林煤矿安全监察局,4月11日挂牌;陕西煤矿安全监察局,4月16日挂牌;四川煤矿安全监察局,4月18日挂牌;贵州煤矿安全监察局,4月22日挂牌;重庆煤矿安全监察局,4月30日挂牌;安徽煤矿安全监察局,4月30日挂牌;新疆煤矿安全监察局,5月8日挂牌;河北煤矿安全监察局,5月12日挂牌;江西煤矿安全监察局,5月15日挂牌;宁夏煤矿安全监察局,5月20日挂牌;云南煤矿安全监察局,5月25日挂牌;内蒙古煤矿安全监察局,5月26日挂牌;黑龙江煤矿安全监察局,5月30日挂牌;甘肃煤矿安全监察局,6月2日挂牌;山东煤矿安全监察局,6月16日挂牌。

2000年7月7日 国务院办公厅发出《关于切实加强安全生产工作有关问题的紧急通知》:国家经贸委作为指导和综合管理全国安全生产,组织协调处理重大安全事故的主管部门,要加强对全国安全生产的综合性法规、政策的研究制订工作,有效行使安全生产国家监督职权,积极组织协调重大事故的调查处理。

对特别重大事故，国家经贸委在主动及时督促、协调各地区、各有关部门处理的同时，要及时向国务院作出报告（包括处理的情况）。公安部、国家工商局、国家质量技术监督局等监督执法部门要严格履行职责，严格依法行政，加大执法力度。交通、铁道、民航、煤矿、建筑等行业主管部门要切实履行本行业安全生产监督管理职责，确保本行业的安全生产。

同日 受总理朱镕基委托，副总理李岚清主持召开国务院第71次总理办公会，专题研究安全生产问题。国家经贸委主任盛华仁汇报指出：目前安全生产工作的机构设置、职能配置和运行机制不能适应实际工作需要，建议将国家经贸委现有的内设安全生产局改组为委管的国家安全生产监察局，各省（区、市）经贸委在这次机构改革中也对应建立安全生产监察局（副厅级），并赋予新设的安全生产监察机构相应的综合、统一管理安全生产工作的职权，进一步理顺管理，充实力量，解决目前安全生产管理体制不顺、力量薄弱的问题。盛华仁同时提出了建立国务院安全生产委员会的建议：考虑到安全生产工作涉及方方面面，需要一个高层次的权威机构，以协调各部门的工作，由此建议国务院成立安全生产委员会（非常设机构），由国务院主管安全生产工作的副总理任主任，国家经贸委和各有关部门为成员单位，以定期分析全国安全生产形势，研究解决安全生产中的重大问题，理顺和协调有关部门的关系，进一步明确各部门安全生产工作职责。国务院安全生产委员会办公室设在经贸委管理的国家安全生产监察局。副总理吴邦国讲话指出：经贸委的这个汇报我们共同研究过，我同意，目前安全生产监管力量太弱，应该加强，组建国家安全生产监察局可以借鉴监察部的做法，多配置一些监察专员。副总理李岚清指出：安全监督管理机构要加强，要有个总协调，安全生产委员会负总责，要有个机构把各部门组织起来；一些重点部门如民航、铁路、交通、煤矿等也要加强安全监督力量。交通部要设水上交通安全监督机构；我们转变职能，该简的精简，但该加强的就要加强，经贸委安全生产局21个人怎么行，请中央编办负责人与国家经贸委负责人商量一个方案，报国务院审定。

2000年7月11日 国家煤矿安全监察局在北京召开煤矿安全工作紧急会议，传达贯彻国务院办公厅《关于切实加强安全生产工作有关问题的通知》精神，安排部署煤矿安全生产，强调要尽快理顺煤矿安全监察和管理体制。抓紧机构、人员和职能"三到位"。

2000年7月13—26日 国家煤矿安全监察局相继发出关于云南、宁夏、河北、贵州、陕西、甘肃、山东煤矿安全监察局职能配置、内设机构和人员编制方案的通知。

2000年7月20日 国务院工作组在上报国务院《关于赴湖北等四省市进行安全生产督查的报告》中反映：由于地方政府机构改革过程较长，一些安全监督执法人员为了给自己找出路，纷纷调离原岗位，以致地（市）以下监督执法人员大量流失，如湖北省宜昌市的安全生产监督管理人员仅剩一人。

2000年7月24日 中央编办印发《关于甘肃等省（自治区、直辖市）煤矿安全监察局加挂煤炭工业局牌子的通知》。经国务院批准，同意在甘肃、宁夏、新疆和重庆煤矿安全监察局暂时加挂省（自治区）煤炭工业局的牌子，作为过渡，履行煤炭行业管理职能。

2000年8月4日 国家煤炭工业局办公室、国家煤矿安全监察局办公室联合下发《国家煤炭工业局、国家煤矿安全监察局机构设置方案》。规定国家煤炭工业局、国家煤矿安全监察局内设办公室（外事司）、规划发展司（安全技术装备保障司）、政策法规司、安全监察司、行业管理司、企事业改革司、人事司、地方乡镇煤矿整顿与安全监察办公室等8个职能机构。

2000年8月7—15日 国家煤矿安全监察局相继发出关于印发新疆、重庆煤矿安全监察局职能配置、内设机构和人员编制方案的通知。

2000年10月16日 国务院安全生产工作组向国务院作出《关于赴黑龙江等六省和民航等四个行业进行安全生产督查的报告》。指出当前存在的一个突出问题是"安全生产监督管理体制不顺，安全生产监督力量不足"；"目前我国安全生产管理职能交叉，多头管理，部门和企业反映很大。省以下政府机构改革中，由于各省市安全生产监督管理职能划转调整时间长，工作迟迟不到位，严重影响了安全监督管理人员的工作积极性，一些人为尽早寻找出路，纷纷调离原岗位，有些地市安全监督管理人员仅剩一人，有些县甚至连一人也没有，出现了安全生产监督管理人员大量流失，安全工作无人管，伤亡事故无人统计上报的严重局面"。

2000年11月1日 国务院总理朱镕基主持召开国务院第32次常务会议，审议并原则通过《煤矿安全监察条例》，建立煤矿安全国家监察制度。7日，以国务院第296号令颁布，自2000年12月1日起施行。

2000年11月2日 国家经贸委主任盛华仁在全国煤矿安全监察会议上的讲话中指出：我们最近还要组建国家安全生产监督管理局。这两个局（即国家安全监管局、国家煤矿安监局）是两块牌子，一个机构，同时又是国务院安全生产委员会的办公室。对下实行两种体制，煤矿安全监察机构是垂直管理，安全生产监督管理机构是分级管理。

2000年11月7日 国务院总理朱镕基签署国务院令第296号，颁布《煤矿安全监察条例》，明确建立煤矿安全国家监察法律制度和行政执法体系。

2000年11月17日　国家煤炭工业局、国家煤矿安全监察局召开干部会议，宣布即将成立的国家安全生产监督管理局（国家煤矿安全监察局）内设各个司室筹备组负责人及相关人员名单。随后各司室筹备组按照公正、公平、公开原则，选配处级及处级以下人员。新机构编制160人，其中正副局长及秘书8人，原国家煤矿安全监察局人员89人，国家经贸委转入24人，从其他撤销的委管国家局转入39人。上述人员于12月4日全部到位办公。

2000年11月下旬　国家经贸委成立由经贸委副主任石万鹏、国家煤炭工业局（国家煤矿安全监察局）局长张宝明、国家经贸委安全生产局局长闪淳昌等人参加的国家安全生产监督管理局筹备工作领导小组。

2000年12月7—17日　国家安全生产监督管理局（国家煤矿安全监察局）工作人员进行岗前专业培训，主要学习安全生产理论、方针政策、法律法规和安全生产监管监察专业知识。

2000年12月9日　国务院副总理吴邦国对全国煤矿安全监察会议作出批示：今年煤矿死亡人数虽然比去年有所减少，但下半年重特大事故又有所抬头，煤矿安全生产形势依然严峻。因此要抓紧建立健全煤矿安全监察工作运行机制，加强煤矿安全生产综合整治，强化安全监察，加大执法力度，严防重大、特大责任事故发生，为煤炭行业扭亏脱困创造条件。关键是三条：一是煤矿安全监察局与煤炭局彻底分开，越快越好；煤炭局职能划给经贸委，建立独立的依法行政的安全监察系统。又当队员，又做裁判是难以依法监督的。二是落实安全责任制。煤矿要有人管安全，有职有权，也承担相应的责任，责任要落实到人，不能来个集体负责。三是安全措施要上。高瓦斯矿的瓦斯监测系统、通风系统、瓦斯抽排系统一定要完好，不行的要改造，经贸委可以贴息。人命关天，切不可不以为然。国家重点煤矿的领导尤其要有责任感。否则就是不合格的领导。

2000年12月18日　国家经贸委向国务院作出《关于成立国务院安全生产委员会的请示》：根据国务院第71次总理办公会关于同意成立国务院安全生产委员会的精神和经党中央、国务院审议批准的《国家经贸委委管国家局机构改革方案的汇报提纲》中关于设立国家安全生产监督管理局并承担国务院安全生产委员会办公室工作的精神，经商中央编办同意，请求成立国务院安全生产委员会，负责定期分析全国安全生产形势，部署和组织国务院有关部门贯彻落实党中央、国务院关于安全生产的方针政策；研究、协调和解决安全生产中的重大问题；协调解放军总参谋部和武警总部迅速调集部队参加特别重大事故应急救援工作。

2000年12月23日 国务院办公厅印发国家经贸委管理的国家局机构改革和国家经贸委机关内设机构调整方案。决定撤销国家国内贸易局、国家煤炭工业局、国家机械工业局、国家冶金工业局、国家石油和化学工业局、国家轻工业局、国家纺织工业局、国家建筑材料工业局、国家有色金属工业局,撤销的委管国家局的有关行政职能并入国家经贸委。组建国家安全生产监督管理局,与国家煤矿安全监察局一个机构,两块牌子。撤销国家经贸委安全生产局,有关职能由国家安全生产监督管理局承担。

2000年12月31日 国务院办公厅发出《关于印发〈国家安全生产监督管理局(国家煤矿安全监察局)职能配置、内设机构和人员编制规定〉的通知》。经国务院批准,决定设立国家安全生产监督管理局,国家煤矿安全监察局与其一个机构、两块牌子。为综合管理全国安全生产工作、履行国家安全生产监督管理和煤矿安全监察职能的行政机构。涉及煤矿安全监察方面的工作,以国家煤矿安全监察局的名义实施。国家安全生产监督管理局(国家煤矿安全监察局)由国家经贸委负责管理,机关行政编制160名,内设9个职能司室。

2000年12月 国家经贸委及其安全生产局、中央编办联合在北京召开地方安全生产机构改革座谈会,探讨国家安全生产体制和机构改革方案确定之后,地方安全生产监管机构设置等问题。上海、河南、山东等11省市安全生产监管机构负责人参加了座谈会。

2000年下半年 挂牌省级煤矿安全监察局:山西煤矿安全监察局挂牌(9月28日)、江苏煤矿安全监察局(11月28日)、河南煤矿安全监察局(12月28日)。

2001年1月 国务院办公厅批复:原国家煤炭工业局所属事业单位暂由国家安全生产监督管理局(国家煤矿安全监察局)管理。凡名称冠以国家煤炭工业局的事业单位,改冠以国家安全生产监督管理局(国家煤矿安全监察局),其他一些事业单位采取加挂安全生产牌子的办法。

2001年2月17日 国家经贸委召开会议,宣布党中央、国务院对国家安全生产监督管理局(国家煤矿安全监察局)领导班子成员的任命。张宝明为党组书记、局长,闪淳昌、赵铁锤、王德学为党组成员、副局长,濮洪九为党组成员、中央纪委驻国家安全生产监督管理局(国家煤矿安全监察局)纪检组组长。国家经贸委主任盛华仁、副主任石万鹏讲话,对国家安全生产监督管理局(国家煤矿安全监察局)机构建设和新班子提出要求。

2001年2月26日 在北京西郊宾馆召开国家安全生产监督管理局成立大会。局长张宝明发表讲话,指出国家安全生产监督管理局的成立,是安全生产领域学习贯彻江泽民"三个代表"重要思想的具体体现；是进一步转变政府职能、适应社会主义市场经济新形势的客观要求；是强化安全生产监督管理，迎接经济全球化和国际竞争的战略举措。副局长闪淳昌主持会议。副局长赵铁锤宣布了中央组织部、国务院任职通知。参加安全生产监督管理改革座谈会的各省、自治区、直辖市、计划单列市和新疆生产建设兵团安全生产管理机构负责人，各省级煤矿安全监察局局长参加大会。

2001年3月17日 国务院办公厅颁发《关于成立国务院安全生产委员会的通知》。安委会主任由国务院副总理吴邦国兼任；安委会副主任由国务院副秘书长尤权、国家经贸委副主任石万鹏、监察部副部长陈昌智、国家安全生产监督管理局（国家煤矿安全监察局）局长张宝明、全国总工会书记处书记纪明波、公安部副部长杨焕宁[①]兼任。安委会办公室设在国家安全生产监督管理局(国家煤矿安全监察局)，办公室主任由张宝明兼任，副主任由闪淳昌、赵铁锤、王德学担任。

2001年4月19日 国务院安全生产委员会召开第一次全体会议。分析形势，研究部署下一阶段安全生产重点工作。中共中央政治局常委、国务院副总理李岚清出席会议。国务院副总理、安委会主任吴邦国主持会议并讲话，强调指出，成立国务院安全生产委员会，是党中央、国务院完善安全生产监督管理机构、理顺安全生产监督管理体制的重大举措。下一步要按照全国整顿和规范市场经济秩序工作会议精神，集中开展民用爆破器材和烟花爆竹等易燃易爆物品安全、道路和水上交通运输安全、煤矿安全、危险化学品运输安全、公共场所消防安全五个方面的专项整治。

2001年4月20日 国家安全生产监督管理局（国家煤矿安全监察局）召开煤矿安全生产整顿会议。局长张宝明在会上指出：目前全国垂直管理的煤矿安全监察体制基本形成，我们通过调查，感到当前省级机构建设方面主要问题仍然是煤矿安全监察和行业管理职责相互交叉，这种状况如不迅速改变，煤矿安全监察工作必然受到影响。"既当运动员，又当裁判员"，这在道理上是行不通的，事实上也是无益的。国务院领导为此多次作出指示，要求升级煤矿安全监察局，要用100%的精力搞安全监察。特别是省局的领导同志，要态度坚决，责任明确，不能再犹豫不决。早分离一天，就早主动一些。我们已与中央编办协商，尽快下发一个文件，对分离工作作出明确规定。要积极稳妥地实施分离，做好人员调整、行业管理职能移交、资产和经费上划等工作。本着"人随事走，编制随人走"的原则，把原来省区政府编制内承担行业管理职能的业务处室及人员一并

---

① 杨焕宁，因严重违纪受到党纪政纪处分。

划出，尽快把行业管理职能移交给省级经贸委。20家省级煤矿安全监察局资产、经费上划工作目前已完成11家，另外9家也即将正式下文，争取5月底之前基本完成这方面工作。

2001年4月21日 国务院总理朱镕基签署国务院第302号令，发布施行《国务院关于特大安全事故行政责任追究的规定》，对地方人民政府领导人、政府有关部门负责人在防范特大安全事故方面应承担责任及责任追究办法，作出明确规定。

2001年4月22日 国家经贸委就国家安全生产监督管理局（国家煤矿安全监察局）《关于中国煤炭工业协会有关问题的请示》作出批复，明确国家安全生产监督管理局（国家煤矿安全监察局）领导中国煤炭工业协会党的建设和思想政治工作，指导、监管协会的财产和国有资产。

2001年4月30日 国家安全生产监督管理局、国家煤矿安全监察局印发局机关职能配置、内设机构和人员编制规定。机关行政编制160人，设置办公室（外事司、财务司）、政策法规司、信息与技术装备保障司、煤矿安全监察一司、煤矿安全监察二司、安全监督管理一司、安全监督管理二司、安全监督管理三司、人事培训司等9个职能司（室）和机关党委。

2001年7月23日 国务院安委会印发《国务院安全生产委员会工作规则》。分为总则、组成、安委会主要职责、安委会办公室主要职责、工作制度、附则6个部分。

2001年8月1日 国务院研究室《送阅件》第1142期登载李德水的文章《为什么特大事故连续不断》，指出其原因之一就是安全生产的管理体系不健全。"以前各个工业部都有管理安全生产的司，配备的力量很强，而且全行业从上到下都有一个完整的安全生产管理体系。1998年撤销了这些工业部，去年又撤销了9个国家工业局，是顺应社会主义市场经济体制的客观需要，实行政企分开的一项重大改革，无疑是完全正确的。同时还设立了国家安全生产监督管理局。应该说，改革方案的设计也是考虑得比较周到的。但也要看到，目前安全生产的监管力量和工作深度已远远不能与过去相比了。而且省地县的安全生产监督管理机构很不健全，不少省只在省经贸委中设了一个处"。由此提出建议：强化安全生产管理部门的职能和力量，"现在国家安全生产监督管理局是一套班子、三块牌子，共160人，职能很不健全，管理力量十分薄弱，手段和装备也非常落后。其大量精力放在事后处理，而事前预防和日常监管则力不从心。因此有人称之为安全生产消防局或安全生产事故处理局。建议考虑尽快组建一个全面负责监督管理安全生产与处理突发事故和灾害的正部级单位，大力强化安全生产监督管理职能和手段。地方各级也要有相应机构。这既是我国完善社会主义市场经济体制的迫切需要，也是与国际接轨的可行办法"。8月13日、14日，国务院副总理李岚清、吴邦国就此分别作出批示，要求国家经贸委等认真研究，强化部门安全生产责任制，严格实行责任追究制度。

2001年9月16日 《国务院办公厅关于进一步做好关闭整顿小煤矿和煤矿安全生产工作的通知》要求：凡加挂煤炭工业局牌子的省级煤矿安全监察局，2001年底之前都要完成机构、职能、人员的分离工作，使煤矿安全监察机构的工作重心真正转移到安全监察执法上来。

2001年9月20日 国务院副总理吴邦国在全国整顿关闭小煤矿和煤矿安全生产工作现场会上的讲话中，要求强化煤矿安全监察工作，尽快建立健全独立的、依法行政的煤矿安全监察系统。目前加挂煤炭工业局牌子的省级煤矿安全监察局，年底之前都要完成机构、职能和人员的分离，使煤矿安全监察机构的工作重心真正转移到煤矿安全监察上来。"这个问题我已强调多次，不尽快分开，安全监察部门既当运动员又当裁判员，是难以有效履行安全监察职能的。"

2002年2月5日 国家安全生产监督管理局（国家煤矿安全监察局）办公室印发外事中心职能配置、内设机构及人员编制方案。规定其内设综合处、合作处（培训处）、技术交流处（会议展览处）、信息与科技处、出国服务处。人员编制45名。

2002年3月29日 中央编办批复成立国家煤矿安全监察局北京煤矿安全监察办事处、新疆生产建设兵团煤矿安全监察办事处，为处级建制，由国家煤矿安全监察局管理。

2002年4月 国务院清理整顿临时性机构，撤销国务院安全生产委员会。

2002年5月 党中央、国务院任命王显政为国家安全生产监督管理局（国家煤矿安全监察局）党组书记、局长。

2002年6月24日 国务院安全生产委员会发出关于变更安委会成员的通知。王显政兼任安委会副主任、安委会办公室主任。

2002年6月29日 主席江泽民签发中华人民共和国主席令第七十号，公布《安全生产法》，规定国务院和县级以上地方各级人民政府应当加强对安全生产工作的领导，支持、督促各有关部门依法履行安全生产监督管理职责。国务院有关部门依照本法和其他有关法律、行政法规的规定，在各自的职责范围内对有关行业、领域的安全生产工作实施监督管理；县级以上地方各级人民政府有关部门依照本法和其他有关法律、法规的规定，在各自的职责范围内对有关行业、领域的安全生产工作实施监督管理。《安全生产法》的一系列规定，为中国建立健全安全生产监管体制提供了法律依据。

2002年7月4日 中央编办批复同意国家安全生产监督管理局对所属事业

单位进行调整的意见。

2002年7月9日 在国家安全生产监督管理局（国家煤矿安全监察局）召开的全国安全监管局局长座谈会上，党组书记、局长王显政提出要正确处理"五个关系"：一是国家安全监管局安全生产综合监管与相关部门安全生产专业管理的关系，既要指导、协调、监督各个行业领域的安全生产，又不能取代相关部门履行职能。二是国家安全生产监督管理与地方政府安全生产监督管理的关系，注意发挥和依靠地方政府的积极性。三是地区煤矿安全监察机构与地方政府煤炭行业管理部门的关系，把"裁判员"与"运动员"分开，搞清楚哪些事情属于中央政府派驻的煤矿安全监察执法机构的职责范围，哪些是地方政府的责任。四是安全生产监督管理与煤矿安全监察的关系，这两种职能在国家安全监管局（国家煤矿安监局）是合在一起的，但内部有分工，要相互配合，形成合力。五是国家煤矿安全监察局与煤炭工业协会等社团组织的关系，目前国家经贸委授权国家局，领导煤炭工业协会等社团组织党的建设和思想工作，指导监管其财务和国有资产，要注意发挥协会的作用。

2002年7月16日 中央编办发出关于省级煤矿安全监察局与煤炭工业局分离有关问题的通知。撤销挂在各个省级煤矿安全监察局的省（区、市）煤炭工业局牌子，省级煤炭行业管理职能交由省级经贸部门承担。省级煤炭工业局牌子撤销后，各省（区、市）经贸部门可设置专门处级机构承担所移交的煤炭行业管理职能。

2002年7月25日 根据中央编办《关于国家安全生产监督管理局所属事业单位调整的批复》，国家安全生产监督管理局（国家煤矿安全监察局）发出《关于华北高等专科学校等16家单位更名的通知》。其中6个单位的名称有实质性变更：①华北矿业高等专科学校（中国煤矿安全技术培训中心）更名为华北科技学院（中国煤矿安全技术培训中心）；②煤炭工业基本建设咨询中心更名为国家安全生产监督管理局（国家煤矿安全监察局）矿山救援指挥中心；③中国煤炭报社更名为中国安全生产报社，加挂中国煤炭报社的牌子；④煤炭总医院加挂国家安全生产监督管理局（国家煤矿安全监察局）矿山医疗救护中心的牌子；⑤煤炭工业展览中心加挂国家安全生产监督管理局（国家煤矿安全监察局）宣传教育中心的牌子；⑥国家经贸委安全科学技术研究中心（国家经贸委事故调查分析中心）更名为国家安全生产监督管理局安全科学技术研究中心（国家安全生产监督管理局事故调查分析中心）。其他10个单位则将冠称由煤炭（煤炭工业、国家煤炭工业局）更改为安全生产（国家安全生产监督管理局）。

2002年8月13日 国务院副总理吴邦国在原劳动部职业安全卫生监察局局

长苏毅勇所推荐的一篇关于完善中国安全生产监管体制的文章①上作出批示：要求在总结这几年抓安全生产工作实践的基础上，学习国外先进经验，认真研究完善中国安全生产监管体制问题；强调"国家安全监管体制应该把执法监督与行政管理职能分离，具有独立性和权威性"。

2002年9月13日 国家安全生产监督管理局、国家煤矿安全监察局批复同意新疆生产建设兵团安全生产监督管理局与新疆生产建设兵团煤矿安全监察办事处合署办公。

2002年9月19—20日 国务院在河南郑州召开全国关闭整顿小煤矿及煤矿安全生产现场会。国务院副总理吴邦国在讲话中要求：已经加挂煤炭工业局牌子的省级煤矿安全监察局，年底之前都要完成机构、职能和人员的分离，使煤矿安全监察机构的工作重心真正转到监察上来，保障煤矿安全生产。

2002年9月24日 在国务院安全生产委员会第三次全体会议（当届政府）上，国务院副总理吴邦国指出：安全生产监管工作，没有机构不行。现在还有7个省没有建立安全生产监督机构。没有机构，就不能责任到位。出了事找谁，就找省长。省长直接负责。《安全生产法》11月1日开始施行。法律规定了县级以上政府都要成立安全生产监督管理机构。下一步要研究安全生产工作的长远建设应该怎么搞，安全生产监管机构怎么搞，县以上机构如何落实，矿山安全监察、煤矿安全监察如何开展工作。

2002年9月25日 国家安全生产监督管理局、国家煤矿安全监察局、北京市人民政府印发《北京市安全生产监督管理局与北京煤矿安全监察办事处合署办公问题商谈纪要》。

同日 国家煤矿安全监察局党组印发《关于加强煤矿安全监察队伍建设的决定》。

2002年10月13日 广东省出台《安全生产条例》，规定安全生产监督管理部门可以根据安全生产监督管理工作的需要配备安全生产工作监察员，安全生产工作监察员由当地安全生产监督管理部门提名。经省安全生产监督管理部门审核，由当地人民政府任命。

2002年10月14日 国务委员、国务院秘书长王忠禹在中国工程院报送的

---

① 该文章为安全科学技术研究中心主任刘铁民发表在《劳动保护》上的《好雨知时节，当春乃发生》。文章提出了把安全生产执法监察与行政管理分离的观点。作者认为安全监察是代表国家行使执法行为，而管理则主要是企业自身的责任；国家安全监察是国家安全监管部门对企业和地方政府、行业主管部门安全管理行为的监督，不能承担管理的义务，更不能代替行业主管部门的管理行为，否则很难避免"既是运动员又是裁判"的现象。

《关于加强和改进安全生产工作的建议》上批示，要求对改革安全生产监管体制问题进行认真研究，"通过深化体制改革，解决安全管理与安全监察不分和体制不顺问题"。

2002年10月17日 国家安全生产监督管理局、国家煤矿安全监察局印发煤炭工业展览中心（安全生产宣传教育中心）职责范围、机构设置及人员编制方案。规定煤炭工业展览中心（安全生产宣传教育中心）为国家安全生产监督管理局（国家煤矿安全监察局）所属事业单位，主要承担煤炭工业和安全生产方面的展览，以及安全生产宣传教育的组织实施工作，为国家安全生产监督管理和煤矿安全监察提供舆论支持和思想保障。内设办公室（人事部、财务部）、宣传策划部、新闻办公室、展览部，二级机构为安全文化研究所。事业编制70名。

2002年10月 国家安全生产监督管理局（国家煤矿安全监察局）矿山医疗救护中心在北京煤炭总医院成立，首批矿山医疗救护技术专家组同时组建。

2002年12月4日 中共中央办公厅《综合与摘要》第31期《当前全国安全生产工作情况及建议》一文指出：安全生产监管体制和工作机制不完善，监控手段和装备落后。安全监管力量与安全生产的要求不相适应，是当前的突出问题。因此要"继续推进省、地（市）、县三级安全生产监管机构建设，逐步建立覆盖全国的集法律法规、信息工程、宣传、培训、技术保障、应急救援等为一体的安全生产支撑保障体系。

2002年12月30日 国家安全生产监督管理局（国家煤矿安全监察局）印发《关于完善安全生产监督管理和煤矿安全监察工作机制的意见》，提出要建立高效务实、精简效能、上下贯通、权威性强的安全生产监管、监察体制，逐步形成目标明确、责任清晰、考评严格、激励有效、约束有力、规范有序、依法行政的工作运行机制。

2002年12月31日 在国务院安全生产委员会第四次会议上，国家安全生产监督管理局局长王显政在工作汇报中，建议进一步健全完善全国安全生产监管体系，针对安全机构设置方面存在的问题，从市场经济条件下政府对安全生产实施有效监管的实际需要出发，依据《安全生产法》，进一步理顺体制，健全机构，完善体系，做到编制、职责、人员、经费"四落实"，形成国务院统一领导，地方政府负责，安全监管部门综合监管，相关部门协调配合，企业自主约束的安全生产监管体制和运行机制。上述意见建议得到国务院领导的原则赞同。

2003年1月21日 国家安全生产监督管理局、国家煤矿安全监察局就局党校《关于党校办学体制机构编制等有关问题的意见》作出批复。党校在局党组直接领导下，依托华北科技学院办学。按照精简、统一、效能的原则，党校下设办公室、培训部。编制暂定6名,由华北科技学院内部调剂解决。

2003年1月23日 国家煤矿安全监察局发出《关于同意原煤炭工业部煤矿安全标准化技术委员会更名的复函》,同意将原煤炭工业部煤矿安全标准化技术委员会更名为煤矿安全标准化技术委员会。

2003年2月20日 国家安全生产监督管理局(国家煤矿安全监察局)发出关于印发矿山救援指挥中心职责范围、机构设置及人员编制方案的通知。规定矿山救援指挥中心为局属事业单位,是国家矿山应急救援体系的主要载体,受局委托组织协调全国矿山应急救援工作,并承担国家矿山救援委员会办公室的日常工作。其职责范围:组织协调全国矿山应急救援工作;负责国家矿山应急救援体系建设工作;组织起草有关矿山救援方面的规章、规程和安全技术标准;承办矿山应急救援新技术、新装备的推广应用工作;负责全国矿山救护比武、矿山救护队伍资质认证工作,承办全国矿山救护技术培训工作;承办有关国际矿山救护技术交流与合作项目;完成局交办的其他事项。内设综合处、救援处、技术处、管理处。事业编制30名。

2003年3月10日 第十届全国人民代表大会第一次会议批准国务院机构改革方案,国家安全生产监督管理局(国家煤矿安全监察局)由国家经贸委管理调整为国务院直属机构(副部级),负责全国安全生产综合监督管理和煤矿安全监察工作。21日,国务院印发关于国务院机构设置的通知,决定调整国家安全生产监管体制,国家安全生产监督管理局调整为国务院直属机构,与国家煤矿安全监察局"一个机构、两块牌子"。

2003年3月21日 国务院发出关于议事协调机构和临时机构设置的通知。国务院安全生产委员会不在继续保留的序列之中。

同日 国家安全生产监督管理局、国家煤矿安全监察局批复同意煤炭科学研究总院加挂矿山安全科学研究院牌子。

2003年3月26日 中共中央政治局常委、国务院副总理黄菊主持会议专题研究安全生产工作。会议就"完善安全生产监管体系"议定如下:国家安全生产监督管理局(国家煤矿安全监察局)要进一步理顺职责,加强对安全生产综合监督管理和对煤矿的安全监察,尽快建立统一高效、运转协调、行为规范的安全生产监管机构。同时要加强对地方安全生产监督管理机构的指导,积极与地方党委、政府沟通,取得地方的更大支持,加快完成地方安全生产监管机构组建。国务院副秘书长尤权出席会议。中央编办、国家安全监管局(国家煤矿安监局)负责人参加会议。

同日 国家安全生产监督管理局(国家煤矿安全监察局)矿山救援指挥中

心挂牌。局长王显政出席挂牌典礼并讲话。

2003年4月8日 中共中央政治局常委、国务院副总理黄菊在全国安全生产电视电话会议上的讲话中,要求新组建的国家安全生产监管机构要进一步增强责任感和紧迫感,加强与有关部门的沟通和协调,尽快理顺职责,抓紧落实力量,依法加强对全国安全生产的综合监督管理和对煤矿的安全监察,加强对地方安全生产监管机构工作的指导。要求各级地方政府尽快建立健全地方安全生产监管机构,支持、督促其尽快依法对本行政区域内的安全生产工作履行综合监督管理职责。在全国范围内形成"政府统一领导、部门依法监管、企业全面负责、社会监督支持"的安全生产工作格局。

2003年4月17日 国家安全生产监督管理局(国家煤矿安全监察局)批复同意将煤炭工业安全标志办公室更名为矿用产品安全标志办公室。

2003年4月23日 国家安全生产监督管理局(国家煤矿安全监察局)批复同意中国矿业大学(北京)校区加挂安全科学技术学院牌子。

2003年5月2日 总理温家宝在潘家铮院士关于大坝安全问题的来信上批示:应明确大坝安全监察机构的归属,并完善管理制度。

2003年5月20日 国家安全生产监督管理局致函民政部:"根据第十届全国人民代表大会第一次会议批准的国务院机构改革方案和《国务院关于机构设置的通知》,我局现已调整为国务院直属机构,请将中国索道协会(等)的业务主管单位由原国家经贸委变更为国家安全生产监督管理局"。

同日 国家安全生产监督管理局发出关于劳动保护科学技术学会内设机构的复函,同意该会内设办公室、会员联络部、调查研究部、科技交流部、教育培训部,并按照《社会登记管理条例》的有关规定办理备案手续。

2003年5月22日 国家安全生产监督管理局同意中国劳动保护科学技术学会更名为中国职业安全健康协会。

2003年6月9日 国家煤矿安全监察局下发《关于国家煤矿安全监察局直属煤矿安全监察办事处干部管理工作的意见》。就办事处干部职位设置、任免、工资审批、人事档案管理、干部调配、公务员身份确认等作出规定。

2003年6月20日 国务院办公厅下发《关于进一步加强煤矿安全生产的通知》。要求"县级以上地方人民政府要依照《安全生产法》的规定,建立健全安全生产监管机构,充实必要的人员,加强安全生产监管队伍建设,提高安全生产监管工作的权威,切实履行安全生产综合监督管理职能"。

2003年7月1日 中共中央组织部发文任命孙华山、梁嘉琨为国家安全生产监督管理局(国家煤矿安全监察局)党组成员。14日,国务院发文任命孙华山、梁嘉琨为国家安全生产监督管理局（国家煤矿安全监察局）副局长。

2003年7月15日 国家安全生产监督管理局、国家煤矿安全监察局发出关于矿山医疗救护中心职责范围及机构设置的复函。规定矿山医疗救护中心为国家安全生产监督管理局（国家煤矿安全监察局）所属事业单位，与煤炭总医院一个机构，两块牌子。矿山医疗救护中心作为矿山应急救援体系的载体之一，受国家安全生产监督管理局（国家煤矿安全监察局）委托，主要承担指导、协调全国矿山医疗救护有关工作。在煤炭总医院现有机构设置的基础上，增设综合处、创伤救护处、医疗科技处。中层干部职数由14名增至20名。

2003年7月28日 国家安全生产监督管理局（国家煤矿安全监察局）批复同意煤炭信息研究院加挂安全生产信息研究院牌子。

2003年8月6日 国家安全生产监督管理局就调整煤炭信息研究院、煤炭工业职业医学研究所主管部门一事，向中央编办作出请示。2004年4月27日，中央编办批复同意该两个单位由挂靠中国煤炭工业协会，改由国家安全生产监督管理局（国家煤矿安全监察局）管理。

2003年8月19日 为贯彻落实总理温家宝、副总理黄菊关于从体制、机制、投资等方面采取措施解决煤矿事故多发问题的指示精神，国务院秘书长华建敏主持召开会议，专题研究加强煤矿安全生产问题。会议纪要提出了安全生产监管体制方面的一些重要问题："对会议讨论中提出的国务院机构改革后、原经贸委管理的工矿商贸企业安全生产的监督管理职能问题，明确煤矿安全监察局与地方政府在煤矿安全管理方面的职责分工、提高升级安全监管局的权威性问题，以及关于加强国务院安全生产组织领导问题等，请中央编办会同有关部门进一步研究提出意见"。

2003年8月27日 国务院总理温家宝主持召开国务院常务会议，决定恢复国务院安全生产委员会（该委员会2001年成立，2003年3月撤销）。随后，国务院办公厅下发《关于成立国务院安全生产委员会的通知》。恢复后的国务院安委会由中央政治局常委、国务院副总理黄菊兼任主任；国务委员兼国务院秘书长华建敏、国家安全监管局（国家煤矿安监局）局长王显政、国务院副秘书长尤权为副主任。

2003年8月28日 国家安全生产监督管理局、国家煤矿安全监察局批复同意内蒙古自治区拟设立的安全生产监督管理局，与内蒙古煤矿安全监察局合署办公。合署办公后仍使用各自名称开展工作。内蒙古自治区安全生产监督管理局局长由内蒙古煤矿安全监察局局长担任；两局副职不交叉任职。两局正职由国家煤矿安全监察局党组和内蒙古自治区党委共同考察、分别任免，副职按照有关规定进行考察、分别任免。两局合署办公后，原人事工资关系及财务渠道不变。

2003年9月26日 中共中央政治局常委、国务院副总理黄菊就专报信息《煤矿安全生产的国际经验与我国的对策》一文作出批示，要求国家发展改革委、国家安全监管局和中央编办等部门，结合国务院安全生产委员会的设立，一并进行研究。

2003年10月14日 党的十六届三中全会通过的《中共中央关于完善社会主义市场经济体制若干问题的决定》，要求"继续改革行政管理体制，加快形成行为规范、运转协调、公正透明、廉洁高效的行政管理体制；强调要"完善安全生产监管体系"。

2003年10月23日 中央编办印发《关于国家安全生产监督管理局（国家煤矿安全监察局）主要职责、内设机构和人员编制调整意见的通知》。规定国家安全生产监督管理局（国家煤矿安全监察局）是国务院主管安全生产综合监督管理和煤矿安全监察的直属机构，国家安全生产监督管理局与国家煤矿安全监察局一个机构、两块牌子，涉及煤矿安全监察方面的工作，以国家煤矿安全监察局的名义实施。机关行政编制由160人增加到192名。

2003年10月29日 国务院办公厅发出关于成立国务院安全生产委员会的通知。通知说：为加强对全国安全生产工作的统一领导，促进安全生产形势的稳定好转，保护国家财产和人民生命安全，经国务院同意，成立国务院安全生产委员会。国务院副总理黄菊为安委会主任。副主任由华建敏（国务委员兼国务院秘书长）、王显政（国家安全监管局、国家煤矿安监局局长）、尤权（国务院副秘书长）担任。安委会办公室设在国家安全监管局（国家煤矿安监局），办公室主任由国家安全监管局（国家煤矿安监局）局长王显政兼任，副主任由副局长赵铁锤、王德学、孙华山、梁嘉琨担任。

2003年11月2日 国家安全生产监督管理局发出《转发中央编办关于国家安全生产监督管理局（国家煤矿安全监察局）主要职责、内设机构和人员编制调整意见的通知》。指出：中央编办的调整意见，体现了党中央、国务院对安全生产工作的高度重视，增强了国家安全生产监督管理局（国家煤矿安全监察局）作为国务院直属机构和国务院安全生产委员会办公室的权威性，进一步明确了国家安全生产监督管理局（国家煤矿安全监察局）和国务院安委会办公室的各项职责，是国家安全生产监督管理局（国家煤矿安全监察局）依法履行职责，加强全国安全生产综合监督管理和煤矿安全监察工作的重要依据。

2003年11月10日 政协全国委员会办公厅印发《当前煤炭工业存在的主要问题和对策建议》，提出完善煤炭监管体制，加强行业监管的具体意见：及早组建国家煤炭管理机构,"统筹资源的合理配置,制定煤炭工业发展规划和产业政策,完善法律法规和质量标准,加强结构调整和节能、环保,实施对煤矿基本建设和安全生产的监管"。

2003年11月13日 国务院安全生产委员会成立并召开第一次会议,副总理黄菊在会上指出:要督促各省、区、市尽快建立县级以上各级安全生产监督管理机构,充实必要的人员,加强安全监管队伍建设。提高安全生产监管工作的权威,努力形成统一高效、运转协调、行为规范的安全生产监管体系;要着手研究建立全国安全生产应急救援体系,提高应对重大事故的能力。

2003年11月21日 国家安全生产监督管理局(国家煤矿安全监察局)发出国家安全监管局(国家煤矿安监局)内设机构主要职责、处室设置和人员编制调整意见的通知。

2003年11月28日 国务院安委会发出《关于印发国务院安全生产委员会工作规则的通知》。规则分为总则、安委会主要职责、安委会办公室主要职责、工作制度和附则。

2003年12月15日 国家安全生产监督管理局(国家煤矿安全监察局)发出《关于贵州省安全生产监督管理机构设置问题的复函》,同意贵州省拟设立的安全生产监督管理局与贵州煤矿安全监察局实行合署办公。两局合署办公后,贵州煤矿安全监察局仍执行国家煤矿安全监察局办公室印发的《贵州煤矿安全监察局职能配置、内设机构和人员编制方案》;贵州省安全生产监督管理局、贵州煤矿安全监察局仍使用各自名称开展工作。贵州省安全生产监督管理局局长由贵州煤矿安全监察局局长担任;两局副职不交叉任职。两局正职由国家煤矿安全监察局党组和贵州省委共同考察、分别任免,副职按照有关规定进行考察、分别任免。两局实行合署办公后,原人事工资关系及财务渠道不变。

2003年12月16日 中央编办在对《国务院关于进一步加强安全生产工作的决定(意见稿)》的复函中指出:目前在矿山紧急救援体系建设和矿山救护方面,国家安全生产监督管理局矿山救援指挥中心承担着具体的组织协调工作,国家安全生产监督管理局矿山医疗救护中心负责事故中伤亡人员的救援工作;一些事故多发的地方设有省级救护机构;一些矿山也有救护队伍。在加强安全生产应急救援体系建设时,应统筹考虑,充分利用现有的资源。"乡镇一级是否设立专门的监管机构,建议在《决定》中不明确规定,由地方政府根据实际情况决定"。

2004年1月5日 国家安全生产监督管理局(国家煤矿安全监察局)印发调度中心职责范围、机构设置和人员编制方案。规定调度中心为局所属比照公务员管理的事业单位，主要负责综合管理全国安全生产调度、统计信息工作和为煤矿安全监察服务的煤炭行业调度、统计信息及经济运行分析工作。内设综合处、调度处、安全统计处、行政执法统计处、信息管理处、煤炭经济运行处、煤炭行业统计处。事业编制31名。

2004年1月9日 《国务院关于进一步加强安全生产工作的决定》要求加强地方各级安全生产监管机构和执法队伍建设。县级以上各级地方人民政府要依照《安全生产法》的规定，建立健全安全生产监管机构，充实必要的人员，加强安全生产监管队伍建设，提高安全生产监管工作的权威，切实履行安全生产监管职能。完善煤矿安全生产监察体制，进一步加强煤矿安全生产监察队伍建设和监察执法工作；加快全国生产安全应急救援体系建设，尽快建立国家生产安全应急救援指挥中心，充分利用现有的应急救援资源，建设具有快速反应能力的专业化救援队伍，提高救援装备水平，增强生产安全事故的抢险救援能力。加强区域性生产安全应急救援基地建设。

2004年1月18日 中共中央政治局常委、国务院副总理黄菊在全国安全生产工作会议上发表讲话，强调要大力推进安全生产监管体制、安全生产法制和执法队伍"三项建设"。要健全完善安全生产监管体系，切实加强安全监管机构和队伍建设，切实解决一些省区的安全监管机构不健全，权威性不够，监管力量不足，监管手段和设施条件不完备等问题。

2004年2月3日 国家煤矿安全监察局复函同意依托焦作矿业学院成立煤矿安全工程技术研究中心。

2004年2月5日 广东省佛山市顺德区人民政府发出通知，批准同意区经济贸易局的请示意见：委托区内各镇人民政府、街道办事处依法行使政府安全生产监督管理的部分职能。4月10日，国家安全监管局在佛山召开全国非公有制企业安全生产监督管理现场会，总结推广了顺德区等地通过乡镇街道委托执法、建立注册安全工程师制度等方法途径，加强非公有制安全生产监督管理的经验。

2004年2月10日 湖南省政府作出《关于进一步加强安全生产工作的决定》，提出"乡镇政府、街道办事处应当设立安全生产监督管理站，配备专职安全生产监察员，并由市州政府安全生产监管部门考核发证"。

2004年2月11日 山东省政府作出《关于进一步加强安全生产工作的决定》，要求县级以上政府建立健全安全生产监管机构，调整充实工作人员，保障办公经费和工作条件，不断完善"三级机构、四级网络"。安全生产监管任务较重的市、县（市、区）年内要建立安全生产监察大队，其他市、县（市、区）也要在三年内逐步建立。充分利用现有应急救援资源，组建具有快速反应能力的专业化救援队伍，提高救援装备水平，增强抢险救援的能力。

2004年2月16日 总理温家宝主持召开国务院常务会议，研究进一步加强安全生产的有关问题。会议要求各级领导一定要高度重视安全生产工作，放在经济社会发展的重要位置，列入各级领导工作的重要议程，常抓不懈，防患于未然。

2004年2月17日 国家安全生产监督管理局（国家煤矿安全监察局）发出关于甘肃省安全生产监督管理机构设置问题的复函。同意甘肃省拟新组建的安全生产监督管理局与甘肃煤矿安全监察局合署办公。两局合署办公后，甘肃煤矿安全监察局仍执行国家煤矿安全监察局办公室印发的《甘肃煤矿安全监察局职能配置、内设机构和人员编制方案》；甘肃省安全生产监督管理局、甘肃煤矿安全监察局仍使用各自名称开展工作。甘肃省安全生产监督管理局局长由甘肃煤矿安全监察局局长担任。

2004年3月2日 国务院国资委发函，同意将中国民用爆破器材流通协会的主管单位变更为国家安全生产监督管理局（国家煤矿安全监察局）。

2004年3月10日 国家安全生产监督管理局发出关于贯彻落实《国务院关于进一步加强安全生产工作的决定》的指导意见，要求"各级安全生产监管部门要以《决定》为依据，加强与相关地方人民政府的沟通协调，指导督促其尽快建立能够独立履行《安全生产法》执法主体职责的安全生产综合监管机构，并落实编制、人员和经费，切实提高其权威性。工矿企业较多、安全生产任务较重的乡镇，也要设立相应的安全生产监管机构，配备专业监管人员。通过努力，尽快形成权责明确、行为规范、监督有效、保障有力的安全生产监管体系，为加强安全生产工作提供组织保证"；同时要"巩固和完善煤矿安全监察体制，加强煤矿安全监察执法工作"。

2004年3月11日 国家安全监管局（国家煤矿安监局）办公室发出《关于同意煤炭工业职业医学研究所加挂矿山职业卫生研究中心牌子的复函》。

2004年4月7日 国务院国资委发函，同意国家安全生产监督管理局（国家煤矿安全监察局）作为煤炭信息研究院和煤炭工业职业医学研究所的主管单位。

同日 中央编办发出《关于化学品登记中心变更隶属关系的批复》。同意将国家化学品登记注册中心从中国石化集团公司划出，由国家安全生产监督管理局管理，并更名为国家安全生产监督管理局化学品登记中心，事业编制25名。

2004年5月9日 河南省政府发出《贯彻落实国务院关于进一步加强安全生产工作决定的实施意见》，明确"县级以上各级地方政府要建立健全安全生产监管机构，充实必要的人员，加强安全生产监管队伍建设，提高安全生产监管工作的权威，切实保障安全生产监管机构履行安全生产监管职能"；"安全生产监管任务较重的市、县（市）应当建立安全生产执法监察队伍"；"负有安全生产监管职责的部门应当设立或明确负责本系统安全生产监管的机构，配备与监管工作相适应的人员"；"建立健全覆盖省、市、县（市、区）、乡镇（街道办事处）、村、生产经营单位各层次的安全生产管理网络，切实强化安全生产基层、基础工作"。

2004 年 5 月 19 日　国务院办公厅下发《关于调整国务院安全生产委员会组成人员的通知》。调整后，中央政治局常委、国务院副总理黄菊为安委会主任。

2004 年 5 月 24 日　中央机构编制委员会办公室《关于信息、水利领域安全生产监管职责分工意见的复函》，回顾了各部门安全生产监管职责的演变情况：1998 年以前各行业主管部门分别负责本行业的安全生产管理工作；1998 年国务院机构改革，劳动部和机械、冶金等由部改为局的工业部门承担的安全生产管理职责划入了国家经贸委，交通、水利、信息产业、建设等部门承担的安全生产管理职责未做调整，仍继续承担；2000 年国家经贸委管理的国家局改革，国家经贸委承担的安全生产监督管理职责划入了新组建的国家安全生产监督管理局，交通、水利、信息产业、建设等部门仍继续承担本行业安全生产监督管理职责，未做调整。2003 年国家安全生产监督管理局改为国务院直属机构，也未对安全生产监管部门职责分工做调整，但通过《关于国家安全生产监督管理局（国家煤矿安全监察局）主要职责、内设机构和人员编制调整意见的通知》（中央编办发〔2003〕15 号），进一步明确了国家安全生产监督管理局与各行业主管部门的关系，即公安、交通、铁路、民航、水利、建设、国防科技、邮政、信息产业、旅游、质检、环保等国务院部门具体负责本行业或领域内的安全生产监督管理工作并承担相应的行政监管责任；国家安全生产监督管理局从综合监督管理全国安全生产工作的角度，指导、协调和监督这些部门的安全生产监督管理工作。中央编办的复函指出：据此，我们认为，信息产业、水利领域的安全监管职责分工是：信息产业部、水利部具体负责信息产业、水利领域的安全生产监督管理工作并承担相应的行政监管责任，国家安全生产监督管理局从综合监督管理全国安全生产工作的角度，指导、协调和监督这些部门的安全生产监督管理工作，这种分工与部门是否有直属企业无关。

2004 年 6 月 18 日　国家安全生产监督管理局和中国石油化工股份有限公司在中国石油化工股份有限公司青岛安全工程研究院，就国家安全生产监督管理局化学品登记中心管理体制的有关问题进行了商谈。议定：安全工程院与登记中心实行"两块牌子，一套班子"，登记中心的领导由安全工程院领导兼任，领导班子调整由中石化股份公司与国家安全监管局共同考核，分别任免；登记中心25人列入国家安全监管局事业单位编制。登记中心干部人事、劳动工资关系及福利待遇仍执行安全工程院的现行规定，由安全工程院管理；登记中心作为国家安全生产监督管理局二级预算单位，实行独立核算，单独建账，执行事业单位财会制度。安全工程院从中央财政拨款（科学事业费）中每年核拨经费50万元作为登记中心的事业费。登记中心的办公和实验条件等依托安全工程院，由安全工程院无偿提供使用；登记中心业务工作接受国家安全监管局领导；综合业务、行政后勤及党群工作由安全工程院统一管理，登记中心不再单独设置机构。

2004年6月24日 国务院办公厅下发《关于加强中央企业安全生产工作的通知》，明确要求按照分级、属地管理原则，由国家、省（区、市）、市（地）三级安全生产监督管理部门，国务院有关部门及其设在各省（区、市）、市（地）的有关机构，以及各省（区、市）、市（地）人民政府有关部门，按照职责分工负责，对中央企业安全生产进行监督管理。中央企业的总公司（总厂、集团公司）安全生产监督管理工作，由国家安全监管局及国务院有关部门按照职责分工负责。省（区、市）、市（地）安全生产监督管理部门在同级人民政府统一领导下，分别负责本行政区域内工矿商贸中央企业的分公司、子公司及其所属单位的安全生产监督管理工作。其他中央企业在各省（区、市）、市（地）、县（市）的分公司、子公司及其所属单位安全生产监督管理工作，分别由省（区、市）、市（地）人民政府有关部门及国务院有关部门设在各省（区、市）、市（地）的有关机构负责。

2004年6月25日 中共中央政治局常委、国务院副总理黄菊在国务院安全生产委员会全体会议上指出：国家安全监管局既是国务院的直属机构，也是国务院安委会的办事机构，要在抓好专业监管和综合监管的基础上，将国务院安委会办公室的职能履行好。安委会成员单位特别是公安、交通、水利、建设、农业、旅游等安全生产监管任务较重的部门，首先要履行好本部门安全生产监管职责，同时要主动配合其他部门抓好监管工作，形成各部门相互支持、协调一致、共同推进安全生产的工作格局。

2004年7月7日 国家安全生产监督管理局（国家煤矿安全监察局）办公室印发《煤炭工业人才交流中心（职业安全技术培训中心）职责范围、内设机构和人员编制方案》。规定培训中心为局所属事业单位，是安全生产培训体系的载体。主要负责组织实施全国职业安全技术培训，承担局人才信息交流工作，为局职业安全技术培训和人才信息交流工作提供技术支持和保障。内设6个处级机构，即综合处（人事处）、培训一处（IC卡管理办公室）、培训二处、人才信息交流处、财务处、经营开发处。人员编制25名。

同日 北京市政府发出《贯彻落实国务院关于进一步加强安全生产工作决定的若干意见》，提出到2008年，健全完善适应首都经济社会发展的安全生产监管体系；各区县政府都要健全安全生产监管机构，建立安全生产专业执法队伍，落实编制、人员和经费，为开展安全生产监管和执法工作提供必要的条件，保障安全生产监管机构和执法队伍有效履行职责。街道办事处、乡镇政府也要明确安全生产监管工作机构或人员，具体负责本辖区安全生产工作。

2004年7月15日 中央编办批复同意煤炭工业展览中心更名为国家安全生产监督管理局（国家煤矿安全监察局）安全生产宣传教育中心，加挂煤炭工业展览中心的牌子，事业编制70名不变；中国煤炭工业发展研究咨询中心更名为国家安全生产监督管理局（国家煤矿安全监察局）研究中心，加挂中国煤炭工业发展研究中心的牌子，经费自理，事业编制40名不变；中国煤矿工人北戴河疗养院加挂国家安全生产监督管理局（国家煤矿安全监察局）职业安全技术培训中心北戴河中心的牌子，事业编制320名不变；中国煤矿工人大连疗养院加挂国家安全生产监督管理局（国家煤矿安全监察局）职业安全技术培训中心大连中心的牌子，事业编制225名不变；中国煤矿工人昆明疗养院加挂国家安全生产监督管理局（国家煤矿安全监察局）职业安全技术培训中心昆明中心的牌子，经费自理，事业编制150名不变。

2004年8月2日 国家安全生产监督管理局（国家煤矿安全监察局）办公室发文公布非常设机构清理结果。国家安全生产监督管理局（国家煤矿安全监察局）原有的40个非常设机构，予以撤销9个、合并1个，继续保留30个（其中需要调整组成人员的26个）。

2004年9月2日 国务委员华建敏在第二届中国国际安全生产论坛开幕式上的致辞中指出：搞好安全生产，维护劳动者的生命安全和身心健康，是社会文明进步的标志，也是中国政府始终坚持的一项基本政策。改革开放以来特别是近年来，我国政府在加快推进工业化进程、保持国民经济持续快速健康发展的同时，非常注重安全生产工作。通过改革和完善安全生产监管体制，初步建立了覆盖全国的统一高效的安全监管、监察体系。

2004年9月8日 中央机构编制委员会批复同意国家安全生产监督管理局（国家煤矿安全监察局）安全生产宣传教育中心（煤炭工业展览中心）更名为国家安全生产监督管理局（国家煤矿安全监察局）宣传教育中心（煤炭工业展览中心），人员编制不变。

2004年9月16日 中央机构编制委员会批复同意国家安全生产监督管理局安全科学技术研究中心（国家安全生产监督管理局事故调查分析中心）更名为中国安全生产科学研究院，事业编制仍为128名，其中23名经费自理。

2004年10月8日 国家安全生产监督管理局办公室印发《国家安全生产监督管理局化学品登记中心职责范围、机构设置和人员编制方案》。规定化学品登记中心为国家安全生产监督管理局所属事业单位，受国家安全生产监督管理局委托，承担全国危险化学品登记、化学品危险性鉴别分类。化学事故应急响应工作及相关技术管理、培训和咨询工作，为全国危险化学品安全监督管理提供技术支持。内设5个部门（综合部、登记注册部、应急响应部、鉴别分类部、研究开发部），事业编制25名。

2004年11月4日 国务院办公厅下发《关于完善煤矿安全监察体制的意见》。要求按照权责一致和充分发挥各方面积极性的原则，建立完善"国家监察、地方监管、企业负责"的煤矿安全生产工作格局。在湖北、广东、广西、青海、福建5省（自治区）增设煤矿安全监察局。将煤矿安全监察办事处更名为区域性监察分局。

2004年11月25日 广东省政府作出《关于进一步加强安全生产工作的决定》，要求全省各级政府按照《安全生产法》和机构改革有关规定，健全和完善安全生产监督管理机构，充实人员力量。乡镇政府要切实按照《广东省乡镇安全生产监督检查员管理办法》，根据本地的实际和工作需要配备专职或兼职的乡镇安全生产监督检查员，逐步建立起完善的乡镇安全生产监管网络。实施市、县、乡镇三级安全生产巡查制度。加强安全生产监管队伍建设，切实提高行政执法队伍的素质，努力建设一支思想过硬、作风优良、业务精通、纪律严明、文明执法的安全生产行政执法队伍。

2004年11月26日 国家安全生产监督管理局（国家煤矿安全监察局）办公室发函，同意中国煤炭科技博物馆加挂中国矿业安全博物馆牌子。

2004年12月1日 民政部批复同意中国劳动保护工业企业协会更名为中国安全生产协会。

2004年12月14日 国家安全生产监督管理局办公室印发《关于进一步明确海洋石油作业安全办公室有关工作职责的通知》。

2005年1月7日 国家安全生产监督管理局（国家煤矿安全监察局）办公室发出《关于印发煤炭信息研究院（安全生产信息研究院）职责范围、机构设置和人员编制方案的通知》。规定信息研究院为国家安全生产监督管理局（国家煤矿安全监察局）所属事业单位。信息研究院以实施"科技兴安"战略，推进科技进步为宗旨，面向安全生产领域和煤炭行业，是从事安全生产信息和煤炭信息研究的公益性科研机构；以安全生产和煤炭工业信息研究为依托，开发利用信息资源，为安全生产工作和煤炭行业发展提供信息支持和保障，为社会和企事业单位提供咨询和技术服务，是安全生产信息体系建设的重要载体。内设6个职能处（室）、9个二级机构。事业编制628名（含煤炭工业出版社240名、煤炭工业音像出版社36名）。其中院长1名，副院长4名；中层干部职数55名。

2005年1月12日 国务院国资委发函，同意将其联系的中国化工安全卫生技术协会的主管单位变更为国家安全生产监督管理局。

2005年1月17日 中共中央政治局常委、国务院副总理黄菊在全国安全生产工作会议上发表讲话，强调要建立齐抓共管的安全生产工作格局，形成严密的安全生产责任体系；完善的安全生产监管体系和素质精良、执法严格的安全监管队伍，是保证安全生产的主要力量；地方各级人民政府要按照国务院《关于进一步加强安全生产工作的决定》要求，尽快建立健全安全生产监管机构，充实必要的监管人员，增强安全监管工作的权威性。

2005年1月19日 在国家安全生产监督管理局（国家煤矿安全监察局）召开的全国安全生产工作会议上，进行了中国安全生产科学研究院的揭牌仪式。

2005年1月21日 中央编办、国家煤矿安全监察局联合发出《关于组建福建、湖北、广东、广西、青海煤矿安全监察局有关事项的通知》。同意组建福建、湖北、广东、广西、青海煤矿安全监察局，为国家煤矿安全监察局的直属机构，实行国家煤矿安全监察局与省（自治区）人民政府双重领导、以国家煤矿安全监察局领导为主的管理体制。组建的湖北、广东、广西煤矿安全监察局为正厅局级建制，福建、青海煤矿安全监察局为副厅局级建制。核定福建、湖北、广西煤矿安全监察局行政编制各20名，广东、青海煤矿安全监察局行政编制各15名，均由国家煤矿安全监察局在已经核定的各地煤矿安全监察局行政编制总数中调剂解决。

同日 中央编办、国家煤矿安全监察局联合发出《关于煤矿安全监察办事处更名为监察分局的通知》。根据国务院办公厅《关于完善煤矿安全监察体制的意见》，将全国71个煤矿安全监察办事处更名为监察分局。监察分局名称统一为：××（省、自治区、直辖市）煤矿安全监察局××（区域名或地名）监察分局。更名后的监察分局机构规格和人员编制不变。

2005年2月4日 中央编办批复，同意中国安全生产科学研究院增加事业编制50名，其中20名财政补助事业编制从中国煤矿工人北戴河疗养院划转，30名经费自理事业编制从国家安全生产监督管理局（国家煤矿安全监察局）西郊招待所划转。调整后，中国安全生产科学研究院事业编制由128名增至178名，其中经费自理事业编制53名；中国煤矿工人北戴河疗养院事业编制由320名减为300名；国家安全生产监督管理局（国家煤矿安全监察局）西郊招待所经费自理事业编制由330名减为300名。

  同日 国家安全生产监督管理局（国家煤矿安全监察局）办公室印发《关于印发中国安全生产科学研究院职责范围、机构设置和人员编制方案的通知》。规定安科院为国家安全生产监督管理局（国家煤矿安全监察局）管理的科研事业单位。面向全国安全生产领域，以实施"科技兴安"战略，推动安全生产科技进步和科技创新为宗旨，是国家级公益型安全生产科研机构；面向各行各业，联系全国安全生产科研机构，充分利用社会科研资源，是安全生产技术支撑体系建设的重要载体；跟踪国际先进安全科学技术前沿，研究开发重大安全科研项目，开展安全科学学术交流，培养优秀安全科学人才，是引领安全科技发展方向的综合性研究机构。内设职能部室6个、科研所6个、技术服务单位6个。事业编制178名（财政补贴事业编制125名，经费自理事业编制53名）。其中院长1名，副院长3名，总工程师1名，中层干部职数36名。

  2005年2月7日 国家安全生产监督管理局（国家煤矿安全监察局）办公室发出《关于印发煤炭工业档案馆（局档案馆）职责范围、内设机构和人员编制方案的通知》。档案馆为国家安全生产监督管理局（国家煤矿安全监察局）所属事业单位，主要负责国家安全生产监督管理局（国家煤矿安全监察局）机关及所属单位的档案管理工作，为安全生产工作提供档案信息支持和保障。内设办公室、机关管理部、监督指导部、征集编研部、技术保管部、开发利用部，事业编制30名。

  2005年2月26日 国务院下发《关于国家安全生产监督管理局（国家煤矿安全监察局）机构调整的通知》。将国家安全生产监督管理局调整为国家安全生产监督管理总局（正部级），国家煤矿安全监察局单设，为国家安全生产监督管理总局管理的国家局。

  2005年2月28日 国家安全生产监督管理总局召开干部大会，中组部领导宣布了中央任命决定：李毅中任国家安全生产监督管理总局局长、党组书记，王显政任副局长、党组副书记，王德学、孙华山、梁嘉琨任副局长、党组成员，赵岸青任中央纪委驻国家安全生产监督管理总局纪检组组长、党组成员；赵铁锤任国家安全生产监督管理总局党组成员、国家煤矿安全监察局局长，付建华、王树鹤任国家煤矿安全监察局副局长。国务委员兼国务院秘书长华建敏出席会议并讲话，指出这次把安全生产监督管理局调整为国家安全生产监督管理总局，是党中央、国务院在认真分析安全生产现状和发展趋势的基础上，经过较长时间的酝酿作出的决策，对提高政府安全监管权威，加大安全监管力度，尽快实现安全生产状况的稳定好转具有重要意义。

2005年3月7日　国家安全生产监督管理总局局长李毅中在接受新华网记者采访时，就安全监管和煤矿安全监察体制问题讲道：安全生产是个系统工程，有浅层次的问题，更有深层次的问题，比如体制的问题。现在煤矿监察系统是垂直管理和横向管理相结合的。国家安全监管总局下面单设一个独立的国家煤矿安全监察局。现在20个产煤大省还有北京市、新疆生产建设兵团，设有煤矿安监局，是垂直管理的。接着广东、广西、福建、青海也要成立相应机构。这一机构是垂直管理，比如说发放安全许可证，进行煤矿监察等，技术性比较强。这个体制一直延伸到省和市地，在重点矿区还有71个分局。但是不能代替地方政府对煤矿安全生产的监督管理职责。中国的煤矿大概有两万六千个，就产量来说，中央企业只占12%，88%是地方的。煤矿安全管理的责任在地方政府，其监管机构为地方安全监管局。现在一些地方对煤矿安全监管不到位，没有机构，或者有机构但人员、职责不到位，这是很大的漏洞。国家煤矿安监系统的垂直管理和地方政府对于煤矿的横向管理，必须紧密结合，互为补充，各司其职，不能代替。而纵向的煤矿安监系统，除了对重点企业进行监督以外，更重要的是监督下级地方政府是不是对地方煤炭企业履行了监督的职责。

2005年3月16日　国务院办公厅印发《关于印发国家安全生产监督管理总局主要职责、内设机构和人员编制规定的通知》。规定国家安全监管总局的主要职责是承担国务院安委办的工作，综合监督管理全国安全生产工作，依法行使国家安全生产综合监督管理职权。内设办公厅（国际合作司、财务司）、政策法规司、规划科技司、安全生产协调司（国家安全生产监察专员办公室、职业安全监督管理司）、安全生产应急救援办公室、监督管理一司（海洋石油作业安全办公室）、监督管理二司、危险化学品安全监督管理司、人事培训司和机关党委。行政编制为160名（含国家安全生产监察专员编制）。

同日　国务院办公厅下发《关于印发国家煤矿安全监察局主要职责、内设机构和人员编制规定的通知》。规定其主要职责为研究煤矿安全生产工作的方针、政策；按照国家监察、地方监管、企业负责的原则，依法行使国家煤矿安全监察职权；内设综合司（技术装备司）、安全监察司和事故调查司。行政编制48名。

2005年4月2日　国家安全监管总局发出《关于印发国家安全生产监督管理总局内设机构主要职责、处室设置和人员编制规定的通知》《关于印发国家煤矿安全监察局内设机构主要职责、处室设置和人员编制规定的通知》。

2005年4月25日　中共中央政治局常委、国务院副总理黄菊在全国煤矿瓦斯防治工作现场会上的讲话中指出：这次国家安全监管局调整为国家安全监管总局，专设由国家安全监管总局管理的煤矿安全监察局，是对煤矿安全监察执法工作的强化，也是进一步树立煤矿安全监察权威的一项重要措施。同时指出：地方监管的职责，重点是日常性的安全监管。本着谁主管、谁负责的原则，由哪一级管的煤矿，就由哪一级政府负责煤矿安全。

2005年5月8日　中央机构编制委员会发出《关于印发国家安全生产应急救援指挥中心主要职责、内设机构和人员编制规定的通知》。根据《国务院关于进一步加强安全生产工作的决定》，设立国家安全生产应急救援指挥中心，为国务院安全生产委员会办公室领导，国家安全生产监督管理总局管理的事业单位，履行全国安全生产应急救援综合监督管理的行政职能，按照国家安全生产突发事件应急预案的规定，协调、指挥安全生产事故灾难应急救援工作。国家安全生产应急救援指挥中心内设综合部、指挥协调部、信息管理部、技术装备部、资产财务部，事业编制80名。国家安全生产应急救援指挥中心成立后，国家安全生产监督管理总局履行政府安全生产应急救援的行政监管职责，负责起草或制定安全生产应急管理和应急救援的法规、规章和标准，并依法进行监管；统一规划全国安全生产应急救援体系。国家安全生产应急救援指挥中心经授权履行安全生产应急救援综合监督管理和应急救援协调指挥职责。

2005年7月18日　中共中央政治局常委、国务院副总理黄菊在国务院召开的煤矿安全生产专题会议上讲：经过这几年的努力，全国安全监管体制基本建立，各方面的关系正在理顺之中，监管监察工作逐步规范化。在这个基础上要继续抓好以下工作：一是健全地方各级安全监管机构。具备条件的县级以上各级政府，都要建立能够独立履行《安全生产法》执法主体职责的安全监管机构，配置执法力量。二是落实安全监管部门的综合监管职权，形成统一、协调、有效的安全生产监管体系。三是理顺一些地方的煤矿安全监管体制，把"国家监察、地方监管、企业负责"落到实处。四是加强监管监察队伍建设。此外对于国家安全监管总局在这次会议上提出的统一规范地方安全监管机构设置、解决部分省区监管监察机构合署办公问题、增设煤矿安全监察分局、建立地方安全监管执法大队等意见和建议完善安全监管体制机制问题，黄菊表示原则上赞同，要求中央编办研究并提出具体意见。

2005年7月27日　国家安全监管总局办公厅印发山东煤矿安全监察局主要职责、内设机构和人员编制规定。

2005年8月7日 国家安全生产监督管理总局印发《关于进一步加强安全生产监管和煤矿安全监察队伍建设的若干意见》。强调要完善监管监察体系,支持和协调县级以上地方人民政府依法建立健全能够独立履行《安全生产法》执法主体责任的安全生产监管机构,完善乡镇、社区安全生产监管网络,配备相应的监管人员。支持和协调地方人民政府建立安全生产监管执法队伍。不断调整和完善煤矿安全监察机构的布局,抓好新设立煤矿安全监察机构的组建工作。

2005年8月11日 中央编办作出关于国家安全生产监督管理总局所属部分事业单位更名的批复。同意中国煤矿文工团加挂中国安全生产艺术团的牌子。同意国家安全生产监督管理局(国家煤矿安全监察局)调度中心等20个事业单位更名为国家安全生产监督管理总局所属。

2005年8月18日 《国务院关于促进煤炭工业健康发展的若干意见》指出:加强"国家监察、地方监管、企业负责"的煤矿安全生产工作体系建设。完善煤矿安全监察体制,提高监察的权威性和有效性,强化煤矿安全执法检查。

2005年8月25日 十届全国人大常委会第十七次会议举行第二次全体会议,听取副委员长李铁映所作的全国人大常委会执法检查组关于检查《安全生产法》实施情况的报告。报告肯定了安全监管机构建设成绩:"今年2月,国务院将安全监管局调整为安全监管总局,全国31个省(区、市)和新疆生产建设兵团、94%的地市和82%的县设立了安全生产监管机构,安全生产执法人员近3万人,进一步充实了监管力量";"多数企业依法建立了安全生产责任制,设置了安全管理机构,配备了专、兼职管理人员"。报告指出了在安全监管体制和机构建设方面存在的不足:主要是安全监管体制不顺,机制不完善,适应社会主义市场经济要求的安全监管体制和长效机制尚未形成;国家监察、地方监管的体制在实际工作中,存在着职能交叉、权责不明、多头执法的问题;在证照管理和监督执法等方面统筹协调不够,联合执法机制没有形成;经济管理与安全监管缺乏协调机制,有的地方管安全的要求停产整顿,管经济的要求保证产量,部门之间互不通气,造成经济管理和安全监管脱节;安全监管力量不足,监管部门忙于事故处理和突击检查,对吸取事故教训、加强事前防范、防止同类事故反复发生,缺乏有力措施。报告建议"完善适应社会主义市场经济要求的安全监管体制,强化政府职责,建立高效协调的联合执法机制";整顿和加强执法队伍,充实监管力量,提高执法能力。

2005年8月26日 十届全国人大常委会第17次会议审议了副委员长李铁映所作的关于检查《安全生产法》实施情况的报告。全国人大常委会办公厅印发的《审议意见(二)》指出:当前迫切需要加强煤炭行业管理,解决安全监管体制混乱问题。"安全生产监督不能代替煤炭行业管理,瓦斯管理、通风管理、预报管理等经常性安全工作,应由煤炭行业管理部门负责。这么一个庞大、高危、基础、弱势的产业,没有一个部门来统筹管理是不行的。只有进一步增强宏观调控的力度,从加强行业管理与监督入手,才能从根本上解决安全生产问题";要"建立科学的安全监管体制。多头管理是造成事故多发的重要原因。说起来安全生产很重要,谁都在管,实际上谁也没有完全管,谁也完全监督不了,没有形成真正主管、监督的合力";"各个省在煤矿管理机构的设置上也比较混乱,有的设管理局,有的设办公室,希望国务院深入研究一下煤矿监管体制的协调统一问题"。

2005年10月11日 《中共中央关于制定国民经济和社会发展第十一个五年规划的建议》明确要求落实安全生产责任制,强化企业安全生产责任,健全安全生产监管体制。

2005年11月17日 民政部发出同意中国化工安全卫生技术协会更名为中国化学品安全协会的批复。

2005年12月13日 中央编办批复同意国家安全监管总局安全生产应急救援办公室加挂调度统计司的牌子,增加1名司局级领导职数。

2005年12月21日 中共中央政治局常务、国务院总理温家宝主持召开国务院第116次常务会议,研究提出安全生产12项治本之策,其中包括改革安全生产监管体制机制,"完善监管体制,加快应急救援体系建设",并明确这项工作由中央编办、安全监管总局负责落实。

2005年12月23日 中共中央政治局常委、国务院副总理黄菊在国务院安全生产委员会全体会议上的讲话中指出:安全监管总局成立之后,安委会有关安全生产具体协调及组织落实等工作,更多地由安全监管总局承担。需要明确的是,安全监管总局要承担起国务院安全生产工作职能部门的作用,积极负责地开展工作。各成员单位要按照职责分工,履行各自职责。安委会作为议事协调机构,对安全生产工作中的重大问题进行研究协调,提出建议,报国务院常务会议。事故通报、监督检查等日常性工作,可以安委会办公室的名义进行。

2005年12月31日 国务院办公厅发出《关于调整国务院安全生产委员会组成人员的通知》。国务院安全生产委员会主任由国务院副总理黄菊兼任,副主任由国务委员兼国务院秘书长华建敏、国家安全监管总局局长李毅中、国务院副秘书长尤权等兼任。国务院安全生产委员会办公室主任由安全监管总局副局长王显政担任,副主任由煤矿安监局局长赵铁锤、安全监管总局副局长王德学、孙华山、梁嘉琨担任。

2005 年 山东省基本建立安全生产监督管理的"三级机构（即省市县安全生产监管机构）、四级网络（即省市县和乡镇街道安全监管网络"。全省 17 个市、140 个县（市、区）全部建立安全生产监督管理和执法监察队伍，74% 的乡镇和有条件的社区建立了安全生产管理机构，部分乡镇还建立了执法监察中队。

2006 年 1 月 9 日 国家安全监管总局办公厅发出关于中国煤矿文工团（中国安全生产艺术团）机构设置的批复。根据中央编办《关于国家安全生产监督管理总局所属部分事业单位更名的批复》（中央编办复字〔2005〕91 号）精神，中国煤矿文工团（中国安全生产艺术团）为国家安全生产监督管理总局所属事业单位；是以创作演出优秀剧目，服务于矿山和安全文化建设为宗旨的国家级艺术团体。设置综合处室 7 个：办公室（董事会办公室）、党委办公室、艺术委员会办公室、财务处、人事处、离退休干部处、纪委办公室。二级机构 8 个：演出业务办公室、歌舞团、话剧团、说唱团、电视录音部、创作室、职工中等艺术学校、物业管理中心。事业编制 330 名。其中团长 1 名，副团长 4 名；中层干部职数 43 名。

2006 年 1 月 17 日 国家安全生产监督管理总局发出国家安全生产应急救援指挥中心内设机构主要职责、处室设置和人员编制规定的通知。根据《中央机构编制委员会关于印发国家安全生产应急救援指挥中心主要职责、内设机构和人员编制规定》的通知（中编发〔2005〕3 号）和人事部《关于同意国家安全生产应急救援指挥中心依照国家公务员制度管理的复函》（国人部函〔2005〕147 号），国家安全生产应急救援指挥中心为国务院安全生产委员会办公室领导，国家安全生产监督管理总局管理的事业单位；履行全国安全生产应急救援综合监督管理的行政职能；按照国务院安全生产突发事件应急预案的规定，协调、指挥安全生产事故灾难应急救援工作；列入依照国家公务员制度管理范围。

2006 年 1 月 23 日 国务院总理温家宝在全国安全生产工作会议上讲话，要求强化行政首长负责制，"省、市、县、乡镇政府的主要负责人，是本地区安全生产工作第一责任人，必须亲自抓、负总责，把安全与生产放到同等重要的位置"；"完善国家监察、地方监管、企业负责的安全工作体制，进一步理顺综合监管与行业监管、国家监察与地方监管、政府监管与企业管理等方面的关系，明确各自的职责"。

同日 国务院批复同意建立煤矿整顿关闭工作部际联席会议制度。

2006 年 2 月 21 日 国家安全生产应急救援指挥中心成立大会召开。国家安全监管总局局长李毅中在大会上讲话；副局长王显政宣读了中央机构编制委员会关于国家安全生产应急救援指挥中心主要职责、内设机构和人员编制规定的通知,以及人事部关于指挥中心编内人员实行国家机关公务员制度管理的批复意见;副局长兼应急救援指挥中心主任王德学在会上提出了指挥中心组建后的七项具体工作。

2006年3月14日 第十届全国人民代表大会第四次会议批准通过的《国民经济和社会发展第十一个五年规划纲要》,首次设立安全生产专节,明确规定要落实安全生产责任制,强化企业安全生产主体责任,健全安全生产监管体制;加强安全生产科研开发、监管监察和支撑体系建设。

2006年3月27日 中共中央政治局进行第三十次集体学习,内容是国外安全生产的制度措施和加强中国安全生产的制度建设。总书记胡锦涛在学习结束后发表讲话,强调指出:要坚持完善安全生产管理的体制机制,确保政府承担起安全生产监管主体的职责,确保企业承担起安全生产责任主体的职责,确保安全生产监管部门承担起安全生产监管的职责,把安全生产的各项要求落到实处。

2006年4月26日 国务院第134次常务会议通过《民用爆炸物品安全管理条例》,规定国防科技工业主管部门负责民用爆炸物品生产、销售的安全监督管理;公安机关负责民用爆炸物品公共安全管理和民用爆炸物品购买、运输、爆破作业的安全监督管理,监控民用爆炸物品流向;安全生产监督、铁路、交通、民用航空主管部门依照法律、行政法规的规定,负责做好民用爆炸物品的有关安全监督管理工作。

同日 国家安全监管总局办公厅印发《国际交流合作中心职责范围、内设机构和人员编制方案的通知》。规定国际交流合作中心为国家安全生产监督管理总局所属事业单位;是安全生产国际交流与合作的重要载体,为国家安全监管总局和国家煤矿安全监察局开展对外交流与合作提供技术支撑和保障。内设综合处、财务处、技术交流处(会议展览处)、国际合作处、培训处、科技信息处、出国服务处,事业编制45名。

2006年5月13日 国务院批复同意建立清理纠正国家机关工作人员和国有企业负责人投资入股煤矿工作部际联席会议制度。

2006年5月25日 中共中央政策研究室送阅件《安全生产重在制度防范》一文,强调要建立完善安全生产监管体制:进一步加强基层尤其是县级安全监管机构建设,逐步改变中国安全生产管理体系"倒金字塔型"结构,实现安全监管的重心下移、关口前移。县级以上政府都要依法建立健全能够独立履行《安全生产法》执法主体责任的安全监管机构,保障人员、装备和经费到位。

2006年5月 为落实国务院第116次常务会议"完善安全监管体制,加快应急救援体系建设"的工作部署,中央编办会同国家安全监管总局、国家煤矿安监局,就健全完善煤矿安全监察监管体制问题,相继到四川、河南、安徽、辽宁等省进行调研。

2006年6月27日 国家安全监管总局办公厅下发《关于安全生产应急救援办公室(调度统计司)主要职责等有关事项的通知》。规定其主要职责是组织研究起草安全生产调度、统计方面的规章、制度和标准,负责全国安全生产控制考核指标体系和安全生产调度统计指标体系建设工作;负责全国安全生产调度统计信息综合监督管理,指导协调有关部门安全生产调度统计信息工作等。内设综合处、调度室、安全统计处、行政执法统计处、职业卫生统计处、信息管理处、煤炭经济运行处、煤炭行业统计处。人员编制29名(其中机关行政编制8名),其中主任(司长)1名,副主任(副司长)3名,正副处长职数12名。

2006年7月6日 国务院办公厅下发《关于加强煤炭行业管理有关问题的通知》,将发展改革委与安全生产密切相关的行业管理职能,包括指导和组织制定或拟定煤炭行业规范标准、矿长资格证颁发等工作,划归国家安全监管总局和国家煤矿安监局;指导和监督煤矿生产能力核定,改由国家煤矿安监局会同发展改革委承担;指导煤矿整顿关闭工作,由国家安全监管总局、国家煤矿安监局会同发展改革委等部门负责。要求"按照国家监察、地方监管、企业负责的原则,煤矿安监局要继续履行好煤矿安全监察和检查指导地方政府监管煤矿安全生产工作的职能"。

该文件还对国务院安全生产委员会的职责进行了调整。调整后安委会的主要职责是:在国务院领导下,负责研究部署、指导协调全国安全生产工作;研究提出全国安全生产工作的重大方针政策;分析全国安全生产形势,研究解决安全生产工作中的重大问题;必要时,协调总参谋部和武警总部调集部队参加特大生产安全事故应急救援工作;研究提出煤炭行业管理中涉及安全生产的重大方针政策、法规、标准,推动指导煤炭企业加强安全管理和科技进步等基础工作,协调解决相关问题;完成国务院交办的其他事项。国务院安全生产委员会办公室在现有职能基础上,承担国务院安全生产委员会协调煤炭行业管理涉及安全生产方面的工作,督促检查各项工作和措施的落实情况,并相应加强组织建设,加大协调指导工作力度。

2006年8月2日 中央编办就调整国家煤矿安全监察局机构编制作出批复,同意撤销国家煤矿安全监察局综合司加挂的"技术装备司"牌子,增设科技装备司、行业安全基础管理指导司,相应增加15名行政编制。

2006年8月11日 中央编办批复同意国家安全生产监督管理总局宣传教育

中心加挂国家安全生产监督管理总局党校的牌子①，原批复的 70 名事业编制维持不变。

2006 年 8 月 22 日 国务院办公厅印发安全生产"十一五"规划，明确要"加强各级政府和有关部门的安全生产监管机构、执法队伍和执法能力建设，保障安全生产监管监察机构设置及人员、设施和装备等配套到位"。

2006 年 9 月 28 日 国务院办公厅转发国家安全监管总局等部门关于进一步做好煤矿整顿关闭工作的通知，要求加强各部门的协调配合，发挥部际联席会议的作用，明确各部门工作职责，建立完善煤矿整顿关闭工作的联合执法机制。

2006 年 10 月 20 日 国务委员华建敏在全国安全生产暨煤矿整顿关闭工作电视电话会议上的讲话中，回顾了一个时期来在改革安全监管体制机制方面所做工作和取得的进展：不断完善安全生产监管体系，加快中央和地方安全监管机构和队伍建设，成立国家应急救援指挥中心，进一步理顺了煤矿安全监察体制及中央企业安全监管职责。建立完善煤炭行业管理工作协调机制，进一步调整理顺了煤炭行业安全管理职能。

2006 年 12 月 6 日 中央编办在关于落实国务院第 116 次常务会议部署、加强安全生产有关工作的汇报中指出：要按照责权一致、明确责任、监管到位的原则和中心下移、关口前移的要求，进一步完善国家监察、地方监管、企业负责的煤矿安全管理的工作格局，适当调整国家煤矿安全监察、地方监管的职能配置，落实地方政府对煤矿安全的监管责任。考虑到这一改革思路涉及中央与地方的职责调整，问题比较复杂，我们初步意见是，结合目前在山西省开展的煤炭工业可持续发展试点工作，按照上述改革思路，支持山西省政府将煤矿安全管理和监管职能调整由省煤炭工业局一个部门承担，由省安全监管局对其实施综合监管；同时将原由山西煤矿安全监察局承担的煤矿安全相关的资格证的审核发放以及与此相关的培训考核工作，也交由省煤炭工业局承担。

2006 年 12 月 21 日 中央编办就调整国家安全监管总局和国家煤矿安监局机构编制作出批复：一是同意国家安全监管总局增加 3 名行政编制，用于承担国务院安委会协调煤炭行业管理涉及安全生产方面的工作。二是同意撤销国家煤矿安监局综合司加挂的"技术装备司"牌子，设立科技装备司、行业安全基础管理指导司，相应增加 15 名行政编制和 5 名正副司局长职数。科技装备司的主要职责是：研究和参与起草煤矿安全生产、煤矿安全监察有关法律法规，拟定煤矿安全生产规章、规程、标准和命令，组织研究拟订煤矿安全生产规划；指导和组

---

① 此批复精神由于其他原因未能贯彻落实。

织制定或拟定煤炭行业规范和标准工作；组织煤矿安全生产科研及科技成果推广工作；协调全国煤矿安全技术装备保障工作，组织对煤矿使用的设备、材料、仪器仪表的安全监察工作；承担对国有重点煤矿安全技术改造和瓦斯综合治理与利用项目的审核工作。行业安全基础管理指导司的主要职责是：指导煤炭企业安全基础管理及安全质量标准化工作指导和监督煤炭企业建立并落实安全隐患排查、报告和治理制度；指导和监督地方煤炭行业管理部门开展煤矿生产能力核定工作；依法监督检查中央管理的煤炭企业集团公司（总公司）和为煤矿服务的煤矿矿井建设施工、煤炭洗选等企业的安全生产工作；指导煤矿整顿关闭工作。重大煤炭建设项目安全核准工作由国家煤矿安监局安全监察司承担；指导和管理煤矿矿长资格证颁发工作由国家煤矿安监局事故调查司承担。

2007年1月15日 国务院安全生产委员会第五次全体会议就"进一步完善安全监管体制机制"问题议定如下：请中央机构编办会同发展改革委、安全监管总局等部门，深入研究地方好的经验和做法，积极推动山西省开展煤炭工业局与煤矿安监局职能调整改革的试点工作，探索在产煤大省建立抓安全与抓生产相协调、责任与权力相统一的体制与机制。

2007年1月18日 国家安全监管总局发出关于印发国家煤矿安全监察局内设机构主要职责、处室设置和人员编制规定的通知。这次国家煤矿安监局"三定"规定，是在国家安全监管局调整为国家安全监管总局、煤矿安监局单独设置两年之后，新一届政府机构设置方案出台之前进行的，其依据为2006年国务院办公厅关于加强煤炭行业管理有关问题的通知和中央编办关于调整国家安全监管总局、煤矿安监局机构编制的批复。新规定国家煤矿安监局内设综合、安全监察、事故调查、科技装备、行业安全生产基础管理指导5个司室，机关行政编制63名。

2007年1月23日 国务院办公厅发出《关于调整国务院安全生产委员会组成人员的通知》。兼任安委会副主任的国务院副秘书长由尤权改为张勇；司法部、农业部、食品药品局、电监会、总参作战部、武警部队6个成员单位担任国务院安委会成员者有所调整。

同日 国务委员华建敏在全国安全生产电视电话会议上要求：各地区要建立健全安全监管机构，探索建立抓安全与抓生产相协调、责任与权力相统一的体制和机制，提高政府安全监管效率。

2007年4月5日 中央编办作出关于山西省理顺煤炭工业管理体制实施意见的批复。同意将山西煤矿安全监察局负责的矿长安全资格、煤矿特种作业人员（含煤矿矿井使用的特种设备作业人员）的考核发证职能交由山西省煤炭工业局承担。矿长安全资格证和煤矿特种作业人员操作资格证的颁发管理及相关政策制定工作，继续由国家安全生产监督管理总局和国家煤矿安全监察局按照现行分工负责。

2007年4月28日 国家安全监管总局作出关于上海办事处管理体制有关事项的批复。将上海办事处人员编制、人事工资、财务资产纳入国家安全监管总局机关服务中心管理范围。领导班子正职暂由国家安全监管总局党组管理，其他人员暂由国家安全监管总局人事司管理。

2007年6月12日 中央编办作出关于山西煤矿安全监察局增设监察分局的批复。同意山西煤矿安全监察局增设晋城、晋中监察分局。调整后，山西煤矿安全监察局共8个监察分局，行政编制232名。

2007年7月31日 国务院办公厅下发关于加强基层应急管理工作的意见，提出要建立健全基层应急管理组织体系。县级人民政府按照属地管理原则，全面负责本行政区域内各类突发公共事件的预防和应对工作；要明确领导机构，确定人员开展应急管理工作。街道办事处、乡级人民政府负责本行政区域内各类突发公共事件的预防和应对工作，可根据实际情况，明确领导机构，确定相关责任人员。

2007年8月28日 国家安全监管总局向中央编办提出核定省级煤矿安全监察局所属事业单位机构编制的申请。

2007年10月 国家安全监管总局办公厅对湖北、四川、北京三省市的安全生产监管监察工作进行专题调研。调研结果表明，几年来地方安全监管机构和队伍建设取得积极进展，三省市初步形成了三级监管网络、四级执法队伍[①]。四川省编制委员会办公室当年6月特批1400名安全生产执法人员编制。

2008年1月8日 国务委员、国务院秘书长华建敏主持国务院安委会第六次全体会议，就"进一步完善安全监管体制"议定：请中央编办会同有关部门，针对农村道路交通、农用船舶和渡口渡船、农村建筑、中小学校车安全管理方面存在的问题，进一步明确部门责任，切实加强监督管理，有效遏制事故发生。

2008年1月17日 中央机构编制委员会发出关于进一步明确矿井关闭监管职责分工的通知，对国土资源部、发展改革委、安全监管总局、环保总局的相关职责做出规定。国土资源部负责对无采矿许可证和超层越界开采、资源接近枯

[①] "三级监管网络"指由省级、市级、县级安全监管机构所构成的安全生产监督管理工作体系；"四级执法队伍"指省、市、县安全生产监管监察执法力量，加上通过委托执法获得监管监察执法权的乡镇、街道安全生产工作机构和人员。

竭、不符合矿产资源规划和矿业权设置方案等矿井关闭工作及关闭是否到位情况进行监督和指导。发展改革委负责对不符合有关矿山工业发展规划和矿区总体规划、不符合产业政策、布局不合理等矿井关闭及关闭是否到位情况进行监督和指导。安全监管总局负责对不具备安全生产条件的矿井关闭及关闭是否到位情况进行监督和指导。环保总局负责对破坏生态环境、污染严重、未进行环境影响评价的矿井关闭及关闭是否到位情况进行监督和指导。

2008年1月 国务院任命杨元元为国家安全生产监督管理总局副局长（正部长级）。

2008年3月12日 民政部发出社会团体业务主管单位变更通知书（民社登〔2008〕第4001号），同意将中国职业安全健康协会的业务主管单位由中国科学技术协会，变更为国家安全生产监督管理总局。

2008年3月20日 国家安全生产监督管理总局召开干部大会，中组部负责人宣布党中央、国务院干部任职决定：王君担任国家安全监管总局党组书记、局长。

2008年7月6日 国务院办公厅发出《关于调整国务院安全生产委员会组成人员的通知》。国务院安委会主任由国务院副总理张德江兼任，副主任由国家安全监管总局局长王君、国务院副秘书长王勇、公安部常务副部长杨焕宁兼任。

2008年7月11日 国务院办公厅发出《关于印发国家安全生产监督管理总局主要职责、内设机构和人员编制规定的通知》：根据《国务院关于机构设置的通知》，设立国家安全生产监督管理总局（正部级），为国务院直属机构。

同日 国务院办公厅发出《关于印发国家煤矿安全监察局主要职责、内设机构和人员编制规定的通知》。根据《国务院关于机构设置的通知》，设立国家煤矿安全监察局（副部级），为国家安全生产监督管理总局管理的国家局。

2008年7月27日 国务院任命赵铁锤（国家安全生产监督管理总局党组成员、国家煤矿安全监察局局长）兼任国家安全生产监督管理总局副局长。

2008年9月14日 国家安全监管总局召开党组扩大会，宣布国务院领导的指示：由赵铁锤临时负责国家安全监管总局的全面工作。

2008年12月30日 国家安全监管总局召开干部大会，中央组织部副部长李建华在会上宣读了党中央、国务院关于国家安全监管总局主要负责人的任职决定：任命骆琳为国家安全监管总局局长、党组书记。中共中央政治局委员、国务院副总理张德江出席会议并讲话，强调要增强政治意识和大局意识，坚持以科学发展观为统领，扎实做好安全监管工作；抓好班子，带好队伍，为安全监管工作提供坚强有力的组织保障。国家安全监管总局副局长、国家煤矿安监局局长赵铁锤主持会议并讲话。

2009年1月7日 国务院办公厅发出关于调整国务院安全生产委员会组成人员的通知。这次调整主要是由于国家安全监管总局局长变化引起；同时卫生部、质检总局、旅游局担任国务院安委会成员的人员也进行了调整。

2009年1月9日 国务院安全生产委员会全体会议讨论通过《国务院安全生产委员会工作规则》。该工作规则有总则、安委会主要职责、安委会办公室主要职责、工作制度和附则，于2月9日印发施行。

2009年1月23日 国务院办公厅发出关于调整全国道路交通安全工作部际联席会议成员单位及成员的函。调整后，联席会议召集人为公安部副部长刘金国。

2009年2月9日 国务院安委会印发《国务院安全生产委员会工作规则》。

2009年2月13日 国家安全监管总局印发《国家安全生产监督管理总局内设机构主要职责、处室设置和人员编制规定的通知》（安监总办〔2009〕27号）。国家安全监管总局内设办公厅（国际合作司、财务司）、政策法规司、规划科技司、安全生产应急救援办公室（统计司）、安全监督管理一司（海洋石油作业安全办公室）、安全监督管理二司、安全监督管理三司、安全监督管理四司、职业安全健康监督管理司、人事司（国家安全生产监察专员办公室）和机关党委、离退休干部局。机关行政编制为247名（含离退休干部工作人员编制53名）。其中：局长1名、副局长4名，司局级领导职数56名（含总工程师1名、国家安全生产监察专员14名、机关党委专职副书记1名、离退休干部局领导职数4名）。

同日 国家安全监管总局印发国家煤矿安全监察局内设机构主要职责、处室设置和人员编制规定。内设办公室、安全监察司、事故调查司、科技装备司、行业安全基础管理指导司，机关行政编制为63名。其中：局长1名，副局长4名（其中1名兼总工程师），正副司长职数15名，国家煤矿安全监察专员（部委副司局级）6名。

2009年2月18日 湖南省人民政府办公厅发出《关于进一步加强乡镇安全生产工作的意见》。要求建立乡镇安全生产协调机构，乡镇政府要成立安全生产委员会，主要负责人为主任，分管负责人为副主任，综合监管本辖区的安全生产工作，下设办公室，承担安委会的日常工作，办公室主任由分管安全生产工作的副乡（镇）长担任。组建村（社区）安全生产联组。村（居）委会建立安全生产领导小组，负责本村（居）委会的安全生产工作，并相应明确安全生产协管员、信息员。建立健全乡镇安全监管机构。乡镇要建立安全生产监督管理站，代表乡镇政府综合监管本辖区的安全生产工作，站长由分管副乡（镇）长兼任，并配备与安全生产任务相适应的安全生产监督管理人员。煤矿、非煤矿山、危险化学品和烟花爆竹生产经营及车站、码头、集贸市场等安全生产管理任务较重的乡镇，要配备相应的驻厂矿及车站、码头、集贸市场的安全生产监督协管人员。

2009年2月23日　国务院办公厅发出关于调整煤矿整顿关闭工作部际联席会议成员单位和成员的函。调整后，国家安全监管总局局长骆琳为联席会议召集人。

2009年5月21日　国务院办公厅发出关于调整危险化学品安全生产监管部际联席会议成员单位和成员的函。调整后，国家安全监管总局局长骆琳为联席会议召集人。

2009年6月29日　国家安全监管总局办公厅印发国家安全监管总局非常设机构设置调整的通知。

2009年7月8日　国家安全监管总局办公厅印发人事司（国家安全生产监察专员办公室）综合处加挂干部监督处牌子的通知。

2009年8月12日　中央编办就调整国家安全生产监督管理总局、煤矿安全监察系统机构编制作出批复。同意增设新疆煤矿安全监察局东疆监察分局、贵州煤矿安全监察局毕节监察分局、云南煤矿安全监察局昭通监察分局、四川煤矿安全监察局川东监察分局、湖南煤矿安全监察局湘潭监察分局，均为处级建制。所需行政编制在煤矿安全监察垂直管理系统行政编制内调剂解决。按照《关于印发煤矿安全监察管理体制改革实施方案的通知》的有关规定，明确福建、青海煤矿安全监察局为正厅级机构。

2009年8月31日　国家安全监管总局印发关于调整贵州煤矿安全监察局所属监察分局机构编制和监察区域的批复；关于调整四川煤矿安全监察局所属监察分局机构编制和监察区域的批复；关于调整云南煤矿安全监察局所属监察分局机构编制和监察区域的批复。

2009年9月5日　国家安全监管总局印发关于内蒙古煤矿安全监察包头监察分局更名为鄂尔多斯监察分局有关问题的批复；关于调整湖南煤矿安全监察局及所属监察分局机构编制和监察区域的批复。

2009年9月14日　国家安全监管总局印发关于调整新疆煤矿安全监察局所属监察分局机构编制和监察区域的批复。新疆煤矿安全监察局设北疆、南疆、东疆3个监察分局，主要职责是在新疆煤矿安全监察局的领导下，负责划定区域内煤矿安全监察执法工作。

2009年10月12日　中央编办就国家煤矿安全监察系统事业单位机构编制

问题作出批复。同意河北、山西、内蒙古、辽宁、吉林、黑龙江、安徽、江西、山东、河南、湖南、重庆、四川、贵州、云南、陕西、甘肃、宁夏、新疆19个煤矿安全监察局，分别设立统计中心、救援指挥中心、安全技术中心；同意江苏、福建、湖北、广西、青海5个煤矿安全监察局和北京、新疆生产建设兵团2个煤矿安全监察分局，分别设立统计中心（挂救援指挥中心牌子）和安全技术中心；同意湖南、重庆、河北、山西、内蒙古、辽宁、山东、河南8个煤矿安全监察局设立安全培训中心；同意24个煤矿安全监察局及北京、新疆生产建设兵团2个煤矿安全监察分局设立机关服务中心（不含宾馆、招待所、幼儿园、疗养院）。共核定国家煤矿安全监察系统事业单位111个，事业编制1730名，其中财政补助事业编制1310名，经费自理事业编制420名。

2009年10月22日 国务院发出关于加强基层应急队伍建设的意见，提出要坚持统筹规划、突出重点，逐步加强和完善基层应急队伍建设，形成规模适度、管理规范的基层应急队伍体系；县级人民政府要以公安消防队伍及其他优势专业应急救援队伍为依托，建立或确定"一专多能"的县级综合性应急救援队伍，在相关突发事件发生后，立即开展救援处置工作；煤矿和非煤矿山、危险化学品单位应当依法建立由专职或兼职人员组成的应急救援队伍。

2009年11月12日 国家安全监管总局办公厅关于转发中央纪委《关于印发〈机构编制违纪行为适用〈中国共产党纪律处分条例〉若干问题的解释〉的通知》和中央纪委办公厅、中央编办综合司《关于认真学习贯彻〈机构编制违纪行为适用〈中国共产党纪律处分条例〉若干问题的解释〉的通知》有关机构编制违纪行为党纪处分文件规定的通知。要求各省级煤矿安全监察机构、各直属事业单位自觉维护机构编制纪律的严肃性，严格机构设置，严格人员编制和领导职数管理，加强集中统一管理，严防机构编制违规违纪行为。

2009年11月17日 国家安全生产监督管理总局复函同意重庆市煤炭工业管理局与重庆煤矿安全监察局实行合署办公。合署办公后仍是两个机构、两块牌子、两种体制，各自使用独立名称履行职能。重庆市煤炭工业管理局是重庆市人民政府负责煤炭行业管理和煤矿安全监管职能的行政机构，对重庆市委、重庆市人民政府负责；重庆煤矿安全监察局为国家安全监管总局领导、国家煤矿安监局负责业务管理的中央垂直管理机构，依法履行国家煤矿安全监察职能。两局合署办公后，重庆煤矿安全监察局执行国家安全监管总局、国家煤矿安监局批准的"三定"规定。重庆市煤炭工业管理局执行重庆市人民政府批准的"三定"规定。两局原人事工资关系和财务资产管理渠道不变，分别按中央和地方有关规定执行。

2009 年 11 月 24 日　国家安全监管总局办公厅印发关于制定国家煤矿安全监察系统事业单位主要职责、机构设置和人员编制规定有关工作的通知。

2009 年 12 月 7 日　国家安全监管总局办公厅发出《关于华北科技学院（中国煤矿安全技术培训中心）机构设置及中层干部职数的复函》。核定华北科技学院（中国煤矿安全技术培训中心）设置内设机构、直属单位 39 个，其中党政管理机构 20 个，教学、科研组织机构 16 个，直属单位 3 个。中层干部职数 94 名，其中党政管理机构领导职数 34 名，教学、科研组织机构领导职数 31 名，直属单位领导职数 5 名，党总支专职书记、副书记 24 名。

2010 年 1 月 6 日　国务院办公厅发出《关于调整国务院安全生产委员会组成人员的通知》。教育部、科技部、住房城乡建设部、广电总局、体育总局、法制办、中央编办、总参谋部作战部和武警部队 9 个成员单位担任国务院安委会成员的人员进行了调整。

2010 年 1 月 18 日　国务院副总理张德江在全国安全生产电视电话会议上的讲话中要求：加强安全监管队伍建设，创新安全监管方式方法，着力培养一支敢抓敢管、公正廉洁、务实高效的安全监管队伍。探索在依托现有大型企业救援队伍的基础上，组织开展建立国家安全生产专业救援队伍的试点。

2010 年 1 月 29 日　国务院安委会印发《国务院安全生产委员会成员单位安全生产工作职责》。根据国务院批准的部门"三定"规定和有关法律、行政法规及规范性文件规定，对发展改革委、能源局、教育部、科技部、工业和信息化部、公安部、监察部、司法部、财政部、人力资源社会保障部、国土资源部、环境保护部、住房城乡建设部、交通运输部、民航局、铁道部、水利部、农业部、商务部、卫生部、国资委、工商总局、质检总局、广电总局、体育总局、林业局、旅游局、法制办、新闻办、气象局、电监会、全国总工会和国家安全生产监督管理总局、国家煤矿安监局等成员单位的安全生产工作职责做出了明确规定。同时规定中央宣传部、中央编办、共青团中央和总参谋部作战部、武警部队依照有关规定履行相关安全生产工作职责。

2010 年 3 月 9 日　国家安全监管总局办公厅印发贵州煤矿安全监察局所属事业单位主要职责、内设机构和人员编制规定的通知。

2010 年 4 月 1 日　国家安全监管总局办公厅批复调整黑龙江煤矿安全监察局内设机构。

2010 年 5 月 28 日　国家安全监管总局办公厅发出《关于中国安全生产报社（中国煤炭报社）机构设置及中层干部职数的复函》，核定中国安全生产报社（中国煤炭报社）内设机构 12 个：办公室（党委办公室）、人事处（离退休干部处)、财务处、总编室(技术处)、要闻部、专题部、新闻部、专刊部、记者通联部(摄影部)、社会活动部(发行部)、广告部、网络中心,中层干部职数28名。

2010年8月19日 国家安全监管总局办公厅印发人事司(国家安全生产监察专员办公室)培训教育处加挂人才工作处牌子的通知。

2010年10月8日 中央编办下发《关于职业卫生监管部门职责分工的通知》,明确国家安全监管总局负责起草职业卫生监管有关法规,制定用人单位职业卫生监管相关规章,组织拟订国家职业卫生标准中的用人单位职业危害工程控制、职业防护设施、个体职业防护等相关标准,负责用人单位职业卫生监督检查工作,负责新建、改建、扩建工程项目和技术改造、技术引进项目的职业卫生"三同时"审查及监督检查,负责依法管理职业卫生安全许可证的颁发工作,负责监督检查和督促用人单位依法建立职业危害因素检测、评价、劳动者职业健康监护、相关职业卫生检查等管理制度等。

2010年11月8日 国务院办公厅转发国家安全监管总局等部门《关于进一步加强烟花爆竹安全监督管理工作的意见》,决定建立由安全监管总局牵头,公安、质检、工商、交通运输、商务、海关等部门参加的烟花爆竹安全监管部际联席会议制度,定期分析、通报烟花爆竹安全生产形势,研究协调解决烟花爆竹安全监管工作的重要事项,组织开展部门联合执法和专项整治。

2010年11月11日 中央编办做出关于核销煤炭工业出版社事业编制的批复,决定煤炭工业出版社不再列入事业单位序列,核销其使用的财政补助事业编制245名,国家安全生产监督管理总局信息研究院(煤炭信息研究院)的财政补助事业编制由628名减为383名。

2011年1月12日 国务院副总理张德江在全国安全生产电视电话会议上的讲话中要求:加强安全监管队伍建设,进一步明确和落实监管责任。充实基层监管力量。提高监管监察效能。

2011年1月21日 中央编办做出关于同意国家煤矿安全监察系统调剂使用行政编制的批复,同意核减广东煤矿安全监察局行政编制10名,相应核增新疆煤矿安全监察局行政编制10名。全国煤矿安全监察系统现有行政编制总数不变。

2011年2月21日 国务院安委会发出关于全国地方安全监管机构建设进展情况的通报。"十一五"期间,全国省、市、县级安全监管部门及执法机构的人员编制、人数分别从41564名、43750名增加到69307名、73971名,分别增加27743名、30221名,增长66.7%、69.1%。

同日 国家安全监管总局办公厅向广东省安全监管局发出关于同意广东省佛

山市顺德区市场安全监管局行使地级市安全监管行政职能的复函：鉴于中共广东省委、广东省人民政府已明确赋予佛山市顺德区在所有经济、社会、文化等方面的事务行使地级市管理权限，同意佛山市顺德区市场安全监管局行使国家安全监管总局规章规定的由设区的市级安全监管部门行使的行政职能。

同日 国家安全监管总局办公厅发出关于职业卫生监管职责分工的通知。按照"加强综合、集中管理、突出重点、稳妥推进"的原则，将国家安全监管总局内部职业卫生监管职责做出分工。根据国家安全监管总局内设机构"三定"规定（安监总办〔2009〕27号）和上述职责分工，国家安全监管总局职业健康司设综合处、法规标准处、技术服务监管处、许可核准监管处、监督执法处，核定增加职业健康司行政编制2名、正副处长职数1名。调整后，职业健康司机关行政编制15名。其中：司长1名、副司长1名，正副处长5名。根据煤矿安监局内设机构"三定"规定（安监总办〔2009〕28号）和上述职责分工，核定增加煤矿安监局调查司行政编制2名，调整后调查司机关行政编制为13名。

2011年4月8日 国家安全监管总局办公厅印发办公厅（国际合作司、财务司）预算经费处加挂机关财务处牌子的通知。

2011年5月3日 国务院作出关于同意建立烟花爆竹安全监管部际联席会议制度的批复。

2011年5月4日 国家安全监管总局办公厅发出关于调整中国安全生产科学研究院机构设置的通知。同意增设工业安全研究所、交通安全研究所，审核认证中心加挂安全生产标准化评定中心牌子，撤销学术部，中层干部职数增加4名；发出关于组建国家安全监管总局值班室的通知，将国家安全监管总局办公厅、统计司、调度中心和应急指挥中心有关值班和信息接报职责进行整合，组建国家安全监管总局值班室，由办公厅统一管理。

2011年5月17日 国家安全监管总局、国务院国资委联合发出关于进一步加强中央企业安全生产分级属地监管的指导意见，明确国务院有关部门主要负责相关行业或领域中央企业总部安全生产监督管理工作；国家安全监管总局主要负责工矿商贸以及没有安全生产主管部门的行业和领域的中央企业总部安全生产监督管理工作；国务院国资委按照国有资产出资人的职责，负责指导督促中央企业贯彻落实党和国家安全生产方针政策及有关法律法规、标准等，督促中央企业主要负责人落实安全生产第一责任人的责任和企业安全生产责任制，做好对企业负责人履行安全生产职责的业绩考核。国家煤矿安全监察局依法监督检查中央管理的煤炭企业和为煤矿服务的（煤矿矿井建设施工、煤炭洗选等）企业的安全生产工作。省（区、市）、市（地）安全生产监督管理部门分别负责本行政区域内工矿商贸中央企业的分公司、子公司及其所属单位的安全生产监督管理工作。中央企业在各省（区、市）、市（地）、县（市）的分公司、子公司及其所属单位安全生产监督管理工作，分别由省（区、市）、市（地）人民政府有关部门及国务院有关部门设在各省（区、市）、市（地）的有关机构负责。

2011年7月21日 国务院副总理在国务院安全生产委员会全体会议上强调，要进一步强化安全监管监察工作，各级安全监管监察机构和负有安全监管职责的部门，要进一步完善工作机制，充分发挥部际联席会议作用，及时研究解决安全生产工作中遇到的突出问题。

2011年7月27日 国务院第165次常务会议专题听取"7·23"甬温线特别重大铁路交通事故情况汇报，部署进一步加强安全生产工作。总理温家宝在讲话中，要求切实加强安全生产和监管能力建设，依法加强行政和社会监督，强化部门协调，完善行政监督体系。

2011年8月5日 国家安全监管总局办公厅印发调整国家安全监管总局机关机构编制的通知，决定对国家安全监管总局机关有关司局机构编制进行调整。为加强总值班室和财务工作，办公厅（国际合作司、财务司）增加行政编制3名。为加强政策研究、重要文件报告起草和综合文字工作，组建研究室，研究室人员的日常管理由政策法规司负责。

2011年8月16日 国家安全监管总局办公厅发出关于华北科技学院（中国煤矿安全技术培训中心）机构设置调整的通知，同意将华北科技学院（中国煤矿安全技术培训中心）部分教学机构调整设置为二级学院：环境工程系调整设置为环境工程学院；机电工程系调整设置为机电工程学院；电子信息工程系设置为电子信息工程学院；计算机系调整设置为计算机学院；管理系调整设置为管理学院；土木工程系调整设置为建筑工程学院；文法系（社科部）调整设置为人文社会科学学院；外语系调整设置为外国语学院。调整后，华北科技学院（中国煤矿安全技术培训中心）中层干部职数不变。

2011年8月23日 中央编办作出批复，同意为中国安全生产科学研究院增加经费自理事业编制40名。调整后，中国安全生产科学研究院事业编制由178名增加到218名，其中经费自理事业编制93名。

2011年10月8日 副总理张德江在国务院安全生产委员会全体会议上的讲话中，强调要建立完善的政府监管和社会监督体系，形成齐抓共管的工作格局，"覆盖全面、监管到位、监督有力的安全生产监督管理体系，是实现安全发展的重要组织保障。要以创新安全监管方式为主导，建立和完善适合我国国情的安全监管体制机制，实行政府及部门领导班子成员安全生产一岗双责，着力加强省市县乡四级安全监管体系建设,完善委托乡镇安全生产行政执法制度和村(居)、社区安全生产协管制度"。

2011 年 11 月 7 日 中央编办作出关于北京、新疆生产建设兵团煤矿安全监察分局更名的批复,同意将北京煤矿安全监察分局、新疆生产建设兵团煤矿安全监察分局,分别更名为北京煤矿安全监察局,新疆生产建设兵团煤矿安全监察局。

2011 年 11 月 14 日 国家安全生产监督管理总局办公厅印发《国家安全生产监督管理总局职业安全卫生研究所(煤炭工业职业医学研究所)职责范围、机构设置和人员编制规定》。规定职业安全卫生研究所为国家安全监管总局直属事业单位,主要开展职业病防治和技术研究工作,为国家安全监管总局和国家煤矿安监局职业卫生监管工作提供技术支持,面向社会提供职业卫生技术服务,是国家职业健康技术支撑体系的重要组成部分。职业安全卫生研究所内设 12 个职能机构,其中职能部室 5 个、技术服务与研究机构 5 个、二级单位 2 个。财政补助事业编制 179 名。

2011 年 11 月 26 日 国务院印发《关于坚持科学发展安全发展促进安全生产形势持续稳定好转的意见》,要求健全完善安全生产综合监管与行业监管相结合的工作机制,强化安全生产监管部门对安全生产的综合监管,全面落实行业主管部门的专业监管、行业管理和指导职责;加强应急救援队伍和基地建设,抓紧 7 个国家级、14 个区域性矿山应急救援基地建设,加快推进重点行业领域的专业应急救援队伍建设;进一步健全完善政府统一领导、部门依法监管、企业全面负责、群众参与监督、全社会广泛支持的安全生产工作格局;充分发挥各级政府安全生产委员会及其办公室的指导协调作用;县级以上人民政府要依法健全完善安全生产、职业健康监管体系,安全生产任务较重的乡镇要加强安全监管力量建设,确保事有人做、责有人负。

2011 年 12 月 20 日 国家安全监管总局办公厅印发《国家安全生产监督管理总局通信信息中心(煤炭工业通信信息中心)职责范围、内设机构和人员编制规定》。规定通信信息中心为国家安全监管总局直属事业单位,是国家安全生产信息支撑保障体系的主要载体,承担国家安全监管总局信息化工作领导小组办公室的日常工作。内设 15 个职能处(室),财政补助事业编制 149 名。

2012 年 1 月 13 日 国务院副总理张德江在全国安全生产电视电话会议上的讲话中要求:进一步完善省市县三级安全执法和包括乡镇在内的四级安全监管体系,不断探索创新与新形势新任务相适应的安全管理和监督模式。

2012 年 1 月 19 日 国务院办公厅发出关于调整国务院安全生产委员会组成

人员的通知。主要是对教育部、科技部、工业和信息化部、司法部、铁道部、农业部、林业局、法制办、中央宣传部、武警部队10个成员单位担任国务院安委会成员的人员进行调整；增加国家能源局、国家民航局、国防科工局、全国妇联为国务院安委会成员单位，使安委会成员单位由37个增加为41个。

2012年5月24日 国家安全监管总局办公厅发出关于调整人事司（国家安全生产监察专员办公室）处室设置的通知。

2012年5月28日 国家安全监管总局办公厅发出关于成立国家安全生产监督管理总局党校校务委员会的通知。

2012年5月 杨栋梁①任国家安全生产监督管理总局党组书记、局长。

2012年7月1日 国家安全监管总局办公厅印发关于调整国家安全监管总局有关非常设机构的通知。

2012年7月2日 国务院安全生产委员会对安委会组成人员进行调整。

2012年10月23日 国家安全监管总局办公厅印发关于调整国家安全生产应急救援指挥中心内设机构有关职责的通知。

2012年10月24日 国家安全监管总局办公厅印发关于职业安全卫生研究所等直属事业单位更名的通知。国家安全生产监督管理总局职业安全卫生研究所（煤炭工业职业医学研究所）更名为国家安全生产监督管理总局职业安全卫生研究中心（煤炭工业职业医学研究中心）；中国煤矿工人北戴河疗养院加挂国家安全生产监督管理总局北戴河职业病防治院牌子，调整后名称为中国煤矿工人北戴河疗养院（国家安全生产监督管理总局北戴河职业病防治院）；中国煤矿工人大连疗养院加挂国家安全生产监督管理总局大连职业病防治康复中心牌子，调整后名称为中国煤矿工人大连疗养院（国家安全生产监督管理总局大连职业病防治康复中心）；中国煤矿工人昆明疗养院加挂国家安全生产监督管理总局昆明职业病防治康复中心牌子，调整后名称为中国煤矿工人昆明疗养院（国家安全生产监督管理总局昆明职业病防治康复中心）。

2013年1月30日 国务院作出关于同意建立金属非金属矿山整顿工作部际联席会议制度的批复。

2013年4月7日 国家安全监管总局办公厅发出关于华北科技学院（中国煤矿安全技术培训中心）设立安全工程研究院的通知。

2013年5月16日 国家安全监管总局办公厅印发国家安全生产监督管理总局研究中心（中国煤炭工业发展研究中心）职责范围、机构设置和人员编制规

---

① 杨栋梁，因严重违纪违法被撤职并追究刑事责任。

定的通知。

2013年5月23日 国务院办公厅印发调整国务院安全生产委员会组成人员的通知。调整后，主任为马凯（国务院副总理），副主任为郭声琨（国务委员、公安部部长）、王勇（国务委员）、肖亚庆（国务院副秘书长）及国家安全监管总局局长。办公室主任由国家安全监管总局局长兼任，副主任由国家安全监管总局副局长杨元元、王德学、孙华山和国家安全监管总局副局长、国家煤矿安监局局长付建华担任。

2013年6月3日 国家安全监管总局办公厅印发中国煤矿工人北戴河疗养院（国家安全生产监督管理总局北戴河职业病防治院）职责范围、机构设置和人员编制规定，中国煤矿工人大连疗养院（国家安全生产监督管理总局大连职业病防治康复中心）职责范围、机构设置和人员编制规定，中国煤矿工人昆明疗养院（国家安全生产监督管理总局昆明职业病防治康复中心）职责范围、机构设置和人员编制规定。

2013年11月24日 中共中央总书记习近平赴青岛市考察黄岛经济开发区黄潍输油管线爆燃事故抢险工作，在听取事故汇报后，他发表重要讲话，要求抓紧建立健全安全生产责任体系，党政一把手必须亲力亲为、亲自动手抓，要把安全责任落实到岗位、落实到人头，坚持管行业必须管安全、管业务必须管安全，加强督促检查，严格考核奖惩；要求各级政要落实属地管理责任，依法依规严管严抓，坚决遏制重特大事故，促进全国安全生产形势持续稳定好转。

2013年12月13日 吴鑫任国家安全监管总局总工程师；支同祥任国家煤矿安全监察局安全总监。

2014年1月9日 中共中央总书记习近平在中央政治局常委会听取山东省青岛市"11·22"事故调查处理情况汇报的会议上强调：要深化安全监管体制机制改革，进一步理清直接监管、综合监管和属地监管的职责。

2014年1月15日 国务院副总理马凯在全国安全生产电视电话会议上的讲话中，要求深化安全监管体制改革，建立"党政同责、一岗双责、齐抓共管"安全生产责任体系。按照"管行业必须管安全、管业务必须管安全、管经营必须管安全"的原则，进一步调整和规范有关行业主管部门的安全监管责任。

2014年1月27日 国家安全监管总局印发组建宣传教育办公室和设立督查室的通知。根据中央编办关于国家安全监管总局和国家煤矿安监局有关内设机构和司局领导职数调整的批复，国家安全监管总局人事司（国家安全生产监察专员办公室）更名为人事司（安全生产宣传教育办公室），从政策法规司划入组织指导安全生产新闻宣传工作职责。为加强国家安全监管总局督促检查和跟踪督办工作，整合有关督察督办工作职责，设立国家安全监管总局督查室（设在国家安全监管总局办公厅）。

2014年4月29日　国务委员王勇在国务院安委会安全生产重点工作专项督查情况汇报会上的讲话中强调，要全面推进安全生产领域各项改革，认真贯彻落实党的十八届三中全会关于深化安全生产管理体制改革的要求，加强调查研究，搞好顶层设计，抓好改革试点，积极稳妥地推进安全生产领域的改革创新。抓紧出台建立安全生产长效机制的工作意见等政策文件。深化安全生产管理体制改革，抓紧推动建立"党政同责、一岗双责、齐抓共管"的安全生产责任体系。

2014年5月7日　国家安全监管总局办公厅印发关于调整油气管道安全监管职责的通知，决定将安全监督管理一司承担的长输油气管道安全监管职责调整由安全监督管理三司承担。

2014年6月23日　国家安全监管总局办公厅印发关于华北科技学院（中国煤矿安全技术培训中心）领导职数和机构设置有关事项的通知。

2014年8月31日　第十二届全国人大常委会第十次会议通过了关于修改《安全生产法》的决定，习近平签署第十三号中华人民共和国主席令予以公布。修改后的法律按照"管行业必须管安全"的原则，明确国务院有关部门对本行业领域的安全生产工作实施监督管理；将安全生产监督管理工作向基层延伸，规定乡镇政府以及街道办事处、开发区管理机构应当协助上级政府有关部门依法履行安全生产监督管理职责。

2014年9月　李兆前担任国家安全生产监督管理总局副局长、党组成员。

2014年11月19日　国家安全监管总局办公厅印发关于调整有关直属事业单位领导职数的通知。

2014年11月20日　国家安全监管总局向国务院呈报的《关于加强安全生产工作情况的报告》指出：一些地方安全监管体制不健全，基层执法监管力量不足，目前全国尚有5个地市和98个县区没有安全监管部门，17个地市和306个县没有建立执法机构，县级安全监管部门平均10人以上的仅有13个省份。在全国3312个经济开发区中，仅有54%的设立了安全监管机构，安全监管人员仅有3人。

2014年11月　孙华山兼任国家安全生产应急救援指挥中心主任、党委书记；黄玉治担任国家安全生产监督管理总局副局长、党组成员和国家煤矿安全监察局局长；王浩水担任国家安全生产监督管理总局党组成员、总工程师。

2014年12月23日　国务院向全国人大提交的《国务院关于安全生产工作情况的报告》，回顾了安全生产监管体制改革成就：目前全国32个省级党委政府都制定了"党政同责"具体规定，所有省级政府安委会主任都由政府主要负责人担任，市、县级政府主要负责人担任同级安委会主任的分别达到88.5%和93%。同时指出了存在的差距："一些地方安全监管体制不健全，基层执法监管力量不足，目前全国尚有5个地市和98个县没有安全监管部门，17个地市和306个县没有建立执法机构，全国3312个经济开发区仅有54%设立安全监管机构"。表示下一步要"扎实推进安全监管体制机制改革创新。进一步深化安全生产领域改革，调整优化安全监管资源布局，完善安全监管体制，强化属地监管责任，落实部门监管职责，加快建立安全预防控制体系。加强基层一线执法力量，创新监管执法机制，提高执法效能"。

2015年1月6日 国务院副总理马凯在全国安全生产电视电话会议上的讲话中，要求各地按照中央统一规划部署，抓好安全生产改革试点，进一步完善安全监管体制，创新监管方式方法，积极培育和扶持第三方提供规范的安全监管技术服务，发挥社会保险机构的间接安全监管作用。

2015年4月2日 国务院办公厅发出《关于加强安全生产监管执法的通知》，强调要建立完善安全监管责任制。依法加快建立生产经营单位负责、职工参与、政府监管、行业自律和社会监督的安全生产工作机制。全面建立"党政同责、一岗双责、齐抓共管"的安全生产责任体系，落实属地监管责任。负有安全生产监督管理职责的部门要加强对有关行业领域的监督管理，形成综合监管和行业监管合力，提高监管效能，切实做到"管行业必须管安全、管业务必须管安全、管生产经营必须管安全"。2016年底前，所有的市、县级人民政府要健全安全生产监管执法机构，落实监管责任。地方各级人民政府要结合实际，强化安全生产基层执法力量，对安全生产监管人员结构进行调整，3年内实现专业监管人员配比不低于在职人员的75%。各市、县级人民政府要通过探索实行派驻执法、跨区域执法、委托执法和政府购买服务等方式，加强和规范乡镇（街道）及各类经济开发区安全生产监管执法工作。

2015年4月13日 国务院办公厅下发关于加强安全生产监管执法的通知，要求全面建立"党政同责、一岗双责、齐抓共管"的安全生产责任体系；推行安全生产网格化监管，力争用3年左右时间覆盖到所有生产经营单位和乡村、社区；加强安全生产监管执法能力建设。2016年底前，所有的市、县级人民政府要健全安全生产监管执法机构，3年内实现专业监管人员配比不低于在职人员的75%。加强和规范乡镇（街道）及各类经济开发区安全生产监管执法工作。国务院安全生产监督管理部门、发展改革部门要做好监管监察能力建设发展规划的编制实施工作。

2015年4月23日 国务院安全生产委员会发出关于调整国务院安委会组成人员的通知。调整后，安委会主任为副总理马凯；副主任由郭声琨（国务委员、公安部部长）、王勇（国务委员）、肖亚庆（国务院副秘书长）及国家安全监管总局局长担任。

2015年6月12日 国务院安全生产委员会发出关于成立国务院安委会专家咨询委员会的通知。其职责是在国务院安委会领导下，对全国安全生产工作全局性、战略性和前瞻性重大问题进行调查研究、分析论证，并深度分析全国安全生产形势，提出意见和建议等。专家咨询委员会主任为王德学，副主任为赵铁锤、史玉波、徐祖远、梁嘉琨、王浩水等。专家咨询委员会设矿山、石油化工、交通运输、建筑施工、工贸与民爆、消防、能源、特种设备、应急管理、理论与法制研究10个专业委员会。设秘书处承担日常工作，秘书处与安全监管总局技术委员会秘书处合署办公。

2015年8月19日 中央组织部有关负责人在国家安全生产监督管理总局党组扩大会上宣布：国家安全监管总局的工作由杨元元临时牵头负责，孙华山协助。

2015年8月27日 国务院安全生产委员会下发《关于印发国务院安全生产委员会成员单位安全生产工作职责分工的通知》。进一步明确了国家发展改革委等37个成员单位的安全生产工作职责，规定负有安全监管职责的部门和单位，必须按照"管行业必须管安全、管业务必须管安全、管生产经营必须管安全"的要求，落实"党政同责"和"一岗双责"，按照"谁主管、谁负责""谁审批、谁负责"的原则，督促落实企业安全生产主体责任，健全本行业领域安全生产责任体系。同时对中央宣传部、中央编办、共青团中央、全国妇联和总参谋部、武警总部在安全生产方面应当承担的责任，也提出了要求。

2015年9月28日 国务委员、国务院安委会副主任王勇主持召开安全生产大检查综合督查汇报会，在讲话中指出：在安全监管部分领域和环节，仍然存在着职责不清、关系不顺、制度缺乏、标准滞后等问题。表面看各部门众多关口、分兵把守，实则形同虚设，相互掣肘。要以天津港瑞海公司"8·12"特别重大火灾爆炸事故为戒，以危险化学品安全监管为重点和突破口，针对目前存在制度不健全、监管多头交叉、乏力缺位问题，加快完善安全管理体制机制和法律法规制度，下决心从顶层设计上解决好制度不健全不完善，监管职能职责交叉，存在监管漏洞和盲区的问题。明细化工行业管理职能，对照国家法律法规、《国务院安全生产委员会成员单位安全生产工作职责分工》和"五落实"要求，进一步完善细化本部门内部和本系统职责分工方案，健全安全机构，配备专职人员，确保相关工作有人管，管得好。要全面梳理、堵塞危险化学品等安全管理体制机制制度漏洞。

2015 年 10 月 杨焕宁任国家安全生产监督管理总局党组书记、局长。

2015 年 11 月 16 日 国务院办公厅发出《关于调整国务院安全生产委员会组成人员的通知》。调整后，国务院副总理马凯为国务院安全生产委员会主任，郭声琨（国务委员、公安部部长）、王勇（国务委员）、杨焕宁（国家安全监管总局局长）、肖亚庆（国务院副秘书长）为副主任。成员也有所调整。

2016 年 6 月 1 日 国家安全监管总局办公厅印发国家安全生产监督管理总局化学品登记中心职责范围、机构设置和人员编制规定。

2016 年 8 月 11 日 国家安全监管总局办公厅发出关于成立安全生产监管信息化工程项目建设办公室的通知。

2016 年 10 月 14 日 国家安全监管总局办公厅印发中国烟花爆竹协会脱钩后取消主管关系的通知。中国烟花爆竹协会列入国家安全监管总局主管的全国性行业协会第一批脱钩试点单位，完成脱钩工作后取消国家安全监管总局与协会的主管关系。

2016 年 10 月 31 日 全国安全生产监管监察系统先进集体和先进工作者表彰大会在北京举行。中共中央总书记习近平致函，强调要以防范和遏制重特大事故为重点，坚持标本兼治、综合治理、系统建设，统筹推进安全生产领域改革发展；坚持党政同责、一岗双责、齐抓共管、失职追责，严格落实安全生产责任制，完善安全监管体制，强化依法治理，不断提高全社会安全生产水平，更好地维护广大人民群众生命财产安全。总理李克强作出批示：要求进一步推进安全生产领域改革，健全制度和完善监管，更加细致扎实地做好安全生产各项工作。

2016 年 11 月 付建华任国家安全生产监督管理总局党组副书记、副局长。商登莹任国家煤矿安全监察局安全总监。

2016 年 12 月 9 日 中共中央国务院下发《关于推进安全生产领域改革的意见》，第三部分"改革安全监管监察体制"，分别就完善监督管理体制、改革重点行业领域安全监管监察体制、进一步完善地方监管执法体制、健全应急救援管理体制四个方面的工作，作出了部署。强调要"加强各级安全生产委员会组织领导，充分发挥其统筹协调作用，切实解决突出矛盾和问题。各级安全生产监督管理部门承担本级安全生产委员会日常工作，负责指导协调、监督检查、巡查考核本级政府有关部门和下级政府安全生产工作，履行综合监管职责。负有安全生产监督管理职责的部门，依照有关法律法规和部门职责，健全安全生产监管体制，严格落实监管职责。相关部门按照各自职责建立完善安全生产工作机制，形成齐抓共管格局。坚持管安全生产必须管职业健康，建立安全生产和职业健康一体化监管执法体制"。要"依托国家煤矿安全监察体制，加强非煤矿山安全生产监管监察，优化安全监察机构布局，将国家煤矿安全监察机构负责的安全生产行政许可事项移交给地方政府承担。着重加强危险化学品安全监管体制改革和力量建设，明确和落实危险化学品建设项目立项、规划、设计、施工及生产、储存、使用、销售、运输、废弃处置等环节的法定安全监管责任，建立有力的协调联动机制，消除监管空白。完善海洋石油安全生产监督管理体制机制，实行政企分开。理顺民航、铁路、电力等行业跨区域监管体制，明确行业监管、区域监管与地方监管职责"。要求地方各级党委和政府"要将安全生产监督管理部门作为政府工作部门和行政执法机构，加强安全生产执法队伍建设，强化行政执法职能。统筹加强安全监管力量，重点充实市、县两级安全生产监管执法人员，强化乡镇（街道）安全生产监管力量建设。完善各类开发区、工业园区、港区、风景区等功能区安全生产监管体制，明确负责安全生产监督管理的机构，以及港区安全生产地方监管和部门监管责任"。要"按照政事分开原则，推进安全生产应急救援管理体制改革，强化行政管理职能，提高组织协调能力和现场救援时效。健全省、市、县三级安全生产应急救援管理工作机制，建设联动互通的应急救援指挥平台。依托公安消防、大型企业、工业园区等应急救援力量，加强矿山和危险化学品等应急救援基地和队伍建设，实行区域化应急救援资源共享"。

2017年1月4日 国家安全监管总局办公厅发出关于国家安全监管总局机构编制管理和全面深化改革领导小组办公室工作职责及机构编制调整事项的通知，将机构编制管理职责从办公厅划转到人事司，办公厅不再设体制处；人事司增设机构编制管理处。将国家安全监管总局全面深化改革领导小组办公室从办公厅划转到人事司。

2017年2月23日 中央编办发出关于国家安全生产监督管理总局所属事业单位分类意见的复函。将国家安全监管总局所属事业单位26个，事业编4583名（财政补助3333名、经费自理1250名），以及国家煤矿安全监察系统所属事业单位111个，事业编制1730名（财政补助1310名、经费自理420名），划分为以下四类。一是行政类事业单位1个，事业编制80名，即国家安全生产应急救援指挥中心。二是公益一类事业单位52个，事业编制645名，具体为国家安全生产监督管理总局调度中心、国家安全生产监督管理总局矿山救援指挥中心、国家安全生产监督管理总局档案馆（煤炭工业档案馆），煤监系统所属是26个统计中心（其中7个挂"救援指挥中心"牌子）、19个救援指挥中心、2个档案馆、煤炭工业黑龙江建设工程质量监督中心站、吉林煤矿安全监察局通讯信息中心。

三是公益二类事业单位40个，事业编制3313名，具体为国家安全生产监督管理总局国际交流合作中心、国家安全生产监督管理总局宣传教育中心（煤炭工业展览中心、国家安全生产监督管理总局党校）、国家安全生产监督管理总局研究中心（中国煤炭工业发展研究中心）、国家安全生产监督管理总局通信信息中心（煤炭工业通信信息中心）、中国安全生产科学研究院、国家安全生产监督管理总局信息研究院（煤炭信息研究院）、煤炭总医院（国家安全生产监督管理总局矿山医疗救护中心）、华北科技学院（中国煤矿安全技术培训中心）、中国煤矿文工团（中国安全生产艺术团）、国家安全生产监督管理总局化学品登记中心、国家安全生产监督管理总局职业安全卫生研究中心（煤炭工业职业医学研究中心）、煤炭工业职业技能鉴定指导中心，煤监系统所属26个安全技术中心、江西煤矿抢险排水站、山东煤炭工业信息计算中心。四是生产经营类事业单位5个，事业编制416名，具体为煤炭综合利用多种经营技术咨询中心、国家安全生产监督管理总局西郊招待所、国家安全生产监督管理总局东四招待所、国家安全生产监督管理总局东单招待所、国家安全生产监督管理总局盔甲厂招待所。国家安全生产监督管理总局培训中心（煤炭工业人才交流培训中心）、中国煤矿工人北戴河疗养院（国家安全生产监督管理总局北戴河职业病防治院）、中国煤矿工人大连疗养院（国家安全生产监督管理总局大连职业病防治康复中心）、中国煤矿工人昆明疗养院（国家安全生产监督管理总局昆明职业病防治康复中心）、煤监系统所属8个培训中心暂不分类，结合中央关于党政机关和国有企事业单位培训疗养机构改革工作统筹考虑。国家安全生产监督管理总局机关服务中心（对外称局）、煤监系统所属26个机关服务中心暂不分类，结合机关后勤体制改革统筹考虑。

2017年4月18日 国务院办公厅发出《关于调整国务院安全生产委员会组成人员的通知》。主任为副总理马凯；副主任由郭声琨（国务委员、公安部部长）、王勇（国务委员）、杨焕宁（国家安全监管总局局长）、孟扬（国务院副秘书长）担任。

2017年9月27日 国家安全监管总局在北京召开雄安新区安全应急体系建设课题研究专家研讨会。

2017年9月 王玉普任国家安全生产监督管理总局局长、党组书记。艾俊涛任中央纪委驻国家安全生产监督管理总局纪检组组长、国家安全生产监督管理总局党组成员。

2018年3月5日 中共中央印发《关于深化党和国家机构改革方案》，决定将国家安全生产监督管理总局的职责，国务院办公厅的应急管理职责，公安部的消防管理职责，民政部的救灾职责，国土资源部的地质灾害防治，水利部的水旱灾害防治，农业部的草原防火，国家林业局的森林防火相关职责，中国地震局的震灾应急救援职责以及国家防汛抗旱总指挥部、国家减灾委员会、国务院抗震救灾指挥部、国家森林防火指挥部的职责整合，组建应急管理部，作为国务院组成部门。主要职责是，组织编制国家应急总体预案和规划，指导各地区各部门应对突发事件工作，推动应急预案体系建设和预案演练。建立灾情报告系统并统一发布灾情，统筹应急力量建设和物资储备并在救灾时统一调度，组织灾害救助体系建设，指导安全生产类、自然灾害类应急救援，承担国家应对特别重大灾害指挥部工作。指导火灾、水旱灾害、地质灾害等防治。负责安全生产综合监督管理和工矿商贸行业安全生产监督管理等。

2018年3月17日 第十三届全国人民代表大会第一次会议批准国务院机构改革方案，中华人民共和国应急管理部设立。

2018年3月19日 经十三届全国人大一次会议第七次全体会议投票表决，决定王玉普为应急管理部部长。习近平签署国家主席令，任命王玉普为应急管理部部长。同日，中共中央批准成立应急管理部党组，黄明任书记，王玉普、付建华任副书记，艾俊涛任中央纪委驻应急管理部纪检组组长；成立国家煤矿安全监察局党组，黄玉治任党组书记；李万疆、杨富、宋元明、桂来保任党组成员。

2018年3月24日 国务院任命黄明、付建华、孙华山、郑国光、黄玉治任应急管理部副部长，叶建春兼任应急管理部副部长，尚勇任应急管理部副部长（正部长级）。

2018年4月8日 中共中央办公厅、国务院办公厅下发《地方党政领导干部安全生产责任制规定》，明确实行地方党政领导干部安全生产责任制，坚持党政同责、一岗双责、齐抓共管、失职追责，坚持"管行业必须管安全、管业务必须管安全、管生产经营必须管安全"；地方各级党委和政府主要负责人是本地区安全生产第一责任人，班子其他成员对分管范围内的安全生产工作负领导责任。

第二章　劳动行政主管部门履行安全生产监督管理职责

　　鉴于生产安全问题与劳动保护之间的密切关联和内在同一性，中华人民共和国成立后，安全生产被纳入政府劳动保护工作的范畴，由劳动行政主管部门负责实施综合管理。从1949年11月中央人民政府劳动部成立之时起，到1998年3月第九届全国人民代表大会第一次会议批准的国务院机构改革方案撤销劳动部止，在长达49年的时间里（包括1970年6月至1975年8月劳动部并入国家计划委员会期间），劳动行政主管部门（包括劳动部、国家计委劳动局、国家劳动总局、劳动人事部）一直负责全国劳动保护、安全生产工作，并代表国家行使执法和监察职权。

　　随着中国经济社会的持续发展，安全生产领域矛盾日益突出，安全生产综合监管任务也愈加繁重。同时随着对外开放的逐步扩大，国外安全监管体制机制、方式方法等提供了有益借鉴，中国安全生产及其综合监管监察的内涵、外延与称谓，以及监管体制和机构，不断进行调整和变化，从"劳动保护"到"劳动安全卫生监察""职业安全卫生监察"，再到安全生产监管监察；从最初的综合意义上的劳动保护监管监察（包括安全生产、女工童工劳动保护、职业卫生等），演变为以锅炉压力容器安全、矿山安全等专业性安全生产监管监察为主，再发展为广泛意义上的包含了安全生产各方面内容的综合监管（劳动部内设机构承担全国安全生产委员会办公室职能）。相关的监管监察机构从最初的一个司（即劳动保护司），发展到后来的职业安全卫生监察局、锅炉压力容器安全监察局和矿山卫生监察局三个局（1993年改为安全生产管理局、职业安全卫生与锅炉压力容器监察局、矿山安全卫生监察局）。本章主要记述这一时期劳动行政主管部门的安全生产监督管理机构设置和职责情况。

第一节　劳动行政主管部门安全生产监管机构建设历史回顾

1949—1998年期间，政务院（国务院）劳动行政主管部门经历了多次机构改革，经历了从中央人民政府劳动部（1949年11月至1954年9月）、中华人民共和国劳动部（1954年9月至1970年6月）、国家计划委员会劳动局（1970年6月至1975年9月）、国家劳动总局（1975年9月至1982年5月）、中华人民共和国劳动人事部（1982年5月至1988年4月）、中华人民共和国劳动部（1988年4月至1998年3月）变化。每次政府机构改革，劳动保护、安全生产监管机构的设置和职责都会发生相应的变化。

下面分五个阶段，对劳动行政主管部门内设的安全生产、劳动保护监管机构建设情况，做出简要回顾。

一、前劳动部时期（1949年11月至1970年6月）

这一时期经历了中央人民政府劳动部和中华人民共和国劳动部两个阶段。前一阶段劳动部内设了综合管理劳动保护、安全生产工作的机构；后一阶段发展为以专业监管为主、同时兼顾综合监管的模式，部内分别设有专业安全监管机构和综合管理机构。

中华人民共和国成立前夕召开的第一届中国人民政治协商会议通过了《中国人民政治协商会议共同纲领》，明确规定"公私企业一般实行8小时至10小时工作制"，"保护女工的特殊利益"，"实行工矿检查制度，以改进工矿的安全和卫生设备"。《中央人民政府组织法》规定政务院设立劳动部。1949年10月19日，中央人民政府委员会第三次会议通过任命李立三为劳动部部长，施复亮、毛齐华为劳动部副部长。1949年11月2日，劳动部正式成立，劳动部下设劳动保护司（1956年改称劳动保护局）。

1950年10月，中央人民政府政务院批准的《中央人民政府劳动部试行组织条例》规定了劳动部具有12项职责和任务，负责"领导和监督全国各地方政府劳动部门工作"；"监督并指导有关劳动问题之法律、法令、条例之实施"；"监督一切公营企业、合作社企业、私营企业及公私合营企业遵守有关劳动问题之法律、法令"；"检查各种企业、工厂、矿场之安全卫生设备状况"；"监督公私企业依法正确使用青工及女工的劳动，以保护青工及女工的特殊利益"。

1954年9月21日，第一届全国人民代表大会第一次会议审议通过了《中华人民共和国国务院组织法》，根据《中华人民共和国国务院组织法》的规定，国务院设劳动部。1954年9月28日，第一届全国人民代表大会第一次会议审议通过了国务院总理周恩来的提名；29日，中华人民共和国主席任命马文瑞为劳动部部长。

根据1956年9月17日国务院常务会议批准的《中华人民共和国劳动部组织简则》的规定，劳动部是国务院统一管理全国劳动工作的机关，负责领导地方劳动部门的工作，监督和指导国务院所属各部门的劳动工作，并且通过地方劳动部门监督和指导各国营、地方国营、合作社营和公私合营企业、事业单位的劳动工作。劳动部在自己的权限内，有权发布有关劳动工作的命令、指示和规章。这些命令、指示和规章，各级劳动部门和企业、事业单位必须遵守和执行。还规定，劳动部负责"管理劳动保护工作；监督检查国民经济各部门的劳动保护、安全技术和工业卫生工作，领导劳动保护监察机构的工作，检查企业中的重大伤亡事故并且提出结论性的处理意见"。

随着第一个五年计划的实施，大规模的经济建设在全国展开，工业领域锅炉压力容器使用逐渐增多，其安全监管工作开始受到重视。1955年4月6日，苏联在华劳动保护顾问柯希金向劳动部领导和苏联在华总顾问阿尔希波夫提出建立国家锅炉安全检查机构的建议。1955年4月25日，天津国营第一棉纺厂一台锅炉发生爆炸，死伤77人，直接财产损失36万多元。事故引起各方面重视。为加强锅炉和受压容器的安全监管，1955年5月16日，国务院第四办公室向国务院提出加强对蒸汽锅炉及起重设备、受压容器的监督管理，设立国家锅炉检查总局的建议。同年7月11日，国务院批准在劳动部内设立锅炉检查总局，编制40人，1955年底劳动部组建锅炉检查总局工作基本完成，锅炉检查总局实有36人。上海、天津、沈阳等重点工业城市率先建立起锅炉安全监察机构。自此锅炉安全管理工作从一般安全管理转向专业安全监察。劳动保护和安全生产监管工作也发展成综合管理加专业监察模式。"大跃进"期间，锅炉安全监察工作遭受挫折，机构精简合并。1958年9月撤销了锅炉检查总局，将其业务并入劳动部劳动保护局，在劳动保护局内设锅炉安全检查处，人员精简至13人。各省、市、自治区劳动厅（局）的劳动保护处内，保留了一些锅炉专管人员。1959年9月26日，国务院批转劳动部《关于筹组锅炉安全技术鉴定委员会的报告》。1960年2月，劳动部主持召开锅炉安全技术鉴定委员会第一次会议，该委员会正式成立。依据章程规定，该委员会已成为在劳动部领导下，全国锅炉压力容器安全监察工作的技术咨询机构。1963年5月28日，国务院批转劳动部《关于加强各地锅炉和受压容器安全监察机构的报告》，国务院决定恢复各级锅炉安全监察机构，把全国劳动部门锅炉安全监察干部增编至500人。1964年劳动部设立锅炉安全监察局，负责对全国锅炉和受压容器的安全监察工作。1965年11月12日，劳动部颁布《蒸汽锅炉安全监察规程》，对蒸汽锅炉的设计、制造、安装、使用、维修五个环节的质量安全要求及安全监督管理做出了详细规定，丰富了锅炉安全监察的内容和制度性要求。

  1949年11月至1970年6月，国家在陆续出台的有关劳动保护、安全生产文件中，提出劳动部门应当加强机构建设，认真履行劳动保护、安全生产监管职责的要求。1956年5月26日，国务院发布《工厂安全卫生规程》《建筑安装工程安全技术规程》和《工人职员伤亡事故报告规程》，并在《国务院关于发布〈工厂安全卫生规程〉、〈建筑安装工程安全技术规程〉和〈工人职员伤亡事故报告规程〉的决议》中强调"改善劳动条件，保护劳动者在生产中的安全和健康，是我们国家的一项重要政策，也是社会主义企业管理的基本原则之一"。国务院要求"各级劳动部门必须加强经常的监督和检查工作，及实地总结和交流经验，为这些规程的贯彻实施而努力"。1956年5月31日，国务院发布《国务院关于防止厂、矿企业中矽尘危害的决定》（〔1956〕国议字39号），国务院要求"各级劳动部门和卫生部门对本决定的执行情况，应当及实地进行监督和检查"。1963年2月9日，国务院批转劳动部、卫生部、全国总工会、冶金部、煤炭部《关于防止矽尘危害工作会议的报告》（国经周字100号），该报告提出了关于有计划地改善矽尘作业工人的劳动条件、关于矽肺病人的安置问题、关于矽肺病人的生活待遇、关于工作机构问题、关于人民公社的防止矽尘危害问题等五个需要请示的问题。其中，关于工作机构问题，要求企业单位都应当加强劳动保护工作，设置专管或兼管此项工作的机构或人员。各级有关工业部门应当指定专人负责防尘工作，过去没有人管的，应当配备起来。劳动部门的劳动保护机构和卫生部门的工业卫生机构，也应该加强，凡是应该设置而现在还没有的，都要建立起来。所需人员，应在现有编制内调剂解决。1963年3月30日，国务院发布的《国务院关于企业生产中安全工作的几项规定》，明确了关于安全生产责任、关于安全技术措施计划、关于安全生产教育、关于安全生产的定期检查、关于伤亡事故的调查和处理五个方面20条要求，并要求各级劳动部门、产业主管部门和工会组织对这些规定的贯彻执行负责督促检查。

  1966年初，劳动部劳动保护局编制30人左右。各省、自治区、直辖市劳动局也都设立了劳动保护处，地、市、县设立了劳动保护科（股），人员编制多则10余人，少者3~5人。各级锅炉安全监察机构也逐步建立起来，并充实了专业监察人员。中华全国总工会和各级工会组织也建立了安全生产、劳动保护工作机构。全国上下初步形成了国家监察、行业管理、群众（工会）监督的工作局面。

"文化大革命"开始后，劳动保护和锅炉安全监察工作受到冲击，人员下放到干校或合并转业，劳动保护和锅炉安全监察工作处于无人负责的状态。

劳动部首任部长李立三对劳动保护工作十分重视。在劳动部1950年3月召开的第一次全国劳动厅局长会议上，部长李立三作了题为《劳动政策与劳动部的任务》的报告，严肃批判了"只重视机器不重视人"的观点，要求改革旧的工时和劳动制度，改善劳动条件，做好劳动保护工作。在1954年7月劳动部召开的全国劳动保护工作座谈会，部长李立三讲话强调："安全生产是社会主义企业管理的原则之一，必须明确管生产的管安全，确立安全生产的一长负责制，负责生产的同时负责安全，负责工程技术的人员同时负责工程技术安全，把安全生产工作从组织领导上统一起来"。要求企业在编制生产财务计划的同时，编制安全技术组织措施计划；在布置、汇报、检查生产的同时，布置、汇报、检查安全工作。要求企业要建立健全安技科，安技科的主要职责任务是组织推动、监督检查企业中的劳动保护工作。会上指出：厂矿企业在推行一长负责制后，其安全技术劳动保护机构应明确职责分工，健全工作制度，提高干部质量，提高业务水平。有些企业把劳动保护机构取消的做法是不妥当的，是对工作有害的。

1954年9月，李立三调任中共中央书记处第三办公室副主任之后，马文瑞接任劳动部部长。他针对"大跃进"时期给安全生产、劳动保护工作造成的干扰和破坏，提出并实行了一整套行之有效的整改措施，恢复了锅炉压力容器、职业安全卫生监管监察机构。

1949年11月至1965年期间，劳动部主管劳动保护和锅炉压力容器安全监察工作的副部长毛齐华，为中华人民共和国劳动保护、安全生产监管工作作了贡献。

二、国家计委劳动局时期（1970年6月至1975年9月）

这一阶段劳动保护和安全监管工作受到削弱，机构降格，人员编制严重不足。1970年6月，劳动部与国家计划委员会合并后，劳动部和中央安置小组办公室成为国家计划委员会劳动局，该局下设劳动保护组，负责综合管理全国劳动保护工作，直至1975年9月。劳动保护组人员编制只有寥寥几个人。

1970年后，许多企业开始边搞运动，边进行生产，但由于指导思想、方针路线上存在的"极左"错误，把生产建设混同于对敌斗争，或者解释成是"为阶级斗争、路线斗争服务的"，甚至把不怕苦、不怕死的说法错误地引入企业和社会生产和生活领域，不讲安全、冒险蛮干现象相当普遍。又由于安全生产各种规章制度遭到破坏,安全监管机构被削弱,甚至没有监管机构,无人监督检查,导致各种伤亡事故频发。为遏制事故频发的局面,1970年12月11日中共中央主席毛泽东签发了《中共中央关于加强安全生产的通知》,通知要求"各级党组织、革命委员会和国务院有关部门,要把安全生产摆在重要议事日程上";"要结合本地区本单位斗、批、改运动发展情况,对安全生产作一次深入的思想教育和认真检查,查思想、查纪律、查制度、查领导,总结经验教训,针对当前存在的问题,作出切实有效的规定,坚决贯彻执行"。通知还要求"所有企业、事业单位,在斗、批、改中,对原有的行之有效的安全制度和质量检查制度,一定要坚持,不要破掉。需要改变的,也要采取慎重态度。破旧立新,要经过试验。各级领导机关和企业领导人,要认真抓典型,好的表扬,坏的批评,总结推广经验,尽快地把安全生产制度建立和健全起来"。1975年2月,经国务院批准,国家计划委员会召开了全国安全生产会议,1975年4月7日国务院转发《全国安全生产会议纪要》,要求"各级领导应当把安全生产工作摆在重要议事日程上,迅速改变安全工作无人负责的状况,各省、市、自治区,国务院各有关部门,各企业单位,都必须有一位领导同志分管安全生产工作。要有一定的机构具体负责安全工作,定期计划、布置、检查、总结"。中共中央和国务院的这两个文件,一定程度上遏制了安全生产状况的持续恶化。

三、国家劳动总局时期(1975年9月至1982年5月)

1975年9月30日,国务院决定设立国家劳动总局,为国务院直属机构。国家劳动总局在原国家计划委员会劳动局基础上组建。1975年10月,国务院任命康永和为国家劳动总局局长。国家劳动总局下设劳动保护组、锅炉组,负责安全生产、防尘防毒、职工保健食品、防护用品制度的制定和锅炉、压力容器安全管理工作。

1978年9月,国务院批准国家劳动总局恢复设立锅炉安全监察局,并同意对外可使用"中华人民共和国锅炉压力容器安全监察局"的名义,同时要求在省(自治区、直辖市)和地(市)劳动部门成立锅炉安全监察处、科,人员编制不应低于1963年国务院批准的编制数(即500人)。国家劳动总局据此将锅炉组改为锅炉安全监察局,并任命林超为局长。

1978年10月21日,中共中央印发了《中共中央关于认真做好劳动保护工作的通知》,通知强调:加强劳动保护工作,搞好安全生产,保护职工的安全和健康,是我们党的一贯方针,是社会主义企业管理的一项基本原则。中央要求:各工业交通部门、各级党组织,要立即对安全生产情况进行一次大检查,发现问题，制定改善劳动条件，杜绝伤亡事故的有效措施；迅速把各级的安全生产责任制建立、健全起来；凡是新建、改建、扩建的工矿企业和革新、挖潜的工程项目，都必须有保证安全和消除有毒有害物质的设施，这些设施要与主体工程同时设计、同时施工、同时投产，不得减试。劳动、卫生、环保部门要参加设计审查和竣工验收工作，凡不符合安全、卫生规定的，有权制止施工和投产；各级工会，要加强群众劳动保护工作，加强安全生产教育，协助行政贯彻劳动保护的各项规定；要抓紧劳动保护的科学研究工作。要迅速筹建一所全国性的劳动保护工作。中央还特别要求各地区、各部门党委，要把以上工作作为一件大事抓好。要充分发动群众，健全劳动保护专职机构，充实人员，扎扎实实地解决存在的问题。通知对劳动保护、安全生产工作具有深远的历史意义，该文件第一次提出"三同时"要求，不仅对劳动保护、安全生产工作具有长期的指导作用，而且对劳动保护、安全生产监管机构的恢复与加强，以及劳动保护科学研究机构的建设起到了巨大的推动作用。

党的十一届三中全会后，劳动保护、安全生产监管机构得到了快速恢复和发展。1979年6月，国家劳动总局党组决定将劳动保护组改为劳动保护司（1981年由司改为局）。1979年9月，国家劳动总局恢复锅炉安全技术鉴定委员会，该委员会的主要任务是审查锅炉、压力容器的安全规程、安全技术标准和制度，解决国内有关重大安全技术问题，并提出有关安全技术方面的建议。1979年10月20日，国务院批转了国家劳动总局《关于健全锅炉压力容器安全监察机构加强监督检查工作的报告》，要求各省、自治区、直辖市尽快建立、健全锅炉压力容器安全监察机构。为落实按照《中共中央关于认真做好劳动保护工作的通知》的有关要求，经国务院批准，劳动部分别于1980年5月和1980年7月成立劳动保护研究所（现中国安全生产科学研究院前身）、锅炉压力容器检测中心（现中国特种设备检测研究院前身）。1980年8月，国家劳动总局党组决定将锅炉安全监察局改名为锅炉压力容器安全监察局。针对中国矿山企业伤亡事故多，职业病危害严重的实际情况，为加强矿山安全生产工作，实行强有力的国家监督检查制度，1981年1月国家劳动总局成立矿山安全监察局，负责综合管理全国矿山安全生产工作，并履行国家监察职责。1982年3月13日，国务院批复国家劳动总局并各省、自治区、直辖市人民政府，原则同意全国矿山安全监察员编制暂定为1700人，其中省、自治区、直辖市劳动厅（局）矿山安全监察处共计编制270人，矿山比较集中的地、市劳动局矿山安全监察室（组）共计编制1430人。至此，中国劳动保护、安全生产监管模式基本形成，从单一的综合监督管理机构发展成一个综合监管机构加两个专业监管机构的格局。

这一时期，国务院还在有关安全生产的法规、文件中，对劳动保护、安全生产监管机构设置及职责作出规定。1979年4月9日，国务院批转了国家劳动总局和卫生部《关于加强厂矿企业防尘防毒工作的报告》，要求恢复和健全安全机构，加强队伍建设；省、直辖市、自治区劳动、卫生部门和企业主管部门设相应的处（科），省辖市、县应设专管机构或专职人员。1982年2月6日，国务院发布《锅炉压力容器安全监察暂行条例》，该暂行条例第十三条第一款明确规定：国家劳动总局设锅炉压力容器安全监察局，主管全国的锅炉压力容器安全监察工作。省、自治区、直辖市劳动局（厅）设锅炉压力容器安全监察处，工业集中的地、市劳动局设锅炉压力容器安全监察科，主管所管辖区域的锅炉压力容器安全监察工作。同时条例还规定了锅炉压力容器监察机构的职权。1982年2月13日，国务院发布《矿山安全条例》和《矿山安全监察条例》。《矿山安全监察条例》第一条规定："为了对矿山企业、事业单位及其主管部门执行《矿山安全条例》的情况进行监督，国家实行矿山安全监察制度，设置矿山安全监察机构和矿山安全监察员。"第二条明确规定："国家劳动总局设矿山安全监察局，省、自治区、直辖市劳动局（厅）设矿山安全监察处，矿山比较集中的地区、市劳动局设矿山安全监察室（组）。"同时明确规定了矿山安全监察机构的主要职权。从此，中国锅炉压力容器和矿山安全监督管理工作步入法制化轨道，实现了监管机构设置、监管职责法定化，从而使安全监管工作有法可依，依法行使国家监察职权。

国家劳动总局主管劳动保护工作的副局长章萍，从1954年起就担任劳动部劳动保护司司长，长期在劳动保护战线上耕耘，为中国劳动保护、安全生产工作做出了贡献。

四、劳动人事部时期（1982年5月至1988年4月）

1982年5月4日，第五届全国人民代表大会常务委员会第23次会议审议通过《关于国务院部委机构改革实施方案的决议》，将国家劳动总局、国家人事局、国务院科技干部局和国家编制委员会合并，设立劳动人事部，赵守一任部长。1985年9月6日，第六届全国人民代表大会常务委员会第12次会议通过任命，赵东宛为劳动人事部部长。副部长何光、李伯勇先后分管劳动保护、锅炉压力容器安全监察和矿山安全监察工作。

劳动人事部内设办公厅和12个司局，仍然设劳动保护局、矿山安全监察局和锅炉压力容器安全监察局。此外，为了研究、协调和指导全局性的重大安全生产问题，经国务院1984年11月26日发文批准，于1985年1月3日成立了全国安全生产委员会。全国安全生产委员会由国务院有关部、委及中华全国总工会领导人组成。全国安全生产委员会办公室设在劳动人事部（见第九章）。

根据1983年国务院常务会议批准的《国务院各部门主要任务和职责》，劳动人事部在劳动保护、安全生产监管方面主要是"负责贯彻执行党和国家的方针、政策、法律和指示，研究拟定有关劳动保护的具体方针、政策和规章制度"；"综合管理劳动保护、矿山安全、锅炉压力容器安全工作，实行国家监察。提出劳动保护规划要求，督促各地区、各部门改善劳动条件，推动劳动保护科学研究和宣传教育工作，参加重大伤亡事故的处理"。

1983年5月18日，国务院在《国务院批转劳动人事部、国家经委、全国总工会关于加强安全生产和劳动安全监察工作的报告的通知》中对安全生产监管制度及机构建设提出了要求。通知要求：劳动部门要尽快建立健全劳动安全监察制度，加强安全监察机构，充实安全监察干部，监督检查生产部门和企业对各项安全法规的执行情况，认真履行职责，充分发挥应有的监察作用。为加强地方劳动安全机构建设，1984年4月26日劳动人事部和国家经委发出增加各省安全监察人员编制的通知。为了加强劳动安全监察机构，决定在机构改革、人员编制压缩的情况下，给全国各地劳动安全监察机构增加编制6000人，给各地经委增加安全生产管理人员编制2000人。

为加强职业卫生监管工作，国务院在1984年7月18日发布的《国务院关于加强防尘防毒工作的决定》中强调："加强防尘防毒的监督检查工作。各级劳动部门、卫生部门和工会组织，要密切配合，通力协作，积极开展工作。""各级劳动部门、卫生部门要建立健全监察制度，充实监察人员，配备检测手段，帮助企业、事业单位制定、落实治理尘毒的技术措施。对违反规定，尘毒危害严重的企业、事业单位，要给予经济制裁并限期改进。情节严重的，由当地司法机关依法处理。"在1987年12月3日发布的《尘肺病防治条例》中，明确规定了劳动部门和卫生部门关于尘肺病防治的职责。

劳动人事部时期，地方性劳动保护立法工作也取得进展，四川、北京、河北、黑龙江、上海、安徽、河南、湖北、湖南、广东、广西、陕西、宁夏、新疆等14个省（直辖市、自治区）制定了劳动保护监察条例或劳动安全卫生监察条例，这些地方性法规中明确规定了劳动保护、安全生产监管机构的职责，对地方劳动保护、安全生产监管机构建设起到积极作用。

五、后劳动部时期（1988年4月至1998年3月）

1988年4月9日，第七届全国人民代表大会第一次会议审议通过国务院机构改革方案，撤销劳动人事部，分别设立劳动部和人事部。根据国务院批准的劳动部"三定"方案，新组建的劳动部是国务院领导下的综合管理全国劳动工作的职能部门，有关劳动保护监察方面的主要职责是：研究拟定劳动保护监察工作的具体方针、政策和法规，并负责组织实施和监督检查；综合管理职业安全卫生、矿山安全、锅炉压力容器安全工作，实行国家监察；拟定有关法规和规划，并负责组织实施和监督检查；参与重大伤亡事故的调查；组织指导全国安全生产工作；组织推动劳动保护方面的科学研究、宣传教育工作；协同地方政府加强劳动系统干部队伍建设；检查各地区、各部门对党中央、国务院有关劳动工作方针、政策的贯彻执行情况，进行业务指导。

新组建的劳动部设办公厅和十个职能司局。其中劳动保护、安全生产监管方面仍保持三个职能机构格局，设职业安全卫生监察局、矿山安全卫生监察局、锅炉压力容器安全监察局。三个局的人员编制共计115人，其中职业安全卫生监察局45人，矿山安全卫生监察局和锅炉压力容器安全监察局各35人。

为了加强矿山安全卫生监察工作，扭转矿山事故多，职业病危害严重的局面，经国务院批准，人事部、劳动部于1988年6月下发《关于矿山安全监察人员编制问题的通知》（人字〔1988〕60号）。要求省、地（市）两级劳动部门矿山安全监察机构在现有人员基础上，参照1982年的国函字35号文件《国务院关于矿山安全监察人员编制问题的批复》下达的暂定编制分配方案，适当增加人员，达到暂定编制。

为了加强职业安全卫生工作的综合管理和国家监察，进一步推动企业的劳动保护工作，1990年7月劳动部印发了《劳动部关于加强职业安全卫生工作的通知》（劳安字〔1990〕19号），对劳动部门应当加强职业安全卫生综合管理的内容和应当强化职业安全卫生国家监察的内容作出详细规定。

1993年3月22日，第八届全国人民代表大会第一次会议审议通过了《关于国务院机构改革方案的决议》，保留劳动部。国务院办公厅于1994年1月印发了《劳动部职能配置、内设机构和人员编制方案》。规定劳动部在安全生产监管方面的总体职责是：综合管理全国职业安全卫生、矿山安全卫生、锅炉压力容器安全和全国安全生产工作，制订政策、法规和技术标准，行使国家监察职权。鉴于全国安全生产委员会已撤销，为便于履行综合管理全国安全生产的职责，这次机构改革在劳动部内新设立安全生产管理局，将原职业安全卫生监察局和锅炉压力容器安全监察局合并，成立职业安全卫生与锅炉压力容器监察局，矿山安全卫生监察局仍然保留不变。

为进一步强化劳动部的安全生产监管职责，国务院在1993年7月12日下发的《国务院关于加强安全生产工作的通知》中再次重申："国务院确定，劳动部负责综合管理全国安全生产工作，对安全生产行使国家监察权；负责安全生产法规、政策的研究制定；组织指导各地区、各有关部门对事故隐患进行评估和整改；代表国务院对特大事故调查结果进行批复，根据需要对特大事故进行调查。安全生产中的重大问题由劳动部请示国务院决定。"1997年10月20日，经国务院同意，国务院办公厅转发了劳动部《关于认真落实安全生产责任制的意见》，要求"各级劳动行政部门要认真履行安全生产的综合管理职能和行使国家监察的职权。要切实加强安全生产工作的综合与协调，定期分析安全生产形势，研究安全生产中的重大问题并提出相应对策，为党委和政府当好参谋助手。要加强对贯彻执行有关法律、法规和方针政策的监督检查，做到执法必严、违法必究。要认真做好经常性的安全监察和事故监察工作，对重大事故隐患和危险源要及时督促有关单位进行整改和监控，对特种设备应按照国家规定实行安全认可制度，要认真做好事故调查、处理和批复工作，加强劳动安全监察队伍建设。要积极组织安全生产管理科学研究，努力探索适应社会主义市场经济要求的安全生产管理模式"。

后劳动部时期，劳动保护、安全生产立法取得重大进展。1992年11月2日，第七届全国人民代表大会常务委员会第二十八次会议通过了《矿山安全法》，同日国家主席令第六十五号公布。1994年7月5日，第八届全国人民代表大会常务委员第八次会议通过了《劳动法》，该法第四章工作时间和休息休假、第六章劳动安全卫生、第七章女职工和未成年工特殊保护、第十一章监督检查、第十二章法律责任的有关规定，涵盖了劳动保护、安全生产的基本内容。1996年10月11日，经国务院批准，劳动部发布了《矿山安全法实施条例》。与此同时，地方劳动安全卫生立法也取得进展。前期（1982年5月至1988年4月的劳动人事部时期）有13个省（自治区、直辖市）制定了劳动保护法规。这一时期又有山西、内蒙古、吉林、江苏、浙江、福建、江西、重庆、云南、西藏、甘肃等11个省（自治区、直辖市）制定了劳动保护条例或劳动安全卫生条例；北京、河北、山西、内蒙古、辽宁、吉林、黑龙江、浙江、安徽、福建、江西、山东、河南、湖北、湖南、广东、广西、四川、贵州、云南、西藏、陕西、甘肃、青海、宁夏、新疆等26个省、自治区、直辖市制定实施了《矿山安全法》办法。这些法律法规和地方性法规的颁布实施，使劳动保护、安全生产监管工作有法可依，把劳动保护、安全生产工作开始纳入法制化轨道。

后劳动部时期，劳动部部长先后由罗干（1988年4—12月）、阮崇武（1989年7月至1993年2月）、李伯勇（1993年3月至1998年3月）担任。职业安全卫生监察、矿山安全卫生监察、锅炉压力容器安全监察和安全生产综合管理工作,先后由李伯勇、李佩瑶、令狐安、王建伦、林用三等部领导分管,他们在加强劳动保护和安全生产法制建设、建立健全机构队伍、完善监管监察工作机制等方面,做了大量的富有成效的工作。在劳动部和各方面的共同努力下,这一时期全国劳动保护、安全生产立法取得明显成效,监管监察体系框架基本成型,机构队伍逐渐壮大,监督检查程序不断完善。

1998年6月,根据九届全国人大第一次会议批准的国务院机构改革方案和《国务院关于机构设置的通知》,国务院办公厅印发《关于印发劳动和社会保障部职能配置、内设机构和人员编制规定的通知》,决定原劳动部承担的安全生产综合管理、职业安全监察、矿山安全监察职能,交由国家经济贸易委员会承担;原劳动部承担的职业卫生监察(包括矿山卫生监察)职能,交由卫生部承担;原劳动部承担的锅炉压力容器监察职能,交由国家质量技术监督局承担。劳动保护工作中的女职工和未成年工特殊保护、工作时间和休息休假,以及与劳动保护关系密切的工伤保险的职能交由新成立的劳动和社会保障部。

第二节 劳动部(国家计委劳动局、国家劳动总局、劳动人事部)内设劳动保护机构

1949年11月至1988年4月,其间经历了前劳动部、国家计划委员会劳动局、国家劳动总局、劳动人事部时期。作为上述部门的内设职能机构,其名称多次发生变化。1949年11月2日,中央人民政府正式宣布成立劳动部,内设劳动保护司;1956年9月,劳动保护司改为劳动保护局;1970年6月,劳动部并入国家计划委员会,委内设立劳动局,下设劳动保护组;1975年9月,成立国家劳动总局,内设劳动保护组,1979年6月劳动保护组改为劳动保护司;1982年5月,国务院机构改革后成立劳动人事部,内设劳动保护局。

劳动部门内设的劳动保护机构[①]在各个阶段的主要职责如下所述。

一、中央人民政府劳动部劳动保护司的主要职责

(1)组织拟定劳动保护的政策、法规和规章。
(2)组织推动、监督检查中央有关劳动保护的政策、指令、指示的贯彻

---

① 国家计委内设机构劳动局劳动保护组,其职能职责相当于之前、之后的劳动部。

执行。

（3）监督一切公营企业、合作社企业、私营企业及公私合营企业遵守有关劳动保护问题之法律、法令。

（4）检查各种企业、工厂、矿场之安全卫生设备状况。

（5）监督公私企业依法正确使用青工及女工的劳动，以保护青工及女工的特殊利益。

（6）推动、协助、审查、监督、检查各企业编制安全技术措施计划、安全教育制度和安全技术规程的制订等各项劳动保护工作的进行。

（7）总结、交流先进性的劳动保护工作经验，举办展览会。

（8）组织力量，有重点地开展劳动保护工作（如通过科学技术研究会、训练班等方式解决关键性的问题），并培养训练干部，提高业务水平。

（9）研究新建、扩建厂矿的安全卫生标准，为进行设计、验收、监督检查工作创造条件；检查、处理和统计伤亡事故。

劳动保护司下设矿业劳动保护处、重工业劳动保护处、轻工业劳动保护处、交通运输劳动保护处。

二、中华人民共和国劳动部劳动保护局的主要职责

1954年9月21日，第一届全国人民代表大会第一次会议审议通过了《国务院组织法》，根据《国务院组织法》的规定，国务院设劳动部，劳动部设劳动保护司，1956年9月改为劳动保护局。根据1956年9月17日国务院常务会议批准的《劳动部组织简则》的规定，劳动保护局的主要职责：

（1）研究劳动保护方针政策，拟制和审查劳动保护方面的法规和规章制度。

（2）制定劳动保护工作规则，指导各省市和各产业部门的劳动保护工作。

（3）监督检查国民经济各部门的劳动保护、安全技术和工业卫生工作。

（4）检查企业中的重大伤亡事故并且提出结论性的处理意见。

（5）总结和推广劳动保护工作经验。

（6）组织进行劳动保护的宣传教育，干部培养和科学技术研究工作。

（7）解决劳动保护工作中带有普遍性的重大具体问题。

1958年9月起，劳动保护局内设秘书处、重工业处、轻工业处、基本建设处、锅炉检查处。

三、国家劳动总局、劳动人事部劳动保护局的主要职责

国家劳动总局和劳动人事部时期，劳动保护局的主要职责：

（1）组织起草劳动保护方面的政策、法规和安全卫生技术标准。

（2）监督检查地区、部门、行业和企业贯彻执行劳动保护方针、政策和法规，督促企业改善劳动条件。

（3）掌握劳动保护工作的全面情况，提出决策意见，指导地区、部门的劳动保护业务工作，组织推广先进经验。

（4）统计、分析、调查处理重大伤亡事故和职业病。

（5）对新建、改进和扩建工程项目的"三同时"进行审查验收。

（6）对劳动保护检测检验机构进行业务指导。

（7）管理劳动保护技术措施行业试点，并组织推广先进的技术措施。

（8）实行行业劳动安全卫生评价。

（9）综合管理地区劳动保护科学研究规划，组织鉴定科研成果、技术交流与标准技术委员会的工作。

（10）管理乡镇企业的劳动保护工作。

（11）管理女工、未成年工的特殊劳动保护和工时休假制度。

（12）组织培训企业管理和劳动保护干部，开展宣传教育。

国家劳动总局和劳动人事部时期的劳动保护局下设综合处、安全技术处、工业卫生处、矿山安全处、宣传教育处五个处，1981年成立矿山安全监察局后不再设矿山安全处。

劳动保护司第一任司长是张维汉，1954年起由章萍任司（局）长，直至1970年；国家劳动总局时期，章萍为劳动总局副局长兼任劳动保护局局长，单振英、齐英杰、黄世昌、苏毅荣先后任副局长；劳动人事部时期先后由徐公民、苏毅荣任局长，刁学武、孙连捷、叶伟杰任副局长。

第三节 劳动部职业安全卫生监察局

职业安全卫生监察局是1988年4月国务院机构改革后，新组建的劳动部内设职能司局，该局在原劳动人事部劳动保护局的基础上组建，至1993年，其与锅炉压力容器安全监察局合并后被撤销。职业安全卫生监察局的主要职责：

（1）综合管理职业安全和卫生（工程技术）监察工作，提出规划、要求，进行业务指导，实行国家监察。

（2）拟定职业安全、职业卫生（工程技术）、女工与未成年工保护、工时、休假等法规和有关职业安全卫生的技术标准，并负责组织实施和监督检查。

（3）参与国家重点建设工程"三同时"项目的审查和验收。

(4) 组织对行业劳动安全卫生技术措施的评价。
(5) 综合统计、分析伤亡事故和职业病情况，提出预防措施。
(6) 参与重大事故的调查。
(7) 组织推动劳动保护的科学研究、宣传教育和专业人员培训工作。
(8) 承担全国安全生产委员会办公室的工作。

职业安全卫生监察局下设综合处、职业安全监察处、职业卫生监察处、法规标准处、宣传教育科技处。人员编制45人。

职业安全卫生监察局局长先后由苏毅荣、孙连捷担任，副局长先后由叶伟杰、程映雪、蒋健担任。

第四节　劳动部（劳动总局、劳动人事部）矿山安全（卫生）监察局

矿山安全卫生监察局是国家劳动总局、劳动人事部、劳动部综合管理全国矿山安全和职业危害工作，行使国家监察职权的职能部门，成立于1981年1月，存在于国家劳动总局、劳动人事部和后劳动部时期，直至1998年3月，随着劳动部撤销而终止。国家劳动总局和劳动人事部时期叫矿山安全监察局，后劳动部时期改为矿山安全卫生监察局。其在各个时期的主要职责如下所述。

一、国家劳动总局、劳动人事部时期矿山安全监察局的主要职责

(1) 宣传安全生产方针和劳动保护的政策、法令，监督《矿山安全条例》的贯彻执行。

(2) 督促矿山企业开展职工安全教育和技术培训工作。

(3) 参加矿山建设工程安全设施的设计审查和竣工验收，参加矿山安全科研成果和有关新技术的鉴定。

(4) 监督检查矿山企业安全技术措施工程的完成情况和安全技术措施经费的使用情况。

(5) 检查矿山安全工作，对违反《矿山安全条例》和危害职工安全健康的情况提出处理意见。

(6) 参加矿山事故调查，监督事故的处理。

这一时期，矿山安全监察局设有监察处和综合处，局长由傅师荣担任，副局长由黄世昌、张福元、柴兆喜（后期）担任。

二、1988 年 4 月至 1993 年矿山安全卫生监察局的主要职责

1988 年 4 月国务院机构改革后，矿山安全监察局改为矿山安全卫生监察局，为劳动部内设职能司局。其主要职责：

（1）拟定矿山安全法规和标准，审批各类矿山行业安全规程。

（2）规划和指导矿山安全和职业卫生（工程技术）工作，实行国家监察。

（3）审查矿山设计和参与矿山投产验收工作，指导对矿长在矿山安全卫生方面的资格审查。

（4）组织协调乡镇矿山的安全整顿工作。

（5）组织培训矿山安全监察人员，开展矿山安全的科学研究和宣传教育。

（6）统计、分析矿山事故和职业病情况，提出预防措施，参与重大事故的调查。

矿山安全卫生监察局内设监察一处、监察二处、监察三处、监察四处和综合处五个处，1992 年后调整为综合办公室、煤矿安全监察处、非煤矿山安全监察处、矿山工业卫生监察处、法规标准处。

这一时期，矿山卫生监察局行政编制为 35 人。局长先后由柴兆喜、刘光义担任，副局长先后由刁学武、韩俊、张世德担任。

三、1993 年国务院机构改革后矿山安全卫生监察局的主要职责

根据 1993 年 3 月 22 日第八届全国人民代表大会一次会议审议通过的《关于国务院机构改革方案的决议》和 1994 年 1 月 6 日《国务院办公厅关于印发劳动部职能配置、内设机构和人员编制方案的通知》，矿山安全卫生监察局的职责和人员编制又进行了调整。其主要职责、处室设置和人员编制如下所述。

（一）主要职责

（1）综合管理矿山安全与职业危害监察工作，履行《矿山安全法》和其他法律、法规规定的监督职责。

（2）制订矿山安全法规、标准、政策和矿山安全监察工作制度，对贯彻执行有关法律、法规的情况进行监督检查。

（3）参加并监督矿山事故调查和处理，审查批复重大矿山事故调查报告，研究分析全国矿山安全和矿山职业危害的状况，统计分析矿山伤亡事故情况，提出相应的对策。

（4）审查、核定矿山安全卫生检测检验机构资格，授权、指导具有检测检验资格的机构实施矿山安全卫生检测检验工作。

(5) 宣传矿山安全生产方针、政策、法律、法规和标准，组织和指导矿山安全卫生监察人员培训工作。

(6) 参加并指导矿山安全与卫生设施的设计审查和竣工验收。

(7) 检查矿山劳动条件和安全状况。

(8) 指导矿山企业矿长和特种作业人员安全资格考核和乡镇矿山矿井安全生产条件认证工作。

(9) 检查矿山企业职工安全教育、培训情况和安全技术措施费用提取和使用情况。

(10) 管理劳动部下达的矿山安全技术措施专项经费项目和组织开展矿山安全与卫生科研工作。

(二) 处室设置

根据上述职责，矿山安全卫生监察局设综合办公室、煤矿安全监察处、非煤矿山安全监察处、矿山工业卫生监察处和法规标准处五个处室，各处室的主要职责如下所述。

1. 综合办公室

综合办公室主要职责是综合管理和指导矿山安全与职业危害的检测检验工作，负责矿山安全检测检验机构的认证和资格授权工作；组织编制部下达的安全技术措施专项费用计划，并组织检查项目的执行和经费的使用情况；综合管理矿山安全与职业危害的科研工作，编制科研计划，负责科研项目技术鉴定和成果申报等工作；负责宣传教育和事故统计分析及信息管理工作；管理和组织矿山安全监察人员的技术业务的培训；负责起草局的工作计划、总结，组织制订目标管理计划；负责安排局务活动和全国矿山安全工作会议的组织工作；负责局的文秘、人事、外事和行政管理工作。

2. 煤矿安全监察处

煤矿安全监察处主要职责是检查煤矿及其主管部门执行矿山安全法律法规、标准情况；组织全国煤矿安全监察工作，指导矿山安全监察人员的技术业务培训；调查煤矿安全状况，分析煤矿安全趋势和伤亡事故，组织研究和提出防范对策；参加大型煤矿建设工程安全设施的设计审查和竣工验收；检查或组织检查煤矿的安全状况和职工培训情况、技术措施经费提取及使用情况；指导煤矿矿长及特种作业人员安全资格审查工作和乡镇煤矿安全生产条件认证工作；参加并监督煤矿伤亡事故的调查和处理，承办审核批复煤矿重大事故调查报告事宜；参加或组织制订有关煤矿安全的法律法规、标准；指导煤矿安全检测检验技术工作；了解国内外煤矿安全技术状况，指导煤矿安全技术科研工作，推广先进的安全技术和措施；处理上级交办的煤矿安全有关事宜。

3. 非煤矿山安全监察处

非煤矿山安全监察处主要职责是检查非煤矿山及其主管部门执行矿山安全法律法规、标准情况；组织全国非煤矿山安全监察工作，指导矿山安全监察人员的技术业务培训；调查非煤矿山安全状况，分析非煤矿山安全趋势和伤亡事故，组织研究和提出防范对策；参加大型非煤矿山建设工程安全设施的设计审查和竣工验收；检查或组织检查非煤矿山的安全状况和职工培训情况、技术措施经费提取及使用情况；组织非煤矿山矿长及特种作业人员安全资格审查工作和检查非煤矿山安全生产条件认证工作；参加并监督非煤矿山伤亡事故的调查和处理，承办审核批复非煤矿山重大事故调查报告事宜；参加或组织制订有关非煤矿山安全的法律法规、标准；指导非煤矿山安全检测检验技术工作；了解国内外非煤矿山安全技术状况，指导非煤矿山安全技术科研工作，推广先进的安全技术和措施；处理上级交办的非煤矿山安全有关事宜。

4. 矿山工业卫生监察处

矿山工业卫生监察处主要职责是检查矿山企业及其主管部门执行有关防止职业危害的法律法规、标准的情况；参加和指导矿山工业卫生设计审查和竣工验收工作；调查矿山粉尘及其他职业危害的状况，研究和提出相关的工程技术措施，检查或组织检查矿山企业的劳动条件和职业危害状况、防尘技术措施费用提取和使用情况、职工培训情况；参加或组织制订有关防止矿山职业危害的法律法规、标准；掌握国内外控制矿山职业危害的技术状况，指导防治矿山职业危害的科研工作，推广先进技术和措施；参与指导矿山职业危害检测检验技术工作；处理上级交办的防治矿山职业危害的有关事宜。

5. 法规标准处

法规标准处主要职责是制订矿山安全与卫生立法规划和计划；组织起草矿山安全法规；组织制订矿山安全与职业危害监察规章；组织起草或制订矿山安全与防止职业危害的标准；组织检查矿山安全卫生法律、法规和标准的执行情况；参与有关行政诉讼案件的调查和处理；处理上级交办的有关矿山安全卫生法律、法规和标准的事宜。

这一时期，矿山安全卫生监察局行政编制28人，其中局长1名，副局长2名，正副处长10名。先后由刘光义、闪淳昌任局长，张世德、杨富为副局长，朱明光为副巡视员。

第五节　劳动部（国家劳动总局、劳动人事部）锅炉压力容器安全监察局

锅炉压力容器安全监察局是劳动部、国家劳动总局、劳动人事部综合管理锅炉压力容器安全工作，行使国家监察职权的职能部门，其前身是锅炉检查总局，成立于1956年1月。1958年9月，"大跃进"期间为精简机构，劳动部撤销锅炉检查总局，其业务合并到劳动保护局。1964年经国务院批准机构恢复，改名锅炉安全监察局。1970年6月劳动部被撤销，锅炉安全监察局也不复存在。1975年10月，国家劳动总局成立时设立了锅炉组，1978年9月经国务院批准改为锅炉安全监察局，1980年8月经国家劳动总局党组决定改为锅炉压力容器安全监察局，其后一直以此名称作为国家劳动总局、劳动人事部、劳动部内设职能机构存在，直至1993年10月其与职业安全卫生监察局合并而撤销。锅炉压力容器安全监察局在各个时期的主要职责如下所述。

一、劳动部锅炉检查总局主要职责

（1）对工作压力在每平方厘米0.7千克以上的蒸汽锅炉及其他受压容器和较大的起重机械（包括铁路、交通的固定锅炉及起重机械）的设计、制造、安装和使用保养工作进行国家监督。

（2）根据国家锅炉检查总局的组织条例，制订和颁布有关的规程、标准，以便于行使国家监督。

（3）领导全国锅炉等设备的技术检查和监督工作。

（4）会同中央各工业部所属化验及机械试验部门对锅炉用水及有关锅炉等设备的材料进行化验、试验工作。

锅炉检查总局的职责中还同时规定了下列设备不包括在国家锅炉检查总局的工作范围之内，应有企业行政负责，这些设备是：①工作压力小于每平方厘米0.7千克的蒸汽锅炉及其他受压容器；②较小的起重设备；③机车上使用的蒸汽锅炉；④船舶上使用的蒸汽锅炉和起重机械。

锅炉检查总局人员编制40人。局长为罗英，副局长为戴谦、王向明。

1964年恢复锅炉安全监察机构后，劳动部锅炉安全监察局下设锅炉安全监察处、容器安全监察处、培训情报处和秘书室。实有工作人员36人。

二、劳动总局、劳动人事部时期锅炉压力容器安全监察局主要职责

（1）积极宣传安全生产的方针、政策和锅炉压力容器安全法规，督促有关单位贯彻执行。

（2）制定或参与审定有关锅炉压力容器安全技术规程、标准，督促有关单位贯彻执行。

（3）对设计、制造、安装、使用、检验、修理、改造锅炉和压力容器的单位进行监督检查，发现违反锅炉、压力容器安全监察规程的行为时，有权通知该单位予以纠正。

（4）检查锅炉、压力容器的使用情况，有权制止违章作业和违章指挥的行为。发现不安全因素，可以发出《锅炉压力容器安全监察意见通知书》，要求使用单位限期解决。逾期不解决时，或有发生事故危险时，有权通知其停止该设备的运行。

（5）监督有关单位对司炉工、焊工、从事锅炉压力容器无损检测人员的培训和考试，考试合格后发给合格证。

（6）有权制止没有合格证的司炉工独立操作锅炉，制止没有合格证的焊工焊接受压元件。

（7）有权进行或参加锅炉、压力容器的事故调查，提出处理意见。锅炉压力容器安全监察局有权随时进入制造、使用锅炉压力容器的单位进行监督检查，要求这些单位提供贯彻执行有关规程、技术标准的情况，以及有关技术资料。有权向有关人员调查询问，有关人员应如实反映情况，不得阻拦。

这一时期，锅炉压力容器安全监察局下设综合处、锅炉安全监察处、压力容器安全监察处、情报处。

三、劳动部锅炉压力容器安全监察局主要职责

（1）拟定锅炉、压力容器安全监察工作的政策、法规和工作规划。

（2）审查有关锅炉、压力容器安全的技术标准。

（3）对锅炉、压力容器的设计、制造、安装、使用、检验和进出口实行国家监察，并指导其安全工作。

（4）统计、分析锅炉、压力容器事故情况，提出预防措施，参与重大事故的调查。

（5）组织研究和鉴定重大安全技术，开展宣传教育和专业人员培训。

这一时期，锅炉压力容器安全监察局下设综合办公室、锅炉安全监察处、压

力容器安全监察处、压力管道安全监察处、检验管理处。人员编制35人。

从国家劳动总局时期起，至1993年锅炉压力容器安全监察局与职业安全卫生监察局合并前，锅炉压力容器安全监察局先后由林超、王文祥、江才寿担任局长，傅文义、黎礼贵、陈亦惠、马昌华、刘世峰先后担任副局长。

第六节　劳动部职业安全卫生与锅炉压力容器监察局

职业安全卫生与锅炉压力容器监察局成立于1993年10月，由原职业安全卫生监察局和锅炉压力容器安全监察局合并组建，直至1998年3月国务院机构改革撤销劳动部而终止。根据1994年1月6日《国务院办公厅关于印发劳动部职能配置、内设机构和人员编制方案的通知》和劳动部人事司印发的《职业安全卫生与锅炉压力容器监察局"三定方案"》的规定，职业安全卫生与锅炉压力容器监察局是劳动部综合管理全国职业安全卫生和锅炉压力容器工作，行使国家监察职权的职能部门。

一、主要职责

（1）综合管理职业安全卫生和锅炉压力容器工作，实行国家监察权。

（2）制订和审查职业安全卫生、锅炉压力容器、女工和未成年工保护、工时休假等政策法规、标准和规划，并组织实施和监督检查。

（3）综合管理锅炉、压力容器和起重机械等特种设备的法定检验工作，并实行认证制度；负责企业劳动条件检测分级管理。

（4）对锅炉压力容器的设计、制造、安装、使用和进出口实行国家监察。

（5）管理职业安全卫生和锅炉压力容器检验单位和检验人员的资格考核、发证工作。

（6）参与国家重点建设工程"三同时"（同时设计、同时施工、同时验收）项目的审查和竣工验收工作。

（7）组织鉴定和评价职业安全卫生、锅炉压力容器重大安全技术成果和措施。

（8）统计、分析职业安全卫生和锅炉压力容器伤亡事故及职业病情况，提出预防措施。参与重大事故的调查处理。

（9）负责组织劳动保护宣传教育和主管的特种作业、专业人员培训、考核发证工作，推广科研成果。

（10）管理劳动防护用品工作，对特种防护用品实行发证制度。

二、内设机构

根据上述职责，职业安全卫生与锅炉压力容器监察局内设处室：综合办公室、职业安全监察处、职业卫生监察处、锅炉安全监察处、压力容器安全监察处、检验管理处、法规标准处、宣传教育科技处。

（一）综合办公室

综合办公室主要职责是负责起草局的工作计划、总结；协调局内各处工作关系；负责监察经费与技措经费的分配及目标管理工作；负责综合情报信息工作；承办人大建议、政协提案和人民来信工作；负责局的文秘、人事、外事和行政管理等工作。

（二）职业安全监察处

职业安全监察处主要职责是监督检查执行职业安全法规情况，调查研究和掌握职业安全状况并提出对策；负责职业安全卫生监察制度的建设和对监察业务工作提出建议；管理职业安全专业检验站的工作；管理乡镇企业的职业安全工作；统计并综合分析职工伤亡事故；参加调查重大伤亡事故；组织职业安全技术措施的综合评价；综合管理职业安全卫生检测检验站的工作；负责职业安全的专业培训、考核、发证和劳动防护用品生产许可证办公室等工作。

（三）职业卫生监察处

职业卫生监察处主要职责是监督检查执行职业卫生法规情况，调查研究和掌握职业卫生状况并提出对策；综合管理新建、改建、扩建企业和老企业改造中工程项目的职业安全卫生"三同时"的监察工作；管理职业安全卫生技术措施的行业试点和组织职业卫生技术措施综合评价；统计分析职业病的情况并提出对策；管理乡镇企业的职业卫生工作；处理女工和未成年工保护、工时休假、保健食品、提前退休和职业卫生的专业培训、考核、发证等日常工作；管理职业卫生专业检测站的工作。

（四）锅炉安全监察处

锅炉安全监察处主要职责是制订锅炉安全监察工作规划、计划、规章并实施监察；参与有关标准审定工作；主管锅炉及其安全附件制造、安装单位的资格认可工作，承办发放许可证；统计、分析锅炉事故情况，参与重大事故的调查、研究，提出预防措施；开展宣传教育和专业人员培训；仲裁锅炉安全的争议问题。

（五）压力容器安全监察处

压力容器安全监察处主要职责是制订压力容器、气瓶安全监察工作规划、计划、规章并实施监察；参与有关标准审定工作；主管压力容器、气瓶设计、制造单位的资格认可工作，承办发放许可证；统计、分析压力管道事故情况；参与重大事故的调查、研究，提出预防措施；开展宣传、教育和专业人员培训；调查、研究国内压力管道基本情况和安全状况，汇总国外压力管道安全监察管理制度、法规和先进的检验技术、预防事故措施；推动地方开展压力管道安全监察工作。

（六）检验管理处

检验管理处主要职责是制订锅炉压力容器检验单位管理工作规划、计划；制订检验单位管理的行政规章并监督实施；主管锅炉压力容器检验师及无损检测人员资格考核工作，承办发放检验资格证书；统计、分析全国监察和检验基本情况；归口管理进出口锅炉压力容器安全技师检验工作；指导中国锅炉压力容器检验协会的业务工作。

（七）法规标准处

法规标准处主要职责是制订立法规划和计划，组织起草综合性的职业安全卫生法规；组织职业安全卫生理论政策的调查研究；综合管理、组织制订职业安全卫生技术标准并监督实施；组织管理职业安全卫生标准化技术委员会的工作，负责标准经费的分配使用。

（八）宣传教育科技处

宣传教育科技处主要职责是管理职业安全卫生的宣传教育工作；培训监察人员和在职干部，组织教材编审；指导各地劳动保护教育中心和教研室的工作；统一管理职业安全卫生的培训计划、教材编写出书计划和培训经费工作，负责特种作业人员培训、考核、发证的管理工作；负责国际职业安全卫生培训业务工作；组织制订科研规划、计划，组织审查科研项目及成果上报，科研成果推广应用和科研水平的评定工作。

三、人员编制和局主要负责人

职业安全卫生与锅炉压力容器监察局编制为44名。局长先后由孙连捷、闪淳昌、许连友担任，副局长为马昌华、蒋健、刘世峰、任树奎，李富任总工程师。

第七节　劳动部安全生产管理局

安全生产管理局是劳动部综合管理全国安全生产工作（除职安、锅炉、矿山），行使国家监察职权的职能部门，成立于1993年10月，直至1998年3月随国务院机构改革，安全生产监管职能划转国家经济贸易委员会自动撤销。

一、主要职责

（1）研究制定全国安全生产综合性政策法规并监督实施。

（2）研究、分析、预测全国安全生产形势，提出相应对策和建议。

（3）组织对重大事故隐患的评估并监督整改，参与重大整改项目的设计审查和竣工验收。

（4）承担组织和参与中国境内的各类特别重大事故的调查，提出处理建议；负责对特别重大事故的咨询、批复，公布事故的结论、原因及责任。

（5）组织制定全国安全生产规划，协调有关部门与安全生产相关的经济、装备政策。

（6）组织成立国家安全生产专家组，聘请专家参与解决重大安全生产问题的工作。

（7）负责综合全国各类重大、特别重大伤亡事故的统计、发布全国安全生产公报。

（8）开展和推动多种形式的安全生产宣传和教育活动。

（9）负责对开展事故调查及隐患评估工作人员的培训工作。

二、内设机构

根据上述职责，安全生产管理局设综合办公室、事故调查处、法规宣教处。

（一）综合办公室

综合办公室主要职责是负责起草局内的工作计划、总结；制定局的工作制度并监督检查；协调局内各处工作关系；负责对外有关部门的联系和全国性会议的会务工作；负责局内的文秘、人事、外事和行政管理等工作。

（二）事故调查处

事故调查处主要职责是组织或参与中国境内发生的各类特别重大事故的调查，对特别重大事故的原因、结论的咨询和批复，提出公布特别重大事故报告的意见；组织或参与对重大事故隐患的评估并监督整改，参加重点整改项目的设计审查和竣工验收；组织并审定国家安全生产专家组成员的工作，负责对专家组的日常管理；综合各类重大、特别重大伤亡事故的统计，建立中国的事故调查信息系统；分析、预测全国安全生产形势，提出相应对策和建议；负责起草全国安全生产公报。

（三）法规宣教处

法规宣教处主要职责是负责组织研究、起草全国安全生产综合性政策、法规并监督实施；组织起草全国安全生产规划，参与协调有关部门与安全生产相关的经济、装备政策；组织开展和推动多种形式的安全生产宣传和教育活动。

三、人员编制和局主要负责人

安全生产管理局行政编制 18 人。局长先后由韩俊、郑希文担任。

第三章　综合经济部门负责全国安全生产监督管理工作（国家经济贸易委员会安全生产局）

1998年7月至2000年12月，国家经济贸易委员会及其安全生产局负责全国安全生产综合监管工作的这段时间，是中国安全生产发展史上的一个比较特殊的阶段，是国家安全生产监管体制承前启后、转折进步的重要时期。

第一节　1998年机构改革调整的内容及过程

1998年3月10日，九届全国人大一次会议审议通过了《关于国务院机构改革方案的决定》。这次机构改革撤销了劳动部，重组为劳动和社会保障部，不再承担安全生产方面的工作职责；同时将电力工业部、煤炭工业部、冶金工业部、机械工业部、电子工业部、化学工业部、地质矿产部、林业部、中国轻工业总会、中国纺织总会改组为国家经贸委管理的国家局，主要承担改革、过渡时期的行业管理职能。各专业部门原来承担的行业领域安全生产监管职能，也一并移交国家经济贸易委员会。

1998年7月，国务院办公厅印发《劳动和社会保障部职能配置、内设机构和人员编制规定的通知》，决定原劳动部承担的安全生产综合管理、职业安全监察、矿山安全监察职能，交由国家经济贸易委员会承担；原劳动部承担的职业卫生监察（包括矿山卫生监察）职能，交由卫生部承担；原劳动部承担的锅炉压力容器监察职能，交由国家质量技术监督局承担。拟定企业职工工作时间、休息休假制度和女工、未成年工特殊劳动保护政策的职能交由新成立的劳动和社会保障部。

1998年8月10日，国务院办公厅印发《国务院办公厅关于印发国家经济贸易委员会职能配置、内设机构和人员编制规定的通知》，将原劳动部和由部改为局的工业部门承担的安全生产管理职能划入国家经贸委，明确由国家经贸委负责指导全国安全生产，协调处理重大事故。内设安全生产局，负责综合管理全国安全生产工作，对安全生产行使国家监督职权。

1998年7月，国家经济贸易委员会安全生产局正式组建，并于当月搬入北京市宣武区（现西城区）宣武门西大街26号办公。

第二节　国家经济贸易委员会安全生产局

根据国家经贸委"三定"规定，安全生产局是国家经贸委综合管理全国安全生产工作，对安全生产行使国家监督职权的职能部门。

一、主要职责

（1）研究拟定安全生产的方针政策，组织起草安全生产的法律法规。

（2）研究拟定全国安全生产的发展战略、工作规划，指导全国安全生产工作。

（3）宣传贯彻安全生产方针政策、法律法规；监督检查企业、行业和地方贯彻执行安全生产方针政策、法律法规的情况、安全生产状况以及安全生产责任制的落实情况，指导企业建立安全生产自我约束机制。

（4）组织指导全国伤亡事故的统计和信息工作；分析预测全国安全生产形势，并提出相应的对策和建议。

（5）组织、协调、监督重大事故的调查处理，承办重大事故调查报告批复的有关事宜。

（6）综合管理全国安全检测检验工作，对从事安全检测检验、评价、设计、咨询等社会中介组织进行资格认可和委托授权。

（7）负责新建、改建、扩建国家重点工程安全设施的安全预评价、设计审查和竣工验收；组织重大危险源的评估，监督重大事故隐患治理。

（8）监督管理全国劳动防护用品工作。

（9）组织指导安全科学技术研究和新技术的推广工作；管理安全技术措施、科研经费；组织国家安全生产专家组的工作。

（10）组织推动全国安全生产宣传教育工作；监督检查企业安全生产培训教育情况；组织全国安全生产监督管理人员的培训、考核工作。

（11）开展安全生产方面的国际交流与合作。

（12）承办上级交办的其他事项。

二、内设机构

根据上述职责,安全生产局共设综合处、监督一处、监督二处和政策法规处。

(一)综合处

综合处主要职责是负责协调局内日常政务,拟定局内工作制度,负责会议组织、文电处理、档案管理、行政事务、人事、外事、信息、资产管理、信访和保密等工作;负责事故统计工作,起草全国安全生产公报;组织起草全国安全生产的发展战略和工作规划;管理安全技术措施经费和科研经费;负责国家安全生产专家组的组织工作。负责联系和指导劳动保护宣传教育中心以及安全生产的科研、教育、学会、协会等单位。

(二)监督一处

监督一处主要职责是综合管理内贸、煤炭、机械、冶金、石油和化工、轻工、纺织、建材、烟草、有色、地质勘探等行业的安全生产工作;监督检查上述行业及企业贯彻执行安全生产方针政策和法律法规的情况、安全生产状况、安全生产责任制的落实情况,以及企业经营者、安全生产管理人员和特种作业人员的培训考核情况;负责新建、改建、扩建国家重点建设工程安全设施的安全预评价、设计审查和竣工验收;组织重大危险源的评估,监督重大事故隐患治理;监督劳动防护用品的发放和使用情况;组织、协调、监督重大事故的调查处理,承办重大事故调查报告批复的具体工作。

(三)监督二处

监督二处主要职责是综合管理道路和水路运输业、铁路运输业、民航运输业、建筑业、电力工业、船舶工业、兵器工业、航空工业、航天工业、核工业、林业、邮电和旅游业等行业的安全生产工作,监督检查上述行业及企业贯彻执行安全生产方针政策和法律法规的情况、安全生产状况、安全生产责任制的落实情况,以及企业经营者、安全生产管理人员和特种作业人员的培训考核情况;负责新建、改建、扩建国家重点建设工程安全设施的安全预评价、设计审查和竣工验收;组织重大危险源的评估,监督重大事故隐患治理;监督劳动防护用品的发放和使用情况;组织、协调、监督重大事故的调查处理,承办重大事故调查报告批复的具体工作。

(四)政策法规处

政策法规处主要职责是负责制订安全生产立法规划和计划;组织研究和起草安全生产政策、法律、法规、规章和标准;承办有关行业和部门拟定的安全生产法规、规章和标准的审查工作;组织推动全国安全生产宣传教育工作;承办从事安全检测检验、评价、设计、咨询等社会中介组织以及特种劳动保护用品生产单位的资格认可和委托授权工作；承办有关安全生产法规的其他工作。

三、人员编制和主要负责人

安全生产局行政编制21名。其中局长1名，副局长2名，正副处长8名。

主要负责人：局长闪淳昌，副局长杨富、任树奎，副巡视员杨又明。综合处处长先后由施卫祖和吕海燕担任，监督一处处长先后由杨又明和施卫祖担任，监督二处处长为张宏波，政策法规处处长先后由吕海燕和杨国顺担任。

第三节 国家经贸委及其安全生产局的主要工作

安全生产综合监管职能划转国家经济贸易委员会之后，国家经贸委主要领导盛华仁、李荣融，在贯彻落实"以人为本"科学发展观和党中央、国务院安全生产决策部署，科学应对工业化快速发展所带来的事故高峰期，抓紧建立与社会主义市场经济相适应的安全生产监管体制这一重要问题上，具有明确认识和高度自觉；从国情和安全生产领域的实际出发，多方努力、积极推动国家安全生产监管体制改革的不断深化，为国家煤矿安全监察局、国家安全生产监督管理局的组建运行，为建立完善安全生产体制、机制和法制，做出了重要贡献。分管安全生产工作的领导石万鹏等，在组织协调各方面力量，深化煤矿等重点行业领域安全秩序整治，加强日常性监督检查等方面，做了大量的富有成效的工作。

从1998年7月到2000年12月，接近两年半的时间里，国家经贸委及其安全生产局主要做了以下工作：

（1）加快安全生产法制建设步伐。围绕安全生产立法，组织专家学者和各方面人员深入开展研讨，形成一定舆论氛围。在反复修改的基础上向国务院报出了《职业安全法（草案）》，该法案在国务院法制办审查过程中改名为《安全生产法（草案）》，于2002年6月29日经第九届全国人民代表大会常务委员会第二十八次会议审议通过。先后制定了《特种作业人员安全技术培训考核管理办法》《石油天然气管道安全监督和管理暂行规定》《危险化学品登记注册管理规定》《尾矿库安全管理规定》《国家经贸委安全科技进步奖暂行办法》等部门规章。出台了《职业安全卫生管理体系试行标准》，制定和发布实施了《安全生产设备卫生设计总则》《涂装作业安全规程》等15项国家安全标准。

（2）全力促进安全生产监管体制改革。1998年3月机构改革调整、国家经贸委承担安全生产综合监管职责职能后,安全生产领域面临的矛盾和问题突出。一方面,工业化、城镇化快速发展加大了生产安全事故发生的概率,煤矿等重点行业领域重特大事故多发,全国事故总量逐年大幅度攀升。另一方面,国家综合和专业安全监管力量不足。担任国家安全生产综合性监管监察的专业人员,由劳动部时期的3个司局(安全生产管理局、矿山安全卫生监察局、职业安全卫生和锅炉压力容器监察局)100多人,变为国家经贸委安全生产局21人(其中国家经贸委2人,原劳动部17人,其他有关部委调入2人)。专业以及行业安全监管力量的削弱尤为严重,由以往各部门(包括电力、煤炭、冶金、机械、电子、化学、地质、林业等)分口把关,各行业领域都有很过硬的安监机构和队伍,变为机构和队伍全部撤销。为尽快改变安全监管体制不适应需要、监管机构和力量薄弱的现状,国家经贸委及其安全生产局在深入调查研究的基础上,针对安全监管职责职能调整后出现的一系列新情况、新问题,向国务院提出了深化中国安全生产监管体制、加强监管机构和队伍建设的建议。国家经贸委领导多次向上级反映和争取,指导制定了煤矿安全监管监察体制改革方案和全国安全生产监管体制改革方案,并组织进行了实施。提出了恢复国务院安全生产委员会的意见建议。

(3)推动安全生产科技进步。制定和颁布实施了《国家经贸委安全科技进步奖暂行办法》,组织开展了安全生产科技进步奖评审工作①,召开了第三届全国安全生产专家组暨安全生产科技进步奖颁奖大会。制定了《安全生产"十五"科技规划纲要》。积极推动安全生产科学技术研究管理体制和机构改革,修订完善了《安全工程教学指导委员会工作规则》,加强安全学科建设②。组织力量开展安全生产重大科研攻关。"九五"期间,"重大工业火灾、爆炸、毒物泄漏事故预防技术""典型作业环境粉尘危害治理与预防技术研究""工业危险品公路运输安全管理系统技术研究""中小企业危险作业人机工程技术应用指南"等重点项目,列入国家科技攻关计划。易燃、易爆、毒物泄漏重大危险源辨识评价技术,中小型橡胶厂N-亚硝胺口罩滤材,LR-1型慢回弹耳塞三项科研成果被列入科技部"九五"国家科技成果重点推广计划。"防N-亚硝胺口罩滤材"和"天然功能饮料的开发与应用"被列入1999年国家级"星火计划"项目。

(4)加强安全文化建设。分别以"落实责任、保障安全","安全、生命、稳定、发展","掌握安全知识、迎接新的世纪"为主题,组织开展了1998年、

---

① 首届安全生产科技进步奖共评选表彰一等奖2个,二等奖14个,三等奖53个。
② 2000年初,全国共有安全生产科研机构40余家,安全科技人员5000余人;有30多所高等院校设立了安全工程系或安全工程专业。

1999年、2000年的全国"安全生产周"活动。会同全国总工会等，于1999年9月13日至12月21日，在全国开展了"百日安全无事故活动"；以"消除隐患、确保安全、保障稳定、促进发展"为主题，组织开展了1999年"安康杯"竞赛活动；举办了全国安全生产与工伤保险有奖知识竞赛。与各级团组织、劳动和社会保障部门合作，以进城务工人员为对象，开展了"平安打工"活动。与各地乡镇企业管理部门等合作，组织进行了乡镇企业经营管理者安全生产法制教育和培训，达到要求者发给《安全管理培训合格证书》，持证上岗。首次组织编写了《中国安全生产年鉴（1979—1999）》。

（5）抓好重点行业领域安全监管。针对煤矿事故多发的情况，1998年10月国家经贸委发出通知，要求坚决关闭无证开采的小煤矿，下决心停产整顿不具备安全生产条件的小煤矿，先期未达到要求的要予以关闭；12月又发出通知，要求凡1997年1月1日后国有煤矿矿区范围内开办的小煤矿一律依法取缔，国有煤矿矿区范围之外的小煤矿"两证"不全的要全部停产整顿。1999年4月，部署在全国加大矿业秩序整顿力度，坚决取缔和打击非法办矿、争抢资源和严重破坏矿业秩序的行为。2000年3月至8月，对全国烟花爆竹生产经营企业进行了清理整顿。以煤矿、烟花爆竹等为重点，组织开展了两次全国范围的安全生产大检查和一系列督查活动。针对1998年上半年铁路道口事故多发的情况下发通知，要求各地加大铁路交通安全宣传力度，采取签订安全协议书等形式，加强铁路道口安全管理，确保铁路提速工作顺利进行。1999年1月16日，中共中央总书记江泽民看到中央电视台《晚间新闻》关于宁夏银川市一家属院发生燃油锅炉爆炸事故的报道后，立即给国家经贸委主任盛华仁打电话，对锅炉质量检验和安全生产作出指示。1月18日，国家经贸委和国家质量技术监督局联合下发《坚决贯彻落实中央领导同志重要指示精神 认真做好锅炉压力容器制造安装运行安全和质量工作的紧急通知》，随后又召开全国安全生产电视电话会议，作出安排部署。

（6）用事故教训推动工作。1999年11月24日山东省海运集团烟大轮渡有限公司"大舜"号倾覆事故（死亡和失踪280人），2000年3月11日江西省上栗县石岭花炮厂烟花爆竹爆炸事故（死亡33人），2000年3月29日河南省焦作市天堂录像厅火灾事故（死亡74人），2000年9月27日贵州省水城矿务局木城沟煤矿瓦斯煤尘爆炸事故（死亡162人），2000年12月25日河南省洛阳市东都商厦火灾事故（死亡309人）等特别重大事故发生后，国家经贸委及其安全生产局领导和相关人员，都在第一时间赶赴事故现场，协助地方政府组织抢险救援，对事故进行调查处理。起草、下发事故通报和相关通知，针对事故所暴露的突出问题和薄弱环节，提出加强改进安全生产工作的指导性意见建议。

第四章　国家安全生产监督管理局——
国家经贸委管理阶段
（2001年1月至2003年3月）

国家安全生产监督管理局（简称国家安全监管局）是中华人民共和国成立以来中央人民政府成立的首个对全国安全生产实施宏观指导、综合监管职责的行政管理与执法部门。从2001年1月1日成立，到2005年5月26日升格为正部级，存在4年零5个月。其间，又可以分为"委管局"、国务院直属机构两个不同阶段。前者接受国家经济贸易委员会的管理和指导，机构存续时间为2001年1月至2003年3月；后者接受国务院的直接领导，依法独立履行全国安全生产综合监管职能，机构存续时间为2003年3月至2005年2月。

第一节　组建国家安全生产监督管理局的背景和安全生产监管体制改革的主要内容

改革开放之后，中国经济持续快速发展，随着社会生产规模的急剧扩大，能源原材料和交通运输市场需求持续旺盛，煤炭、冶金、化工等行业企业增加产量、提升效益的冲动强烈。一些地方和单位不能正确处理安全生产与经济效益的关系，重效益轻安全的情况相当普遍。与此同时，煤矿等高危行业与社会公共安全基础薄弱，安全法治不健全，政府安全监管机制不完善，安全科技和教育培训相对滞后，导致安全生产领域的矛盾和问题十分突出，安全生产问题日益成为全社会高度关注的热点难点问题。

1998年国务院和机构改革调整之后，由国家经贸委及其安全生产局负责履行全国安全生产工作综合管理责任。此后的两年多里，包括重点行业安全专项整治、煤矿安全技术改造等在内的安全生产工作，取得了积极进展。但这一时期的全国安全生产监管工作，确实存在着监管机构规格较低，监管力量薄弱，指导协调和行政执法能力不足，权威性不够等问题，导致重点行业领域特别是煤矿安全

第四章　国家安全生产监督管理局——国家经贸委管理阶段（2001年1月至2003年3月）

形势严峻，重特大事故多发。

1999年12月，国务院批准在国家煤炭工业局加挂"国家煤矿安全监察局"牌子，建立全国统一、垂直管理的煤矿安全监察执法体系。

煤矿安全监管监察问题基本解决之后，全国安全生产监督管理方面的矛盾和问题进一步凸显。在国务院2000年7月7日召开的第71次总理办公会上，国家经贸委主任盛华仁汇报指出：过去各产业部门都有健全的安全监管机构和相应的监管人员，机构改革后许多产业部门已经撤销，委管各国家局不再承担安全监督管理职能，国家经贸委还要管理全国安全生产工作，行使国家监督职权，负责调查处理全国重大事故，而目前只有一个内设的安全生产局，编制只有21个人；各省（区、市）经贸委这次机构改革后只设一个5~10人的安全监察处，一些地市目前只有1名安全监察员；现有安全监管力量严重不足与安全生产工作量大、面广、不相适应的矛盾越来越突出，由于安全监督力量大大削弱，现有的人员光是调查处理事故都跑不过来，更谈不上经常性的监督监察，不少地区的安全监督管理工作已经出现断档。为解决安全生产监管机构设置、职能配置和运行机制不能适应实际工作需要的问题，盛华仁建议将国家经贸委内设的安全生产局改组为委管的国家安全生产监察局，各省（区、市）也对应建立副厅级的安全生产监察局，并赋予其综合、统一管理安全生产工作的职权，以进一步理顺管理、充实力量，推动安全生产工作。

国务院第71次总理办公会原则同意国家经贸委的意见。随后，党中央、国务院作出改革安全生产监管体制，建立国家安全生产监督管理局的重大决策。2000年12月，在全部撤销国家经贸委管理的9个国家局（即国家煤炭工业局、国家冶金工业局、国家石油和化学工业局、国家机械工业局、国家轻工业局、国家建筑材料工业局、国家有色金属工业局、国家纺织工业局、国家国内贸易局）的同时，以国家煤矿安全监察局、国家经贸委安全生产局为基础，从被撤销各个国家局抽调一批专业管理干部，成立了副部级的国家安全生产监督管理局，与国家煤矿安全监察局"两块牌子、一个机构"，仍由国家经贸委管理，负责履行全国安全生产监督管理和煤矿安全监察职能。涉及煤矿安全方面的工作，则以国家煤矿安全监察局的名义实施。

对于改革后国家生产监督管理和煤矿安全监察体制，国家经贸委主任盛华仁在2000年11月2日召开的全国煤矿安全监察会议上，作了比较清晰明确的阐述。盛华仁说：我们最近要组建国家安全生产监督管理局。这两个局（即国家安全监管局、国家煤矿安监局）是两块牌子，一个机构，同时又是国务院安全生产委员会的办公室。对下实行两种体制，煤矿安全监察机构是垂直管理，安全生产监督管理机构是分级管理。地方的两个机构不合并，实行两种体制。省里有省级的煤矿安全监察局，地方经贸委还有安全生产局，是经贸委的委管局，也是同级政府安全生产委员会的办事机构。煤矿安全监察局在地方上也要接受地方政府安全生产委员会的指导。

第二节 "委管局"阶段国家安全监管局（国家煤矿安监局）职能配置、领导班子、安全生产监察专员、内设机构及其负责人

2000年12月31日，国务院办公厅下发《关于印发〈国家安全生产监督管理局（国家煤矿安全监察局）职能配置、内设机构和人员编制规定〉的通知》。国家安全生产监督管理局（国家煤矿安全监察局）机关行政编制160名。其中局长1名，副局长4名，国家安全生产监察专员15名（部委司局级），正副司长职数30名（含机关党委专职副书记）。

一、主要职责

（1）负责起草安全生产方面的综合性法律草案和行政法规，拟定有关政策及工矿商贸企业安全生产规章、规程和安全技术标准。

（2）综合管理全国安全生产工作，分析和预测全国安全生产形势，拟定全国安全生产工作规划，依法行使国家安全生产监督管理职权，指导、协调和监督质量技术监督等有关部门承担的专项安全监察、监督工作。

（3）依法行使国家煤矿安全监察职权。对设在各地的煤矿安全监察局及其煤矿安全监察办事处的管理，按照《国务院办公厅关于印发煤矿安全监察管理体制改革实施方案的通知》（国办发〔1999〕104号）规定执行。

（4）负责发布全国安全生产信息，综合管理全国伤亡事故统计工作，组织、协调重大、特大事故的调查处理，受国务院委托对特大事故调查报告进行批复。

（5）指导、协调全国安全生产检测检验工作，组织实施对工矿商贸企业安全生产条件和有关设备（由其他有关部门承担的锅炉、压力容器、电梯、防爆电器等特种设备除外）进行检测检验、安全评价、安全培训、安全咨询等社会中介组织的资格认可工作，并负责监督检查。

（6）组织全国安全生产方面的宣传教育和本系统安全生产监察人员、煤矿安全监察人员的培训、考核工作，依法组织、指导并监督特种作业人员的考核工

第四章　国家安全生产监督管理局——国家经贸委管理阶段（2001年1月至2003年3月）

作和企业主要经营管理者的安全资格考核工作。

（7）监督工矿商贸企业贯彻执行安全生产法律、法规情况和安全生产条件、有关设备、材料及劳动防护用品的安全管理工作。

（8）负责新建、改建、扩建工程项目的安全设施与主体工程同时设计、同时施工、同时投产使用（以下简称"三同时"）的安全监督检查工作，按照职业安全法规和标准监督检查工矿商贸企业职业危害的防治工作，依法监督检查重大危险源的监控和重大事故隐患的整改工作，组织对不具备安全生产基本条件的生产经营单位的查处工作，组织、指导和协调煤矿救护、化学事故应急救援等工作。

（9）拟定安全生产科研规划，组织、指导安全生产重大科学技术研究和技术示范工作。

（10）按照干部管理权限负责局机关和直属机构的干部管理工作。

（11）开展安全生产方面的国际交流与合作。

（12）承办国务院和国家经贸委交办的其他事项。

二、国家安全监管局（国家煤矿安监局）领导班子成员

2001年2月17日，国家经贸委召开会议，宣布党中央、国务院对国家安全生产监督管理局（国家煤矿安全监察局）领导班子的任命：张宝明任局长、党组书记；闪淳昌、赵铁锤、王德学任副局长、党组成员；濮洪九任党组成员，中央纪委驻国家安全生产监督管理局（国家煤矿安全监察局）纪检组组长。

三、国家安全生产监察专员

为适应事故调查处理的组织协调等工作需要，在借鉴国土、财政、纪律监察等部门或系统做法的基础上，建立了国家安全生产监察专员制度。

经由中组部备案，国家安全生产监督管理局（国家煤矿安全监察局）相继任命孙华山、刘成江、刘玉华、章苏东、成家钰、贺黎光、赵红、欧晓理、张广华、吴鑫、崔慕皛、杨国顺、石少华、张宏波、施卫祖、刘云昌为国家安全生产监察专员。其主要职责是受国家安全生产监督管理局（国家煤矿安全监察局）的委托，监督检查有关单位对重大危险源和重大事故隐患的监控与整改情况，参加对重大、特大事故的调查处理，完成局领导交办的其他重要事项。

四、内设机构及其负责人

这一阶段国家安全生产监督管理局（国家煤矿安全监察局）内设机构、职能配置、人员编制及负责人如下所述。

(一) 办公室 (外事司、财务司)

办公室（外事司、财务司）主要职责是负责组织机关办公，协调局领导交办的业务和行政事务工作；负责机关值班、文秘、公文处理及局党组会议、局务会议、局长办公会议的组织、记录和纪要工作；负责政务信息工作及督促落实局党组会议、局务会议和局长办公会议决定的工作事项；负责办公室处理的来往文件、电报的签收、登记、传递、催办、管理和立卷归档工作；负责保密、档案及文电、文印工作；负责人民来信、来访工作和提案、建议回复的管理工作；负责机关经费预算的分配、使用和机关财务会计的日常工作；负责本部门及所属单位财务管理、会计核算及国有资产管理；组织编制监督本部门及所属单位预算的分配执行；负责编制汇总会计财务决算以及会计制度培训、会计人员管理；负责财务审计工作；负责机关及直属单位机构编制及有关社团管理工作；负责组织政府、民间安全生产方面的国际交流与合作及国外智力引进工作；审批办理所属单位人员出国任务，审批组织参加国际组织和国际会议，协调指导直属单位的外事工作；负责安全生产无偿援助项目的管理和邀请外国人及港澳人员来访工作。内设综合处（保密办、机要室）、秘书处、值班室、督查处、机关财务处、财务资产处、国际合作处（对外联络处）、信访办公室。人员编制30名，其中正副主任（司长）5名，正副处长13名。

办公室（外事司、财务司）负责人：主任（司长）刘玉华、金克宁（2001年8月）、梁嘉琨（2003年7月），副职（含正副司局级领导职务和非领导职务）林一胜、田玉章、李书清、林苏东、李中锋、蔡燕莉、林冰。

(二) 政策法规司

政策法规司主要职责是负责组织编制和实施安全生产立法规划和年度计划；组织起草有关法律草案和行政法规草案；组织拟定工矿商贸企业安全生产规章、规程及安全技术标准；归口管理局的法规工作；负责安全生产方面的行政复议、法规答复、执法监督工作；负责安全生产重大政策及典型经验的调查研究；负责安全生产政策研究及政策研究相关课题的组织、管理、协调工作；负责起草重要文件及重要会议报告材料；负责编辑《安全生产工作动态》《安全生产工作简报》《安全生产法制工作简讯》；组织、协调、指导安全生产宣传教育和新闻报道工作，负责对局主管报刊的有关管理工作；组织局召开的新闻发布会；了解煤矿安全监察队伍的思想状况，提出加强精神文明建设的意见，总结推广队伍建设的典型经验。内设宣传处（综合处）、政策研究处、法规处（执法监督处）。人员编制12名，其中正副司长3名，正副处长6名。

政策法规司负责人：司长吴晓煜，副职（含正副司局级领导职务和非领导职务）黄毅、陈光、朱义长、石少华。

（三）信息与技术装备保障司

信息与技术装备保障司主要职责是负责综合管理全国安全生产信息和伤亡事故的统计工作；组织分析和预测年度全国安全生产形势；负责安排安全技术措施经费、安全科研经费、国家预算内投资、国家安排的专项安全设备和设施资金，并进行监督检查；负责安全技术改造工作；负责拟定安全生产科研规划，组织、指导安全生产重大科学技术研究和技术示范工作，组织安全科研成果的鉴定和技术推广；负责煤矿安全监察相关单位的设施建设和装备综合管理工作；实施对工矿商贸企业安全生产条件和有关设备（由其他有关部门承担的锅炉、压力容器、电梯、防爆电器等特种设备除外）进行检测检验、安全评价、安全咨询等社会中介组织的资格认证工作，并进行监督检查；负责危险装备的安全标志管理工作；负责国家授权的机电产品进出口管理工作；负责国家安全生产专家组工作；负责指导、协调安全生产、职业危害的检测、检验工作；负责安全生产信息体系、安全技术支撑体系、安全装备管理体系、安全生产社会中介评价体系建设。内设信息管理处（综合处）、安全科技处、安全装备处、安全评审处。人员编制13名，其中正副司长3名，正副处长6名。

信息与技术装备保障司负责人：司长姜庆俊、杨富（2001年11月），副职（含正副司局级领导职务和非领导职务）何学秋、王浩、赖辉、李德忠。

（四）煤矿安全监察一司

煤矿安全监察一司主要是负责国有煤矿的安全监察工作，主要职责是组织起草、修订国有煤矿建设工程安全设施的设计审查标准和竣工验收办法；组织国有煤矿建设工程安全设施的设计审查和竣工验收，对验收文本实施档案管理；监督检查国有煤矿贯彻执行安全生产法律、法规情况及其安全生产条件；拟定国有煤矿安全监察有关工作制度、办法；负责国有煤矿行政处罚的文本管理；组织起草国有煤矿设备设施标准及监察有关工作制度、办法；监督检查国有煤矿设备设施安全情况；组织起草国有煤矿职业危害防治和检测标准、办法；监督检查国有煤矿职业危害情况；监督检查煤矿特种劳动保护用品的使用情况；组织调查和处理国有煤矿重大、特大事故；拟定国有煤矿伤亡事故调查处理规定、办法；承办国有煤矿有关事故调查报告的批复、事故调查结案的档案管理，监督检查事故责任者处理意见和事故防范措施的落实情况；指导、协调国有煤矿救护及其应急救援工作；组织起草煤矿救护队的标准，并进行监督检查和资格认可；拟定煤矿救护及其应急救援工作制度；指导和协调跨省区的煤矿救护及其应急救援工作；组织指导中介组织对国有煤矿企业的安全评估、职业危害和有关设备的检测检验工作；负责组织、指导国有煤矿职业安全业务交流工作；完成局领导交办的其他事项。内设综合处、监察一处、监察二处。人员编制13名，其中正副司长3名，正副处长6名。

煤矿安全监察一司负责人：司长王树鹤、付建华（2003年1月），副职（含正副司局级领导职务和非领导职务）付建华、窦永山、苏立功、李万疆、徐汉才、宋元明。

（五）煤矿安全监察二司

煤矿安全监察二司主要是负责乡镇煤矿的安全监察工作，主要职责是监督检查乡镇煤矿贯彻执行安全生产法律、法规情况，定期通报和分析乡镇煤矿安全生产状况，提出政策建议；拟定乡镇煤矿安全监察有关工作制度、办法；组织调查、处理乡镇煤矿重大、特大事故；承办乡镇煤矿有关事故调查报告的批复；负责事故调查处理结案的档案管理；监督检查事故责任人员的处理意见和事故防范措施的落实情况；组织起草乡镇煤矿安全生产标准，依法查处不具备安全生产条件的乡镇煤矿；组织起草乡镇煤矿建设工程安全设施的设计审查和竣工验收标准；指导乡镇煤矿建设工程安全设施的设计审查；组织起草乡镇煤矿设备设施标准，监督检查乡镇煤矿设备设施安全情况；组织起草拟定乡镇煤矿职业危害检测标准、办法；监督检查乡镇煤矿职业危害情况及职业危害防治措施和粉尘检测情况；监督检查乡镇煤矿特种劳动保护用品的使用情况；指导、协调乡镇煤矿救护工作；组织起草乡镇煤矿救护队标准，并进行监督检查和资格认可；拟定乡镇煤矿救护工作制度；指导、协调跨省区的乡镇煤矿救护工作；负责组织、指导乡镇煤矿职业安全业务交流工作。内设综合处、监察一处、监察二处。人员编制13名，其中正副司长3名，正副处长6名。

煤矿安全监察二司负责人：司长尉茂河、王树鹤（2003年1月），副职（含正副司局级领导职务和非领导职务）杨江有、梁嘉琨、成家钰、蔡英勃、纪国友。

（六）安全监督管理一司

安全监督管理一司主要是负责综合监督管理全国金属与非金属等非煤矿山企业的安全生产工作，主要职责是组织起草、修订有关非煤矿山的安全生产规章、规程、安全技术标准；监督检查非煤矿山企业贯彻执行安全生产法律、法规，以及安全生产方针政策和责任制落实等情况；监督检查非煤矿山新建、改建、扩建非煤矿山工程项目的安全设施与主体工程的同时设计、同时施工、同时投产使用情况；监督检查非煤矿山企业的安全生产条件、设备设施和重大危险源监控、重大事故隐患治理，以及劳动防护用品的安全管理工作；监督检查非煤矿山企业特种作业人员和企业主要经营者及安全管理人员安全资格考核持证上岗情况工作；组织指导中介组织对非煤矿山企业的安全培训、安全评估、安全生产条件和有关设备的检测检验，以及非煤矿山安全生产科技工作；组织调查和处理非煤矿山企业重大、特大事故；组织、指导非煤矿山重大、特大事故应急救援工作；负责组织、指导非煤矿山职业安全业务交流工作；承办上级交办的其他事项。内设综合处、安全监督管理一处、安全监督管理二处。人员编制13名，其中正副司长3名，正副处长6名。

安全监督管理一司负责人：司长杨富、孙华山（2001年11月），副职（含正副司局级领导职务和非领导职务）刘云昌、郭新庆、周斌、张炳曾。

（七）安全监督管理二司

安全监督管理二司主要是负责综合监督管理石油、化工、电力、贸易、机械、冶金、有色、轻工、纺织、医药、建材、烟草、地质等行业的安全生产工作。主要职责是组织起草、修订分管行业安全生产方面的规章、规程和安全技术标准；监督检查分管行业企业贯彻执行安全生产法律、法规情况；监督检查分管行业新建、改建、扩建工程项目的安全设施与主体工程同时设计、同时施工、同时投产使用的情况；监督检查分管行业工矿商贸企业安全生产条件、设备设施和重大危险源监控及重大事故隐患的整改情况；监督检查分管行业职业危害防治及劳动防护用品的安全管理工作；监督检查分管行业企业特种作业人员和企业主要经营管理者及安全管理人员安全资格考核持证上岗情况；组织指导中介组织对分管行业企业的安全评价、安全培训、安全咨询、安全生产条件和有关设备的检测检验工作，以及分管行业安全生产科技工作；组织调查和处理分管行业重大、特大事故；综合管理危险化学品登记注册工作，组织指导和协调化学事故应急救援等工作；负责组织、指导分管行业职业安全业务交流工作。内设综合处、安全监督管理一处、安全监督管理二处。人员编制13名，其中正副司长3名，正副处长6名。

安全监督管理二司负责人：司长韦国海，副职（含正副司局级领导职务和非领导职务）施卫祖、周永平、杨又明、刘强、张世昌。

（八）安全监督管理三司

安全监督管理三司主要是负责指导协调监督公路、水运、铁路、民航、建筑、水利、邮政、电信、林业、军工、旅游等行业的安全生产工作，主要职责是监督检查分管行业贯彻执行安全生产法律、法规情况；组织起草、修订分管行业安全生产监督管理的规章制度；监督检查分管行业新建、改建、扩建工程项目的安全设施与主体工程同时设计、同时施工、同时投产使用的情况。组织指导监督

"三同时"预评价工作；负责分管行业职业安全的调查研究和事故预防工作，并提出对策建议；负责指导协调监督分管行业重大事故隐患、重大危险源的监控、跟踪、治理和整改工作，监督检查分管行业职业危害防治及特种劳动保护用品的安全管理工作；组织协调、监督指导分管行业的重大、特大事故的调查和处理工作；组织指导监督中介组织对分管行业企业的安全评估、安全培训、安全咨询、安全生产条件和有关设备的检测检验工作，以及分管行业安全生产科技工作；负责指导协调监督各地区分管行业的安全生产工作；负责组织、指导分管行业职业安全业务交流工作。内设综合处、安全监督管理一处、安全监督管理二处。人员编制13名，其中正副司长3名。正副处长6名。

安全监督管理三司司长任树奎，副职（含正副司局级领导职务和非领导职务）金磊夫、黄智全、孟昭聚、苏洁。

（九）人事培训司

人事培训司主要职责是负责机关和省级煤矿安全监察局及煤矿安全监察办事处公务员队伍建设，承办公务员的考核、任免、考录、奖惩、培训、晋升、工资、辞退等管理工作；负责各煤矿安全监察局领导班子和后备干部队伍建设，承办各煤矿安全监察局领导干部的考核、任免、奖惩、离退休和工资等日常管理，以及各煤矿安全监察办事处主要领导干部的备案管理工作；负责在京直属单位领导班子和后备干部队伍建设，承办有关领导干部的考核、任免、奖惩、离退休和工资等日常管理工作；指导直属单位人事制度改革工作，研究提出人事制度改革的政策和措施；负责煤矿安全监察系统和直属单位专业技术干部队伍建设，承办全国注册安全工程师资格考试、煤矿安全监察系统专家库管理，以及直属单位职称改革、拔尖人才、特殊津贴、院士增选及留学回国等工作；组织、指导全国安全生产技术培训，承办煤矿安全监察人员的培训、考核、发证及直属单位的干部培训；依法组织、指导并监督特种作业人员的考核管理和企业主要经营管理者的安全资格考核认证工作，承办安全培训机构的评估认证等工作；负责机关和直属单位干部调配和军转干部、大中专毕业生接收工作；负责机关和直属单位的劳动工资及社会保险工作；负责直属院校的管理，指导直属院校的教学改革和实验室建设、审批专业设置和招生计划等工作；负责机关工作人员及局党组管理干部的人事档案管理和直属系统干部统计工作；负责干部人事工作中的来信来访；完成局党组交办的其他工作。

机关党委负责机关和在京直属单位的党群工作，办事机构设在人事培训司。

人事培训司内设综合管理处（劳动工资处）、机关干部处、直属干部处（培训教育处）。人员编制13名，其中正副司长3名，正副处长6名。

第四章　国家安全生产监督管理局——国家经贸委管理阶段（2001年1月至2003年3月）

机关党委内设党委办公室（群工部）。人员编制4名，其中领导干部职数1名，正副处长2名。

人事培训司司长路德信、黄玉治（2001年12月），副职（含正副司局级领导职务和非领导职务）黄玉治、李素花、闫永顺、刘继文、王时、张平远。直属机关党委书记田淮俊，副书记梁鸿志，纪委书记李德清。

（十）监察部驻国家安全监管局（国家煤矿安监局）监察局

监察部驻国家安全监管局（国家煤矿安监局）监察局主要职责是负责安全生产监管系统的党风政纪相关工作。内设办公室、监察一室、监察二室。

监察局局长赵岸青，副局长梁启鸿、刘建华，监察室主任赵九方、邹小京。

（十一）离退休干部局

离退休干部局主要职责是负责离退休干部的管理和服务。

离退休干部局局长许亚雄，党委书记张胜奎、李芳，副职（含正副司局级领导职务和非领导职务）代维忠、林苏东。

第三节　国家局所属事业单位编制、名称、隶属关系等沿革变化

一、原国家煤炭工业局所属11家科研单位、48家事业单位的基本情况

1999年7月，中央编办根据党中央、国务院关于深化行政体制改革的总体部署，从最终撤销所有专业经济管理部门的实际需要出发，对原国家煤炭工业局所属科研、事业单位的机构属性、人员编制和改革发展方向等，分别做出了规定。按照中央编办《关于国家煤炭工业局所属事业单位机构编制的批复》（中央编办字〔1999〕55号），国家局所属单位可以分为三大类。

（一）予以撤销的1家

随着社会保险制度的建立，原煤炭工业部社会保险管理中心已没有存在的必要，予以撤销。

（二）由事业单位转为企业的11家

按有关规定，原国家煤炭工业局所属的煤炭科学研究总院、煤炭科学研究总院重庆分院、煤炭科学研究总院唐山分院、煤炭科学研究总院西安分院、煤炭科学研究总院太原分院、煤炭科学研究总院抚顺分院、煤炭科学研究总院上海分院、煤炭科学研究总院常州自动化研究所、煤炭科学研究总院爆破技术研究所、煤炭科学研究总院南京研究所、煤炭科学研究总院杭州环境保护研究所，转为企业。

（三）需要重新核定事业编制的 47 家

以下 47 个事业单位通过补办机构编制审批手续，重新核定事业编制人员：

（1）中国矿业大学，事业编制 2878 名。

（2）中国矿业大学（北京）校区，事业编制 1191 名，其中 600 名经费自理。

（3）华北矿业高等专科学校（中国煤矿安全技术培训中心），事业编制 610 名，其中 150 名经费自理。

（4）北京煤炭工业学校，事业编制 393 名。

（5）中国煤田地质总局干部学校，事业编制 88 名。

（6）煤炭工业职业医学研究所，事业编制 179 名。

（7）煤炭信息研究院，事业编制 628 名（含煤炭工业出版社 240 名，煤炭工业音像出版社 36 名）。

（8）北京煤炭设计研究院（集团），事业编制 800 名，经费自理。

（9）北京煤炭设计研究院常州分院，事业编制 120 名，经费自理。

（10）沈阳中煤工程设计院，事业编制 1200 名，经费自理。

（11）武汉中煤工程设计院，事业编制 760 名，经费自理。

（12）南京中煤工程设计院，事业编制 800 名，经费自理。

（13）重庆中煤工程设计院，事业编制 770 名，经费自理。

（14）平顶山中煤工程设计院，事业编制 660 名，经费自理。

（15）邯郸中煤工程设计院，事业编制 740 名，经费自理。

（16）西安中煤工程设计院，事业编制 950 名，经费自理。

（17）中国煤田地质总局，事业编制 102 名。

（18）中国煤田地质总局第一勘探局，事业编制 4730 名。

（19）中国煤田地质总局水文地质局，事业编制 2521 名。

（20）中国煤田地质总局航测遥感局，事业编制 888 名。

（21）中国煤田地质总局地球物理勘探研究院，事业编 200 名。

（22）广东煤田地质局，事业编制 2968 名。

（23）中国煤田地质总局勘探设备研制中心，事业编制 407 名，经费自理。

（24）中国煤田地质总局地质制图印刷中心，事业编制 207 名，经费自理。

（25）中国煤田地质总局供应中心，事业编制 60 名。

（26）中国煤田地质总局涿州基地管理中心，事业编制 270 名。

（27）煤炭工业基本建设咨询中心，事业编制 30 名。

（28）煤炭工业经济运行中心，事业编制 31 名。

（29）国家煤炭工业局机关服务中心（对外工作需要可使用国家煤炭工业局机关服务局的印章），事业编制463名（含文印中心27名、房屋修缮队240名、通讯队42名、幼儿园84名，均经费自理）。

（30）煤炭工业人才交流培训中心，事业编制25名。

（31）煤炭工业通讯信息中心，事业编制149名。

（32）中国煤炭工业发展研究咨询中心，事业编制40名，经费自理。

（33）中国煤炭报社，事业编制83名。

（34）中国煤矿文工团，事业编制330名。

（35）煤炭总医院，事业编制800名。

（36）煤炭工业档案馆，事业编制30名。

（37）国家煤炭工业局外事中心，事业编制45名。

（38）煤炭工业展览中心，事业编制70名。

（39）煤炭工业职业技能鉴定指导中心，事业编制8名，经费自理。

（40）煤炭综合利用多种经营技术咨询中心，事业编制8名，经费自理。

（41）中国煤矿工人北戴河疗养院，事业编制320名。

（42）中国煤矿工人大连疗养院，事业编制250名。

（43）中国煤矿工人昆明疗养院，事业编制150名，经费自理。

（44）国家煤炭工业局西郊招待所，事业编制330名，经费自理。

（45）国家煤炭工业局东四招待所，事业编制60名，经费自理。

（46）国家煤炭工业局东单招待所，事业编制50名，经费自理。

（47）国家煤炭工业局盔甲厂招待所，事业编制68名，经费自理。

二、国家安全监管局（国家煤矿安监局）成立后事业单位更名、转隶情况

2002年6月，中央编办发出《关于国家安全生产监督管理局所属事业单位调整的批复》（中央编办复字〔2002〕102号）。原国家煤炭工业局所属的47家事业单位当中，有15家归国家安全监管局所属；同时将原国家经贸委所属的安全科学技术研究中心（事故调查分析中心），调整为由国家安全监管局管理。7月25日，国家安全生产监督管理局（国家煤矿安全监察局）发出《关于华北高等专科学校等16家单位更名的通知》。

（1）华北矿业高等专科学校（中国煤矿安全技术培训中心）更名为华北科技学院（中国煤矿安全技术培训中心）。

（2）煤炭工业经济运行中心更名为国家安全生产监督管理局（国家煤矿安全监察局）调度中心。

（3）国家煤炭工业局机关服务中心更名为国家安全生产监督管理局（国家煤矿安全监察局）机关服务中心（对外开展工作可使用机关服务局的印章）。

（4）煤炭工业人才交流培训中心加挂国家安全生产监督管理局（国家煤矿安全监察局）职业安全技术培训中心的牌子。

（5）煤炭工业通讯信息中心更名为煤炭工业通信信息中心，加挂国家安全生产监督管理局（国家煤矿安全监察局）通信信息中心的牌子。

（6）煤炭工业基本建设咨询中心更名为国家安全生产监督管理局（国家煤矿安全监察局）矿山救援指挥中心。

（7）中国煤炭报社更名为中国安全生产报社，加挂中国煤炭报社的牌子。

（8）煤炭总医院加挂国家安全生产监督管理局（国家煤矿安全监察局）矿山医疗救护中心的牌子。

（9）煤炭工业档案馆加挂国家安全生产监督管理局（国家煤矿安全监察局）档案馆的牌子。

（10）国家煤炭工业局外事中心更名为国家安全生产监督管理局（国家煤矿安全监察局）国际交流合作中心。

（11）煤炭工业展览中心加挂国家安全生产监督管理局（国家煤矿安全监察局）宣传教育中心的牌子。

（12）国家煤炭工业局西郊招待所更名为国家安全生产监督管理局（国家煤矿安全监察局）西郊招待所。

（13）国家煤炭工业局东四招待所更名为国家安全生产监督管理局（国家煤矿安全监察局）东四招待所。

（14）国家煤炭工业局东单招待所更名为国家安全生产监督管理局（国家煤矿安全监察局）东单招待所。

（15）国家煤炭工业局盔甲厂招待所更名为国家安全生产监督管理局（国家煤矿安全监察局）盔甲厂招待所。

（16）国家经贸委安全科学技术研究中心（国家经贸委事故调查分析中心）更名为国家安全生产监督管理局安全科学技术研究中心（国家安全生产监督管理局事故调查分析中心）。

三、国家安全监管局（国家煤矿安监局）组建运行初期主要事业单位（社会团体）及其负责人

（一）调度中心

调度中心由煤炭工业经济运行中心更名。负责全国安全生产数据，包括重

第四章　国家安全生产监督管理局——国家经贸委管理阶段（2001年1月至2003年3月）

大隐患和危险源监控信息、事故信息、行政执法数据、煤炭行业信息等的收集、整理、统计、上报等。内设综合处、调度室、安全统计处、煤炭经济运行处等。

调度中心（煤炭工业经济运行中心）负责人：主任金克宁、支同祥（2002年6月），副主任张志康、吕海燕、蔡英勃。

（二）机关服务中心（机关事务局）

机关服务中心（机关事务局）主要负责后勤生活保障，内设机关服务处、基建房产处、行政事务处等机构，管理西郊宾馆、东单招待所、平安府宾馆和车队等单位。

机关服务中心（机关事务局）负责人：主任常枋，党委书记郭胜贤，副职（含正副司局级领导职务和非领导职务）苏承祐、马洪发、刘增金、王长春、王时、王士杰。

（三）国际合作交流中心

国际合作交流中心由国家煤炭工业局外事中心更名。国家安全监管局（国家煤矿安监局）办公室2002年2月印发《外事中心职能配置、内设机构及人员编制方案》，规定其职能为负责协助国家安全监管局（国家煤矿安监局）外事司（办公室），与外国政府、国际组织和机构、社团及企业开展交流与合作；承担国家安全监管局（国家煤矿安监局）因公出国（境）人员护照、签证（签注）、赴港澳通行证的申办以及护照通行证的收缴管理，负责出国（境）前的培训；承担国家安全监管局（国家煤矿安监局）外事、外专经费管理等工作。内设综合处（财务处）、合作处（培训处）、技术交流处（会议展览处）、出国服务处，人员编制45名，其中中层干部职数15名。

国际合作交流中心负责人：主任柏然，副主任高雅琴、杨江。

（四）安全生产宣传教育中心

安全生产宣传教育中心由煤炭工业展览中心更名。国家安全监管局（国家煤矿安监局）办公室2002年10月印发《煤炭工业展览中心（安全生产宣传教育中心）职责范围、机构设置及人员编制方案》，规定该中心为国家安全监管局（国家煤矿安监局）所属事业单位，主要承担煤炭工业和安全生产方面的展览及安全生产宣传教育的组织实施，为全国安全生产监督管理和煤矿安全监察提供舆论支持和思想保障。内设办公室（人事部、财务部）、宣传策划部、新闻办公室、展览部，二级机构为安全文化研究所。事业编制70名，其中主任1名，副主任3名，中层干部职数15名。

安全生产宣传教育中心负责人：主任金磊夫，副主任李建国、贺定超。

（五）安全科学技术研究中心（事故调查分析技术中心）

安全科学技术研究中心（事故调查分析技术中心）该中心由劳动保护科学研究所（劳动部事故调查分析技术中心）与国际劳工与信息研究所内设的安全卫生情报室和编译报道咨询室、中国劳动出版社内设的《劳动保护》编辑部、中国劳动报社内设的《安全生产报》编辑部、中国劳动保护科学技术学会、中国劳动保护工业协会多家机构合并组建。1999年4月，中央编办《关于原劳动部劳动保护科学研究所等单位成建制划转国家经贸委管理的批复》，将该机构及其128名事业编制（其中经费自理23名）划归国家经贸委，更名为国家经贸委安全科学技术研究中心（加挂"国家经贸委事故调查分析技术中心"牌子）。2000年12月，随着安全监管体制的改革，由国家经贸委转归国家安全监管局（国家煤矿安监局）管理。2002年6月，中央编办批复同意其更名为国家安全生产监督管理局安全科学技术研究中心（国家安全生产监督管理局事故调查分析中心）。内设公共安全研究所、工业安全研究所、交通安全研究所、矿山安全技术研究所、危险化学品安全技术研究所、重大危险源监控与事故调查分析鉴定技术中心等。

安全科学技术研究中心（事故调查分析中心）负责人（国家安全监管局、国家煤矿安监局时期）：主任刘铁民，副主任向衍荪、吴宗之、李传贵。

（六）矿山救援指挥中心

2002年6月，中央编办批准煤炭工业基本建设咨询中心更名为国家安全生产监督管理局（国家煤矿安全监察局）矿山救援指挥中心；国家安全监管局（国家煤矿安监局）成立矿山救援指挥中心筹备组。2003年2月，中央编办批准成立国家安全生产监督管理局（国家煤矿安全监察局）矿山救援指挥中心，规定其职责主要是组织协调全国矿山应急救援工作，负责国家矿山应急救援体系建设，组织起草有关矿山救援的规章标准，负责应急救援新技术、新装备推广和全国矿山救护比武、技术培训等工作。2月，国家安全监管局（国家煤矿安监局）办公室印发矿山救援指挥中心职责范围、机构设置及人员编制方案，明确其职责范围：组织协调全国矿山应急救援工作；负责国家矿山应急救援体系建设工作；组织起草有关矿山救援方面的规章、规程和安全技术标准；承办矿山应急救援新技术、新装备的推广应用工作；负责全国矿山救护比武、矿山救护队伍资质认证工作，承办全国矿山救护技术培训工作；承办有关国际矿山救护技术交流与合作项目。内设综合处、救援处、技术处、管理处。事业编制30名。其中主任1名，副主任2名，总工程师1名；中层干部职数10名。

矿山救援中心负责人（国家安全监管局、国家煤矿安监局时期）：主任金克

第四章 国家安全生产监督管理局——国家经贸委管理阶段（2001年1月至2003年3月）

宁、王志坚（2003年6月），副主任高广伟，总工程师孟斌成。

（七）中国安全生产报社（中国煤炭报社）

原中国煤炭报社为国家煤炭工业局所属事业单位，编制83名。国家安全生产监管体制改革后，国家安全监管局决定以《中国煤炭报》为基础，创立《中国安全生产报》。2001年5月1日该报（试刊号）面世。初为周一刊，对开八版。2002年7月，中央编办正式批复同意中国煤炭报社更名为中国安全生产报社，加挂中国煤炭报社的牌子。当月报纸改为周三刊。内设总编室、要闻部、副刊部等。

中国安全生产报社（中国煤炭报社）负责人（国家安全监管局、国家煤矿安监局时期）：社长（党委书记）白海金，总编辑彭玉敬，副总编辑徐汉才、王俊昌。

（八）华北科技学院（中国煤矿安全技术培训中心）

华北科技学院（中国煤矿安全技术培训中心）的前身为国家煤炭工业局所属的华北矿业高等专科学校。2002年5月更名为华北科技学院，随后加挂国家煤矿安全技术培训中心牌子。学校设有14个学院（系、部），教职员工近千人。

华北科技学院负责人（国家安全监管局、国家煤矿安监局时期）：党委书记刘咸卫[①]，院长杨庚宇；副职领导（包括副院长、副书记、院长助理等）陈彦华、段刚、张麟、高双喜、蔡卫、刘国林、徐志斌；培训中心负责人段绪华、潘银忠。

（九）煤炭工业人才交流培训中心（职业安全技术培训中心）

煤炭工业人才交流培训中心（职业安全技术培训中心）是原国家煤炭工业局所属事业单位。2002年7月，中央编办批准加挂国家安全监管局（国家煤矿安监局）职业安全技术培训中心牌子。2004年7月，国家安全监管局（国家煤矿安监局）办公室印发煤炭工业人才交流培训中心（职业安全技术培训中心）职责范围、内设机构和人员编制方案。明确培训中心为局所属事业单位，是安全生产培训体系的载体，主要负责组织实施全国职业安全技术培训，承担局人才信息交流工作，为局职业安全技术培训和人才信息交流工作提供技术支持和保障。内设综合处（人事处）、培训一处（IC卡管理办公室）、培训二处、人才信息交流处、财务处、经营开发处。事业编制25名。其中主任1名，副主任2名；中层干部职数12名。

煤炭工业人才交流培训中心（职业安全技术培训中心）负责人（国家安全

---

① 刘咸卫，原华北科技学院党委书记。因严重违法受到党纪政纪处分。

监管局、国家煤矿安监局时期）：主任罗万江，副主任赖辉。

（十）煤炭总医院（矿山医疗救护中心）

煤炭总医院（矿山医疗救护中心）是原国家煤炭工业局所属事业单位，编制800名。2001年转隶国家安全监管局（国家煤矿安监局）所属。2002年底，中央编办批准在煤炭总医院加挂"国家安全生产监督管理局（国家煤矿安全监察局）矿山医疗救护中心"牌子，承担组织、建设全国矿山医疗救护体系的职能，指导、协调、实施矿难伤员医疗救护等方面的工作。2003年7月，国家安全监管局（国家煤矿安监局）发出《关于矿山医疗救护中心职责范围及机构设置的复函》。规定矿山医疗救护中心为国家安全监管局（国家煤矿安监局）所属事业单位，与煤炭总医院一个机构，两块牌子。矿山医疗救护中心作为矿山应急救援体系的载体之一，受国家安全监管局（国家煤矿安监局）委托，主要承担指导、协调全国矿山医疗救护有关工作。在煤炭总医院现有机构设置的基础上，增设综合处、创伤救护处、医疗科技处。中层干部职数由14名增至20名。

煤炭总医院（矿山医疗救护中心）负责人（国家安全监管局、国家煤矿安监局时期）：党委书记王翔洲，院长杨宝贺、王明晓（2002年5月），副职领导（含副院长、纪委书记等）李贵舟、李德清、刘纯信、柳景华、苗国华。

（十一）煤炭信息研究院（安全生产信息研究院）

煤炭信息研究院（安全生产信息研究院）原为国家煤炭工业局所属，事业编制628名（含煤炭工业出版社、音像出版社276名）。2001年国家煤炭工业局撤销，煤炭信息研究院挂靠中国煤炭工业协会。2003年7月，国家安全生产监督管理局（国家煤矿安全监察局）批复同意煤炭信息研究院加挂"安全生产信息研究院"牌子。2003年8月，国家安全监管局就调整煤炭信息研究院、煤炭工业职业医学研究所主管部门一事，向中央机构编制委员会办公室作出请示。2004年4月，中央编办批复同意该两个单位由挂靠中国煤炭工业协会，改由国家安全生产监督管理局（国家煤矿安全监察局）管理。

煤炭信息研究院（安全生产信息研究院）负责人（国家安全监管局、国家煤矿安监局时期）：院长兼党委书记窦庆峰，副职领导（含副书记、副院长等）杨江有、张文山、伊烈、黄盛初。

（十二）煤炭工业通讯信息中心（国家安全生产监督管理局、国家煤矿安全监察局通信信息中心）

2002年7月，由煤炭工业通讯信息中心更名为煤炭工业通信信息中心，加挂国家安全生产监督管理局（国家煤矿安全监察局）通信信息中心的牌子，事业编制149名。

第四章 国家安全生产监督管理局——国家经贸委管理阶段（2001年1月至2003年3月）

煤炭工业通信信息中心负责人（国家安全监管局、国家煤矿安监局时期）：主任王铃丁，副主任莫万强、卞长弘。

（十三）煤炭工业档案馆（安全生产档案馆）

2002年7月，中央编办批准在煤炭工业档案馆加挂牌子。负责煤矿等行业领域安全生产档案资料的存放管理和使用。

煤炭工业档案馆（安全生产档案馆）负责人：馆长刘洪波。

（十四）中国煤炭工业发展研究咨询中心

中国煤炭工业发展研究咨询中心原为国家煤炭工业局所属，1999年7月中央编办核定事业编制40名，经费自理。国家安全监管局成为国务院直属机构后，更名为研究中心，加挂中国煤炭工业发展研究中心的牌子。

中国煤炭工业发展研究咨询中心（研究中心）负责人（国家安全监管局、国家煤矿安监局时期）：主任姜庆俊，副主任贺佑国、李克荣。

（十五）中国煤矿文工团

中国煤矿文工团原为国家煤炭工业局所属事业单位，事业编制330名。随机构改革转归国家安全监管局（国家煤矿安监局）所属。2005年8月加挂"中国安全生产艺术团"牌子。

中国煤矿文工团负责人（国家安全监管局、国家煤矿安监局时期）：团长瞿弦和，副团长宋秀起、徐瑞峰，副书记耿素玲。

（十六）煤炭工业职业医学研究所

2003年8月，国家安全监管局就调整煤炭工业职业医学研究所主管部门一事，向中央机构编制委员会办公室作出请示。2004年3月，国家安全监管局办公室复函同意其加挂矿山职业卫生研究中心牌子。2004年4月，中央编办批复同意该所由挂靠中国煤炭工业协会，改为由国家安全生产监督管理局（国家煤矿安全监察局）管理。

煤炭工业职业医学研究所负责人（国家安全监管局、国家煤矿安监局时期）：所长马俊，副所长关砚生、吕志春、郭秀琴。

（十七）中国劳动保护科学技术学会

1983年，由原国家劳动总局、中华全国总工会、卫生部与煤炭、冶金等部门联合发起成立。国家安全生产监管体制改革后，接受国家安全监管局的管理指导。2003年5月，国家安全生产监督管理局（国家煤矿安全监察局）办公室复函同意其内设办公室、调查研究部、会员联络部、科技交流部、教育培训部，要求其按照《社会团体登记管理条例》有关规定办理备案手续。

中国劳动保护科学技术学会负责人（国家安全监管局、国家煤矿安监局时期）：程映雪为代理理事长，向衍荪为秘书长。

国家安全生产监督管理局（国家煤矿安全监察局）时期，由国家安全监管局（国家煤矿安监局）主管、代管或挂靠国家安全监管局（国家煤矿安监局）的单位还有中国煤炭工业劳动保护科学技术学会（会长李文俊）等。

第四节 地方安全生产监管体制改革和安监机构建设

国家安全生产监督管理体制改革和国家安全监管局成立后，地方各级政府按照国务院的部署和要求，把改革安全监管体制、建立统一高效的安全监管机构，纳入深化地方行政管理体制改革的整体规划，加强领导，积极推进。大多数省（自治区、直辖市）以原劳动、煤炭和其他工业部门相关人员为基础，陆续组建了地方安全生产专职监督管理机构，在省（自治区、直辖市）政府经贸委（经委）管理下开展工作。市、县两级安全监管机构和队伍建设开始起步。到2003年初，除去吉林、贵州、内蒙古之外的各个省份（包括新疆生产建设兵团），以及占全国84%的市（地）政府、70%的县（区）政府，已经建立起安全生产监管机构，并配置了必要的人员，其中省级机构平均25人，市级机构平均5人，县级机构平均3人。

一、第一类政府直属机构（8家）

（1）山西省安全生产监督管理局，正厅局级机构，与山西煤矿安全监察局合署办公，行政编制35人。内设政策法规处、安全监管一处、安全监管二处、安全监管三处、煤矿安全管理处。

（2）江西省安全生产监督管理局，正厅局级机构，行政编制44人。下设办公室、综合处、安全监管一处、安全监管二处、安全监管三处。局长查俊如。

（3）山东省安全生产监督管理局，正厅局级机构，编制37人。下设办公室、政策法规处和安全监督管理一处、安全监督管理二处、安全监督管理三处。局长孙立新。

（4）河南省安全生产监督管理局，正厅局级机构，与河南煤矿安全监察局合署办公，行政编制25人。下设办公室、综合与政策法规处、安全监管一处、安全监管二处。

（5）湖南省安全生产监督管理局，正厅局级机构，与湖南煤矿安全监察局合署办公，行政编制15人。下设综合法规处、安全监管一处、安全监管二处。

（6）四川省安全生产监督管理局，正厅局级机构，与四川煤矿安全监察局合署办公，行政编制40人。下设综合处、政策法规处、安全技术装备保障处、安全监督管理一处、安全监督管理二处。局长钟兆基。

（7）云南省安全生产监督管理局，省政府直属的副厅局级机构，编制32人。下设办公室、信息与技术装备处、安全监管一处、安全监管二处。局长纳宗会。

（8）海南省安全生产监督管理局，省政府直属的副厅局级机构，编制12人。下设安全生产综合管理处、安全生产监督管理处。局长廖强。

二、第二类综合经济部门管理下的政府专职机构（21家）

（1）北京市安全生产监督管理局，由市经委安全生产管理处升格，建局后仍由市经委管理，副厅局级机构。与北京煤矿安全监察办事处合署办公，行政编制30人。内设综合处、监督管理一处、监督管理二处、政策法规处。局长李建伟。

（2）上海市安全生产监察局（2003年8月改称上海市安全生产监督管理局），由市经委管理，副厅局级机构，编制45人。下设办公室、政策法规与宣传培训处、信息与技术装备保障处、安全生产监察一处、安全生产监察二处。局长吴春源。

（3）天津市安全生产监督管理局，由市经委管理，副厅局级机构，编制20人。下设监督管理一处、监督管理二处、监督管理三处。局长张时善。

（4）河北省安全生产监督管理局，由省经贸委安全生产处升格，建局后仍由省经贸委管理，副厅局级机构，编制37人。下设办公室、政策法规处、监督管理一处、监督管理二处、监督管理三处。局长魏建厂。

（5）辽宁省安全生产监督管理局，由省经贸委安全生产处升格，建局后仍由省经贸委管理，副厅局级机构，编制34人。下设办公室、信息与技术装备处、监督管理一处、监督管理二处、监督管理三处。局长胡才修。

（6）黑龙江省安全生产监督管理局，由省经贸委管理，副厅局级机构，编制40人。下设安全综合管理处、政策法规处和安全监督管理一处、安全监督管理二处、安全监督管理三处。局长蒋绍才。

（7）江苏省安全生产监督管理局，由省经贸委管理，副厅局级机构，编制40人。下设办公室、信息与技术装备保障处、安全监督管理一处、安全监督管理二处、安全监督管理三处。局长张敬华。

（8）浙江省安全生产监督管理局，由省经贸委管理，副厅局级机构，编制

30人。下设综合管理处、安全信息与技术装备保障处、安全生产监督处、矿山安全监察处。局长郑一方。

（9）安徽省安全生产监督管理局，由省经贸委管理，副厅局级机构，2003年初有工作人员20名。下设综合组、职业安全组、非煤矿山组。局长陈硕。

（10）福建省安全生产监督管理局，由省经贸委管理，副厅局级机构，编制45人。下设综合处、煤矿与非煤矿山安全监察处、安全监督管理一处、安全监督管理二处、安全监督管理三处。局长邓云贞。

（11）湖北省安全生产监督管理局，由省经贸委管理，副厅局级机构，编制35人。下设综合处和安全监督管理一处、安全监督管理二处、安全监督管理三处。局长王泽洪。

（12）广东省安全生产监督管理局，由省经贸委管理，副厅局级机构，编制40人。下设综合处、政策法规处和安全监督管理一处、安全监督管理二处、安全监督管理三处。局长戚真理。

（13）广西壮族自治区安全生产监督管理局，由省经贸委管理，副厅局级机构，编制40人。下设办公室、煤矿安全监察处、安全监督管理一处、安全监督管理二处、安全监督管理三处、安全监督管理四处。局长刘志勇。

（14）重庆市安全生产监督管理局，由省经贸委管理，正厅局级机构，编制33人。下设办公室、信息与技术装备处、监督管理一处、监督管理二处。局长肖健康。

（15）陕西省安全生产监督管理局，由省经贸委管理，副厅局级机构，编制45人。下设安全综合管理处、事故调查处理处、信息与技术装备处、安全监督管理一处、安全监督管理二处、安全监督管理三处。局长李元虎。

（16）甘肃省安全生产监督管理局，由省经贸委管理，副厅局级机构，编制30人（事业）。下设综合处、信息处、政策法规处、安全监督管理一处、安全监督管理二处。局长王建中。

（17）青海省安全生产监督管理局，由省经贸委管理，副厅局级机构，编制16人。下设综合处、矿山监察处、安全生产监督管理处。局长刘建青。

（18）西藏自治区安全生产监督管理局，由自治区经贸委管理，副厅局级机构，编制7人。局长达瓦次仁。

（19）宁夏回族自治区安全生产监督管理局，由自治区经贸委管理，副厅局级机构，编制15人。下设综合处和监督管理一处、监督管理二处。局长陈德祥。

（20）新疆维吾尔自治区安全生产监督管理局，由自治区经贸委管理，副厅局级机构，编制30人。下设办公室、信息与技术装备保障处、安全监督管理一处、安全监督管理二处。局长井植朴。

（21）新疆生产建设兵团安全生产监督管理局，由新疆生产建设兵团经贸委管理，与新疆生产建设兵团煤矿安全监察办事处合署办公，编制 10 人。下设综合处和监管一处、监管二处、监管三处。局长王建新。

三、第三类政府议事协调机构（3 家）

（1）吉林省安全生产委员会办公室。主任赵世伟。
（2）内蒙古自治区安全生产委员会办公室。主任孟国庆。
（3）贵州省安全生产委员会办公室。

第五章 国家安全生产监督管理局——国务院直属机构阶段
（2003年3月至2005年2月）

2003年3月第十届全国人大第一次会议批准实施的国务院改革方案，将原来由国家经贸委管理的国家安全生产监督管理局（国家煤矿安全监察局）调整为国务院直属机构，代表国务院履行对全国安全生产的综合监管职能，建立起更加具有权威、行政执法效率更高的国家安全生产综合监管机构。

第一节 国家安全生产监督管理局调整为国务院直属机构的背景和意义

在由国家经贸委管理的两年多里，国家安全生产监督管理局（国家煤矿安全监察局）以及全国安全监管（煤矿安监）系统各级领导班子和广大干部职工履职尽责，推动安全生产法治建设和各项工作取得进展。国家出台了《安全生产法》和《国务院关于特大安全事故行政责任追究的规定》（国务院令第302号），初步建立了中国特色安全生产法律体系框架；探索建立安全生产监管部门与地矿、环保、工商等部门之间的协调配合、联合执法机制；集中开展民用爆破器材和烟花爆竹、道路和水上交通运输、煤矿安全、危险化学品储运、公众聚集场所的消防安全五个方面的专项整治，关闭取缔了一批不具备安全生产条件和破坏资源、污染环境的小矿小厂；运用国债资金对煤矿重大隐患进行了治理，并建立了中央财政对煤矿安全技术改造予以扶持的政策和制度。这些成绩的取得，也是与国家经贸委的管理和领导分不开的。综合经济部门所具有的多种调控手段，较强协调能力，为国家和地方各级安全监管机构开展工作提供了有力支持。

同时也存在着一些不容忽视的问题。这一时期不仅国家安全监管局（国家煤矿安监局）为国家经贸委管理下的二级机构，全国绝大多数省（自治区、直辖市）政府也都把其安全监管局作为经贸委（经委）所属单位，还有一些地方

第五章 国家安全生产监督管理局——国务院直属机构阶段（2003年3月至2005年2月）

安全监管局所有人员全部为事业编制，监督管理安全生产的权威性和执行力明显不足。尤其是在地方经济建设、企业经济效益与安全生产发生矛盾，保煤、保电、保增长等成为"压倒性任务"时，一些地方的综合经济部门往往更多地考虑经济和效益问题，难免放宽安全生产标准和要求，放松安全生产。导致煤矿等行业领域事故频发，2002年中国生产安全事故达到历史峰值。[①]

中华人民共和国成立后，又一次事故高峰期的来临和日益增大的安全生产压力，把进一步深化安全生产监管体制改革，建立更具有权威性、效率更高的国家安全生产监管机构，提到了党和政府的重要日程，受到中央领导的关切和重视。中共中央总书记胡锦涛在党的十六届三中全会上的讲话中，三次谈到安全生产问题，把加强安全生产监管体制建设，作为新一届中央政治局成立以来深化行政管理体制改革的一项重点工作任务。2003年1月27日，国务院总理朱镕基在其即将离任之际主持召开的最后一次国务院全体会议上，回顾了五年来的政府工作，深有感触地讲道：担任总理的这些日子来，自己每天就担心两件事："一件事是煤矿不断爆炸、死人，另一件是道路交通事故多，不断地死人……到处死人，天天死人，我作为总理天天看到这个东西，自己又拿不出办法来，你说有多焦心！"[②] 2002年8月，国务院副总理吴邦国在原劳动部职业安全卫生监察局局长苏毅勇所推荐的一篇关于完善中国安全生产监管体制的文章上作出批示：要求在总结这几年抓安全生产工作实践的基础上，学习国外先进经验，认真研究完善我国安全生产监管体制问题，要求通过改革完善国家安全监管体制，"把执法监督与行政管理职能分离"，使国家安全生产监管机构"具有独立性和权威性"。2002年10月，国务委员、国务院秘书长王忠禹在中国工程院报送的《关于加强和改进安全生产工作的建议》上批示，要求对改革安全生产监管体制问题进行认真研究，"通过深化体制改革，解决安全管理与安全监察不分和体制不顺问题"。

同时依据2002年6月29日颁布，自2002年11月1日起施行的《安全生产法》的规定，县级以上人民政府应当设立安全生产综合监管部门，作为安全生产法的执法主体，独立履行安全生产监督管理职责。贯彻落实《安全生产法》，在国家层面上建立事权一致并具有较高权威、较强协调能力的安全生产综合监管部门，已为势所必然。

在党中央、国务院高度重视，上上下下达成共识和法律依据相当充分的基础

[①] 2002年全国发生各类生产事故1073434起，死亡139393人，事故起数和伤亡人数均达到历史最高点。

[②] 《朱镕基讲话实录》第四卷《值得纪念的五年》。

上，2003年3月，第十届全国人大第一次会议审议通过国务院改革方案，把原来由国家经贸委管理的国家安全生产监督管理局（国家煤矿安全监察局），调整为国务院直属机构，明确其在国务院的直接领导下，履行对全国安全生产的综合监督管理职能。随后又经中央机构编制委员会办公室批准，将原卫生部承担的作业场所职业卫生监督检查职责，转移到国家安全监管局（国家煤矿安监局）。从此在国家层面上有了独立履行职责的安全生产综合监管机构。

关于这次机构调整的意义，在2003年4月8日召开的全国安全生产电视电话会议上，中共中央政治局常委、国务院副总理黄菊作出简要阐释并提出要求：十届人大一次会议通过了国务院机构改革方案，将原国家经贸委管理的国家安全生产监督管理局改为国务院直属机构，撤销国务院安全生产委员会，以进一步加强对安全生产的监督管理，这是党中央、国务院根据安全生产的形势需要，进一步健全完善安全生产监管机构所作出的重要决策。这一方面提高了安全生产监管机构的行政执法地位和权威性，另一方面也加大了安全监管机构的责任。所以，国家安全生产监管机构要进一步增强责任感和紧迫感，加强与有关部门的沟通和协调，尽快理顺职责，抓紧落实力量，建立统一高效、运转协调、行为规范的安全生产监管机构，依法加强对全国安全生产的综合监督管理和对煤矿的安全监察，加强对地方安全生产监管机构工作的指导。各级地方政府要加强对地方安全生产工作的领导，尽快建立健全地方安全生产监管机构，支持、督促其尽快依法对本行政区域内的安全生产工作履行综合监督管理职责。通过上下共同努力，在全国范围内形成"政府统一领导、部门依法监管、企业全面负责、社会监督支持"的安全生产工作格局。

第二节 机构调整主要内容和国家安全生产监督管理局（国家煤矿安全监察局）基本职责

2003年10月23日，中央机构编制委员会办公室下发了《关于国家安全生产监督管理局（国家煤矿安全监察局）主要职责、内设机构和人员编制调整意见的通知》（中央编办发〔2003〕15号文件）。明确规定国家安全生产监督管理局（国家煤矿安全监察局）是国务院主管安全生产综合监督管理和煤矿安全监察的直属机构。国家安全生产监督管理局与国家煤矿安全监察局一个机构、两块牌子，涉及煤矿安全监察方面的工作，以国家煤矿安全监察局的名义实施。11

第五章 国家安全生产监督管理局——国务院直属机构阶段（2003年3月至2005年2月）

月21日，国家安全生产监督管理局、国家煤矿安全监察局下发文件，就贯彻中央编办的通知，落实职责、机构和人员编制"三定方案"，作出详细、具体的规定。

这次机构调整，在国家安全监管局（国家煤矿安监局）原有职责基础上，增加了由原国家经贸委承担的协调安全生产专项整治、危险化学品安全生产监督管理、组织协调特别重大事故调查处理、组织全国安全生产督促检查、中国海洋（包括海域）石油作业安全生产监督管理职责。规定在必要的时候，有关职责可以以国务院安全生产委员会办公室的名义来履行。此外，还增加了原由卫生部承担的作业场所职业卫生监督检查职责。增加了烟花爆竹生产经营单位的安全生产监督管理职责；组织实施注册安全工程师执业资格制度，监督指导注册安全工程师执业资格考试和注册工作的职责。

调整后的国家安全生产监督管理局（国家煤矿安全监察局）的基本职责：

（1）承担国务院安全生产委员会办公室的日常工作。具体职责是：研究提出安全生产重大方针政策和重要措施的建议；监督检查、指导协调国务院有关部门和各省、自治区、直辖市人民政府的安全生产工作；组织国务院安全生产大检查和专项督查；参与研究有关部门在产业政策、资金投入、科技发展等工作中涉及安全生产的相关工作；负责组织国务院特别重大事故调查处理和办理结案工作；组织协调特别重大事故应急救援工作；指导协调全国安全生产行政执法工作；承办国务院安委会召开的会议和重要活动，督促、检查安委会会议决定事项的贯彻落实情况；承办国务院安委会交办的其他事项。

（2）综合管理全国安全生产工作。组织起草安全生产方面的综合性法律和行政法规，研究拟订安全生产工作方针政策，制定发布工矿商贸行业及有关综合性安全生产规章规程，研究拟订工矿商贸安全生产标准，并组织实施。

（3）依法行使国家安全生产综合监督管理职权，指导、协调和监督有关部门安全生产监督管理工作；制定全国安全生产发展规划；定期分析和预测全国安全生产形势，研究、协调和解决安全生产中的重大问题。

（4）依法行使国家煤矿安全监察职权。依法监察煤矿企业贯彻执行安全生产法律、法规情况及其安全生产条件、设备设施安全和作业场所职业卫生情况；对不具备安全生产条件的煤矿企业依法进行查处；组织煤矿建设工程安全设施的设计审查和竣工验收。对设在各地的煤矿安全监察局及煤矿安全监察办事处进行管理。

（5）负责发布全国安全生产信息，综合管理全国生产安全伤亡事故调度统计和安全生产行政执法分析工作；依法组织、协调重大、特大和特别重大事故的调查处理工作，并监督事故查处的落实情况；组织、指挥和协调安全生产应急救援工作。

（6）负责综合监督管理危险化学品和烟花爆竹安全生产工作。

（7）指导、协调全国安全生产检测检验工作；组织实施对工矿商贸企业安全生产条件和有关设备（特种设备除外）进行检测检验、安全评价、安全培训、安全咨询等社会中介组织的资质管理工作，并进行监督检查。

（8）组织、指导全国安全生产宣传教育工作，负责安全生产监督管理人员、煤矿安全监察人员的安全培训、考核工作，依法组织、指导并监督特种作业人员（特种设备作业人员除外）的考核工作和生产经营单位主要经营管理者、安全管理人员的安全资格考核工作；监督检查生产经营单位安全培训工作。

（9）负责监督管理中央管理的工矿商贸企业安全生产工作，依法监督工矿商贸企业贯彻执行安全生产法律、法规情况及其安全生产条件和有关设备（特种设备除外）、材料、劳动防护用品的安全管理工作。

（10）依法监督检查新建、改建、扩建工程项目的安全设施与主体工程同时设计、同时施工、同时投产使用情况；依法监督检查生产经营单位作业场所职业卫生情况和重大危险源监控、重大事故隐患的整改工作，依法查处不具备安全生产条件的生产经营单位。

（11）拟订安全生产科技规划，组织、指导安全生产重大科学技术研究和技术示范工作。

（12）组织实施注册安全工程师执业资格制度，监督和指导注册安全工程师执业资格考试和注册工作。

（13）组织开展与外国政府、国际组织及民间组织安全生产方面的国际交流与合作。

（14）承办国务院交办的其他事项。

第三节 国务院直属机构阶段国家安全监管局（国家煤矿安监局）领导班子、安全生产监察专员、内设机构及其负责人

国家安全监管局（国家煤矿安监局）调整为国务院直属机构后，国家安全监管局（国家煤矿安监局）机关行政编制由之前的160名增加为192名。其中，正副局长7人〔含中央纪委派驻国家安全监管局（国家煤矿安监局）纪检组长〕，国家安全生产监察专员（部委司局级）名额由之前的15人增加为20人，

第五章　国家安全生产监督管理局——国务院直属机构阶段（2003年3月至2005年2月）

正副司长职数为37人（含机关党委专职副书记）。

一、国家安全监管局（国家煤矿安监局）领导班子成员

王显政：局长、党组书记。

闪淳昌：副局长、党组成员。

赵铁锤：副局长、党组成员。

王德学：副局长、党组成员。

孙华山（2003年7月）：副局长、党组成员。

梁嘉琨（2003年7月）：副局长、党组成员。

赵岸青：中央纪委派驻国家安全监管局（国家煤矿安监局）纪检组组长、党组成员。

二、国家安全生产监察专员

国家安全监管局（国家煤矿安监局）调整为国务院直属机构前后，被任命为国家安全生产监察专员的有章苏东、杨江有、韦国海、贺黎光、赵红、杨国顺、石少华、刘云昌、李世钧、陈茂生、金兆民、李德忠、郭新庆、罗万江、朱义长、孟昭聚、杨又明。

三、内设机构及其负责人

2003年11月21日，国家安全监管局（国家煤矿安监局）发出国家安全监管局（国家煤矿安监局）内设机构主要职责、处室设置和人员编制调整意见的通知。根据中央编办10月23日下发的国家安全监管局（国家煤矿安监局）"三定"调整意见，将内设职能机构由之前的9个调整为11个。

（一）办公室（国际合作司、财务司）

办公室（国际合作司、财务司）负责政务、体制、行政事务、外事和财务工作。主要职责：

（1）组织、协调机关办公，拟订机关工作规则和各项制度并监督执行。

（2）负责机关值班、政务信息、公文处理工作；负责重要会议、重要活动的筹备组织工作；督促检查有关重要会议决定事项和领导人重要批示落实情况。

（3）负责安全生产监督管理。煤矿安全监察体制建设工作和机关、直属机构、所属单位管理体制、机构编制工作。

（4）负责保密、档案、文电、文印和机关行政事务工作。

（5）负责人民群众来信、来访工作。

(6) 拟定并组织实施外事工作计划；组织开展机关、直属机构和所属单位与外国政府、国际组织、民间组织及港澳台地区在安全生产方面的交流与合作；负责国外智力引进工作；指导协调安全生产监督管理对外交流与合作。

(7) 负责机关、直属机构和所属单位出国（境）团组、邀请外国来华团组审批等外事管理工作；承担上级交办或有关部门委托商办的涉外工作。

(8) 负责机关、直属机构和所属单位的财务管理、国有资产管理工作；监督管理财务预算、政府采购、国库集中支付、煤矿安全监察罚款和行政事业性收费的执行情况；监督检查和指导安全生产监督管理的经济处罚工作。

(9) 负责机关、直属机构和所属单位财务收支审计、领导干部任期经济责任审计工作。

(10) 完成局领导交办的其他事项。

处室设置和人员编制：内设综合处（保密办）、秘书处、值班室、信息处、体制处、机关财务处、财务资产处、国际合作处（对外联络处）、信访办公室。人员编制30名，其中正副主任（正副司长）职数5名，正副处长职数11名。

办公室（国际合作司、财务司）负责人：主任（司长）梁嘉琨、田玉章（2003年7月），副职（含正副司局级领导职务和非领导职务）林一胜、李书清、李中锋、蔡燕莉、林冰。

（二）政策法规司

政策法规司负责法制建设、重大政策研究、重要报告起草和新闻宣传工作。主要职责：

(1) 组织起草安全生产有关法律和行政法规；组织研究拟订工矿商贸行业及有关综合性安全生产规章、规程和工矿商贸安全生产标准；归口管理法规工作。

(2) 负责安全生产方面的行政复议和执法监督工作，指导安全生产系统的法制建设工作。

(3) 组织研究安全生产重大政策；负责机关安全生产重要研究课题的组织管理工作。

(4) 组织起草重要文件、重要会议报告；负责典型经验的调研、总结和先进集体、先进个人评选、表彰工作。

(5) 承担全国安全生产信息发布工作；组织、指导安全生产新闻工作；指导安全生产宣传教育工作。

(6) 完成局领导交办的其他事项。

处室设置和人员编制：内设综合处、政策研究处、法规处、标准处、新闻宣传处。人员编制13名,其中正副司长职数3名,正副处长职数5名。

政策法规司负责人:司长吴晓煜、黄毅(2004年10月),副职(含正副司局级领导职务和非领导职务)石少华、朱义长、陈光。

(三)规划科技司

规划科技司负责规划、科技、信息化建设、固定资产投资项目、装备和中介机构资质管理工作。主要职责:

(1)组织研究拟订安全生产发展规划和科技规划。

(2)组织、指导安全生产重大科学技术研究、技术示范及安全生产科研成果鉴定和技术推广工作,制定淘汰落后技术和装备的目录。

(3)负责安全生产信息化建设工作,组织实施安全生产信息体系建设;负责综合协调建设项目安全设施"三同时"工作。

(4)按照投资管理权限负责固定资产投资项目管理;负责煤矿安全监察机构的基础建设和装备配置等管理工作。

(5)负责劳动防护用品和安全标志的监督管理工作。

(6)负责实施对工矿商贸生产经营单位安全生产条件和有关设备(特种设备除外)进行检测检验、安全评价、安全认证、安全培训、安全咨询等社会中介机构的资质管理,并进行监督检查。

(7)负责国家安全生产专家组工作。

(8)完成局领导交办的其他事项。

处室设置和人员编制:内设综合与信息处、安全科技处、规划与装备处、中介机构监管处、检测检验监管处。人员编制13名,其中正副司长职数3名,正副处长职数5名。

规划科技司负责人:司长杨富,副职(含正副司局级领导职务和非领导职务)何学秋、王浩。

(四)安全生产协调司(国家安全生产监察专员办公室)

安全生产协调司(国家安全生产监察专员办公室)负责国务院安全生产委员会办公室日常工作、有关综合协调工作和国家安全生产监察专员日常管理工作。主要职责:

(1)负责安委会办公室日常工作,承办安委会联络员会议和会议纪要工作,编发《全国安全生产简报》。

(2)联系国务院有关部门和各省、自治区、直辖市的安全生产工作,及时掌握重要情况和重大事项。

(3)研究分析和预测全国安全生产形势;协调、组织全国安全生产大检查、专项督查；综合协调安全生产专项整治和作业场所职业卫生监督检查工作。

（4）负责组织、协调特别重大事故调查处理工作。

（5）负责全国重大危险源监控和重大隐患整改工作。

（6）联系并综合协调中央管理的工矿商贸企业安全生产工作。

（7）负责国家安全生产监察专员日常管理工作。

（8）完成局领导交办的其他事项。

处室设置和人员编制：内设综合与信息处、安全科技处、规划与装备处、中介机构监管处、检测检验监管处。人员编制13名，其中正副司长职数3名，正副处长职数5名。

安全生产协调司（国家安全生产监察专员办公室）负责人：司长任树奎，副职（含正副司局级领导职务和非领导职务）施卫祖、王端武、周永平。

（五）生产安全应急救援办公室

生产安全应急救援办公室负责特别重大生产安全事故应急救援指挥协调工作。主要职责：

（1）研究提出生产安全应急救援的方针政策；研究起草生产安全应急救援的规章、规程和标准。

（2）组织编制生产安全应急救援预案；组织指挥生产安全应急救援演习。

（3）负责组织实施生产安全应急救援体系建设工作。

（4）指导生产安全应急救援工作，统筹协调生产安全应急救援资源力量。

（5）统一指挥、协调特别重大生产安全事故的应急救援。

（6）分析预测特别重大事故风险，及时发布预警信息。

（7）完成局领导交办的其他事项。

处室设置和人员编制：内设一处（综合处）、二处。人员编制8名，其中正副司长职数3名，正副处长职数2名。

安全生产应急救援办公室负责人：主任李万疆，副职（含正副司局级领导职务和非领导职务）张宏波、安国森。

（六）煤矿安全监察一司

煤矿安全监察一司负责大中型煤矿企业安全监察工作。主要职责：

（1）研究起草大中型煤矿安全生产方面的规章、规程和标准。

（2）依法监察大中型煤矿贯彻执行安全生产法律、法规和方针、政策情况。

（3）依法监察大中型煤矿安全生产条件、设备设施安全、劳动防护用品使用情况和有关人员安全资格持证情况，对不具备安全生产条件的大中型煤矿依法进行查处。

(4) 监督检查大中型煤矿作业场所职业卫生工作,组织查处职业危害事故和有关违法行为。

(5) 监督检查大中型煤矿建设项目安全设施"三同时"情况;组织大中型煤矿建设工程安全设施的设计审查和竣工验收;负责大中型煤矿生产安全许可工作。

(6) 负责中央管理的煤炭企业安全生产监督管理工作。

(7) 负责大中型煤矿安全专项整治工作;指导和监督大中型煤矿安全评估工作。

(8) 依法组织或参与大中型煤矿特大和特别重大事故的调查处理,负责承办事故结案工作和监督事故查处的落实情况。

(9) 指导协调或参与大中型煤矿事故应急救援工作。

(10) 监督检查为煤矿服务的其他煤炭企业的安全生产工作。

(11) 完成局领导交办的其他事项。

处室设置和人员编制:内设综合处、监察一处、监察二处、监察三处。人员编制13名,其中正副司长职数3名,正副处长职数4名。

煤矿安全监察一司负责人:司长付建华,副职(含正副司局级领导职务和非领导职务)宋元明、陈国新、赵振海。

(七) 煤矿安全监察二司

煤矿安全监察二司负责小型煤矿企业安全监察工作。主要职责:

(1) 研究起草小型煤矿安全生产方面的规章、规程和标准。

(2) 依法监察小型煤矿贯彻执行安全生产法律、法规和方针、政策情况。

(3) 依法监察小型煤矿安全生产条件、设备设施安全、劳动防护用品使用情况和有关人员安全资格持证情况,对不具备安全生产条件的小型煤矿依法进行查处。

(4) 监督检查小型煤矿作业场所职业卫生工作,组织查处职业危害事故和有关违法行为。

(5) 监督检查小型煤矿建设项目安全设施"三同时"情况;指导小型煤矿建设工程安全设施的设计审查和竣工验收;负责小型煤矿生产安全许可工作。

(6) 负责小型煤矿安全专项整治工作;指导和监督小型煤矿安全评估工作。

(7) 依法组织或参与小型煤矿特大和特别重大事故的调查处理,负责承办事故结案工作和监督事故查处的落实情况。

(8) 指导、协调或参与小型煤矿事故应急救援工作。

(9) 完成局领导交办的其他事项。

处室设置和人员编制：内设综合处、监察一处、监察二处、监察三处。人员编制 13 名，其中正副司长职数 3 名，正副处长职数 4 名。

煤矿安全监察二司负责人：司长王树鹤，副职（含正副司局级领导职务和非领导职务）商登莹、纪国友、王立民。

（八）监督管理一司（海洋石油作业安全办公室）

监督管理一司（海洋石油作业安全办公室）负责矿山和石油、冶金、有色、建材、地质等行业的生产经营单位（含中央管理的相关企业）安全生产监督管理工作和海上石油作业安全办公室的工作。主要职责：

（1）研究起草相关安全生产方面的规章、规程和标准。

（2）监督检查相关生产经营单位贯彻执行安全生产法律、法规和方针、政策情况。

（3）监督检查相关生产经营单位安全生产条件、设备设施安全。劳动防护用品使用情况和有关人员安全资格持证情况。

（4）监督检查相关生产经营单位作业场所职业卫生工作，组织查处职业危害事故和有关违法行为。

（5）监督检查相关建设项目安全设施"三同时"情况；组织相关的大型建设项目安全设施设计审查和竣工验收；负责相关的生产安全许可工作。

（6）负责非煤矿山安全专项整治工作；指导和监督相关生产经营单位的安全评估工作。

（7）参与相关特别重大事故调查处理，负责承办事故结案工作和监督事故查处的落实情况。

（8）指导协调或参与相关事故应急救援工作。

（9）负责海洋石油安全生产综合监督管理工作，承担海洋石油作业安全办公室的工作。

（10）完成局领导交办的其他事项。

处室设置和人员编制：内设综合处、监督管理一处、监督管理二处、监督管理三处。人员编制 14 名，其中正副司长职数 4 名，正副处长职数 4 名。

监督管理一司（海洋石油作业安全办公室）负责人：司长刘成江，副职（含正副司局级领导职务和非领导职务）周斌、王啟明、张炳曾。

（九）监督管理二司

监督管理二司负责机械、轻工、纺织、烟草、电力、贸易行业生产经营单位（含中央管理的相关企业）安全生产监督管理工作；指导、协调和监督公路、水运、铁路、民航、建筑、水利、邮政、电信、林业、军工、旅游等行业的安全生

第五章 国家安全生产监督管理局——国务院直属机构阶段（2003年3月至2005年2月）

产工作。主要职责：

（1）研究起草机械、轻工、纺织、烟草、电力、贸易行业安全生产方面的规章、规程和标准。

（2）监督检查相关行业的生产经营单位贯彻执行安全生产法律、法规和方针、政策情况。

（3）监督检查相关行业生产经营单位安全生产条件、设备设施安全、劳动防护用品使用情况和有关人员安全资格持证情况。

（4）监督检查相关行业生产经营单位的作业场所职业卫生工作，组织查处职业危害事故和有关违法行为。

（5）监督检查相关行业的建设项目安全设施"三同时"情况；组织相关的大型建设项目安全设施设计审查和竣工验收；负责相关的生产安全许可工作。

（6）指导和监督相关行业生产经营单位的安全评估工作。

（7）指导、协调和监督公路、水运、铁路、民航、建筑、水利、邮政、电信、林业、军工、旅游等行业的安全生产工作。

（8）参与道路和水上交通安全、民爆器材、人员聚集场所消防安全专项整治工作。

（9）参与相关的特别重大事故的调查处理，负责承办事故结案工作和监督事故查处的落实情况。

（10）指导协调或参与相关事故的应急救援工作。

（11）完成局领导交办的其他事项。

处室设置和人员编制：内设综合处、监督管理一处、监督管理二处、监督管理三处。人员编制13名，其中正副司长职数3名，正副处长职数4名。

监督管理二司负责人：司长吴鑫，副职（含正副司局级领导职务和非领导职务）黄智全、苏洁、孟昭聚、王力争。

（十）危险化学品安全监督管理司

危险化学品安全监督管理司负责危险化学品及化工（含石油化工）、医药及烟花爆竹行业的企业（含中央管理的相关企业）安全生产监督管理工作。主要职责：

（1）研究起草危险化学品及化工（含石油化工）、医药、烟花爆竹行业安全生产方面的规章、规程和标准。

（2）监督检查危险化学品及相关行业的企业贯彻执行安全生产法律、法规和方针、政策情况。

（3）监督检查危险化学品及相关行业的企业安全生产条件、设备设施安全、劳动防护用品使用情况和有关人员安全资格持证情况；组织查处不具备安全生产基本条件的企业。

（4）监督检查危险化学品及相关行业的企业作业场所职业卫生工作，组织查处职业危害事故和有关违法行为。

（5）监督检查危险化学品及相关行业的建设项目安全设施"三同时"情况；组织相关的大型建设项目安全设施设计审查和竣工验收；负责危险化学品和相关的生产安全许可工作。

（6）负责危险化学品、烟花爆竹安全生产综合监督管理工作和专项整治工作；指导和监督相关企业的安全评估工作。

（7）负责危险化学品生产、储存企业设立及其改建和扩建项目的安全设施审查、危险化学品包装物和容器（包括用于运输工具的槽罐）专业生产企业的安全审查及定点、危险化学品经营许可证的发放、危险化学品登记及化学品危险性鉴别与分类工作和危险化学品相关企业安全评价工作，并监督检查。

（8）负责烟花爆竹企业安全生产条件审查和生产安全许可证、销售许可证发放工作，并监督检查。

（9）参与调查处理相关的特别重大事故，负责承办事故结案工作和监督事故查处的落实情况。

（10）指导协调或参与相关事故的应急救援工作。

（11）完成局领导交办的其他事项。

处室设置和人员编制：内设综合处、监督管理二处、监督管理三处。人员编制14名，其中正副司长职数3名，正副处长职数4名。

危险化学品安全监督管理司负责人：司长张广华，副职（含正副司局级领导职务和非领导职务）李万春、刘强、杨又明、张世昌、刘幼贞。

（十一）人事培训司和直属机关党委

人事培训司负责机关、直属机构和所属单位干部管理、人事劳资工作及培训教育、注册安全工程师管理工作。主要职责：

（1）负责机关、直属机构和所属单位领导班子建设及监督管理、教育培训工作。

（2）负责机关和直属机构公务员队伍建设及干部监督、管理、教育培训工作。

（3）负责人员调配、专业技术干部、知识分子、人才队伍建设和直属院校管理等工作；指导所属单位人事制度改革。

（4）负责机关、直属机构和所属单位劳动工资管理、福利待遇、社会保险

第五章　国家安全生产监督管理局——国务院直属机构阶段（2003年3月至2005年2月）

等工作。

（5）组织指导全国安全生产培训工作，负责本系统安全生产监督管理人员、煤矿安全监察人员的安全培训和考核，承办煤矿安全监察员和省级安全生产监察员的安全培训和考核，负责行政执法证件的管理工作。

（6）监督检查生产经营单位安全培训工作，依法组织、指导和监督特种作业人员（特种设备作业人员除外）以及生产经营单位主要负责人、安全管理人员的安全资格考核，承办中央管理企业主要负责人和安全管理人员的安全资格考核发证工作。

（7）组织实施注册安全工程师执业资格制度，监督指导注册安全工程师执业资格考试和注册管理工作。

（8）完成局领导交办的其他事项。

处室设置和人员编制：内设综合处（劳动工资处）、干部一处、干部二处、培训教育处、注册安全工程师工作办公室。人员编制13名，其中正副司长职数3名，正副处长职数6名。

直属机关党委负责局机关和在京直属单位的党群工作。机关党委设党委办公室、群工部。人员编制4名，其中正副司长职数1名，正副处长职数2名。

人事培训司负责人：司长黄玉治，副职（含正副司局级领导职务和非领导职务）李素花、张平远、杨玉洲。

直属机关党委负责人：党委书记田怀俊，副书记梁起鸿。

第四节　机构调整所涉及的几个具体问题

一、没有主管部门的中央工矿商贸企业的安全生产监督管理问题

按照中央编办发〔2003〕15号文件的规定，中央所属的工矿商贸企业的安全生产监督管理实行分级管理，分级负责。国家安全生产监督管理局负责中央管理的工矿商贸企业安全生产的监督管理并承担相应行政监管责任，地方各级人民政府安全生产监督管理部门负责本地区工矿商贸企业安全生产的监督管理并承担相应行政监管责任。

国务院办公厅2004年6月下发《关于加强中央企业安全生产工作的通知》，要求按照分级、属地管理原则，由国家、省（自治区、直辖市）、市（地）三级安全生产监督管理部门，国务院有关部门及其设在各省（自治区、直辖市）、市（地）的有关机构，以及各省（自治区、直辖市）、市（地）人民政府有关部

门，按照职责分工负责，对中央企业安全生产进行监督管理。中央企业的总公司（总厂、集团公司）安全生产监督管理工作，由国家安全监管局及国务院有关部门按照职责分工负责。省（自治区、直辖市）、市（地）安全生产监督管理部门在同级人民政府统一领导下，分别负责本行政区域内工矿商贸中央企业的分公司、子公司及其所属单位的安全生产监督管理工作。其他中央企业在各省（自治区、直辖市）、市（地）、县（市）的分公司、子公司及其所属单位安全生产监督管理工作，分别由省（自治区、直辖市）、市（地）人民政府有关部门及国务院有关部门设在各省（自治区、直辖市）、市（地）的有关机构负责。

二、有主管部门的行业领域安全生产监督管理问题

主要是指交通、铁路、民航、水利、建筑、国防工业、邮政、电信、旅游、特种设备、消防、核安全等，这些行业领域的安全生产监督管理分别由公安、交通、铁路、民航、水利、建设、国防科技、邮政、信息产业、旅游、质检、环保等国务院部门具体负责。国家安全生产监督管理局从综合监督管理全国安全生产工作的角度，指导、协调和监督上述部门的安全生产监督管理工作。特种设备的安全监督管理、特种设备作业人员的考核、特种设备事故的调查处理，由国家质量监督检验检疫总局负责。

三、烟花爆竹安全监督管理的职责分工问题

国家安全生产监督管理局负责监督烟花爆竹生产经营单位贯彻执行安全生产法律法规的情况，负责烟花爆竹生产经营单位安全生产条件审查和生产安全许可证、销售许可证发放工作，组织查处不具备安全生产基本条件的烟花爆竹生产经营单位，组织查处烟花爆竹安全生产事故；公安部负责烟花爆竹运输通行证的发放和烟花爆竹运输路线的确定工作，管理烟花爆竹禁放工作，实施烟花爆竹厂点四邻安全距离等公共安全管理，侦查非法生产、买卖、储存、运输、邮寄烟花爆竹的刑事案件；国家发展和改革委员会负责拟订烟花爆竹行业规划、产业政策和有关标准、规范。

四、职业卫生（职业安全健康）监督管理的职责分工问题

中央编办文件规定：国家安全生产监督管理局负责作业场所职业卫生的监督检查工作，组织查处职业危害事故和有关违法行为；卫生部负责拟订职业卫生法律法规、标准，规范职业病的预防、保健、检查和救治，负责职业卫生技术服务机构资质认定和职业卫生评价及化学品毒性鉴定工作。这些调整，在深化职业安

全健康监管体制改革方面做出了尝试,为随后国家安全生产监督管理局(国家煤矿安全监察局)成立职业安全健康监管机构提供了依据。

五、国家安全监管局(国家煤矿安监局)综合司(室)与专业司职责划分问题

国家安全生产监督管理局(国家煤矿安全监察局)下发的文件规定:

(1) 关于事故调查处理。特别重大事故由安全生产协调司(国家安全生产监察专员办公室)负责组织,相关业务司参与,并负责承办事故结案工作和监督事故查处的落实情况。特大事故由相关司负责指导、协调或组织调查处理。

(2) 关于应急救援工作。特别重大事故的应急救援工作由生产安全应急救援办公室负责统一指挥协调,相关业务司参与。特大事故由相关司负责指导。协调或组织应急救援。

(3) 关于监督管理一司与危险化学品安全监督管理司对石油、石化行业监管职责划分。监督管理一司负责石油、天然气开采和管道运输的安全监管;危险化学品安全监督管理司负责石油炼化企业和成品油管道安全监管。

(4) 关于大中型煤矿企业与小型煤矿企业划分。煤矿监察一司负责安全监察的大中型煤矿企业,指原国有重点煤矿和地方国有煤矿;煤矿监察二司负责安全监察的小型煤矿企业,指乡镇煤矿。

第五节 安全监管支撑体系建设及其相关机构单位

国家安全生产监督管理局(国家煤矿安全监察局)组建和运行之后,整合社团组织和相关方面的力量,努力构建安全生产法律、安全信息、科学技术、宣教培训、应急救援和中介服务等支撑体系,为政府部门履行安全监管职能、开展行政执法工作,提供必需的法律支持、信息服务、技术保障、舆论监督、智力支持、抢险救援和中介服务。

一、法律支撑体系

法律支撑体系具有为安全生产监管、监察工作提供法律支持的功能。以国家安全监管局政策法规司为支撑体系建设的基点,在安全生产科学研究院、煤炭信息研究院、华北科技学院等科研单位和高等院校,分别成立了安全生产法制(法律)研究所(研究中心)。国家安全监管局(国家煤矿安监局)建立了为数

100多人的安全生产法律专家库。围绕着安全生产立法、执法、法律法规修订等重大问题，经常召开会议，听取法律专家的意见建议。鼓励和支持一些地方和单位成立了安全生产法学研究会，就加强安全法制建设深入研讨论证。

安全生产法律专家组及第一批专家名单：

根据2003年4月国家安全监管局（国家煤矿安监局）办公室《关于成立安全生产法律专家组的通知》，首批安全生产法律专家组成员：

胡可明（国务院法制办工交司司长）

吕锡伟（国务院法制办秘书行政司副司长）

董超洁（国务院法制办工交处处长）

安　健（全国人大法工委经济法室主任）

龚繁荣（全国人大财经委法案室处长）

陈洁丽（国资委经济法规司巡视员）

周渝波（国资委经济法规司副司长）

周　昊（国资委经济法规司干部、博士）

王守渝（北京大学法学院教授）

胡锦光（中国人民大学法学院教授）

薛刚凌（中国政法大学法学院教授）

王家福（中国社会科学院法学院研究员）

石少华（国家安全生产监察专员）

杨国顺（国家安全生产监察专员）

二、信息支撑体系

信息支撑体系具有安全生产信息采集、反馈、存储、分析和共享等功能。通过建立这一体系，可以及时、准确地掌握全国安全生产动态，监测控制重大事故隐患，分析预测安全生产走势，掌握安全生产监管、监察工作的主动权。以调度中心、信息中心等单位为依托，组织实施了国家安全生产综合监管政务信息系统、视频会议系统和调度统计系统等基础性建设。2003年之后，各地安全监管机构也依托互联网建立了局域网和地方安全监管政府网站，形成了以国家安全监管局（国家煤矿安监局）政府网站为门户链接，以国家煤矿安监局、应急指挥中心为子站，以地方安全监管、煤矿安监机构的政府网站为成员的网站群。

三、科学技术支撑体系

科学技术支撑体系具有提高安全生产监管的技术含量和行政效率，推动安全

第五章　国家安全生产监督管理局——国务院直属机构阶段（2003年3月至2005年2月）

生产科技进步的功能。2004年9月经国务院副总理黄菊、秘书长华建敏批准同意，中央机构编制委员会办公室发文，将国家安全监管局安全科学技术研究中心更名为"中国安全生产科学研究院"。之后又在煤炭科学研究总院、中国矿业大学分别加挂了矿山安全科学技术研究院、安全科学技术学院的牌子。组建了化学品登记中心。依托直属事业单位、中央直属科研院所和有关高等院校，建设矿山安全生产技术支撑中心、非煤矿山安全生产技术支撑中心、作业场所职业危害监管技术支撑中心、安全技术基础研究中心4个国家级中心；依托省级安全生产科研院所，建设32个省级安全生产技术支撑中心；建设煤与瓦斯突出灾害预防与技术鉴定、个体防护装备、重大危险源监测监控等125个实验室。

2004年9月，根据教育部《关于委托国家安全生产监督管理局管理安全工程学科教学指导委员会的函》，国家安全监管局组建了2004—2008年高等学校安全工程学科教学指导委员会，内设学科建设、教学评估、教材开发、学术交流4个分委员会，推动安全工程学科的快速、高质量发展[①]。

2004—2008年高等学校安全工程学科教学指导委员会名单

主　任　委　员：孙华山（国家安全生产监督管理局）
副主任委员：黄玉治（国家安全生产监督管理局）
　　　　　　范维澄（中国科学技术大学、清华大学，院士）
　　　　　　周世宁（中国矿业大学，院士）
　　　　　　宋振奇（山东科技大学，院士）
　　　　　　谢和平（四川大学，院士）
　　　　　　沈忠厚（石油大学，院士）
　　　　　　冯长根（北京理工大学）
　　　　　　王继仁（辽宁工程技术大学）
　　　　　　王守信（北京交通大学）
委　　　员：张平远（国家安全生产监督管理局）
　　　　　　王　生（北京大学医学部）
　　　　　　钮英建（首都经济贸易大学）
　　　　　　张来宾（石油大学）
　　　　　　林伯泉（中国矿业大学）

---

① 到2007年底，全国已有101所高等院校设置安全工程专业本科教育，50所院校设置硕士教育，21所院校设置博士教育，分别比2003年增长80.3%、92.3%和162.5%。2007年全国安全工程本科招生6000人，比2003年增长超60%。

刘泽功（安徽理工大学）
蔡嗣经（北京科技大学）
傅　贵［中国矿业大学（北京）］
吴　超（中南大学）
吴　穹（沈阳航空学院）
杨耿宇（华北科技学院）
许开立（东北大学）
程卫民（山东科技大学）
张殿业（西南交通大学）
景国勋（焦作工学院）
蒋军成（南京工业大学）
赵云胜［中国地质大学（武汉）］
姜德义（重庆大学）
黄卫星（四川大学）
刘玉存（华北工学院）
李树刚（西安科技大学）
崔慕晶（中国职业安全健康协会）
李生盛（国家安全生产监督管理局）
杨书宏（中国职业安全健康协会）
秘　　　书：杨书宏（兼）

四、宣传教育和培训体系

　　宣传教育和培训体系具有安全生产舆论传播和教化，培养安全生产专门人才的功能。以原煤炭工业展览中心为基础组建了国家安全监管局安全生产宣传教育中心。在安全培训方面，突出抓好安全培训基地、教材、教师队伍"三项建设"，成立了国家安全监管局宣传教育工作指导委员会、安全培训指导委员会及专家组、安全生产理论专家组。到2004年底，基本建成了由国家和省、市、县四级安全培训机构组成的安全生产教育培训体系。由国家安全监管部门认定的一级、二级安全培训机构69家。其一级培训机构国家安全监管总局培训中心、中国安全生产科学研究院、中国煤矿安全技术培训中心（华北科技学院）、中国矿业大学（北京）等，承担了国家安全监管专业培训、高端安全管理人才培训等任务。依托地方高等院校、重点企业建成的二级培训机构，主要承担企业安全生产管理人员、特种作业人员和班组长的培训。成立了全国安全生产教育培训教材编审委员会，编写了近百种安全培训教材。

（一）安全生产宣传教育工作指导委员会组成及其办公室

根据2003年2月16日国家安全监管局办公室关于成立宣传教育工作指导委员会的通知，委员会组成如下：

主　任：闪淳昌

副主任：吴晓煜

委　员：梁嘉琨　黄玉治　田淮俊　苏振林　黄毅　陈光　石少华　金磊夫　许传播　白海金　窦庆峰　瞿弦和　张丽娜

指导委员会办公室设在国家安全监管局宣教中心，金磊夫兼办公室主任。

（二）安全生产培训工作指导委员会、专家组名单

根据2003年9月15日国家安全监管局办公室关于成立培训工作指导委员会的通知，指导委员会和专家组人员如下：

主　任：孙华山

副主任：黄玉治

委　员：林一胜　吴晓煜　何学秋　李万疆　纪国友　郭新庆　张世昌　任树奎　张平远　罗万江　赖辉

专家组：周心权　段绪华　刘铁民　黄盛初　罗坝东　胡千庭　罗云　徐国平　张海峰　邓谦　秦春芳　张微凡　董国永　万世波　杨泗霖　陈莹　陈宝智　崔慕皛　向衍荪　范维澄　张景林　吴穹　苏先明　高俊生　张国顺

（三）安全生产理论专家组

根据2003年4月22日国家安全监管局办公室关于成立安全生产理论专家组的通知，首批专家名单如下：

王立杰［中国矿业大学（北京）教授］

杨建龙（国务院发展研究中心研究员）

刘　潮（中央党校教授）

刘铁民（安全生产科学技术研究中心主任、教授）

张平铭（安徽省经贸委调研员）

张兴凯（安全生产科学技术研究中心教授）

罗　云（中国地质大学教授）

姜　亢（首都经贸大学安全工程系主任）

丁　辉（北京劳动保护研究所所长）

郭云涛（中国煤炭运销协会副会长）

王士杰（煤炭工业发展研究咨询中心高工）

五、应急救援体系

应急救援体系具有对重特大事故组织实施应急救援、减少事故损失的功能。国家安全监管局建立之初,内设应急救援办公室(后加挂调度司牌子),主要负责安全生产和事故抢险救援信息的统计、分析、上报等方面工作,重特大事故的应急处置,分别由国家煤矿安监局和相关部委、国家局相关司局负责。2003 年 7 月 28 日,总书记胡锦涛在全国防治"非典"工作会议上的讲话中指出:通过抗击"非典"斗争,我们比过去更加深刻地认识到存在的问题,"突发事件应急机制不健全,处理和管理危机能力不强;一些地方和部门缺乏应对突发事件的准备和能力",强调要采取切实措施加以解决。2003 年 10 月,党的十六届三中全会通过的《关于完善社会主义市场经济体制若干问题的决定》提出要"建立健全各种预警和应急机制,提高政府应对突发事件和风险的能力"。为贯彻落实中央指示精神,12 月,国家安全监管局组织人员对全国安全生产应急救援基本情况进行了调查。调查表明:国家及地方各级应急救援工作职责分散于十几个部门,没有形成统一协调机制,各部门、各系统画地为牢,彼此之间互不来往。一方面重复建设和资源浪费严重;另一方面各系统自身力量相对薄弱,难以适应突发性事件、重特大事故发生后应急处置和抢险救援的需要。随后,国家安全监管局向国务院提出建议,要求建立国家生产安全应急救援指挥中心,整合优化现有应急救援资源,建设具有快速反应能力的专业化救援队伍,加强区域性生产安全应急救援基地建设,提高各级政府应对安全生产突发情况和重特大事故的能力。随后经多次、多方面的沟通协商,国家安全监管局与公安部、国防科工委、交通部、铁道部、卫生部、民航总局、旅游局等部门达成建立国家层面安全生产应急管理机构、统一协调指挥重特大事故抢险救援工作的共识,提出了国家安全生产应急救援指挥中心组建方案并上报国务院。为之后(2006 年 2 月)成立应急救援指挥中心奠定了思想认识和工作基础。

六、中介服务体系

中介服务体系具有为政府安全监管、企业安全生产提供评估评价、检测检验等服务功能。国家安全监管局对发展和规范安全生产中介服务很重视,曾经把"中介服务主体"与企业责任主体、政府监管主体并列为安全生产"三大主体"。2002—2004 年,国家安全监管局(国家煤矿安监局)制定了《安全评价机构管理规定》及相配套的 13 个安全评价技术规范文件和 16 个资质管理规范文件,组织编写修订了 200 万字的安全评价教材。到 2004 年底,经国家安全监管局(国家煤矿安监局）批准的安全评价机构470家，地方认定的评价机构超过2000家，从业人员超过5万人。全国有1.2万人通过了安全评价资格考试。完成评价项目（企业）已达30多万个。组织开展了注册安全工程师考试评审工作，2003年和2004年两年全国8.7万人参加考试，9300人获得资格证书。下发了《安全生产检测检验机构资质评审要求》等9个规范性文件，明确了检测检验机构资质认定的相关事宜。建立了第一批6个专业共32人的评审专家队伍。2004年审查批准了两批21个检测检验甲级机构和26个乙级机构的资质。

第六节　地方安全生产监督管理机构和队伍建设

国家安全监管局2003年3月调整为国务院直属机构之后，继续大力推进地方安全生产监管机构和队伍建设。2003年6月20日，国务院办公厅下发文件，明确要求"县级以上地方人民政府要依照《安全生产法》的规定，建立健全安全生产监管机构，充实必要的人员，加强安全生产监管队伍建设，提高安全生产监管工作的权威，切实履行安全生产综合监督管理职能"。2003年10月，党的十六届三中全会通过的《中共中央关于完善社会主义市场经济体制若干问题的决定》，强调要"完善安全生产监管体系"。2004年1月，国务院《关于进一步加强安全生产工作的决定》和随后下发的国务院会议纪要等文件，对建立健全地方政府安全生产监管机构、做好地方政府安委会的工作等，都提出了明确要求。

地方党委、政府不断重视和加强安全生产工作，到2004年底，全国所有省（自治区、直辖市）都建立了独立行使职权的安全生产监管机构，其中政府直属机构22个（正厅局级机构18个、副厅局级机构4个）；仍由省（自治区、直辖市）经贸委管理的9个（其中正厅局级4个，副厅局级5个）；省安委会常设办事机构1个（江苏）。市县两级机构设立比率从2003年底的77.7%和67.4%，分别提高到2004年底的90.7%和76.4%。全国共有安全监管人员2.5万人，其中省级机构平均41人，市级机构平均16人，县级机构平均6人。广东、河北、安徽、山东、江西、湖南等省份在乡镇、街道建立了安全监管站。

一、政府直属、正厅局级机构（18家）

（1）北京市安全生产监督管理局，与北京煤矿安全监察办事处合署办公，编制30人。局长周毓秋。

（2）山西省安全生产监督管理局，与山西煤矿安全监察局合署办公，编制35人。

（3）内蒙古自治区安全生产监督管理局，与内蒙古煤矿安全监察局合署办公，编制47人。局长曹安雅。

（4）吉林省安全生产监督管理局，编制50人。局长丁维东。

（5）黑龙江省安全生产监督管理局，编制43人。局长蒋绍才。

（6）上海市安全生产监督管理局，编制45人。负责人吴春源（主持工作）。

（7）山东省安全生产监督管理局，编制45人。局长孙立新。

（8）安徽省安全生产监督管理局，编制45人。局长陈传如。

（9）湖北省安全生产监督管理局，编制67人。局长詹才泳。

（10）河南省安全生产监督管理局，与河南煤矿安全监察局合署办公，编制34人。

（11）湖南省安全生产监督管理局，与湖南煤矿安全监察局合署办公，编制30人。

（12）四川省安全生产监督管理局，与四川煤矿安全监察局合署办公，编制40人。局长钟兆基。

（13）广东省安全生产监督管理局，编制45人。局长陈建辉。

（14）江西省安全生产监督管理局，编制3人。局长查俊如。

（15）广西壮族自治区安全生产监督管理局，编制42人。局长陈鸿起。

（16）云南省安全生产监督管理局，编制40人。局长纳宗会。

（17）陕西省安全生产监督管理局，编制45人。局长李元虎。

（18）新疆生产建设兵团安全生产监督管理局，与兵团煤矿安全监察办事处合署办公，编制10人。局长王建新。

二、政府直属、副厅局级机构（4家）

（1）河北省安全生产监督管理局，编制58人。局长傅文才。

（2）海南省安全生产监督管理局，编制27人。局长廖强。

（3）甘肃省安全生产监督管理局，编制（事业）30人。局长王建中。

（4）西藏自治区安全生产监督管理局，编制18人。局长连大雷。

三、由政府综合经济部门管理的正厅局级机构（4家）

（1）辽宁省安全生产监督管理局，编制30人。局长胡才修。

（2）浙江省安全生产监督管理局，编制30人。局长徐林。

（3）贵州省安全生产监督管理局，与贵州煤矿安全监察局合署办公，编制30人。局长何刚。

（4）重庆市安全生产监督管理局，编制30人。局长肖健康。

四、由政府综合经济部门管理的副厅局级机构（5家）

（1）天津市安全生产监督管理局，编制15人。局长张时善。

（2）福建省安全生产监督管理局，编制35人。局长邓云贞。

（3）青海省安全生产监督管理局，编制18人。局长刘建青。

（4）宁夏回族自治区安全生产监督管理局，编制15人。局长朱志良。

（5）新疆维吾尔自治区安全生产监督管理局，编制30人。局长井植朴。

五、其他类型（1家）

江苏省安全生产监督管理局，为江苏省安全生产委员会常设办事机构，与江苏煤矿安全监察局合署办公，正厅局级，编制30人。局长杨增夫。

第六章 国家安全生产监督管理总局——从调整为国家安全监管总局到2008年国务院新一轮机构改革（2005年2月至2008年3月）

国家安全生产监督管理总局是中华人民共和国成立以来中央人民政府成立的首个正部级的安全生产监管部门，是国务院负责履行全国安全生产综合监督管理职能的直属机构。其成立于2005年2月（由国家安全监管局调整），撤销于2018年3月（机构及职能撤并到新组建的应急管理部）。该机构存续的十余年间，正值中国安全生产攻坚克难、创新发展的重要历史阶段。工业化和城镇化持续快速发展，安全生产领域基础薄弱，安全与发展、安全与效益等矛盾愈发突出，重特大事故多发频发，到达新的高峰[①]。面对巨大压力和严峻挑战，国家安全监管总局及全国安全监管系统广大干部职工以维护人民群众生命财产安全为己任，忠实履行党和国家赋予的职责使命，发扬求真务实作风，扎实有效地做好安全监管各项工作，推动和见证了全国安全生产形势从极其严峻到逐步稳定好转、实现根本性好转的历史发展进程。

本章记载时间为2005年2月至2008年6月，即从国家安全监管局调整为国家安全监管总局，到十一届全国人大一次会议通过新一轮机构改革方案，国务院再次下发国家安全监管总局"三定"方案为止。

第一节 国家安全生产监督管理部门升格的背景和过程

2004年10月之后，全国接连发生的7起煤矿、金属与非金属矿山、烟花爆

[①] 重特大事故2005年创历史峰值。当年全国发生一次死亡10人以上重特大事故131起，其中一次死亡30人以上特别重大事故17起（包括4起一次死亡100人以上事故），为中华人民共和国成立以来所仅有。

竹特别重大事故①，特别是郑州大平、铜川陈家山、阜新孙家湾3起死亡百人以上矿难，加剧了全国安全生产形势严峻局面，把进一步健全完善安全监管体制、增强国家安全监管机构规格和权威，大力提升政府安全监管效率效能的问题，再次摆在了中央领导和国家决策层面前。

国务院深化安全生产监管体制改革决策和国家安全监管机构调整的大致过程。

（1）总理温家宝前往陕西省视察调研安全生产工作。2005年1月初，总理温家宝代表党中央、国务院，到陈家山煤矿看望了"11·28"特别重大瓦斯爆炸事故遇难职工家属，并深入井下看望一线工人。随后又召开座谈会，听取大家对安全生产工作的意见。强调要从思想认识、领导责任、体制机制、资金投入、现场管理等方面，进一步采取措施加强安全生产工作。

（2）国务院常务会议作出机构调整的决定。2005年2月23日，总理温家宝主持召开国务院常务会议，专题研究部署进一步加强煤矿安全生产工作。决定将国家安全生产监督管理局调整为国家安全生产监督管理总局，升格为正部级，为国务院直属机构；国家煤矿安全监察局单独设立，规格为副部级，为国家安全生产监督管理总局管理的国家局。会议强调要加强领导，落实责任，痛下决心，标本兼治，坚决防范煤矿重特大事故的发生。

（3）国务院发出机构调整的通知。2005年2月26日下发的《国务院关于国家安全生产监督管理局（国家煤矿安全监察局）机构调整的通知》指出：为适应完善社会主义市场经济体制的要求，进一步加强安全生产监管和煤矿安全监察工作，强化监督执法，促进安全生产形势的稳定好转，国务院决定：①国家安全

---

① 2004年10月至2005年2月全国发生的7起特别重大事故：

2004年10月4日，广西壮族自治区钦州市浦北县白石水镇长岭烟花爆竹厂效果车间在装药时发生爆炸事故，造成37人死亡，8人重伤，44人轻伤。

2004年10月20日，河南省郑州煤业集团公司大平煤矿石门揭煤时发生煤与瓦斯突出，后又发生瓦斯爆炸事故，造成148人死亡，35人受伤（重伤5人），直接经济损失3935.7万元。

2004年11月11日，河南省平顶山市鲁山县新生煤矿发生瓦斯爆炸事故，死亡34人，重伤1人。

2004年11月20日，河北省邢台市沙河市白塔镇李生文铁矿发生火灾，烟气蔓延到与其相通的其他四个矿井，致使119名矿工被困井下，其中70人死亡。

2004年11月28日，陕西省铜川矿务局陈家山煤矿发生瓦斯爆炸事故，造成166人死亡，5人重伤，36人轻伤，直接经济损失4165.9万元。

2004年12月12日，贵州省铜仁地区思南县许家坝镇天池煤矿一号上山在掘进过程中发生透水事故，造成36人死亡。

2005年2月14日，辽宁省阜新矿业集团孙家湾煤矿海州立井发生瓦斯爆炸事故，造成214人死亡，30人受伤，直接经济损失4968.9万元。

生产监督管理局调整为国家安全生产监督管理总局，规格为正部级，为国务院直属机构；②国家煤矿安全监察局单设，为副部级机构，作为国家安全生产监督管理总局管理的国家局。

（4）国家安全监管总局干部大会宣布国家安全监管总局、国家煤矿安全监察局领导干部任命。2005年2月28日，国家安全生产监督管理总局召开国家安全监管总局机关及在京单位干部大会，国务委员兼国务院秘书长华建敏到会并讲话，阐述了国家安全监管机构调整的意义。指出：这次把国家安全生产监督管理局调整为国家安全监管总局，是党中央、国务院在认真分析安全生产现状和发展趋势的基础上，经过较长时间的酝酿作出的决策，是加强安全生产工作的一项新的重大举措，对提高政府安全监管权威，加大安全监管力度，尽快实现安全生产状况的稳定好转具有重要意义；这次机构调整标志着国家安全生产监管体制的进一步健全完善，标志着安全生产监管真正成为政府履行经济管理和社会管理职能的重要内容，标志着"以人为本"施政理念和科学发展观得到进一步的贯彻落实，既有重要的现实意义，又有着深远的历史影响，必将推动国务院《关于进一步加强安全生产工作的决定》的贯彻落实，加快实现《决定》提出的安全生产三个阶段性目标的实现。华建敏还对以王显政为班长的原国家安全生产监督管理局（国家煤矿安全监察局）领导班子一个时期来创造性所开展的工作予以肯定；希望国家安全监管总局新班子加强团结协作，提高凝聚力和战斗力，转变作风，深入实际，狠抓各项工作落实，开创安全生产新局面。

（5）国家安全监管总局主要负责人对新闻媒体做出关于机构调整意义和作用的解释。2015年3月6日，新任国家安全监管总局局长的李毅中接受新华网记者采访，指出：国家安全生产监督管理局原来是副部级单位，升格成正部级单位，"我觉得它的意义不在于升格，而是提高了政府对安全生产监管的权威性，因为它要执法，要检查，不仅检查企业，更重要的要检查地方政府，检查行业主管部门，检查出资人机构，他们是不是履行了安全监督的职责，这样升格以后就增强了政府在安全执法方面的权威性，所以也是加强安全生产的重大措施"；"升格以后国家安全监管总局应该站在全国的位置上，审视全国安全生产的大格局，找准自己的定位"；"不仅检查企业，而且要检查地方政府，检查行业主管部门，检查出资人机构，这样我们的位置就找准了，就找对了"。

第二节　国家安全生产监督管理总局的主要职责及其调整

2005年3月16日，国务院办公厅印发《国家安全生产监督管理总局主要职责、内设机构和人员编制规定的通知》，明确国家安全生产监督管理总局是国务院主管安全生产综合监督管理的直属机构，也是国务院安全生产委员会的办事机构。将原国家安全生产监督管理局（国家煤矿安全监察局）的安全生产监督管理职责，划入国家安全生产监督管理总局；将国务院安全生产委员会办公室职责划入国家安全生产监督管理总局。

国家安全监管总局的主要职责：

（1）承担国务院安全生产委员会办公室的工作。具体职责：研究提出安全生产重大方针政策和重要措施的建议；监督检查、指导协调国务院有关部门和各省、自治区、直辖市人民政府的安全生产工作；组织国务院安全生产大检查和专项督查；参与研究有关部门在产业政策、资金投入、科技发展等工作中涉及安全生产的相关工作；负责组织国务院特别重大事故调查处理和办理结案工作；组织协调特别重大事故应急救援工作；指导协调全国安全生产行政执法工作；承办国务院安全生产委员会召开的会议和重要活动，督促检查国务院安全生产委员会会议决定事项的贯彻落实情况。

（2）综合监督管理全国安全生产工作。组织起草安全生产方面的综合性法律和行政法规，制定发布工矿商贸行业及有关综合性安全生产规章，研究拟订安全生产方针政策和工矿商贸安全生产标准、规程，并组织实施。负责职责范围内非煤矿山企业和危险化学品、烟花爆竹生产企业安全生产许可证的颁发和管理工作。

（3）依法行使国家安全生产综合监督管理职权，按照分级、属地原则，指导、协调和监督有关部门安全生产监督管理工作，对地方安全生产监督管理部门进行业务指导；制定全国安全生产发展规划；定期分析和预测全国安全生产形势，研究、协调和解决安全生产中的重大问题。

（4）负责发布全国安全生产信息，综合管理全国生产安全伤亡事故调度统计和安全生产行政执法分析工作；依法组织、协调特大和特别重大事故的调查处理工作，并监督事故查处的落实情况；组织、指挥和协调安全生产应急救援工作。

（5）负责综合监督管理危险化学品和烟花爆竹安全生产工作。

（6）指导、协调全国和各省、自治区、直辖市安全生产检测检验工作；组织实施对工矿商贸生产经营单位安全生产条件和有关设备（特种设备除外）进行检测检验、安全评价、安全培训、安全咨询等社会中介组织的资质管理工作，并进行监督检查。

（7）组织、指导全国和各省、自治区、直辖市安全生产宣传教育工作，负责安全生产监督管理人员的安全培训、考核工作，依法组织、指导并监督特种作业人员（煤矿特种作业人员、特种设备作业人员除外）的考核工作和工矿商贸生产经营单位主要经营管理者、安全生产管理人员的安全资格考核工作（煤矿矿长安全资格除外）；监督检查工矿商贸生产经营单位安全培训工作。

（8）负责监督管理中央管理的工矿商贸生产经营单位安全生产工作，依法监督工矿商贸生产经营单位贯彻执行安全生产法律、法规情况及其安全生产条件和有关设备（特种设备除外）、材料、劳动防护用品的安全生产管理工作。

（9）依法监督检查职责范围内新建、改建、扩建工程项目的安全设施与主体工程同时设计、同时施工、同时投产使用情况；依法监督检查工矿商贸生产经营单位作业场所（煤矿作业场所除外）职业卫生情况，负责职业卫生安全许可证的颁发管理工作；监督检查重大危险源监控、重大事故隐患的整改工作，依法查处不具备安全生产条件的工矿商贸生产经营单位。

（10）组织拟订安全生产科技规划，组织、指导和协调相关部门和单位开展安全生产重大科学技术研究和技术示范工作。

（11）组织实施注册安全工程师执业资格制度，监督和指导注册安全工程师执业资格考试和注册工作。

（12）组织开展与外国政府、国际组织及民间组织安全生产方面的国际交流与合作。

（13）承办国务院、国务院安全生产委员会交办的其他事项。

根据国务院规定，管理国家煤矿安全监察局并综合监督管理煤矿安全监察工作。

第三节　国家安全生产监督管理总局领导班子、内设机构及其负责人

根据国务院办公厅印发的国家安全生产监督管理总局主要职责、内设机构和人员编制规定的通知，国家安全监管总局机关行政编制为160名。其中局长1名，副局长4名，司局级领导职数33名（含机关党委专职副书记1名），国家安

全生产监察专员 14 名（司局级）。

一、国家安全监管总局领导班子成员

李毅中：局长、党组书记。
王显政：副局长、党组副书记。
赵铁锤：党组成员（国家煤矿安全监察局局长）。
王德学：副局长、党组成员。
孙华山：副局长、党组成员。
梁嘉琨：副局长、党组成员。
赵岸青：党组成员（中央纪委驻国家安全监管总局纪检组组长）。

二、国家安全生产监察专员

国家安全生产监管机构调整之时，由国家安全监管总局管理的国家安全生产监察专员（部委司局级领导职务）为章苏东、杨江有、韦国海、贺黎光、陈茂生、杨又明、杨国顺、刘云昌、李世钧、金兆民、李德忠、郭新庆、孟昭聚、朱义长。机构调整之后，又根据人员退休替补、司局领导班子调整、干部培养使用等实际需要，陆续任命黄智全、刘强、李素花、乔树清、杨占科、陈光、高世民、王志坚、张本清、王海军为国家安全生产监察专员。

设立国家安全生产监察专员的初衷及其基本职责，在于受国家安全监管总局领导人的委托、代表国家安全监管部门，主持或参与重特大事故的调查处理。国家安全监管局调整之前，安全生产监察专员实行集中统一管理，其工作向局主要领导（或分管领导）直接负责。2005 年国家安全监管局调整为国家安全监管总局（正部级）之后，安全生产监察专员的地位作用、管理和使用方式等都发生了一些变化。其工作逐步分散、纳入机关各职能司局。到 2011 年，几乎所有的国家安全生产监察专员的工作及日常管理都进入各司局，以行政级别和任职时间为准，与司局领导成员混合排序，统一管理使用。因此，在以下关于国家安全监管总局内设机构及其负责人的记载当中，包含了部分监察专员。

三、国家安全监管总局内设机构及其负责人

国家安全监管总局内设办公厅（国际合作司、财务司）、政策法规司、规划科技司、安全生产协调司（国家安全生产监察专员办公室、职业安全监督管理司）、安全生产应急救援办公室（调度统计司）、监督管理一司（海洋石油作业安全办公室）、监督管理二司、危险化学品安全监督管理司、人事培训司 9 个职

能机构和直属机关党委。

国家安全生产监督管理总局于2005年4月2日下发了国家安全监管总局内设机构、主要职责、处室设置和人员编制规定。

（一）办公厅（国际合作司、财务司）

办公厅（国际合作司、财务司）负责政务、体制、行政事务、外事和财务工作，协调国家煤矿安全监察局的相关综合性业务工作。主要职责：

（1）组织协调机关办公，拟订工作规则和工作制度并监督执行；督促检查有关重要会议决定事项和领导人重要批示落实情况。

（2）负责机关值班、政务信息工作；负责重要会议、重要活动的筹备组织工作；组织协调机关电子政务应用工作。

（3）负责机关文秘工作，组织办理"两会"交办的提案、建议。

（4）负责安全生产监督管理、煤矿安全监察体制工作。负责机关、直属机构、所属单位管理体制和机构编制工作；负责联系、推动地方安全生产监管机构建设工作。

（5）负责保密、档案、文电、文印和机关行政事务工作。

（6）负责人民群众来信、来访工作。

（7）拟定并组织实施外事工作计划；组织开展机关、煤矿安全监察机构和所属单位与外国政府、国际组织、民间组织及港澳台地区在安全生产方面的交流与合作。

（8）负责管理政府间双边科技经贸合作项目；负责国外智力引进工作；指导协调安全生产监督管理系统对外交流与合作。

（9）负责组织机关、煤矿安全监察机构和所属单位出国（境）团组、邀请外国来华团组审批等外事管理工作；承担上级交办或有关部门委托商办的涉外工作。

（10）负责机关、煤矿安全监察机构和所属单位的财务综合管理、国有资产管理；监督管理财务预（决）算、政府采购、国库集中支付和行政事业性收费。

（11）负责研究安全生产经济政策，监督检查煤矿安全监察罚款和指导安全生产监督管理的经济处罚工作；配合相关部门监督监察安全投入、安全费用提取使用。

（12）负责机关、煤矿安全监察机构和所属单位财务收支审计、领导干部任期经济责任审计工作。

（13）承办国家安全监管总局领导交办的其他事项。

处室设置和人员编制：设综合处（保密办）、秘书处、值班室、信息处、体制处、国际合作处（对外联络处）、机关财务处、财务资产处（经济审计处）、信访处。人员编制32名，其中正副主任（正副司长）职数5名，正副处长职数11名。

办公厅（国际合作司、财务司）负责人：主任（司长）田玉章，副职（含正副司局级领导职务与非领导职务）林一胜、李书清、李中锋、蔡燕莉、马月云、冯长辉。

（二）政策法规司

政策法规司负责法制建设、执法监督、标准制修订、重大政策研究、重要报告起草和新闻宣传工作。主要职责：

（1）组织起草安全生产有关法律法规；组织研究拟订工矿商贸行业及有关综合性安全生产规章、规程和标准；制定煤矿安全监察规章、规程和标准；归口管理法规工作。

（2）负责安全生产方面的行政复议和执法监督工作，指导安全生产监管及煤矿安全监察系统的法制建设工作，监督执法行为。

（3）组织研究安全生产重大政策；负责安全生产重要研究课题的组织管理工作。

（4）组织起草重要文件、重要会议报告；负责典型经验的调研、总结和安全生产监管及煤矿安全监察系统先进集体、先进个人评选、表彰工作。

（5）负责全国安全生产信息发布工作；组织、指导和协调安全生产新闻工作；组织、指导和协调全国和各省（自治区、直辖市）安全生产宣传教育工作。

（6）承办国家安全监管总局领导交办的其他事项。

处室设置和人员编制：内设综合处、政策研究处、法规处（执法监督处）、标准处、新闻宣传处。人员编制13名，其中正副司长职数3名，正副处长职数5名。

政策法规司负责人：司长黄毅，副职（含正副司局级领导职务与非领导职务）陈光、彭玉敬、石少华、朱义长。

（三）规划科技司

规划科技司负责规划、科技、信息化建设、固定资产投资项目、装备和中介机构资质管理工作。主要职责：

（1）组织研究拟订安全生产发展规划和科技规划。

（2）组织、指导和协调相关部门和单位开展安全生产重大科学技术研究、技术示范及科研成果鉴定、技术推广工作。负责劳动防护用品和安全标志的监督管理工作。

（3）负责安全生产信息化建设工作，组织实施安全生产信息体系建设；按照职责范围，负责综合协调建设项目安全设施"三同时"工作。

（4）按照投资管理权限，负责机关、煤矿安全监察机构和所属单位的固定资产投资项目管理；负责煤矿安全监察机构的基础设施建设和装备配置等归口管理工作。

（5）按照职责范围，负责实施对工矿商贸生产经营单位安全生产条件和有关设备（特种设备除外）进行检测检验、安全评价、安全培训、安全咨询、安全认证等社会中介机构的资质管理，并进行监督检查。

（6）负责国家安全生产技术委员会（现为专家组）工作。

（7）承办国家安全监管总局领导交办的其他事项。

处室设置和人员编制：设综合与信息处、安全科技处、规划与装备处、中介机构监管处、检测检验监管处。人员编制13名，其中正副司长职数3名，正副处长职数5名。

规划科技司负责人：司长杨富，副职（含正副司局级领导职务与非领导职务）何学秋、王浩。

（四）安全生产协调司（国家安全生产监察专员办公室、职业安全监督管理司）

安全生产协调司（国家安全生产监察专员办公室、职业安全监督管理司）负责国务院安全生产委员会办公室日常工作；按照分级、属地的原则，负责安全监管有关综合协调工作，负责作业场所（煤矿作业场所除外）职业卫生的监督检查工作；负责国家安全生产监察专员日常管理工作。主要职责：

（1）负责国务院安委会办公室日常工作，承办安委会有关会议、会议纪要、简报工作。

（2）联系、协调国务院有关部门和各省、自治区、直辖市的安全生产工作，及时掌握重要情况和重大事项。

（3）研究分析和预测全国安全生产形势；综合协调、组织全国性的安全生产大检查、专项督查和专项整治工作。

（4）负责组织特别重大事故的调查处理工作。

（5）负责作业场所（煤矿作业场所除外）职业卫生的监督检查工作。研究起草作业场所职业卫生监督检查、职业危害事故和有关行政处罚的法规、标准；组织查处职业危害事故和有关违法行为；负责职业卫生安全许可证颁发管理工作和负责职业危害申报工作。

（6）负责综合指导协调并监督检查全国安全生产重大危险源监控和重大事

故隐患整改工作。

（7）联系并综合协调中央管理的工矿商贸企业（煤矿企业除外）、总公司（总厂、集团公司）安全生产监督管理工作。

（8）负责国家安全生产监察专员日常管理工作。

（9）承办国家安全监管总局领导交办的其他事项。

处室设置和人员编制：设综合处、一处、二处、三处、专员事务处。人员编制13名，其中正副司长（正副主任）职数4名；正副处长职数5名。

安全生产协调司（国家安全生产监察专员办公室、职业安全监督管理司）负责人：司长任树奎，副职（含正副司局级领导职务与非领导职务）施卫祖、王端武、周永平、赵红。

（五）安全生产应急救援办公室（调度统计司）[①]

第一阶段：2005年2—12月，名称为安全生产应急救援办公室。

2005年4月2日，国家安全监管总局规定其主要职责：

（1）研究提出安全生产应急救援的方针政策；研究起草安全生产应急救援的相关法律、法规和有关规章、规程和标准。

（2）综合监管安全生产应急救援工作，统筹协调安全生产应急救援资源。

（3）负责规划安全生产应急救援体系，组织指导安全生产应急救援体系建设工作。

（4）组织安全生产应急救援预案编制和管理工作。

（5）组织、指挥安全生产应急救援演练。

（6）统一指挥、协调特别重大安全生产事故应急救援工作。

（7）分析预测特别重大事故风险，及时发布预警信息。

（8）承办国家安全监管总局领导交办的其他事项。

处室设置和人员编制：设一处（综合处）、二处。人员编制8名，其中：正副主任职数3名，正副处长职数2名。

安全生产应急救援办公室负责人：司长李万疆，副职（含正副司局级领导职务与非领导职务）张宏波、安国森。

第二阶段：2005年12月至2008年3月，名称为安全生产应急救援办公室（调度统计司）。

2006年6月27日，国家安全监管总局重新规定安全生产应急救援办公室

---

① 2005年12月13日，中央编制委员会办公室批复，同意国家安全监管总局安全生产应急救援办公室加挂调度统计司的牌子，增加1名司局级领导职数。

（调度统计司）主要职责：

（1）组织研究起草安全生产调度、统计方面的规章、制度和标准。负责全国安全生产控制考核指标体系和安全生产调度统计指标体系建设工作。

（2）负责全国安全生产调度统计信息综合监督管理。指导、协调有关部门安全生产调度统计信息工作。

（3）研究提出全国安全生产控制考核指标，定期分析落实进展情况。统一管理和提供各地区、各有关部门安全生产控制考核指标统计资料。

（4）负责安全生产应急值守和重特大事故信息接收、处理工作，调度跟踪事故抢救情况。

（5）负责全国各类生产安全事故、重大未遂伤亡事故的调度、统计工作，定期提出安全生产调度、统计分析报告。

（6）负责安全生产监督管理和煤矿安全监察行政执法统计工作，定期提出统计分析报告。

（7）负责作业场所职业卫生统计工作，定期提出统计分析报告。

（8）负责煤炭行业经济运行统计和分析工作。

（9）负责生产安全事故举报信息的接报、核实工作。承办国家安全监管总局领导交办的其他事项。

处室设置和人员编制：设综合处、调度室、安全统计处、行政执法统计处、职业卫生统计处、信息管理处、煤炭经济运行处、煤炭行业统计处。人员编制29名（其中机关行政编制8名），其中主任（司长）1名，副主任（副司长）3名，正副处长职数12名。

安全生产应急救援办公室（调度统计司）负责人：司长支同祥，副职（含正副司局级领导职务与非领导职务）吕海燕、蔡英勃、邹维纲。

（六）监督管理一司（海洋石油作业安全办公室）

按照分级、属地的原则，监督管理一司（海洋石油作业安全办公室）负责非煤矿山、石油、冶金、有色、建材、地质等行业（简称相关行业）的生产经营单位（含中央管理的相关企业总公司、总厂、集团公司）安全生产监督管理工作和海上石油作业安全办公室的工作。主要职责：

（1）研究起草相关行业安全生产方面的规章、规程和标准。

（2）监督检查相关行业的生产经营单位贯彻执行安全生产法律、法规和方针、政策情况。

（3）监督检查相关行业的生产经营单位安全生产条件、设备设施安全、劳动防护用品使用情况和有关人员安全资格持证情况；依法查处不具备安全生产条件的生产经营单位。

（4）按照职责范围，监督检查相关的建设项目安全设施"三同时"情况；组织相关的大型建设项目安全设施设计审查和竣工验收，依法负责非煤矿山企业安全生产许可证的颁发和管理工作。

（5）负责非煤矿山安全专项整治工作；指导和监督相关生产经营单位的安全评估工作。

（6）参与相关特别重大事故的调查处理，负责承办事故结案工作和监督事故查处的落实情况。

（7）参与相关事故的应急救援工作。

（8）负责海洋石油安全生产综合监督管理工作，承担海洋石油作业安全办公室的工作。

（9）承办国家安全监管总局领导交办的其他事项。

处室设置和人员编制：设综合处、监督管理一处、监督管理二处、监督管理三处。人员编制14名，其中正副司长（正副主任）职数4名，正副处长职数4名。

监督管理一司（海洋石油作业安全办公室）负责人：司长刘成江，副职（含正副司局级领导职务与非领导职务）周斌、王啟明、张炳曾。

（七）**监督管理二司**

按照分级、属地的原则，监督管理二司负责机械、轻工、纺织、烟草、贸易行业生产经营单位（含中央管理的相关企业及投资、咨询类企业总公司、总厂、集团公司）安全生产监督管理工作；指导、协调和监督公路、水运、铁路、民航、建筑、水利、电力、邮政、电信、林业、军工、旅游等行业中央管理的企业（总公司、总厂、集团公司）的安全生产工作。主要职责：

（1）研究起草机械、轻工、纺织、烟草、贸易行业安全生产方面的规章、规程和标准。

（2）监督检查相关行业的生产经营单位贯彻执行安全生产法律、法规和方针、政策情况。

（3）监督检查相关行业生产经营单位安全生产条件、设备设施安全、劳动防护用品使用情况和有关人员安全资格持证情况；依法查处不具备安全生产条件的生产经营单位。

（4）指导和监督相关行业生产经营单位的安全评估工作。

（5）指导、协调和监督公路、水运、铁路、民航、建筑、水利、电力、邮政、电信、林业、军工、旅游等行业的安全生产工作。

(6) 参与道路和水上交通安全、民爆器材、人员密集场所消防安全专项整治工作。

(7) 按照职责范围，依法监督检查相关的建设项目安全设施"三同时"情况，组织相关的大型建设项目安全设施设计审查和竣工验收。

(8) 参与相关特别重大事故的调查处理，负责承办事故结案工作和监督事故查处的落实情况。

(9) 参与相关事故的应急救援工作。

(10) 承办国家安全监管总局领导交办的其他事项。

处室设置和人员编制：设综合处、监督管理一处、监督管理二处、监督管理三处。人员编制13名，其中正副司长职数3名；正副处长职数4名。

监督管理二司负责人：司长吴鑫，副职（含正副司局级领导职务与非领导职务）黄智全、苏洁、王力争。

（八）危险化学品安全监督管理司

按照分级、属地的原则，危险化学品安全监督管理司负责综合监督管理危险化学品安全生产工作；负责化工（含石油化工）、医药行业的企业（含中央管理的相关企业总公司、总厂、集团公司）及烟花爆竹生产经营单位安全监督管理。主要职责：

(1) 研究起草危险化学品及化工（含石油化工）、医药、烟花爆竹行业安全生产方面的规章、规程和标准。

(2) 监督检查危险化学品、烟花爆竹及相关行业的企业贯彻执行安全生产法律、法规和方针、政策情况。

(3) 监督检查危险化学品、烟花爆竹及相关行业的企业安全生产条件、设备设施安全、劳动防护用品使用情况和有关人员安全资格持证情况；依法查处不具备安全生产条件的生产经营单位。

(4) 按照职责范围，监督检查危险化学品及相关的建设项目安全设施"三同时"情况，组织相关的大型建设项目安全设施设计审查和竣工验收，负责危险化学品生产企业安全生产许可证的颁发和管理工作。

(5) 综合监督管理危险化学品安全生产工作，负责烟花爆竹生产经营单位安全生产监督管理。

(6) 负责危险化学品和烟花爆竹安全专项整治工作；指导和监督相关的安全评估工作。

(7) 按照职责范围，负责危险化学品生产、储存企业设立及其改建和扩建项目的安全设施审查、危险化学品包装物和容器（包括用于运输工具的槽罐）

专业生产企业的安全审查及定点、危险化学品经营许可证的发放、国内危险化学品登记及化学品危险性鉴别与分类工作（化学品毒性鉴定工作除外）和危险化学品相关企业安全评价工作，并监督检查。

（8）按照职责范围，负责烟花爆竹生产经营单位安全生产条件审查和安全生产许可证、销售许可证发放工作，并监督检查。

（9）参与相关特别重大事故的调查处理，负责承办事故结案工作和监督事故查处的落实情况。

（10）参与相关事故的应急救援工作。

（11）承办国家安全监管总局领导交办的其他事项。

处室设置和人员编制：设综合处、监督管理一处、监督管理二处、监督管理三处。人员编制14名，其中正副司长职数3名，正副处长职数4名。

危险化学品安全监督管理司负责人：司长张广华，副职（含正副司局级领导职务与非领导职务）李万春、刘强、张世昌、刘幼贞。

（九）人事培训司

人事培训司负责国家安全监管总局机关、煤矿安监局机关、直属机构、直属单位干部管理和人事劳资工作、培训教育和职称管理工作，组织指导全国安全生产培训和注册安全工程师管理工作。主要职责：

（1）负责国家安全监管总局机关、煤矿安监局机关、直属机构和直属单位领导班子建设及监督管理、教育培训工作。

（2）负责国家安全监管总局机关、煤矿安监局机关、直属机构公务员队伍建设及干部监督、管理、教育培训工作。

（3）负责国家安全监管总局机关、煤矿安监局机关、直属机构和直属单位人员调配、专业技术干部、职称、知识分子、人才队伍建设和直属院校管理等工作；指导直属单位人事制度改革。

（4）负责国家安全监管总局机关、煤矿安监局机关、直属机构和直属单位劳动工资管理、福利待遇、社会保险等工作。

（5）组织指导全国安全生产培训工作。依法监督检查生产经营单位安全培训工作；组织、指导并监督特种作业人员（煤矿特种作业人员、特种设备作业人员除外）的考核工作和生产经营单位主要负责人、安全生产管理人员的安全资格（煤矿矿长安全资格除外）考核工作；负责中央管理的工矿商贸企业总公司（总厂、集团公司）主要负责人和安全生产管理人员的安全资格考核发证工作。

（6）负责煤矿安全监察员、省级安全生产监察员的执法资格培训和考核发证工作。

（7）组织实施注册安全工程师执业资格制度，监督指导注册安全工程师执业资格考试和注册管理工作。

（8）承办国家安全监管总局领导交办的其他事项。

处室设置和人员编制：设综合处（劳动工资处）、干部一处、干部二处、培训教育处、注册安全工程师工作办公室。人员编制13名，其中正副司长职数3名，正副处长职数6名。

人事培训司负责人：司长黄玉治，副职（含正副司局级领导职务与非领导职务）李素花、张平远、杨玉洲。

（十）直属机关党委

直属机关党委负责国家安全监管总局、国家煤矿安监局机关和在京直属单位的党群工作。设党委办公室、纪委办公室、群工部。人员编制5名，其中正副司长职数1名；正副处长职数3名。

直属机关党委负责人：专职副书记田淮俊，纪委书记梁起鸿。

第四节 国家安全监管总局与国家煤矿安监局工作关系

2005年4月，国家安全监管总局印发《国家安全生产监督管理总局与国家煤矿安全监察局工作关系暂行规则》，根据《国务院关于部委管理的国家局与主管部委关系问题的通知》，以及国务院办公厅下发的国家安全监管总局、国家煤矿安监局"三定"规定精神，就两局之间的工作关系作出规范性、制度化规定。

一、政务

（1）国家安全监管总局主要通过局长或局长召开会议的形式，对国家煤矿安监局工作中的重大方针政策、工作部署等事项实施管理。国家煤矿安监局工作中有关重大方针政策和重要工作部署等事项，应报请国家安全监管总局局长审批，或者报请国家安全监管总局局长主持召开会议讨论决定。

上述"重大方针政策和主要工作部署"包括：煤矿安全监察系统的发展规划和国家煤矿安监局拟采取的重大工作措施、年度重要工作计划及安排等。

（2）国家煤矿安监局原则上不直接向国务院请示工作等事项。国家煤矿安监局在工作中有需要请示国务院的事项，按照行文程序，由国家安全监管总局向国务院呈报。

（3）国家煤矿安监局可以根据法律和国务院的行政法规、决定、命令，在权限内拟定部门规章、命令，经国家安全监管总局审议后，由国家安全监管总局对外发布或由国家安全监管总局局长授权国家煤矿安监局对外发布。

（4）设在地方的煤矿安全监察机构由国家安全监管总局领导，国家煤矿安监局负责业务管理。在日常业务方面，国家煤矿安监局可以单独下达或向有关部门行文，也可与有关部门联合行文。其中，涉及煤矿安全监察重要事项的发文，经国家安全监管总局审议，必要时以国家安全监管总局名义发布；或与国家安全监管总局联合印发。国家煤矿安监局单独发出的重要文件，抄报国家安全监管总局。

（5）国家煤矿安监局召开的年度全国性会议、局长座谈会，由国家安全监管总局报请国务院审批。国家煤矿安监局召开的其他会议，由国家煤矿安监局根据规定自行安排。

（6）党中央、国务院下发的有关文件、电报直接发给国家煤矿安监局。召开的有关会议通知国家煤矿安监局参加；国家安全监管总局办公厅可负责收发、转达等事项。国家煤矿安监局值班、调度统计、提案、信访、保密、保卫等方面工作，均由国家安全监管总局统一负责；政务信息、特大事故信息等通过国家安全监管总局上报中办、国办。

二、人事

（1）国家煤矿安监局的人事工作依托国家安全监管总局管理。

（2）国家煤矿安监局局长、副局长的任免，由国家安全监管总局党组向中组部提出建议。

（3）国家煤矿安监局的国家煤矿安全监察专员和内设司司长、巡视员、副司长、助理巡视员的任命，由国家煤矿安监局提出意见，国家安全监管总局人事司考察后，提请国家安全监管总局党组会研究决定。其中，司长和国家煤矿安全监察专员的任免须报中组部备案。

（4）国家煤矿安监局处长及处级以下干部的任免，由国家煤矿安监局提出意见，国家安全监管总局人事司按规定办理任免手续。

（5）省级煤矿安全监察机构副局级以上干部的任免，由国家安全监管总局人事司组织、国家煤矿安监局派人参加进行考核提出建议，征求国家煤矿安监局意见后，报国家安全监管总局党组研究决定。国家煤矿安监局也可提出建议，根据国家安全监管总局党组安排，国家安全监管总局人事司组织、国家煤矿安监局派人参加进行考核后，报国家安全监管总局党组研究决定。

（6）省级煤矿安监局人事处处长和纪检组副组长、监察室主任及省局所属监察分局正职的任免，由省级煤矿安全监察机构事前报国家安全监管总局人事司和国家煤矿安监局备案。国家安全监管总局人事司商国家煤矿安监局后作出批复。

（7）国家煤矿安监局机关人员退休后，由国家安全监管总局离退休干部局管理。

三、外事

（1）外事出访。国家煤矿安监局局长出访事项，经国家安全监管总局局长同意，报外交部审核、国务院审批后，国家安全监管总局外事部门组织实施。国家煤矿安监局副局长出访，经国家煤矿安监局局长和国家安全监管总局局长审批后，国家安全监管总局外事部门组织实施。国家煤矿安监局其他人员出访，由国家煤矿安监局局长审批后，国家安全监管总局外事部门按程序组织实施。

（2）接待和邀请来访。国家煤矿安监局接待外宾或邀请外宾来访，由国家煤矿安监局提出意见，国家安全监管总局外事部门组织实施，或按有关规定报批后组织实施。

（3）外事会见。国家煤矿安监局的外事活动，需请国家安全监管总局领导出席的，由国家煤矿安监局报国家安全监管总局同意后按程序实施。由国家安全监管总局邀请来华访问的外国代表团组需要拜会国家煤矿安监局领导的，经国家煤矿安监局领导同意后，由国家安全监管总局外事部门按程序组织实施。

（4）经国家安全监管总局授权，可以国家煤矿安监局名义参加国际组织、组织有关外事活动、申报国际合作项目、签署有关文件等。具体工作由国家安全监管总局外事部门组织实施。

四、其他工作

（1）财务工作。考虑国家煤矿安监局监察执法需要，国家煤矿安监局配置专门财务人员2名（在相关处加挂财务处牌子），负责核算本级机关的经费（含人员及公务费用、专项执法业务经费等），同时接受国家安全监管总局对财务预算的管理和指导。

（2）党群工作。国家煤矿安监局机关党的工作及工青妇工作，由国家安全监管总局机关党委统一管理。

（3）纪检监察工作。国家煤矿安监局机关及煤矿安全监察系统的纪检监察工作，由驻国家安全监管总局纪检组、监察局负责。

(4)后勤服务工作。国家煤矿安监局机关的后勤服务工作依托国家安全监管总局。国家煤矿安监局机关工作人员的生活福利待遇与国家安全监管总局机关人员一致。

(5)日常性业务工作,国家煤矿安监局职能司与国家安全监管总局相关司(室)之间可直接联系;涉及重要事项的,国家安全监管总局相关司(室)可通过国家煤矿安监局综合司进行联系。

第五节 中央编办和国家安全监管总局下发的"三定"方案对其他问题的规定

一、省级以下煤矿安全监察机构的管理问题

设在地方的煤矿安全监察局由国家安全生产监督管理总局领导,国家煤矿安全监察局负责业务管理。国家煤矿安全监察局可单独向设在地方的煤矿安全监察局行文,重要文件经国家安全生产监督管理总局审议,必要时可以国家安全生产监督管理总局名义行文或联合行文。国家煤矿安全监察局对设在地方的煤矿安全监察局的领导班子成员任免提出建议,由国家安全生产监督管理总局任免。设在地方的煤矿安全监察局的财务、发展规划和科技项目,经国家安全生产监督管理总局综合平衡后统一上报,由国家煤矿安全监察局下达并实施管理。

二、无行业主管部门的工矿商贸中央企业安全生产监督管理问题

按国务院办公厅《关于加强中央企业安全生产工作的通知》及国家安全监管总局的有关规定执行。对中央企业安全生产的监督管理工作,按照分级、属地管理的原则,由国家、省(自治区、直辖市)、市(地)级安全生产监督管理部门,国务院有关部门及其设在各省(自治区、直辖市)、市(地)的有关机构,以及各省(自治区、直辖市)、市(地)人民政府有关部门按照职责分工负责。中央企业的总公司(总厂、集团公司)的安全生产监督管理工作由国家安全监管总局及国务院有关部门按照职责分工负责。

三、各行业主管部门的企业安全生产综合监管问题

交通、铁路、民航、水利、电力、建筑、国防工业、邮政、电信、旅游、特种设备、消防、核安全等有专门的安全生产主管部门的行业和领域的安全监督管理工作分别由公安、交通、铁道、民航、水利、电监、建设、国防科技、邮政、

信息产业、旅游、质检、环保等国务院部门负责，国家安全生产监督管理总局从综合监督管理全国安全生产工作的角度，指导、协调和监督上述部门的安全生产监督管理工作，不取代这些部门具体的安全生产监督管理工作。特种设备的安全监督管理、特种设备作业人员的考核、特种设备事故的调查处理由国家质量监督检验检疫总局负责。

四、烟花爆竹安全监管职责分工问题

国家安全生产监督管理总局负责烟花爆竹的安全生产监督管理，监督烟花爆竹生产经营单位贯彻执行安全生产法律法规情况，审查烟花爆竹生产经营单位安全生产条件和发放安全生产许可证、销售许可证，组织查处不具备安全生产基本条件的烟花爆竹生产经营单位，组织查处烟花爆竹安全生产事故。具体按照分级、属地的原则实施监督管理。

国家质量监督检验检疫总局负责烟花爆竹的质量监督管理，监督抽查烟花爆竹质量，检验进出口烟花爆竹的安全质量。

公安部负责烟花爆竹的公共安全管理，许可烟花爆竹运输和确定运输路线，许可焰火晚会燃放，组织销毁处置废旧和罚没的非法烟花爆竹，侦查非法生产、买卖、储存、运输、邮寄烟花爆竹的刑事案件。

公安部、国家安全生产监督管理总局、国家质量监督检验检疫总局、国家工商行政管理总局等部门按照职责分工，有责任组织查处非法制造、买卖、储存、运输、邮寄、燃放烟花爆竹的违法行为。

五、职业卫生（职业安全健康）工作职责分工问题

国家安全生产监督管理总局负责作业场所（煤矿作业场所除外）职业卫生的监督检查工作，组织查处职业危害事故和有关违法行为；卫生部负责拟订职业卫生法律法规、标准，规范职业病的预防、保健、检查和救治，负责职业卫生技术服务机构资质认定和职业卫生评价及化学品毒性鉴定工作。

六、国家安全监管总局综合司（室）与专业司有关职责划分问题

主要是以下三项工作：

一是事故调查处理。特别重大事故的调查处理由安全生产协调司（国家安全生产监察专员办公室）负责组织，相关专业司参与并负责承办事故结案工作和监督事故查处的落实情况

二是应急救援工作。特别重大事故的应急救援工作由安全生产应急救援办公

室负责统一指挥协调，相关专业司参与。

三是海洋石油作业安全办公室（海油办）与相关司的职责分工。

（1）相关安全法规。由海油办负责提出立法计划，起草规章、规程和标准，经政策法规司审查后按规定程序报国家安全监管总局局务会议审议。

（2）安全生产的相关中介机构。海洋石油天然气检测检验、安全评价、安全培训、安全咨询等社会中介机构的资质管理，由海油办负责并监督检查。取得安全中介机构资质证书的条件和程序执行国家安全监管总局的有关规定，资质证书采用国家安全监管总局制定的统一式样。

（3）应急救援工作。海洋石油作业应急救援的日常监管和事故应急救援协调指挥工作由海油办负责，安全生产应急救援办公室配合。海洋石油作业应急预案及应急救援专家、队伍、装备、物资和信息等应急资源，纳入国家安全生产应急救援体系管理。

（4）海油办分部人员安全培训。海油办海油分部、中油分部、石化分部安全监管人员纳入国家安全监管总局执法人员培训计划，由人事培训司统一安排培训，并根据培训、考核结果发放统一的执法证件；海油办负责组织有关人员参加培训。

第六节 直属单位变更隶属关系、加挂牌子和更改名称

国家安全生产监督管理局调整为国家安全监管总局后，其所属各单位也同时转隶国家安全监管总局管理。2005年8月15日，中央机构编制委员会办公室就国家安全生产监督管理总局《关于我局所属事业单位调整的请示》作出批复，同意中国煤矿文工团加挂"中国安全生产艺术团"牌子；同意原国家安全监管局（国家煤矿安监局）管理的20个事业单位更名：

（1）国家安全生产监督管理局（国家煤矿安全监察局）调度中心更名为国家安全生产监督管理总局调度中心。事业编制仍为31名。

（2）国家安全生产监督管理局（国家煤矿安全监察局）国际交流合作中心更名为国家安全生产监督管理总局国际交流合作中心，事业编制仍为45名。

（3）煤炭工业档案馆（国家安全生产监督管理局、国家煤矿安全监察局档案馆）更名为国家安全生产监督管理总局档案馆（煤炭工业档案馆），事业编制仍为30名。

（4）国家安全生产监督管理局（国家煤矿安全监察局）机关服务中心更名

为国家安全生产监督管理总局机关服务中心（机关服务局），事业编制仍为463名，其中经费自理393名。

（5）国家安全生产监督管理局（国家煤矿安全监察局）矿山救援指挥中心更名为国家安全生产监督管理总局矿山救援指挥中心，事业编制仍为30名。

（6）国家安全生产监督管理局（国家煤矿安全监察局）宣传教育中心（煤炭工业展览中心）更名为国家安全生产监督管理总局宣传教育中心（煤炭工业展览中心），事业编制仍为70名。

（7）煤炭工业人才交流培训中心（国家安全生产监督管理局、国家煤矿安全监察局职业安全技术培训中心）更名为国家安全生产监督管理总局培训中心（煤炭工业人才交流培训中心），事业编制仍为25名。

（8）国家安全生产监督管理局（国家煤矿安全监察局）研究中心（中国煤炭工业发展研究中心）更名为国家安全生产监督管理总局研究中心（中国煤炭工业发展研究中心），事业编制仍为40名，经费自理。

（9）煤炭工业通信信息中心［国家安全生产监督管理局（国家煤矿安全监察局）通信信息中心］更名为国家安全生产监督管理总局通信信息中心（煤炭工业通信信息中心），事业编制仍为149名。

（10）国家安全生产监督管理局化学品登记中心更名为国家安全生产监督管理总局化学品登记中心，事业编制仍为25名。

（11）煤炭信息研究院（安全生产信息研究院）更名为国家安全生产监督管理总局信息研究院（煤炭信息研究院），事业编制仍为628名。

（12）煤炭总医院（国家安全生产监督管理局、国家煤矿安全监察局矿山医疗救护中心）更名为煤炭总医院（国家安全生产监督管理总局矿山医疗救护中心），事业编制仍为800名。

（13）煤炭工业职业医学研究所（职业安全卫生研究所）更名为国家安全生产监督管理总局职业安全卫生研究所（煤炭工业职业医学研究所），事业编制仍为179名。

（14）中国煤矿工人北戴河疗养院（国家安全生产监督管理局、国家煤矿安全监察局职业安全技术培训中心北戴河中心）更名为中国煤矿工人北戴河疗养院（国家安全生产监督管理总局培训中心北戴河中心），事业编制仍为300名。

（15）中国煤矿工人大连疗养院（国家安全生产监督管理局家煤矿安全监察局职业安全技术培训中心大连中心）更名为中国煤矿工人大连疗养院（国家安全生产监督管理总局培训中心大连中心），事业编制仍为225名。

（16）中国煤矿工人昆明疗养院（国家安全生产监督管理局、国家煤矿安全监察局职业安全技术培训中心昆明中心）更名为中国煤矿工人昆明疗养院（国家安全生产监督管理总局培训中心昆明中心），事业编制仍为150名，经费自理。

（17）国家安全生产监督管理局（国家煤矿安全监察局）西郊招待所更名为国家安全生产监督管理总局西郊招待所，事业编制仍为300名，经费自理。

（18）国家安全生产监督管理局（国家煤矿安全监察局）东四招待所更名为国家安全生产监督管理总局东四招待所，事业编制仍为60名，经费自理。

（19）国家安全生产监督管理局（国家煤矿安全监察局）东单招待所更名为国家安全生产监督管理总局东单招待所，事业编制仍为50名，经费自理。

（20）国家安全生产监督管理局（国家煤矿安全监察局）盔甲厂招待所更名为国家安全生产监督管理总局盔甲厂招待所，事业编制仍为68名，经费自理。

第七节 国家安全生产监督管理总局主要直属单位机构、编制和负责人

一、国家安全生产监督管理总局调度中心

2004年1月国家安全监管总局（国家煤矿安监局）办公室印发了调度中心职责范围、机构设置和人员编制方案。规定调度中心为局属、比照公务员管理的事业单位，主要负责综合管理全国安全生产调度、统计信息工作，并承担为煤矿安全监察服务的煤炭行业调度、统计信息及煤炭经济运行分析工作职责。2005年8月，中央编办批准其更名为国家安全生产监督管理总局调度中心后，该中心基本职能、内设机构、人员编制均无变化。内设综合处、调度处、安全统计处、行政执法统计处、信息管理处、煤炭经济运行处、煤炭行业统计处。事业编制31名。

调度中心负责人（2005—2018年）：主任支同祥、彭玉敬（2010年10月）、李万春（2014年3月）、苏洁（2016年9月）；副主任吕海燕、蔡英勃、邹维纲、丁进田、丁琨。

二、国家安全生产监督管理总局国际交流合作中心

2006年4月26日，国家安全监管总局办公厅批复，明确国际交流合作中心为国家安全监管总局所属事业单位，为国家安全监管总局和国家煤矿安监局开展对外交流与合作提供技术支撑和保障，内设综合处、财务处、技术交流处（会

议展览处)、国际合作处、培训处、科技信息处、出国服务处。事业编制45名。

国际交流合作中心负责人（2005—2018年）：主任柏然、陈江（2014年2月），副主任杨江、胡予红、王清华、李聪梅。

三、国家安全生产监督管理总局档案馆（煤炭工业档案馆）

2005年2月，国家安全监管总局（国家煤矿安监局）办公室发出《关于印发煤炭工业档案馆（局档案馆）职责范围、内设机构和人员编制方案的通知》。规定其为国家安全监管总局所属事业单位，主要负责国家安全监管总局机关及所属单位的档案管理工作，为安全生产工作提供档案信息支持和保障。内设办公室、机关管理部、监督指导部、征集编研部、技术保管部、开发利用部，事业编制30名。中央编办2005年8月15日批复更名后，职责、机构、编制均无变化。

档案馆（煤炭工业档案馆）负责人（2005—2018年）：馆长刘洪波、卞生智（2005年9月）、周寅生（2015年3月），副馆长郭德林、陆颖蕊、刘枫。

四、国家安全生产监督管理总局机关服务中心（机关服务局）

根据中央编办2005年8月15日批复，机关服务中心更名后事业编制463名，其中经费自理393名。其内设机构有服务处、行政事务处（保卫处）、基建房产处、交通处、接待处，以及党群工作部、办公室等，负责管理国家安全监管总局西郊招待所（宾馆）、东四招待所、东单招待所、盔甲厂招待所，以及平安府宾馆等。2007年4月国家安全监管总局做出批复。将上海办事处人员编制、人事工资、财务资产纳入国家安全监管总局机关服务中心管理范围。

机关服务中心（机关服务局）负责人（2005—2018年）：正职领导主任常枋、刘增金（2006年10月）、王广湖（2013年9月），党委书记刘增金（2004年1月）、耿素玲（2007年1月）、欧广（2013年9月）；副职领导（包括副主任、副书记等）苏承祐、马洪发、王时、王士杰、董瑞林、王广范、周伟平、郝广宁。

五、国家安全生产监督管理总局矿山救援指挥中心

国家安全监管局调整为国家安全监管总局（正部级）之前，曾发文明确矿山救援指挥中心职责职能，内设综合处、救援处、技术处、管理处。事业编制30名。其中主任1名，副主任2名，总工程师1名；中层干部职数10名。2005年3月国家安全监管局调整为国家安全监管总局、国家安全生产应急救援指挥中心成立后，矿山救援指挥中心内设机构、人员编制无变化。按照规定，矿山救援

指挥中心正副主任、总工程师由国家安全监管总局党组管理；处级干部由应急救援指挥中心管理。

矿山救援指挥中心负责人（2005—2018年）：正职领导主任王志坚、邹维纲（2014年2月）；副职领导（包括副主任、总工程师等）高广伟、王晋中、孟斌成、邹维纲、赵振海、田得雨、周北驹、肖文儒。

六、国家安全生产监督管理总局宣传教育中心（煤炭工业展览中心）

2002年12月，宣传教育中心以原煤炭工业展览中心为基础组建，内设宣传教育部、展览开发部、安全文化研究所等机构，事业编制70名。2005年8月，中央编办批复更名后，内设机构、人员编制等均无变化。

宣传教育中心（煤炭工业展览中心）负责人（2005—2018年）：主任金磊夫、裴文田（2010年5月）、何国家（2015年4月），副主任李建国、贺定超、周科祥、王月云、王振栓。

七、国家安全生产监督管理总局培训中心（煤炭工业人才交流培训中心）

2004年7月，国家安全监管局（国家煤矿安监局）办公室发文，内设综合处（人事处）、培训一处（IC卡管理办公室）、培训二处、人才信息交流处、财务处、经营开发处。事业编制25名。2005年8月，中央编办批复更名后，其内设机构、人员编制等均无变化。

培训中心（煤炭工业人才交流培训中心）负责人（2005—2018年）：主任刘继文、赖辉（2009年4月）、徐汉才（2011年12月）、张麟（2015年1月），副主任赖辉、苗忻、相桂生、章庆国。

八、国家安全生产监督管理总局研究中心（中国煤炭工业发展研究中心）

2004年7月，由中国煤炭工业发展研究咨询中心更名为国家安全监管局（国家煤矿安监局）研究中心，加挂中国煤炭工业发展研究中心的牌子。2005年8月，中央编办批准更为现名，事业编制40名，经费自理。2013年5月16日，国家安全监管总局办公厅印发国家安全生产监督管理总局研究中心（中国煤炭工业发展研究中心）职责范围、机构设置和人员编制规定的通知。内设若干研究处，以及安全生产战略与政策研究所等机构。

研究中心（中国煤炭工业发展研究中心）负责人（2005—2018年）：主任郭云涛、贺佑国（2010年5月）、黄盛初（2015年4月）；副主任贺佑国、李传贵、贺定超、魏振宽、杨国栋、杨恩道。

九、国家安全生产监督管理总局通信信息中心（煤炭工业通信信息中心）

2005年8月，中央编办批准更为现名。2011年12月20日国家安全监管总局办公厅发文，规定该中心内设办公室（党委办公室）、人事处（离退休人员管理办公室）、财务处、项目管理处、科技发展处、系统研发处（数据中心）、网络运行处（网控中心）、政府网站处、网络舆情处、信息工程一处、信息工程二处、信息工程三处、安全咨询处、信息开发部、后勤服务部15个职能处（室）。财政补助事业编制149名。

通信信息中心（煤炭工业通信信息中心）负责人（2005—2018年）：正职领导主任王铃丁、张瑞新（2010年11月）、彭玉敬（2012年7月），党委书记罗万江、郑景奇（2015年1月）；副职领导（包括副主任、副书记、纪委书记等）卞长弘、孟连仲、张瑞新、范晋生、孙健、韩富有、李爱平。

十、中国安全生产科学研究院

2005年2月，国家安全监管总局办公厅作出批复，规定中国安全生产科学研究院设职能部室6个、科研所6个、技术服务单位6个。职能部室为办公室、科技发展部、学术部、技术开发部、人力资源部（党群工作部）、资产财务部；科研所为安全生产理论与法规标准研究所、公共安全研究所、职业危害研究所、安全管理技术研究所、危险化学品安全技术研究所、矿山安全技术研究所；技术服务单位为重大危险源监控与事故调查分析鉴定技术中心、安全生产检测技术中心、职业安全健康信息与培训中心、安全评价中心、审核认证中心、期刊杂志社。事业编制178名（财政补贴事业编制125名，经费自理事业编制53名）。

2011年5月4日，国家安全监管总局办公厅发出关于调整中国安全生产科学研究院机构设置的通知。同意增设工业安全研究所、交通安全研究所，审核认证中心加挂安全生产标准化评定中心牌子，撤销学术部，中层干部职数增加4名。

中国安全生产科学研究院负责人（2005—2018年）：正职领导院长刘铁民、吴宗之（2010年6月）、张兴凯（2013年10月），党委书记郭胜贤、吴宗之（2006年6月）、何学秋（2010年5月）、吕敬民（2013年1月），副职领导（包括副院长、副书记、纪委书记等）吴宗之、李克荣、陈江、张兴凯、毕树柏、魏利军、胡萍。

十一、中国安全生产报社（中国煤炭报社）

2010年5月28日，国家安全监管总局办公厅批复，核定中国安全生产报社（中国煤炭报社）内设办公室（党委办公室）、人事处（离退休干部处）、财务处、总编室（技术处）、要闻部、专题部、新闻部、专刊部、记者通联部（摄影部）、社会活动部（发行部）、广告部、网络中心，中层干部职数28名。

中国安全生产报社（中国煤炭报社）负责人（2005—2018年）：社长白海金、马占平（2011年11月），总编白海金、崔涛（2011年11月）、王正民（2014年2月），党委书记马占平、林冰（2011年11月）、崔涛（2012年12月）；副总编徐汉才、王俊昌、王正民、崔涛、周新春、俞晓东、封雪松。

十二、国家安全生产监督管理总局信息研究院（煤炭信息研究院）

2005年2月，国家安全监管总局办公厅批复：信息研究院设综合办公室（党委办公室）、人事处、财务处、科技管理处、经营管理处、基建房产管理处6个职能处（室）。设能源安全研究所、安全生产法律研究所、新闻中心、信息资源部（安全生产与煤炭图书馆）、信息工程部（安全评价中心）、煤炭工业出版社、煤炭工业音像出版社（安全生产电视中心）、物业开发部、煤炭工业出版社印刷厂9个二级机构。事业编制628名（含煤炭工业出版社240名、煤炭工业音像出版社36名）。2005年8月，中央编办批复更名后其职责、内设机构、人员编制等均无变化。

信息研究院（煤炭信息研究院）负责人（2005—2018年）：正职领导院长黄盛初、贺佑国（2015年4月），党委书记窦庆峰、吕敬民（2010年6月）、林冰（2013年1月）；副职领导（包括正副司局级领导和非领导职务）杨庆生、张文山、伊烈、何国家、刘国林、卞生智、刘文革、刘柯新。

十三、煤炭总医院（国家安全生产监督管理总局矿山医疗救护中心）

2002年底，中央编办批准在煤炭总医院加挂"国家安全生产监督管理局（国家煤矿安全监察局）矿山医疗救护中心"牌子。2003年7月，国家安全监管局（国家煤矿安监局）发文，在煤炭总医院现有机构设置的基础上，增设综合处、创伤救护处、医疗科技处。中层干部职数由14名增至20名。2005年8月，中央编办批复更名，事业编制仍为800名。

煤炭总医院（矿山医疗救护中心）负责人（2005—2018年）：正职领导院长王明晓，党委书记王翔洲、李德清（2006年11月），副职领导（包括副院长、副书记、纪委书记等）李德清、柳景华、王继唐、苗国华、曾庆玉、张斌、安国柱、屈正、王洪武。

十四、华北科技学院（中国煤矿安全技术培训中心、国家安全生产监督管理总局党校）

2009年12月，国家安全监管总局办公厅对华北科技学院（中国煤矿安全技术培训中心）机构设置及中层干部职数作出批复。核定其内设机构、直属单位39个，其中党政管理机构20个，即党委办公室、行政办公室、党委组织部（统战部）、人事处、党委宣传部、纪委办公室（监察处）、审计处、工会、团委、财务处、资产管理处、基建处、国际合作处（留学生处）、学生工作处（学生工作部）、招生就业指导中心（助学贷款中心）、保卫处（保卫部）、离退休办公室、教务处、科技管理处、学科建设办公室（研究生处）。教学、科研组织机构16个，即安全工程学院（安全工程中心）、环境工程系、机电工程系、电子信息工程系、计算机系、管理系、土木工程系、文法系（社科部）、外语系、基础部、体育部、图书馆、成人教育学院、安全培训部、高等教育研究所、现代教育技术中心。直属单位3个，即校报编辑部、兴安苑交流中心、后勤服务管理中心。核定华北科技学院（中国煤矿安全技术培训中心）中层干部职数94名，其中党政管理机构领导职数34名，教学、科研组织机构领导职数31名，直属单位领导职数5名，党总支专职书记、副书记24名。

2009年8月15日，国家安全监管总局办公厅发出国家安全监管总局党校有关问题的通知，规定党校继续由国家安全监管总局党组成员、直属机关党委书记担任校长外，由华北科技学院党委书记担任第一副校长，国家安全监管总局直属机关党委常务副书记、华北科技学院院长担任副校长，党校配备一名专职副校长负责日常工作。党校不再设立校务委员会。党校的人事和财务资产由华北科技学院统一管理。党校按照干部培训工作的需要，设置必要的处室，由华北科技学院配备工作人员。党校财务预算和日常开支纳入华北科技学院统一审核监督管理，国家安全监管总局继续核拨固定经费，不足部分由华北科技学院承担。党校办学场所和后勤服务工作由华北科技学院统筹安排解决。

2011年8月16日，国家安全监管总局办公厅发出关于华北科技学院（中国煤矿安全技术培训中心）机构设置调整的通知，同意将华北科技学院（中国煤矿安全技术培训中心）部分教学机构调整设置为二级学院：环境工程系调整设置为环境工程学院；机电工程系调整设置为机电工程学院；电子信息工程系调整设置为电子信息工程学院；计算机系调整设置为计算机学院；管理系调整设置为管理学院；土木工程系调整设置为建筑工程学院；文法系（社科部）调整设置为人文社会科学学院；外语系调整设置为外国语学院。调整后，华北科技学院（中国煤矿安全技术培训中心）中层干部职数不变。

华北科技学院（中国煤矿安全技术培训中心、国家安全生产监督管理总局党校）负责人（2005—2018 年）：正职领导书记刘咸卫、何学秋（2013 年 1 月），校长（主任）杨庚宇、张瑞新（2012 年 7 月）；副职领导（包括副书记、副校长、副主任等）蔡卫、段绪华、张麟、高双喜、刘国林、徐志斌、汪永高（培训中心）；韩小乾（党校）、刘长江、潘银忠。

十五、中国煤矿文工团（中国安全生产艺术团）

2006 年 1 月 9 日，国家安全监管总局办公厅关于中国煤矿文工团（中国安全生产艺术团）机构设置的批复：中国煤矿文工团（中国安全生产艺术团）为国家安全生产监督管理总局所属事业单位；是以创作演出优秀剧目，服务于矿山和安全文化建设为宗旨的国家级艺术团体。核定其机构设置综合处室 7 个，即办公室（董事会办公室）、党委办公室、艺术委员会办公室、财务处、人事处、离退休干部处、纪委办公室。二级机构 8 个，即演出业务办公室、歌舞团、话剧团、说唱团、电视录音部、创作室、职工中等艺术学校、物业管理中心。中国煤矿文工团（中国安全生产艺术团）事业编制 330 名。

中国煤矿文工团（中国安全生产艺术团）负责人（2005—2018 年）：正职领导团长瞿弦和、张成祥[①]（2011 年 7 月）、付伟（2014 年 9 月）；党委书记宋秀起、耿素玲（2006 年 6 月）、张平远（2008 年 8 月）、张成祥（2011 年 7 月）、付伟（2013 年 9 月）、牟炫甫（2018 年 3 月）；副职领导（包括副团长、副书记、纪委书记等）冯莉、徐瑞峰、牟炫甫、姚友超、贾雨岚、周志龙。

十六、国家安全生产监督管理总局职业安全卫生研究中心（煤炭工业职业医学研究中心）

2004 年 4 月，中央编办批复同意煤炭工业职业医学研究所由挂靠中国煤炭工业协会，改为由国家安全监管局（国家煤矿安监局）管理。2005 年 8 月，中央编办批复更名。2011 年 11 月，国家安全监管总局办公厅印发《国家安全生产监督管理总局职业安全卫生研究所（煤炭工业职业医学研究所）职责范围、机构设置和人员编制规定》。规定职业安全卫生研究所为国家安全监管总局直属事

---

① 张成祥，原中国煤矿文工团团长，因严重违法犯罪，被追究刑事责任。

业单位，主要开展职业病防治和技术研究工作，为国家安全监管总局和国家煤矿安监局职业卫生监管工作提供技术支持，面向社会提供职业卫生技术服务，是国家职业健康技术支撑体系的重要组成部分。2012年10月，国家安全监管总局办公厅印发通知，将其更名为国家安全生产监督管理总局职业安全卫生研究中心（煤炭工业职业医学研究中心）。内设12个职能机构，其中职能部室5个、技术服务与研究机构5个、二级单位2个。财政补助事业编制179名。

职业安全卫生研究中心（煤炭工业职业医学研究中心）负责人（2005—2018年）：正职领导所长（主任）马俊、樊晶光（2015年6月），书记关砚生、沙丹青（2012年3月）；副职领导（包括副所长、副主任等）关砚生、吕志春、郭秀琴、甄文正、张建芳、田建鹏。

第八节　国家安全生产应急救援指挥中心

国家安全生产应急救援指挥中心是国家安全监管局调整为国家安全监管总局（正部级）之后，国务院决定成立的由国家安全监管总局管理、承担全国安全生产应急救援综合监督管理行政职能的机构。

一、决策和成立过程

（1）2004年1月下发的《国务院关于进一步加强安全生产工作的决定》，提出了建立生产安全应急救援体系的任务。要求加快全国生产安全应急救援体系建设，尽快建立国家生产安全应急救援指挥中心，充分利用现有的应急救援资源，建设具有快速反应能力的专业化救援队伍，提高救援装备水平，增强生产安全事故的抢险救援能力。加强区域性生产安全应急救援基地建设。搞好重大危险源的普查登记，加强国家、省（自治区、直辖市）、市（地）、县（市）四级重大危险源监控工作，建立应急救援预案和生产安全预警机制。

（2）2005年5月，中央机构编制委员会办公室下发《国家安全生产应急救援指挥中心主要职责、内设机构和人员编制规定的通知》（中编发〔2005〕3号），规定国家安全生产应急救援指挥中心是国务院安全生产委员会办公室领导，国家安全生产监督管理总局管理的事业单位，履行全国安全生产应急救援综合监督管理的行政职能，按照国家安全生产突发事件应急预案的规定，协调、指挥安全生产事故灾难应急救援工作。

（3）2006年1月17日，国家安全生产监督管理总局发出国家安全生产应急救援指挥中心内设机构、主要职责、处室设置和人员编制规定的通知。根据中编发〔2005〕3号文件和人事部《关于同意国家安全生产应急救援指挥中心依照国家公务员制度管理的复函》(国人部函〔2005〕147号),国家安全生产应急救援指挥中心为国务院安全生产委员会办公室领导、国家安全生产监督管理总局管理的事业单位,列入依照国家公务员制度管理范围。

(4) 2006年2月21日上午,国家安全生产应急救援指挥中心正式挂牌。国务院安全生产委员会办公室主任、国家安全监管总局党组副书记、副局长王显政在会上宣布了《国家安全生产应急救援指挥中心职责范围、机构设置和人员编制方案》和指挥中心领导班子名单。国务院安全生产委员会副主任、国家安全监管总局局长李毅中在讲话中指出:应急救援是全国应急管理工作的重要内容,在全国安全生产工作的总体格局中,应急救援及其指挥中心的工作居于非常重要的位置。成立国家安全生产应急救援指挥中心,是落实党的十六届五中全会确立的"安全发展"指导原则,防范事故灾难,减少事故损失,保障人民生命财产安全的重大举措。要按照"统一领导、分级负责、条块结合、属地管理"的原则,抓紧建立覆盖全国各行业和各地的安全生产应急救援体系;抓紧编制和落实《国家安全生产事故灾难应急预案》;加强安全生产应急救援法规标准建设;要加快推进安全生产应急救援科技进步。开展应急救援的基础理论和科技攻关,提高应急救援工作的水平。

二、国家应急救援指挥中心的主要职责

根据中央编办和国家安全监管总局下达的"三定"方案,国家应急救援指挥中心的职责:

(1) 参与拟定、修订全国安全生产应急救援方面的法律法规和规章,制定国家安全生产应急救援管理制度和有关规定并负责组织实施。

(2) 负责全国安全生产应急救援体系建设,指导、协调地方及有关部门安全生产应急救援工作。

(3) 组织编制和综合管理全国安全生产应急救援预案。对地方及有关部门安全生产应急预案的实施进行综合监督管理。

(4) 负责全国安全生产应急救援资源综合监督管理和信息统计工作,建立全国安全生产应急救援信息数据库,统一规划全国安全生产应急救援通信信息网络。

(5) 负责全国安全生产应急救援重大信息的接收、处理和上报工作。负责分析重大危险源监控信息并预测特别重大事故风险,及时提出预警信息。

(6) 指导、协调特别重大安全生产事故灾难的应急救援工作;根据地方或

部门应急救援指挥机构的要求，召集有关应急救援力量和资源参加事故抢救；根据法律法规的规定或国务院授权，组织指挥应急救援工作。

（7）组织、指导全国安全生产应急救援培训工作。组织、指导安全生产应急救援训练、演习。协调、指导有关部门依法对安全生产应急救援队伍实施资质管理和救援能力评估工作。

（8）负责安全生产应急救援科研成果推广工作。参与安全生产应急救援国际合作与交流。

（9）负责国家投资形成的安全生产应急救援资产的监督管理，组织对安全生产应急救援项目投入资产的清理和核定工作。

（10）完成国务院安全生产委员会办公室交办的其他事项。

三、中心领导及其内设机构、人员编制和负责人（从成立到2018年3月）

根据中央编办下达的"三定"方案和国家安全监管总局文件规定，国家应急救援指挥中心设主任1名，配备副部级干部（由国家安全监管总局副局长兼任）；副主任4名（其中1名兼总工程师，1名兼矿山救援指挥中心主任），均配备正局级干部；部门主任5名，配备副局级干部；部门副职配备正处级干部。中心事业编制共计80名。

国家安全生产应急救援指挥中心成立之际，由国家安全生产监督管理总局副局长王德学兼任指挥中心主任；李万疆任副主任（兼总工程师），王志坚任副主任（兼矿山救援指挥中心主任）。之后有所调整。从2006年到2018年，国家安全生产应急救援指挥中心负责人为主任（国家安全生产监督管理总局副局长兼）王德学、孙华山（2014年11月）；副主任和其他副职领导（包括正司局级领导和非领导职务）李万疆、王志坚、王晋中、王海军、李万春、贺黎光、张平远（党委副书记、纪委书记）、牛森营、高广伟、郭治武、雷长群、华梅。

国家应急救援指挥中心内设综合部、指挥协调部、信息管理部、技术装备部、资产财务部。

（一）综合部

综合部负责政务、政策法规、行政事务、人事、外事和党务工作。内设办公室（党委办公室）、政策法规处（宣传教育处）、人事处（外事处）。人员编制13名，其中主任1名，副主任2名，正副处长职数3名。主要职责：

（1）研究提出安全生产应急救援的方针政策，组织起草、拟定安全生产应急救援方面的法规、标准。

（2）组织协调机关办公，拟定工作规则和工作制度，组织或参与会议筹备、对外联络，管理协调机关行政、后勤事务工作。

（3）负责机关文秘、公文管理工作，起草重要文件和报告；负责保密和档案管理工作。

（4）拟定外事工作计划，承办或参与安全生产应急救援国际合作与交流工作。

（5）承办人事劳动工资管理和机关党务、纪检工作。

综合部负责人：主任韩小乾、郭治武（2013年9月），副主任华梅、黄坤福、邸长勇、黄昊。

（二）指挥协调部

指挥协调部负责安全生产事故灾难的协调指挥，组织指导应急救援演习和训练。内设综合处、协调处、危化处、演练处、调度处。人员编制25名，其中主任1名，副主任3名，正副处长职数6名。主要职责：

（1）指导、协调重特大安全生产事故灾难的应急救援工作，根据需要调集相关应急救援力量和资源，根据授权下达指挥命令，根据有关规定或授权组织指挥特大事故灾难应急救援工作。

（2）跟踪、处理安全生产事故救援的相关信息，定期分析、总结和评估安全生产事故应急救援工作。

（3）研究起草相关的规章、规程和标准。

（4）组织、指导应急救援演习和训练。

（5）指导危险化学品事故的应急救援工作。

指挥协调部负责人：主任范晋生、吴少杰（2018年4月），副主任高寿峰、吴少杰、周卓君、洪宇。

（三）信息管理部

信息管理部负责全国安全生产应急救援信息资源管理工作。内设综合处、信息处（培训处）、资质管理处、统计处。人员编制17名，其中主任1名，副主任2名，正副处长职数5名。主要职责：

（1）组织编制和综合监督管理安全生产应急救援预案，承担地方及有关部门安全生产应急预案备案工作。

（2）负责安全生产应急救援资源的综合管理工作，建立完善应急救援队伍和专家库，以及处置技术、应急预案等应急救援信息数据库。

（3）研究起草相关的规章、规程和标准。

（4）研究分析重大危险源监控信息和特别重大事故风险，提出发布预警信息的建议。

(5) 组织、指导全国安全生产应急救援培训工作。

(6) 依法对安全生产应急救援队伍实施资质管理和救援能力评估工作。

信息管理部负责人：主任吕海燕、雷长群（2012年5月）、高双喜（2015年6月），副主任李斌、甄小丰、孔亮。

（四）技术装备部

技术装备部负责科技装备和规划应急救援体系工作，组织应急救援基础设施建设工作。内设综合处、科技处、装备与运行保障处。人员编制12名，其中主任1名，副主任2名，正副处长职数3名。主要职责：

(1) 规划应急救援体系，组织指导安全生产应急救援体系建设和培训演练基地建设工作。指导、协调全国安全生产应急救援技术装备保障工作。

(2) 负责应急救援基础研究、科技创新及科技成果推广工作。

(3) 研究起草相关的规章、规程和标准。

(4) 负责国家安全生产应急救援专家组工作，为应急救援提供技术支持。

(5) 承担全国安全生产应急救援指挥系统平台和通信信息网络运行保障工作。

技术装备部负责人：主任高广伟、姚勇（2016年8月），副主任郭治武、任玉斌、肖文儒、闫绍华。

（五）资产财务部

资产财务部负责资产监督管理和机关财务工作。设综合处（资产处）、财务处。人员编制9名，其中：主任1名，副主任1名，正副处长职数2名。主要职责：

(1) 负责国家投资形成的安全生产应急救援资产的监督管理工作。

(2) 负责对应急救援项目投入资产的清理和核定工作。

(3) 研究起草相关的规章制度。

(4) 负责机关财务工作。

资产财务部负责人：主任马月云、修少明(2018年6月),副主任华梅、修少明。

四、相关问题

中央编办下达的"三定"方案和国家安全监管总局文件针对相关问题所做出的规定：

(1) 应急救援指挥中心成立后，国家安全监管总局在安全生产应急救援方面应当承担的职责问题。国家安全生产应急救援指挥中心成立后，国家安全生产监督管理总局履行政府安全生产应急救援的行政监管职责，负责起草或制定安全生产应急管理和应急救援的法规、规章和标准,并依法进行监管;统一规划全国安全生产应急救援体系。

(2) 应急救援指挥中心与矿山救援指挥中心、矿山医疗救护中心的关系问题。矿山救援指挥中心划归应急救援指挥中心管理,原事业单位户头不变;设在煤炭总医院的矿山医疗救护中心仍由国家安全监管总局管理,业务上接受应急救援指挥中心的指导。

(3) 应急救援指挥中心干部和人事管理问题。应急救援指挥中心主任由中央管理;副主任、总工程师及部门正副职由国家安全生产监督管理总局党组管理;处级干部由应急救援指挥中心提出意见,报国家安全监管总局审批。矿山救援指挥中心正副主任、总工程师仍由国家安全监管总局党组管理;处级干部由应急救援指挥中心管理。

(4) 应急救援指挥中心财务和外事管理。应急救援指挥中心纳入国家安全监管总局预算管理,财务实行独立核算,归口国家安全监管总局办公厅(财务司)并接受指导监督;应急救援指挥中心的外事工作归口国家安全监管总局办公厅(国际合作司)并接受指导监督。

第七章　国家安全生产监督管理总局——从2008年国务院机构改革到2018年撤并

本章记载时间为2008年7月至2018年3月，即从第十一届全国人大第一次会议通过的新一轮国务院机构改革方案，继续将国家安全生产监督管理总局（正部级）列为国务院直属机构起，到第十三届全国人大第一次会议决定撤销国家安全生产监督管理总局，组建应急管理部止。

第一节　本次国务院机构改革及国家安全生产监督管理总局下达实施新"三定"方案的意义

2008年3月15日，第十一届全国人大第一次会议通过关于国务院机构改革方案的决定。这次国务院机构改革的主要任务是，围绕转变政府职能和理顺部门职责关系，探索实行职能有机统一的大部门体制，合理配置宏观调控部门职能，以改善民生为重点加强与整合社会管理和公共服务部门。改革涉及调整变动机构15个，正部级机构减少4个。国家安全生产监督管理总局在国务院这次机构改革中得以保留，并得到一定程度的加强。

2008年8月11日，国务院办公厅印发《关于国家安全生产监督管理总局主要职责、内设机构和人员编制规定的通知》，明确规定："根据《国务院关于机构设置的通知》，设立国家安全生产监督管理总局（正部级），为国务院直属机构"。

随后，国家安全监管总局下发通知，提出以下要求：

（1）充分认识新"三定"的意义。国务院办公厅关于国家安全监管总局新的"三定"规定，进一步明确了国家安全监管总局和国家煤矿安监局的主要职责、内设机构和人员编制，是具有法律效力的规范性文件，是国家安全监管总局和国家煤矿安监局依法行政、全面履行国务院赋予职能的重要依据。各级安全监管部门和煤矿安全监察机构，要充分认识"三定"规定的重要意义，准确把握

"三定"规定的精神实质,牢固树立政治意识、大局意识、责任意识,切实增强履行职责的使命感和紧迫感,努力开创安全生产工作的新局面。

(2) 抓住时机完善安全监管体制和机构。地方各级安全监管部门要在同级人民政府的领导下,充分利用地方政府机构改革的契机,积极联系有关部门,主动做好本部门的机构设置、职能配置和人员编制配备等相关工作,进一步加强地方各级安全监管机构和执法队伍建设,规范机构设置、完善监管体制,提高执法权威、完善执法监督机制,全面履行安全生产监管职责。

(3) 理顺煤矿安全监管监察工作关系。各级煤矿安全监察机构要按照煤矿安全"国家监察、地方监管、企业负责"的原则,进一步明确工作职责,强化责任意识,严格执法监察,健全工作机制,加强监督检查,推动落实地方政府煤矿安全监管责任,推动指导煤矿企业加强安全基础管理,不断改善煤矿安全状况。对煤矿有关资格证考核颁发的职责调整和省级煤矿安全监察机构"三定"规定修订工作将另行布置。

(4) 以落实新"三定"为契机推动安全生产工作。各级安全监管部门和煤矿安全监察机构,要以制定和落实"三定"规定为契机,进一步推进依法行政,加大监管监察工作力度,不断提高行政效能,健全完善安全生产监管监察体制,致力构建安全生产长效机制,促进全国安全生产形势的持续稳定好转。

第二节 国家安全生产监督管理总局机构定位、职能调整和基本职责

一、机构定位和职能调整

国家安全生产监督管理总局为国务院主管全国安全生产综合监督管理的直属机构,也是国务院安全生产委员会的办事机构;管理国家煤矿安全监察局并综合监督管理煤矿安全工作。

取消已由国务院公布取消的行政审批事项;加强对全国安全生产工作综合监督管理和指导协调职责;加强对有关部门和地方政府安全生产工作监督检查职责。

二、主要职责

(1) 组织起草安全生产综合性法律法规草案,拟订安全生产政策和规划,指导协调全国安全生产工作,分析和预测全国安全生产形势,发布全国安全生产

信息，协调解决安全生产中的重大问题。

（2）承担国家安全生产综合监督管理责任，依法行使综合监督管理职权，指导协调、监督检查国务院有关部门和各省、自治区、直辖市人民政府安全生产工作，监督考核并通报安全生产控制指标执行情况，监督事故查处和责任追究落实情况。

（3）承担工矿商贸行业安全生产监督管理责任，按照分级、属地原则，依法监督检查工矿商贸生产经营单位贯彻执行安全生产法律法规情况及其安全生产条件和有关设备（特种设备除外）、材料、劳动防护用品的安全生产管理工作。负责监督管理中央管理的工矿商贸企业安全生产工作。

（4）承担中央管理的非煤矿山企业和危险化学品、烟花爆竹生产企业安全生产准入管理责任，依法组织并指导监督实施安全生产准入制度。负责危险化学品安全监督管理综合工作和烟花爆竹安全生产监督管理工作。

（5）承担工矿商贸作业场所（煤矿作业场所除外）职业卫生监督检查责任，负责职业卫生安全许可证的颁发管理工作，组织查处职业危害事故和违法违规行为。

（6）制定和发布工矿商贸行业安全生产规章、标准和规程并组织实施，监督检查重大危险源监控和重大事故隐患排查治理工作，依法查处不具备安全生产条件的工矿商贸生产经营单位。

（7）负责组织国务院安全生产大检查和专项督查，根据国务院授权，依法组织特别重大事故调查处理和办理结案工作，监督事故查处和责任追究落实情况。

（8）负责组织指挥和协调安全生产应急救援工作，综合管理全国生产安全伤亡事故和安全生产行政执法统计分析工作。

（9）负责综合监督管理煤矿安全监察工作，拟订煤炭行业管理中涉及安全生产的重大政策，按规定制定煤炭行业规范和标准，指导煤炭企业安全标准化、相关科技发展和煤矿整顿关闭工作，对重大煤炭建设项目提出意见，会同有关部门审核煤矿安全技术改造和瓦斯综合治理与利用项目。

（10）负责监督检查职责范围内新建、改建、扩建工程项目的安全设施与主体工程同时设计、同时施工、同时投产使用情况。

（11）组织指导并监督特种作业人员（煤矿特种作业人员、特种设备作业人员除外）的考核工作和工矿商贸生产经营单位主要负责人、安全生产管理人员的安全资格（煤矿矿长安全资格除外）考核工作，监督检查工矿商贸生产经营单位安全生产和职业安全培训工作。

（12）指导协调全国安全生产检测检验工作，监督管理安全生产社会中介机构和安全评价工作，监督和指导注册安全工程师执业资格考试和注册管理工作。

（13）组织指导协调和监督全国安全生产行政执法工作。

（14）组织拟订安全生产科技规划，指导协调安全生产重大科学技术研究和推广工作。

（15）组织开展安全生产方面的国际交流与合作。

（16）承担国务院安全生产委员会的具体工作。

（17）承办国务院交办的其他事项。

三、新"三定"所涉及的几个问题

（1）国家煤矿安全监察局及省级以下煤矿安全监察机构的管理问题。延续了2005年3月国务院办公厅通知和国家安全监管总局首个"三定"方案的基本精神：国家煤矿安全监察局的综合性业务和人事党务、机关财务后勤、煤矿安全监察人员的考核和组织培训等事务，依托国家安全生产监督管理总局管理。国家安全监管总局主要通过局长或局长召开会议的形式，对国家煤矿安全监察局工作中的重大方针政策、工作部署等事项实施管理。设在地方的煤矿安全监察局25个、煤矿安全监察分局73个，行政编制2762名。设在地方的煤矿安全监察局由国家安全生产监督管理总局领导，国家煤矿安全监察局负责业务管理。

（2）工矿商贸中央企业的安全监管问题。延续了2004年6月国务院办公厅下发《关于加强中央企业安全生产工作的通知》精神，继续坚持分级、属地管理原则。2011年5月19日，国家安全监管总局、国务院国资委联合发出《关于进一步加强中央企业安全生产分级属地监管的指导意见》，明确国务院有关部门主要负责相关行业或领域中央企业总部安全生产监督管理工作，国家安全监管总局主要负责工矿商贸以及没有安全生产主管部门的行业和领域的中央企业总部安全生产监督管理工作。

国家安全监管总局承担国家安全生产综合监督管理责任，依法行使综合监督管理职权，指导协调、监督检查国务院有关部门和各省（自治区、直辖市）人民政府对中央企业总部（集团公司、总公司等）及其所属各级企业的安全生产监督管理工作，监督事故查处和责任追究落实情况。

国务院国资委按照国有资产出资人的职责，负责指导督促中央企业贯彻落实党和国家安全生产方针政策及有关法律法规、标准等；督促中央企业主要负责人落实安全生产第一责任人的责任和企业安全生产责任制，做好对企业负责人履行安全生产职责的业绩考核；依照有关规定，参与或组织开展中央企业安全生产检查、督查，督促企业落实各项安全防范和隐患治理措施；参与企业特别重大事故的调查，负责落实事故责任追究的有关规定；督促企业做好统筹规划，把安全生产与职业健康工作纳入中长期发展规划，保障职工安全与健康，切实履行社会责任。

商务部、外交部、国家发展改革委、公安部、国务院国资委、国家安全监管总局、全国工商联等有关部门按照《境外中资企业机构和人员安全管理规定》的职责分工，加强对中央企业总部境外安全生产的监督管理工作。

国家煤矿安全监察局依法监督检查中央管理的煤炭企业和为煤矿服务的（煤矿矿井建设施工、煤炭洗选等）企业的安全生产工作。

国家安全监管总局海洋石油作业安全办公室（简称海油安办）对全国海洋石油安全生产工作实施监督管理。海油安办驻中国石油天然气集团公司、中国石油化工集团公司、中国海洋石油总公司的分部，分别负责所驻中央企业的海洋石油安全生产监督管理工作。

省（自治区、直辖市）、市（地）安全生产监督管理部门分别负责本行政区域内工矿商贸中央企业的分公司、子公司及其所属单位的安全生产监督管理工作；对其他中央企业的分公司、子公司及其所属单位的安全生产进行综合监督管理。其他中央企业在各省（自治区、直辖市）、市（地）、县（市）的分公司、子公司及其所属单位安全生产监督管理工作，分别由省（自治区、直辖市）、市（地）人民政府有关部门及国务院有关部门设在各省（自治区、直辖市）、市（地）的有关机构负责。

国家安全监管总局会同国务院国资委及国务院有关部门，按照职责分工对中央企业的总公司（总厂、集团公司）的主要负责人和安全生产管理人员进行安全培训，其中高危行业相关人员安全资格考核由国家安全监管总局负责。省级安全生产监督管理部门会同同级政府有关部门及国务院有关部门设在各省（自治区、直辖市）、市（地）的有关机构，按照职责分工对中央企业的分公司、子公司及其所属单位的主要负责人、安全生产管理人员进行安全培训。

（3）国家安全监管总局内部工作协调机制问题。国家安全监管总局综合性业务实行归口管理，业务司局分工负责。涉及综合司局负责的法规标准、规划科技、投资项目、中介机构、考核指标和安全培训等事项，要征求相关业务司局的意见。

第三节　国家安全生产监督管理总局领导班子和相关领导人员

2008年7月，国务院办公厅印发《国家安全生产监督管理总局主要职责、内设机构和人员编制规定的通知》，规定国家安监总局机关行政编制为247

名。其中局长1名、副局长4名，司局级领导职数56名（含总工程师1名、国家安全生产监察专员14名、机关党委专职副书记1名、离退休干部局领导职数4名）。

从2005年2月调整为国家安全监管总局（正部级）到2018年3月机构撤并，国家安全监管总局领导班子成员和相关人员按时间顺序排列如下：

（1）主要领导（局长、党组书记及临时负责国家安全监管总局全面工作者）。

李毅中（局长、党组书记）：2005年2月至2008年3月。

王　君（局长、党组书记）：2008年3—9月。

赵铁锤（国家安全监管总局副局长、党组成员，国家煤矿安监局局长）：2008年9—12月，临时负责国家安全监管总局全面工作。

骆　琳（局长、党组书记）：2008年12月至2012年5月。

杨栋梁（局长、党组书记）：2012年5月至2015年8月。

杨元元（正部长级副局长、党组成员）、孙华山（副局长、党组成员）：2015年8—10月，临时负责国家安全监管总局全面工作。

杨焕宁（局长、党组书记）：2015年10月至2017年7月。

付建华（副局长、党组副书记）：2017年7—9月，临时负责国家安全监管总局全面工作。

王玉普（局长、党组书记）：2017年9月至2018年3月（国家安全监管总局撤并）。

（2）副职领导（包括党组副书记、副局长等）。

王显政（副局长、党组副书记）：2005年2月至2008年5月。

杨元元（副局长、党组成员，正部长级）：2007年12月至2015年12月。

赵铁锤：2005年2月至2008年8月，任国家安全监管总局党组成员，国家煤矿安监局局长；2008年8月至2012年2月，任国家安全监管总局副局长、党组成员，国家煤矿安监局局长。

王德学：2005年2月至2006年1月，任副局长、党组成员；2006年1月至2012年2月，任国家安全监管总局副局长、党组成员，国家安全生产应急救援指挥中心主任；2012年2月至2014年11月，任国家安全监管总局副局长、党组副书记，国家安全生产应急救援指挥中心主任。

孙华山：2005年2月至2014年11月，任副局长、党组成员；2014年11月至2018年3月，任国家安全监管总局副局长、党组成员，国家安全生产应急救援指挥中心主任。

梁嘉琨（副局长、党组成员）：2005年2月至2011年5月。

付建华：2011年5月至2014年9月，任国家安全监管总局副局长、党组成员，国家煤矿安监局局长；2016年9—11月，任国家安全监管总局党组副书记；2016年11月至2018年3月，任国家安全监管总局副局长、党组副书记。

徐绍川（副局长、党组成员）：2013年5月至2018年3月。

黄玉治（国家安全监管总局副局长、党组成员，国家煤矿安监局局长）：2014年11月至2018年3月。

李兆前（副局长、党组成员）：2014年10月至2018年3月。

赵岸青（党组成员、纪检组长）：2005年2月至2009年4月。

周福启（党组成员、纪检组长）：2009年4月至2011年10月。

赵惠令（党组成员、纪检组长）：2011年10月至2017年9月。

艾俊涛（党组成员、纪检组长）：2017年9月至2018年3月。

（3）总工程师。

黄　毅（党组成员、总工程师）：2010年8月至2013年5月。

王树鹤（党组成员、总工程师）：2013年5月至2014年11月。

王浩水：2013年12月至2014年11月，任总工程师；2014年11月至2018年3月，任党组成员、总工程师。

吴　鑫（总工程师）：2013年12月至2018年3月。

第四节　国家安全监督管理总局内设机构及其负责人（2008年3月至2018年3月）

国家安全生产监督管理总局2009年2月印发国家安全监管总局内设机构、主要职责、处室设置和人员编制规定。国家安全监管总局内设机构为办公厅（国际合作司、财务司）、政策法规司（研究室）、规划科技司、安全生产应急救援办公室（统计司）、安全监督管理一司（海洋石油作业安全办公室）、安全监督管理二司、安全监督管理三司、安全监督管理四司、职业安全健康监督管理司、人事司（国家安全生产监察专员办公室）（宣传教育办公室）10个职能机构，以及机关党委和离退休干部局。

一、办公厅（国际合作司、财务司）

办公厅（国际合作司、财务司）负责协调机关办公、值班、政务信息、公文处理、政务公开、机构编制、保密、信访、行政事务和国际合作、外事管理、财务预算资产、经济审计等工作。承担国务院安全生产委员会办公室的综合协调工作。主要职责：

第七章　国家安全生产监督管理总局——从2008年国务院机构改革到2018年撤并

（1）日常办公部分：①承担国务院安委会办公室的综合协调工作，组织筹备国务院安委会会议和安全生产大检查、专项督查相关工作，编发《全国安全生产简报》和国家安全监管总局政务信息。②组织协调机关办公，拟定工作规则和工作制度并监督执行，督促检查国家安全监管总局重大决策、重要工作部署、重要会议决定事项和领导人重要批示的贯彻落实情况。③承担机关值班和事故信息处置工作，组织筹备国家安全监管总局重要会议和重要活动。④承担机关文秘、文电、机要、档案和机关行政事务工作，组织办理全国"两会"交办的建议、提案，编发国家安全监管总局和国家煤矿安全监察局公告。⑤承担机关政务公开工作，组织指导机关和直属机构政府信息公开，协调机关电子政务工作。⑥承担安全生产监督管理和煤矿安全监察体制工作，监督管理机关、直属单位和社团组织机构编制工作，指导推动地方安全生产监督管理和监察执法机构建设。⑦承担机关保密管理和密码管理工作，组织协调机关涉密网、公文加密传输网建设和管理工作。⑧承担人民群众来信、来访工作，指导协调相关信访工作。

（2）国际合作部分：①归口管理外事工作，拟订外事工作规章、规划并组织实施，承担机关和直属单位人员因公出国（境）任务审批、人员审查及相关证照的办理和管理工作。②承担机关和直属单位与相关国际组织及机构、外国政府及机构、港澳台地区职业安全与健康方面的交流与合作，组织、协调、管理与外国政府间和国际组织的双边合作项目及政府间工作组会议。③承担国外职业安全与健康人才、专家聘请以及出国（境）培训等引进国外智力项目的审核、申报、执行和管理工作。

（3）财务部分：①综合管理机关和直属单位财务工作，制定财务综合制度，监督管理国有资产、房屋产权处置及房改资金管理，研究拟订安全生产有关经济政策，指导监督高危行业安全费用提取和使用情况。②承担机关、直属单位财务预算经费管理和年度预（决）算编制、执行和管理工作，承担国库集中支付、政府收支分类核算和行政事业性收费、银行账户的监督管理工作。③承担预算执行、资产管理审计相关工作和政府采购工作，组织开展行政事业单位及社团组织的财务收支审计、领导干部任期经济责任审计和专项审计工作，指导安全生产监督管理经济处罚工作。④承办国家安全监管总局领导交办的其他事项。

处室设置和人员编制：内设综合处、秘书处、值班室、信息处、体制处、协调处（督查处）、保密处、信访处、国际合作处、外事管理处、财务资产处、预算经费处、经济审计处。行政编制37名。其中主任（司长）1名，副主任（副司长）5名，正副处长13名。

办公厅（国际合作司、财务司）负责人：主任（司长）田玉章、李万疆（2009年7月）、欧广（2011年8月），副职（含正副司局级领导职务与非领导职务）郭云涛、柏然、李书清、杨智慧、李德清、蔡燕莉、陈金祥、杨占科、于瑞卿、马强、郑景奇、汪崇鲜、张本清、李豪文、杨江、王士杰、王志刚、薛惠新、王又京。

二、政策法规司（研究室）

政策法规司（研究室）负责安全生产法制建设、标准拟订、执法监督、行政复议、重大政策研究拟订、重要文件和重要会议报告起草、新闻宣传和国家安全监管总局规范性文件合法性审核工作。主要职责：

（1）组织起草安全生产有关法律法规草案，组织拟订工矿商贸行业及有关综合性安全生产规章，组织拟订煤矿安全规章，归口管理法规工作。

（2）组织起草安全生产有关标准，组织拟订工矿商贸行业及有关综合性安全生产标准和规程，归口管理标准工作。

（3）研究拟订安全生产执法监督规章和制度，监督执法行为，指导安全生产监督管理和煤矿安全监察系统法制建设工作，承担安全生产行政复议和行政应诉工作。

（4）组织研究提出安全生产重大政策和重要措施的建议，承担安全生产重要研究课题的组织管理工作。

（5）组织起草国家安全监管总局重要文件和重要会议报告，承担典型经验的调研、总结和交流推广工作。

（6）承担安全生产新闻发布工作，发布全国安全生产信息，组织、指导和协调安全生产新闻和宣传工作。

（7）承担国家安全监管总局机关有关规范性文件的合法性审核工作。

（8）承办国家安全监管总局领导交办的其他事项。

处室设置和人员编制：内设综合处、政策研究处、法规处、标准处、执法监督处、新闻宣传处。行政编制15名。其中司长1名，副司长2名，正副处长6名。

2011年8月5日，国家安全监管总局办公厅印发调整国家安全监管总局机关机构编制的通知，为加强政策研究、重要文件报告起草和综合文字工作，组建国家安全监管总局研究室，研究室人员的日常管理由政策法规司负责。

政策法规司（研究室）负责人：司长黄毅、支同祥（2010年9月），副职

（含正副司局级领导职务与非领导职务）陈光、彭玉敬、石少华、朱义长（研究室主任）、张本清（研究室副主任）、高世民、曹宗理、乌燕云。

三、规划科技司

规划科技司负责安全生产规划、科技、信息化建设、固定资产投资项目管理和检测检验、安全标志、安全评价社会中介机构监督管理工作。主要职责：

（1）组织研究拟订全国安全生产规划、安全科技规划及其他专项规划，协调有关部门安全生产规划工作，组织、指导省级安全生产监督管理部门、直属单位专项规划编制工作。

（2）参与研究有关部门在资金投入、科技发展等工作中涉及安全生产的相关工作。

（3）指导和协调安全生产重大科学技术研究、成果奖励及推广工作，组织提出安全生产领域国家科技项目需求，组织相关课题鉴定、检查和验收。

（4）承担安全生产信息化建设工作，组织实施有关安全生产信息化项目建设工作。

（5）按照职责范围，综合协调建设工程和技术改造项目安全设施与主体工程同时设计、同时施工、同时投产使用有关工作，配合有关部门审核煤矿安全技术改造和瓦斯综合治理与利用项目。

（6）承担规定权限内固定资产投资项目管理有关工作，负责机关、直属单位和相关单位固定资产投资项目管理工作。

（7）承担安全生产检测检验、安全标志中介机构的资质管理并监督检查。

（8）承担安全评价机构的资质管理并监督检查。

（9）承担国家安全监管总局系统公共机构节能监督管理工作，指导、协调省级煤矿安全监察机构节能工作。

（10）组织指导安全生产监督管理、煤矿安全监察技术支撑体系建设工作。

（11）承担国家安全生产专家组的协调服务工作。

（12）承办国家安全监管总局领导交办的其他事项。

处室设置和人员编制：内设综合处、规划与装备处、安全科技处、信息化建设处、安全评价监管处、检测检验监管处。行政编制15名。其中司长1名，副司长2名，正副处长6名。

规划科技司负责人：司长支同祥（兼2008年4月）、吴鑫（2009年1月）；副职（含正副司局级领导职务与非领导职务）施卫祖、李德忠、王浩、王广湖、吕海燕、张斌川、孙文德、李扬。

四、安全生产应急救援办公室（统计司），后改称统计司（调度中心）

（一）安全生产应急救援办公室（统计司）

安全生产应急救援办公室（统计司）主要职责：

(1) 研究起草安全生产应急管理和应急救援的法律法规草案、规章、标准和规程。

(2) 承担安全生产应急管理工作，组织指导安全生产应急预案编制和演练，指导协调安全生产应急救援工作和重大危险源监控工作。

(3) 统筹协调安全生产应急救援资源，指导安全生产应急救援体系建设。

(4) 承担安全生产事故救援信息接报处置工作，分析预测自然灾害引发安全生产事故的风险，发布预警、预报信息。

(5) 承办国家安全监管总局领导交办的其他事项。

上述安全生产应急救援办公室的职责，由国家安全生产应急救援指挥中心承担。

处室设置和人员编制：设综合处、职业卫生统计处。行政编制8名。其中司长1名，副司长2名，正副处长2名。

安全生产应急救援办公室（统计司）负责人：（主任）司长支同祥、彭玉敬（2010年9月），副职（含正副司局级领导职务与非领导职务）张宏波、邹维纲、丁进田、徐国强。

（二）统计司（调度中心）

统计司（调度中心）主要职责：

(1) 研究起草安全生产事故统计规章和标准。

(2) 承担全国安全生产控制考核指标体系和安全生产统计、职业卫生统计、行政执法统计体系建设工作。

(3) 承担安全生产统计工作综合管理，指导、协调和监督有关部门安全生产统计工作。

(4) 研究提出全国安全生产控制考核指标，监督考核安全生产控制考核指标执行情况。

(5) 承担安全生产应急值守、事故信息和事故举报信息接报处置工作。

(6) 承担安全生产事故统计认定工作。

(7) 承担社会治安综合治理关于安全生产指标考核等相关工作。

(8) 承担安全生产事故、职业卫生、安全生产行政执法统计工作，分析预测全国安全生产形势。

（9）承办国家安全监管总局领导交办的其他事项。统计司（调度中心）的有关职责，依托参照公务员法管理的国家安全监管总局调度中心承担。

处室设置和人员编制：设综合处、调度处、安全统计处、行政执法统计处、职业卫生统计处、信息管理处、煤炭经济运行处、煤炭行业运行处。

统计司（调度中心）负责人：司长（主任）李万春、苏洁（2016年9月），副职（含正副司局级领导职务与非领导职务）张宏波、周永平、乔树清、丁进田、丁崑、徐国强。

五、安全监督管理一司（海洋石油作业安全办公室）

安全监督管理一司（海洋石油作业安全办公室）负责非煤矿山（含地质勘探）、石油开采（炼化、成品油管道除外）生产经营单位安全生产监督管理工作，承担海上石油安全生产综合监督管理工作。主要职责：

（1）研究起草相关行业安全生产法律法规草案、规章、标准和规程。

（2）依法监督检查相关行业生产经营单位贯彻执行安全生产法律法规和方针政策情况。

（3）依法监督检查相关行业生产经营单位安全生产条件、设备设施安全、劳动防护用品使用和相关人员安全资格持证上岗情况，依法查处不具备安全生产条件的生产经营单位，承担中央管理的相关行业企业（总部）安全生产监督管理工作。

（4）组织指导非煤矿山企业安全生产管理工作，承担中央管理的非煤矿山企业（总部）安全生产许可证颁发和管理工作。

（5）监督检查相关行业建设项目安全设施"三同时"情况，组织相关大型建设项目安全设施设计审查和竣工验收，指导和监督相关行业企业安全标准化工作。

（6）指导监督不具备安全生产条件的非煤矿山关闭和尾矿库闭库工作。

（7）参与相关行业特别重大事故调查处理和应急救援工作，承办事故结案工作，监督事故查处和责任追究的落实情况。

（8）承担海上石油安全生产综合监督管理工作，依法监督检查海上石油作业安全生产工作，承担相关安全中介机构资质管理并监督检查。

（9）承办国家安全监管总局领导交办的其他事项。

处室设置和人员编制：内设综合处、监督管理一处、监督管理二处、监督管理三处、监督管理四处。行政编制16名。其中司长（主任）1名，副司长（副主任）3名，正副处长5名。

安全监督管理一司（海洋石油作业安全办公室）负责人：司长徐绍川、王铃丁（2008年8月）、裴文田（2015年4月），副职（含正副司局级领导职务与非领导职务）郭新庆、周斌、王啟明、李峰、张炳曾、薛剑光、刘瑾。

六、安全监督管理二司

安全监督管理二司负责指导、协调和监督公路、水运、铁路、民航、建筑、消防、农业、水利、电力、军工、民爆、特种设备、旅游、教育、邮政、电信、体育、林业、气象等有主管部门的行业和领域安全生产监督管理工作。主要职责：

（1）指导协调、监督检查相关部门的安全生产监督管理工作。

（2）组织、协调国务院安委会成员单位等有关部门开展安全生产专项督查、隐患排查治理和专项整治工作。

（3）依法监督检查相关行业生产经营单位贯彻执行安全生产法律法规和方针政策情况。

（4）依法监督检查相关行业生产经营单位安全生产条件、设备设施安全、劳动防护用品使用和相关人员安全资格持证上岗情况，依法查处不具备安全生产条件的生产经营单位。

（5）监督检查相关行业和领域中央管理的企业（总部）安全生产状况，督促中央管理的企业（总部）贯彻落实国家安全生产法律法规和方针政策。

（6）综合分析相关行业和领域安全生产形势，提出相关政策措施的建议；参与相关行业和领域安全生产政策措施、法律法规及标准的制定、修订有关工作。

（7）组织指导公路、水运、铁路、民航、军工、水利、电力、民爆、电信等风险性较大的大型建设工程安全设施"三同时"有关工作。

（8）参与相关行业和领域特别重大事故的调查处理和应急救援工作，承办事故结案工作，监督事故查处和责任追究的落实情况。

（9）承担国务院安委会联络员会议或专题会议组织筹备等有关工作。

（10）承办国家安全监管总局领导交办的其他事项。

处室设置和人员编制：内设综合处、监督管理一处、监督管理二处、监督管理三处。行政编制14名。其中司长1名，副司长2名，正副处长4名。

安全监督管理二司负责人：司长苏洁、唐琮沅（2016年9月），副职（含正副司局级领导职务与非领导职务）黄智全、王力争、关山月、赵瑞华、韩泓。

七、安全监督管理三司

安全监督管理三司负责危险化学品安全监督管理综合工作，负责危险化学品生产、经营、储存单位及化工（含石油化工）、医药行业企业安全监督管理；负责烟花爆竹生产、经营单位安全生产和非药品类易制毒化学品生产、经营的监督管理。主要职责：

（1）研究起草危险化学品、化工、医药、烟花爆竹安全生产方面的法律法规草案、规章、标准和规程，承担危险化学品安全监督管理综合工作和危险化学品安全生产监管部际联席会议的日常工作。

（2）组织指导危险化学品和烟花爆竹生产、经营安全生产准入管理工作，承担有关中央管理的企业（总部）危险化学品安全生产许可证颁发和管理工作。

（3）组织指导危险化学品生产、储存建设项目安全生产准入管理和试生产（使用）方案备案工作，承担相关危险化学品生产、储存建设项目安全生产准入管理和试生产（使用）方案备案工作。

（4）组织《危险化学品目录》编制和修订工作，组织指导国内危险化学品登记工作，监督和指导化学品危险性鉴别与分类工作。

（5）指导和监督非药品类易制毒化学品生产、经营准入管理和备案工作。

（6）监督检查化工、医药行业企业、危险化学品单位和烟花爆竹生产、经营单位安全生产条件、劳动防护用品使用和相关人员安全资格持证上岗情况，依法查处不具备安全生产条件的生产经营单位，承担中央管理的相关行业企业（总部）安全生产监督管理工作。

（7）监督检查烟花爆竹、化工、医药行业建设项目安全设施"三同时"情况，组织相关大型建设项目安全设施设计审查和竣工验收，指导和监督危险化学品、烟花爆竹企业安全标准化工作。

（8）参与相关行业和领域特别重大事故调查处理和应急救援工作，承办事故结案工作，监督事故查处和责任追究的落实情况。

（9）承办国家安全监管总局领导交办的其他事项。

处室设置和人员编制：内设综合处、监督管理一处、监督管理二处、监督管理三处、监督管理四处。行政编制16名。其中司长1名，副司长3名，正副处长5名。

安全监督管理三司负责人：司长王浩水、孙广宇（2015年4月），副职（含正副司局级领导职务与非领导职务）刘强、王海军、孙广宇、刘幼贞、徐少斗、牛开建、田乐群、张兴林。

八、安全监督管理四司

安全监督管理四司负责冶金、有色、建材、机械、轻工、纺织、烟草、商贸等行业生产经营单位安全生产监督管理工作。主要职责：

（1）研究起草相关行业安全生产法律法规草案、规章、标准和规程。

（2）依法监督检查相关行业生产经营单位贯彻执行安全生产法律法规和方针政策情况。

（3）依法监督检查相关行业生产经营单位安全生产条件、设备设施安全、劳动防护用品使用和相关人员安全资格持证上岗情况，依法查处不具备安全生产条件的生产经营单位。

（4）承担中央管理的相关行业企业安全生产监督管理工作。

（5）监督检查相关行业建设项目安全设施"三同时"情况，组织相关大型建设项目安全设施的设计审查和竣工验收，指导和监督相关行业企业安全标准化工作。

（6）参与相关行业特别重大事故的调查处理和应急救援工作，承办事故结案工作，监督事故查处和责任追究的落实情况。

（7）承办国家安全监管总局领导交办的其他事项。

处室设置和人员编制：内设综合处、监督管理一处、监督管理二处、监督管理三处。行政编制11名。其中司长1名，副司长2名，正副处长4名。

安全监督管理四司负责人：司长欧广、马锐（2013年9月），副职（含正副司局级领导职务与非领导职务）刘云昌、贺黎光、罗音宇、马锐、边卫华、尚文启、卓卫娜。

九、职业安全健康监督管理司

职业安全健康监督管理司负责工矿商贸作业场所（煤矿除外）职业卫生监督检查工作，承担职业卫生安全许可证的颁发管理工作，组织查处职业危害事故和有关违法违规行为。

（一）主要职责

（1）研究起草作业场所职业卫生监督管理和有关执法规章、标准和规程。

（2）监督检查工矿商贸生产经营单位贯彻执行职业卫生法律法规、标准和方针政策情况，组织查处重特大职业危害事故和违法违规行为。

（3）组织指导和监督检查职业卫生安全许可证颁发管理工作，承担中央管理的工矿商贸企业（总部）职业卫生安全许可证的颁发管理工作。

（4）组织指导职业危害项目申报工作，依法监督检查工矿商贸生产经营单位职业危害项目申报工作。

（5）承担职业安全健康宣传教育工作，会同有关司局研究拟订职业安全健康教育培训规划和管理办法，组织指导和监督检查工矿商贸生产经营单位及其作业场所相关人员职业安全健康培训工作。

（6）监督检查作业场所职业卫生技术服务工作，组织指导职业安全健康技术支撑体系建设。

（7）指导监督建设项目职业卫生"三同时"工作，指导监督工矿商贸生产经营单位职业安全健康标准化工作。

（8）指导监督职业安全健康科学技术研究和科技成果推广工作。

（9）指导和监督检查工矿商贸生产经营单位安全健康防护用品使用情况。

（10）参与职业危害事故应急救援工作。

（11）承办国家安全监管总局领导交办的其他事项。

（二）职责调整

2011年2月21日，国家安全监管总局办公厅发出通知，将职业安全健康监督管理司职责由之前的11项调整为7项：

（1）组织起草用人单位（煤矿除外）职业卫生监管相关法规草案，拟订用人单位职业卫生监管相关规章，组织拟订国家职业卫生标准中的用人单位职业危害因素工程控制、职业防护设施、个体职业防护等相关标准。

（2）负责用人单位职业卫生监督检查工作，依法监督用人单位贯彻执行国家有关职业病防治法律法规和标准情况。组织查处职业危害事故和违法违规行为。

（3）会同有关司负责新建、改建、扩建工程项目和技术改造、技术引进项目的职业卫生"三同时"审查及监督检查。负责监督管理用人单位职业危害项目申报工作。

（4）会同有关司负责监督管理职业卫生安全许可证的颁发工作。

（5）会同规划司负责职业卫生检测、评价技术服务机构的资质认定和监督管理工作。组织指导并监督检查有关职业卫生培训工作。

（6）负责监督检查和督促用人单位依法建立职业危害因素检测、评价、劳动者职业健康监护、相关职业卫生检查等管理制度；监督检查和督促用人单位提供劳动者健康损害与职业史、职业危害接触关系等相关证明材料。

（7）负责协调指导和综合监管有主管部门的行业（领域）职业卫生监管工

作。承担职业病防治工作部际联席会议办公室的有关日常工作。

处室设置和人员编制：2009年2月，成立职业安全健康监督管理司时，其内设综合处、监督管理一处、监督管理二处。行政编制13名。其中司长1名，副司长2名，正副处长4名。2011年2月职责调整后，职业安全健康监督管理司内设机构由3个处增加为5个处，即综合处、法规标准处、技术服务监管处、许可核准监管处、监督执法处。行政编制15名。其中司长1名，副司长2名，正副处长5名。

职业安全健康监督管理司负责人：司长任树奎、高世民（2010年9月）、吴宗之（2014年8月），副职（含正副司局级领导职务与非领导职务）杨国顺、张宏波、周永平、王建冬、徐少斗、孙文德、李永红。

十、人事司（国家安全生产监察专员办公室）（宣传教育办公室）

人事司（国家安全生产监察专员办公室）（宣传教育办公室）负责机关和直属单位人事管理、队伍建设、劳动工资管理等工作，承担安全培训、安全资格考核、注册安全工程师管理及国家安全生产监察专员日常管理等工作。主要职责：

（1）承担机关、直属单位领导班子建设和干部队伍建设及监督管理、教育培训工作。

（2）承担机关、直属单位人事人才管理和直属院校管理工作，指导事业单位人事制度改革，承办直属事业单位岗位设置方案的核准或备案工作。

（3）承担机关和直属单位劳动工资管理、福利待遇、社会保险等工作。

（4）指导安全生产监督管理系统队伍建设，承担安全生产监督管理及煤矿安全监察系统先进集体、先进个人评选表彰工作。

（5）组织实施注册安全工程师执业资格制度，监督和指导注册安全工程师、注册助理安全工程师执业资格考试及注册管理工作。

（6）组织实施安全评价师职业资格证书制度，监督和指导安全评价师技能鉴定及执业资格注册管理工作。

（7）指导全国安全生产培训工作，监督检查工矿商贸生产经营单位安全生产培训工作，组织指导和管理特种作业人员（煤矿特种作业人员、特种设备作业人员除外）操作资格考核工作及工矿商贸生产经营单位（煤矿除外）主要负责人、安全生产管理人员的安全资格考核工作，承担中央管理的工矿商贸企业（总部）主要负责人和安全生产管理人员的安全资格考核发证工作，承担安全生产培训机构的资质管理并监督检查，归口管理培训工作。

(8) 承担煤矿安全监察人员、省级以上安全生产监督管理人员的执法资格培训和考核发证工作。

(9) 承担国家安全生产监察专员日常管理工作。国家安全生产监察专员受国家安全监管总局领导委托,负责组织协调或参加特别重大事故的调查处理工作,承办国家安全监管总局领导交办的事项。

(10) 承办国家安全监管总局领导交办的其他事项。

处室设置和人员编制:内设综合处、干部一处、干部二处、劳动工资处(后改称调配劳资处)、培训教育处、执业资格处(注册安全工程师办公室)、专员事务处。2014年,新闻宣传工作从政策法规司划转到人事司,增设新闻宣传处、信息管理处。2016年,撤销专员事务处、执业资格处,设立人才工作处、干部监督处。2017年,机构编制管理职责从办公厅划转到人事司,增设机构编制管理处。行政编制15名(2017年扩编为37名)。其中司长(主任)1名,副司长(副主任)3名,正副处长7名。

人事司(国家安全生产监察专员办公室)(宣传教育办公室)负责人:司长黄玉治、徐绍川(2010年10月)、杨玉洲(2013年12月),副职(含正副司局级领导职务与非领导职务)李素花、杨玉洲、杨占科(宣传教育办公室负责人)、李生盛、张勇、乔树清、任玉斌、陈艳京。

十一、机关党委

机关党委负责机关和在京直属单位的党群工作。主要职责:

(1) 贯彻执行中央国家机关工委工作部署和国家安全监管总局党组决议,组织开展机关和在京直属单位党的工作。

(2) 组织指导、督促检查机关和在京直属单位基层党组织理论学习活动,承担党员教育和管理工作。

(3) 承担国家安全监管总局党组中心组理论学习、国家安全监管总局党组民主生活会有关组织和服务工作。

(4) 承担机关及在京直属单位党的组织建设、思想政治工作、精神文明建设、维护稳定、对口扶贫等工作。

(5) 承担机关和在京直属单位党的纪律检查工作以及工会、共青团、妇工委和统战工作。

(6) 承办国家安全监管总局领导交办的其他事项。

处室设置和人员编制:设党委办公室、纪委办公室、群工部。行政编制6名。其中机关党委专职副书记1名,正副处长3名。2017年增设巡视工作处

（案件审理室），行政编制增加2名。

机关党委负责人：专职党委副书记张广华、李德清（2013年10月）、林冰（2017年8月），副职（含党委副书记、纪委书记、助理巡视员等）金磊夫、刘向东、黄苏娃、欧阳范希。

十二、离退休干部局

离退休干部局负责机关离退休干部工作，指导直属单位的离退休干部工作。主要职责：

（1）承担机关离退休干部政治待遇的落实工作及党支部建设和思想政治工作。

（2）承担机关离退休干部的离退休费发放、公费医疗管理、生活福利、丧葬和善后处理等服务管理工作。

（3）组织离退休干部学习，开展离退休干部文体活动，发挥离退休干部积极作用。

（4）指导直属单位的离退休干部工作。

（5）承办国家安全监管总局领导交办的其他事项。

处室设置和人员编制：内设综合处、政工处（党委办公室）、人事处、财务处、生活服务处、医疗保健处、老部长服务处、老干部活动中心（后调整为综合处、党委办公室、财务处、生活保健处、老部长服务处、文体处、老干部工作一处、老干部工作二处、老干部工作三处）。行政编制53名。其中局长1名，书记1名，副局长2名，正副处长17名。

离退休干部局负责人：局长林苏东、刘海峰（2016年7月），党委书记马洪发、窦庆峰、付伟，副职（含正副司局级领导职务与非领导职务）赖辉、王时、刘晋城、刘海峰、李维玲、马月云、杨洪梅、华庆、朱勤。

十三、中央纪委监察部驻国家安全生产监督管理总局纪检组、监察局[①]

中央纪委监察部驻国家安全生产监督管理总局纪检组、监察局内设办公室、一室、二室。

监察局负责人：局长张建，副职（含副局长和各室主任）赵九方、卜庆林、蒋清华、丁毅、乔英红、丁进田、赵建昌、刘晓晓。

---

① 中央纪委监察部驻国家安全监管总局纪检组、监察局机构编制，不在国家安全监管总局机构编制序列之内。

第五节　职业卫生监督管理职责划分、调整和国家安全生产监督管理总局内部分工

一、职业卫生监管职责分工演变

职业卫生监督管理职责一向由卫生行政部门、劳动管理部门共同负责实施。卫生、劳动部门多次联合下发文件，对职业危害防治、职业中毒，以及建立和实行职业病报告制度等提出要求，组织开展监督检查。1998年6月国务院机构改革，决定将劳动部承担的职业卫生监察职能（包括矿山卫生监察职能），一并交由卫生部负责。卫生部设置卫生法制与监督司。2001年10月颁布的《职业病防治法》，规定国务院卫生行政部门统一负责全国职业病防治的监督管理工作。卫生部按照政事分开原则，对疾病预防控制和卫生监督体制进行了改革。以原卫生防疫机构为基础分别成立了疾病预防控制中心和卫生监督所（局），形成卫生行政部门统一负责、卫生监督机构执行、疾控机构技术支持的职业病防治工作格局。

国家安全生产监管体制改革之后，鉴于职业卫生与安全生产工作之间的高度关联性，2003年10月中央编办在《关于国家安全生产监督管理局（国家煤矿安全监察局）主要职责、内设机构和人员编制调整意见的通知》中，规定国家安全监管局负责作业场所职业卫生的监督检查工作，组织查处职业危害事故和有关违法行为。2005年1月，国家安全监管局与卫生部通过协商，达成关于职业卫生监督管理职责分工的共识：安全监管部门重点在"防"，主要负责作业场所监督检查等工作；卫生行政部门重点在"治"，主要负责职业病患者的诊断和救治。

2008年7月，国务院办公厅通知规定：国家安全生产监督管理总局、国家煤矿安全监察局负责作业场所职业卫生的监督检查工作，负责职业卫生安全许可证的颁发管理，组织查处职业危害事故和有关违法违规行为。卫生部负责起草职业卫生法律法规草案，拟订职业卫生标准，规范职业病的预防、保健、检查和救治，负责职业卫生技术服务机构资质认定和职业卫生评价及化学品毒性鉴定工作。国家安全生产监督管理总局、国家煤矿安全监察局和卫生部要按照职责分工，建立完善协调机制，加强配合，共同做好相关工作。

2008年8月，国家安全监管总局设立职业安全健康监督管理司，专门负责这方面工作。

二、职业卫生监管职责调整和规范

2011年10月,中央编办下发《关于职业卫生监管部门职责分工的通知》,就相关部门的职责作出明确规定,要求各有关部门切实履行各自职责,在职业病防治工作部际联席会议框架下,协调配合,共同做好职业病防治工作。

(一)国家安全监管总局

(1)起草职业卫生监管有关法规,制定用人单位职业卫生监管相关规章。组织拟订国家职业卫生标准中的用人单位职业危害因素工程控制、职业防护设施、个体职业防护等相关标准。

(2)负责用人单位职业卫生监督检查工作,依法监督用人单位贯彻执行国家有关职业病防治法律法规和标准情况。组织查处职业危害事故和违法违规行为。

(3)负责新建、改建、扩建工程项目和技术改造、技术引进项目的职业卫生"三同时"审查及监督检查。负责监督管理用人单位职业危害项目申报工作。

(4)负责依法管理职业卫生安全许可证的颁发工作。负责职业卫生检测、评价技术服务机构的资质认定和监督管理工作。组织指导并监督检查有关职业卫生培训工作。

(5)负责监督检查和督促用人单位依法建立职业危害因素检测、评价、劳动者职业健康监护、相关职业卫生检查等管理制度;监督检查和督促用人单位提供劳动者健康损害与职业史、职业危害接触关系等相关证明材料。

(6)负责汇总、分析职业危害因素检测、评价、劳动者职业健康监护等信息,向相关部门和机构提供职业卫生监督检查情况。

(二)卫生部

(1)负责会同国家安全监管总局、人力资源社会保障部等有关部门拟订职业病防治法律法规、职业病防治规划,组织制定、发布国家职业卫生标准。

(2)负责监督管理职业病诊断与鉴定工作。

(3)组织开展重点职业病监测和专项调查,开展职业健康风险评估,研究提出职业病防治对策。

(4)负责化学品毒性鉴定、个人剂量监测、放射防护器材和含放射性产品检测等技术服务机构的资质认定和监督管理;审批承担职业健康检查、职业病诊断的医疗卫生机构并进行监督管理,规范职业病的检查和救治;会同相关部门加强职业病防治机构建设。

(5)负责医疗机构放射性危害控制的监督管理。

（6）负责职业病报告的管理和发布，组织开展职业病防治科学研究。

（7）组织开展职业病防治法律法规和防治知识的宣传教育，开展职业人群健康促进工作。

（三）人力资源社会保障部

（1）负责劳动合同实施情况监管工作，督促用人单位依法签订劳动合同。

（2）依据职业病诊断结果，做好职业病人的社会保障工作。

（四）全国总工会

依法参与职业危害事故调查处理，反映劳动者职业健康方面的诉求，提出意见和建议，维护劳动者合法权益。

三、国家安全生产监督管理总局内部职业卫生监管职责分工

2011年2月，国家安全监管总局办公厅发出关于职业卫生监管职责分工的通知。按照"加强综合、集中管理、突出重点、稳妥推进"的原则，将国家安全监管总局内部职业卫生监管职责作出分工。

（一）职业健康司

职业健康司负责职业卫生监督管理的综合性工作。

（1）组织起草用人单位（煤矿除外，下同）职业卫生监管相关法规草案，拟订用人单位职业卫生监管相关规章，组织拟订国家职业卫生标准中的用人单位职业危害因素工程控制、职业防护设施、个体职业防护等相关标准。

（2）负责用人单位职业卫生监督检查工作，依法监督用人单位贯彻执行国家有关职业病防治法律法规和标准情况。组织查处职业危害事故和违法违规行为。

（3）会同有关司负责新建、改建、扩建工程项目和技术改造、技术引进项目的职业卫生"三同时"审查及监督检查。负责监督管理用人单位职业危害项目申报工作。

（4）会同有关司负责监督管理职业卫生安全许可证的颁发工作。

（5）会同规划司负责职业卫生检测、评价技术服务机构的资质认定和监督管理工作。组织指导并监督检查有关职业卫生培训工作。

（6）负责监督检查和督促用人单位依法建立职业危害因素检测、评价、劳动者职业健康监护、相关职业卫生检查等管理制度；监督检查和督促用人单位提供劳动者健康损害与职业史、职业危害接触关系等相关证明材料。

（7）负责协调指导和综合监管有主管部门的行业（领域）职业卫生监管工作。承担职业病防治工作部际联席会议办公室的有关日常工作。

（二）政法司

政法司归口管理职业卫生监管相关法规、规章和标准工作，制定相关立法和标准制定计划，按规定程序审核和发布相关规章和标准。

（三）规划司

规划司负责综合监督管理职业卫生技术支撑保障体系建设工作。

（四）统计司

统计司承担职业卫生统计分析工作，负责汇总、分析职业危害因素检测、评价、劳动者职业健康监护等信息，向相关部门和机构提供职业卫生监督检查有关情况。

（五）监管一司（海油安办）

监管一司（海油安办）参与相关行业新建、改建、扩建工程项目和技术改造、技术引进项目的职业卫生"三同时"审查及监督检查工作；负责海洋石油作业职业卫生监督管理工作。

（六）监管二司

监管二司参与相关行业建设工程项目职业卫生"三同时"审查及监督检查工作。

（七）监管三司

监管三司参与相关行业新建、改建、扩建工程项目和技术改造、技术引进项目的职业卫生"三同时"审查及监督检查工作。

（八）监管四司

监管四司参与相关行业新建、改建、扩建工程项目和技术改造、技术引进项目的职业卫生"三同时"审查及监督检查工作。

（九）人事司

人事司归口管理职业卫生培训工作。

（十）煤矿安监局

（1）调查司负责煤矿职业卫生监督管理的综合性工作，拟订煤矿职业卫生监管相关规章，组织起草煤矿职业危害因素工程控制、职业防护设施、个体职业防护等相关标准；负责煤矿职业卫生监督检查工作，依法监督煤矿贯彻执行国家有关职业病防治法律法规和标准情况。组织查处煤矿职业危害事故和违法违规行为；负责对申请煤矿职业卫生检测、评价资质的技术服务机构进行专业能力审查，并提出审查意见。组织指导并监督检查煤矿职业卫生培训工作；会同监察司负责煤矿新建、改建、扩建工程项目和技术改造、技术引进项目的职业卫生"三同时"审查及监督检查，负责监督管理煤矿职业危害项目申报工作；负责监督检查和督促煤矿依法建立职业危害因素检测、评价、劳动者职业健康监护、相关职业卫生检查等管理制度；监督检查和督促煤矿提供劳动者健康损害与职业史、职业危害接触关系等相关证明材料。

（2）监察司参与煤矿新建、改建、扩建工程项目和技术改造、技术引进项目的职业卫生"三同时"审查及监督检查工作。

第六节　国家安全生产监督管理总局管理的协会、学会

一、中国安全生产协会

中国安全生产协会成立于2008年1月，是国家安全监管总局主管的安全生产领域全国性、综合性的社团组织。2016年有会员单位1825家，其中中央和地方大中型骨干企业700多家，进入世界500强的企业30多家，科研院所、高等院校等事业单位126家，社团组织59家，安全生产专业服务机构476家（包括安全评价266家，教育培训124家，安全生产检测检验86家）。内设危险化学品、劳动防护、冶金安全、矿山安全、安全生产检测检验、矿用产品安全、有色金属安全等专业委员会和教育培训、安全评价、班组安全建设、安全文化、信息化、注册安全工程师、应急救援等工作委员会。

中国安全生产协会会长孙华山（兼职2008年1月）、赵铁锤（2012年4月）。

二、中国职业安全健康协会

中国职业安全健康协会，其前身为中国劳动保护科学技术学会。1983年，在中国科协倡导下，劳动人事部、卫生部等联合发起成立中国劳动保护科学技术学会。其主要任务是开展劳动保护领域科研和技术攻关，普及劳动保护科学知识。1996年，受教育部委托，开始承担高等院校安全工程学科教学指导委员会秘书处的工作。

2001年，中国劳动保护科学技术学会主管部门由国家经贸委转为国家安全生产监督管理局（国家煤矿安全监察局）。2003年10月，经国务院同意和民政部批准，中国劳动保护科学技术学会更名为中国职业安全健康协会，张宝明任理事长。主要承担职业安全健康领域的社会性、公益性和群团性工作，同时为政府履行职业卫生、安全生产监管职责提供咨询服务。2008年1月，其业务主管单

位变更为国家安全监管总局。有会员单位 4946 家，设有科技交流、教育培训和安全社区建设 3 个工作委员会，职业卫生、工业防毒等 14 个专业委员会，地质勘探安全等 8 个分会，并在长春等地设立了 6 个办事处。中国职业安全健康协会成立以来，以推动中国职业安全健康与安全生产科学技术进步，为企事业单位服务，为政府决策服务，加强行业自律为宗旨，在认真做好职业危害调研、防尘防毒安全生产行业标准的研究制定、开展职业安全健康监管人员业务培训等工作的同时，还受政府部门委托，参与了安全工程专业认证和教学指导、安全生产科技规划编制、安全生产科技成果评审和推广等工作，完成了"煤矿作业场所粉尘浓度管理限值"等重点课题研究；与世界卫生组织合作，指导和推进中国的安全社区建设；积极开展职业安全健康领域的国际交流合作，举办了"两岸四地"职业安全健康学术讨论会、亚太地区职业安全健康学术研讨会和中日韩职业安全健康学术讨论会等学术交流活动。

中国职业安全健康协会理事长张宝明（2003 年 10 月）、王德学（2015 年 3 月），秘书长先后由吴宗之、伊烈、马骏担任。

三、中国煤炭工业安全科学技术学会

中国煤炭工业劳动保护科学技术学会，其前身为中国煤炭工业劳动保护科学技术学会，成立于 1984 年，其主管单位为煤炭工业部、国家煤炭工业局。后随着机构改革，转由国家安全生产监督管理局、国家煤矿安全监察局主管。2012 年 8 月，民政部批准其更名为中国煤炭工业安全科学技术学会。下设瓦斯防治、火灾治理、矿井通风等专业委员会。

由国家安全监管局、国家煤矿安监局主管以来，中国煤炭工业劳动保护科学技术学会会长李文俊、窦永山、朱锦文（副会长主持工作）、王志坚（2014 年 6 月）。

四、中国索道协会

中国索道协会成立于 2003 年 8 月 1 日，是由索道（缆车）管理、运营、设计、制造、安装、检验检测等单位和个人自愿结成并依法注册成立的全国性非营利社会团体，其业务主管单位为国家安全监管总局，业务指导单位为国家质量监督检验检疫总局。其会员单位包括了国内外相关的机械设备制造企业、旅游企业、施工企业。协会设理事会和常务理事会，有理事长一人，副理事长若干人。2005 年 3 月，成立了中国索道协会专家组，其主要任务是围绕着索道的立项设计、制造安装、安全运营、应急救援等开展研究论证，向会员单位提供技术咨询

服务。

中国索道协会理事长闪淳昌、王树鹤（2015年4月）。

五、中国化学品安全协会

中国化工安全技术协会原称"中国化工安全卫生技术协会"，1993年3月由原化工部、轻工部、国家医药管理局和中国有色金属总公司等联合筹建，1999年取得《社会团体法人登记证书》。2005年，国家安全监管总局成为其业务主管单位。2006年5月，改称中国化学品安全协会并召开会员代表大会，选举产生首届理事会。有会员单位332家，包括中国石油化工集团有限公司、中国石油天然气集团有限公司、中国海洋石油集团有限公司、中国化工集团有限公司、中国中化集团有限公司等特大型石油和化工企业，以及氯碱、化肥、精细化工等行业的骨干企业。协会内设综合办公室、资产财务部、技术一部、技术二部、技术三部、技术咨询部、法规标准部、教育培训部、会员联络部等。

中国化学品安全协会首届理事长王天普[①]、第二届理事长廖永远[②]（2010年11月）、第三届理事长刘健（2014年11月）。

六、中国烟花爆竹协会

烟花爆竹是供销社系统的传统经营品种，为此中华全国供销合作总社于2005年7月成立"全国烟花爆竹行业协会"，并讨论通过了《全国烟花爆竹行业自律公约》。由国家安全监管总局管理的"中国烟花爆竹协会"成立于2013年4月，有会员单位520家，其中生产企业373家，经营企业94家，相关的社团、院校、设计、评价、安全检测等单位53家。主要职责是广泛联系烟花爆竹企事业单位和同业组织，为会员、行业和政府服务，参与行业管理，开展行业自律，维护行业合法权益，引导行业安全健康有序发展。

中国烟花爆竹协会会长钟自奇。

七、中国煤矿尘肺病防治基金会

2002年4月，原煤炭工业部部长高扬文致信总理朱镕基，建议建立煤矿尘肺病治疗基金，以解决患尘肺患者治疗、康复所面临的资金困难问题。遵照总理

---

① 王天普，中国石油化工集团公司原董事、总经理、党组成员，因严重违法犯罪，被追究刑事责任。

② 廖永远，因严重违法犯罪，被追究刑事责任。

朱镕基的批示，卫生部就此进行了初步的调研论证。2003年4月政府换届后，高扬文又向总理温家宝提出这一建议，并得到总理温家宝的充分肯定。2003年6月，国家安全监管局成立以濮洪九为组长、赵铁锤为副组长的"中国煤矿尘肺病治疗基金会"筹备组。2003年10月，中国煤矿尘肺病治疗基金会经民政部登记注册，2011年9月更名为中国煤矿尘肺病防治基金会。到2016年，基金会已有21个省级代表处、48家定点医院和10个医疗科研基地，先后救治尘肺病患者16万人，被民政部授予AAAA基金会和全国先进社会组织。

中国煤矿尘肺病防治基金会历任理事长为濮洪九、王显政、黄毅，吴晓煜曾任主持工作的副会长。

第七节 "十一五"期间（2006—2010年）全国地方安全生产监管机构和队伍建设

国家安全监管总局建立后，积极推动地方安全监管机构、队伍建设。"十一五"期间，全国省、市、县级安全监管部门及执法机构的人员编制、人数分别从41564名、43750名增加到69307名、73971名，分别增加27743名、30221名，增长66.7%、69.1%。

一、安全生产监管机构

截至2010年底，全国省、市、县三级共有编制48338名、实有人数54124名。其中31个省（自治区、直辖市）安全监管局均为政府直属机构，平均人员编制72名；333个市地均设置了安全监管局，其中321个安全监管局为政府工作部门，12个为"委管"、合署办公或加挂牌子，市（地）级安全监管局平均人员编制26.8名；全国2858个县（市、区）中，有2760个（占96.6%）设置了专门的安全监管部门。其中2585个安全监管局为政府工作部门，175个为"委管"、合署办公或加挂牌子。尚有98个县（市、区）没有设置专门的安全监管机构。县（市、区）级安全监管部门平均人员编制13名。

二、安全生产执法队伍

各地积极探索在各级安全监管部门建立执法监察局或安全生产执法总队、支队、大队等安全生产执法机构。截至2010年底，全国省、市、县三级安全生产执法机构共计2351个，共有编制20969名、实有人数19847名。其中全国31个省（区、市）中，已有20个成立了监察执法总队或执法监察局等省级安全生产执法机构，平均人员编制19.2名；333个市（地）中，有275个（占82.6%）成立了市级安全生产执法机构，平均人员编制11.6名；2858个县（市、区）中，有2056个（占71.9%）成立了县级安全生产执法机构，平均人员编制8.5名。

三、乡镇街道安全监管机构和队伍

许多地方建立健全了乡镇（街道）安全监管机构，落实乡镇、街道基层安全监管责任。截至2010年底，全国40858个乡级行政区划（乡、镇、街道等），设置了安全监管科（办、站、所等）、安委办等安全监管机构或加挂相应牌子的有32180个（占78.8%），成立了安全生产执法中队等执法队伍的有5286个（占12.9%），乡镇（街道）安全监管机构和执法队伍现有专职人员57577名，兼职人员46318名，聘用人员8242名，安全监管人员共计112137名。（街道）安全监管人员2.7名，其中专职人员1.4名。

四、地方安全监管支撑保障能力建设

在不断建立健全安全监管机构的同时，各地加强安全生产支撑保障能力建设，构建安全生产支撑保障体系。截至2010年底，全国省、市、县三级安全监管机构所属安全生产科学技术、宣传教育、调度统计信息、危化品登记等事业单位共计1706个，共有事业编制16649名，实有人数16936名。其中省级安全监管局所属事业单位86个，事业编制2456名，实有人数2391名；市级安全监管局所属事业单位375个，事业编制3934名，实有人数3926名；县级安全监管局所属事业单位1245个，事业编制10259名，实有人数10619名。

五、存在问题

机构建设进展不均衡，少数地方安全监管机构不健全。仍有部分市、县级安全监管局为委管机构或与其他部门合署办公、加挂牌子，个别县（市、区）甚至没有设置专门的安全监管机构；部分地方基层安全监管力量薄弱。有6个省（区）的市级安全监管局平均人员编制不足20名，有9个省（区）的县级安全监管局平均人员编制不足10名。此外，部分地方县级安全监管局行政编制少，事业编制比例高；一些地区安全生产执法机构建设进展缓慢。目前，全国还有11个省（自治区、直辖市）、17.6%的市（地）、28.1%的县（市、区）安全监管局未建安全生产执法机构，部分地方执法机构建设进展较慢；乡镇（街道）安全监管职责有待进一步明确落实，安全监管任务重的乡镇（街道）亟须加强

安全监管力量。安全生产支撑保障能力依然十分薄弱，安全监管部门缺少必要的技术支撑力量。

第八节　国家安全生产监督管理总局撤并之前全国地方安全生产监管机构和队伍情况

截至2017年底，全国省、市、县三级政府及新疆生产建设兵团安全生产监督管理、执法机构编制总计90785人，实有95280人，与国家安全监管机构升格的2005年相比（当年编制35745名，实有38267人，编制增加了55040人，实有人员增加57013人）。

一、省、市、县三级政府安全生产监督管理机构

截至2017年12月31日，全国省、市、县三级政府和新疆生产建设兵团三级（兵团、师、团场）安全生产监管机构编制60360人，实有67075人。

（1）省级安全生产监管机构。31个省、区、市安全生产监管机构均为政府直属机构。全国省级安全监管机构累计编制2571人，实有2489人，平均编制82.9人。人员编制超过100人的省级安全生产监管机构为北京、河北、山西、吉林、河南、广东、甘肃；60人以下的省级安全生产监管机构为内蒙古、浙江、贵州、西藏、青海、宁夏。

（2）市（地）安全生产监管机构。全国334个市地中，有333个设置了安全监管局（海南省三沙市除外）。其中329个为独立设置的政府工作部门，4个为与政府其他部门合署办公或在相关政府部门加挂牌子（均为青海省）。全国市地级安全生产监管机构累计编制9516人，实有9612人，平均编制28.5人。河北、辽宁、黑龙江三省的市地级安全生产监管机构平均人员编制超过40人。

（3）县级安全生产监管机构。全国2852个县、区中，除了福建省金门县、宁夏回族自治区中卫市沙坡头区之外，其他2850个县、区政府设置了专门的安全生产监管机构。其中2786个为独立设置的政府工作部门，或者与政府其他部门合署办公、在相关政府部门加挂牌子；64个县区安全生产监管机构尚未作为政府工作部门（其中河南省27个、陕西省20个、湖北省10个、甘肃省3个、河北省2个、安徽省2个）。全国县区级安全生产监管机构人员编制累计47408人，实有54063人，平均编制16.6人。北京、天津、河北、山西、辽宁、江苏、山东、湖南、广东、贵州等省（直辖市）的县区级安全生产监管机构平均人员编制超过20人。

(4) 新疆生产建设兵团安全生产监管机构。兵团、师、团（场）三级安全生产监管机构人员编制865人，实有911人。其中新疆兵团安全监管局为正师级的兵团直属机构，编制14人，实有16人；14个师均设置了安全监管局，编制105人，实有93人；182个团场当中有175个设置了安全生产监管科，编制746人，实有802人。

二、省、市、县安全生产执法机构

截至2017年12月31日，全国省、市、县三级政府和新疆生产建设兵团三级（兵团、师、团场）共有安全生产执法机构3059个，编制37932人，实有35916人。其中单独设置的执法机构编制30425人，实有28205人；作为内设机构或加挂牌子的执法机构编制7507人，实有7711人。

(1) 省级安全生产执法机构。31个省（自治区、直辖市）当中，除了浙江、云南、陕西、青海四省之外，均建立了由省安全监管局领导和管理的安全生产执法总队、执法监察局（处）等专门的执法机构。省级执法队伍人员编制累计542人，实有479人，平均人员编制20.1人。安全生产执法人员编制超过20人的省级机构为北京、天津、河北、山西、吉林、上海、江西、河南、重庆、四川。

(2) 市地级安全生产执法机构。全国334个市地当中，有327个（占97.9%）设立了安全生产检查执法支队等专门的执法机构。编制4994人，实有4603人，平均人员编制15.3人。

(3) 县区级安全生产执法机构。全国2852个县区当中，有2690个（占94.3%）设立了安全生产检查执法大队等专门的执法机构。编制32331人，实有30777人，平均人员编制12人。

(4) 新疆兵团安全生产执法机构。兵团、师、团（场）三级安全生产执法机构共计15个，编制65人，实有57人。其中新疆兵团安全生产执法检查总队编制5人，实有5人；14个师均建立了安全生产监察执法支队，编制60人，实有52人。

三、乡镇街道安全生产监管机构和力量

截至2017年12月底，全国41002个乡级行政区划中（包括乡、镇、街道等），设置安全生产监督管理站（所、办、科股）等安全生产监管机构，或在相关机构加挂安全生产监管牌子的，共计37154个，占90.6%；成立安全生产执法中队等专门执法队伍的5633个，占13.7%。全国乡、镇、街道安全生产监

管、执法共计169112人，其中专职86148人，兼职56500人，聘用26464人。平均每个乡、镇、街道安全生产监管人员4.1人，其中专职2.1人。

四、地方各级安全生产事业单位

截至2017年12月底，全国省、市、县三级安全生产监督管理机构所属事业单位共计2572个，共有事业编制30306人，实有28251人。其中省级安全生产监管机构所属事业单位102个，事业编制4369人，实有3388人；市地级安全生产监管机构所属事业单位480个，事业编制5480人，实有5138人；县区级安全生产监管机构所属事业单位1990个，事业编制20457人，实有19725人。

2017年全国地方安全监管机构编制基本情况汇总表，见表7-1。2017年全国地方安全生产执法机构编制基本情况汇总表，见表7-2。2017年全国乡镇（街道）安全监管机构及执法队伍基本情况汇总表，见表7-3。2017年全国地方安全监管部门所属事业单位机构编制基本情况汇总表，见表7-4。2017年全国省级安全监管局及执法机构编制基本情况汇总表，见表7-5。2017年全国省级安全监管局所属事业单位机构编制基本情况汇总表，见表7-6。2017年国家安全生产监督管理总局所属事业单位机构编制和在编人员统计表，见表7-7。

表7-1 2017年全国地方安全监管机构编制基本情况汇总表

地区	省级安全监管部门			市（地）级安全监管部门				县（区）级安全监管部门						三级安全监管部门编制总数（人）	三级安全监管部门人员总数
	级别	人员编制（人）	实有人数	行政区划	人员编制（人）	实有人数	平均编制（人）	行政区划	专门机构（个）	比例（%）	人员编制（人）	实有人数	平均编制（人）		
北京	正厅	124	122					16	16	100	1204	1215	75.3	1328	1337
天津	正厅	68	62					16	16	100	539	605	33.7	607	667
河北	正厅	176	201	11	453	550	41.2	168	168	100	3711	5003	22.1	3911	5754
山西	正厅	113	102	11	332	388	30.2	119	119	100	2527	3930	21.2	2972	4420
内蒙古	正厅	51	51	12	326	336	27.2	103	103	100	1508	2078	14.6	1885	2465
辽宁	正厅	88	96	14	643	634	45.9	100	100	100	2151	2159	21.5	2882	2889
吉林	正厅	125	110	9	333	336	37.0	60	60	100	962	1035	16.0	1420	1481
黑龙江	正厅	87	73	13	520	468	40.0	128	128	100	2167	2103	16.9	2774	2644

第七章　国家安全生产监督管理总局——从2008年国务院机构改革到2018年撤并

表7-1（续）

地区	省级安全监管部门			市（地）级安全监管部门				县（区）级安全监管部门						三级安全监管部门编制总数（人）	三级安全监管部门人员总数
	级别	人员编制（人）	实有人数	行政区划	人员编制（人）	实有人数	平均编制（人）	行政区划	专门机构（个）	比例（%）	人员编制（人）	实有人数	平均编制（人）		
上海	正厅	98	94					16	16	100	219	221	13.7	317	315
江苏	正厅	96	104	13	470	488	36.2	96	96	100	3050	3719	31.8	3616	4311
浙江	正厅	57	58	11	227	239	20.6	89	89	100	992	1086	11.1	1276	1383
安徽	正厅	86	62	16	391	358	24.4	105	105	100	1338	1443	12.7	1815	1863
福建	正厅	68	59	9	178	169	19.8	85	84	98.8	579	566	6.8	825	794
江西	正厅	68	64	11	244	231	22.2	100	100	100	959	1163	9.6	1271	1458
山东	正厅	70	67	17	577	566	33.9	137	137	100	2750	2780	20.1	3397	3413
河南	正厅	105	100	17	531	489	31.2	159	159	100	2735	3268	17.2	3371	3857
湖北	正厅	87	89	13	296	290	22.8	103	103	100	1490	1559	14.5	1873	1938
湖南	正厅	72	74	14	525	540	37.5	122	122	100	2883	3275	23.6	3480	3889
广东	正厅	109	95	21	816	838	38.9	121	121	100	3160	3251	26.1	4085	4184
广西	正厅	69	70	14	288	280	20.6	111	111	100	1073	1174	9.7	1430	1524
海南	正厅	64	69	4	52	74	13.0	23	23	100	212	235	9.2	328	378
重庆	正厅	81	76					38	38	100	749	691	19.7	830	767
四川	正厅	76	72	21	556	561	26.5	183	183	100	2090	2209	11.4	2722	2842
贵州	正厅	52	49	9	230	241	25.6	88	88	100	2496	2358	28.4	2778	2648
云南	正厅	97	94	16	428	469	26.8	129	129	100	2032	2192	15.8	2557	2755
西藏	正厅	38	37	7	164	153	23.4	74	74	100	283	479	3.8	485	669
陕西	正厅	84	98	10	207	222	20.7	107	107	100	1246	1683	11.6	1537	2003
甘肃	正厅	102	94	14	359	348	25.6	86	86	100	994	1229	11.6	1455	1671
青海	正厅	50	46	8	62	58	7.8	43	43	100	266	260	6.2	378	364
宁夏	正厅	43	42	5	105	93	21.0	22	21	95.5	234	246	10.6	382	381
新疆	正厅	67	59	14	203	193	14.5	105	105	100	809	848	8.4	1079	1100
共计		2571	2489	334	9516	9612	28.5	2852	2850	99.9	47408	54063	16.6	59495	66164
新疆兵团	正师	14	16	14	105	93	7.5	182	175	96.2	746	802	4.1	865	911
合计		2585	2505		9621	9705		3034			48154	54865		60360	67075

表7－2　2017年全国地方安全生产执法机构编制基本情况汇总表

地区	省级执法机构 人员编制(人)	省级执法机构 实有人数	市(地)级执法机构 行政区划	市(地)级执法机构 个数	市(地)级执法机构 比例(%)	市(地)级执法机构 人员编制(人)	市(地)级执法机构 实有人数	市(地)级执法机构 平均编制(人)	县(区)级执法机构 行政区划	县(区)级执法机构 个数	县(区)级执法机构 比例(%)	县(区)级执法机构 人员编制(人)	县(区)级执法机构 实有人数	县(区)级执法机构 平均编制(人)	三级执法机构个数	三级执法机构编制总数(个)	三级执法机构人员总数
北京	39	37							16	16	100	501	451	31.3	17	540	488
天津	45	44							16	16	100	455	346	28.4	17	500	390
河北	25	25	11	11	100	319	349	29.0	168	164	97.6	2258	2633	13.8	176	2602	3007
山西	30	28	11	11	100	235	238	21.4	119	113	95.0	1702	1839	15.1	125	1967	2105
内蒙古	14	12	12	12	100	233	219	19.4	103	99	96.1	1182	1213	11.9	112	1429	1444
辽宁	4	4	14	14	100	166	172	11.9	100	99	99.0	1744	1681	17.6	114	1914	1857
吉林	26	16	9	9	100	163	130	18.1	60	58	96.7	802	829	13.8	68	991	975
黑龙江	10	10	13	13	100	182	156	14.0	128	128	100	1412	1190	11.0	142	1604	1356
上海	30	24							16	13	81.3	286	234	22.0	14	316	258
江苏	0	6	13	13	100	222	213	17.1	96	91	94.8	1693	1579	18.6	105	1915	1798
浙江	0	0	11	11	100	159	153	14.5	89	89	100	1276	1153	14.3	100	1435	1306
安徽	0	0	16	16	100	179	147	11.2	105	90	85.7	665	579	7.4	107	844	726
福建	19	17	9	9	100	169	158	18.8	85	84	98.8	831	771	9.9	94	1019	946
江西	35	28	11	11	100	110	107	10.0	100	100	100	729	688	7.3	112	874	823
山东	15	15	17	17	100	435	418	25.6	137	137	100	2785	2381	20.3	155	3235	2814
河南	59	56	17	17	100	348	338	20.5	159	159	100	2717	2986	17.1	177	3124	3380

第七章 国家安全生产监督管理总局——从2008年国务院机构改革到2018年撤并

表7-2（续）

地区	省级执法机构			市（地）级执法机构							县（区）级执法机构							三级执法机构个数	三级执法机构编制总数（个）	三级执法机构人员总数
	人员编制（人）	实有人数	行政区划	个数	比例（%）	人员编制（人）	实有人数	平均编制（人）	行政区划	个数	比例（%）	人员编制（人）	实有人数	平均编制（人）						
湖北	7	7	13	13	100	129	105	9.9	103	103	100	916	828	8.9			117	1052	940
湖南	14	13	14	14	100	212	203	15.1	122	115	94.3	1384	1374	12.0			130	1610	1590
广东	20	20	21	21	100	324	279	15.4	121	120	99.2	1377	1113	11.5			142	1721	1412
广西	6	5	14	14	100	198	171	14.1	111	102	91.9	665	596	6.5			117	869	772
海南	8	5	4	3	100	32	31	10.7	23	22	95.7	126	103	5.7			26	166	139
重庆	30	16							38	38	100	700	548	18.4			39	730	564
四川	30	24	21	21	100	286	263	13.6	183	182	99.5	1445	1178	7.9			204	1761	1465
贵州	15	13	9	9	100	242	178	26.9	88	88	100	1382	1176	15.7			98	1639	1367
云南			16	16	100	139	121	8.7	129	123	95.3	767	688	6.2			139	906	809
西藏	14	12	7	7	100	23	23	3.3	74	30	40.5	30	27	1.0			38	67	62
陕西			10	10	100	127	122	12.7	107	101	94.4	913	1093	9.0			111	1040	1215
甘肃	15	12	14	14	100	169	143	12.1	86	86	100	796	818	9.3			101	980	973
青海			8	3	37.5	27	25	9.0	43	12	27.9	94	95	7.8			15	121	120
宁夏	16	15	5	4	80	28	19	7.0	22	10	45.5	56	42	5.6			15	100	10
新疆	16	15	14	14	100	138	122	9.9	105	102	97.1	642	545	6.9			117	796	682
共计	542	479	334	327	97.9	4994	4603	15.3	2852	2690	94.3	32331	30777	12.0			3044	37867	35859
新疆兵团	5	5	14	14	100	60	52	4.3	182								15	65	57
合计	547	484		341		5054	4655					32331	30777				3059	37932	35916

— 223 —

表7-3 2017年全国乡镇（街道）安全监管机构及执法队伍基本情况汇总表

地区	乡级行政区划	专门机构(个)	乡镇(街道)比例(%)	安全监管机构 人员编制(人)	实有人数	平均编制(人)	乡镇(街道)执法队伍(个)	乡镇(街道)比例(%)	安全监管执法队伍 人员编制(人)	实有人数	平均编制(人)	安全监管编制总数	安全监管人员平均编制	安全监管人员总数	其中:专职人员总数	安全监管人员平均人数
北京	344	328	95.3	1006	2840	2.9	48	14.0	6	3320	0.1	1012	2.9	6160	1149	17.9
天津	270	254	94.1	605	1353	2.2	52	19.3	327	505	6.3	932	3.5	1858	736	6.9
河北	2359	2243	95.1	4219	7445	1.8	255	10.8	1023	1529	4.0	5242	2.2	8974	4863	3.8
山西	1442	1335	92.6	2291	4542	1.6	219	15.2	189	1184	0.9	2480	1.7	5726	3263	4.0
内蒙古	953	612	64.2	1007	2795	1.1	95	10.0	91	434	1.0	1098	1.2	3229	627	3.4
辽宁	1643	1552	94.5	3459	4469	2.1	38	2.3	36	61	0.9	3495	2.1	4530	2895	2.8
吉林	961	921	95.8	1453	2373	1.5	153	15.9	219	313	1.4	1672	1.7	2686	1215	2.8
黑龙江	2417	1605	66.4	2146	4653	0.9	346	14.3	583	1049	1.7	2729	1.1	5702	2282	2.4
上海	219	185	84.5	902	1735	4.1	36	16.4	337	337	9.4	1239	5.7	2072	1356	9.5
江苏	1469	1431	97.4	4185	7198	2.8	208	14.2	854	1362	4.1	5039	3.4	8560	5852	5.8
浙江	1391	1363	98.0	3669	6092	2.6	61	4.4	329	436	5.4	3998	2.9	6528	3518	4.7
安徽	1559	1083	69.5	1447	3321	0.9	283	18.2	474	892	1.7	1921	1.2	4213	1607	2.7
福建	1117	1020	91.3	1152	3041	1.0	110	9.8	237	651	2.2	1389	1.2	3692	1284	3.3
江西	1662	1566	94.2	2716	4148	1.6	565	34.0	936	1436	1.7	3652	2.2	5584	3022	3.4
山东	1893	1894	100.1	7493	10461	4.0	712	37.6	2156	3065	3.0	9649	5.1	13526	9185	7.1
河南	2464	1950	79.1	1858	5000	0.8	226	9.2	441	637	2.0	2299	0.9	5637	2570	2.3

第七章　国家安全生产监督管理总局——从2008年国务院机构改革到2018年撤并

表7-3（续）

地区	乡级行政区划	乡镇（街道）安全监管机构					乡镇（街道）安全监管执法队伍					安全监管人员编制总数	安全监管人员平均编制	安全监管人员总数	其中:专职人员总数	安全监管人员平均人数
		专门机构（个）	比例（%）	人员编制（人）	实有人数	平均编制（人）	执法队伍（个）	比例（%）	人员编制（人）	实有人数	平均编制（人）					
湖北	1335	1092	81.8	1686	2511	1.3	138	10.3	337	702	2.4	2023	1.5	3213	1635	2.4
湖南	2018	1925	95.4	5879	6834	2.9	239	11.8	754	895	3.2	6633	3.3	7729	5811	3.8
广东	1615	1535	95.0	3194	15340	2.0	454	28.1	1313	6493	2.9	4507	2.8	21833	10447	13.5
广西	1233	1174	95.2	3450	4007	2.8	174	14.1	604	462	3.5	4054	3.3	4469	2248	3.6
海南	272	250	91.9	467	505	1.7	0	0	0	42	0	467	1.7	547	380	2.0
重庆	1056	1033	97.8	4353	6570	4.1	146	13.8	303	655	2.1	4656	4.4	7225	4885	6.8
四川	4628	4394	94.9	1167	11916	0.3	351	7.6	145	544	0.4	1312	0.3	12460	3460	2.7
贵州	1383	1335	96.5	5937	5269	4.3	142	10.3	544	593	3.8	6481	4.7	5862	4983	4.2
云南	1421	1219	85.8	1376	3486	1.0	111	7.8	138	338	1.2	1514	1.1	3824	1461	2.7
西藏	703	177	25.2	42	539	0.06	11	1.6	0	0	0	42	0.1	539	44	0.8
陕西	1373	1143	83.2	1527	3671	1.1	120	8.7	171	219	1.4	1698	1.2	3890	1626	2.8
甘肃	1381	1363	98.7	2594	5139	1.9	179	13.0	542	764	3.0	3136	2.3	5903	3301	4.3
青海	261	114	43.7	56	170	0.2	9	3.4	0	31	0	56	0.2	201	17	0.8
宁夏	250	125	50.0	92	287	0.4	35	14.0	60	60	1.7	152	0.6	347	96	1.4
新疆	1207	933	77.3	394	2166	0.3	117	9.7	48	227	0.4	442	0.4	2393	330	2.0
合计	41002	37154	90.6	71822	139876	1.8	5633	13.7	13197	29236	2.3	85019	2.1	169112	86148	4.1

表7-4 2017年全国地方安全监管部门所属事业单位机构编制基本情况汇总表

地区	省级事业单位 单位个数	省级事业单位 人员编制(人)	省级事业单位 实有人数	市(地)级事业单位 行政区划	市(地)级事业单位 单位个数	市(地)级事业单位 人员编制(人)	市(地)级事业单位 实有人数	县(区)级事业单位 行政区划	县(区)级事业单位 单位个数	县(区)级事业单位 人员编制(人)	县(区)级事业单位 实有人数	三级事业单位个数	三级事业单位编制总数(人)	三级事业单位人员总数
北京	5	172	151					16	11	124	116	16	296	267
天津	3	33	27					16	4	43	32	7	76	59
河北	3	58	56	11	25	453	418	168	126	1367	1842	154	1878	2316
山西	4	93	68	11	47	706	655	119	150	2319	2475	201	3118	3198
内蒙古	1	13	3	12	7	62	44	103	22	170	190	30	245	237
辽宁	3	38	37	14	35	351	334	100	100	831	780	138	1220	1151
吉林	4	125	104	9	20	295	293	60	61	582	617	85	1002	1014
黑龙江	2	53	44	13	28	303	261	128	51	495	433	81	851	738
上海	3	365	249					16	8	169	136	11	534	385
江苏	5	866	630	13	13	113	97	96	75	767	675	93	1746	1402
浙江	3	62	46	11	15	102	96	89	51	267	253	69	431	395
安徽	2	50	46	16	21	241	184	105	41	312	266	64	603	496
福建	2	67	60	9	10	91	82	85	80	428	362	92	586	504
江西	7	309	133	11	16	206	231	100	107	521	469	130	1036	833
山东	2	25	23	17	14	171	147	137	77	835	724	93	1031	894
河南	4	68	62	17	18	183	201	159	131	1452	1529	153	1703	1792

第七章 国家安全生产监督管理总局——从2008年国务院机构改革到2018年撤并

表7-4（续）

地区	省级事业单位			市（地）级事业单位					县（区）级事业单位					三级事业单位个数	三级事业单位编制总数（人）	三级事业单位人员总数
	单位个数	人员编制（人）	实有人数	行政区划	单位个数	人员编制（人）	实有人数		行政区划	单位个数	人员编制（人）	实有人数				
湖北	4	54	54	13	17	125	105		103	69	543	501		90	722	660
湖南	3	424	327	14	28	324	277		122	131	1383	1262		162	2131	1866
广东	1	35	25	21	26	191	284		121	75	380	347		102	606	656
广西	7	498	453	14	16	183	156		111	48	323	266		71	1004	875
海南	1	8	5	4	3	29	24		23	9	129	232		13	166	261
重庆	6	302	251						38	33	332	289		39	634	540
四川	5	290	250	21	31	425	431		183	97	1212	1069		133	1927	1750
贵州	4	157	90	9	26	396	319		88	241	3937	3171		271	4490	3580
云南	4	31	19	16	14	85	83		129	51	383	316		69	499	418
西藏	1	6	16	7	4	23	13		74	10	20	11		15	49	40
陕西	2	31	30	10	24	276	283		107	59	546	779		85	853	1092
甘肃	5	32	32	14	10	45	42		86	27	267	290		42	344	364
青海	2	34	36	8	2	7	7		43	4	29	27		8	70	70
宁夏	2	18	18	5	3	30	17		22	6	34	54		11	82	89
新疆	2	52	43	14	7	64	54		105	35	257	212		44	373	309
合计	102	4369	3388	334	480	5480	5138		2852	1990	20457	19725		2572	30306	28251

表7-5 2017年全国省级安监管局及执法机构编制基本情况汇总表

地区	安全监管局 编制总数(人)	行政编制(人)	事业编制(人)	工勤编制(人)	现有人数	内设机构个数	单位名称	执法机构 行政级别	编制总数(人)	行政编制(人)	专项执法(人)	事业编制(人)	现有人数
北京	124	124	0	0	122	18	安全生产执法监察总队	正处	39	0	39	0	37
天津	68	60	0	8	62	12	安全生产执法监察总队	正处	45	25	0	45	44
河北	176	176	0	0	201	19	安全生产监察总队	副厅	25	0	0	0	25
山西	113	102	0	11	102	11	安全生产执法监察总队	正处	30	0	0	30	28
内蒙古	51	43	0	8	51	11	安全生产执法监察总队	正处	14	4	0	14	12
辽宁	88	79	0	9	96	14	安全生产监察局	正处	4	0	0	0	4
吉林	125	116	0	9	110	18	安全生产执法监察局	正处	26	0	0	26	16
黑龙江	87	79	0	8	73	11	安全生产行政执法监察局	正处	10	0	0	10	10
上海	98	98	0	0	94	10	安全监管局执法监督处	正处	30	30	0	0	24
江苏	96	92	0	4	104	14	安全生产执法监督处	正处	0	0	0	0	6
浙江	57	54	0	3	58	11							
安徽	86	86	0	0	62	11	安全监管局安全执法监察处	正处	0	0	0	0	0
福建	68	58	0	10	59	10	安全生产监察总队	正处	19	0	0	19	17
江西	68	68	0	0	64	13	安全生产监察总队	正处	35	0	0	35	28
山东	70	62	0	8	67	10	安全生产执法监察总队	正处	15	15	0	0	15
河南	105	96	0	9	100	11	安全生产执法监察总队	副厅	59	59	0	0	56
湖北	87	87	0	0	89	15	安全生产执法监察总队	副厅	7	7	0	0	7

第七章 国家安全生产监督管理总局——从2008年国务院机构改革到2018年撤并

表7-5（续）

地区	安全监管局 编制总数(人)	行政编制(人)	事业编制(人)	工勤编制(人)	现有人数	内设机构个数	执法机构 单位名称	行政级别	编制总数(人)	行政编制(人)	专项执法(人)	事业编制(人)	现有人数
湖南	72	68	0	4	74	11	安全监管局执法监察局	正处	14	0	0	14	13
广东	109	97	0	12	95	10	安全监管局执法监察总队	正处	20	0	20	0	20
广西	69	69	0	0	70	13	安全监管局安全生产执法监察处（广西安全生产执法局）	正处	6	6	0	0	5
海南	64	53	8	3	69	8	安全生产稽查总队	正处	8	0	0	8	5
重庆	81	75	0	6	76	12	安全生产监察执法总队	正处	30	0	0	30	16
四川	76	71	0	5	72	14	安全生产监察执法总队	正处	30	0	30	0	24
贵州	52	49	0	3	49	15	安全生产监察局	正处	15	0	0	15	13
云南	97	92	0	5	94	12	安全生产监察执法总队	正处	14	0	0	14	12
西藏	38	38	0	0	37	6							
陕西	84	84	0	0	98	11	安全生产执法监察总队	副厅	15	0	0	15	12
甘肃	102	92	0	10	94	12	安全生产执法监察总队	正处					
青海	50	45	0	5	46	8							
宁夏	43	43	0	0	42	8	安全生产执法监察总队	正处	16	0	0	16	15
新疆	67	57	0	10	59	9	安全生产执法监察总队	正处	16	0	0	16	15
共计	2571	2413	8	150	2489	平均12	26个	0	542	146	89	307	479
新疆兵团	14	14	0	0	16	5	安全生产执法监察总队	正处	5	0	0	5	5
合计	2585	2427	8	150	2505		27个		547	146	89	312	484

— 229 —

表7-6 2017年全国省级安全监管局所属事业单位机构编制基本情况汇总表

地区	个数	名称	人员编制（人）	现有人数
北京	5	北京市安全生产科学技术研究院，北京市安全生产宣传教育中心，北京市安全生产信息中心，北京市安全生产（12350）举报投诉中心，北京市安全生产督查事务中心	172	151
天津	3	天津市安全生产技术研究中心，天津市安全生产宣传教育中心，天津市安全生产信息中心	33	27
河北	3	安全科学技术中心，宣传教育中心，后勤服务中心	58	56
山西	4	山西省安全生产科学研究院，山西省安全生产培训教育中心，山西省安全生产宣传教育中心，山西省危险化学品登记注册中心	93	68
内蒙古	1	内蒙古自治区安全生产信息中心	13	3
辽宁	3	辽宁省安全生产技术中心，宣传教育中心，化学品登记中心	38	37
吉林	4	吉林省安全科学技术研究院，吉林省职业卫生监督所，吉林省安全生产教育中心，机关服务中心	125	104
黑龙江	2	黑龙江省劳动安全科学技术研究院，黑龙江省安全生产统计信息中心	53	44
上海	3	上海市安全生产科学研究所，上海市化工职业病防治院，上海市安全生产信息中心	365	249
江苏	5	江苏省安全生产科学研究院，江苏省安全生产宣传教育中心，江苏安全技术职业学院，徐州机电技师学院，扬州生活科技学校	866	630
浙江	3	浙江省安全生产科学研究院（省安全生产检测检验中心），浙江省安全生产宣传教育中心，浙江省职业病危害预防中心	62	46
安徽	2	安徽省安全生产科学研究院，安徽省安全生产宣传教育中心	50	46
福建	2	福建省安全生产科学研究院，福建省重大危险源监控中心	67	60
江西	7	江西省安全生产科学技术研究中心，江西省职业危害检测检验中心，江西省化学品登记局，江西省安全生产宣传教育中心，江西省煤矿设计院，江西省煤炭工业科学研究所，机关后勤服务中心	309	133
山东	2	山东省安全生产技术服务中心（省危化品登记中心），山东省安全生产举报投诉中心	25	23
河南	4	河南矿山抢险救灾中心，河南省安全科学技术研究院，河南省安全生产信息调度中心，河南省劳动保护监测检验宣传教育中心	68	62

第七章　国家安全生产监督管理总局——从2008年国务院机构改革到2018年撤并

表7-6（续）

地区	个数	名　　称	人员编制（人）	现有人数
湖北	4	湖北省安全生产应急救援中心（省危险化学品登记中心），湖北省安全生产宣传教育中心（省安全生产考试中心），湖北省职业安全健康监督检测检验中心，机关后勤服务中心	54	54
湖南	3	湖南省安全技术中心，湖南安全技术职业学院，湖南省安全生产信息调度中心	424	327
广东	1	广东省安全生产技术中心	35	25
广西	7	广西安全生产职业培训中心，广西第一工业学校，广西动力技工学校，广西工业设计院，广西煤炭质量监督检查站，机关服务中心，广西安全工程职业技术学院	498	453
海南	1	海南省安全生产稽查总队	8	5
重庆	6	重庆市安全生产调度信息中心，重庆市化学品登记注册办公室，重庆市安全技术培训考试中心，《中外交流》月刊社，重庆安全技术职业学院，重庆市道路交通事故社会救助基金管理中心	302	251
四川	5	四川省煤矿抢险排水站，四川省安全科学技术研究院，四川省生产安全应急救援信息中心，四川科技职工大学，四川省煤炭设计研究院	290	250
贵州	4	贵州省安全生产科学研究院，贵州煤矿矿用安全产品检验中心，贵州省安全技术培训中心，贵州省安全生产宣教中心	157	90
云南	4	云南省危险化学品应急救援指挥中心，云南省危险化学品登记中心，云南省安全生产宣传教育中心，云南省安全生产评价检测中心	31	19
西藏	1	后勤服务中心	6	16
陕西	2	陕西省安全生产科学技术中心，陕西省安全生产宣传教育中心	31	30
甘肃	5	甘肃省安全生产宣教中心，甘肃省煤炭安全生产监督管理局社会保险事业管理中心，甘肃省工程质量煤炭监督站，甘肃省煤矿安全监督控制调度网络中心，甘肃省煤炭工会工作委员会	32	32
青海	2	青海省安全生产科学技术中心，青海省安全生产宣传教育中心	34	36
宁夏	2	宁夏区安全技术检测检验中心，宁夏区安全生产宣传教育中心	18	18
新疆	2	新疆区安全科学技术研究院，新疆区安全生产调度统计信息中心	52	43
新疆兵团				
合计	102		4369	3388

表 7-7 2017年国家安全生产监督管理总局所属事业单位机构编制和在编人员统计表

截止日期：2017年12月31日

单位：(人)

单位全称	机构规格	单位领导职数	实有单位领导	编制数 合计	编制数 财政补助	编制数 经费自理	在编人数 合计	在编人数 财政补助	在编人数 经费自理
合计（137个）		16	353	6313	4678	1635	4926	3491	1435
国家安全生产应急救援指挥中心	正司局级	1	6	80	80	0	67	67	0
国家安全生产监督管理总局调度中心	正司局级	0	3	31	31	0	25	25	0
国家安全生产监督管理总局矿山救援指挥中心	正司局级	0	3	30	30	0	23	23	0
国家安全生产监督管理总局国际交流合作中心	副司局级	0	4	34	34	0	28	28	0
国家安全生产监督管理总局档案馆	正司局级	0	3	21	21	0	19	19	0
国家安全生产监督管理总局机关服务中心	正司局级	0	5	459	66	393	256	66	190
国家安全生产监督管理总局宣传教育中心	正司局级	0	4	70	70	0	58	58	0
国家安全生产监督管理总局培训中心	正司局级	0	2	25	25	0	25	25	0
国家安全生产监督管理总局研究中心	正司局级	0	5	40	0	40	42	0	42
国家安全生产监督管理总局通信信息中心	正司局级	0	5	149	149	0	118	118	0
中国安全生产科学研究院	正司局级	0	6	218	125	93	198	125	73
国家安全生产监督管理总局化学品登记中心	正司局级	0	4	25	25	0	25	25	0
国家安全生产监督管理总局信息研究院	正司局级	0	6	383	383	0	205	205	0
煤炭总医院	正司局级	0	5	800	800	0	577	577	0
华北科技学院	正司局级	0	9	610	460	150	1023	460	563

第七章　国家安全生产监督管理总局——从2008年国务院机构改革到2018年撤并

表7-7（续）

单位全称	机构规格	单位领导职数	实有单位领导(人)	编制数(人) 合计	编制数(人) 财政补助	编制数(人) 经费自理	在编人数 合计	在编人数 财政补助	在编人数 经费自理
中国煤矿文工团	正司局级	0	5	330	330	0	262	262	0
国家安全生产监督管理总局职业安全卫生研究中心	副司局级	0	6	179	179	0	145	145	0
中国煤矿工人北戴河疗养院	副司局级	0	4	300	300	0	133	133	0
中国煤矿工人大连疗养院	副司局级	0	4	225	225	0	158	158	0
中国煤矿工人昆明疗养院	副司局级	0	4	150	0	150	75	0	75
国家安全生产监督管理总局郑西招待所	正处级	0	5	260	0	260	110	0	110
国家安全生产监督管理总局东四招待所	正处级	0	3	55	0	55	25	0	25
国家安全生产监督管理总局东单招待所	正处级	0	3	45	0	45	19	0	19
国家安全生产监督管理总局蓑甲厂招待所	正处级	0	7	48	0	48	21	0	21
煤炭工业职业技能鉴定指导中心	未定级	0	2	8	0	8	5	0	5
煤炭综合利用多种经营技术咨询中心	未定级	0	2	8	0	8	4	0	4
北京煤矿安全监察分局统计中心（救援指挥中心）	其他	0	0	10	10	0	0	0	0
北京煤矿安全监察分局机关服务中心	其他	0	0	3	0	3	0	0	0
北京煤矿安全监察局安全技术中心	其他	0	0	10	10	0	0	0	0
河北煤矿安全监察局统计中心	正处级	1	3	14	14	0	10	10	0
河北煤矿安全监察局救援指挥中心	正处级	1	2	14	14	0	4	4	0
河北煤矿安全监察局机关服务中心	正处级	1	2	23	0	23	14	0	14
河北煤矿安全监察局安全技术中心	正处级	1	1	16	16	0	10	10	0

表7-7（续）

单 位 全 称	机构规格	单位领导职数	实有单位领导(人)	编制数（人）			在编人数		
				合计	财政补助	经费自理	合计	财政补助	经费自理
河北煤矿安全培训中心	正处级	1	2	20	20	0	16	16	0
山西煤矿安全监察局统计中心	正处级	0	2	19	19	0	18	18	0
山西煤矿安全监察局救援指挥中心	正处级	0	3	19	19	0	17	17	0
山西煤矿安全监察局档案馆	正处级	0	2	10	10	0	8	8	0
山西煤矿安全培训中心	正处级	0	4	30	30	0	23	23	0
山西煤矿安全监察局机关服务中心	正处级	0	3	23	23	0	19	19	0
内蒙古煤矿安全监察局统计中心	正处级	1	1	35	35	0	18	18	0
内蒙古煤矿安全监察局安全技术中心	正处级	1	4	14	14	0	11	11	0
内蒙古煤矿安全监察局机关服务中心	正处级	0	4	16	16	0	15	15	0
内蒙古煤矿安全监察局救援指挥中心	正处级	1	3	23	0	23	22	0	22
内蒙古煤矿安全培训中心	正处级	1	2	14	14	0	8	8	0
辽宁煤矿安全监察局安全技术中心	正处级	0	4	20	20	0	15	15	0
辽宁煤矿安全监察局机关服务中心	正处级	0	3	16	16	0	11	11	0
辽宁煤矿安全监察局救援指挥中心	正处级	0	3	23	0	23	21	0	21
辽宁煤矿安全培训中心	正处级	0	3	14	14	0	10	10	0
吉林煤矿安全监察局统计中心	正处级	0	3	21	21	0	11	11	0
吉林煤矿安全监察局档案馆	正处级	0	3	14	14	0	13	13	0
吉林煤矿安全监察局救援指挥中心	正处级	0	2	15	15	0	15	15	0
吉林煤矿安全监察局统计中心	正处级	0	2	11	11	0	11	11	0
吉林煤矿安全监察局通讯信息中心	正处级	0	3	11	11	0	11	11	0
吉林煤矿安全监察局通讯信息中心	正处级	0	1	6	6	0	6	6	0

第七章 国家安全生产监督管理总局——从2008年国务院机构改革到2018年撤并

表 7-7（续）

单位全称	机构规格	单位领导职数	实有单位领导(人)	编制数(人) 合计	财政补助	经费自理	在编人数 合计	财政补助	经费自理
吉林煤矿安全监察局安全技术中心	正处级	0	4	20	20	0	20	20	0
吉林煤矿安全监察局机关服务中心	正处级	0	4	24	0	24	33	0	33
黑龙江煤矿安全监察局安全技术中心	正处级	0	2	20	20	0	16	16	0
黑龙江煤矿安全监察局机关服务中心	正处级	0	3	23	0	23	19	0	19
黑龙江煤矿安全监察局救援指挥中心	正处级	2	2	14	14	0	13	13	0
煤炭工业黑龙江建设工程质量监督中心站	正处级	3	1	6	6	0	6	6	0
黑龙江煤矿安全监察局统计中心	正处级	0	1	14	14	0	10	10	0
江苏煤矿安全监察局安全技术中心	正处级	0	1	10	10	0	4	4	0
江苏煤矿安全监察局机关服务中心（救援指挥中心）	正处级	0	2	5	0	5	14	0	14
江苏煤矿安全监察局统计中心	正处级	0	2	10	10	0	3	3	0
安徽煤矿安全监察局救援指挥中心	正处级	0	2	11	11	0	8	8	0
安徽煤矿安全监察局机关服务中心	正处级	0	4	18	0	18	15	0	15
安徽煤矿安全监察局安全技术中心	正处级	0	2	18	18	0	16	16	0
安徽煤矿安全监察局统计中心	正处级	0	1	11	11	0	9	9	0
福建煤矿安全监察局统计中心	正处级	0	2	10	10	0	10	10	0
福建煤矿安全监察局机关服务中心	正处级	0	0	10	10	0	8	8	0
福建煤矿安全监察局安全技术中心	正处级	0	1	3	0	3	1	0	1
江西煤矿安全监察局统计中心	正处级	0	1	10	10	0	4	4	0
江西煤矿安全监察局安全技术中心	正处级	0	1	17	17	0	7	7	0
江西煤矿安全监察局抢险排水站	正处级	0	1	10	10	0	2	2	0
江西煤矿安全监察局救援指挥中心	正处级	0	1	10	10	0	5	5	0

表7-7（续）

单位全称	机构规格	单位领导职数	实有单位领导(人)	编制数（人）			在编人数		
				合计	财政补助	经费自理	合计	财政补助	经费自理
江西煤矿安全监察局机关服务中心	正处级	0	2	17	0	17	6	0	6
山东煤矿安全监察局统计中心	正处级	0	2	13	13	0	9	9	0
山东煤矿安全监察局救援指挥中心	正处级	0	2	13	13	0	9	9	0
山东煤矿安全监察局机关服务中心	正处级	0	3	23	0	23	19	0	19
山东煤矿安全监察局安全技术中心	正处级	0	2	15	15	0	11	11	0
山东煤炭工业信息计算中心	正处级	0	2	21	21	0	16	16	0
山东煤矿安全监察局安全培训中心	正处级	0	3	45	45	0	37	37	0
河南煤矿安全监察局统计中心	正处级	0	3	16	16	0	16	16	0
河南煤矿安全监察局救援指挥中心	正处级	0	3	16	16	0	13	13	0
河南煤矿安全监察局机关服务中心	正处级	0	3	27	0	27	22	0	22
河南煤矿安全监察局安全技术中心	正处级	0	4	19	19	0	18	18	0
河南煤矿安全监察局安全培训中心	正处级	0	3	20	20	0	19	19	0
湖北煤矿安全监察局统计中心	正处级	0	0	10	10	0	7	7	0
湖北煤矿安全监察局机关服务中心	正处级	0	0	3	0	3	1	0	1
湖南煤矿安全监察局安全技术中心	正处级	0	1	10	10	0	5	5	0
湖南煤矿安全监察局统计中心	正处级	0	2	11	11	0	10	10	0
湖南煤矿安全监察局救援指挥中心	正处级	0	2	11	11	0	9	9	0
湖南煤矿安全监察局机关服务中心	正处级	0	3	20	0	20	19	0	19
湖南煤矿安全监察局安全技术中心	正处级	0	2	18	18	0	2	2	0
长沙煤矿安全技术培训中心	副司局级	0	6	95	95	0	86	86	0
广西煤矿安全监察局安全技术中心	正处级	0	1	10	10	0	7	7	0

第七章 国家安全生产监督管理总局——从2008年国务院机构改革到2018年撤并

表7-7（续）

单位全称	机构规格	单位领导职数	实有单位领导（人）	编制数（人） 合计	财政补助	经费自理	在编人数 合计	财政补助	经费自理
广西煤矿安全监察局机关服务中心	正处级	0	1	3	0	3	3	0	3
广西煤矿安全监察局统计中心	正处级	0	2	10	10	0	9	9	0
重庆煤矿安全监察局统计中心	正处级	0	2	10	10	0	10	10	0
重庆煤矿安全监察局救援指挥中心	正处级	0	2	10	10	0	10	10	0
重庆煤矿安全监察局机关服务中心	正处级	0	3	17	0	17	13	0	13
重庆煤矿安全监察局安全技术中心	正处级	0	3	16	16	0	13	13	0
重庆煤矿安全监察局安全技术培训中心	正处级	0	3	60	60	0	24	24	0
四川煤矿安全监察局统计中心	正处级	0	1	11	11	0	9	9	0
四川煤矿安全监察局救援指挥中心	正处级	0	2	20	0	20	6	6	0
四川煤矿安全监察局机关服务中心	正处级	0	6	22	22	0	21	0	21
四川煤矿安全监察局安全技术中心	正处级	0	3	13	13	0	9	9	0
贵州煤矿安全监察局统计中心	正处级	0	2	13	13	0	7	7	0
贵州煤矿安全监察局救援指挥中心	正处级	0	2	20	20	0	8	8	0
贵州煤矿安全监察局安全技术中心	正处级	0	4	23	0	23	10	10	0
云南煤矿安全监察局机关服务中心	正处级	0	4	17	17	0	14	0	14
云南煤矿安全监察局安全技术中心	正处级	0	2	17	0	17	16	16	0
云南煤矿安全监察局救援指挥中心	正处级	0	3	10	10	0	17	0	17
云南煤矿安全监察局统计中心	正处级	0	3	10	10	0	10	10	0
陕西煤矿安全监察局安全技术中心	正处级	0	4	17	17	0	12	12	0

表7-7（续）

单 位 全 称	机构规格	单位领导职数	实有单位领导(人)	编制数（人） 合计	编制数 财政补助	编制数 经费自理	在编人数 合计	在编人数 财政补助	在编人数 经费自理
陕西煤矿安全监察局机关服务中心	正处级	0	0	20	0	20	1	1	1
陕西煤矿安全监察局救援指挥中心	正处级	0	3	11	11	0	9	9	0
陕西煤矿安全监察局统计中心	正处级	0	3	11	11	0	9	9	0
甘肃煤矿安全监察局安全技术中心	正处级	0	2	15	15	0	10	10	0
甘肃煤矿安全监察局机关服务中心	正处级	0	1	15	0	15	13	0	13
甘肃煤矿安全监察局救援指挥中心	正处级	0	2	9	9	0	8	8	0
甘肃煤矿安全监察局统计中心	正处级	0	0	9	9	0	6	6	0
青海煤矿安全监察局安全技术中心	正处级	0	2	10	10	0	8	8	0
青海煤矿安全监察局统计中心	正处级	0	0	3	0	3	0	0	0
宁夏煤矿安全监察局机关服务中心	正处级	0	1	10	10	0	6	6	0
宁夏煤矿安全监察局救援指挥中心	正处级	0	2	14	0	14	9	0	9
宁夏煤矿安全监察局安全技术中心	正处级	0	1	8	8	0	8	8	0
宁夏煤矿安全监察局统计中心	正处级	0	1	8	8	0	8	8	0
新疆煤矿安全监察局安全技术中心	正处级	0	4	15	15	0	15	15	0
新疆煤矿安全监察局机关服务中心	正处级	0	0	15	15	0	1	1	0
新疆煤矿安全监察局救援指挥中心	正处级	0	0	15	0	15	9	0	9
新疆煤矿安全监察局统计中心	正处级	0	2	9	9	0	8	8	0
新疆生产建设兵团煤矿安全监察局机关服务中心	正处级	0	1	9	9	0	7	7	0
新疆生产建设兵团煤矿安全监察局安全技术中心	副处级	0	1	3	0	3	2	2	2
新疆生产建设兵团煤矿安全监察局救援指挥中心	副处级	0	2	10	10	0	6	6	0
新疆生产建设兵团煤矿安全监察局统计中心	副处级	0	2	10	10	0	5	5	0

第八章 煤矿安全监管监察体制和机构

中国煤炭储量和产量均居世界首位。绝大多数煤矿为井工深度开采，瓦斯煤尘、冲击地压、水害等自然灾害严重，伤亡事故多发。煤矿安全历来是全国安全生产的重中之重。建立健全煤矿安全监管监察体制和机构，是维护广大矿工的生命安全和健康，促进煤炭工业安全发展、可持续发展的需要。

第一节 中国煤矿安全生产监管监察体制历史演变

一、煤矿安全技术监察、煤炭行业内部安全监察制度

中国煤矿安全监察工作由来已久。中华人民共和国成立之初成立的中央人民政府燃料工业部就设置有技术安全监察处，受部长直接领导，负责监督监察各地煤矿安全生产（保安）工作。1951年颁发第一部煤矿安全章程——《煤矿技术保安试行规程》，燃料工业部煤矿管理总局内设安全检查处。1953年全国煤炭系统建立三级技术安全监察机构：在燃料工业部设立技术安全监察局；在济南、哈尔滨等重点产煤省区建立了地区技术安全监察局，受省区煤矿管理局和燃料工业部技术安全监察局双重领导；在开滦、阳泉、抚顺等煤炭生产基地建立矿区技术安全监察局，在地区技术安全监察局的领导下开展。各级技术安全监察局代表国家和地方政府，对煤矿行使安全生产监督监察权，重点监督监察矿井瓦斯、煤尘、防火、防水等情况，研究分析事故原因，提出防止事故的措施。到1955年底，全国共有10个重点产煤省区、27个重点矿区建立了技术安全监察机构，各个煤矿也都设立了技术安全监察站。1957年4月，煤炭工业部发布《煤矿技术安全监察机构工作暂行条例》，对领导和管理体制、监督监察工作内容、监察人员的职责权限等做出了明确规定。"大跃进"期间，各级煤矿技术安全监察机构的工作受到冲击和削弱。1961年，煤炭工业部重新发布《煤矿保安暂行规定》；随后又相继发布实施《煤矿企业安全工作条例》《煤矿安全检查试行条例》等。煤矿安全监察机构及其工作有所恢复。1966年，"文化大革命"开始后，全国煤矿技

术安全监察机构和工作系统被撤销。

粉碎"四人帮"后,党中央拨乱反正,大力弘扬党的实事求是思想路线,煤矿安全生产监管监察制度也得以恢复。1980年9月,煤炭工业部发出题为"建立健全安全监察机构、强化安全监察工作"的第一号安全指令,要求各省级煤炭管理机构和各个矿务局、矿,必须于当年12月底之前把安全生产监察机构建立起来,并投入运行、发挥作用。1983年1月,煤炭工业部正式发布《煤矿安全监察条例》(后修订为《煤炭工业安全监察暂行规定》),在全国煤炭系统实行安全生产监管与监察"双轨制",即矿务局不仅内设安全检查处,同时设立具有煤炭工业部派驻名义的安全监察局;矿不仅内设安全生产检查科,同时设立具有矿务局派驻名义的安全监察处。安全监察局、安全监察处分别代表上级政府机关(单位),对所驻在矿务局、矿贯彻执行党和国家安全生产方针政策、法规指令的情况,进行监督监察。

二、劳动部门矿山安全监察机构的组建和存续

为扭转矿山企业事故多发的局面、维护劳动者的安全健康权益,国家劳动总局也于1981年1月成立了矿山安全监察局。1982年2月,国务院颁布了《矿山安全条例》和《矿山安全监察条例》,明确规定建立矿山安全监察制度,设立国家、省(自治区、直辖市)和重点矿区三级安全监察机构,即国家劳动总局设矿山安全监察局,省(自治区、直辖市)政府劳动部门设矿山安全监察处,矿山企业比较集中的矿区地市劳动部门设矿山安全监察室。1982年3月,国家经委、国家劳动总局、全国总工会就贯彻执行国务院发布的《矿山安全条例》和《矿山安全监察条例》发出通知。指出:为迅速有效地贯彻执行这两个条例,应迅速建立矿山安全监察机构,配备矿山安全监察人员;经国家编委同意,全国各地共配备矿山安全监察工作人员1700人。其中,矿山安全监察处270人,矿山安全监察室(组)1430人。各地可以分批分期组建,人员在三年内配齐。年内要配备50%以上。

矿山安全监察自此成为劳动部门内部常设性工作机构。1982年5月,国家劳动总局、国家人事局、国务院科技干部局和国家编制委员会合并为劳动人事部,内设劳动保护局、矿山安全监察局、锅炉压力容器安全监察局。1988年3月,劳动和人事两部分设,安全生产工作职能归劳动部,内设职业安全卫生监察局、矿山安全监察局和锅炉压力容器安全监察局。1990年4月,国务委员、全国安全生产委员会主任邹家华在山西省大同矿务局召开的全国煤矿安全生产现场会上指出:强化国家监察、行政管理、群众监督的安全生产工作体制;国务院已

授权各级劳动部门的矿山安全监察机构，对国务院颁发的《矿山安全条例》的贯彻执行情况进行国家监察，各有关部门和企业要支持他们的工作。各级政府要按《矿山安全监察条例》的要求，健全劳动部门的矿山安全监察机构，加强力量，使他们能够充分行使监察职责。

1993年7月，国务院在撤销全国安全生产委员会的同时，规定由劳动部负责"管理全国安全生产工作，对安全生产行使国家监察职权"。劳动部据此将内设机构做出调整，成立安全生产局以承担原全国安全生产委员会办公室的工作，将职业安全卫生监察局与锅炉压力容器安全监察局合并为职业安全卫生与锅炉压力容器监察局，仍然保留矿山安全卫生监察局。

1998年6月国务院机构改革，将劳动部承担的安全生产综合监管、职业卫生监察、矿山安全监察职能转移至国家经贸委，在国家经贸委内成立安全生产局，代表国家行使安全生产监督职权。

三、煤矿安全监察管理体制改革的背景和国家煤矿安全监察体系的建立

1998年3月，第九届全国人民代表大会第一次会议批准国务院机构改革方案，决定将煤炭工业部改组为国家经济贸易委员会管理的国家煤炭工业局。1998年6月25日，经国务院批准，国务院办公厅根据第九届全国人民代表大会第一次会议批准的国务院机构改革方案和《国务院关于部委管理的国家局设置的通知》，印发了《国家煤炭工业局职能配置、内设机构和人员编制规定》，新组建的国家煤炭工业局，在职能配置方面进行了以下调整：①政企分开，不直接管理行业。原煤炭部所属的国有重点煤矿下放给地方；不承担投资项目的立项、审查、审批职能，不下达煤炭生产计划和盈亏指标；不承担审批公司等职能。企业真正成为依法自主经营、自负盈亏、照章纳税的市场主体，负责国有资产的保值增值，维护所有者权益。②权力下放，增强地方人民政府和社会中介组织的功能。国有重点煤矿的减员增效、转产分流、实施再就业工程的具体工作，行业的市场建设与管理、资质审查、产品质量检测、科技成果鉴定、人才培训等职能，交给地方人民政府或社会中介组织承担。③权责一致，相近职能交由同一部门承担。将有关产业政策、经济调节、生产运行、投融资引导、技术进步、安全生产等职能，交给国家经济贸易委员会；将直属高等院校交由教育部统筹安排；系统养老保险统筹的职能，由劳动和社会保障部统一组织交给省、自治区、直辖市人民政府承担；质量监督职能交给国家质量技术监督局。国家煤炭工业局负责拟定行业规划；组织研究行业法规和规章、制度、标准，实施行业管理；推动行业结构调整，指导企事业单位的改革。

根据以上职能调整，国家煤炭工业局的主要职责是：①研究拟定煤炭工业的发展战略、行业规划，提出煤炭资源合理开发利用的建议，促进行业结构调整，引导行业合理布局。②研究提出发展煤炭工业的方针、政策和法规；组织制订行业规章、规范和技术标准；协调行业内部关系，维护公平竞争秩序；研究提出煤炭产运需衔接和有关政策的建议。③研究制订煤炭工业体制改革的政策和措施，指导国有煤炭企业改革、改组，建立现代企业制度，推动国有煤炭企业兼并破产、扭亏增盈、转产分流，实施再就业工程。④组织实施国有重点煤矿下放工作。⑤依法整顿煤炭生产和经营秩序，关停违法开办和经营的各类煤矿。⑥推动直属事业单位的改革，使其面向社会、进入市场、减少补贴、减员增效。⑦掌握和分析煤炭工业生产动态，汇集、分析和发布国内外煤炭经济技术和市场信息，提供信息咨询服务。⑧组织政府间煤炭工业经济技术合作与交流。⑨承办国务院和国家经济贸易委员会交办的其他事项。

根据上述主要职责，国家煤炭工业局设办公室（外事司）、企事业改革司（企业下放办公室）、规划发展司、行业管理司（地方乡镇煤矿整顿办公室）、人事司等5个职能司（室）。人员编制由原煤炭工业部时的310人压缩到95人。新组建的煤炭工业局局长、党组书记由张宝明担任，副局长由王显政（党组成员、副部长级）、王君（党组成员、副部长级）、赵铁锤（党组成员）担任，濮洪九任中央纪委驻国家煤炭工业局纪检组组长（党组成员、副部长级）。到1998年8月底，原隶属煤炭工业部直管的94户国有重点煤矿，以及之前随煤矿上收的174个企事业单位，包括2397亿元资产、320万职工和133万离退休人员，全部下放给地方管理。煤矿安全生产监管职能交由国家经济贸易委员会，由经贸委内设的安全生产局负责。

煤炭工业部撤销后安全监管职能相对削弱，煤矿事故增多。1998年相继发生了辽宁阜新矿务局王营煤矿瓦斯爆炸事故（死亡74人）、河南平顶山市石龙区砂石岭煤矿瓦斯爆炸事故（死亡62人）、宝丰县大营镇一矿瓦斯爆炸事故（死亡66人）等特别重大事故。全年发生一次死亡10人以上事故79起，死亡1528人，大约每4.6天发生一起。与国外相比差距更大。1998年，中国原煤产量13.36亿吨，统计上来的煤矿事故死亡人数为6134人[①]，百万吨死亡率4.591。一些非法小煤矿发生死亡事故往往"私了"或隐瞒不报，真实死亡人数可能更多。1998年，美国产煤约10亿吨，事故死亡29人，百万吨死亡率接近

---

① 国家经贸委安全生产局统计1998年全国煤矿事故死亡7508人。姜汉信在其《关于改革我国煤矿安全保障体制的建议》中说："1998年煤矿事故死亡人数过万"。本书引用的为国家煤炭工业局统计数据。

0.03；波兰产煤 3 亿吨，事故死亡 45 人，百万吨死亡率约 0.23。同为发展中国家的南非、印度等国煤矿，其安全指标都远远好于中国煤矿。南非当年产煤 2.1 亿吨，事故死亡 48 人，百万吨死亡率约 0.23；印度当年产煤 2.9 亿吨，事故死亡 137 人，百万吨死亡率约 0.5。"而我国，即使设备和条件都有一定基础的国有煤矿，目前百万吨死亡率仍高达 1 以上"；"煤矿安全状况不好，不适应我国改革和发展的形势，直接影响着我国的政治形象，有损于社会主义制度的优越性，无论如何不能再继续下去了"①。

在国家煤炭工业局 1999 年 1 月组织召开的全国煤炭工业工作会议上，国家经贸委相关负责人发表讲话，指出了煤矿安全监管与煤炭行业管理相分离的不合理性，显示出深化煤矿安全监管体制改革的现实必要性和迫切性。他讲：这次机构改革，煤矿安全管理的职能转到国家经贸委；安全生产工作对煤炭工业来说是最重要的，国家煤炭工业局作为全国煤炭工业的主管部门，在煤矿安全上仍负有责任；中央编办批准国家煤炭工业局的编制是五个司室，没有安全生产，尽管没有人，从机构编制上没有增加，但是这个工作你还要做；"经贸委管安全，但许多工作还要靠委管国家局来干，劳动部过去是三个局管这个事，现在划给我 20 个人来抓这项工作，管得了吗"；管煤炭工业的"你不管安全，将来怎么弄"；"在当前最困难的条件下，无论如何也得抽几个人抓安全工作"，切实加强煤矿安全生产②。

煤矿安全管理滑坡、事故多发的严峻形势，引起从中央领导到社会各界的广泛关注。1998 年 12 月 2 日，总理朱镕基针对河南省平顶山市大营镇一矿瓦斯爆炸事故作出批示：整顿煤炭行业刻不容缓，最近连续发生煤矿死亡事故，经贸委应集中通报全国，引起警觉。1999 年 3 月，中办信访局《群众反映》第 31 期登载了美籍华裔采矿专家、美国长壁采煤研究中心负责人姜汉信《关于改革煤矿安全保障体制的建议》。文章指出美国煤矿由灾害频发到基本不发生伤亡事故，很重要的一条就是按照 1977 年国会通过的《联邦安全与健康条例》，建立了联邦矿山安全与健康管理局（MSHA）和安全监察员队伍，授权其对煤矿等矿山企业进行强制性安全监察、强制性安全培训，依法对煤矿事故进行调查处理。为此他建议学习借鉴国外经验，组建中国的煤矿安全监察机构和监察员队伍。姜汉信在《建议》中说：需要特别提醒的是，在当前政府忙于精简机构的同时，切忌画地为牢、一刀切下；煤矿安全保障体制改革旨在挽回国家财产和人民生命的巨

---

① 国家煤炭工业局（国家煤矿安全监察局）局长张宝明在全国煤矿安全监察工作会议上的讲话。出自《十五大以来煤炭工业主要文献选编》，煤炭工业出版社，2007 年 1 月。

② 出自国家经贸委副主任石万鹏在全国煤炭工业工作会议上的讲话（录音整理稿）。

大损失,过去被遗漏和忽视了的机构建设,不仅不应削弱,反应加强;"目前国家煤炭工业局已经完全和原所属企业脱钩,这就为彻底改革和建立独立的国家级矿山安全监察机构创造了优越的条件"。总理朱镕基、副总理吴邦国就此作出批示,要求有关部门予以高度重视,借鉴美国等先进国家经验,研究提出"改革煤矿安全保障体制的具体办法,将煤矿事故大大降下来"。

国家经贸委、国家煤炭工业局会同中央机构编制委员会办公室在深入调查研究、广泛征求各方面意见的基础上,提出了煤矿安全监察管理体制改革的方案。1999年12月30日国务院批转了这个方案,决定实施煤矿安全监察管理体制改革,国家煤炭工业局加挂国家煤矿安全监察局牌子,在继续负责煤炭行业管理的同时,履行煤矿安全监察职责。并将原煤炭工业部直属的河北、山西、内蒙古、辽宁、吉林、黑龙江、山东、江西、河南、湖南、重庆、四川、贵州、云南、陕西15个煤炭工业管理局,以及安徽省、甘肃省、宁夏回族自治区3个省(区)所属的煤炭工业管理部门,改组为省级煤矿安全监察局,作为国家煤矿安监局的直属机构,接受国家煤矿安监局和所在省(自治区、直辖市)政府的双重领导。并在全国68个大型煤炭矿区设立了煤矿安全监察办事处,作为省级煤矿安全监察局的派出机构。

2000年1月10日,国家煤矿安全监察局在北京西郊宾馆召开成立大会。随后,中央机构编制委员会办公室、国家煤矿安全监察局联合印发《关于各地煤矿安全监察局行政编制分配和办事处设置方案的通知》,明确在全国设置19个省级煤矿安全监察局、68个办事处,人员编制2800名。煤矿安全监察系统实行全国统一垂直管理,其安全监察业务工作以及行政编制、干部任免、人员经费等一概由国家煤矿安监局和中央有关部门统一管理、统筹解决。

2000年3月29日,全国首个省级煤矿安全监察机构——辽宁煤矿安全监察局揭牌仪式在沈阳举行。2000年下半年和2001年一季度,19个省级煤矿安全监察局陆续挂牌并正式开展工作,见表8-1。

表8-1 省级煤矿安全监察局行政编制分配和办事处设置方案

直属局	编制合计(人)	机关编制(人)	办事处编制(人)	办 事 处 设 置
河北	155	60	95	邢台、邯郸、唐山、张家口
山西	220	75	145	西山、大同、阳泉、长治、临汾、吕梁
内蒙古	155	60	95	乌海、包头、赤峰、海拉尔

表8-1（续）

直属局	编制合计（人）	机关编制（人）	办事处编制（人）	办事处设置
辽宁	155	60	95	沈阳、铁法、阜新、锦州
吉林	120	45	75	辽源、白山、延吉
黑龙江	155	60	95	鸡西、鹤岗、双鸭山、七台河
山东	155	60	95	淄博、济宁、枣庄、泰安
河南	180	60	120	郑州、洛阳、鹤壁、平顶山、商丘
安徽	120	50	70	淮南、淮北、铜陵
江西	115	45	70	萍乡、宜春、景德镇
湖南	130	50	80	郴州、衡阳、娄底、常德
四川	130	50	80	攀枝花、宜宾、广元、达州
重庆	115	45	70	重庆、綦江、万州
贵州	150	60	90	林东、水城、盘江、遵义
云南	115	45	70	曲靖、大理、红河
陕西	130	50	80	铜川、渭南、榆林、咸阳
甘肃	100	45	55	兰州、平凉
宁夏	90	45	45	大武口、灵武
新疆	100	45	55	奎屯、库尔勒
合计	2590	1010	1580	68个
机动编制	210			
总计	2800			

第二节 与国家煤炭工业局实行"一个机构、两块牌子"的国家煤矿安全监察局（2000年1—12月）

一、国家煤炭工业局、国家煤矿安全监察局领导班子成员

局长、党组书记：张宝明

副局长、党组成员：王显政（副部长级）

副局长、党组成员：赵铁锤

党组成员、中央纪委驻国家局纪检组组长：濮洪九

二、国家煤矿安全监察局的职责

国务院办公厅1999年12月30日批转的《煤矿安全监察管理体制改革实施方案》，明确了国家煤矿安全监察局的11项工作职责。

（1）研究拟定煤矿安全生产工作的方针、政策，组织起草有关煤矿安全生产的法律、法规草案，制定煤矿安全生产规章、规程，拟定煤炭工业安全标准，提出保障煤矿安全的规划和目标。

（2）贯彻执行国家关于煤矿安全生产的方针、政策和法律、法规及有关规章，履行国家煤矿安全监察职责。

（3）组织调查和处理煤矿重大、特大事故，负责全国煤矿事故与职业危害的统计分析，发布全国煤矿安全生产信息。

（4）指导有关煤矿安全生产的科研工作，组织煤矿使用的设备、材料、仪器仪表的安全监察管理工作。

（5）拟定开办煤矿的安全标准，组织煤矿建设工程安全设施的设计审查和竣工验收，组织对不符合安全生产标准的煤炭企业的查处工作。

（6）组织、指导煤炭企业安全生产技术培训工作，负责煤炭企业主要经营管理者安全资格认证工作。

（7）监督检查煤矿职业危害的防治工作。

（8）组织、指导和协调煤矿救护队及其应急救援工作。

（9）按照干部管理权限负责直属煤矿安全监察机构的干部管理工作，组织煤矿安全监察人员的培训、考核工作。

（10）开展煤矿安全生产方面的国际交流与合作。

（11）承办国务院和国家经贸委交办的其他事项。

三、国家煤矿安全监察局内设机构及其负责人

2000年3月，中央机构编制委员会办公室发出《关于国家煤炭工业局内设机构调整的批复》，同意国家煤炭工业局规划发展司、行业管理司（地方乡镇煤矿整顿与安全监察办公室）、企事业改革司（企业下放办公室），分别加挂国家煤矿安全监察局安全技术装备保障司、政策法规司和安全监察司的牌子。

2000年8月，国家煤炭工业局、国家煤矿安全监察局发出机构设置方案的通知。局机关内设以下8个司室：

(1) 办公室（外事司），内设综合处（保密办公室）、秘书处、国际合作处、财务处（资产管理处）、信访接待室。

办公室（外事司）负责人：主任（司长）刘玉华，副职（含正副司局级领导职务和非领导职务）田玉章、柏然、林苏东。

(2) 规划发展司（安全技术装备保障司），内设综合基建处（工程安全处）、规划处（安全技术处）、结构调整处（安全装备处）。

规划发展司（安全技术装备保障司）负责人：司长姜庆俊，副职（含正副司局级领导职务和非领导职务）何学秋、王浩。

(3) 政策法规司，内设综合处、调研处、法规处（执法监督处）。

政策法规司负责人：司长吴晓煜，副职（含正副司局级领导职务和非领导职务）黄毅、石少华。

(4) 煤矿安全监察司，内设综合处（规程标准处）、安全监察处（职业危害监察处）、事故调查处。

煤矿安全监察司负责人：司长蔚茂河，副职王树鹤。

(5) 行业管理司，内设兼并破产处、综合管理处（运销协调处）。

行业管理司负责人：司长吴吟。

(6) 企事业改革司，内设综合管理处、企事业改革处、财务处（劳动保障处）。

企事业改革司负责人：司长谢玉清，副职徐汉才。

(7) 人事司，内设直属干部处（机关干部处）、综合管理处（劳动工资处）、安全培训处（教育处）、机关党委办公室（群工处）。

人事司负责人：司长路德信，副职黄玉治。

(8) 地方乡镇煤矿整顿与安全监察办公室，内设综合处、地方乡镇煤矿管理处、地方乡镇煤矿安全监察处。

地方乡镇煤矿整顿与安全监察办公室负责人：主任梁嘉琨。

四、省级煤矿安全监察机构、煤炭工业管理部门的合与分

国家煤矿安全监察局与国家煤炭工业局实行"一个机构、两块牌子"期间，煤矿安全监察执法职能与日常性安全管理职能相互交叉重合，共同履行。省级煤矿安全监察机构尤其如此。根据《国务院办公厅关于印发煤矿安全监察管理体制实施方案的通知》要求，河北、山西、内蒙古、辽宁、吉林、黑龙江、山东、安徽、江西、河南、湖南、四川、重庆、云南、贵州、陕西、甘肃、宁夏、新疆19个省级煤矿安全监察局，都建立在原煤炭工业部直属的省级煤炭工业管理局，以及相关省区政府所属煤炭工业局的基础上。其中煤炭行业管理任务比较重的12个省（自治区、直辖市），按规定可以暂在煤矿安全监察局加挂"××省（自治区、直辖市）煤炭工业局"的牌子，履行煤炭行业管理职能。这些地区的煤矿安全监察局，既是国家煤矿安全监察局的直属机构，又是所在省（自治区、直辖市）政府的工作机构，其煤矿安全监察业务以国家煤矿安全监察局管理为主，煤炭行业管理业务以所在省（自治区、直辖市）政府管理为主。因此，各省级煤矿安全监察局在其挂牌运行后的一段时间里，一方面代表国家履行煤矿安全监察行政执法职能；另一方面又代表地方政府对本地煤矿安全生产作出安排部署，实施日常性监督管理。

在2000年12月召开的煤矿安全监察会议上，国家经贸委主任盛华仁就此作出阐述："现在有一个问题，为了使机构尽快组建起来，下面（省级）是煤矿安全监察局和煤炭工业局（一个机构）两块牌子，煤炭工业局是地方部门，煤矿安全监察局是垂直领导。国家煤炭工业局今年年底完成历史使命、撤销以后，各个省的煤矿安全监察局和煤炭工业局要分开，不能既当运动员，又当裁判员，自己监督自己。下面要尽快分开。分开以后，才能一心一意加强煤矿安全监察工作"[①]。

2000年12月20日，国务院副总理吴邦国对全国煤矿安全监察会议作出批示，要求抓紧建立健全煤矿安全监察工作运行机制；国家煤矿安全监察机构要与地方政府的煤炭工业局彻底分开，越快越好；煤炭工业局（行业管理、安全生产日常性管理）职能要划给经贸委，建立独立的依法行政的安全监察系统；"又当队员，又作裁判，是难以依法监督的"；要落实安全责任制，煤矿要有人管安全，有职有权，也承担相应的责任；责任要落实到人，不能来个集体负责。

随后下发的《国务院办公厅关于进一步做好关闭整顿小煤矿和煤矿安全生产工作的通知》要求：凡加挂煤炭工业局牌子的省级煤矿安全监察局，2001年底之前都要完成机构、职能、人员的分离工作，使煤矿安全监察机构的工作重心真正转移到安全监察执法上来。中央机构编制委员会办公室发出通知，撤销挂在各个省级煤矿安全监察局的省（自治区、直辖市）煤炭工业局牌子，省级煤炭行业管理职能交由省级经贸部门承担。省级煤炭工业局牌子撤销后，各省（自治区、直辖市）经贸部门可设置专门处级机构承担所移交的煤炭行业管理职能。同时规定省级煤矿安全监察机构与当地煤炭工业管理机构分离之后，完全脱离地

---

① 国家经贸委主任盛华仁在煤矿安全监察会议上的讲话。出自《十五大以来煤炭工业主要文献选编》，煤炭工业出版社，2007年1月。

方政府管理序列，接受国家煤矿安监局的直接领导，独立履行职责职能。

国务院2000年底颁布施行的《煤矿安全监察条例》，构建了煤矿安全监察行政处罚制度、煤矿安全监察执法监督制度、煤矿安全监察信息与档案管理制度、煤矿安全监察员管理制度等，在法律制度上实现了国家监察与地方监管的彻底分开，也使"又当队员、又作裁判"的问题最终得到解决。

五、国家煤矿安全监察局建立之初的重点工作

（1）按照精简、统一、效能原则，开展国家和省级煤矿安全监察机构组建工作。对国家局内设机构及其负责人进行了调整。推动省级煤矿安全的国家监察职能与地方监管职能分开，落实省级局的6项基本职责：贯彻落实国家关于煤矿安全生产的方针、政策和法律、法规及规章、规程；按照分级管理的原则和上级授权，组织查处煤矿伤亡事故；组织、指导煤矿安全生产技术培训、职业危害防治、煤矿救护队及其应急救援工作；负责煤矿使用的设备、材料、仪器仪表的安全监察管理工作；查处不符合安全生产标准的煤炭企业；承办国家煤矿安全监察局交办的其他事项。

（2）坚持公开考试、择优录用，选拔煤矿安全监察员和办事处负责人，组建煤矿安全监察办事处。全国68个煤矿安全监察办事处编制定员1580人。至2000年12月底，有1073人走完选拔录用程序、入职上岗，各办事处的主任、副主任和党支部书记全部到位。大多数办事处有了固定的办公场所。制定办事处思想作风建设和工作规范，出台《煤矿安全监察干部管理办法》，提高煤矿安全监察员思想和业务素质，确保各办事处在省（自治区、直辖市）煤矿安全监察局的领导下，做好划定区域内煤矿的安全监察和执法工作。

（3）开展煤矿安全监察执法业务培训。采取分级培训办法，组织省级煤矿安全监察机构人员和办事处新录入的1073名监察员，系统学习煤矿安全生产方针政策、法律法规，煤矿安全监察执法内容和程序，经培训取得合格证、持证上岗。

（4）本着"依法行政、垂直管理、分级负责、强化督查"的原则，围绕大幅度减低事故率和死亡人数，以党和国家安全生产方针政策和法律法规的贯彻落实情况、煤矿安全生产责任制和技术措施落实情况、不具备安全生产条件的小煤矿整顿关闭情况、关井压产和结构调整实施情况等为重点，开展监察执法。

（5）依法查处山西省临汾地区古县永乐乡煤矿"4·15"瓦斯爆炸事故、山西省大同矿务局永定庄煤矿"9·5"瓦斯爆炸事故、贵州省水城矿务局木城沟煤矿"9·27"瓦斯煤尘爆炸事故、河北省邯郸市沙果园煤矿"10·13"瓦斯爆炸事故、吉林省辽源矿务局西安煤矿矿办小井"11·5"瓦斯爆炸事故、内蒙古自治区呼伦贝尔煤业集团大雁煤业公司二矿"11·25"瓦斯爆炸事故等特别重大事故。

（6）宣传贯彻和实施《煤矿安全监察条例》，制定实施细则和监察执法程序，把煤矿安全监察纳入法制化轨道。

第三节　与国家安全生产监督管理局"一个机构、两块牌子"的国家煤矿安全监察局（2001年1月至2005年3月）

一、这一时期的体制特征和省级煤矿安全监察机构设置情况

2000年12月底，国务院办公厅发出《关于印发国家安全生产监督管理局（国家煤矿安全监察局）职能配置、内设机构和人员编制规定的通知》，明确国家煤矿安全监察局与新成立的国家安全生产监督管理局实行"一个机构、两块牌子"。

这一时期的全国安全生产监管监察体制，具有"垂直管理与分级负责相结合"的特点。在2000年12月初召开的煤矿安全监察工作会议上，国家经贸委负责人就此解释道：国家安全生产监管体制改革后，在国家层面上，是国家安全监管总局与煤矿安监局两块牌子、一套机构、一个领导班子；然而对下、对全国而言，则"实行两种体制，煤矿安全监察机构是垂直管理，安全生产监督管理机构是分级管理，地方上两个机构不合并"；"省里有省级煤矿安全监察局，地方经贸委还有安全生产监督管理机构，是经贸委的委管局，也是同级政府安全生产委员会的办事机构，煤矿安全监察局在地方上要接受地方政府安全生产委员会的指导"。

根据国家经贸委和有关方面的要求，大多数省级煤矿安全监察局与省（自治区、直辖市）安全生产监督管理局分别设立，各自独立履行职责。一些煤矿安全生产任务较重的省份，则实行煤矿安监局、安全监管局合署办公。合署办公的省级煤矿安全监察局、安全生产监管局，其人员分为国家和地方两种编制，正职领导通常情况身兼两职，副职领导则有明确分工，煤矿安全监察与安全生产监管两种职责的界限清晰、责任明确，一般不发生混淆。

与省（自治区、直辖市）安全生产监督管理局合署办公的7个省级煤矿安

全监察机构：

(1) 山西煤矿安全监察局（山西省安全生产监督管理局）。
(2) 河南煤矿安全监察局（河南省安全生产监督管理局）。
(3) 湖南煤矿安全监察局（湖南省安全生产监督管理局）。
(4) 四川煤矿安全监察局（四川省安全生产监督管理局）。
(5) 内蒙古煤矿安全监察局（内蒙古自治区安全生产监督管理局）。
(6) 北京市安全生产监督管理局（北京煤矿安全监察办事处）。
(7) 新疆生产建设兵团煤矿安全监察办事处（新疆生产建设兵团安全生产监督管理局）。

二、国家安全监管局（国家煤矿安监局）内设煤矿安全监察业务部门

(一) 煤矿安全监察一司

煤矿安全监察一司负责国有煤矿的安全监察工作。主要职责是依法监察大中型煤矿企业贯彻执行安全生产法律、法规情况及其安全生产条件、设备设施安全和作业场所职业卫生情况，对不具备安全生产条件的大中型煤矿依法进行查处；组织大中型煤矿建设工程安全设施的设计审查和竣工验收；指导和监督大中型煤矿安全评估工作；依法组织或参与大中型煤矿特大和特别重大事故的调查处理并监督事故查处的落实情况；指导协调或参与大中型煤矿事故应急救援工作；负责为煤矿服务的其他煤炭企业的安全生产监督检查工作。

煤矿安全监察一司的负责人见第四章第二节。

(二) 煤矿监察二司

煤矿监察二司负责小煤矿的安全监察工作。主要职责是依法监察小煤矿贯彻执行安全生产法律、法规情况及其安全生产条件、设备设施安全和作业场所职业卫生情况，对不具备安全生产条件的小型煤矿依法进行查处；组织小型煤矿建设工程安全设施的设计审查和竣工验收；指导和监督小型煤矿安全评估工作；依法组织或参与小型煤矿特大和特别重大事故的调查处理，并监督事故查处的落实情况；指导协调或参与小型煤矿事故应急救援工作。

煤矿安全监察二司的负责人见第四章第二节。

三、煤矿安全监察工作机制和体系的健全完善

(一)《国务院关于完善煤矿安全监察体制的意见》相关规定

针对煤矿安全监察体系在实际运行中遇到的问题，主要是国家监察与地方监管的职责划分不明确、协调机制不健全，以及监察体系自身建设存在的一些问

题，国务院办公厅于 2004 年 11 月印发《关于完善煤矿安全监察体制的意见》，按照权责一致和充分发挥各方面积极性的原则，对现行煤矿安全监察工作机制进行了调整完善。

（1）明确煤矿安全国家监察、地方监管职责权限。国家煤矿安全监察机构主要职责：对煤矿安全实施重点监察、专项监察和定期监察，对煤矿违法违规行为依法做出现场处理或实施行政处罚；对地方煤矿安全监管工作进行检查指导；负责煤矿安全生产许可证的颁发管理工作和矿长安全资格、特种作业人员的培训发证工作；负责煤矿建设工程安全设施的设计审查和竣工验收；组织煤矿事故的调查处理。

地方煤矿安全监管机构的主要职责：对本地区煤矿安全进行日常性的监督检查，对煤矿违法违规行为依法做出现场处理或实施行政处罚；监督煤矿企业事故隐患的整改并组织复查；依法组织关闭不具备安全生产条件的矿井；负责组织煤矿安全专项整治；参与煤矿事故调查处理；对煤矿职工培训进行监督检查。根据上述职责，省级人民政府结合本地实际情况对地方煤矿安全监管机构及其职责做出具体规定。

（2）建立健全煤矿安全监察、监管协调工作机制。设在地方的煤矿安全监察机构和有关地方人民政府及其相关部门，要加强联系、密切配合、协调行动，建立工作通报和信息交流制度，及时通报行政执法情况及有关资料，煤矿安全监察机构在颁发煤矿安全生产许可证等工作中听取地方相关部门的意见；建立联席会议制度，及时协商解决煤矿安全监察、监管工作中的重大问题；完善联合执法机制，杜绝重复执法和"一事两罚"，努力提高执法效率。具体办法由煤矿安全监察机构商当地有关部门研究制定。

（3）加强国家煤矿安全监察机构对地方煤矿安全监管工作的检查指导。为保证国家有关煤矿安全生产法律法规的贯彻实施，协助地方搞好煤矿安全监管工作，煤矿安全监察机构要对地方煤矿安全监管工作进行检查指导，主要内容是：贯彻落实煤矿安全法律法规、标准情况；关闭不具备安全生产条件矿井情况；煤矿安全监督检查执法情况；煤矿安全专项整治、事故隐患整改及复查情况；煤矿事故责任人的责任追究落实情况。煤矿安全监察机构要根据检查的情况，向有关地方人民政府及其有关部门提出意见和建议。

（4）完善煤矿安全监察体系，建立监察执法责任追究制度。调整煤矿安全监察机构布局，在监察任务繁重的地区适当增设煤矿安全监察机构。在湖北、广东、广西、青海、福建 5 省（自治区）增设煤矿安全监察局。将煤矿安全监察办事处更名为区域性监察分局。

(二)关于中央煤炭企业安全生产监察监管职责的规定

2004年6月,《国务院办公厅关于加强中央企业安全生产工作的通知》规定:中央企业的总公司(总厂、集团公司)安全生产监督管理工作由国家安全监管局及国务院有关部门按照职责分工负责;中央煤炭企业的安全监察工作,由煤矿安全监察机构负责。依据国务院的通知和《安全生产法》《煤矿安全监察条例》等规定,国家煤矿安全监察局承担了中央煤炭企业安全生产的监督管理和监察执法职责。

(三)健全完善煤矿安全监察工作体系的其他举措

2002年3月29日,中央编办批复成立国家煤矿安全监察局北京煤矿安全监察办事处、新疆生产建设兵团煤矿安全监察办事处,为处级建制,由国家煤矿安全监察局管理。随后,中央编办批复同意将北京煤矿安全监察分局、新疆生产建设兵团煤矿安全监察分局,分别更名为北京煤矿安全监察局、新疆生产建设兵团煤矿安全监察局,实行国家煤矿安监局与地方政府双重领导、以国家煤矿安全监察局领导为主的管理体制。

2005年1月,中央机构编制委员会办公室、国家煤矿安全监察局联合发出《关于组建福建、湖北、广东、广西、青海煤矿安全监察局有关事项的通知》。规定福建、湖北、广东、广西、青海煤矿安全监察局为国家煤矿安全监察局直属机构,实行国家煤矿安全监察局与地方政府双重领导、以国家煤矿安全监察局领导为主的管理体制。其中湖北、广东、广西煤矿安全监察局为正厅局级建制,福建、青海煤矿安全监察局为副厅局级建制。

到2005年3月,成立国家安全监管总局、独立设置国家煤矿安全监察局之前,全国省级煤矿安全监察局26个,区域性煤矿安全监察分局71个,煤矿安全监察人员约2700人。

四、这一时期煤矿安全监察重点工作

(1)贯彻瓦斯防治"十二字方针",开展瓦斯治理攻坚。国家煤矿安监局在深入分析中国煤矿瓦斯防治工作现状、差距和原因的基础上,提出了"先抽后采、监测监控、以风定产"瓦斯防治"十二字方针"。2002年8月下旬,在辽宁铁法召开全国煤矿瓦斯治理现场会,总结推广铁法煤业集团公司、沈阳煤业集团公司等企业的先进经验。现场会后,狠抓瓦斯防治工作责任体系的建立健全;指导督促煤炭企业加大投入,完善监测监控、抽采利用等基础设施;加强技术管理,建立完善瓦斯治理的技术保障体系;实施重点监控,做到关口前移,防患未然。国家煤矿安监局建立了对瓦斯灾害严重的国有煤矿实行重点监控制度,将全国范围内2000年以来曾发生过特大瓦斯爆炸事故、高瓦斯及煤与瓦斯突出、瓦斯隐患严重以及安全欠账较多的通化、辽源、乌达、双鸭山、义马、广旺、达竹、平庄、宁夏、包头等45个矿务局（公司）列为重点监控对象。从有关煤炭社团组织、科研机构和院校、省级煤矿安全监察和煤炭行业管理部门、国有大中型煤矿，聘请1000名特聘安全监督员，对45个重点监控对象的矿井通风系统情况，以及以风定产情况、瓦斯监控系统装备情况、"四位一体"综合防突措施落实情况、瓦斯检查制度制定与落实情况等，严格监督监察。2005年2月23日召开的国务院第81次常务会议，听取了国家煤矿安监局关于煤矿瓦斯防治和安全生产工作情况的汇报，决定在以往工作的基础上，采取七项标本兼治措施深入开展煤矿瓦斯治理攻坚战，并成立煤矿瓦斯防治工作部际协调领导小组统筹这方面工作。

（2）开展安全质量标准化煤矿建设，努力夯实煤矿安全生产基础。2003年10月22日，国家煤矿安监局在黑龙江七台河召开煤矿安全质量标准化现场会，对下一步的安全质量标准化工作做出安排部署。要求不仅国有大矿要搞标准化建设，所有保留下来的合法小煤矿也都要搞。经过三五年的努力，争取80%的大中型矿井和50%的小矿达到规定的安全质量标准，使中国煤矿安全生产和煤炭工业总体面貌，有一个根本性的变化。

（3）深化整顿关闭，提升小煤矿安全素质。在山西晋城召开了现场会，推广煤矿整顿关闭工作经验和小煤矿瓦斯数字化远程监控系统。到2004年底，地方国有煤矿和乡镇煤矿中的绝大部分高瓦斯、煤与瓦斯突出矿井，建立瓦斯监测监控系统，一些地方实现了县区范围内联网。

（4）做好煤矿重特大事故抢险救援和依法查处工作。江苏徐州贾汪镇岗子村五副井"7·22"瓦斯爆炸事故（2001年），黑龙江鸡西矿业集团城子河煤矿"6·20"瓦斯爆炸事故（2002年），山西省吕梁地区孝义市孟南庄煤矿"3·22"瓦斯煤尘爆炸事故（2003年）、大同市左云县杏儿沟煤矿"8·11"瓦斯爆炸事故（2003年），江西省丰城矿务局建新煤矿"11·14"瓦斯爆炸事故（2003年），河南省郑州煤业集团公司大平矿"10·20"瓦斯爆炸事故（2004年），陕西省铜川矿务局陈家山煤矿"11·28"特别重大瓦斯爆炸事故（2004年），辽宁省阜新矿业集团孙家湾煤矿海州立井"2·14"瓦斯爆炸事故（2005年）等煤矿特别重大事故发生后，国家煤矿安全监察局负责人和相关业务司、矿山救援指挥中心人员都及时赶赴事故现场，组织指导抢险救援，协助地方政府做好相关工作；依法进行事故的调查处理，在查清事故原因的基础上，提出责任追究和处理意见；总结事故教训，制定加强改进煤矿安全生产工作的对策措施。

第四节　由国家安全生产监督管理总局管理的国家煤矿安全监察局（2005年3月至2018年3月）

随着国家安全监管局调整为国家安全监管总局和国家煤矿安全监察局的单独设立，将2000年实行"一个机构、两块牌子"体制的国家煤矿安全监察局改设为部委管理的相对独立的行政执法部门，进入国务院机构序列，履行全国煤矿安全监察职能。

单独设立后（2005年3月至2018年3月）国家煤矿安全监察局历任领导班子成员和有关人员一览

局　　长：赵铁锤、付建华（2012年2月）、黄玉治（2014年12月）。

副局长（总工程师）：付建华、王树鹤（兼总工程师）、彭建勋、黄毅、黄玉治、李万疆、杨富、宋元明、桂来保。

安全总监：支同祥、商登莹。

一、国家煤矿安监局机构定位、基本职责、人员编制

从2005年3月单独设立到2018年3月国家安监总局撤并，国家煤矿安全监察局先后执行过三个"三定"规定（通知）。

（一）2005年3月国务院办公厅"三定"通知所作出的规定

1. 机构定位

国务院办公厅《关于国家安全生产监督管理局（国家煤矿安全监察局）机构调整的通知》规定：单设国家煤矿安全监察局（副部级）。国家煤矿安全监察局是国家安全生产监督管理总局管理的行使国家煤矿安全监察职能的行政机构。

2. 基本职责

划入原国家安全生产监督管理局（国家煤矿安全监察局）承担的国家煤矿安全监察职责；加强对地方煤矿安全监督管理工作的监督检查，保证国家有关煤矿安全生产法律法规的贯彻实施。其主要职责：

（1）研究煤矿安全生产工作的方针、政策，参与起草有关煤矿安全生产的法律、法规，拟定煤矿安全生产规章、规程和安全标准，提出煤矿安全生产规划和目标。

（2）按照国家监察、地方监管、企业负责的原则，依法行使国家煤矿安全监察职权。依法监察煤矿企业贯彻执行安全生产法律、法规情况及其安全生产条件、设备设施安全和作业场所职业卫生情况，负责职业卫生安全许可证的颁发管理工作；对煤矿安全实施重点监察、专项监察和定期监察，对煤矿违法违规行为依法做出现场处理或实施行政处罚。

（3）组织或参与煤矿重大、特大和特别重大事故调查处理，负责全国煤矿事故与职业危害的统计分析，发布全国煤矿安全生产信息。

（4）指导煤矿安全生产科研工作，组织对煤矿使用的设备、材料、仪器仪表的安全监察工作。

（5）负责煤矿安全生产许可证的颁发管理和矿长安全资格、煤矿特种作业人员（含煤矿矿井使用的特种设备作业人员）的培训发证工作。

（6）组织煤矿建设工程安全设施的设计审查和竣工验收，对不符合安全生产标准的煤矿企业进行查处。

（7）检查指导地方煤矿安全监督管理工作，对地方贯彻落实煤矿安全生产法律法规、标准，关闭不具备安全生产条件矿井，煤矿安全监督检查执法，煤矿安全生产专项整治、事故隐患整改及复查，煤矿事故责任人的责任追究落实等情况进行监督检查，并向有关地方人民政府及其有关部门提出意见和建议。

（8）组织、指导和协调煤矿应急救援工作。

（9）承办国务院、国务院安全生产委员会及国家安全生产监督管理总局交办的其他事项。

3. 内设机构和人员编制

国家煤矿安全监察局内设综合司（技术装备司）、安全监察司、事故调查司。机关行政编制为48名（含国家煤矿安全监察专员编制）。其中局长1名，副局长4名（其中1名兼总工程师），正副司长职数10名，煤矿安全监察专员6名（司局级）。

4. 相关规定

（1）国家煤矿安全监察局的综合性业务和人事党务、机关财务后勤、煤矿安全监察人员的考核和组织培训等事务，依托国家安全生产监督管理总局管理。

（2）设在地方的煤矿安全监察局由国家安全生产监督管理总局领导，国家煤矿安全监察局负责业务管理。国家煤矿安全监察局可单独向设在地方的煤矿安全监察局行文，重要文件经国家安全生产监督管理总局审议，必要时可以国家安全生产监督管理总局名义行文或联合行文。国家煤矿安全监察局对设在地方的煤矿安全监察局的领导班子成员任免提出建议，由国家安全生产监督管理总局任免。设在地方的煤矿安全监察局的财务、发展规划和科技项目，经国家安全生产监督管理总局综合平衡后统一上报，由国家煤矿安全监察局下达并实施管理。

（3）国家煤矿安全监察局负责煤矿作业场所职业卫生的监督检查工作，组织查处职业危害事故和有关违法行为；卫生部负责拟订职业卫生法律法规、标准，规范职业病的预防、保健、检查和救治，负责职业卫生技术服务机构资质认定和职业卫生评价及化学品毒性鉴定工作。

（二）2006 年、2007 年国务院办公厅和国家安全监管总局相关文件的规定

2006 年 7 月下发的《国务院办公厅关于加强煤炭行业管理有关问题的意见》，将煤炭行业标准制定、矿长资格证颁发管理、重大煤炭建设项目安全核准等与安全生产密切相关的煤炭行业管理职能，由国家发展改革委转移到国家安全监管总局和国家煤矿安监局。

2006 年 12 月中央编办作出批复，同意撤销煤矿安监局综合司加挂的"技术装备司"牌子，设立科技装备司、行业安全基础管理指导司，相应增加 15 名行政编制和 5 名正副司局长职数。

2007 年 1 月，安全监管总局依据国务院办公厅文件和中央编办批复，专门发文，重新对国家煤矿安全监察局内设职能机构、主要职责、处室设置和人员编制作出规定。

1. 机构定位

国家煤矿安全监察局是国家安全生产监督管理总局管理的行使国家煤矿安全监察职能的行政机构。国家煤矿安全监察局在国家安全生产监督管理总局领导下开展工作。国家安全监管总局主要通过局长或局长召开会议的形式，对煤矿安监局工作中的重大方针政策、工作部署等事项实施管理。煤矿安监局的综合性业务和人事党务、机关财务后勤、煤矿安全监察人员的考核和组织培训等事务，依托国家安全监管总局管理。设在地方的煤矿安全监察机构由国家安全监管总局领导，煤矿安监局负责业务管理。

2. 基本职责

没有变化。

3. 内设机构和人员编制

国家煤矿安全监察局内设机构由 3 个增加到 5 个，在以往综合司、安全监察司、事故调查司的基础上，增设了科技装备司、安全基础管理指导司。机关行政编制为 63 名（含国家煤矿安全监察专员编制）。其中局长 1 名，副局长 4 名（其中 1 名兼总工程师），正副司长职数 15 名，国家煤矿安全监察专员 6 名（司局级）。

4. 相关规定

国家安全监管总局与煤矿安监局在履行与安全生产相关的煤炭行业管理职能时，具体按以下分工执行：

提请国务院安委会研究的煤炭行业管理中涉及安全生产的重大方针、政策草案的拟定，由国家安全监管总局以国务院安委会办公室名义牵头负责组织，煤矿安监局配合。

国务院安委会办公室承担的国务院安委会协调煤炭行业管理涉及安全生产方面的工作、督促检查各项工作和措施的落实情况，由国家安全监管总局以国务院安委会办公室名义牵头负责。

对地方相关煤炭行业管理和煤矿企业安全基础管理工作的指导、对地方政府煤矿安全监管工作的检查指导，由煤矿安监局负责。

煤炭行业有关规范和标准，由煤矿安监局负责制定年度制（修）订计划并纳入国家安全监管总局的年度计划；规范和标准由煤矿安监局科技装备司负责组织研究拟定，国家安全监管总局政策法规司归口管理，并按程序审议通过后发布。

各省（自治区、直辖市）煤矿矿长资格培训、考核和颁证工作，由煤矿安监局负责指导和管理；矿长资格证由煤矿安监局负责统一印制。

煤矿整顿关闭工作部际联席会议，以国家安全监管总局名义组织，煤矿安监局具体负责。

国家发展改革委核准重大煤炭建设项目，征求国家安全监管总局、煤矿安监局意见时，由煤矿安监局安全监察司负责提出审核意见并对项目进行安全核准，国家安全监管总局规划科技司从规划的角度提出意见，经国家安全监管总局局长办公会议审议后以国家安全监管总局和煤矿安监局名义函复国家发展改革委。

各省（自治区、直辖市）投资主管部门、煤炭行业主管部门和省级煤矿安全监察机构联合上报的国有重点煤矿安全技术改造和瓦斯综合治理与利用项目，由煤矿安监局负责提出对方案和项目的初审意见、资金安排计划，以国家安全监管总局和煤矿安监局函，报送国家发展改革委审批后联合下达。

国家安全监管总局与煤矿安监局的其他工作关系，按照国务院办公厅《关于印发国家煤矿安全监察局主要职责、内设机构和人员编制规定的通知》和国家安全监管总局《关于印发国家安全生产监督管理总局与国家煤矿安全监察局工作关系暂行规则的通知》（安监总办字〔2005〕13号）执行。

（三）2008年7月国务院办公厅下达"三定"通知中的规定

1. 机构定位

国务院办公厅2008年7月印发《国家煤矿安全监察局主要职责、内设机构和人员编制规定》：根据《国务院关于部委管理的国家局设置的通知》设立国家煤矿安全监察局（副部级），为国家安全生产监督管理总局管理的国家局。

2. 基本职责

取消已由国务院公布取消的行政审批事项；将设在地方的煤矿安全监察机构负责的煤矿矿长安全资格和特种作业人员（含煤矿矿井使用的特种设备作业人员）操作资格考核发证工作，交给地方政府有关部门承担；加强对地方政府煤矿安全生产监督管理工作监督检查职责。国家煤矿安监局的主要职责：

（1）拟订煤矿安全生产政策，参与起草有关煤矿安全生产的法律法规草案，拟订相关规章、规程、安全标准，按规定拟订煤炭行业规范和标准，提出煤矿安全生产规划。

（2）承担国家煤矿安全监察责任，检查指导地方政府煤矿安全监督管理工作。对地方政府贯彻落实煤矿安全生产法律法规、标准，煤矿整顿关闭，煤矿安全监督检查执法，煤矿安全生产专项整治、事故隐患整改及复查，煤矿事故责任人的责任追究落实等情况进行监督检查，并向地方政府及其有关部门提出意见和建议。

（3）承担煤矿安全生产准入监督管理责任，依法组织实施煤矿安全生产准入制度，指导和管理煤矿有关资格证的考核颁发工作并监督检查，指导和监督相关安全培训工作。

（4）承担煤矿作业场所职业卫生监督检查责任，负责职业卫生安全许可证的颁发管理工作，监督检查煤矿作业场所职业卫生情况，组织查处煤矿职业危害事故和违法违规行为。

（5）负责对煤矿企业安全生产实施重点监察、专项监察和定期监察，依法监察煤矿企业贯彻执行安全生产法律法规情况及其安全生产条件、设备设施安全情况，对煤矿违法违规行为依法做出现场处理或实施行政处罚。

（6）负责发布全国煤矿安全生产信息，统计分析全国煤矿生产安全事故与职业危害情况，组织或参与煤矿生产安全事故调查处理，监督事故查处的落实情况。

（7）负责煤炭重大建设项目安全核准工作，组织煤矿建设工程安全设施的设计审查和竣工验收，查处不符合安全生产标准的煤矿企业。

（8）负责组织指导和协调煤矿事故应急救援工作。

（9）指导煤矿安全生产科研工作，组织对煤矿使用的设备、材料、仪器仪表的安全监察工作。

（10）指导煤炭企业安全基础管理工作，会同有关部门指导和监督煤矿生产能力核定和煤矿整顿关闭工作，对煤矿安全技术改造和瓦斯综合治理与利用项目提出审核意见。

（11）承办国务院及国家安全生产监督管理总局交办的其他事项。

3. 内设机构和人员编制

国家煤矿安全监察局设5个内设机构（副司局级）：办公室、安全监察司、事故调查司、科技装备司、行业安全基础管理指导司。机关行政编制为63名。其中局长1名，副局长4名（其中1名兼总工程师），正副司长职数15名，国家煤矿安全监察专员（部委副司局级）6名。

4. 相关规定

（1）国家安全生产监督管理总局与国家煤矿安全监察局的工作关系。国家安全生产监督管理总局主要通过局长或局长召开会议的形式，对国家煤矿安全监察局工作中的重大方针政策、工作部署等事项实施管理。

（2）国家煤矿安全监察局的综合性业务和人事党务、机关财务后勤、煤矿安全监察人员的考核和组织培训等事务，依托国家安全生产监督管理总局管理。

（3）设在地方的省级煤矿安全监察局25个、区域煤矿安全监察分局73个，行政编制2762名。设在地方的煤矿安全监察机构由国家安全生产监督管理总局领导，国家煤矿安全监察局负责业务管理。

二、单独设立初期（2005年3月至2007年1月）国家煤矿安监局内设司室及其负责人

（一）综合司（技术装备司）

综合司（技术装备司）负责机关综合性业务和煤矿安全技术装备工作。主要职责：

（1）组织协调机关办公，拟定工作规则和工作制度，组织或参与会议筹备，负责公文管理，协调相关行政事务工作。

（2）负责起草煤矿安全生产工作的方针、政策，起草重要文件、报告，发布煤矿安全生产信息。

（3）组织研究拟定煤矿安全生产发展规划，组织煤矿安全生产科研及科技成果推广工作；制定淘汰煤矿落后技术和装备目录；指导煤矿安全检测检验、安全评价、安全培训、安全咨询等社会中介机构开展相关业务。

（4）协调煤矿安全技术装备保障工作，组织煤矿使用的设备、材料、仪器仪表的安全监察工作。

（5）承办机关财务管理工作，研究提出年度办公经费和执法经费预算，并负责实施。

（6）承办机关人事劳动工资工作。

（7）负责机关行政事务、后勤服务的组织协调和落实工作。

（8）拟定外事工作计划，承办煤矿安全国际交流与合作工作。

（9）承办局领导交办的其他事项。

处室设置和人员编制：内设办公室（财务处、人事处）、秘书处、技术装备处。人员编制13名，其中正副司长职数4名，正副处长职数3名。

综合司（技术装备司）负责人：司长林冰，副职（含国家煤矿安全监察专员和国家煤矿安监局正副司级领导职务与非领导职务）吕敬民、朱凤山。

（二）安全监察司

安全监察司负责煤矿安全监察执法工作，检查指导地方政府煤矿安全监督管理工作。主要职责：

（1）研究和参与起草煤矿安全生产、煤矿安全监察有关法律法规，拟定有关规章、规程、标准和命令。

（2）负责检查指导地方政府煤矿安全监督管理工作。对地方贯彻落实煤矿安全生产法律法规、标准，关闭不具备安全生产条件的矿井，煤矿安全监督检查执法，煤矿安全生产专项整治、事故隐患排查整改及复查，煤矿事故责任人的责任追究落实等情况进行监督检查，并向有关地方人民政府及其有关部门提出意见和建议。

（3）依法监察煤矿企业贯彻执行安全生产法律、法规和方针政策情况。

（4）依法监察煤矿企业安全生产条件、设备设施安全和有关人员安全资格持证情况，依法查处不具备安全生产条件的煤矿。

（5）按照职责范围，监督检查煤矿企业建设项目安全设施"三同时"情况，依法组织煤矿建设工程安全设施的设计审查和竣工验收。

（6）负责煤矿安全生产许可证的颁发管理；指导和监督煤矿安全评估工作。

（7）依法监督检查中央管理的煤矿企业集团公司（总公司）和为煤矿服务的煤矿矿井建设施工、煤炭洗选等企业的安全生产工作。

（8）承办局领导交办的其他事项。

处室设置和人员编制：内设综合处、监察执法处、检查指导处、安全许可处。人员编制12名，其中正副司长职数3名，正副处长职数4名。

安全监察司负责人：司长宋元明，副职（含国家煤矿安全监察专员和国家煤矿安监局正副司级领导职务与非领导职务）纪国友、刘向东、杨庆生、赵振海。

（三）事故调查司

事故调查司负责煤矿事故调查处理、执法监督工作。主要职责：

（1）依法组织或参与煤矿重大、特大和特别重大事故的调查处理，并监督事故查处的落实情况。

（2）负责煤矿安全生产方面的行政复议，监督执法行为。

（3）研究和参与起草煤矿企业作业场所职业卫生监督检查、职业危害事故和有关行政处罚的法规、标准。

（4）依法监察煤矿作业场所职业卫生、煤矿企业劳动防护用品使用情况，负责全国煤矿事故与职业危害的统计分析。

（5）指导协调或参与煤矿事故应急救援工作。

（6）负责煤矿企业主要负责人、安全管理人员的安全资格、煤矿特种作业人员（含煤矿矿井使用的特种设备作业人员）的培训发证工作。

（7）负责国家煤矿安全监察专员的日常管理工作。

（8）承办局领导交办的其他事项。

处室设置和人员编制：内设综合处、事故调查处、职业健康处、执法监督处。人员编制12名，其中正副司长职数3名，正副处长职数4名。

事故调查司负责人：司长商登莹、刘云涛（2009年12月），副职（国家含煤矿安全监察专员和国家煤矿安监局正副司级领导职务与非领导职务）陈国新、王立民、刘维庸。

三、内设机构和人员编制增加后各司室职责及其负责人（2007年1月至2008年3月）

（一）综合司

综合司负责机关综合性业务。主要职责：

（1）组织协调机关办公，拟定工作规则和工作制度，组织或参与会议筹备，负责有关重要会议决定事项和重大工作部署的督促落实工作。

（2）承担公文管理、政务信息和机要保密工作，调查研究和参与起草有关政策措施及重要文件、报告。

（3）负责编报本级机关专项业务经费预算和专项资金审核及监督。

（4）研究提出机关人事任免建议，参与省级煤矿安全监察机构领导班子考核工作。

（5）承担或协调机关行政事务相关工作。

(6) 提出机关外事安排建议，参与煤矿安全相关外事工作。

(7) 承办局领导交办的其他事项。

综合司内设办公室（人事处）、秘书处（调研处）、财务处（机关事务处）。人员编制10名（含局主要领导秘书1名），其中正副司长职数3名，正副处长职数4名。

综合司负责人：司长林冰，副司长吕敬民。

（二）安全监察司

安全监察司负责煤矿安全监察执法、检查指导地方政府煤矿安全监督管理、指导煤矿整顿关闭等工作。主要职责：

(1) 依法监察煤矿企业贯彻执行安全生产方针、政策和法律、法规情况。

(2) 依法监察煤矿企业安全生产条件、设备设施安全和有关人员安全资格持证情况，依法查处不具备安全生产条件的煤矿。

(3) 负责检查指导地方政府煤矿安全监督管理工作，并向有关地方人民政府及其有关部门提出意见和建议。

(4) 负责组织开展重大煤炭建设项目的安全核准工作；依法组织煤矿建设工程安全设施的设计审查和竣工验收。

(5) 负责煤矿安全生产许可证的颁发管理工作。

(6) 指导和监督煤矿安全评估工作。

(7) 负责指导煤矿整顿关闭工作。

(8) 承办局领导交办的其他事项。

安全监察司内设综合处、监察执法处、检查指导处、安全许可处。人员编制12名，其中正副司长职数3名，正副处长职数4名。

安全监察司负责人：司长宋元明，副职（含国家煤矿安全监察专员和国家煤矿安监局正副司级领导职务与非领导职务）刘向东、杨庆生、李伟敏、刘志军。

（三）事故调查司

事故调查司负责煤矿事故调查处理、执法监督等工作。主要职责：

(1) 依法组织或参与重大、特大和特别重大事故的调查处理，并监督事故查处的落实情况。

(2) 研究和参与起草煤矿企业作业场所职业卫生监督检查、职业危害事故和有关行政处罚的法规、标准。

(3) 依法监察煤矿作业场所职业卫生、煤矿劳动防护用品使用情况；负责全国煤矿事故与职业危害的统计分析。

（4）负责国家煤矿安全监察专员的日常管理工作。

（5）负责发布煤矿安全有关信息。

（6）承办煤矿安全生产方面的行政复议，监督执法行为。

（7）指导协调或参与煤矿事故应急救援工作。

（8）承办局领导交办的其他事项。

事故调查司内设综合处、事故调查处、职业健康处、执法监督处。人员编制11名，其中正副司长职数3名，正副处长职数4名。

事故调查司负责人：司长商登莹，副职（含国家煤矿安全监察专员和国家煤矿安监局正副司级领导职务与非领导职务）：陈国新、刘维庸、赵苏启、燕明春。

（四）科技装备司

科技装备司负责煤矿标准、规范和安全技术装备保障等工作。主要职责：

（1）组织研究和参与起草煤矿安全生产、煤矿安全监察有关法律法规，拟定煤矿安全生产规章、规程、标准和命令。

（2）组织研究拟定煤矿安全生产发展规划。

（3）指导和组织制定或拟订煤炭行业规范和标准工作。

（4）组织煤矿安全生产科研及科技成果推广工作；制定淘汰煤矿落后技术和装备目录；指导煤矿安全检测检验、安全评价、安全培训、安全咨询等社会中介机构开展相关业务。

（5）协调全国煤矿安全技术装备保障工作，组织对煤矿使用的设备、材料、仪器仪表的安全监察工作。

（6）承担对国有重点煤矿安全技术改造和瓦斯综合治理与利用项目的审核工作。

（7）承担煤矿瓦斯治理有关工作。

（8）承办局领导交办的其他事项。

科技装备司内设综合处、法规标准处、科技装备处。人员编制10名，其中正副司长职数3名，正副处长职数3名。

科技装备司负责人：司长纪国友，副职（含国家煤矿安全监察专员和国家煤矿安监局正副司级领导职务与非领导职务）朱凤山、张文杰。

（五）行业安全基础管理指导司

行业安全基础管理指导司负责指导煤矿安全基础管理、安全培训等工作。主要职责：

（1）指导煤矿企业安全基础管理、安全质量标准化工作。

（2）指导和监督煤矿企业建立并落实安全隐患排查、报告和治理制度。

（3）指导和监督地方煤炭行业管理部门开展煤矿生产能力核定工作。

（4）依法监督检查中央管理的煤矿企业集团公司（总公司）和为煤矿服务的煤矿矿井建设施工、煤炭洗选等企业的安全生产工作。

（5）负责煤矿企业主要负责人、安全管理人员的安全资格、煤矿特种作业人员（含煤矿矿井使用的特种设备作业人员）的培训发证工作。

（6）指导和管理煤矿矿长资格证颁发工作。

（7）承办局领导交办的其他事项。

行业安全基础管理指导司内设综合处、基础管理处、培训指导处。人员编制9名，其中正副司长职数3名，正副处长职数3名。

行业安全基础管理指导司负责人：司长雷长群，副职（含国家煤矿安全监察专员和国家煤矿安监局正副司级领导职务与非领导职务）赵振海、周博潇。

四、实施新"三定"后国家煤矿安全监察局各司室职责及其负责人（2008年3月至2018年3月）

（一）办公室

办公室负责机关办公、公文处理、综合协调等工作。主要职责：

（1）组织协调机关办公，拟定工作规则和工作制度，组织或参与重要会议筹备，承担局长办公会议等重要会议决定事项和重大工作部署的督促落实工作。

（2）调查研究和参与起草有关政策措施及重要文件、报告。

（3）承担公文管理、政务信息和机要保密工作。

（4）承担本级机关专项业务经费预算编报和专项资金审核及监督工作。

（5）研究提出机关人事任免建议，参与省级煤矿安全监察机构领导班子考核工作，承担国家煤矿安全监察专员日常管理工作。

（6）提出机关外事安排建议，参与煤矿安全相关外事工作。

（7）承担或协调机关行政事务相关工作。

（8）承办局领导交办的其他事项。

处室设置和人员编制：内设综合处（人事处）、秘书处（调研处）、财务处（机关事务处）。行政编制10名。其中主任1名，副主任2名，正副处长3名。

办公室负责人：主任林冰、韩小乾（2013年8月）、魏振宽（2016年6月），副职（含国家煤矿安全监察专员和国家煤矿安监局正副司级领导职务与非领导职务）吕敬民、薛渊博、朱志林、赵玉清。

（二）安全监察司

安全监察司负责煤矿安全监察执法、煤矿安全准入管理、指导煤矿整顿关闭等工作。主要职责：

（1）依法组织指导监察煤矿企业贯彻执行安全生产法律法规、标准和煤矿企业安全生产条件、有关人员安全资格持证上岗情况，依法查处不具备安全生产条件的煤矿。

（2）检查指导地方政府煤矿安全监督管理工作。对地方政府及其煤矿安全监督管理部门贯彻落实煤矿安全生产法律法规、方针政策，煤矿安全监督管理行政执法等情况进行监督检查，并向地方政府及其有关部门提出意见和建议。

（3）指导监督煤矿建设项目安全设施"三同时"工作，组织有关煤矿建设项目安全设施的设计审查和竣工验收。

（4）组织指导煤矿安全生产许可证颁发管理工作，承担有关中央管理的煤矿企业安全生产许可证审核颁发工作。

（5）承担煤矿重大建设项目安全核准工作，提出核准意见。

（6）指导和监督地方政府煤矿整顿关闭工作。

（7）承担煤矿整顿关闭工作部际联席会议办公室具体工作。

（8）承办局领导交办的其他事项。

处室设置和人员编制：内设综合处、监察一处、监察二处、监察三处。行政编制12名。其中司长1名，副司长2名，正副处长4名。

安全监察司负责人：司长宋元明、刘向东（2013年6月）、刘云涛（2015年1月），副职（含国家煤矿安全监察专员和国家煤矿安监局正副司级领导职务与非领导职务）刘向东、杨庆生、李伟敏、刘志军、史宝中、胡海军、王涛、李大生。

（三）事故调查司

事故调查司负责煤矿事故调查处理、职业健康和执法监督等工作。主要职责：

（1）依法组织指导煤矿安全生产事故和职业危害事故的调查处理。

（2）组织对煤矿安全生产事故进行分析研究。

（3）按照职责分工，拟定煤矿作业场所职业卫生有关执法规章和标准，监督检查煤矿作业场所职业卫生情况。

（4）监督煤矿安全生产执法行为；承办相关行政复议。

（5）指导协调或参与煤矿事故应急救援工作。

（6）指导监督煤矿职业危害申报工作。

（7）承担煤矿安全生产信息发布工作。

（8）承办局领导交办的其他事项。

处室设置和人员编制：内设综合处、事故调查处、职业健康处、执法监督处。行政编制11名。其中司长1名，副司长2名，正副处长4名。

事故调查司负责人：司长商登莹、刘云涛（2009年12月）、史宝中（2015年1月），副职（含国家煤矿安全监察专员和国家煤矿安监局正副司级领导职务与非领导职务）陈国新、刘维庸、赵苏启、燕明春、孙洪灵、常进军、王守龙。

（四）科技装备司

科技装备司负责煤矿法律法规、标准、规程规范的相关工作和安全技术保障等工作；承担总工程师办公室的工作。主要职责：

（1）研究起草煤矿安全生产、煤矿安全监察的法律法规草案；组织研究起草煤矿安全生产规章、规程。

（2）指导和组织制定或拟订煤炭行业国家标准、行业标准和规程、规范制修订工作。

（3）组织研究拟订煤矿安全生产发展规划。

（4）组织煤矿安全生产科研及科技成果推广工作。

（5）协调煤矿安全技术装备保障工作，组织对煤矿使用的设备、材料、仪器仪表的安全监察工作。

（6）指导、协调煤矿瓦斯治理有关工作。

（7）组织煤矿安全技术改造和瓦斯综合治理与利用项目审核工作。

（8）承担总工程师办公室的工作。

（9）承办局领导交办的其他事项。

处室设置和人员编制：内设综合处、法规标准处、科技处（总工办）、装备处。行政编制10名。其中司长1名，副司长2名，正副处长4名。

科技装备司负责人：司长纪国友、朱凤山（2009年2月）、张文杰（2014年4月），副职（含国家煤矿安全监察专员和国家煤矿安监局正副司级领导职务与非领导职务）朱凤山、张文杰、郑行周、李晖、弯效杰、王素锋、杨以民。

（五）行业安全基础管理司

行业安全基础管理司负责指导煤矿安全基础管理、安全培训等工作。主要职责：

（1）指导和监督煤矿企业安全基础管理、安全标准化工作。

（2）指导和监督煤矿企业建立并落实安全生产隐患排查、报告和治理制度。

（3）指导和监督地方煤炭行业管理部门开展煤矿生产能力核定工作。

（4）依法监督检查中央管理的煤矿企业和为煤矿服务的煤矿矿井建设施工、煤炭洗选等企业的安全生产工作。

（5）指导、管理并监督检查煤矿企业主要负责人、安全生产管理人员安全资格证和煤矿特种作业人员（含煤矿矿井使用的特种设备作业人员）操作资格证的考核颁发工作。

（6）指导、管理并监督检查煤矿矿长资格证颁发工作。

（7）指导和监督煤矿相关安全培训工作。

（8）承办局领导交办的其他事项。

处室设置和人员编制：内设综合处、基础管理处、培训指导处。行政编制9名。其中司长1名，副司长2名，正副处长3名。

行业安全基础管理司负责人：司长雷长群、纪国友（2009年2月）、曹安雅（2010年8月）、商登莹（2014年12月）、辛广龙（2016年12月）、孙庆国（2018年5月），副职（含国家煤矿安全监察专员和国家煤矿安监局正副司级领导职务与非领导职务）：赵振海、辛广龙、孙洪灵、孙庆国、王万生。

五、2009年之后煤矿安全监察机构体系的调整完善

2009年8月，中央机构编制委员会办公室作出批复，同意增设新疆煤矿安全监察局东疆监察分局、贵州煤矿安全监察局毕节监察分局、云南煤矿安全监察局昭通监察分局、四川煤矿安全监察局川东监察分局、湖南煤矿安全监察局湘潭监察分局，均为处级建制。所需行政编制在煤矿安全监察垂直管理系统行政编制内调剂解决。按照1999年12月国务院办公厅《关于印发煤矿安全监察管理体制改革实施方案的通知》精神，明确福建、青海煤矿安全监察局为正厅级机构。

2011年5月国家安全监管总局、国资委《关于进一步加强中央企业安全生产分级属地监管的指导意见》，规定国家煤矿安监局依法监督检查中央管理的煤炭企业和为煤矿服务的企业（煤矿矿井建设施工、煤炭洗选等）的安全生产工作。

到2017年底，全国共有省级煤矿安全监察局27个、煤矿安全监察分局76个，行政编制2770名。

2017年全国省级煤矿安全监察局煤矿安全监察分局及其负责人一览

1. 北京煤矿安全监察局：局长张树森
2. 河北煤矿安全监察局：局长周德昶
   邯郸监察分局：局长刘正林，书记李少飞
   冀中监察分局：局长胡入太，书记刘月辉
   冀东监察分局：局长孙祥庆
   张家口监察分局：局长魏军侠，书记张志斌
3. 山西煤矿安全监察局：局长卜昌森
   太原监察分局：局长沈少波，书记段春平
   大同监察分局：局长刘海红
   阳泉监察分局：局长张恒，书记陈广平
   长治监察分局：局长李忠有，书记王毓文
   临汾监察分局：局长蔡建军，书记李建成
   吕梁监察分局：局长智毅，书记潘福官
   晋城监察分局：局长马登峰，书记赵力军
   晋中监察分局：局长闫鸠渊，书记李海斌
4. 内蒙古煤矿安全监察局：局长杨泽宇
   乌海监察分局：局长刘包清，书记冯明祥
   鄂尔多斯监察分局：局长韩俊庆，书记唐际华
   赤峰监察分局：局长李铁强，书记周金忠
   呼伦贝尔监察分局：局长杨殿光，书记冯伟
5. 辽宁煤矿安全监察局：局长纪国友
   辽东监察分局：局长刘连国，书记王琪
   辽北监察分局：书记邢永忠
   辽西监察分局：局长张庆春，书记李长满
   辽南监察分局：局长孟凡杰，书记韦成明
6. 吉林煤矿安全监察局：局长李峰
   辽源监察分局：局长冀文彬，书记刘鹏举
   白山监察分局：局长李鹏程，书记王鑫
   延边监察分局：局长李守江，书记张国林
7. 黑龙江煤矿安全监察局：局长常天明

哈南监察分局：书记于书化

鹤滨监察分局

哈东监察分局：局长鲍志文，书记李希才

佳合监察分局：局长高春德，书记张振肃

8. 江苏煤矿安全监察局：局长陈正邦

徐州监察分局：局长徐建春，书记张士成

9. 安徽煤矿安全监察局：局长卜庆林

淮南监察分局：局长戴钧，书记陈安理

淮北监察分局：局长张晓彤，书记房猛

皖南监察分局：局长张良伟，书记张建亭

10. 福建煤矿安全监察局：局长陈炎生①

11. 江西煤矿安全监察局：局长赵苏启

赣西南监察分局：局长扬市龙

赣中监察分局：局长石磊，书记杨水石

赣东北监察分局：局长熊小毛，书记余德华

12. 山东煤矿安全监察局：局长王端武

鲁东监察分局：局长冷家俊，书记高中强

鲁中监察分局：局长王思国，书记刘柏元

鲁西监察分局：局长李大普，书记孙自彪

鲁南监察分局：局长苗建军，书记刘洪波

13. 河南煤矿安全监察局：局长严寅初

郑州监察分局：局长毋济州，书记刘正纪

豫西监察分局：局长郑其堂，书记孙迎辉

豫北监察分局：局长邹健生，书记王天利

豫南监察分局：局长胡瑜，书记常占军

豫东监察分局：局长张法民，书记邰武周

14. 湖北煤矿安全监察局：局长石文怀

15. 湖南煤矿安全监察局：局长肖剑锋，书记刘日雄

郴州监察分局：局长王世斌，书记全柏健

衡阳监察分局：局长张永成，书记易成长

常德监察分局：局长陈伏生，书记陈元东

---

① 陈炎生，因严重违法犯罪被追究刑事责任。

湘潭监察分局：局长刘友明，书记唐丁友
16. 广西煤矿安全监察局：局长石文怀
17. 重庆煤矿安全监察局：局长方佳军
 渝中监察分局：局长戴金波，书记樊伟
 渝南监察分局：局长严锦，书记张兴涛
 渝东监察分局：局长倪建军，书记熊守祥
18. 四川煤矿安全监察局：局长李怀兵
 川南监察分局：局长唐海渔，书记杨林
 川北监察分局：局长刘韩平，书记蔡兵文
 川西监察分局：局长陈万国，书记李良辉
 川东监察分局：局长陈元忠，书记赵建明
19. 贵州煤矿安全监察局：局长李尚宽
 林东监察分局：局长刘长华
 水城监察分局：局长李恒超，书记黄国平
 盘江监察分局：局长伍楚勇，书记余庆国
 遵义监察分局：局长蔡龙春，书记卿启超
 毕节监察分局：局长任树山，书记伍新民
20. 云南煤矿安全监察局：局长朱帮能，书记张子金
 大理监察分局：局长李正云，书记张启坚
 红河监察分局：局长徐兆云，书记白平清
 昭通监察分局：局长封春华，书记高学宝
21. 陕西煤矿安全监察局：局长冯武林，书记王忠斌
 渭南监察分局：局长井福泉，书记冯景
 榆林监察分局：局长李建文，书记贾云海
 咸阳监察分局：局长高宏斌，书记马万举
22. 甘肃煤矿安全监察局：局长张家渔
 兰州监察分局：局长吴三海，书记邵忠麟
 陇东监察分局：局长陈冰，书记武晓平
23. 青海煤矿安全监察局：局长毛占彪
24. 宁夏煤矿安全监察局：局长肖蕾
 银北监察分局：局长孟祥斌，书记宋克忠
 银南监察分局：局长黄福林

25. 新疆煤矿安全监察局：局长吴甲春，书记买买提·吐尔迪①
    北疆监察分局：局长常源，书记王欣
    南疆监察分局：局长罗树志，书记吴海山
    东疆监察分局：局长谢强，书记赵元
26. 新疆建设兵团煤矿安全监察局：局长王建新

六、2005年3月至2018年3月煤矿安全监察重点工作

（一）组织开展瓦斯治理攻坚战

2005年2月，国务院常务会议决定采取过硬措施治理煤矿瓦斯灾害。4月，国家发展改革委、国家安全监管总局、国家煤矿安监局和科技部联合在安徽淮南召开全国煤矿瓦斯防治工作现场会，推广淮南煤矿在瓦斯治理方面"可保尽保、应抽尽抽"，"先抽后采、煤气共采"的经验和做法。随后抽调84名专家，组成11个组，历时两个多月，对45户重点煤矿的所有矿井进行安全技术"会诊"，查出了4989项重大隐患，并提出了治理和防范具体建议。对全国大中小煤矿进行了通风能力核定，并按照批准的核定能力定员、定岗、定编，合理配置井下作业人员。对44处曾经发生过瓦斯动力现象的矿井进行了鉴定，列入突出矿井名单，申请国家专项资金进行安全技术改造。组织开展了防治煤与瓦斯突出专项监察，严肃查处突出矿井违反安全规定的现象和行为。强制推行矿井监测监控和区域联网，到2006年底全国所有高瓦斯矿井都安装了监测监控系统，低瓦斯矿井安装率达到74%，147个重点产煤县所属的乡镇煤矿实现了瓦斯监控县域联网。强制推行"先抽后采"，到2006年底国有重点煤矿有264处高瓦斯和突出矿井建立了抽采系统，当年全国瓦斯（煤层气）抽采量约26亿立方米，有10个矿区年抽采超过1亿立方米。从2005年到2011年，国家每年召开一次煤矿瓦斯治理现场会或电视电话会议。2011年5月，国务院办公厅转发了国家发展改革委、国家安全监管总局、国家煤矿安监局《关于进一步加强煤矿瓦斯防治工作若干意见的通知》，从落实防治责任、提高准入门槛、强化基础管理、加大政策支持、加强安全监管监察等方面，提出了20条具体要求。经过持续努力，煤矿瓦斯治理取得明显成效。2017年全国煤矿发生瓦斯事故18起、死亡68人，比2005年减少396起、2103人，分别下降约95.7%和96.9%；其中一次死亡10人以上事故2起、死亡22人，比2005年减少39起、1309人，分别下降约95.1%和98.3%。2013年3月之后（到国家安全监管总局撤并的2018年3月），

---

① 买买提·吐尔迪，因严重违法犯罪被追究刑事责任。

全国煤矿没有发生一次死亡30人以上特别重大瓦斯事故。党的十八大之后的五年（2013—2017年），全国累计抽采煤矿瓦斯（煤层气）178亿立方米，利用410亿立方米，相当于减排二氧化碳6.2亿吨，节约标准煤5000万吨，产生了显著的安全、环境和经济效益。

（二）组织开展小煤矿整顿关闭攻坚战

2005年8月国务院办公厅下发通知，部署开展小煤矿整顿关闭攻坚战。从2005年下半年到2006年4月底，国家和省级煤矿安监机构先后在《人民日报》以及地方主要媒体上公告了4批、5931处关闭矿井名单，同时取缔无证非法采煤矿点1万多处。2006年9月，国务院办公厅转发了国家安全监管总局、国家煤矿安监局、国家发展改革委等部门《关于进一步做好煤矿整顿关闭工作意见》，把关闭对象从非法和不具备安全生产条件的小煤矿，进一步扩展到不符合煤炭产业政策、布局不合理、破坏资源、污染环境的煤矿，以及达不到安全生产标准的新建、改扩建煤矿。随后，国家和各地都制定了2006—2008年关闭规划。到2008年底，全国累计关闭不具备安全生产条件和破坏资源环境、不符合产业政策的小煤矿12155处，淘汰落后煤炭产能约3亿吨。小煤矿无序发展、乱采滥挖，伤亡事故多发的情况从根本上得到扭转。

（三）监督指导煤矿加强安全生产基础管理

2006年6月，国家安全监管总局、国家煤矿安监局会同国家发展改革委、监察部、劳动社会保障部、国土资源部、全国总工会联合发出《关于加强国有重点煤矿安全基础管理的指导意见》，要求建立健全重点煤矿安全生产责任制，加强技术管理和现场管理，深入开展安全质量标准化工作，建设本质安全型矿井，到2007年国有重点煤矿重特大事故比2005年下降25%以上，百万吨死亡率比2005年下降20%以上，降到0.8以下；600万吨以上规模煤矿率先达到国际水平，百万吨死亡率降到0.5以下；到2010年百万吨死亡率比2005年下降30%以上，降到0.7以下，实现安全状况明显好转[①]。2007年4月，国家煤矿安监局会同相关部门发出《关于加强小煤矿安全基础管理的指导意见》。2009年3月，国家煤矿安监局会同中华全国总工会，发布了《关于加强煤矿班组安全生产建设的指导意见》，随后又在郑州召开现场会，总结推广平煤集团"白国周班组管理法"经验做法。2011年4—7月，与全国总工会联合组织了煤矿班组安全建设先进事迹巡回演讲活动，由来自煤矿生产一线班组长所组成的演讲团，赴山西、安徽、河南等地的重点煤矿企业，先后组织了24场报告会。2012年6月，国家

---

① 上述目标均得以实现。

安全监管总局、国家煤矿安监局、全国总工会联合颁发了《煤矿班组安全建设规定（试行）》，对班组组织建设、班组长管理、现场管理、班组安全培训、班组安全文化建设，以及表彰奖励等作出了规范。

（四）监察督促煤矿领导下井带班

为落实煤矿干部下井带班，国务院办公厅牵头，国家发展改革委、国家安全监管总局、国家煤矿安监局等部门参加，组成三个调研组，分赴12个省区，对煤矿干部下井带班进行了专题调研。2005年10月，国务院办公厅转发了国家发展改革委、国家安全监管总局等部门联合制定的《关于煤矿负责人和生产经营管理人员下井带班指导意见》，明确要求所有煤矿必须建立和执行干部下井带班制度，矿长、副矿长等负责人要与工人同下同上，切实掌握当班井下的安全生产状况，加强现场管理，及时采取紧急处置措施，确保安全生产。2010年9月，国家安全监管总局、国家煤矿安监局制定出台了《煤矿领导带班下井及安全监督检查规定》，明确煤矿安全监察机构对煤矿领导带班下井实施国家监察，对煤矿违反带班下井制度的行为依法作出现场处理或者实施行政处罚。2011年，煤矿安全监察系统和相关部门对带班下井制度执行情况进行了63980矿次专项检查。发现没有执行制度的为536矿次，占0.8%；因未严格执行这项制度而进行的经济处罚共3239.6万元，责令停产整顿矿井199处，暂扣相关证照矿井332个。在2011年煤矿发生的106起较大及以上事故中，未执行领导带班下井制度的有18起，其中15起事故已结案并依法作出处罚，共计罚款758.3万元，依法追究刑事责任13人，给予党纪政纪处分3人，吊销矿长资格证5人，提请关闭矿井6处。

（五）抓地方煤矿安全生产典型（煤矿安全重点县）

通过对2008—2012年全国772个产煤区县的煤矿事故情况进行统计分析，2013年底，国家安全监管总局、国家煤矿安监局确定贵州省六盘水市的盘县等50个县（区）为全国煤矿安全重点县。50个重点县共有煤矿2798个，2012年煤炭产量约占全国的1/10，事故死亡人数约占全国的1/4，重特大事故约占1/3。召开了重点县书记、县长座谈会，认真听取其意见建议；实施跟踪监管，对各个重点县的煤矿安全情况一周一调度，一月一分析，发现问题及时解决。2015年3月，又确定了第二批50个煤矿安全重点县（区）名单，并制定实施了重点县（区）遏制煤矿重特大事故攻坚战工作方案。到2015年底，首批重点县煤矿死亡人数比前5年（2008—2012年）平均死亡人数下降50%以上；第二批重点县有41个县完成攻坚目标，煤矿事故死亡人数同比下降幅度超过全国煤矿平均降幅。

（六）组织开展事故救援、查处工作

广东省兴宁市大兴煤矿（2005年）"8·7"透水事故，黑龙江省龙煤集团七台河公司东风煤矿（2005年）"11·27"瓦斯爆炸事故，河北省唐山市刘官屯煤矿（2005年）"12·7"瓦斯爆炸事故，山西省大同市左云县新井煤矿（2006年）"5·18"透水事故、晋中市灵石县南山煤矿（2006年）"11·12"井下火药库燃烧爆炸事故，山东省新汶矿业集团华源煤矿及相邻矿井（2007年）"8·17"洪水淹井事故，山西省临汾市洪洞县左木乡瑞之源煤矿（2007年）"12·5"瓦斯爆炸事故，河北省张家口市李家洼煤矿（2008年）"7·14"井下炸药库爆炸事故，山西省焦煤集团屯兰煤矿（2009年）"2·22"瓦斯爆炸事故，河南省平顶山市新华区四矿（2009年）"9·8"瓦斯爆炸事故，黑龙江省龙煤集团鹤岗分公司新兴煤矿（2009年）"11·21"瓦斯爆炸事故，山西省乡宁县的华晋焦煤公司王家岭煤矿（2010年）"3·28"透水事故，河南省洛阳市国民煤业公司（2010年）"3·31"煤与瓦斯突出事故，四川省攀枝花市肖家湾煤矿（2012年）"8·29"瓦斯爆炸事故，吉林省通化矿业集团八宝煤矿（2013年）"3·29"瓦斯爆炸事故等特别重大事故发生后，国家煤矿安全监察局领导和相关司室人员，总在第一时间赶赴现场，指导和参与抢险救援，依法对事故进行调查处理。

第五节 省级煤矿安监局所属事业单位

一、省级煤矿安监局所属事业单位概况

2007年8月，国家安全监管总局向中央编办提出核定省级煤矿安全监察局所属事业单位机构编制的申请。当年全国27个省级煤矿安监局所属事业单位共计118家，人员共计3622名。

2000年根据《国务院办公厅关于印发煤矿安全监察管理体制改革实施方案的通知》，原煤炭工业部管理的河北、山西等19个省级煤炭工业管理局改组为省级煤矿安全监察局；2000年根据国务院文件（国办函〔2000〕50号），组建了江苏煤矿安全监察局。2001年根据财政部、国家煤炭工业局《关于明确省级煤矿安全监察局资产财务划转原则的通知》，将上述20个省级煤矿安监局及其所属机关服务中心、调度中心等65家事业单位的资产财务关系上划中央财政管理，事业单位上划人数2530名，并相应核定划转了行政机关事业费。此外，一些省级煤矿安监局还管理着1998年下放的其他事业单位10家。

上述75家事业单位都是原煤炭工业部所属、由省级煤矿安监局管理的事业单位。原煤炭工业部按照《关于中央国家机关所属事业单位的清理和审批问题的通知》〔国机中编（1989）4号〕要求，对所属事业单位进行清理整顿后，曾分别于1991年、1995年上报申请核定所属279家事业单位机构编制。2001年省级煤矿安监局所属事业单位资产财务关系上划中央财政管理后，国家煤矿安全监察局多次向中央编办汇报，争取予以解决。另外，为适应煤矿安全监察工作，建立煤矿安全监察支撑体系的需要，经国家安全生产监管局（总局）、国家煤矿安全监察局同意，省级煤矿安监局相继设立了煤矿救援指挥中心、矿用安全产品检验中心和培训中心等43家事业单位。

二、先期组建的20个省级煤矿安监局所属事业单位设置和人员编制

根据煤矿安全监察工作的需要和现有事业单位的情况，申请设置河北、山西等19个省级煤矿安监局调度中心、救援指挥中心、机关服务中心、培训中心、检测中心等5类承担行政职能、提供技术支撑和公益服务的事业单位，同时对从事经营服务的事业单位进行调整。

（1）调度中心，负责煤矿安全生产应急值守、事故调度、信息接报与跟踪、举报电话接报工作；负责煤矿事故统计、监察执法统计及分析报告工作；承担煤矿安全生产信息化及机关电子政务建设等工作。根据主要职责和基本工作量进行测算，调度中心平均需要工作人员18名左右，19个省级煤矿安监局调度中心人员编制共计核定342名。

（2）煤矿救援指挥中心，负责组织、协调、指挥辖区内煤矿应急救援和事故抢险工作；负责煤矿应急救援体系建设工作，编制应急救援工作规划及应急预案；负责煤矿应急救援资源监管和救护队伍资质认证、标准化建设、救护技术培训等工作；承担煤矿应急救援新技术、新装备的推广应用工作，组织、参加矿山救援比武及技术交流活动等工作，平均需要工作人员20名左右，19个省级煤矿安监局共计核定380名。

（3）机关服务中心，负责省级煤矿安监局机关办公场所、办公设备、机关公务用车等使用管理；承担机关后勤保障、综合治理、社会事务等管理工作；承担监察分局的基本建设、固定资产和后勤保障管理等相关工作，平均需要工作人员30名左右，9个省级煤矿安监局共计核定570名，所需经费由中央财政予以补助，并按照国家有关政策逐步进行改革。

（4）培训中心，承担煤矿生产经营单位主要负责人、安全生产管理人员的培训工作；承担市、县级煤矿安全监管部门执法人员的培训工作；承担煤矿特种

作业人员、安全评价、咨询、检测检验人员、注册安全工程师和三、四级安全培训机构教师等的培训工作，平均需要工作人员 22 名左右。19 个省级煤矿安监局共计核定 418 名。

（5）检验中心，受委托承担本地区煤矿安全监察执法过程中的有关技术检测检验、验证分析工作，重大事故以下的煤矿安全事故物证检验和技术鉴定工作，一般职业危害事故的技术检测与分析工作；承担煤矿在用安全产品、设施设备和材料的检测检验、作业场所安全检测等工作，平均需要工作人员 25 名左右，19 个省级煤矿安监局共计核定 475 名。

（6）山西、吉林煤矿安监局档案馆，江西煤矿抢险排水站，吉林煤矿安监局通讯信息中心，山东省煤炭工业信息计算中心，煤炭工业黑龙江建设工程质量监督中心站，均是原煤炭工业部时期成立的，目前在煤矿安全监察档案管理、信息支持、抢险排水等方面发挥了重要的支撑保障作用。经申请和批准，将这六家事业单位作为提供公益服务的事业单位予以保留。核定人员编制 92 名，所需经费分别由中央财政负担或予以补助。

江苏煤矿安监局所属事业单位的机构设置鉴于江苏煤矿安监局辖区内煤矿较少、产量较小，申请设置调度中心（煤矿救援指挥中心）、机关服务中心、煤矿安全技术中心 3 个事业单位，人员编制 28 名。

上述 20 个省级煤矿安监局总计核定事业单位 104 家，人员编制 2305 名。核定之前，中央财政每年都向除江苏煤矿安监局外的以上 19 个省级煤矿安监局拨付行政机关事业费；之后继续拨付。

三、后组建的 6 个省级煤矿安监局所属事业单位的机构编制

2002 年，根据中央编办复字〔2002〕64 号文件，成立北京、新疆生产建设兵团 2 个煤矿安全监察办事处（后更名为煤矿安全监察分局，一直按照省级煤矿安监局进行管理）。2005 年，根据《国务院办公厅关于完善煤矿安全监察体制的意见》，组建福建、湖北、广西、青海等省级煤矿安监局。上述 6 个省级煤矿安监局的职责与河北、山西等 20 个省级煤矿安监局相同，需要设立调度、救援、后勤服务、培训和检验等事业单位，保障煤矿安全监察的正常开展。

鉴于辖区内煤矿数量相对较少，产量较小，福建、湖北、广西、青海 4 个煤矿安监局以及北京、新疆生产建设兵团两个煤矿安监分局，申请设置调度中心（煤矿救援指挥中心）、机关服务中心、煤矿安全技术中心三类事业单位。

核定人员编制：

（1）调度中心（煤矿救援指挥中心）人员编制平均为 10 名，6 个省级煤矿安监局共计核定 60 名。

（2）机关服务中心人员编制平均为 8 名，6 个省级煤矿安监局共计核定 48 名。

（3）煤矿安全技术中心人员编制平均为 10 名，6 个省级煤矿安监局共计核定 60 名。

6 个省级煤矿安监局核定事业单位 18 家，人员编制 168 名。

四、2009 年 10 月中央编办批复

（1）同意河北、山西、内蒙古、辽宁、吉林、黑龙江、安徽、江西、山东、河南、湖南、重庆、四川、贵州、云南、陕西、甘肃、宁夏、新疆 19 个煤矿安全监察局，分别设立统计中心、救援指挥中心、安全技术中心，核定财政补助事业编制 798 名。

（2）同意江苏、福建、湖北、广西、青海 5 个煤矿安全监察局和北京、新疆生产建设兵团 2 个煤矿安全监察分局，分别设立统计中心（挂救援指挥中心牌子）和安全技术中心，核定财政补助事业编制 140 名。

（3）同意湖南、重庆、河北、山西、内蒙古、辽宁、山东、河南 8 个煤矿安全监察局设立安全培训中心，核定财政补助事业编制 280 名。

（4）同意 24 个煤矿安全监察局及北京、新疆生产建设兵团 2 个煤矿安全监察分局设立机关服务中心（不含宾馆、招待所、幼儿园、疗养院），核定经费自理事业编制 420 名。

（5）同意设立山西煤矿安全监察局档案馆，核定财政补助事业编制 10 名；吉林煤矿安全监察局档案馆，财政补助事业编制 15 名；江西煤矿抢险排水站，财政补助事业编制 10 名；吉林煤矿安全监察局通讯信息中心，财政补助事业编制 6 名；山东煤炭工业信息计算中心，财政补助事业编制 45 名；煤炭工业黑龙江建设工程质量监督中心站，财政补助事业编制 6 名。

以上共核定国家煤矿安全监察系统事业单位 111 个，事业编制 1730 名，其中财政补助事业编制 1310 名，经费自理事业编制 420 名。

2017 年度国家煤矿安全监察局内设机构编制和在职人数统计表，见表 8-2。2017 年度全国煤矿安全监察系统机构编制和在职人数统计表，见表 8-3。

表8-2 2017年度国家煤矿安全监察局内设机构编制和在职人数统计表

截止日期：2017年12月31日

内设机构名称	二级内设机构名称	机构级别	机构类型	编制人数	在职人数	司局级（长）领导职数	司局级（长）领导人数
合计（5）个	（18）个			68	58	20	14
局领导（含安监总局）				6	6		
办公室		副司局级	行政机构	17	12	8	5
	综合处（人事处）	正处级	行政机构	5	2		
	秘书处	正处级	行政机构	3	3		
	调研处	正处级	行政机构	1	1		
安全监察司		副司局级	行政机构	13	11	3	3
	综合处	正处级	行政机构	4	1		
	监察一处	正处级	行政机构	2	2		
	监察二处	正处级	行政机构	2	2		
	监察三处	正处级	行政机构	2	2		
事故调查司		副司局级	行政机构	13	11	3	2
	综合处	正处级	行政机构	3	1		
	事故调查处	正处级	行政机构	2	2		
	职业健康处	正处级	行政机构	2	2		
	执法监督处	正处级	行政机构	3	2		
科技装备司		副司局级	行政机构	10	9	3	2
	综合处	正处级	行政机构	2	1		
	法规标准处	正处级	行政机构	2	2		
	科技处	正处级	行政机构	1	1		
	装备处	正处级	行政机构	2	2		
行业安全基础管理指导司		副司局级	行政机构	9	9	3	2
	综合处	正处级	行政机构	2	2		
	基础管理处	正处级	行政机构	2	2		
	培训指导处	正处级	行政机构	2	2		

表8-3 2017年度全国煤矿安全监察系统机构编制和在职人数统计表

截止日期：2017年12月31日

下 设 机 构 名 称		机构级别	下设机构领导职数	下设机构领导人数	编制人数	在职人数
合计（27）个	（76）个		598	518	2687	2566
北京煤矿安全监察局		正处级	4	1	20	19
河北煤矿安全监察局		正司局级	5	5	60	54
	河北煤矿安全监察局冀东监察分局	正处级	7	7	24	22
	河北煤矿安全监察局张家口监察分局	正处级	6	5	24	19
	河北煤矿安全监察局邯郸监察分局	正处级	7	6	24	20
	河北煤矿安全监察局冀中监察分局	正处级	6	5	23	18
山西煤矿安全监察局		正司局级	6	5		70
	山西煤矿安全监察局长治监察分局	正处级	4	4	15	15
	山西煤矿安全监察局吕梁监察分局	正处级	5	5	15	14
	山西煤矿安全监察局晋城监察分局	正处级	6	3	20	16
	山西煤矿安全监察局晋中监察分局	正处级	5	5	16	15
	山西煤矿安全监察局临汾监察分局	正处级	7	7	18	16
	山西煤矿安全监察局太原监察分局	正处级	9	9	29	27
	山西煤矿安全监察局阳泉监察分局	正处级	4	4	15	14
	山西煤矿安全监察局大同监察分局	正处级	9	9	29	29
内蒙古煤矿安全监察局		正司局级	5	3	60	53
	内蒙古煤矿安全监察局赤峰煤矿安全监察分局	正处级	6	5	23	23
	内蒙古煤矿安全监察局鄂尔多斯煤矿安全监察分局	正处级	7	7	28	25
	内蒙古煤矿安全监察局呼伦贝尔煤矿安全监察分局	正处级	7	6	20	20
	内蒙古煤矿安全监察局乌海煤矿安全监察分局	正处级	7	7	24	21

表8-3（续）

下设机构名称	机构级别	下设机构领导职数	下设机构领导人数	编制人数	在职人数
辽宁煤矿安全监察局	正司局级	5	2	60	52
辽宁煤矿安全监察局辽北监察分局	正处级	6	5	20	15
辽宁煤矿安全监察局辽东监察分局	正处级	7	5	28	26
辽宁煤矿安全监察局辽南监察分局	正处级	7	7	27	24
辽宁煤矿安全监察局辽西监察分局	正处级	6	5	20	18
吉林煤矿安全监察局	正司局级	5	4	45	41
吉林煤矿安全监察局白山监察分局	正处级	6	4	25	23
吉林煤矿安全监察局辽源监察分局	正处级	6	5	25	23
吉林煤矿安全监察局延边监察分局	正处级	8	8	25	26
黑龙江煤矿安全监察局	正司局级	5	4	60	51
黑龙江煤矿安全监察局哈东监察分局	正处级	7	6	26	22
黑龙江煤矿安全监察局哈南监察分局	正处级	7	6	25	20
黑龙江煤矿安全监察局鹤滨监察分局	正处级	6	5	23	21
黑龙江煤矿安全监察局佳合监察分局	正处级	6	5	21	20
江苏煤矿安全监察局	正司局级	1	3	10	9
江苏煤矿安全监察局徐州监察分局	正处级	6	6	20	18
安徽煤矿安全监察局	正司局级	5	3	50	45
安徽煤矿安全监察局淮北监察分局	正处级	6	5	25	20
安徽煤矿安全监察局淮南监察分局	正处级	7	7	25	22
安徽煤矿安全监察局皖南监察分局	正处级	6	5	20	18
福建煤矿安全监察局	正司局级	4	2	20	18
江西煤矿安全监察局	正司局级	5	4	45	46

表8-3（续）

下 设 机 构 名 称		机构级别	下设机构领导职数	下设机构领导人数	编制人数	在职人数
	江西煤矿安全监察局赣西南监察分局	正处级	7	5	24	22
	江西煤矿安全监察局赣中监察分局	正处级	6	5	23	20
	江西煤矿安全监察局赣东北监察分局	正处级	6	5	23	22
山东煤矿安全监察局		正司局级	5	5	60	58
	山东煤矿安全监察局鲁东监察分局	正处级	6	6	19	17
	山东煤矿安全监察局鲁中监察分局	正处级	8	8	26	26
	山东煤矿安全监察局鲁南监察分局	正处级	6	6	22	21
	山东煤矿安全监察局鲁西监察分局	正处级	6	6	28	27
河南煤矿安全监察局		正司局级	5	3	60	53
	河南煤矿安全监察局豫北监察分局	正处级	7	6	25	24
	河南煤矿安全监察局豫东监察分局	正处级	5	4	15	14
	河南煤矿安全监察局豫南监察分局	正处级	7	7	30	30
	河南煤矿安全监察局豫西监察分局	正处级	6	6	20	20
	河南煤矿安全监察局郑州监察分局	正处级	7	7	30	28
湖北煤矿安全监察局		正司局级	4	3	20	19
湖南煤矿安全监察局		正司局级	5	4	48	44
	湖南煤矿安全监察局常德监察分局	正处级	5	5	14	14
	湖南煤矿安全监察局衡阳监察分局	正处级	6	6	17	17
	湖南煤矿安全监察局娄底监察分局	正处级	6	6	17	17
	湖南煤矿安全监察局湘潭监察分局	正处级	6	5	17	14
	湖南煤矿安全监察局郴州监察分局	正处级	6	6	17	17
广东煤矿安全监察局		正司局级	0	0	5	3
广西煤矿安全监察局		正司局级	4	2	20	19

表8-3（续）

下设机构名称		机构级别	下设机构领导职数	下设机构领导人数	编制人数	在职人数
重庆煤矿安全监察局		正司局级	5	4	45	43
	重庆煤矿安全监察局渝东监察分局	正处级	6	6	20	19
	重庆煤矿安全监察局渝南监察分局	正处级	6	6	20	21
	重庆煤矿安全监察局渝中监察分局	正处级	7	7	30	28
四川煤矿安全监察局		正司局级	5	3	50	47
	四川煤矿安全监察局川北监察分局	正处级	6	3	12	12
	四川煤矿安全监察局川东监察分局	正处级	6	5	16	16
	四川煤矿安全监察局川南监察分局	正处级	6	5	20	19
	四川煤矿安全监察局川西监察分局	正处级	6	6	20	19
	四川煤矿安全监察局攀西监察分局	正处级	5	3	12	11
贵州煤矿安全监察局		正司局级	5	5	60	57
	贵州煤矿安全监察局林东监察分局	正处级	6	6	18	17
	贵州煤矿安全监察局遵义监察分局	正处级	6	5	16	16
	贵州煤矿安全监察局盘江监察分局	正处级	6	5	16	15
	贵州煤矿安全监察局毕节监察分局	正处级	6	5	20	19
	贵州煤矿安全监察局水城监察分局	正处级	6	5	20	20
云南煤矿安全监察局		正司局级	5	5	45	43
	云南煤矿安全监察局大理监察分局	正处级	6	6	17	17
	云南煤矿安全监察局红河监察分局	正处级	6	6	16	16
	云南煤矿安全监察局曲靖监察分局	正处级	6	5	20	20
	云南煤矿安全监察局昭通监察分局	正处级	6	6	17	17
陕西煤矿安全监察局		正司局级	5	5	50	49
	陕西煤矿安全监察局咸阳监察分局	正处级	6	5	18	18
	陕西煤矿安全监察局铜川监察分局	正处级	6	5	20	20

表8-3（续）

下设机构名称		机构级别	下设机构领导职数	下设机构领导人数	编制人数	在职人数
	陕西煤矿安全监察局渭南监察分局	正处级	6	4	18	18
	陕西煤矿安全监察局榆林监察分局	正处级	6	5	24	24
甘肃煤矿安全监察局		正司局级	5	4	45	39
	甘肃煤矿安全监察局兰州监察分局	正处级	8	8	35	33
	甘肃煤矿安全监察局陇东监察分局	正处级	6	5	20	19
青海煤矿安全监察局		正司局级	4	2	15	11
宁夏煤矿安全监察局		正司局级	5	5	45	44
	宁夏煤矿安全监察局银北监察分局	正处级	6	6	20	17
	宁夏煤矿安全监察局银南监察分局	正处级	7	6	25	25
新疆煤矿安全监察局		正司局级	6	4	45	42
	新疆煤矿安全监察局北疆监察分局	正处级	6	5	25	24
	新疆煤矿安全监察局东疆监察分局	正处级	6	6	20	20
	新疆煤矿安全监察局南疆监察分局	正处级	6	6	20	20
新疆生产建设兵团煤矿安全监察局		正司局级	4	0	20	17

第九章　全国安全生产委员会
（1985年1月至1993年7月）

全国安全生产委员会是20世纪八九十年代，经国务院批准成立，由劳动部门牵头组建、相关部门参加的负责研究、协调和指导全国安全生产重大问题的议事性机构。其成立于1985年1月3日，全国"安全月"活动领导小组向国务院提出成立全国安全生产委员会的建议，并得到国务院的批准。撤销于1993年7月22日，国务院下发文件撤销该机构，将其协调指导全国安全生产工作的职能移交劳动人事部。全国安全生产委员会机构存续的将近10年间，围绕着加强和改进安全生产，做了大量的切实有效的工作，为扭转改革开放和经济体制改革初期安全生产领域存在的失序状况，防范、遏制各类事故，推动中国安全生产法制化进程，做出了积极努力和重要贡献。

第一节　全国安全生产委员会的起始、章程及组成

一、全国安全生产议事协调机构的雏形——全国"安全月"活动领导小组及其建立全国安全生产委员会的建议

1980年3月26日，国家经济委员会、国家基本建设委员会、国务院国防工办、国务院财贸小组、国家农业委员会、公安部、卫生部、国家劳动总局、全国总工会和中央广播事业局10个部门，联合向国务院作出《关于建立"安全月"制度的请示报告》，得到国务院副总理康世恩、万里、姚依林、谷牧、薄一波的肯定和批准。随后十部门联合印发《关于开展"安全月"活动的通知》。规定全国"安全月"活动由国家经委和国家劳动总局组织，办公室设在国家劳动总局。

此后，由十部门组成的全国"安全月"活动领导小组每年召开一次会议，研究、协调和部署全国"安全月"活动及安全生产相关工作。1984年3月召开

的全国"安全月"活动领导小组第五次会议,研究部署了"安全月"活动,确定了当前及今后一个时期全国安全生产工作的宣传要点和奋斗口号;以领导小组的名义,命名和表彰了北京耐火材料厂、天津锻压机床厂、大同矿务局大斗沟煤矿、上海南洋电机厂、齐鲁石化公司第一化肥厂等安全生产先进单位。新华社、人民日报、中央电视台等中央媒体,对领导小组的这次会议和相关活动做了报道,产生很大影响。

1984年11月"全国安全月活动"领导小组向国务院上报了《关于今年安全月活动的情况和今后意见的报告》,提出建议:成立全国安全生产委员会,由国家经委、国家计委、劳动人事部、卫生部、公安部、财政部、广播电视部、煤炭工业部、冶金部、化工部、铁道部、交通部、机械部、农牧渔业部、国防科工委、国家核安全局和全国总工会等部门有关负责人组成,主要研究、协调和指导关系全局的安全生产重大问题。安全生产委员会办公室设在劳动人事部。具体工作仍由各部门负责,不增加机构编制。

1984年11月26日,国务院批准、转发了这个报告,同意成立全国安全生产委员会。

二、全国安全生产委员会的工作章程

首届和第二届全国安全安全生产委员的职责,仅在相关通知中有简单表述,即"全国安全生产委员会的主要任务是研究、协调和指导关系全局的重大安全生产问题",没有建立专门的制度和章程。1988年10月组成的第三届全国安全生产委员会,首次制定并发布实施了全国安全生产委员会的工作章程——《全国安全生产委员会职责》,就其总则、单位和人员组成、安委会及其办公室的工作职责、工作制度等,做出了明确规定。内容如下:

(一) 总则

第一条 全国安全生产委员会(以下简称安委会)是国务院下设的非常设机构。

第二条 安委会的主要任务是在国务院领导下,研究、协调重大安全生产问题,指导全局性安全生产工作。

(二) 组成

第三条 安委会由国务院领导成员和有关部、委、局、直属机构的领导成员组成。主任由国务院领导成员兼任,副主任和委员由委员成员单位的部长、副部长或主要领导成员兼任。

第四条 安委会的办事机构是全国安全生产委员会办公室(以下简称安委

办),安委办设在劳动部。安委办主任由安委会副主任兼任。

(三) 安委会的主要职责

第五条 贯彻"安全第一、预防为主"方针。组织专家对重点企业安全生产状况进行调查和评估;对各地区、各部门提出解决问题的要求;向国务院反映主要安全生产问题的信息和对事故隐患的处理意见。

第六条 检查督促各地区、各部门对国务院有关安全生产的决定以及法规、标准的执行情况。

第七条 在国务院授权下,负责组织特大事故的调查,并将调查结果及应采取的措施向国务院提出正式报告。

第八条 根据需要组织全国性安全生产经验交流会、安全生产检查等活动。

第九条 定期听取各部门关于安全生产中长期存在的重大隐患和加强行业管理、施行宏观控制情况的汇报,提出切实解决问题的建议。

第十条 完成国务院临时交办的工作。

(四) 安委办的职责

第十一条 负责安委会的日常工作,筹备安委会会议及安排主要活动。与各部门之间建立联络员制度,定期召开联络员联席会议。

第十二条 建立国家级专家组,为重大事故调查和安全评估聘任专家。

第十三条 定期按专业召开专家小组会议。要求被聘专家每半年提出一份安全生产形势分析报告。专家聘任期为三年,根据需要可连聘。

第十四条 建立重大交通运输及工厂、矿山事故档案库和数据库。

第十五条 贯彻并监督执行安委会的决议,向安委会报告执行决议的情况。

第十六条 办理安委会领导交办的事务。

第十七条 定期编辑出版安全生产内参。

(五) 工作制度

第十八条 安委会每半年召开一次全体委员会议,汇报部门和地区安全生产状况,协调安全生产中的重大问题,研究全国安全生产趋势,提出解决问题的办法和建议。在特殊情况下,安委会主任可临时决定召开安委会会议。

第十九条 每次安委会全体委员会议之前,各成员单位应将安全生产工作情况及工作安排报安委办。

第二十条 安委会所有成员单位都应认真贯彻安委会作出的决定,并报告执行情况。

第二十一条 安委会文件须经安委会主任或副主任签发。

三、历届全国安全生产委员会的组成单位与人员

（一）首届全国安全生产委员会组成名单（1985年1月）

主　任：张劲夫（国务委员）
副主任：袁宝华（国家经委副主任）
　　　　何　光（劳动人事部副部长）
　　　　王崇伦（全国总工会副主席）
委　员：干志坚（国家计委副主任）
　　　　郭子恒（卫生部副部长）
　　　　俞　雷（公安部副部长）
　　　　郝平楠（广播电视部副部长）
　　　　周传典（冶金工业部副部长）
　　　　谭竹洲（化学工业部副部长）
　　　　叶　青（煤炭工业部副部长）
　　　　肖　鹏（农牧渔业部副部长）
　　　　郑光迪①（交通部副部长）
　　　　李森茂（铁道部副部长）
　　　　赵明生（机械工业部副部长）
　　　　姜圣阶（国家核安全局局长）
　　　　李凤岗（财政部副司长）
　　　　丁衡高（国防科工委科技部副部长）

1985年4月11日召开的全国安全生产委员会第二次会议，决定增补轻工业部副部长王文哲、核工业部副部长周平、地质矿产部副部长朱训、国家建材局副局长王建行、中国有色金属工业总公司副总经理沃廷枢、中国人民保险公司总经理秦道夫、中国民用航空局副局长阎志祥、水利电力部副部长张凤祥、石油工业部副部长李敬、兵器工业部副部长来金烈、城乡建设环境保护部副部长肖桐为全国安全生产委员会委员。

（二）第二届全国安全生产委员会组成名单（1987年7月）

1987年7月召开的全国安全生产委员会第9次全体会议，决定对其组成单位进行调整，增加中国船舶工业总公司、中国石油化工总公司、中国建筑工程总公司、中国海洋石油总公司等大型企业，以及中国汽车工业联合会负责人为全国

---

① 郑光迪，因违法犯罪被判刑。

第九章 全国安全生产委员会（1985年1月至1993年7月）

安全生产委员会委员。
  主 任 委 员：张劲夫（国务委员）
  副主任委员：袁宝华（国家经委副主任）
      何　光（劳动人事部副部长）
      王崇伦（全国总工会副主席）
      叶　青（国家经委副主任）
      李伯勇（劳动人事部副部长）
  委　　　员：干志坚（国家计委副主任）
      丁孝浓（国家机械委副主任）
      汪祖辉（国防科工委科技部副部长）
      俞　雷（公安部副部长）
      李凤岗（财政部公交司司长）
      何济海（商业部副部长）
      陈耀邦（农牧渔业部副部长）
      徐有芳（林业部副部长）
      张凤祥（水利电力部副部长）
      杨　慎（城乡建设环境保护部副部长）
      张文驹（地质矿产部副部长）
      陆叙生（冶金工业部副部长）
      陈肇博（核工业部副部长）
      刘积斌（航空工业部副部长）
      曾培炎（电子工业部副部长）
      鲍克明（航天工业部副部长）
      胡富国（煤炭工业部副部长）
      李　敬（石油工业部副部长）
      谭竹洲（化学工业部副部长）
      何正璋（纺织工业部副部长）
      王文哲（轻工业部副部长）
      李森茂（铁道部副部长）
      林祖乙（交通部副部长）
      吴基传（邮电部副部长）
      聂大江（广播电影电视部副部长）
      何界生（卫生部副部长）

张人为（国家建材局副局长）
阎志祥（中国民航局副局长）
姜圣阶（国家核安全局局长）
潘曾锡（中国船舶工业总公司副总经理）
费志融（中国石油化学总公司副总经理）
沃廷枢（中国有色金属工业总公司副总经理）
孟广水（中国建筑工程总公司副总经理）
钟一鸣（中国海洋石油总公司副总经理）
蔡诗晴（中国汽车工业联合会副理事长）
秦道夫（中国人民保险总公司总经理）

（三）第三届全国安全生产委员会组成名单（1988年9月）

主　任：邹家华（国务委员）
副主任：李伯勇（劳动部副部长兼安委会办公室主任）
　　　　叶　青（国家计委副主任）
　　　　陈炳权（全国总工会副主席）
委　员：俞　雷（公安部副部长）
　　　　刘仲藜（财政部副部长）
　　　　张文驹（地质矿产部副部长）
　　　　干志坚（建设部副部长）
　　　　胡富国（煤炭工业部副部长）
　　　　罗云光[①]（铁道部副部长）
　　　　林祖乙（交通部副部长）
　　　　张学东（机电部副部长）
　　　　姜燮生（航天工业部副部长）
　　　　王汝林（冶金工业部副部长）
　　　　谭竹洲（化学工业部副部长）
　　　　康仲伦（轻工业部副部长）
　　　　王曾敬（纺织工业部副部长）
　　　　吴基传（邮电部副部长）
　　　　钮茂生（水利部副部长）
　　　　陈耀邦（农业部副部长）

---

① 罗云光，原铁道部副部长，因严重违纪违法被撤职。

徐有芳（林业部副部长）

张世尧（商业部副部长）

王　枫（广播电影电视部副部长）

何界生（卫生部副部长）

汪祖辉（国防科工委科技部副部长）

杨志元（国家建材局副局长）

阎志祥（中国民航局副局长）

姜圣阶（国家核安全局局长）

王荣生（中国船舶工业总公司副总经理）

李毅中（中国石油化学总公司副总经理）

沃廷枢（中国有色金属工业总公司副总经理）

孟广水（中国建筑工程总公司副总经理）

钟一鸣（中国海洋石油总公司副总经理）

蔡诗晴（中国汽车工业联合会副理事长）

秦道夫（中国人民保险总公司总经理）

张宝明（中国统配煤矿总公司副总经理）

（四）第四届全国安全生产委员会组成名单（1991年6月）

1991年6月，国务院办公厅通知调整全国安全生产委员会组成人员，增设人民日报、光明日报、经济日报相关负责人为委员。

主　任：朱镕基（国务院副总理）

副主任：李沛瑶（劳动部副部长兼安委会办公室主任）

　　　　叶　青（国家计委副主任）

　　　　陈秉权（全国总工会副主席）

委　员：邓述初（国防科工委科技部副部长）

　　　　俞　雷（公安部副部长）

　　　　何　勇（监察部副部长）

　　　　张佑才（财政部副部长）

　　　　张文驹（地质矿产部副部长）

　　　　干志坚（建设部副部长）

　　　　胡富国（能源部副部长）

　　　　陆燕荪（机械电子部副部长）

　　　　何文治（航空航天部副部长）

　　　　王汝林（冶金工业部副部长）

谭竹洲（化学工业部副部长）

于　珍（轻工业部副部长）

王曾敬（纺织工业部副部长）

石希玉（铁道部副部长）

林祖乙（交通部副部长）

杨贤足（邮电部副部长）

王守强（水利部副部长）

陈耀邦（农业部副部长）

蔡廷松（林业部副部长）

傅立民（商业部副部长）

王　枫（广播电影电视部副部长）

何界生（卫生部副部长）

阎志祥（中国民航局副局长）

杨志元（国家建材局副局长）

关政林（国家烟草专卖局副局长）

周　平（国家核安全局局长）

焦　智（国家黄金管理局副局长）

张　结（新华社副总编辑）

李裕民（中国人民保险公司总经理）

王荣生（中国船舶工业总公司副总经理）

李毅中（中国石油化学总公司副总经理）

张宝明（中国统配煤矿总公司副总经理）

周永康①（中国石油天然气总公司副总经理）

李定凡（中国核工业总公司副总经理）

沃廷枢（中国有色金属工业总公司副总经理）

钟一鸣（中国海洋石油总公司副总经理）

孟广水（中国建筑工程总公司副总经理）

来金烈（中国兵器工业总公司总经理）

蔡诗晴（中国汽车工业总公司总经理）

张云生（人民日报副总编辑）

陈谈强（光明日报副总编辑）

---

① 周永康，中共中央政治局原常委、中央政法委原书记，因违法犯罪已判刑。

第九章 全国安全生产委员会（1985年1月至1993年7月）

罗开富（经济日报副总编辑）

第二节 全国安全生产委员会召开的十四次全体委员会议

一、第一次全体会议（1985年1月3日）

第一次全体会议暨全国安全生产委员会成立会议。国务委员张劲夫在讲话中强调：十一届三中全会后工业生产大幅度增长，"但安全情况不好，这是一个相当突出的矛盾"；1984年12月2日，印度博帕尔市郊联合碳化物公司农药厂发生的震动世界的毒气泄漏事故，也给我们敲了警钟；安委会成立后要"把劳动保护、安全工作切实抓起来，努力做到有所改善"；要认真实行国家监察、行政管理和群众监督相结合的制度，在体制机构改革时，劳动保护、安全生产工作机构不应削弱①。

二、第二次全体会议（1985年4月11日）

分析一季度安全生产形势，研究加强安全生产工作、防范事故的对策措施。国务委员、安委会主任张劲夫主持会议并发表讲话，指出一季度安全情况不好②，对经济改革很不利，也有损于我国的声誉；这次全国"两会"上，人大代表对安全生产提出了许多宝贵建议，这对我们是一个很大的促进，我们要从思想上重视，从制度上加强，从措施上落实。会议决定增补轻工业部、核工业部、石油工业部、兵器工业部、城乡建设环境保护部、水利电力部、地质矿产部、国家建材局、民航局、有色金属工业总公司、中国人民保险公司有关负责人为成员。

三、第三次全体会议（1985年7月7日）

会议研究、决定下列事项：一是听取全国总工会生产保护部负责人关于在鞍钢召开全国安全生产现场会筹备工作情况的汇报。会议将认真总结推广鞍钢公司坚持"以严治厂、综合治理"，狠抓安全基础工作，改进安全管理体制，把安全责任层层落实到人的经验。二是听取了商业部棉麻局负责人关于山东省菏泽市第

---

① 《张劲夫在全国安全生产委员会第一次会议上的讲话》，《中国劳动》1985年第2期。
② 1985年2月10日，山西西山矿务局杜儿坪煤矿瓦斯爆炸，死亡48人；3月27日，广东江门市"红星283"客轮翻沉。死亡83人。

三棉花加工厂重大火灾事故的汇报①，劳动人事部劳动保护局负责人关于山西太原小井峪花炮厂爆炸事故的汇报②，研究了吸取事故教训、改进安全防范的措施；要求相关地方政府认真进行调查处理，总结经验教训，并将查处结果按规定上报。

四、第四次全体会议（1985年12月5日）

国家经委副主任、全国安委会副主任袁宝华主持会议并讲话。安委会办公室通报了1985年以来全国事故伤亡情况和当前安全生产形势。会议听取了山东省政府有关部门关于菏泽市第三棉花加工厂重大火灾事故查处情况的汇报，山西省安全生产委员会关于太原市小井峪花炮厂爆炸事故查处情况的汇报。农牧渔业部负责人就吸取事故教训、加强乡镇企业安全生产，提出了意见建议。煤炭工业部负责人汇报了9月、10月全国煤矿安全生产大检查情况。这次大检查是由煤炭工业部、劳动人事部、农牧渔业部、中华全国总工会和全国煤矿地质工会"三部两会"联合组织开展的。通过检查，发现不少煤矿领导没有树立安全第一的思想，一些煤矿安全管理混乱，多数单位安全基础薄弱，很多乡镇和个体煤矿安全管理很差。因此，下一步必须克服重产量、轻安全的错误倾向；正确对待经济承包，处理好"包"与"管"的关系；加强煤矿安全现场管理，要求领导干部必须经常深入井下；全面贯彻"放开、搞活、管好"的方针，加强对乡镇煤矿的安全监管，施行强制性安全培训，强化监督。

五、第五次全体会议（1986年3月26日）

国务委员、安委会主任张劲夫出席会议并讲话。安委会办公室通报了1985年全国伤亡事故情况和当前安全生产形势。会议传达了国务院领导关于加强安全生产工作的指示精神，就如何贯彻落实国务院办公厅转发全国安全生产委员会《关于重视安全生产，控制伤亡事故恶化的意见》的通知精神，进行了深入研究和讨论。会议研究通过了全国安全生产检查团的人员组成和具体工作方案，对组织开展检查工作进行安排部署。

---

① 1985年4月21日，山东省菏泽市第三（马岭岗）棉花加工厂因上垛机开关打火引发火灾，烧毁皮棉9.3万担，污染395.5担；烧毁籽棉5534.5担，污染变质2.38万担，降级4.89万担。造成直接经济损失2919.6万元。

② 1985年4月20日，山西省太原市北郊区小井峪花炮厂发生爆炸事故，造成83人死亡，69人受伤致残。

六、第六次全体会议（1986 年 5 月 22 日）

会议由国务委员、安委会主任张劲夫和国家经委副主任、安委会副主任袁宝华主持。主要内容是听取全国安全生产检查团各个分团关于检查情况的汇报。就检查中发现的突出问题和重大安全隐患，进行了研究，决定通知相关地方政府和相关单位，要求其认真进行整改。

七、第七次全体会议（1986 年 10 月 4 日）

主要研究在山东肥城召开全国安全生产现场会的有关问题。会议听取了煤炭工业部副总工程师赵全福关于现场会筹备情况的汇报；讨论了全国安委会办公室代国务院起草的《关于加强地方煤矿安全生产的几项规定（征求意见稿）》；通过了全国安全生产委员会《关于授予山东省肥城矿务局安全生产先进单位称号的决定》。会议还通过了全国安全生产肥城现场会领导小组成员名单，决定张劲夫为领导小组组长。

八、第八次全体会议（1987 年 1 月 24 日）

会议由国务委员、安委会主任张劲夫主持。主要内容：一是总结部署年度工作，听取安委会办公室关于 1986 年全国安全生产工作进展情况和 1987 年工作要点的汇报；二是听取安委会办公室关于肥城现场会后各地贯彻落实情况的汇报；三是研究将在天津召开的全国道路内河交通现场会的有关问题。会议指出：当前全国道路和内河交通安全问题十分突出，已经成为影响国计民生的一个严重的社会问题。1986 年全国城乡道路交通事故共发生 223 万起，死亡 4.2 万余人，受伤 14.4 万余人；1987 年仍呈上升趋势。要通过这次现场会，摆明情况，分析原因，交流经验，把道路和内河交通事故降下来。

九、第九次全体会议（1987 年 7 月 7 日）

会议由国务委员、安委会主任张劲夫和国家经委副主任、安委会副主任袁宝华共同主持。听取了黑龙江省政府关于哈尔滨市亚麻厂粉尘爆炸事故①及其调查处理情况的汇报。黑龙江省委副书记、哈尔滨市委书记李根深，省委副书记、副省长陈云林，省消防局火因调查处总工程师马恒圣在会上发言，详细介绍了有关

---

① 1987 年 3 月 15 日，黑龙江省哈尔滨市亚麻厂发生亚麻粉尘爆炸事故，造成 58 人死亡，177 人受伤（其中重伤 65 人），直接经济损失 880 多万元。

情况。会议决定由劳动人事部牵头组成专家调查组，对这次事故进行深入调查，再交由相关部门进行追究处理。

十、第十次全体会议（1988年1月23日）

会议主要总结、部署年度工作。张劲夫主持会议并讲话：安全生产问题受到中央重视。6月大兴安岭火灾后国务院作出了处理决定，下发了《关于加强安全生产的紧急通知》，下半年安全状况有所改善。今年要着重解决：

（1）改革中的安全生产问题。安全生产没有"松绑"，安全生产委员会（领导小组）要继续发挥作用。

（2）建立地方政府安全生产责任制。安全生产搞不好，市长有责任。

（3）加强行业安全管理，经济部门转变职能以后，安全生产仍然是一项重要的任务。希望煤炭工业部巩固扩大统配煤矿安全生产成果，把乡镇煤矿的安全生产一并抓好。

（4）采取政策支持安全生产，对某些安全条件太差但有必要办下去的企业，地方政府要给予适当的政策支持。

（5）逐步完善安全生产法制。

（6）进一步开展安全生产宣传教育。关于1988年安全生产委员会的工作，除了继续组织安全检查、贯彻落实肥城煤矿安全现场会、天津交通安全现场会精神之外，侧重抓一下减少尘毒危害问题。

十一、第十一次全体会议（1988年1月30日）

会议研究决定成立两个事故调查组，分别负责民航222号客机"1·18"空难和80次铁路客车"1·24"颠覆事故的调查处理工作，查清事故的原因和责任。提出处理意见和改进措施。其中，民航222号客机"1·18"空难事故调查组由劳动人事部副部长李伯勇为组长，国家经委、全国总工会、监察部、民航总局、公安部、重庆市政府等单位有关负责人为成员；80次铁路客车"1·24"颠覆事故调查组由国家经委副主任叶青为组长，公安部副部长俞雷、铁道部副部长李森茂，以及云南省政府、监察部、铁路总工会等单位有关负责人为成员。会议议定：全国安全生产委员会即这两次事故的调查委员会。国务委员张劲夫委托袁宝华、何光负责两个调查组的日常联系工作。

十二、第十二次全体会议（1988年11月30日）

会议研究部署了阶段安全生产工作。国务委员、全国安全生产委员会主任邹家华主持会议并讲话：今年前三个季度全国安全生产形势十分严峻，火车颠覆相撞、飞机失事、车辆肇事、船舶翻沉等重大恶性事故连续发生，火灾爆炸事故严重，矿山重大事故不断。各级领导都负有不可推卸的责任。下一步：①坚定不移贯彻执行"安全第一、预防为主"方针，把安全管理好坏作为考核企业领导的重要指标；②广泛开展安全生产宣传教育工作，充分利用报纸、广播电台、电视台和电影等渠道，反映安全生产问题，传播安全生产知识，动员全社会关心安全生产工作；③抓安全生产问题要突出重点，以全国来说，明年仍然要以铁路为中心治理隐患，包括民航和交通的事故隐患，最大限度地减少重大恶性交通事故，同时抓好煤矿特别是乡镇煤矿的安全生产；④及时总结推广安全生产先进经验，总后勤部在全军开展的红旗车驾驶员评比活动值得借鉴；⑤完善安全生产委员会工作职责。会后的1988年12月15日，公布第三届全国安全生产委员会名单和全国安全生产委员会职责（章程）。

十三、第十三次全体会议（1990年3月22日）

会议总结、部署了年度工作。国务委员、全国安全生产委员会主任邹家华主持会议并讲话：总理办公会决定，在全国安全生产委员会成立6个专家组，聘请98名专家参加重大事故调查和特别重大事故隐患评价工作。强调1990年要突出抓好煤矿和交通运输安全生产工作。中国统配煤矿总公司、交通部等部门在会上介绍了安全生产工作经验。

十四、第十四次全体会议（1990年12月10日）[①]

会议总结、部署了年度工作，研究提出"八五"时期安全生产主要任务。国务委员、安委会主任邹家华主持会议并讲话，指出"八五"期间要抓紧制定出台劳动保护条例、矿山安全卫生法、航空法、道路交通事故处理规定、机动车管理规定等，逐步建立完备的安全生产法规体系，把安全生产逐步纳入法制轨道；要把安全生产配套设施改造纳入"八五"计划，新建和更新改造项目中，必须有相应足够的安全专项投资，强制施行安全设施与主体工程同时设计、同时施工、同时验收的原则；要在第二阶段经济承包中，进一步完善安全措施，坚决克服重效益、轻安全的短期行为。会议还听取了对云南、贵州、江西、河南四省整改重大事故隐患检查情况的汇报；讨论了1991年全国安全生产委员会工作计划。

---

① 这是全国安全生产委员会组织召开的最后一次全体会议。

第三节　全国安全生产委员会召开的四次现场会

全国安全生产委员会机构存续期间，正值经济体制改革不断深化，从有计划的市场经济向社会主义市场经济转变的重要历史阶段，安全生产领域矛盾突出，安全生产工作面临巨大压力和严峻挑战。民营经济快速发展，大量技术落后、基础薄弱的小矿小厂进入市场参与竞争，导致伤亡事故多发。即使国有重点煤矿等大中型企业，也由于政府对企业实行投入产出总承包，以及企业内部承包、租赁等经营形式的多样化，使安全生产面临一系列的新情况、新问题，普遍存在着重生产轻安全、重效益轻安全、重眼前利益轻长远发展的倾向，导致企业安全投入减少、安全管理滑坡，伤亡事故甚至重特大事故连续发生。为扭转安全生产被动状况，全国安全生产委员会多次召开会议研究对策措施，下发了一系列文件，对安全生产作出部署、提出要求；组织开展了一系列监督检查活动，指导督促地方政府加大隐患排查治理力度；并先后召开四次现场会，总结推广先进经验。

一、鞍山钢铁公司全国安全生产现场会

1985年7月16—19日，在辽宁省鞍山钢铁公司召开全国安全生产现场会。主要是总结推广鞍山钢铁公司强化安全第一、预防为主，落实"一把手"安全责任，实行目标管理的经验。由全国总工会、国家经委、冶金工业部、劳动人事部和鞍山钢铁公司联合组成现场会领导小组。国家经贸委副主任袁宝华任组长，劳动人事部副部长何光、全国总工会副主席王崇伦、国家经委副主任赵维臣、冶金工业部副部长周传典为副组长。各省、自治区、直辖市的部分重点企业的经理、厂长、矿长，国务院有关部门分管安全生产的负责人和有关新闻单位记者，共270余人参加会议。会上，鞍山钢铁公司等单位介绍了他们贯彻安全生产方针，牢固树立安全第一、预防为主的思想，落实措施，使安全生产工作经常化、制度化的经验。与会人员观看了"鞍山钢铁公司安全生产的过去和现在"的录像，到分厂和车间进行了现场参观。会议组织了分系统、分地区的座谈讨论，大家围绕着如何学习推广鞍钢经验，把本系统、本地区、本单位的安全生产抓上去，谈体会，谈感想，交换意见，明晰工作思路。袁宝华、王崇伦、何光在会上讲话，对学习推广鞍钢安全生产先进经验提出要求。

二、肥城煤矿安全生产现场会

1986年10月10—13日，在山东省肥城矿务局召开安全生产现场会。主要

是总结推广肥城矿务局安全生产经验和山西省左云县、四川省荣川县等地搞好小煤矿安全生产的经验。国务委员、安委会主任张劲夫出席会议并讲话,指出这次会议是在党的十二届六中全会通过了《中共中央关于加强社会主义精神文明建设指导方针的决议》后召开的;搞好煤矿安全生产,既体现了物质文明建设,也体现了精神文明建设。有水快流和安全第一应该是统一的,也是可以统一的。必须摆正安全与产量、安全与利润的关系,做到安全生产,才真正有效益。煤炭工业部部长于洪恩在会上发表讲话,指出肥城矿务局当年1—9月百万吨死亡率降到0.61,最根本的是他们坚定不移地贯彻安全第一的方针,以安全为天,把安全摆在首位,矿务局连续两年的一号文件都是安排部署安全生产,在经济很困难的情况下,不伸手,不叫苦,尽量挤出一些钱来搞安全设施,加强基础工作。农牧渔业部副部长陈耀邦在讲话中强调要加强对乡镇煤矿安全生产的整顿和管理,加强对乡、村、矿干部和从业人员的安全生产知识和安全法制教育,提高安全生产意识和安全法制观念。劳动人事部副部长李伯勇在讲话中强调,要认真落实"国家监察、行政管理和群众监督相结合的安全工作体制"。各省、自治区、直辖市主管煤炭生产的政府负责人、安全生产委员会主任、经委主任、劳动厅(局)负责人、煤炭厅(管理局)负责人、省级工会主席等共362人参加现场会。会上肥城矿务局等14个单位介绍了安全生产经验,分析了两个煤矿事故多发地(市)的教训。组织与会人员实地参观了8个煤矿,座谈讨论了全国安委会办公室代国务院起草的《关于加强地方煤矿安全生产的几项规定(征求意见稿)》。

三、天津道路、内河交通安全生产现场会

1987年4月9—12日,在天津市召开安全生产现场会。主要是总结推广天津等地区加强道路和内河交通安全管理的先进经验。国务委员、安委会主任张劲夫和国家经委副主任、安委会副主任袁宝华出席会议并讲话。20个省级政府分管交通的负责人,各省、自治区、直辖市的经委、公安、交通、农牧渔业部门和安全生产委员会、保险公司等单位的负责人,累计400余人参加会议。会上,天津市政府介绍了综合治理城市交通的经验;北京、上海、江苏、安徽四省市和大连、常州等13个地区,分别介绍了他们在道路交通安全、内河运输安全方面的做法和经验。天津市把治理交通与晋城改造结合起来,与城市综合开发结合起来,发动和依靠群众治理城市交通的做法,使与会人员受到启发。交通部副部长林祖乙在会上指出:改革开放以来,我国内河运输发展很快,由于大量未经检验的乡镇船舶直接投入运营,造成事故多发,1986年全国内河运输船舶11.9万

艘，上报事故 4104 起，沉船 719 艘，死亡 1116 人，经济损失 2629 万元。为此，必须下决心，采取有力措施，进一步加强监督管理，尽快把事故大幅度降下来。公安部副部长俞雷在讲话中通报了近期发生的重大道路交通事故，指出到 20 世纪末，我国工农业总产值将翻两番，道路交通运输量也要翻两番，交通运输量与道路承受能力之间的矛盾十分突出，安全压力很大；为此，必须加强道路建设，清理非交通占道；健全道路交通法规，加强道路交通安全教育；建立综合治理交通安全的权威机构，建立健全群众性交通安全组织。袁宝华在会议总结讲话中，要求加强会议精神的宣传；要结合各自实际，把天津等地经验学好用好；要坚持统筹安排、综合治理；要"严"字当头，严格执法；要注意培训交通安全的干部和专职人员；要采取必要的技术措施；要加强领导，建立责任制；要发扬协作精神。

四、大同全国煤矿安全生产现场会

1990 年 4 月 24 日，在山西省大同矿务局召开安全生产现场会。国务委员、全国安委会主任邹家华出席会议并讲话，指出 1986 年肥城煤矿安全生产现场会以来，统配煤矿安全生产三年登上三个新台阶；但形势仍然严峻，1987—1989 年全国煤矿发生一次死亡 10 人以上事故 115 起，平均每年 38 起。即便是统配煤矿，其安全状况与国外相比的差距也还很大。因此必须尽早完成对乡镇煤矿的整顿工作，切实做到依法办矿；以控制瓦斯煤尘爆炸、淹井等多人伤亡事故为重点，提高矿井技术装备水平；抓住关键环节，全面加强煤矿安全生产基础工作；强化国家监察、行政管理、群众监督的安全生产工作体制；国务院已授权各级劳动部门的矿山安全监察机构，对国务院颁发的《矿山安全条例》的贯彻执行情况进行国家监察，各有关部门和企业要支持他们的工作。各级政府要按《矿山安全监察条例》的要求，健全劳动部门的矿山安全监察机构，加强力量，使他们能够充分行使监察职责。出席会议并讲话的还有国务院副秘书长王书明，全国总工会副主席、书记处第一书记于洪恩，山西省长王森浩，能源部副部长兼中国统配煤矿总公司总经理胡富国，农业部副部长陈耀邦。劳动部副部长、全国安委会副主任李伯勇作了会议总结。全国安委会委员、各省级政府安委会主任、统配煤矿和地方煤矿总公司的有关负责人，以及部分企业负责人参加了会议。会议表彰了大同矿务局"勇于奉献，争创一流"，加强全面安全质量管理的成绩；交流了其他一些统配煤矿、地方乡镇煤矿安全生产先进经验。会议还授予中国统配煤矿山东公司、大同矿务局、山东省煤炭工业局、山西省左云县煤炭工业局、安徽省皖北矿务局、抚顺矿务局老虎台矿、四川省南川县人民政府、山东省岱庄煤矿等8个单位安全生产先进单位荣誉称号。

除了上述四次安全生产现场会，全国安全生产委员会还于1989年7月26日、1991年3月26日分别召开了全国省级政府安全生产委员会主任会议和省级政府安全生产委员会办公室主任会议，对阶段性重点工作作出部署，提出要求。于1985年3月召开了安全生产宣传工作座谈会，1987年8月召开了劳动保护宣传工作座谈会。举办了1987年的全国工业生产安全知识竞赛等活动。所有这些，都推动和保障了安全生产工作的正常进行。

第十章 国务院安全生产委员会
（2001年3月至2018年7月）

国务院安全生产委员会是继全国安全生产委员会（于1993年7月撤销）之后，为应对工业化、城镇化持续快速发展所带来的事故高发期，在国家层面上成立的又一个负责研究、协调和解决全国安全生产重大问题的非常设议事协调机构。国务院副总理吴邦国、黄菊、张德江、马凯先后担任该委员会主任。其组建和运行以来，积极践行以人为本、安全发展的科学理念，了解把握工业化、城镇化持续快速发展阶段中国安全生产的规律特点，在研究制定、调整完善安全生产方针政策，督促指导全国各地和各个行业领域安全生产方面，付出了艰辛努力，做了大量的富有成效的工作，推动和实现了全国安全生产状况的持续稳定好转。

第一节 国务院安全生产委员会的组建及其运行的几个阶段

国务院安全生产委员会的酝酿、组建和运行，与安全生产监管体制改革大致同步。

2000年7月7日，受总理朱镕基委托，副总理李岚清主持召开国务院第71次总理办公会，专题研究安全生产问题。国家经贸委主任盛华仁汇报指出：国家经贸委综合管理全国安全生产工作已经运行两年了，我们深深感到目前安全生产工作的机构设置、职能配置和运行机制不能适应实际工作需要，在安全生产监督管理工作上力不从心。总结我国安全生产工作的经验教训，借鉴国外做法，我们建议将我委现有的内设安全生产局改组为委管的国家安全生产监察局；同时考虑到安全生产工作涉及方方面面，需要一个高层次的权威机构以协调各部门的工作，由此建议国务院成立安全生产委员会，以定期分析全国安全生产形势，研究解决安全生产中的重大问题。会议原则上同意国家经贸委负责人提出的建议。

2000年12月18日，国家经贸委向国务院提出《关于成立国务院安全生产委员会的请示》：根据国务院第71次总理办公会关于同意成立国务院安全生产

第十章 国务院安全生产委员会（2001年3月至2018年7月）

委员会的精神和经党中央、国务院审议批准的《国家经贸委委管国家局机构改革方案的汇报提纲》中关于设立国家安全生产监督管理局并承担国务院安全生产委员会办公室工作的精神，经商中央编办同意，就成立国务院安委会有关问题作出请示：成立国务院安全生产委员会，设办公室，办公室设在即将成立的国家经贸委管理的国家安全生产监督管理局。安委会的主要职责：定期分析全国安全生产形势，部署和组织国务院有关部门贯彻落实党中央、国务院关于安全生产的方针政策；研究、协调和解决安全生产中的重大问题；协调解放军总参谋部和武警总部迅速调集部队参加特别重大事故应急救援工作；完成国务院领导同志交办事项，以及其他安全生产有关重大事项。安委会办公室的主要职责：承办安委会召开的会议，定期编报安全生产工作简报，承办安委会交办事项和日常工作。安委会组成人员：主任为国务院副总理，副主任为国务院副秘书长和国家经贸委、监察部、公安部、全国总工会、国家安全生产监督管理局（国家煤矿安全监察局）负责人；成员包括中宣部、解放军总参谋部、国家计委、教育部、科技部、国防科工委、财政部、劳动保障部、建设部、铁道部、交通部、卫生部、环保总局、民航总局、工商局、质量技术监督局、旅游局负责人。

2001年2月17日，国家安全生产监督管理局挂牌成立，3月17日国务院办公厅发出关于成立国务院安全生产委员会的通知。

4月27日，国务院安全生产委员会召开第一次全体会议。国务院副总理、安委会主任吴邦国阐述了成立国务院安全生产委员会的重大意义：是党中央、国务院完善安全生产监督管理机构、理顺安全生产监督管理体制的重大举措，充分体现了党中央、国务院对安全生产工作的高度重视；要求安委会各成员单位增强责任感、使命感，齐心协力做好安委会的工作和全国安全生产工作。

国务院安全生产委员会成立以来，作为议事协调机构，受政府换届等因素影响，其机构运行及其组成单位和人员等不断发生变化。大致上分为以下五个阶段：

第一，初创阶段：从2001年3月成立到2003年3月（2003年3月21日国务院发出关于清理议事协调机构和临时机构设置的通知，安全生产委员会不属于继续保留单位）。这两年时间里，在国务院副总理、安委会主任吴邦国的领导下，初步建立了安委会工作规则、议事制度和协调机制。先后召开四次全体会议，听取安委会办公室和相关单位工作汇报。以国务院安委会的名义，对年度安全生产重点工作进行了安排部署，对一些重特大事故进行了通报。

第二，探索创新阶段：从2003年10月重新成立，到2008年7月（第十一届全国人大一次会议后产生的新一届政府，2008年7月国务院办公厅发文对国务院安委会主要负责人和组成单位做出较大幅度调整）。这段时间为安委会工作的探索创新阶段。在中共中央政治局常委、国务院副总理、安委会主任黄菊和国务委员、国务院秘书长、安委会副主任华建敏（主持了本阶段后期国务院安全生产委员会的日常工作）等的领导下，围绕着健全完善安委会及其办公室工作机制，增强安委会在指导协调全国安全生产工作方面的权威性和执行力，以及协调解决安全生产重大问题的能力，进行了积极的探索并取得明显成效。国务院安委会履行安全生产综合指导和协调督促工作职责的基本形式和主要制度等，大多是在这一时期建立和形成的：

（1）全国安全生产控制考核指标制度。每年初，国务院安全生产委员会全体会议审议通过全国年度安全生产工作目标和相关控制考核总体指标，在随后召开的全国安全生产工作会议上，以安委会名义，向各行业主管部门、各省级政府下达年度安全生产控制考核指标。然后逐级分解下达，通过签订责任状等形式，落实到基层。年中和年末进行评价考核，评价考核结果在中央和地方主流媒体上公示，推动安全生产绩效与地方政府政绩考评挂钩，形成强有力的激励约束机制。

（2）全国安全生产检查督查制度。由国务院安委会组织进行的全国安全生产大检查，原则上每年一次。大检查往往覆盖全国，社会影响大，对企业和地方政府的触动和促进作用强。同时也根据实际需要，以某些行业领域、某些地区、某些突出问题为重点，以国务院安委会名义进行专项督促检查。2003—2008年间，国务院安委会先后组织17次全国安全生产大检查和专项督查，有力推动了工作。

（3）重大隐患排查治理和挂牌督办制度。对检查督查中发现的重大隐患、严重问题，由安委办负责，向地方政府或行业主管部门下达整改意见通知书，并对整改情况实行跟踪监督。

（4）安委会联络员会议制度。规定安委会各成员单位确定一名司局级干部为联络员。安委会办公室每季度召开一次联络员会议，通报相关会议领域和全国安全生产重点工作进展情况，研究讨论拟提交安委会审议的事项。

（5）安委会主导的重点行业领域安全生产治理整顿。由国务院安委会牵头，对问题突出、隐患严重的行业领域进行治理整顿。针对煤矿瓦斯灾害和小煤矿非法违法生产、民用爆炸物品和烟花爆竹非法生产经营、人员密集场所火灾隐患等，指导协调有关部门和地方政府，组织开展了一系列专项整治。

第三，健全完善阶段：从2008年7月到2013年5月（十二届全国人大一次会议后产生新一届政府，对国务院安委会主要负责人和组成单位做出较大幅度调整）。在国务院副总理、安委会主任张德江的领导下，这一时期国务院安委会的工作持续加强，各项制度和运行机制趋于健全完善。在坚持做好安全生产控制考核指标的监督实施、隐患排查治理挂牌督办、重点行业领域治理整顿、重特大事故通报等工作的同时，一是明晰了发展改革委等31个安委会成员单位的安全生产工作职责，使成员单位的工作有章可循；二是建立了重大事故查处挂牌督办制度，规定凡由省级政府负责查处的一次死亡3~9人的重大事故，要以国务院安委会名义向省级政府下达挂牌督办通知书，省级政府要接受国务院安委会及其办公室的指导、协调和督促，接到挂牌督办通知之日起60日内完成督办事项，并向国务院安委办作出书面报告，经审核同意后作出批复决定。

第四，持续加强和不断改进阶段：从2013年5月到2018年7月（国家安全监管总局撤并，国务院安委会主要负责人和组成单位大幅度调整）。这一阶段，在国务院副总理、安委会主任马凯和国务委员、安委会副主任王勇等的领导下，安委会在调查研究、吃透基层情况，紧密联系实际，采取更加行之有效的安全生产对策措施等方面，付出了努力。如"党政同责、一岗双责、失职追责"的安全生产责任体系，"四不两直"① 和"全覆盖、零容忍、严执法、重实效"的安全生产监督检查方式与要求；再如，安委会对重点行业领域和地方政府的安全生产巡查制度，年度安全生产工作要点，安委会成员单位分工，国务院安委会对省级政府实施安全生产工作考核及年度《省级政府安全生产工作考核细则》，以及安委会专家咨询委员会等，都是这个阶段的产物。与此同时，安委会对相关行业领域安全生产工作的指导协调范围拓展、力度加大。仅2013年，就指导协调各方面力量，组织开展了餐饮场所使用燃气安全、工程建设领域预防施工起重机械脚手架等坍塌事故、涉氨制冷企业液氨使用、油气输送管线等多个方面安全专项治理。

第五，进一步发挥作用阶段。2018年3月，第十三届全国人大一次会议通过国务院机构改革方案，决定整合国家安全监管总局等机构的职责职能，成立应急管理部。2018年7月7日，国务院办公厅发出《关于调整国务院安全生产委员会组成人员的通知》，国务院安委会的工作就此进入新的阶段。

第二节　国务院办公厅文件关于国务院安委会及其办公室的职责规定

国务院安全生产委员会成立之后，从2001年3月到2008年7月，国务院办公厅先后四次下发文件，就安委会及其办公室的职责作出规定，使之职责范围、

---

① "四不两直"，即不发通知、不打招呼、不听汇报、不用陪同和接待，直奔基层、直插现场。

职能作用不断健全完善。国务院安委会职责由最初的4项拓展健全为7项，安委会办公室的职责由最初的3项拓展健全为10项。

一、2001年3月《国务院办公厅关于成立国务院安全生产委员会的通知》规定的职责

国务院安委会主要职责：①定期分析全国安全生产形势，部署和组织国务院有关部门贯彻落实党中央、国务院关于安全生产的方针、政策；②研究、协调和解决安全生产中的重大问题；③协调解放军总参谋部和武警总部迅速调集部队参加特别重大事故应急救援工作；④完成国务院领导交办的事项，以及其他有关安全生产的重大事项。

安委会办公室主要职责是安委会在国家安全生产监督管理局（国家煤矿安全监察局）设立办公室，作为安委会的工作机构。其职责：①负责承办安委会召开的会议；②定期编报全国安全生产工作简报；③承办安委会交办事项和日常工作。

二、2003年10月《国务院办公厅关于成立国务院安全生产委员会的通知》规定的职责

国务院安委会主要职责：①在国务院领导下，负责研究部署、指导协调全国安全生产工作；②研究提出全国安全生产工作的重大方针政策；③分析全国安全生产形势，研究解决安全生产工作中的重大问题；④必要时，协调总参谋部和武警总部调集部队参加特大生产安全事故应急救援工作；⑤完成国务院交办的其他安全生产工作。

安委会办公室主要职责：①研究提出安全生产重大方针政策和重要措施的建议；②监督检查、指导协调国务院有关部门和各省、自治区、直辖市人民政府的安全生产工作；③组织国务院安全生产大检查和专项督查；④参与研究有关部门在产业政策、资金投入、科技发展等工作中涉及安全生产的相关工作；⑤负责组织国务院特别重大事故调查处理和办理结案工作；组织协调特别重大事故应急救援工作；⑥指导协调全国安全生产行政执法工作；承办安委会召开的会议和重要活动，督促、检查安委会会议决定事项的贯彻落实情况；⑦承办安委会交办的其他事项。

三、2006年7月《国务院办公厅关于加强煤炭行业管理有关问题的意见》规定的职责

2006年7月7日，国务院办公厅下发通知，在对煤炭行业管理有关问题

作出明确规定的同时，对国务院安全生产委员会的职责进行了调整。调整后，安委会的主要职责：①在国务院领导下，负责研究部署、指导协调全国安全生产工作；②研究提出全国安全生产工作的重大方针政策；③分析全国安全生产形势，研究解决安全生产工作中的重大问题；④必要时，协调总参谋部和武警总部调集部队参加特大生产安全事故应急救援工作；⑤研究提出煤炭行业管理中涉及安全生产的重大方针政策、法规、标准，推动指导煤炭企业加强安全管理和科技进步等基础工作，协调解决相关问题；⑥完成国务院交办的其他事项。

国务院安全生产委员会办公室在现有职能基础上，承担国务院安全生产委员会协调煤炭行业管理涉及安全生产方面的工作，督促检查各项工作和措施的落实情况，并相应加强组织建设，加大协调指导工作力度。

四、2008年7月《国务院办公厅关于调整国务院安全生产委员会组成人员的通知》规定的职责

安委会的主要职责：①在国务院领导下，负责研究部署、指导协调全国安全生产工作；②研究提出全国安全生产工作的重大方针政策；③分析全国安全生产形势，研究解决全国安全生产工作中的重大问题；④审定和下达年度安全生产控制考核指标；⑤研究提出煤炭行业管理中涉及安全生产的法规、重大方针政策和标准，推动指导煤炭行业加强安全管理和科技进步等基础工作，协调解决相关问题；⑥必要时，协调总参谋部和武警总部调集军队和武警参加特大生产安全事故应急救援工作；⑦完成国务院交办的其他安全生产工作。

安委会办公室主要职责：①研究提出安全生产重大方针政策和重要措施的建议；②监督检查、指导协调国务院有关部门和各省、自治区、直辖市人民政府的安全生产工作；③组织国务院安全生产大检查和专项督查，督促相关单位落实整改重大隐患和突出问题；④参与研究有关部门在产业政策、资金投入、科技发展等工作中涉及安全生产的相关工作；⑤研究拟订年度安全生产控制考核指标；⑥负责组织国务院特别重大事故调查处理和办理结案工作；⑦组织协调特别重大事故应急救援工作；指导协调全国安全生产行政执法工作；⑧承办安委会的会议和重要活动，督促、检查安委会会议决定事项的贯彻落实情况；⑨承担安委会协调煤炭行业管理涉及安全生产方面的工作，督促检查各项工作和措施的落实情况；⑩承办安委会交办的其他事项。

第三节　国务院安全生产委员会工作规则

国务院安全生产委员会成立以来，分别于2001年7月、2003年11月、2009年2月召开的安委会全体会议上，讨论和通过了3个工作规则，就当届安委会的机构定位、主要任务和职责范围、人员组成及其变更、安委会办公室的设置及其职责范围，以及开展工作的方法、程序等作出规定。

一、2001年7月讨论通过的《国务院安全生产委员会工作规则》

（一）机构定位、主要任务和职责范围

安委会是国务院非常设机构，不代替国务院各有关职能部门的安全生产监督管理职责。安委会的主要任务是，在国务院领导下，指导全国安全生产工作，研究安全生产工作的重大政策和措施，协调、解决安全生产中的重大问题。其具体职责范围：①在国务院领导下，研究部署和指导全国安全生产工作；②定期分析全国安全生产形势，研究、协调和解决安全生产中的重大问题；③协调安委会各成员单位的安全生产工作，并对各有关部门、各地区的安全生产工作进行督促检查；④必要时，协调解放军总参谋部和武警总部迅速调集部队参加特别重大事故应急救援工作；⑤完成国务院交办的其他安全生产工作。

（二）人员组成及其变更

安委会主任由国务院领导担任，副主任由国务院办公厅、国家经贸委、公安部、国家监察部、国家安全监管局（国家煤矿安监局）、全国总工会领导人担任。成员有国家计委、教育部、科技部、国防科工委、财政部、劳动保障部、建设部、铁道部、交通部、卫生部、环保总局、民航总局、工商总局、质检总局、旅游局、法制办、新闻办、中宣部、中央编办、解放军总参谋部作战部有关领导担任。

安委会成员单位因工作需要变更其参加安委会的成员时，报经安委会主任同意后，由安委会印发通知；安委会成员单位变更时，报经国务院有关领导和安委会主任同意后，由安委会印发通知。

（三）办公室设置及职责范围

设立办公室，作为国务院安委会的工作机构，负责安委会的日常工作。主要职责：联系安委会各成员单位，并协调有关工作；督促检查各有关部门、各地区贯彻落实安委会决议和安全生产工作部署情况，并向安委会报告；定期汇总全国安全生产情况，分析安全生产形势，提出改进工作的措施和意见，并向安委会报

告；承办安委会召开的会议和活动；承办安委会交办的其他事项。安委会办公室设在国家安全监管局（国家煤矿安监局）。安委会办公室主任由国家安全监管局（国家煤矿安监局）局长担任，副主任由国家安全监管局（国家煤矿安监局）副局长担任。

（四）工作制度

工作制度主要是会议制度、汇报制度和办文制度。

（1）会议制度。安委会全体会议原则上每半年召开一次，会议由安委会主任或主任委托的副主任主持，会议议题由主持人确定；安委会主任认为必要时，可临时召开全体会议或由有关成员、有关部门参加的专题会议。

（2）汇报制度。安委会有关成员单位每月应向安委会简要报告本系统安全生产形势和安全生产工作情况，年初（要汇报）上年情况和本年度工作安排与部署。

（3）办文制度。安委会文件由安委会主任或主任委托的副主任签发；安委会办公室文件由安委会办公室主任或主任委托的副主任签发。

二、2003年11月讨论通过的《国务院安全生产委员会工作规则》

（一）机构定位、主要任务和职责范围

安委会是国务院的议事协调机构，不代替国务院有关职能部门的安全生产监督管理职责。安委会的主要任务是，在国务院领导下，研究部署、指导协调全国安全生产工作，研究提出全国安全生产工作的重大方针政策，研究解决安全生产工作中的重大问题。主要职责：①在国务院领导下，负责研究部署、指导协调全国安全生产工作；②研究提出全国安全生产工作的重大方针政策；③分析全国安全生产形势，研究解决安全生产工作中的重大问题；④必要时，协调解放军总参谋部和武警总部调集部队参加特大事故应急救援工作；⑤完成国务院交办的其他安全生产工作。

（二）人员组成及其变更

安委会成员单位因工作需要变更其参加安委会的成员时，经安委会办公室报安委会主任同意后，由安委会印发通知；安委会成员单位变更时，报经国务院有关领导和安委会主任同意后，由安委会印发通知。

（三）办公室设置及职责范围

安委会办公室负责研究提出安全生产重大方针政策和重要措施的建议；监督检查、指导协调国务院有关部门和各省、自治区、直辖市人民政府的安全生产工作；组织国务院安全生产大检查和专项督查；参与研究有关部门在产业政策、资金投入、科技发展等工作中涉及安全生产的相关工作；负责组织国务院特别重大事故调查处理和办理结案工作；组织协调特别重大事故应急救援工作；指导协调全国安全生产行政执法工作；承办安委会召开的会议和重要活动，督促、检查安委会会议决定事项的贯彻落实情况；指导协调特别重大事故新闻发布会；承办安委会交办的其他事项。

安委会办公室编印《全国安全生产简报》，通报全国安全生产形势，传达中央、国务院领导对安全生产工作的指示，反映各地、各部门安全生产工作情况、存在问题和建议意见，交流安全生产工作经验。

（四）工作制度

工作制度主要是会议制度、联络员制度、安全生产大检查和专项督查制度、办文制度。

（1）会议制度。安委会全体会议原则上每半年召开一次，会议由安委会主任或主任委托的副主任主持，会议议题由主持人确定。会议形成纪要，以国阅件报送中央、国务院领导，印发各省、自治区、直辖市人民政府、国务院各部委及有关单位。安委会主任认为必要时可召开全体会议或有关成员、有关部门参加的专题会议。会议形成纪要，以国阅件报送中央、国务院领导，印发有关部门和有关省、自治区、直辖市人民政府。

（2）联络员制度。安委会每个成员单位确定一名司局级干部担任安委会联络员。安委会联络员会议由安委会办公室组织召开，安委会办公室主任或副主任主持，全体或部分联络员参加。安委会联络员全体会议原则上每三个月召开一次；负有安全生产监管职责的部门联络员会议，原则上每月召开一次。安委会联络员会议的主要内容：通报全国安全生产形势和重点工作进展情况；负有安全生产监管职责的部门通报本部门安全生产形势和重点工作进展情况；研究讨论拟提交安委会审议的事项；研究协调成员单位提出的有关事项；提出安全生产工作建议意见。联络员会议形成纪要，报送安委会领导，印发安委会各成员。

（3）安全生产大检查和专项督查制度。以国务院名义进行的全国安全生产大检查一般每年进行一次，国务院安全生产检查组由安委会办公室组织，安委会成员和安委会办公室负责人带队，成员单位派人参加。根据需要，可以国务院或安委会名义进行专项督促检查。专项督查工作由安委会办公室组织，安委会各成员单位派人参加。安全生产大检查或专项督查要形成专题报告，报送国务院并通报各省、自治区、直辖市人民政府。

（4）办文制度。安委会文件由安委会主任或主任委托的副主任签发；安委会办公室文件由安委会办公室主任或主任委托的副主任签发。

三、2009 年 2 月讨论通过的《国务院安全生产委员会工作规则》

（一）机构定位、主要任务和职责范围

安委会是国务院的议事协调机构，不代替国务院有关职能部门的安全生产监督管理职责。其主要任务和职责范围：在国务院领导下，负责研究部署、指导协调全国安全生产工作；研究提出全国安全生产工作的重大方针政策；分析全国安全生产形势，研究解决全国安全生产工作中的重大问题和成员单位提出的安全生产工作重大问题；审定和下达年度安全生产控制考核指标；研究提出煤炭行业管理中涉及安全生产的法规、重大方针政策和标准，推动指导煤炭行业加强安全管理和科技进步等基础工作，协调解决相关问题；必要时，协调总参谋部和武警总部调集军队和武警参加特别重大生产安全事故应急救援工作；完成国务院交办的其他安全生产工作。

（二）人员组成及其变更

安委会主任、副主任和安委会成员单位变更时，报经国务院有关领导同意后，由国务院办公厅印发通知；安委会成员单位因工作需要变更其参加安委会的成员时，经安委会办公室报安委会主任同意后，由安委会印发通知。

（三）办公室设置及职责范围

安委会办公室负责研究提出安全生产重大方针政策和重要措施的建议；监督检查、指导协调国务院有关部门和各省、自治区、直辖市人民政府的安全生产工作；组织全国安全生产大检查和专项督查，督促相关单位落实整改重大隐患和突出问题；参与研究有关部门在产业政策、资金投入、科技发展等工作中涉及安全生产的相关工作；研究拟订年度安全生产控制考核指标；根据国务院授权，依法组织国务院特别重大生产安全事故调查处理和办理结案工作；组织协调特别重大生产安全事故应急救援工作；指导协调全国安全生产行政执法工作；承办安委会的会议和重要活动，督促、检查安委会会议决定事项的贯彻落实情况；承担安委会协调煤炭行业管理涉及安全生产方面的工作，督促检查各项工作和措施的落实情况；承办安委会交办的其他事项。

安委会办公室负责编印《全国安全生产简报》，定期通报全国安全生产形势，传达党中央、国务院领导对安全生产工作的指示，反映各地区、各部门安全生产工作情况、存在问题和建议意见，交流安全生产工作经验。

（四）工作制度

工作制度主要是会议制度、联络员制度、全国安全生产大检查制度、办文制度。

（1）会议制度。安委会全体会议由安委会主任主持，会议议题由主持人确定。会议形成纪要，印发各省、自治区、直辖市人民政府、国务院各部委及有关单位；安委会主任认为必要时可召开全体会议或有关成员、有关部门参加的专题会议。会议形成纪要，印发有关部门和有关省、自治区、直辖市人民政府。

（2）联络员制度。安委会每个成员单位确定一名司局级干部担任安委会联络员。安委会联络员会议由安委会办公室组织召开，安委会办公室主任或副主任主持，全体或部分联络员参加。安委会联络员会议原则上每季度召开一次。必要时，可召开有关部门参加的专题会议。安委会联络员会议的主要内容：安委会办公室通报全国安全生产形势和重点工作进展情况；负有安全生产监管职责的部门通报本部门安全生产形势和重点工作进展情况；研究讨论拟提交安委会审议事项；研究协调成员单位提出的有关事项；提出安全生产工作建议意见。联络员会议形成纪要，报送安委会领导，印发安委会各成员单位。

（3）全国安全生产大检查制度。以国务院或安委会名义进行的全国安全生产大检查由安委会办公室组织，安委会成员和安委会办公室负责人带队，成员单位派人参加。以国务院或安委会名义进行的专项督查由安委会办公室组织，安委会成员单位派人参加。安全生产大检查或专项督查要形成专题报告，报送国务院并通报省、自治区、直辖市人民政府。

（4）办文制度。安委会文件由安委会主任签发；安委会办公室文件由安委会办公室主任或主任委托副主任签发。

第四节　国务院安委会成员单位安全生产工作职责

2010年1月，国务院安全生产委员会下发文件，对安委会31个成员单位（即发展改革委、教育部、科技部、工业和信息化部、公安部、监察部、司法部、财政部、人力资源社会保障部、国土资源部、住房城乡建设部、交通运输部、铁道部、水利部、农业部、商务部、卫生部、国资委、工商总局、质检总局、广电总局、体育总局、林业局、旅游局、法制办、新闻办、气象局、电监会、全国总工会、安全监管总局和煤矿安监局）在安全生产工作方面应承担的职责作出明确规定。同时要求中央宣传部、中央编办、共青团中央、全国妇联和总参谋部作战部、武警部队，依照有关规定履行相关安全生产工作职责；部门管理的其他负有安全生产工作职责的国家局，按照国务院批准的部门"三定"规定和现行法律、行政法规赋予的职责，负责本部门、本行业或本系统的安全生产监督管理工作。

2015年8月，根据国务院机构改革和国务院安全生产委员会成员单位调整的新变化、新情况，国务院安全生产委员会再次发文，对安委会37个成员单位（即发展改革委、教育部、科技部、工业和信息化部、公安部、监察部、司法部、财政部、人力资源社会保障部、国土资源部、环境保护部、住房城乡建设部、交通运输部、水利部、农业部、商务部、文化部、国家卫生计生委、国务院国资委、工商总局、质检总局、新闻出版广电总局、体育总局、国家林业局、国家旅游局、国务院法制办、中国气象局、国家能源局、国家国防科工局、国家海洋局、国家铁路局、中国民航局、国家邮政局、全国总工会、安全监管总局、国家煤矿安监局）的安全生产工作职责作出规定和调整；同时要求中央宣传部、中央编办、共青团中央、全国妇联和总参谋部应急办、武警总部，依照有关规定履行相关安全生产工作职责，为安全生产工作提供支持和保障；其他负有安全生产工作职责的国务院有关部门及其管理的国家局，按照国务院批准的部门"三定"规定和《安全生产法》及其他有关法律、行政法规、规范性文件赋予的职责，负责本行业领域或本部门、本系统的安全生产监督管理工作。

以下职责规定，以2015年8月27日下发的《国务院安委会成员单位安全生产工作职责分工》为基础。与之前的规定有所不同的，附之前规定内容予以阐明；完全相同或大致相同的，则不做重复叙述。

一、国家发展改革委

（1）把安全生产和职业病防治工作纳入国民经济和社会发展规划。与国家安全监管总局联合发布实施安全生产监管部门和煤矿安全监察机构监管监察能力建设规划，研究安排安全生产监管监察基础设施、执法装备、执法和应急救援用车、信息化建设、技术支撑体系、应急救援体系建设和隐患治理等所需中央预算内投资，并对投资计划执行情况进行监督检查。

（2）按照职责分工，参与对不符合有关矿山工业发展规划和总体规划、不符合产业政策、布局不合理等矿井关闭及关闭是否到位情况进行监督和指导。

2010年1月，国务院安委会文件规定发展改革委安全生产工作职责：

（1）安排安全生产监管监察基础设施、执法能力、支撑条件、应急救援体系建设和隐患治理所需中央预算内投资，并对投资计划执行情况进行监督检查。

（2）推动完善相关产业政策，调整优化产业结构，会同有关部门加快组织实施大集团、大公司战略。

（3）按照职责分工，参与对不符合有关矿山工业发展规划和总体规划、不符合产业政策、布局不合理等矿井关闭及关闭是否到位情况进行监督和指导。

二、教育部

（1）负责教育系统的安全监督管理。指导地方加强各类学校（含幼儿园）的安全监督管理工作，督促各类学校制定安全管理制度和突发事件应急预案，落实安全防范措施。

（2）将安全教育纳入学校教育内容，指导学校开展安全教育活动，普及安全知识，加强实训实习期间和校外社会实践活动的安全管理。

（3）加强安全科学与工程及职业卫生相关学科建设，加快培养煤矿、化工等安全生产和职业卫生相关专业人才。

（4）会同有关部门依法负责校车安全管理的有关工作。

（5）负责教育系统安全管理统计分析，依法参加有关事故的调查处理，按照职责分工对事故发生单位落实防范和整改措施的情况进行监督检查。

（6）负责组织直属院校、单位和教育设施的安全监督管理。

（7）负责组织实施中小学、幼儿园校舍安全工程监督检查工作，承担全国中小学校舍安全工程领导小组的日常工作。

（8）负责教育系统安全管理统计分析，依法组织或参与有关事故的调查处理

2010年1月，国务院安委会文件规定教育部安全生产工作职责：

（1）负责教育系统的安全监督管理，宏观指导各类学校（含幼儿园）的安全管理工作，指导各类学校制定突发事件应急预案和落实防范安全事故的措施。

（2）将安全教育纳入学校教育内容，指导中小学和中等职业学校开展安全教育活动，普及安全知识。

（3）加强安全与工程科学学科建设，发展安全生产普通高等教育和职业教育，加快培养煤矿和安全生产专业人才。

（4）指导各类学校加强学生校外社会实践活动的安全管理。

（5）会同有关部门加强对接送学生车辆的监督管理。

（6）负责组织直属院校、单位和教育设施的安全监督管理。

（7）负责组织实施中小学、幼儿园校舍安全工程监督检查工作，承担全国中小学校舍安全工程领导小组的日常工作。

三、科技部

（1）将安全生产科技进步纳入国家中长期科技发展规划和国家科技计划并

组织实施。

(2) 负责安全生产重大科技攻关、基础研究和应用研究的组织指导工作，推动安全生产科研成果的转化应用。

(3) 加大对安全生产重大科研项目的投入，引导企业增加安全生产研发资金投入，促使企业逐步成为安全生产科技投入和技术保障的主体。

(4) 在国家科学技术奖励工作中，加大对安全生产领域重大研究成果的支持，引导社会力量参与安全生产科技工作。

四、工业和信息化部

(1) 指导工业加强安全生产管理。在行业发展规划、政策法规、标准规范等方面统筹考虑安全生产，严格行业规范和准入管理，实施传统产业技术改造，淘汰落后工艺和产能，指导重点行业排查治理隐患，促进产业结构升级和布局调整，促进工业化和信息化深度融合，从源头治理上指导相关行业提高企业本质安全水平。

(2) 负责通信业及通信设施建设和民用飞机、民用船舶制造业安全生产监督管理及民用船舶建造质量安全监管，制定相关行业安全生产规章制度、标准规范并组织实施，指挥协调生产安全事故应急通信。

(3) 负责民用爆炸物品生产、销售的安全监督管理，按照职责分工组织查处非法生产、销售（含储存）民用爆炸物品的行为。

(4) 按照职责分工，依法负责危险化学品生产、储存的行业规划和布局。严格道路机动车辆生产企业及产品准入许可。会同有关部门推动安全产业、应急产业发展。

(5) 负责相关行业安全生产统计分析，依法参加有关事故的调查处理，按照职责分工对事故发生单位落实防范和整改措施的情况进行监督检查。

2010年1月，国务院安委会文件规定工业和信息化部安全生产工作职责：

(1) 指导工业、通信业加强安全生产管理。在工业、通信业发展规划、政策法规、标准规范和技术改造等方面统筹考虑安全生产，指导重点行业排查治理隐患，加强产业结构升级和布局调整，严格行业准入管理，淘汰落后工艺和产能。

(2) 会同有关部门安排专项资金，支持工业、通信业重大安全技术改造项目、安全领域重大信息化项目，促进先进、成熟的工艺技术和设备推广应用，促进企业本质安全水平不断提高。

(3) 负责民爆器材的行业及生产、流通安全的监督管理，组织实施民爆器材安全生产，负责民爆器材生产、销售准入管理。

（4）负责通信业和民爆器材行业安全生产统计分析，参与相关行业重特大生产安全事故的调查处理。

五、公安部

（1）负责对全国的消防工作实施监督管理，指导、监督地方公安机关开展消防监督、火灾扑救和重大灾害事故及其他以抢救人员生命为主的应急救援工作。

（2）负责全国道路交通安全管理工作，指导、监督地方公安机关预防和处理道路交通事故，维护道路交通秩序及机动车辆、驾驶人管理工作，开展道路交通安全宣传教育。

（3）指导、协调、监督地方公安机关对民用爆炸物品购买、运输、爆破作业及烟花爆竹运输、燃放环节实施安全监管，监控民用爆炸物品流向，按照职责分工组织查处非法购买、运输、使用（含储存）民用爆炸物品的行为和非法运输、燃放烟花爆竹的行为。

（4）指导、监督地方公安机关依法核发剧毒化学品购买许可证、剧毒化学品道路运输通行证，并负责危险化学品运输车辆的道路交通安全管理。

（5）指导、监督地方公安机关依法对相关大型群众性活动实施安全管理。

（6）依法参加有关事故的调查处理；负责指导、监督地方公安机关依法组织或参加道路交通事故、火灾事故等有关事故的调查处理，开展统计分析，按照职责分工对事故发生单位落实防范和整改措施的情况进行监督检查；指导地方公安机关查处相关刑事案件和治安案件。

2010年1月，国务院安委会文件规定公安部安全生产工作职责：

（1）负责对全国消防工作实施安全监督管理，组织、指导、监督地方消防监督、火灾预防、火灾扑救工作和公安应急抢险救援工作。

（2）负责全国道路交通安全管理工作，指导、协调、监督地方公安机关预防和处理道路事故，维护道路交通秩序，开展道路交通安全宣传教育。

（3）负责民用爆炸物品和烟花爆竹的公共安全管理，指导、协调、监督地方公安机关对民用爆炸物品购买、运输、爆破作业及烟花爆竹运输、燃放环节实施安全监管。

（4）指导、监督地方公安机关依法对剧毒化学品购买、运输环节实行监管。

（5）指导、监督地方公安机关对焰火晚会、灯会等大型群众性活动实施安全管理。

（6）承担全国道路交通安全工作部际联席会议、全国油气田及输油管道安全保护工作部际联席会议的日常工作。

（7）负责指导、监督地方公安机关调查处理道路交通事故、调查火灾事故，开展统计分析；指导地方公安机关查处涉及安全生产的刑事案件。

六、监察部

（1）加强对行政监察对象依法履行安全生产监督管理职责的监督。

（2）依法参加有关重特大生产安全事故调查处理，查处事故涉及的失职渎职、以权谋私、权钱交易等违法违纪行为。

（3）督促落实重特大生产安全事故责任人员的责任追究决定和意见。

2010年1月，国务院安委会文件规定监察部安全生产工作职责：

（1）参加安全生产法律法规贯彻执行情况的监督检查，督促行政监察对象依法履行安全生产监督管理职责。

（2）参加特别重大生产安全事故调查处理，查处事故涉及的以权谋私、权钱交易等违法违纪行为。

（3）组织对重特大生产安全事故责任追究落实情况的监督检查，督促落实对事故责任人员的责任追究决定和意见。

（4）承担重特大生产安全事故责任追究沟通协调工作部际联席会议的日常工作。

七、司法部

（1）将安全生产法律法规纳入公民普法的重要内容，会同有关部门广泛宣传普及安全生产法律法规知识；指导律师、公证、基层法律服务工作，为生产经营单位提供安全生产法律服务。

（2）负责全国监狱安全管理工作，指导、监督司法行政系统戒毒场所安全管理工作，贯彻执行安全生产法律法规和标准，落实安全生产责任制，完善安全生产条件，消除事故隐患。

（3）负责司法行政系统安全生产统计分析。

八、财政部

（1）完善有利于安全生产的财政、税收、信贷等经济政策，健全安全生产投入保障机制，加强对安全生产预防、重大安全隐患治理和监管监察能力建设的支持。

（2）指导地方健全安全生产监管执法经费保障机制，将安全生产监管执法经费纳入同级财政保障范围。

2010年1月，国务院安委会文件规定财政部安全生产工作职责：

（1）根据安全生产工作需要，落实政府安全生产投入，支持政府安全生产体系建设。

（2）研究完善安全生产经济政策，配合有关部门对安全生产经济政策落实情况进行监督检查。

九、人力资源社会保障部

（1）将安全生产法律、法规及安全生产知识纳入相关行政机关、事业单位工作人员职业教育、继续教育和培训学习计划并组织实施，将安全生产履职情况作为行政机关、事业单位工作人员奖惩、考核的重要内容。会同有关部门按照国家有关规定对安全生产领域先进集体和先进个人，以及在事故救援工作中做出突出贡献的单位和个人进行评比表彰。

（2）拟订工伤保险政策、规划和标准，指导和监督落实企业参加工伤保险有关政策措施，会同国务院财政、卫生行政、安全生产监督管理等部门制定工伤预防费用的提取比例、使用和管理的具体办法，加大工伤预防的投入。依据职业病诊断结果，做好职业病人的社会保障工作。

（3）负责劳动合同及工伤保险法律法规实施情况监督检查工作，督促用人单位依法签订劳动合同和参加工伤保险，规范企业劳动用工行为；指导农民工培训教育工作。

（4）制定工作时间、休息休假政策，按照职责分工制定女职工、未成年工特殊劳动保护政策。

（5）会同有关部门制定和实施安全生产领域各类专业技术人才、技能人才规划、培养、继续教育、考核、奖惩等相关政策。

（6）指导技工学校、职业培训机构的安全管理工作。指导技工学校、职业培训机构开展安全知识和技能教育培训，制定突发事件应急预案，落实安全防范措施。

（7）会同有关部门制定安全生产领域职业资格相关政策，与国务院安全生产监督管理部门一并会同国务院有关部门制定注册安全工程师按专业分类管理的具体办法。

2010年1月，国务院安委会文件规定人力资源社会保障部安全生产工作职责：

（1）将安全生产法律、法规及安全生产知识纳入行政机关、事业单位工作人员职业教育、继续教育和培训学习计划并组织实施，会同有关部门对安全生产领域先进集体和先进个人进行评比表彰。

（2）拟订工伤保险政策、规划和标准，指导和监督落实企业参加工伤保险有关政策措施，规范企业劳动用工行为；指导农民工培训教育工作。

（3）制定女工、未成年工的特殊劳动保护政策及工时休假政策。

（4）会同有关部门制定和实施安全生产领域各类专业技术人才、技能人才规划、培养、继续教育、考核、奖惩等相关政策。

（5）指导技工学校、职业培训机构的安全管理工作。指导技工学校、职业培训机构制定突发事件应急预案和落实防范安全事故的措施。

（6）会同有关部门制定安全生产领域职业资格相关政策。

十、国土资源部

（1）负责查处重大无证勘查开采、持勘查许可证采矿、超越批准的矿区范围采矿等违法违规行为，维护良好的矿产资源开发秩序。

（2）按照职责分工，负责对无采矿许可证和超层越界开采、资源接近枯竭、不符合矿产资源规划等矿井关闭工作及关闭是否到位情况进行监督和指导；会同相关部门组织指导并监督检查全国废弃矿井的治理工作。

（3）负责矿产资源开发的管理，组织编制实施矿产资源规划，合理布局探矿权和采矿权。负责管理地质勘查行业及资质，加强对地质勘查活动的监督检查。

2010年1月，国务院安委会文件规定国土资源部安全生产工作职责：

（1）负责查处无证开采、以采代探等违法违规行为，组织开展矿产资源勘查开采秩序专项整治。

（2）按照职责分工，负责对无采矿许可证和超层越界开采、资源接近枯竭、不符合矿产资源规划和矿业权设置方案等矿井关闭工作及关闭是否到位情况进行监督和指导；会同相关部门组织指导并监督检查全国废弃矿井的治理工作。

十一、环境保护部

（1）负责核安全和辐射安全的监督管理。拟订有关政策、规划、标准，参与核事故应急处理，负责辐射环境事故应急处理工作。监督管理核设施安全、放射源安全，监督管理核设施、核技术应用、电磁辐射、伴有放射性矿产资源开发利用中的污染防治。对核材料的管制和民用核安全设备的设计、制造、安装和无损检验活动实施监督管理。负责全国放射性废物的安全监督管理工作,对放射性物品运输的核与辐射安全实施监督管理。

(2) 按照职责分工,负责对破坏生态环境、污染严重的矿井关闭及关闭是否到位情况进行监督和指导。

(3) 依法对废弃危险化学品等危险废物的收集、贮存、处置等进行监督管理。依法组织危险化学品的环境危害性鉴定和环境风险程度评估,确定实施重点环境管理的危险化学品,负责危险化学品环境管理登记和新化学物质环境管理登记;按照职责分工调查相关危险化学品环境污染事故和生态破坏事件,负责危险化学品事故现场的应急环境监测。

(4) 按照职责分工,牵头协调相关重特大环境污染事故和生态破坏事件的调查处理,指导协调地方政府开展相关重特大突发环境事件的应急、预警工作。

十二、住房城乡建设部

(1) 依法对全国的建设工程安全生产实施监督管理(按照国务院规定职责分工的铁路、交通、水利、民航、电力、通信专业建设工程除外)。负责拟订建筑安全生产政策、规章制度并监督执行,依法查处建筑安全生产违法违规行为。监督管理房屋建筑工地和市政工程工地用起重机械、专用机动车辆的安装、使用。

(2) 依法组织编制和实施城乡规划,并与安全生产规划、管道发展规划相衔接,加强有关建设项目规划环节的安全把关。指导地方城乡规划主管部门依法将管道建设选线方案纳入当地城乡规划管理,根据城乡规划为管道建设项目核发规划许可。指导镇、乡、村庄规划的编制和实施,指导农村住房建设、农村住房安全和危房改造。

(3) 指导城市市政公用设施建设、安全和应急管理,指导城市供水、燃气、热力、园林、市容环境治理、城市规划区绿化、城镇污水处理设施和管网、城市地下空间开发利用、风景名胜区等安全监督管理。会同有关部门加强对地下管线建设管理工作的指导和监督检查,指导地方住房城乡建设部门会同有关部门负责城市地下管线综合管理。指导城市地铁、轨道交通规划和建设的安全监督管理。

(4) 负责建筑施工、建筑安装、建筑装饰装修、勘察设计、建设监理等建筑业和房地产开发、物业管理、房屋征收拆迁等房地产业安全生产监督管理工作。负责指导和监督省级建设主管部门负责的建筑施工企业安全生产准入管理,指导建筑施工企业从业人员安全生产教育培训工作。

(5) 负责建筑业、房地产业和住房城乡建设系统安全生产统计分析,依法组织或参加有关事故的调查处理，按照职责分工对事故发生单位落实防范和整改措施的情况进行监督检查。

2010年1月，国务院安委会文件规定住房城乡建设部安全生产工作职责：

（1）指导城市供水、燃气、热力等市政公用设施建设、安全和应急管理，指导农村住房建设、农村住房安全和危房改造。

（2）负责中央管理的建筑施工企业安全生产准入管理，并指导和监督省级建设主管部门负责的建筑施工企业安全生产准入管理，指导建筑施工企业从业人员安全生产教育培训工作。

（3）负责建筑安全生产监督管理，拟订建筑安全生产政策、规章制度并监督执行，依法查处建筑安全生产违法违规行为，监督管理房屋建筑工地和市政工程工地用起重机械、专用机动车辆的安装、使用。

（4）负责住房和城乡建设系统安全生产统计分析，依法组织或参与有关事故的调查处理。

十三、交通运输部

（1）指导公路、水路行业安全生产和应急管理工作。拟订并监督实施公路、水路行业安全生产政策、规划和应急预案，指导有关安全生产和应急处置体系建设，承担公路、水路重大突发事件处置的组织协调工作，承担有关公路、水路运输企业安全生产监督管理工作。

（2）负责水上交通安全监督管理。负责水上交通管制、船舶及相关水上设施检验、登记和防治污染、水上消防、航海保障、救助打捞、通信导航、船舶与港口设施保安等工作。负责危险货物水路运输安全监督管理。负责船员管理有关工作。负责中央管理水域水上交通安全事故、船舶及相关水上设施污染事故的应急处置，指导地方水上交通安全监督管理工作。

（3）负责道路运输管理工作。指导运输线路、营运车辆、枢纽、运输场站等管理工作；负责拟订经营性机动车营运安全标准并监督实施，指导机动车维修、营运车辆综合性能检测管理，参与机动车报废政策、标准制定工作，负责机动车驾驶员培训机构和驾驶员培训管理工作；指导公共汽车、城市地铁和轨道交通运营、出租汽车、汽车租赁等安全监督管理工作。

（4）负责公路、水路建设工程安全生产监督管理工作。按规定制定公路、水路工程建设有关政策、制度和技术标准并监督实施。组织协调公路、水路有关重点工程建设安全生产监督管理工作，指导交通运输基础设施管理和维护，承担有关重要设施的管理和维护。

（5）按照职责分工指导并组织开展交通运输行业安全生产专项整治工作。指导各地组织实施公路安保工程，加强道路交通安全设施建设；负责查处船舶超载和打击无牌、无证、报废船舶营运等违法行为；指导或配合有关部门查处车辆超载和打击无牌、无证、报废车辆营运等违法行为。

（6）指导危险货物道路运输、水路运输的许可，以及运输工具的安全管理和从业人员资格认定。按照职责范围组织拟订危险货物有关标准。

（7）负责河道采砂影响航道及通航安全的管理工作。

（8）指导有关交通运输企业安全评估、安全生产标准化建设和从业人员的安全生产教育培训工作。

（9）负责交通运输行业安全生产统计分析，依法组织或参加有关事故的调查处理，按照职责分工对事故发生单位落实防范和整改措施的情况进行监督检查。

2010年1月，国务院安委会文件规定交通运输部安全生产工作职责：

（1）指导公路、水路行业安全生产和应急管理工作。拟订并监督实施公路、水路安全生产政策、规划和应急预案，指导有关安全生产和应急处置体系建设，承担有关公路、水路运输企业安全生产监督管理工作。

（2）负责水上交通安全监督管理。负责水上交通管制、船舶及相关水上设施检验、登记和防止污染、水上消防、航海保障、救助打捞、通信导航、船舶与港口设施保安及危险品运输监督管理等工作。负责船员管理有关工作。负责中央管理水域水上交通安全事故、船舶及相关水上设施污染事故的应急处置，指导地方水上交通安全监管工作。

（3）负责公路、水路建设工程安全生产监督管理工作。按规定制定公路、水路工程建设有关政策、制度和技术标准并监督实施。组织协调公路、水路有关重点工程建设安全生产监督管理工作，指导交通运输基础设施管理和维护，承担有关重要设施的管理和维护。

（4）按照职责组织并开展交通运输行业安全生产专项整治工作。指导各地组织实施公路安保工程，负责查处船舶超载和打击无牌、无证、报废船舶营运等违法行为；配合有关部门查处车辆超载和打击无牌、无证、报废车辆营运等违法行为。

（5）负责危险品道路、水路运输单位及其运输工具的行业安全监督管理，对危险品水路运输安全实施监督，按照职责范围组织拟订危险货物有关标准，负责危险品道路、水路运输从业人员资质认定和监督管理，并负责前述事项的监督检查。

(6) 负责河道采砂影响航道及通航安全的管理工作。

(7) 指导、监督有关交通运输企业安全评估、交通运输企业和从业人员的安全教育培训工作。

(8) 承担国家海上搜救部际联席会议、全国治理车辆超限超载工作领导小组的日常工作。

(9) 负责交通运输系统安全生产统计分析，依法组织或参与有关事故的调查处理。

十四、水利部

(1) 负责水利行业安全生产工作，组织、指导水库、水电站大坝、农村水电站及其配套电网的安全监督管理。

(2) 组织实施水利工程建设安全生产监督管理工作，按规定制定水利工程建设有关政策、制度、技术标准和重大事故应急预案并监督实施。

(3) 负责组织、协调和指导长江宜宾以下干流河道采砂活动的统一管理和监督检查；牵头负责河道采砂监督管理工作并对采砂影响防洪安全、河势稳定、堤防安全负责。

(4) 负责病险水库除险加固工作。

(5) 指导、监督水利行业从业人员的安全生产教育培训考核工作。

(6) 负责水利行业安全生产统计分析，依法参加有关事故的调查处理，按照职责分工对事故发生单位落实防范和整改措施的情况进行监督检查。

2010年1月，国务院安委会文件规定水利部安全生产工作职责：

(1) 负责水利行业安全生产工作，组织、指导水库、水电站大坝、农村水电站及其配套电网的安全监督管理。

(2) 组织实施水利工程建设安全生产监督管理工作，按规定制定水利水电工程建设有关政策、制度、技术标准和重大事故应急预案并监督实施。

(3) 负责组织、协调和指导长江宜宾以下干流河道采砂活动的统一管理和监督检查；牵头负责河道采砂监督管理工作并对采砂影响防洪安全、河势稳定、堤防安全负责。

(4) 负责病险水库除险加固工作。

(5) 指导、监督水利系统从业人员的安全生产教育培训考核工作。

(6) 负责水利系统安全生产统计分析，依法组织或参与水利建设工程重大事故的调查处理。

十五、农业部

（1）指导农业行业安全生产工作，拟订农业行业安全生产政策、规划和应急预案并组织实施。

（2）指导渔业安全生产工作。代表国家行使渔政渔港和渔船检验监督管理权，依法对渔港水域交通安全实施监督管理，负责渔港、渔船、渔业船员等监督管理。

（3）指导农机安全生产工作。指导农机作业安全和维修管理；按照职责分工，依法指导农机登记、安全检验、事故处理、农机驾驶人员培训和考核发证工作。

（4）指导草原防火工作。负责农药监督管理工作，承担农药使用环节安全指导工作。指导农村可再生能源综合开发利用。指导畜禽屠宰行业安全生产工作。

（5）负责农业行业安全生产统计分析，依法组织或参加有关事故的调查处理，按照职责分工对事故发生单位落实防范和整改措施的情况进行监督检查。

2010年1月，国务院安委会文件规定农业部安全生产工作职责：

（1）指导农业各产业安全生产工作，拟订农业安全生产政策、规划和应急预案并组织实施。

（2）指导渔业安全生产工作。指导渔业船舶作业和渔港水域交通安全监督管理。指导渔业船员培训、安全教育和考核发证工作。代表国家行使渔船检验和渔政、渔港监督管理权，依法负责渔船、渔机、网具的监督管理。依法组织或参加渔业船舶生产安全事故调查。

（3）指导农机安全生产工作。指导农机作业安全和维修管理。按照职责分工，依法指导农机登记、安全检验、事故处理、农机驾驶人员培训和考核发证工作。

（4）指导草原防火和草原火灾扑救工作，会同有关部门开展草原火灾调查处理工作。

（5）负责农药监督管理工作。承担农药使用环节安全指导工作。

（6）负责农业行业安全生产统计分析工作。

十六、商务部

（1）配合有关部门做好商贸服务业（含餐饮业、住宿业）安全生产监督管理工作，按有关规定对拍卖、典当、租赁、汽车流通、旧货流通行业等和成品油流通进行监督管理，指导再生资源回收工作。指导督促商贸、流通企业贯彻执行安全生产法律法规，加强安全管理，落实安全防范措施。

（2）会同有关部门指导督促对外投资合作企业境内主体加强境外投资合作项目安全生产工作。

（3）配合有关部门对商贸、流通企业违反安全生产法律法规行为进行查处。

2010年1月，国务院安委会文件规定商务部安全生产工作职责：

（1）协助指导商贸企业加强安全管理，贯彻安全生产法律、法规，落实安全防范措施。

（2）会同有关部门负责对外承包工程的安全监督管理工作。

（3）配合有关部门对商贸企业违反安全生产法律法规行为进行查处。

十七、文化部

（1）在职责范围内依法对文化市场安全生产工作实施监督管理，拟订文化市场有关安全生产政策，组织制定文化市场突发事件应急预案，加强应急管理。

（2）在职责范围内依法对互联网上网服务经营场所、娱乐场所和营业性演出、文化艺术经营活动执行有关安全生产法律法规的情况进行监督检查。

（3）负责文化系统所属单位的安全监督管理，指导图书馆、博物馆、文化馆（站）、文物保护单位等文化单位和重大文化活动、基层群众文化活动加强安全管理，落实安全防范措施。

（4）加强对有关安全生产法律法规和安全生产知识的宣传，配合有关部门共同开展安全生产重大宣传活动。

（5）负责文化市场和文化系统安全生产统计分析，依法参加有关事故的调查处理，按照职责分工对事故发生单位落实防范和整改措施的情况进行监督检查。

十八、国家卫生计生委

（1）按照职责分工，负责职业卫生、放射卫生的监督管理工作。

（2）负责卫生计生系统安全管理工作。指导医疗卫生机构、计划生育技术服务机构等制定安全管理制度和突发事件应急预案，落实安全防范措施，做好医疗废物、放射性物品安全处置管理工作。

（3）协调指导生产安全事故的医疗卫生救援工作，对重特大生产安全事故组织实施紧急医学救援。

2010年1月，国务院安委会文件规定卫生部安全生产工作职责：

（1）按照职责分工，负责职业卫生、放射卫生、环境卫生和学校卫生的监督管理工作。

（2）负责卫生系统安全管理工作，指导医疗机构做好医疗废弃物、放射性物品安全处置管理工作。

（3）指导协调重特大生产安全事故的医疗卫生救援。

（4）负责危险化学品的毒性鉴定和危险化学品事故伤亡人员的医疗救护工作。

十九、国务院国资委

（1）按照国有资产出资人的职责，负责检查督促中央企业贯彻落实党和国家的安全生产方针政策及有关法律法规、标准等，指导督促中央企业加强安全生产管理和落实安全生产主体责任。

（2）督促中央企业主要负责人落实安全生产第一责任人的责任和企业安全生产责任制，开展中央企业负责人安全生产考核。

（3）依照有关规定，参与或组织开展对中央企业安全生产和应急管理的检查、督查，督促中央企业落实各项安全防范和隐患治理措施。

（4）参加中央企业特别重大生产安全事故的调查，负责落实事故责任追究的有关规定。

（5）督促中央企业搞好统筹规划，把安全生产纳入中长期发展规划，保障职工健康与安全。

二十、工商总局

（1）依法办理涉及安全生产前置审批事项的工商登记。

（2）配合有关部门开展安全生产专项整治，按照职责分工依法查处无照经营等非法违法行为；对有关许可审批部门依法吊销、撤销许可证或者其他批准文件，或者许可证、其他批准文件有效期届满的生产经营单位，根据有关部门的通知，依法责令其办理变更登记或注销登记，对于擅自从事相关经营活动情节严重的，依法撤销注册登记或者吊销营业执照；配合有关部门依法查处取缔未经安全生产（经营）许可的生产经营单位。

（3）配合有关部门加强对商品交易市场的安全检查和促进市场主办单位依法加强安全管理。

2010年1月，国务院安委会文件规定工商总局安全生产工作职责：

（1）依法对企业登记注册中涉及安全生产的有关审批前置要件进行审查，

未取得相关安全生产许可的，不予登记。

（2）依法监督管理危险化学品、烟花爆竹等危险物品的市场经营行为，取缔和打击非法、违法经营危险物品行为。

（3）配合有关部门开展安全生产专项整治，对有关部门撤销许可的企业，依法督促其办理变更经营范围或注销登记；配合有关部门依法查处取缔未经安全生产（经营）许可的企业。

（4）配合有关部门加强对商品交易市场的安全检查和促进市场主办单位依法加强安全管理。

二十一、质检总局

（1）负责对全国特种设备安全实施监督管理，承担综合管理特种设备安全监察、监督工作的责任。管理锅炉、压力容器、压力管道、电梯、起重机械、客运索道、大型游乐设施、场（厂）内专用机动车辆等特种设备的安全监察、监督工作。

（2）监督管理特种设备的生产（包括设计、制造、安装、改造、修理）、经营、使用、检验、检测和进出口。

（3）监督管理特种设备检验检测机构和检验检测人员、作业人员的资质资格。

（4）依法负责保障劳动安全的产品、影响生产安全的产品质量安全监督管理。负责危险化学品及其包装物、容器生产企业的工业产品生产许可证的管理工作，并依法对其产品质量实施监督，负责对进出口烟花爆竹、危险化学品及其包装实施检验。

（5）负责会同有关部门根据技术进步和产业升级需要，组织制修订安全生产国家标准。

（6）负责特种设备安全生产统计分析，依法组织或参加有关事故的调查处理，按照职责分工对事故发生单位落实防范和整改措施的情况进行监督检查。

2010年1月，国务院安委会文件规定质检总局安全生产工作职责：

（1）承担综合管理特种设备安全监察、监督工作的责任。管理锅炉、压力容器、压力管道、电梯、起重机械、客运索道、大型游乐设施、场（厂）内专用机动车辆等特种设备的安全监察、监督工作。

（2）监督管理特种设备的设计、制造、安装、改造、维修、使用、检验检测和进出口。

（3）按规定权限组织或参与调查处理特种设备事故并进行统计分析。

（4）监督管理特种设备检验检测机构和检验检测人员、作业人员的资质资格。

（5）负责烟花爆竹的质量监督，负责危险化学品及其包装物、容器生产许可证的核发管理和生产环节的质量监督，负责进出口烟花爆竹、进出口危险化学品及其包装物和容器的检验监督工作和进出口检验。

（6）负责特种设备安全生产统计分析。

二十二、新闻出版广电总局

（1）负责指导、监督新闻出版广播影视机构及设施设备安全管理，协助监督管理印刷业安全生产，指导、协调全国性重大广播电视、电影活动，推进应急广播建设，制定新闻出版广播影视有关安全制度和处置重大突发事件预案并组织实施。

（2）组织指导新闻出版广播影视机构及新闻媒体开展安全生产宣传教育，配合有关部门共同开展安全生产重大宣传活动，对违反安全生产法律法规的行为进行舆论监督。

2010年1月，国务院安委会文件规定广电总局安全生产工作职责：

（1）指导、监管本系统所属单位及设施、设备的安全管理工作。

（2）组织指导广播、电影、电视等单位开展安全生产宣传教育，对违反安全生产法律法规的行为进行舆论监督。

（3）组织广播电台、电视台等新闻媒体，配合有关部门共同开展安全生产重大宣传活动。

2010年1月，国务院安委会文件规定国务院新闻办安全生产工作职责：负责指导有关安全生产方面的新闻发布和对外宣传报道工作，及时组织发布安全生产的重大政策和重特大生产安全事故信息。

二十三、体育总局

（1）负责公共体育设施安全运行的监督管理。

（2）按照有关规定，负责监督指导高危险性体育项目、有关重要体育赛事和活动、体育彩票发行的安全管理工作。

（3）负责本系统所属单位的安全管理工作，监督检查系统内单位贯彻执行有关安全法律法规的情况，落实安全防范措施。

二十四、国家林业局

（1）依法履行林业安全生产监督管理职责。负责指导林区、林场、自然保护区、森林公园等单位安全监督管理工作。

（2）负责林业系统安全生产统计分析，依法参加有关事故的调查处理，按照职责分工对事故发生单位落实防范和整改措施的情况进行监督检查。

二十五、国家旅游局

（1）负责旅游安全监督管理工作，在职责范围内对旅游安全实施监督管理。指导地方对旅行社企业安全生产及应急管理工作进行监督检查，依法指导景区建立具备开放的安全条件。

（2）会同国家有关部门对旅游安全实行综合治理，配合有关部门加强旅游客运安全管理。

（3）负责全国旅游安全管理的宣传、教育、培训工作。

（4）负责旅游行业安全生产统计分析，依法参加有关事故的调查处理，按照职责分工对事故发生单位落实防范和整改措施的情况进行监督检查。

2010年1月，国务院安委会文件规定旅游局安全生产工作职责：

（1）拟订国家旅游安全法规、政策、标准，并组织实施。

（2）会同国家有关部门对旅游安全实行综合治理，协调处理旅游安全事故。

（3）指导、检查和监督各级旅游行政管理部门和旅行社企业的安全生产及应急管理工作；指导、规范其他旅游企事业单位的安全生产及应急管理工作。

（4）负责全国旅游安全管理的宣传、教育、培训工作。

（5）负责旅游行业安全生产统计分析工作。

二十六、国务院法制办

（1）负责审查有关部门报送国务院的有关安全生产法律草案、行政法规草案，起草或组织起草有关安全生产重要法律草案、行政法规草案。

（2）负责有关安全生产地方性法规、地方政府规章和国务院部门规章的备案审查。

（3）负责有关安全生产行政法规解释的具体承办工作，承办申请国务院裁决的有关安全生产行政复议案件，指导、监督全国安全生产行政复议工作。

二十七、中国气象局

（1）建立健全气象灾害监测预报预警联动机制，根据天气气候变化情况及防灾减灾工作需要，及时向各有关地区和部门提供气象灾害监测、预报、预警及气象灾害风险评估等信息。负责为安全生产预防控制和事故应急救援提供气象服务保障。

（2）依法履行雷电灾害安全防御的监督管理职责，组织制定有关安全生产政策措施并监督实施，依法参加有关事故的调查，指导省级气象主管机构的监督管理工作。

（3）会同有关部门指导无人驾驶自由气球和系留气球安全生产监督管理工作，组织制定有关安全生产政策措施并监督实施。负责人工影响天气作业期间的安全检查和事故防范。

2010年1月，国务院安委会文件规定气象局安全生产工作职责：

（1）根据天气气候变化情况及防灾减灾工作需要，及时向各有关地区和部门提供气象灾害监测、预报、预警及气象灾害风险评估等信息。

（2）负责雷电灾害安全防御工作，加强对防雷工程设计、施工、检测单位资质管理，组织做好防雷装置图纸审核和工程竣工验收、防雷设施的安全检查及雷电防护装置的安全检测。

（3）负责无人驾驶自由气球和系留气球、人工影响天气作业期间的安全检查和事故防范。

（4）负责为安全生产事故应急救援提供气象服务保障。

二十八、国家能源局

（1）拟订并组织实施能源发展战略、规划和政策，组织制定煤炭、石油、天然气、电力、新能源和可再生能源等能源，以及炼油、煤制燃料和燃料乙醇的产业政策及相关标准。制定实施有利于安全生产的政策措施，指导督促能源行业加强安全生产管理，严格行业准入条件，提高行业安全生产水平。

（2）协调有关方面开展煤层气开发、淘汰煤炭落后产能、煤矿瓦斯治理和利用工作，制定相关标准和政策措施，会同有关部门推进煤炭企业兼并重组。

（3）负责汇总提出能源的中央财政性建设资金投资安排建议，按规定权限核准、审核国家规划内和年度计划规模内能源投资项目，将安全设施"三同时"纳入建设项目管理程序。

（4）负责核电管理，组织核电厂的核事故应急管理工作。

（5）负责电力安全生产监督管理、可靠性管理和电力应急工作，制定除核安全外的电力运行安全、电力建设工程施工安全、工程质量安全监督管理办法并组织监督实施，组织实施依法设定的行政许可，负责水电站大坝的安全监督管理。指导和监督电力行业安全生产教育培训考核工作，组织电力安全生产新技术的推广应用。

（6）依法主管全国石油天然气管道保护工作，协调跨省、自治区、直辖市管道保护的重大问题。组织核准跨省、自治区、直辖市油气输送管道建设项目。组织编制并实施全国管道发展相关规划，统筹协调跨省、自治区、直辖市管道规划与其他专项规划的衔接。起草或制修订职责范围内涉及油气输送管道的标准规范。组织推进油气输送管道行业重大设备研发，指导科技进步、成套设备的引进消化创新，组织协调相关重大示范工程和推广应用新工艺、新技术、新设备。指导督促各省、自治区、直辖市人民政府能源主管部门依法主管本行政区域的管道保护工作，协调处理本行政区域管道保护的重大问题。指导督促油气输送管道企业落实安全生产主体责任，加强日常安全管理，保障管道安全运行。

（7）负责电力行业和石油天然气管道保护安全生产统计分析，依法组织或参加有关事故的调查处理，按照职责分工对事故发生单位落实防范和整改措施的情况进行监督检查。

2010年1月，国务院安委会文件规定国家能源局安全生产工作职责：

（1）负责煤炭、石油、天然气、电力（含核电）、新能源和可再生能源等能源的行业管理，组织制定能源行业标准。

（2）负责组织开展煤层气开发、煤矿瓦斯利用、淘汰煤炭落后产能工作，会同有关部门推进煤炭资源整合和煤炭企业兼并重组。

（3）负责汇总提出能源的中央财政性建设资金投资安排建议，按规定权限核准、审核国家规划内和年度计划规模内能源投资项目，将安全设施"三同时"纳入建设项目管理程序。

（4）负责核电管理，组织核电厂的核事故应急管理工作。

（5）承担煤矿瓦斯防治部际协调领导小组的日常工作。

2010年1月，国务院安委会文件规定电监会（2008年并入国家能源局）安全生产工作职责：

（1）承担电力安全生产监督管理工作，组织制定电力安全生产有关规章，并对实施情况进行监督检查；负责全国电力安全、电力系统所属水电站大坝安全、电力应急及电力可靠性的监督管理工作。

（2）制定重大电力生产安全事故处置预案，建立重大电力生产安全事故应急处置制度。

（3）组织电力安全生产大检查和专项检查，督促落实安全生产各项措施，组织对电力企业安全生产状况进行检查、诊断、分析和评估。

（4）负责全国电力安全的业务培训、考核和宣传教育工作，组织电力安全生产新技术的推广应用。

（5）承担电力建设工程施工安全生产监督管理工作。

（6）负责电力系统安全生产统计分析，依法组织或参与电力生产安全事故调查处理。

二十九、国家国防科工局

（1）负责核、航天、航空、船舶、兵器及军工电子行业（民用核设施、民用飞机、民用船舶除外）和军工系统安全生产监督管理工作，指导协调并监督检查相关行业和军工系统安全生产工作。

（2）组织拟订军工系统安全生产政策、标准规范并组织实施，指导推进军工系统安全生产标准化和诚信体系建设。

（3）牵头负责国家核事故应急管理工作，负责军工核设施安全监督管理工作。

（4）负责相关行业和军工系统安全生产统计分析，依法参加有关事故的调查处理，按照职责分工对事故发生单位落实防范和整改措施的情况进行监督检查。

三十、国家海洋局

（1）负责机动渔船底拖网禁渔区线外侧和特定渔业资源渔场的渔业执法检查并组织调查处理渔业生产纠纷。参与海上应急救援，依法组织或参加调查处理海上渔业生产安全事故，按规定权限调查处理相关海洋环境污染事故等，按照职责分工对事故发生单位落实防范和整改措施的情况进行监督检查。

（2）负责制定海洋观测预报、海域海岛监视监测和海洋灾害警报制度并监督实施，组织编制并实施海洋观测网规划，发布海洋预报、海岛及其周边海域监视监测结果、海洋灾害警报和公报，建设海洋环境安全保障体系，参与重大海洋灾害应急处置。

三十一、国家铁路局

（1）负责铁路安全生产监督管理，制定铁路运输安全、工程质量安全和设备质量安全监督管理办法并组织实施,组织实施依法设定的行政许可,指导、监督铁路行政执法工作,依法查处影响铁路安全的违法违规行为。

(2)组织监督铁路运输安全情况,按照法律法规规定的条件和程序办理铁路运输有关行政许可并承担相应责任,组织拟订规范铁路运输市场秩序政策措施并监督实施。

(3)组织拟订规范铁路工程建设市场秩序政策措施并监督实施,组织监督铁路工程质量安全和工程建设招标投标工作。

(4)组织监督铁路设备产品质量安全,按照法律法规规定的条件和程序办理铁路机车车辆设计生产维修进口许可、铁路运输安全设备生产企业认定等行政许可并承担相应责任。

(5)负责危险货物铁路运输及其运输工具的安全监督管理。

(6)负责组织监测分析铁路运行安全情况,负责铁路行业安全生产统计分析,依法组织或参加有关事故的应急救援和调查处理,按照职责分工对事故发生单位落实防范和整改措施的情况进行监督检查。

2010年1月,国务院安委会文件规定铁道部安全生产工作职责:

(1)承担铁路安全生产监督管理责任。拟订铁路安全监督管理规章制度,组织制定铁路运输突发性事件的应急预案并监督实施。

(2)监督管理铁路运输安全、劳动安全、特种设备安全和劳动保护工作。

(3)承担铁路工程建设安全生产的监督管理工作,按规定制定铁路工程建设有关制度并组织实施,组织管理大中型铁路项目建设有关工作。

(4)负责危险品铁路运输和危险化学品铁路运输单位及其运输工具的安全管理及监督检查。

(5)负责铁路系统安全生产统计分析,依法组织或参与铁路交通事故的调查处理工作,管理铁路运输安全监察和行政执法有关工作。

三十二、中国民航局

(1)负责民航行业安全生产监督管理工作。起草相关法律法规草案、规章草案、政策和标准,按规定拟订有关规划和计划,并监督实施。组织民航重大安全科技项目开发与应用,推进安全管理信息化建设,指导民航行业安全教育培训、安全科技工作。

(2)承担民航飞行安全和地面安全监管责任。负责民用航空器运营人资格、航空人员资格、航空人员训练机构资格、飞行训练设备、维修单位资格和民用航空产品的审定和监督检查,负责危险品航空运输监管、民用航空器运行评审工作，负责机场飞行程序和运行最低标准监督管理工作。

（3）负责监督民航空中交通管理工作，负责监督管理民航通信导航监视、航行情报、航空气象服务工作。

（4）承担民航空防安全监管责任。负责民航安全保卫的监督管理、民航安全检查、机场消防救援的监督管理。

（5）拟订民用航空器事故标准，组织协调民航突发事件应急处置。

（6）负责民用机场建设和安全运行的监督管理。负责民用机场的场址、总体规划、工程设计审批和使用许可管理工作，承担民用机场应急救援、净空保护有关管理工作和机场内供油企业安全运行监督管理工作，负责民航专业工程质量和安全监督管理。

（7）负责民航行业安全生产统计分析，依法组织或参加有关事故的调查处理，按照职责分工对事故发生单位落实防范和整改措施的情况进行监督检查。

2010年1月，国务院安委会文件规定民航局安全生产工作职责：

（1）承担民航飞行安全和地面安全监管责任。负责民用航空器运营人、航空人员训练机构、民用航空产品及维修单位的审定和监督检查，负责危险品航空运输监管、民用航空器运行评审工作，负责机场飞行程序和运行最低标准监督管理工作，承担民航航空人员资格监督管理工作。

（2）负责监督民航空中交通管理工作，负责监督管理民航通信导航监视、航行情报、航空气象服务工作。

（3）负责民航安全检查、机场消防救援的监督管理。

（4）拟订民用航空器事故标准，组织协调民航突发事件应急处置。

（5）负责民用机场安全运行的监督检查。负责民用机场的场址、总体规划、工程设计审批和使用许可管理工作，承担民用机场净空保护有关管理工作，负责民航专业工程质量监督管理。

（6）负责民航系统安全生产统计分析，按规定组织或参与有关事故调查处理。

三十三、国家邮政局

（1）负责邮政行业安全生产监督管理，负责邮政行业运行安全的监测、预警和应急管理，保障邮政通信与信息安全。

（2）依法监管邮政市场，负责快递等邮政业务的市场准入，监督检查寄递企业执行有关法律法规和落实安全保障制度情况，依法查处寄递危险化学品、易燃易爆物品等违法违规行为。

(3) 负责邮政行业安全生产统计分析，依法参加有关事故的调查处理，按照职责分工对事故发生单位落实防范和整改措施的情况进行监督检查。

三十四、全国总工会

(1) 依法对安全生产和职业病防治工作进行监督，反映劳动者的诉求，提出意见和建议，维护劳动者的合法权益，对企业和个体工商户遵守劳动保障法律法规的情况进行监督。

(2) 调查研究安全生产工作中涉及职工合法权益的重大问题，参与涉及职工切身利益的有关安全生产政策、措施、制度和法律、法规草案的拟订工作。

(3) 指导地方工会参与职工劳动安全卫生的培训和教育工作。开展群众性劳动安全卫生活动，动员广大职工开展群众性安全生产监督和隐患排查，落实职工岗位安全责任，推进群防群治。

(4) 依法参加特别重大生产安全事故和严重职业病危害事故的调查处理，代表职工监督事故发生单位防范和整改措施的落实。

三十五、国家安全监管总局

(1) 组织起草安全生产综合性法律法规草案，拟订安全生产政策和规划，指导协调全国安全生产工作，综合管理全国安全生产统计工作，分析和预测全国安全生产形势，发布全国安全生产信息，协调解决安全生产中的重大问题。

(2) 承担国家安全生产综合监督管理责任，依法行使综合监督管理职权，指导协调、监督检查国务院有关部门和各省、自治区、直辖市人民政府安全生产工作，监督考核并通报安全生产控制指标执行情况，监督事故查处和责任追究落实情况。

(3) 承担工矿商贸行业安全生产监督管理责任，按照分级、属地原则，依法监督检查工矿商贸生产经营单位贯彻执行安全生产法律法规情况及其安全生产条件和有关设备（包括海洋石油开采特种设备和非煤矿山井下特种设备，其他特种设备除外）、材料、劳动防护用品使用的安全生产管理工作，负责监督管理中央管理的工矿商贸企业安全生产工作。

(4) 承担中央管理的非煤矿山企业和危险化学品、烟花爆竹生产经营企业安全生产准入管理责任，依法组织并指导监督实施安全生产准入制度；负责危险化学品安全监督管理综合工作和烟花爆竹生产、经营的安全生产监督管理工作。

(5) 负责起草职业卫生监管有关法规，制定用人单位职业卫生监管相关规章，组织拟订国家职业卫生标准中的相关标准。负责用人单位职业卫生监督检查工作，依法监督用人单位贯彻执行国家有关职业病防治法律法规和标准情况。组织查处职业病危害事故和违法违规行为。负责监督管理用人单位职业病危害项目申报工作。负责职业卫生检测、评价技术服务机构的监督管理工作。

（6）会同有关部门制定实施安全生产标准发展规划和年度计划。制定和发布工矿商贸行业安全生产规章、标准和规程并组织实施，监督检查安全生产标准化建设、重大危险源监控和重大事故隐患排查治理工作，依法查处不具备安全生产条件的工矿商贸生产经营单位。

（7）负责组织国务院安全生产大检查和专项督查，根据国务院授权，依法组织特别重大生产安全事故调查处理和办理结案工作，监督事故查处和责任追究落实情况。按照职责分工对工矿商贸行业事故发生单位落实防范和整改措施的情况进行监督检查。

（8）负责安全生产应急管理的综合监管，组织指挥和协调安全生产应急救援工作，会同有关部门加强生产安全事故应急能力建设，健全完善全国安全生产应急救援体系。

（9）负责综合监督管理煤矿安全监察工作，拟订煤炭行业管理中涉及安全生产的重大政策，按规定制定煤炭行业规范和标准，指导煤矿企业安全生产标准化、相关科技发展和煤矿整顿关闭工作，对重大煤炭建设项目提出意见，会同有关部门审核煤矿安全技术改造和瓦斯综合治理与利用项目。

（10）指导监督职责范围内建设项目安全设施和职业卫生"三同时"工作。

（11）组织指导并监督特种作业人员（煤矿特种作业人员、特种设备作业人员除外）的操作资格考核工作和非煤矿山、危险化学品、烟花爆竹、金属冶炼等生产经营单位主要负责人、安全生产管理人员的安全生产知识和管理能力考核工作，监督检查工矿商贸生产经营单位安全生产培训和用人单位职业卫生培训工作。

（12）指导协调全国安全评价、安全生产检测检验工作，监督管理安全评价、安全生产检测检验、安全标志等安全生产专业服务机构，监督和指导注册安全工程师执业资格考试和注册管理工作。

（13）指导协调和监督全国安全生产行政执法工作。

（14）组织拟订安全生产科技规划，指导协调安全生产重大科技研究推广和安全生产信息化工作。

（15）组织开展安全生产方面的国际交流与合作。

（16）承担国务院安全生产委员会的日常工作和国务院安全生产委员会办公室的主要职责。

第十章 国务院安全生产委员会（2001年3月至2018年7月）

2010年1月，国务院安委会文件规定国家安全监管总局的工作职责：

（1）组织起草安全生产综合性法律法规草案，拟订安全生产政策和规划，指导协调全国安全生产工作，分析和预测全国安全生产形势，发布全国安全生产信息，协调解决安全生产中的重大问题。

（2）承担国家安全生产综合监督管理责任，依法行使综合监督管理职权，指导协调、监督检查国务院有关部门和各省、自治区、直辖市人民政府安全生产工作，监督考核并通报安全生产控制指标执行情况，监督事故查处和责任追究落实情况。

（3）承担工矿商贸行业安全生产监督管理责任，按照分级、属地原则，依法监督检查工矿商贸生产经营单位贯彻执行安全生产法律法规情况及其安全生产条件和有关设备（特种设备除外）、材料、劳动防护用品的安全生产管理工作，负责监督管理中央管理的工矿商贸企业安全生产工作。

（4）承担中央管理的非煤矿山企业和危险化学品、烟花爆竹生产经营企业安全生产准入管理责任，依法组织并指导监督实施安全生产准入制度；负责危险化学品安全监督管理综合工作和烟花爆竹安全生产监督管理工作。

（5）承担工矿商贸作业场所（煤矿作业场所除外）职业卫生监督检查责任，负责职业卫生安全许可证的颁发管理工作，组织查处职业危害事故和违法违规行为。

（6）制定和发布工矿商贸行业安全生产规章、标准和规程并组织实施，监督检查重大危险源监控和重大事故隐患排查治理工作，依法查处不具备安全生产条件的工矿商贸生产经营单位。

（7）负责组织国务院安全生产大检查和专项督查，根据国务院授权，依法组织特别重大生产安全事故调查处理和办理结案工作，监督事故查处和责任追究落实情况。

（8）负责安全生产应急管理的综合监管，组织指挥和协调安全生产应急救援工作，综合管理全国生产安全事故和安全生产行政执法统计分析工作。

（9）负责综合监督管理煤矿安全监察工作，拟订煤炭行业管理中涉及安全生产的重大政策，按规定制定煤炭行业规范和标准，指导煤炭企业安全标准化、相关科技发展和煤矿整顿关闭工作，对重大煤炭建设项目提出意见，会同有关部门审核煤矿安全技术改造和瓦斯综合治理与利用项目。

（10）负责监督检查职责范围内新建、改建、扩建工程项目的安全设施与主体工程同时设计、同时施工、同时投产使用情况。

（11）组织指导并监督特种作业人员（煤矿特种作业人员、特种设备作业人员除外）的考核工作和工矿商贸生产经营单位主要负责人、安全生产管理人员的安全资格（煤矿矿长安全资格除外）考核工作，监督检查工矿商贸生产经营单位安全生产和职业安全培训工作。

（12）指导协调全国安全生产检测检验工作，监督管理安全生产社会中介机构和安全评价工作，监督和指导注册安全工程师执业资格考试和注册管理工作。

（13）指导协调和监督全国安全生产行政执法工作。

（14）组织拟订安全生产科技规划，指导协调安全生产重大科学技术研究和推广工作。

（15）组织开展安全生产方面的国际交流与合作。

（16）承担国务院安全生产委员会的日常工作和国务院安全生产委员会办公室的主要职责。

（17）承担煤矿整顿关闭工作部际联席会议、危险化学品安全生产监管部际联席会议、尾矿库专项整治工作协调小组的日常工作。

三十六、国家煤矿安监局

（1）拟订煤矿安全生产政策，参与起草有关煤矿安全生产的法律法规草案，拟订相关规章、规程、安全标准，按规定拟订煤炭行业规范和标准，提出煤矿安全生产规划。

（2）承担国家煤矿安全监察责任，检查指导地方政府煤矿安全监督管理工作。对地方政府贯彻落实煤矿安全生产法律法规、标准，煤矿整顿关闭，煤矿安全监督检查执法，煤矿安全生产专项整治、事故隐患整改及复查，煤矿事故责任人的责任追究落实等情况进行监督检查，并向地方政府及其有关部门提出意见和建议。

（3）承担煤矿安全生产准入监督管理责任，依法组织实施煤矿安全生产准入制度，指导和管理煤矿安全有关资格证的考核颁发工作并监督检查，指导和监督相关安全培训工作。

（4）负责拟订煤矿职业卫生监管相关规章，组织起草煤矿职业卫生相关标准。负责煤矿职业卫生监督检查工作，依法监督煤矿贯彻执行国家有关职业病防治法律法规和标准情况。组织查处煤矿职业病危害事故和违法违规行为。负责煤炭采选业职业卫生技术服务机构资质专业能力审查，指导并监督检查煤矿职业卫生培训工作。负责指导监督煤矿职业病危害项目申报工作。

（5）负责对煤矿企业安全生产实施重点监察、专项监察和定期监察，依法监察煤矿企业贯彻执行安全生产法律法规情况及其安全生产条件、设备设施

（包括煤矿井下特种设备）安全情况，依法查处违法违规行为。

（6）依法组织或参加煤矿生产安全事故调查处理，监督事故查处的落实情况，分析全国煤矿生产安全事故与职业病危害情况。

（7）负责煤炭重大建设项目安全核准工作，指导监督煤矿建设项目安全设施和职业卫生"三同时"工作，依法查处不具备安全生产条件的煤矿企业。

（8）负责组织指导和协调煤矿事故应急救援工作。

（9）指导煤矿安全生产和职业卫生科技研究及成果推广工作，组织对煤矿使用的设备、材料、仪器仪表的安全监察工作。

（10）指导煤炭企业安全基础管理工作，指导推进煤矿企业安全生产标准化和诚信体系建设，会同有关部门指导和监督煤矿生产能力核定和煤矿整顿关闭工作，对煤矿安全技术改造和瓦斯综合治理与利用项目提出审核意见。

2010年1月，国务院安委会文件规定国家煤矿安监局安全生产工作职责：

（1）拟订煤矿安全生产政策，参与起草有关煤矿安全生产的法律法规草案，拟订相关规章、规程、安全标准，按规定拟订煤炭行业规范和标准，提出煤矿安全生产规划。

（2）承担国家煤矿安全监察责任，检查指导地方政府煤矿安全监督管理工作。对地方政府贯彻落实煤矿安全生产法律法规、标准，煤矿整顿关闭，煤矿安全监督检查执法，煤矿安全生产专项整治、事故隐患整改及复查，煤矿事故责任人的责任追究落实等情况进行监督检查，并向地方政府及其有关部门提出意见和建议。

（3）承担煤矿安全生产准入监督管理责任，依法组织实施煤矿安全生产准入制度，指导和管理煤矿有关资格证的考核颁发工作并监督检查，指导和监督相关安全培训工作。

（4）承担煤矿作业场所职业卫生监督检查责任，负责职业卫生安全许可证的颁发管理工作，监督检查煤矿作业场所职业卫生情况，组织查处煤矿职业危害事故和违法违规行为。

（5）负责对煤矿企业安全生产实施重点监察、专项监察和定期监察，依法监察煤矿企业贯彻执行安全生产法律法规情况及其安全生产条件、设备设施安全情况，对煤矿违法违规行为依法做出现场处理或实施行政处罚。

（6）负责发布全国煤矿安全生产信息，统计分析全国煤矿生产安全事故与职业危害情况，组织或参与煤矿生产安全事故调查处理，监督事故查处的落实情况。

（7）负责煤炭重大建设项目安全核准工作，组织煤矿建设工程安全设施的设计审查和竣工验收，查处不符合安全生产标准的煤矿企业。

（8）负责组织指导和协调煤矿事故应急救援工作。

（9）指导煤矿安全生产科研工作，组织对煤矿使用的设备、材料、仪器仪表的安全监察工作。

（10）指导煤炭企业安全基础管理工作，会同有关部门指导和监督煤矿生产能力核定和煤矿整顿关闭工作，对煤矿安全技术改造和瓦斯综合治理与利用项目提出审核意见。

三十七、中国铁路总公司

（1）遵守国家有关安全生产、职业安全卫生与劳动保护的法律法规，执行国家有关政策，加强安全生产管理，建立健全安全生产责任制和安全生产规章制度，提高安全生产水平，确保安全生产。

（2）负责国家铁路安全管理工作，负责铁路运输安全、设备质量安全、运营食品安全及职工劳动安全管理，承担企业安全主体责任并督促所属企业落实安全主体责任。

（3）负责铁路运输统一调度指挥，承担国家铁路客货运输经营管理及国家规定的公益性运输、关系国计民生的重点运输和特运、专运、抢险救灾运输等任务的安全管理责任。

（4）负责国家铁路（含控股合资铁路）新线投产运营的安全评估，负责路网日常养护维修和更新改造，承担相关建设工程的质量安全管理责任，负责铁路运输装备的购置、调配、处置，承担设备运用维护管理责任。

（5）组织制定并实施铁路生产安全事故应急救援预案，参与有关事故调查处理，组织落实事故防范和整改措施。

第五节 2001届（年）国务院安全生产委员会

2001年初成立的国务院安全生产委员会为首届安委会，机构存续时间为2001年3月至2003年3月。

一、2001届安委会的组成

2001届安委会由国务院分管领导人和25个成员单位组成，其中包括国家经贸委、国家安全监管局（国家煤矿安监局）、公安部、监察部和全国总工会五个副主任成员单位，以及随后增补的中央编办、国务院法制办、国务院新闻办三个成员单位。

主　　任：吴邦国（国务院副总理）
副主任：尤　权（国务院副秘书长）
　　　　石万鹏（国家经贸委副主任）
　　　　杨焕宁（公安部副部长）
　　　　陈昌智（监察部副部长）
　　　　张宝明（国家安全监管局、国家煤矿安监局局长）
　　　　纪明波（全国总工会书记处书记）
成　员：汪　洋（国家计委副主任）
　　　　张保庆（教育部副部长）
　　　　李学勇（科技部副部长）
　　　　张广钦（国防科工委副主任）
　　　　朱志刚（财政部副部长）
　　　　王东进（劳动保障部副部长）
　　　　郑一军（建设部副部长）
　　　　刘志军①（铁道部副部长）
　　　　洪善祥（交通部副部长）
　　　　殷大奎（卫生部副部长）
　　　　汪纪戎（环保总局副局长）
　　　　杨元元（民航总局副局长）
　　　　韩新民（工商局副局长）
　　　　朱明遥（质量技监局副局长）
　　　　张希钦（旅游局副局长）
　　　　王　晨（中宣部副部长）
　　　　尚恒春（解放军总参谋部作战部副部长）

国务院安委会办公室主任由国家安全生产监督管理局（国家煤矿安全监察局）局长张宝明兼任，副主任由国家安全生产监督管理局（国家煤矿安全监察局）副局长闪淳昌、赵铁锤、王德学兼任。

二、安委会成员调整

2001年7月23日，国务院安全生产委员会发文，增补中央机构编制委员会办公室、国务院法制办公室、国务院新闻办公室为安委会成员单位；张志坚

---

① 刘志军，原铁道部部长、原党组书记。因涉嫌严重违纪违法，被免去职务。

(中央编办主任)、李适时(法制办副主任)、王国庆(新闻办副主任)为安委会成员。

2002年3月21日,国务院安全生产委员会发文,国家计划委员会因汪洋分工调整,其安委会成员变更为副主任张国宝;国家质量监督检验检疫总局因朱明暹工作变动,其安委会成员变更为副局长王秦平。

三、2001届安委会召开的四次全体会议

(一)第一次全体会议(2001年4月19日,中共中央政治局常委、国务院副总理李岚清出席会议并讲话;国务院副总理、安委会主任吴邦国主持会议)

议题:明确相关部门安全生产工作职责;分析安全生产形势和存在的主要问题,研究部署下一步工作。

主要内容:国家安全监管局(国家煤矿安监局)局长、安委办主任张宝明汇报近期的安全生产工作和面临的形势任务。国家经贸委等部门负责人就做好当前安全生产工作提出意见建议。副总理李岚清讲话,要求从"三个代表"的高度,从讲政治、促发展、保稳定的大局高度,充分认识安全生产工作的极端重要性,增强抓好安全生产工作的责任感和紧迫感。副总理吴邦国指出,成立安全生产委员会是完善安全监管体制的重大举措,强调要认真贯彻落实全国社会治安工作会议、全国整顿和规范市场经济秩序工作会议精神,进一步完善安全生产监管体系,实行安全生产行政责任追究制,明确分工,落实责任,加强管理,突出重点,深入开展五个方面的安全专项整治:一是民用爆破器材、烟花爆竹等易燃易爆物品的生产、运输、销售专项整治;二是道路和水上交通运输安全治理整顿;三是煤矿安全生产治理整顿;四是化学危险品运输安全整治;五是公众聚集场合消防安全整治,使安全生产面临的严峻形势从根本上得到扭转。

(二)第二次全体会议(2001年12月31日国务院副总理、国务院安全生产委员会主任吴邦国主持)

议题:总结部署年度安全生产工作。

主要内容:国家安全监管局(国家煤矿安监局)局长、安委办主任张宝明汇报了2001年全国安全生产情况,提出了2002年的重点工作任务。交通部副部长洪善祥、国防科工委副主任张维民、公安部副部长杨焕宁分别就相关领域的安全工作作了汇报。会议认为,2001年以来党中央、国务院采取一系列重大举措加强安全生产工作:成立了国务院安全生产委员会,组建了国家安全生产监督管理机构,出台了《国务院关于特大安全事故行政责任追究的规定》,正对薄弱环

节集中开展了安全生产五项整治,依法查处了广西南丹锡矿"7·17"透水事故等重特大事故,为下一步稳定安全生产形势奠定了基础。副总理吴邦国在讲话中强调,2002年要以煤矿安全、危险化学品管理、道路交通、水上交通等领域为重点,继续深入开展专项整治活动;认真贯彻落实《国务院关于特大安全事故行政责任追究的规定》,严肃特大事故的查处和责任追究;进一步加大安全生产投入,国家技改贴息资金安排要重点支持国有大中型企业的安全生产设施的更新改造;以落实县乡政府责任作为重点,进一步落实安全生产责任制;积极探索非公有制企业安全生产监督管理体制方法。会议议定在2002年1月底或2月初召开全国安全生产会议,对2002年工作做出全面部署。

(三) 第三次全体会议(2002年9月23日国务院副总理、国务院安全生产委员会主任吴邦国主持)

议题:研究部署做好国庆节和党的十六大期间的安全生产工作。

主要内容:国家安全监管局局长、国务院安委办主任王显政汇报2002年以来全国安全生产工作进展情况和当前安全形势。国家经贸委主任李荣融和相关部门负责人就当前安全生产形势任务作了发言。副总理吴邦国讲话强调,要深入开展安全生产专项整治,集中开展一次安全生产大检查,严厉查处应关未关和明停暗开的小矿小厂,严防已经关闭取缔的非法生产厂点死灰复燃,认真排查国有大矿"一通三防"隐患,避免特大事故发生;抓好煤矿安全、旅游安全,加强危险化学品、爆炸物品的安全管理,确保国庆节、十六大不出大的事故;严格事故责任追究,加大对县乡领导安全生产事故责任追究力度,对非法小厂小矿泛滥的县乡,要先解决领导班子问题,否则没有安全可言;要将安全生产责任追究与打黑除恶、惩治腐败、社会治安综合治理结合起来,深挖一些事故背后的恶根,坚决打掉"保护伞";大力宣传贯彻《安全生产法》,增强全民安全意识,依法加强安全生产。

(四) 第四次全体会议(2002年12月31日国务院副总理、国务院安全生产委员会主任吴邦国主持)

议题:总结部署年度安全生产工作。

主要内容:国家安全监管局局长、国务院安委会副主任、安委办主任王显政汇报2002年全国安全生产工作进展情况和2003年的重点工作任务,并就加快制定《安全生产法》配套法规、健全完善安全生产监管体制等提出建议。国家经贸委主任李荣融发言,强调要突出解决"落实不下去、严不起来"的问题。建设部部长洪善祥、国家计委副主任张国宝、铁道部部长等发言,提出下一步加强改进行业领域及全国安全生产工作的意见建议。副总理吴邦国讲话,原则同意安委会办公室的汇报和大家的意见建议,强调 2003 年要全面贯彻实施《安全生产法》,尽快把安全生产纳入法治轨道;继续以煤矿安全、危险化学品管理、烟花爆竹和易燃易爆物品管理、道路和水上交通运输等领域为重点,把安全生产专项整治工作深入持久地开展下去;加大安全生产投入,提高企业安全生产整体水平。要求突出抓好"双节""两会"期间的安全生产,排查事故隐患,堵塞管理漏洞,把"春运"各项工作组织好,保证铁路、公路、民航、水运安全畅通,确保人民群众出行安全。

第六节 2003 届(年)国务院安全生产委员会

2003 届安委会时间为 2003 年 10 月至 2008 年 7 月,即从国务院办公厅 2003 年 10 月 29 日发文成立新一届国务院安全生产委员会起,到 2008 年第十一届全国人大一次会议产生新一届政府,7 月国务院办公厅发文对安委会主要负责人和组成单位做出较大幅度调整为止,机构存续时间约为 5 年。

一、2003 届安委会组成

2003 届安委会成立之时,由国务院分管领导和 35 个成员单位组成,其中包括作为副主任成员单位的国家安全监管局(总局)。

主　任:黄　菊(国务院副总理)
副主任:华建敏(国务委员兼国务院秘书长)
　　　　王显政(国家安全监管局、国家煤矿安监局局长)
　　　　尤　权(国务院副秘书长)
成　员:欧新黔(发展改革委副主任)
　　　　张保庆(教育部副部长)
　　　　李学勇(科技部副部长)
　　　　张广钦(国防科工委副主任)
　　　　白景富(公安部副部长)
　　　　陈昌智(监察部副部长)
　　　　范方平(司法部副部长)
　　　　朱志刚(财政部副部长)
　　　　尹蔚民(人事部副部长)
　　　　郑斯林(劳动保障部部长)
　　　　叶冬松(国土资源部副部长)

汪光焘（建设部部长）
刘志军（铁道部部长）
张春贤（交通部部长）
陈　雷（水利部副部长）
张宝文（农业部副部长）
黄　海（商务部部长助理）
马晓伟（卫生部副部长）
刘玉亭（工商总局副局长）
李长江（质检总局局长）
汪纪戎（环保总局副局长）
杨元元（民航总局局长）
雷元亮（广电总局副局长）
张文周（食品药品监管局副局长）
何光暐（旅游局局长）
李适时（法制办副主任）
王国庆（新闻办副主任）
柴松岳（电监会主席）
胡振民（中宣部副部长）
王澜明（中央编办副主任）
张鸣起（全国总工会书记处书记）
王　晓（共青团中央书记处书记）
白建军（总参谋部作战部副部长）
朱曙光（武警部队副司令员）

安委会办公室设在国家安全生产监督管理局（国家煤矿安全监察局），办公室主任由国家安全监管局（国家煤矿安监局）局长王显政兼任，副主任由国家安全监管局（国家煤矿安监局）副局长赵铁锤、王德学、孙华山、梁嘉琨担任。

二、安委会成员调整

（一）2004年5月安委会成员调整

2004年5月19日，国务院办公厅就调整国务院安全生产委员会组成人员发出通知，增设公安部主要负责人为安委会副主任；增加国资委为成员单位。同时根据相关单位领导分工、人员变化情况，对法制办、中央编办担任国务院安委会成员的人员进行了调整。调整后的组成单位、组成人员顺序为：

主　任：黄　菊（国务院副总理）
副主任：周永康（国务委员）
　　　　华建敏（国务委员兼国务院秘书长）
　　　　王显政（国家安全监管局、国家煤矿安监局局长）
　　　　尤　权（国务院副秘书长）
成　员：欧新黔（发展改革委副主任）
　　　　张保庆（教育部副部长）
　　　　李学勇（科技部副部长）
　　　　张广钦（国防科工委副主任）
　　　　白景富（公安部副部长）
　　　　陈昌智（监察部副部长）
　　　　范方平（司法部副部长）
　　　　朱志刚（财政部副部长）
　　　　尹蔚民（人事部副部长）
　　　　郑斯林（劳动保障部部长）
　　　　叶冬松（国土资源部副部长）
　　　　汪光焘（建设部部长）
　　　　刘志军（铁道部部长）
　　　　张春贤（交通部部长）
　　　　陈　雷（水利部副部长）
　　　　张宝文（农业部副部长）
　　　　黄　海（商务部部长助理）
　　　　马晓伟（卫生部副部长）
　　　　李毅中（国资委党委书记）
　　　　刘玉亭（工商总局副局长）
　　　　李长江（质检总局局长）
　　　　汪纪戎（环保总局副局长）
　　　　杨元元（民航总局局长）
　　　　雷元亮（广电总局副局长）
　　　　张文周（食品药品监管局副局长）
　　　　何光暐（旅游局局长）
　　　　张　穹（法制办副主任）
　　　　王国庆（新闻办副主任）

柴松岳（电监会主席）

胡振民（中宣部副部长）

黄文平（中央编办副主任）

张鸣起（全国总工会书记处书记）

王　晓（共青团中央书记处书记）

白建军（总参谋部作战部副部长）

朱曙光（武警部队副司令员）

（二）2005年12月安委会成员调整

2005年12月31日，国务院办公厅发出通知对安委会组成人员进行调整。国家安全监管总局主要领导变更后，其所担任的安委会副主任一职也作出相应调整；对教育部、科技部、公安部、国防科工委、劳动保障部、国土资源部、交通部、水利部、卫生部、国资委、环保总局、食品药品局、旅游局、中宣部等14个成员单位担任安委会成员者进行了调整；增设国家安全监管总局副局长王显政为安委会组成人员并兼任安委会办公室主任。调整后的组成单位、组成人员顺序如下：

主　任：黄　菊（国务院副总理）

副主任：周永康（国务委员）

　　　　华建敏（国务委员兼国务院秘书长）

　　　　李毅中（国家安全监管总局局长）

　　　　尤　权（国务院副秘书长）

成　员：王显政（国家安全监管总局副局长）

　　　　欧新黔（发展改革委副主任）

　　　　袁贵仁（教育部副部长）

　　　　刘燕华（科技部副部长）

　　　　孙　勤（国防科工委副主任）

　　　　刘金国（公安部副部长）

　　　　陈昌智（监察部副部长）

　　　　范方平（司法部副部长）

　　　　朱志刚（财政部副部长）

　　　　尹蔚民（人事部副部长）

　　　　田成平（劳动保障部部长）

　　　　汪　民（国土资源部副部长）

　　　　汪光焘（建设部部长）

　　　　刘志军（铁道部部长）

李盛霖（交通部部长）
矫　勇（水利部副部长）
张宝文（农业部副部长）
黄　海（商务部部长助理）
陈啸宏（卫生部副部长）
黄淑和（国资委党委书记）
刘玉亭（工商总局副局长）
李长江（质检总局局长）
张力军①（环保总局副局长）
杨元元（民航总局局长）
雷元亮（广电总局副局长）
张敬礼②（食品药品监管局副局长）
王志发（旅游局局长）
张　穹（法制办副主任）
王国庆（新闻办副主任）
柴松岳（电监会主席）
欧阳坚（中宣部副部长）
黄文平（中央编办副主任）
张鸣起（全国总工会书记处书记）
王　晓（共青团中央书记处书记）
白建军（总参谋部作战部副部长）
朱曙光（武警部队副司令员）

（三）2007年1月安委会成员调整

2007年1月23日，国务院办公厅发出《关于调整国务院安全生产委员会组成人员的通知》，兼任安委会副主任的国务院副秘书长由尤权改为张勇；司法部、农业部、食品药品局、电监会、总参作战部、武警部队6个成员单位担任国务院安委会成员者有所调整。调整后的组成单位、组成人员顺序如下：

主　任：黄　菊（国务院副总理）
副主任：周永康（国务委员）
　　　　华建敏（国务委员兼国务院秘书长）

---

① 张力军，国家环保部原副部长、党组成员，因严重违法犯罪被追究刑事责任。
② 张敬礼，国家食品药品监督管理局原副局长、原党组成员，因严重违法犯罪被追究刑事责任。

李毅中（国家安全监管总局局长）
张　勇（国务院副秘书长）
成　员：王显政（国家安全监管总局副局长）
欧新黔（发展改革委副主任）
袁贵仁（教育部副部长）
孙燕华（科技部副部长）
孙　勤（国防科工委副主任）
白景富（公安部副部长）
陈昌智（监察部副部长）
范方平（司法部副部长）
陈训秋（财政部副部长）
尹蔚民（人事部副部长）
田成平（劳动保障部部长）
汪　民（国土资源部副部长）
汪光焘（建设部部长）
刘志军（铁道部部长）
李盛霖（交通部部长）
矫　勇（水利部副部长）
尹成杰（农业部副部长）
黄　海（商务部部长助理）
陈啸宏（卫生部副部长）
黄淑和（国资委党委书记）
刘玉亭（工商总局副局长）
李长江（质检总局局长）
张力军（环保总局副局长）
杨元元（民航总局局长）
雷元亮（广电总局副局长）
刘　怡（食品药品监管局副局长）
王志发（旅游局局长）
张　穹（法制办副主任）
王国庆（新闻办副主任）
尤　权（电监会主席）
欧阳坚（中宣部副部长）

黄文平（中央编办副主任）

张鸣起（全国总工会书记处书记）

王　晓（共青团中央书记处书记）

徐经年（总参谋部作战部副部长）

霍　毅（武警部队副司令员）

三、2003届安委会组织召开的六次全体会议和一次专题会议

（一）第一次全体会议（2003年11月11日，国务院副总理、安委会主任黄菊主持）

议题：讨论审议安委会工作规则，研究下一步安全生产工作。

主要内容：国家安全监管局（国家煤矿安监局）局长王显政对安委会工作规则的起草情况作出说明。安委会主要成员单位国家经贸委等部门负责人发言。副总理黄菊讲话，指出国务院决定成立新一届政府的安全生产委员会，是适应新形势新任务的要求，进一步加强对全国安全生产的统一领导，促进安全生产形势稳定好转采取的重大举措。安委会及成员单位重任在肩，一定要认真履行职责，不辱使命，不负重托，尽职尽责地做好安全生产工作。安委会及其办公室作为新成立的机构，从一开始就要有一个好机制、好作风。黄菊为此提出三点要求：加强组织领导，认真调查研究；认真履行职责，搞好协调配合；健全工作机制，完善各项制度，建立安委会联络员会议制度，保证安委会及其办公室的工作规范、有序、高效。

（二）第二次全体会议（2004年6月25日，国务院副总理、安委会主任黄菊主持）

议题：听取危险化学品安全督查情况汇报，对深化安全生产专项整治作出部署。

主要内容：国家安全监管局局长、安委办主任王显政和建设部部长汪光焘、交通部部长张春贤、公安部副部长白景富、国防科工委副主任张广钦、卫生部副部长马晓伟、环保总局副局长汪纪戎，分别汇报了上半年全国安全生产情况和危险化学品安全督查情况。副总理黄菊在会上指出：国家安全监管局既是国务院的直属机构，也是国务院安委会的办事机构，要在抓好专业监管和综合监管的基础上，将国务院安委会办公室的职能履行好。要紧紧围绕监督检查、指导协调等中心工作，创新工作思路，拓宽工作领域，改进工作方法，把综合协调和服务工作做好；国务院安委会成员单位特别是公安、交通、水利、建设、农业、旅游等安全生产监管任务较重的部门，首先要履行好本部门安全生产监管职责，同时要主

动配合其他部门抓好监管工作，形成各部门相互支持、协调一致、共同推进安全生产的工作格局。会议要求继续深化危险化学品和各个重点行业领域安全专项整治，层层落实责任，加强安全监管，尤其要加强对中央企业的安全监管；工作重心下移，强化企业主体责任；严格执行规章制度，加大执法力度；加强协调配合，提高工作效率。

（三）第三次全体会议（2004年12月21日，国务院副总理、安委会主任黄菊主持）

议题：总结、部署年度安全生产工作。

主要内容：国家安全监管局局长、安委办主任王显政汇报2004年以来全国安全生产工作进展情况，提出了2005年工作重点和政策措施建议。安委会主要成员单位负责人就相关行业领域的安全生产工作做了发言。副总理黄菊讲话，强调要牢固树立安全责任重于泰山的思想观念；狠抓重特大事故防范，做好重大隐患的排查和督促整改，加强重点行业治理整顿，加强中央企业和非公有制企业的安全监管；搞好协调配合和执法监督；组织开展好安全生产大检查；强化安全生产责任，坚决遏制重特大事故上升趋势，为中国经济和社会事业的健康发展创造良好环境。

（四）第四次全体会议（2005年12月23日，国务院副总理、安委会主任黄菊主持）

议题：总结、部署年度工作。

主要内容：国家安全监管总局局长李毅中汇报了2005年全国安全生产情况和做好2006年安全生产的意见，提出了安全生产面临的12个深层次问题；国家安全监管总局副局长、安委办主任王显政汇报了安全生产控制考核指标实施情况。公安部负责人汇报了道路交通和消防安全方面的情况。安委会主要成员单位的负责人作了发言。副总理黄菊在讲话中，强调要突出煤矿安全这个重点，深入开展瓦斯治理和整顿关闭两个攻坚战，深化各个重点行业领域安全专项整治，全面抓好2006年的安全生产工作。

（五）第五次全体会议（2007年1月15日，国务委员、安委会副主任周永康主持会议）

主题：总结、部署年度工作。

主要内容：国家安全监管总局局长、安委会副主任李毅中汇报了2006年全国安全生产工作进展情况和2007年重点工作任务，国家安全监管总局副局长、安委办主任王显政汇报了2006年全国安全生产控制指标实施情况和2007年指标建议。分管公安和安全生产工作的国务院领导对2007年全国安全生产工作提出要求。国务委员、国务院安委会副主任华建敏在讲话中，要求把2007年作为安全生产的"落实年"和攻坚年，针对存在的重点难点问题，深入开展整治攻坚。会议议定：原则同意安委会办公室关于2007年工作及其控制考核指标的意见，1月下旬召开全国安全生产电视电话会议对年度工作进行安排部署；请相关部门抓紧研究制定加强金属与非金属矿山、化工、烟花爆竹，以及建筑施工、民爆物品、铁路、公路、水运、民航等行业安全基础管理的指导性意见；尽快将煤矿瓦斯治理政策落到实处，请发展改革委、财政部、税务总局等抓紧制定煤层气发电并网、上网优惠电价、税费优惠等产业扶持政策，鼓励煤层气开发利用；进一步规范煤炭企业证照审批管理，研究制定规范煤矿"六证"管理的意见；进一步完善煤矿安全监管体制机制，请中央编办会同发展改革委、安全监管总局等部门，深入研究地方的好经验，积极推动山西省开展煤炭工业局与煤矿安监局职能调整改革试点，探索在产煤大省里抓安全与抓生产、责任与权力相统一的体制和机制；加大对事故直接责任人的处罚力度；组织开展节前安全生产大检查，确保春节、"两会"及春运安全。

（六）第六次全体会议（2008年1月8日，国务委员、安委会副主任华建敏主持）

主题：总结、部署年度工作。

主要内容：国家安全监管总局局长、安委会副主任李毅中汇报了2007年全国安全生产工作进展情况，提出了2008年工作建议。国家安全监管总局副局长、国务院安委会办公室主任王显政对2008年安全生产控制考核指标的建议方案作了说明。国务院分管公安、安全生产的领导出席会议并在讲话中指出：近年来经过努力，有效地遏制了安全事故多发高发的势头，出现了事故总量、事故死亡人数、重特大事故、重点行业领域事故"四个明显下降"。与2002年相比，2007年全国各类事故总起数下降52.8%，死亡人数下降27.2%，重特大事故起数和死亡人数分别下降32.8%和34.9%；煤炭百万吨死亡率由4.94下降到1.485，道路交通万车死亡率由13.7下降到5.1，危险化学品、铁路交通、水上交通、民航、火灾、农机、烟花爆竹等重点行业领域事故也有较大幅度下降。但全国安全生产形势依然严峻，事故总量偏大，安全隐患突出，安全基础仍然薄弱，必须保持清醒头脑，进一步做好安全生产工作。国务委员、安委办副主任华建敏在讲话中，要求认清严峻形势，把2008年作为隐患治理年，集中力量、突出重点，狠抓责任落实，有效防范事故，为奥运会的胜利召开创造良好安全环境。会议议定1月11日国务院召开全国安全生产电视电话会议，对2008年工作作出安排部署。

（七）专题会议（2007年9月18日，国务委员兼国务院秘书长华建敏主持会议）

主题：听取安全生产隐患排查治理专项行动督查情况汇报①。

主要内容：国务院安委会办公室汇报这次隐患排查治理专项行动督查工作的总体情况。由发展改革委、教育部、国防科工委、公安部、监察部、司法部、劳动保障部、国土资源部、建设部、铁道部、交通部、水利部、农业部、卫生部、国资委、工商总局、质检总局、环保总局、民航总局、安全监管总局、旅游局、电监会及全国总工会等部门派员参加的15个综合督查组和9个专业督查组负责人，分别汇报了对相关省区、相关行业进行督查的具体情况。国务院领导讲话，强调要加强重大隐患的整改治理和监测监控，巩固督查成果。

第七节 2008届（年）国务院安全生产委员会

2008届国务院安全生产委员会时间为2008年7月至2013年5月。2008年3月十一届全国人大第一次会议审议通过国务院机构改革方案，明确国家安全生产监督管理总局为国务院直属机构。7月6日，国务院办公厅下发通知：根据国务院机构设置及人员变动情况，国务院对国务院安全生产委员会的组成部门、人员和部分职责做了调整。本届国务院安委会及其办公室正式组成并投入运行。

一、2008届安委会组成

根据2008年7月6日国务院办公厅通知，2008届安委会由国务院分管领导人和37个成员单位（包括国家安全监管总局、公安部两个副主任成员单位）组成。

主　任：张德江（国务院副总理）
副主任：王　君（国家安全监管总局局长）
　　　　杨焕宁（公安部常务副部长）
　　　　王　勇（国务院副秘书长）
成　员：刘铁男②　发展改革委副主任

---

① 根据《国务院办公厅关于在重点行业和领域开展安全生产隐患排查治理专项行动的通知》要求，2007年8月下旬到9月中旬，国务院安全生产委员会组织由有关部门参加的联合督查组（包括综合组和专业组），对地方人民政府开展隐患排查治理专项行动及打击非法建设、生产和经营情况进行了督查。

② 刘铁男，原任国家发展和改革委员会党组成员、副主任，因严重违法被判刑。

袁贵仁（教育部副部长）

刘燕华（科技部副部长）

苗　圩（工业和信息化部副部长）

刘金国（公安部副部长）

郝明金（监察部副部长）

陈训秋（司法部副部长）

张少春①（财政部副部长）

杨志明（人力资源社会保障部副部长）

汪　民（国土资源部副部长）

张力军　环境保护部副部长

姜伟新（住房城乡建设部部长）

李盛霖（交通运输部部长）

刘志军（铁道部部长）

矫　勇（水利部副部长）

危朝安（农业部副部长）

房爱卿（商务部部长助理）

陈啸宏（卫生部副部长）

黄淑和（国资委副主任）

刘玉亭（工商总局副局长）

支树平（质检总局副局长）

雷元亮（广电总局副局长）

王　钧（体育总局副局长）

张建龙（林业局副局长）

王志发（旅游局副局长）

张　穹（法制办副主任）

王国庆（新闻办副主任）

许小峰（气象局副局长）

史玉波（电监会副主席）

翟卫华（中央宣传部副部长）

黄文平（中央编办副主任）

张鸣起（全国总工会副主席）

---

① 张少春，财政部原党组副书记、副部长，因违法犯罪被追究刑事责任。

贺军科（共青团中央书记处书记）

徐经年（总参谋部作战部副部长）

霍　毅（武警部队副司令员）

安委会办公室主任由国家安全监管总局局长王君兼任，副主任由国家安全监管总局副局长杨元元、国家煤矿安监局局长赵铁锤和国家安全监管总局副局长王德学、孙华山、梁嘉琨担任。

二、安委会成员调整

2008届安委会成员于2009年1月、2010年1月、2012年1月、2012年7月先后四次做出调整。

（一）2009年1月安委会成员调整

这次调整主要是由于国家安全监管总局局长、分管安全生产工作的国务院副秘书长易人；同时卫生部、质检总局、旅游局担任国务院安委会成员的负责人出现变化。国务院办公厅2009年1月7日发出通知，调整后的国务院安全生产委员会及其办公室组成人员如下：

主　任：张德江（国务院副总理）

副主任：骆　琳（国家安全监管总局局长）

　　　　杨焕宁（公安部常务副部长）

　　　　张　勇（国务院副秘书长）

成　员：刘铁男　发展改革委副主任

　　　　袁贵仁（教育部副部长）

　　　　刘燕华（科技部副部长）

　　　　苗　圩（工业和信息化部副部长）

　　　　刘金国（公安部副部长）

　　　　郝明金（监察部副部长）

　　　　陈训秋（司法部副部长）

　　　　张少春（财政部副部长）

　　　　杨志明（人力资源社会保障部副部长）

　　　　汪　民（国土资源部副部长）

　　　　张力军　环境保护部副部长

　　　　姜伟新（住房城乡建设部部长）

　　　　李盛霖（交通运输部部长）

　　　　刘志军（铁道部部长）

矫　勇（水利部副部长）
危朝安（农业部副部长）
房爱卿（商务部部长助理）
尹　力（卫生部副部长）
黄淑和（国资委副主任）
刘玉亭（工商总局副局长）
刘平均（质检总局副局长）
雷元亮（广电总局副局长）
王　钧（体育总局副局长）
张建龙（林业局副局长）
祝善忠（旅游局副局长）
张　穹（法制办副主任）
王国庆（新闻办副主任）
许小峰（气象局副局长）
史玉波（电监会副主席）
翟卫华（中央宣传部副部长）
黄文平（中央编办副主任）
张鸣起（全国总工会副主席）
贺军科（共青团中央书记处书记）
徐经年（总参谋部作战部副部长）
霍　毅（武警部队副司令员）

安委会办公室主任由国家安全监管总局局长王君兼任，副主任由国家安全监管总局副局长杨元元、国家煤矿安监局局长赵铁锤和国家安全监管总局副局长王德学、孙华山、梁嘉琨担任。

（二）2010年1月安委会成员调整

这是2008届政府安委会组成人员的最后一次调整，主要是由于分管安全生产工作的国务院副秘书长易人；同时教育部、科技部、住房城乡建设部、广电总局、体育总局、法制办、中央编办、总参谋部作战部和武警部队9个成员单位担任国务院安委会成员的负责人出现变化。国务院办公厅2010年1月6日发出关于调整国务院安全生产委员会组成人员的通知。调整后名单如下：

主　　任：张德江（国务院副总理）
副主任：骆　琳（国家安全监管总局局长）
　　　　杨焕宁（公安部常务副部长）

第十章 国务院安全生产委员会（2001年3月至2018年7月）

    肖亚庆（国务院副秘书长）
成　员：刘铁男　发展改革委副主任
    吴德刚（教育部部长助理）
    杜占元（科技部副部长）
    苗　圩（工业和信息化部副部长）
    刘金国（公安部副部长）
    郝明金（监察部副部长）
    陈训秋（司法部副部长）
    张少春（财政部副部长）
    杨志明（人力资源社会保障部副部长）
    汪　民（国土资源部副部长）
    张力军　环境保护部副部长
    郭允冲（住房城乡建设部副部长）
    李盛霖（交通运输部部长）
    刘志军（铁道部部长）
    矫　勇（水利部副部长）
    危朝安（农业部副部长）
    房爱卿（商务部部长助理）
    尹　力（卫生部副部长）
    黄淑和（国资委副主任）
    刘玉亭（工商总局副局长）
    刘平均（质检总局副局长）
    张丕民（广电总局副局长）
    杨树安（体育总局副局长）
    张建龙（林业局副局长）
    祝善忠（旅游局副局长）
    宋大涵（法制办副主任）
    王国庆（新闻办副主任）
    许小峰（气象局副局长）
    史玉波（电监会副主席）
    翟卫华（中央宣传部副部长）
    王　峰（中央编办副主任）
    张鸣起（全国总工会副主席）

贺军科（共青团中央书记处书记）
张　鸣（总参谋部作战部副部长）
戴洪生（武警部队副司令员）

安全生产委员会办公室主任由国家安全监管总局局长骆琳兼任，副主任由国家安全监管总局副局长杨元元，国家安全监管总局副局长、国家煤矿安监局局长赵铁锤和国家安全监管总局副局长王德学、孙华山、梁嘉琨担任。

（三）2012年1月安委会成员调整

这次调整，主要对教育部、科技部、工业和信息化部、司法部、铁道部、农业部、林业局、法制办、中央宣传部、武警部队10个成员单位担任国务院安委会成员的人员进行调整；增加国家能源局、国家民航局、国防科工局、全国妇联为国务院安委会成员单位，使安委会成员单位由37个增加为41个；解放军总参谋部参加国务院安委会成员单位由作战部调整为应急办。2012年1月19日，国务院办公厅发出通知，调整后安委会及其办公室名单如下：

主　　任：张德江（国务院副总理）
副主任：骆　琳（国家安全监管总局局长）
　　　　杨焕宁（公安部常务副部长）
　　　　肖亚庆（国务院副秘书长）
成　员：刘铁男（发展改革委副主任）
　　　　鲁　昕（教育部副部长）
　　　　王伟中（科技部副部长）
　　　　苏　波（工业和信息化部副部长）
　　　　刘金国（公安部副部长）
　　　　郝明金（监察部副部长）
　　　　张苏军（司法部副部长）
　　　　张少春（财政部副部长）
　　　　杨志明（人力资源社会保障部副部长）
　　　　汪　民（国土资源部副部长）
　　　　张力军（环境保护部副部长）
　　　　郭允冲（住房城乡建设部副部长）
　　　　李盛霖（交通运输部部长）
　　　　盛光祖（铁道部部长）
　　　　矫　勇（水利部副部长）
　　　　张桃林（农业部副部长）

第十章 国务院安全生产委员会（2001年3月至2018年7月）

房爱卿（商务部部长助理）
尹　力（卫生部副部长）
黄淑和（国资委副主任）
刘玉亭（工商总局副局长）
刘平均（质检总局副局长）
张丕民（广电总局副局长）
杨树安（体育总局副局长）
赵树丛（林业局副局长）
祝善忠（旅游局副局长）
安　建（法制办副主任）
王国庆（新闻办副主任）
许小峰（气象局副局长）
史玉波（电监会副主席）
吴　吟（能源局副局长）
黄　强（国防科工局副局长）
李　健（民航局副局长）
申维辰[①]（中央宣传部副部长）
王　峰（中央编办副主任）
张鸣起（全国总工会副主席）
贺军科（共青团中央书记处书记）
范继英（全国妇联书记处书记）
李海洋（总参谋部应急办主任）
薛国强（武警部队副司令员）

安全生产委员会办公室主任由国家安全监管总局局长骆琳兼任，副主任由国家安全监管总局副局长杨元元，国家安全监管总局副局长、国家煤矿安监局局长赵铁锤和国家安全监管总局副局长王德学、孙华山、付建华担任。

（四）2012年7月安委会成员调整

这次调整主要是由于国家安全监管总局局长、国家煤矿安全监察局局长易人引起；同时对公安部、农业部、民航局三个成员单位担任国务院安委会成员者做了调整。国务院办公厅2012年7月2日通知明确的组成单位、组成人员为：

主　任：张德江（国务院副总理）

---

① 申维辰，原中宣部副部长，原中国科协党组书记、常务副主席，因违法犯罪被追究刑事责任。

副主任：杨栋梁（国家安全监管总局局长）
　　　　杨焕宁（公安部常务副部长）
　　　　肖亚庆（国务院副秘书长）
成　员：刘铁男（发展改革委副主任）
　　　　鲁　昕（教育部副部长）
　　　　王伟中（科技部副部长）
　　　　苏　波（工业和信息化部副部长）
　　　　黄　明（公安部副部长）
　　　　郝明金（监察部副部长）
　　　　张苏军（司法部副部长）
　　　　张少春（财政部副部长）
　　　　杨志明（人力资源社会保障部副部长）
　　　　汪　民（国土资源部副部长）
　　　　张力军（环境保护部副部长）
　　　　郭允冲（住房城乡建设部副部长）
　　　　李盛霖（交通运输部部长）
　　　　盛光祖（铁道部部长）
　　　　矫　勇（水利部副部长）
　　　　余欣荣（农业部副部长）
　　　　房爱卿（商务部部长助理）
　　　　尹　力（卫生部副部长）
　　　　黄淑和（国资委副主任）
　　　　刘玉亭（工商总局副局长）
　　　　刘平均（质检总局副局长）
　　　　张丕民（广电总局副局长）
　　　　杨树安（体育总局副局长）
　　　　赵树丛（林业局局长）
　　　　祝善忠（旅游局副局长）
　　　　安　建（法制办副主任）
　　　　王国庆（新闻办副主任）
　　　　许小峰（气象局副局长）
　　　　史玉波（电监会副主席）
　　　　吴　吟（能源局副局长）

黄　强（国防科工局副局长）
李家祥（民航局局长）
申维辰（中央宣传部副部长）
王　峰（中央编办副主任）
张鸣起（全国总工会副主席）
贺军科（共青团中央书记处书记）
范继英（全国妇联书记处书记）
李海洋（总参谋部应急办主任）
薛国强（武警部队副司令员）

国务院安委会办公室主任由国家安全监管总局局长兼任，副主任由国家安全监管总局副局长杨元元、王德学、孙华山和国家安全监管总局副局长、国家煤矿安监局局长付建华担任。

三、2008 届安委会召开的九次全体会议

（一）2009 年 1 月 9 日的全体会议①（国务院副总理、安委会主任张德江主持）

议题：总结、部署年度工作，讨论审议《国务院安全生产委员会工作规则》。

主要内容：国家安全监管总局局长、安委办主任骆琳汇报了 2008 年全国安全生产情况和 2009 年重点工作意见。安委会副主任、公安部副部长杨焕宁就《国务院安全生产委员会工作规则（修改草案）》作了说明。公安、交通、建设等部门负责人汇报了相关行业领域安全生产形势和下一步工作设想。张德江在讲话中指出，2008 年全国安全生产形势保持了总体稳定、趋向好转的发展态势，各类事故起数和死亡人数分别比 2007 年下降了 18.3% 和 10.2%，年度事故死亡人数自 1995 年以来首次降到 10 万人以下。但重特大事故仍呈多发态势，影响安全生产的深层次矛盾和问题仍没得到根本解决，非法违法、违规违章生产和瞒报事故现象时有发生。要把 2009 年作为"安全生产年"，深入开展安全生产执法行动，严厉打击非法违法、违规违章生产行为；开展安全生产治理行动，突出抓好重点行业和领域的专项整治；开展安全生产宣传教育行动，提高安全生产意识和安全防范能力。加强安全生产法制体制机制建设，促进政府安全监管责任和企

---

① 由于本届国务院安全生产委员会所召开的会议均没有排序，因此用会议召开的具体时间作为标题、标示。

业安全生产主体责任的落实；加强安全生产保障能力建设，推进应急救援和安全生产科技进步；加强安全生产监管队伍建设，坚持反腐倡廉，切实履行职责，提高监管能力和执法水平。会议议定：健全安全生产激励考核机制，请安委会办公室认真抓好安全生产绩效考核，并将考核结果每月公布，研究建立安全生产激励制度，对安全生产成效显著的地方和部门以适当形式的表彰；对 2008 年以来发生的重特大事故、瞒报事故责任追究情况开展督查，请监察部会同国家安全监管总局等部门抓紧实施；1 月 15 日，国务院召开全国安全生产电视电话会议，随后国家安全监管总局召开会议对 2009 年安全生产工作作出具体部署。

（二）2010 年 1 月 7 日的全体会议（国务院副总理、安委会主任张德江主持）

主题：总结、部署年度工作；审议《国务院安全生产委员会成员单位安全生产工作职责》。

主要内容：国家安全监管总局局长、安委办主任骆琳汇报了 2009 年组织开展安全生产执法、治理和宣教"三项行动"，加强安全生产法制体制机制、安全保障能力、安监队伍"三项建设"的情况，提出了 2010 年继续深入开展"安全生产年"活动的意见建议；并就《国务院安全生产委员会成员单位安全生产工作职责》的起草作了说明。国家安全监管总局副局长王德学汇报了安全生产控制考核指标实施情况。张德江讲话，强调要突出预防为主，紧紧抓住道路交通、工商贸、煤矿、铁路交通、金属与非金属矿山、火灾这七个年度事故死亡超千人的行业领域，着力做好超前防范；突出加强监管，严格市场准入；突出落实责任，尤其落实企业主体责任。创新安全监管方式方法，推动安全生产向规范化、科学化、法制化方向发展。要认真履行安委会成员单位职责，加强配合协调。

（三）2010 年 8 月 19 日的全体会议（国务院副总理、安委会主任张德江主持）

主题：传达中央领导关于安全生产工作的指示精神，贯彻《国务院关于进一步加强企业安全生产工作的通知》，总结进入 2010 年以来的安全生产工作，分析形势，安排部署下一阶段重点任务。

主要内容：国家安全监管总局、公安部负责人分别汇报了当年以来全国安全生产和道路交通安全情况。会议审议通过了关于贯彻落实《国务院关于进一步加强企业安全生产工作的通知》精神的责任分工意见。副总理张德江在讲话中强调，要以贯彻落实国务院通知精神为主线，标本兼治，综合治理，狠抓落实。要全面加强安全生产预防工作，增强防范意识，提高预防能力，加强隐患排查治理，严格安全准入制度。要继续组织实施打击非法违法生产经营建设行为专项行动,采取果断措施,出重拳、下狠招,彻查严处。要突出抓好安全生产专项整治工作,加大对煤矿、道路交通、非煤矿山、危险化学品、烟花爆竹、建筑施工等重点行业领域的整治力度,力求取得实效。要切实加强城市规划建设中的安全监管,使城市规划建设与安全生产监管有效衔接、有机联动。要加强安全科技建设,加大科研力度,提高装备水平,大力推进安全防护和监控能力建设。要加快建设更加高效的应急救援体系,切实做好应急救援基地、专业队伍、物资储备等各项工作,全面增强科学、综合的应急救援能力。要强化员工培训,坚持持证上岗,提高员工综合素质和自我防护能力。要严格落实企业安全生产主体责任,进一步强化落实安全监管责任,加强安全监管队伍和能力建设,提高专业化信息化监管水平。要严格事故查处,严肃责任追究,切实解决查处手软、处理偏轻等问题。要完善安委会工作机制,加强综合监管、行业管理部门之间的工作协调与配合,形成工作合力。

为开好这次安委会全体会议,扎实推动企业安全生产工作,8月11—14日,张德江带领安委会主要成员单位的负责人,深入到江苏徐州和南京,河南平顶山和郑州,对石化、建材、钢铁、煤炭、危险化学品等企业和单位进行了调研,在两省分别召开座谈会,听取各方面意见建议。8月18日下午和19日上午,又分别到中石化、神华、中煤能源、中煤铁建、中国有色6个中央企业进行调研,了解和掌握了大量实际情况。

(四)2011年1月10日的全体会议(国务院副总理、安委会主任张德江主持)

议题:回顾总结"十一五"工作,安排部署2011年重点任务。

主要内容:国家安全监管总局局长、安委办主任骆琳汇报了2010年及"十一五"时期全国安全生产工作进展情况,提出了下一步工作的意见建议;国家安全监管总局副局长、安委办副主任王德学汇报年度安全生产控制考核指标有关情况。安委会部分成员单位负责人发言,对全国及相关行业领域的安全生产工作提出建议。副总理张德江在讲话中指出,"十一五"期间全国安全生产保持了总体稳定、持续好转的发展态势,全国各类事故起数和死亡人数分别下降49.4%、37.4%,重特大事故起数和死亡人数分别下降36.6%、52.8%,亿元GDP生产安全事故死亡率、工矿商贸十万就业人员事故死亡率、道路交通万车死亡率、煤炭百万吨死亡率分别下降71%、45%、58%和73%。但事故总量仍然很大,重特大事故时有发生,非法违法、违规违章生产经营和建设行为仍然屡禁不止,安全基础不牢固、隐患排查治理不彻底、安全管理和监督不到位等问题在一些地方和企业还比较突出。强调要统筹规划好"十二五"期间安全生产工作,把事故预防作为促进安全生产的主攻方向，把规范生产作为促进安全生产的重要保障，把科技进步作为促进安全生产的重要支撑，进一步建立完善企业安全保障体系、政府监管和社会监管体系、安全科技支撑体系、安全生产法律法规和政策标准体系、应急救援和宣传教育培训体系，着力提高企业本质安全水平和事故防范能力、监察执法和群防群治能力、技术装备安全保障能力、依法依规安全生产能力、事故救援和应急处置能力，以及从业人员安全素质和社会公众自救互救能力。2011年要以贯彻落实《国务院关于进一步加强企业安全生产工作的通知》精神为核心，以强化企业安全生产主体责任为重点，继续深入开展"安全生产年"活动，确保"十二五"安全生产工作开好局、起好步。会议议定1月12日，国务院在北京召开全国安全生产电视电话会议。

（五）**2011年7月21日的全体会议**（国务院副总理、安委会主任张德江主持）

议题：总结上半年工作，针对近期事故多发态势，研究制定安全防范措施。

主要内容：国家安全监管总局局长、安委会副主任骆琳和公安部副部长黄明，分别汇报了全国安全生产总体情况和道路交通、消防安全情况。交通运输、建设等部门负责人作了发言。副总理张德江讲话，指出近一个时期，部分行业领域事故反弹，全国安全生产形势不容乐观；强调下半年要狠抓落实，进一步强化安全生产责任，落实企业安全生产主体责任和地方政府、有关部门的监管责任，依法严厉打击瞒报谎报事故及事故后逃逸行为，依法严格查处事故，严格追究事故责任；进一步强化煤矿、非煤矿山、交通运输、桥梁隧道、建筑施工、烟花爆竹、危险化学品、消防、冶金等重点行业领域的安全防范，做到安全措施、责任、资金、时限和预案"五落实"；强化打击非法违法生产经营建设行为，确保"打非"责任落实到县乡政府、关闭取缔措施落实到现场、惩处手段落实到实际控制人；进一步强化安全保障能力，大力推进安全生产标准化建设，加强技术装备建设和专业救援队伍建设，提高救援能力。要进一步强化安全监管监察，加强挂牌督办、跟踪督办和安全约谈，加强安全监管网络信息化建设。张德江指出，当前正值主汛期，各地区、各部门、各单位一定要深刻吸取事故教训，制定完善应急预案，切实加强汛期安全生产工作。

（六）**2011年10月8日的全体会议**（国务院副总理、安委会主任张德江主持）

议题：传达贯彻落实总书记胡锦涛、总理温家宝安全生产重要指示精神，讨论《国务院关于坚持科学发展、安全发展，促进安全生产形势持续稳定好转的意见（征求意见稿）》，研究部署当前工作。

主要内容：听取国家安全监管总局局长、安委办主任骆琳关于国务院意见稿起草情况的汇报。安委会成员单位负责人发言，对意见稿提出修改意见和建议。副总理张德江讲话，阐述了坚持科学发展、安全发展的重大意义，提出了当前和今后一个时期大力推进科学发展、安全发展，实现安全生产形势持续稳定好转的总体要求、工作思路和重点任务，并对第四季度提出要求。指出第四季度历来是事故的高发期。各地区、各有关部门和单位务必保持高度警觉，认真贯彻中央领导重要指示和2011年下半年以来国务院三次常务会议精神，把坚持科学发展、安全发展的指导思想和理念落实到生产、经营、建设的每一个环节，强化超前部署、强化监督管理、强化责任落实和追究。要在前期贯彻《国务院安委会关于认真贯彻落实国务院第165次常务会议精神进一步加强安全生产工作的通知》（安委明电〔2011〕8号）部署和要求的基础上，组织开展安全大检查。突出检查国务院常务会议部署和《国务院关于进一步加强企业安全生产工作的通知》的贯彻落实情况。国务院安委会将适时组织对重点地区和行业（领域）的督查检查。会议议定：原则同意国家安全监管总局牵头起草的意见稿。针对当前重特大道路交通事故多发的现状，请工业和信息化部会同公安部、交通运输部抓紧研究制定完善长途客运车辆安全技术标准的措施意见，请交通部会同有关部门研究制定加强长途运输车辆安全管理的措施意见，一并纳入起草的文件稿中，按程序报批；从10月开始，以国务院安委会名义，布置开展安全生产大检查，可借鉴高铁安全大检查的方法，采取地方为主、部门牵头、专家检查的办法来进行。

（七）2012年7月3日的全体会议（国务委员、国务院秘书长马凯主持）

议题：总结上半年安全生产工作，分析查找存在的问题，研究部署下半年重点工作。

主要内容：国家安全监管总局局长、公安部常务副部长杨焕宁分别作了汇报，安委会各成员单位负责人作了发言。国务委员马凯在讲话中指出：进入2012年以来，各部门、各地区认真贯彻党中央国务院安全生产决策部署，加强安全监管，上半年全国安全生产形势继续明显好转，事故总量下降，较大以上事故起数和伤亡人数同比下降17.8%和14.8%，没有发生特别重大事故，大部分行业领域安全状况稳定。但事故总量仍处高位，重大事故时有发生，一些地方和一些行业领域还存在着安全责任不落实，隐患治理不到位，安全管理不严格等突出问题，全国安全生产形势依然严峻。各地区、各部门和各单位要深刻认识安全生产对于经济发展、社会稳定的重要意义，切实增强责任感、紧迫感，采取更加切实有效的措施，做好下半年的安全生产工作。

（八）2012 年 10 月 17 日的全体会议（国务委员、国务院秘书长马凯主持）

议题：听取安全生产督查情况汇报，总结分析"打非治违"专项行动和前三个季度安全生产情况，研究部署下一步工作。

主要内容：国家安全监管总局局长、安委办主任汇报了"打非治违"专项行动和安全生产督查情况。公安部、工业和信息化部、住房城乡建设部、交通运输部、铁道部、监察部负责人（督察组组长）就这次安全生产督查作了补充汇报。秘书长马凯在讲话中指出：党的十八大召开在即，要从政治和全局高度，认识做好当前安全生产工作的特殊意义和极端重要性；按照既定的年度总体工作要求，以"打非治违"专项行动为抓手，以道路交通、煤矿和非煤矿山为重点，采取更加有力的措施，狠抓工作落实，为党的十八大的胜利召开创造良好的社会环境。

（九）2013 年 1 月 14 日的全体会议（国务院副总理、安委会主任张德江主持）

议题：学习贯彻党的十八大和中央经济工作会议精神，回顾总结 2012 年及近年来的安全生产工作，研究分析形势，部署 2013 年安全生产重点工作任务。

主要内容：国家安全监管总局局长、安委办主任汇报安全生产工作进展情况及下一步意见建议；国家安全监管总局副局长、安委办副主任王德学汇报 2012 年全国安全生产控制考核指标实施情况和 2013 年安排建议。安委会成员单位负责人发言。副总理张德江讲话，总结提出五年来安全生产工作的基本经验"六个坚持"：坚持科学发展、安全发展，坚持选好抓手、强化实效，坚持预防为主、防治结合，坚持突出重点、标本兼治，坚持依法治安、科教兴安，坚持齐抓共管、形成合力；强调下一步要全面落实安全生产责任，进一步加强安全生产管理和监督；突出重点行业领域，深化安全隐患排查和治理；严格安全监管执法，深入开展打非治违行动；强化科技支撑作用，不断提高安全保障和应急救援水平；夯实安全生产基础，着力构建安全防范体系；切实转变作风，狠抓各项工作措施落实。

第八节 2013 届（年）国务院安全生产委员会

2013 年 3 月第十二届全国人大会议后产生的新一届政府，对国务院安全生产委员会主要负责人和组成人员进行了调整。2013 届国务院安委会存续时间为 2013 年 5 月至 2018 年 7 月。

第十章　国务院安全生产委员会（2001年3月至2018年7月）

一、2013届安委会组成

根据国务院办公厅2013年5月23日《关于调整国务院安全生产委员会组成人员的通知》，2013届安委会由国务院相关领导人和40个成员单位（包括作为副主任成员单位的国家安全监管总局）组成。

主　　任：马　凯（国务院副总理）
副 主 任：郭声琨（国务委员、公安部部长）
　　　　　王　勇（国务委员）
　　　　　杨栋梁（国家安全监管总局局长）
　　　　　肖亚庆（国务院副秘书长）
成　　员：连维良（发展改革委副主任）
　　　　　鲁　昕（教育部副部长）
　　　　　王伟中（科技部副部长）
　　　　　苏　波（工业和信息化部副部长）
　　　　　黄　明（公安部副部长）
　　　　　姚增科（监察部副部长）
　　　　　张苏军（司法部副部长）
　　　　　张少春（财政部副部长）
　　　　　胡晓义（人力资源社会保障部副部长）
　　　　　汪　民（国土资源部副部长）
　　　　　翟　青（环境保护部副部长）
　　　　　郭允冲（住房城乡建设部副部长）
　　　　　杨传堂（交通运输部部长）
　　　　　矫　勇（水利部副部长）
　　　　　余欣荣（农业部副部长）
　　　　　房爱卿（商务部部长助理）
　　　　　崔　丽（卫生计生委副主任）
　　　　　黄淑和（国资委副主任）
　　　　　刘玉亭（工商总局副局长）
　　　　　陈　钢（质检总局党组成员、国家标准委主任）
　　　　　聂辰席（新闻出版广电总局副局长）
　　　　　杨树安（体育总局副局长）
　　　　　张建龙（林业局副局长）

祝善忠（旅游局副局长）

胡可明（法制办党组成员）

王国庆（新闻办副主任）

许小峰（气象局副局长）

史玉波（能源局副局长）

黄　强（国防科工局副局长）

王　宏（海洋局副局长）

陆东福（铁路局局长）

李家祥（民航局局长）

孙志军（中央宣传部副部长）

王　峰（中央编办副主任）

张鸣起（全国总工会副主席）

贺军科（共青团中央书记处书记）

范继英（全国妇联书记处书记）

孙原生（总参谋部应急办主任）

薛国强（武警部队副司令员）

　　安全生产委员会办公室主任由国家安全监管总局局长兼任，副主任由国家安全监管总局副局长杨元元、王德学、孙华山和国家安全监管总局副局长、国家煤矿安监局局长付建华担任。

二、安委会成员调整

（一）2015年11月安委会成员调整

　　2015年11月16日，国务院办公厅发出通知，对国务院安全生产委员会组成人员进行调整。这次调整，一是由于国家安全监管总局主要负责人、国家煤矿安全监察局主要负责人更换。二是对科技部、工业和信息化部、监察部、财政部、人力资源社会保障部、住房城乡建设部、交通部、国资委、新闻出版广电总局、林业局、旅游局、能源局、国防科工局、海洋局、中央宣传部、全国总工会、共青团中央、全国妇联、总参谋部应急办、武警部队20个成员单位担任国务院安委会成员职务者进行调整。三是增设民政部、邮政局、中国铁路总公司为国务院安委会成员单位；增设国务院安委会专家咨询委员会主任王德学为安委会成员。此次调整后，国务院成员单位为44个（含作为副主任成员单位的国家安全监管总局）。

主　任：马　凯（国务院副总理）

第十章 国务院安全生产委员会（2001年3月至2018年7月）

副主任：郭声琨（国务委员、公安部部长）
　　　　王　勇（国务委员）
　　　　杨焕宁（国家安全监管总局局长）
　　　　肖亚庆（国务院副秘书长）
成　员：连维良（发展改革委副主任）
　　　　鲁　昕（教育部副部长）
　　　　张来武（科技部副部长）
　　　　怀进鹏（工业和信息化部副部长）
　　　　黄　明（公安部副部长）
　　　　郝明金（监察部副部长）
　　　　邹　铭（民政部副部长）
　　　　张苏军（司法部副部长）
　　　　刘　昆（财政部副部长）
　　　　游　钧（人力资源社会保障部副部长）
　　　　汪　民（国土资源部副部长）
　　　　翟　青（环境保护部副部长）
　　　　易　军（住房城乡建设部副部长）
　　　　冯正霖（交通运输部副部长）
　　　　矫　勇（水利部副部长）
　　　　余欣荣（农业部副部长）
　　　　房爱卿（商务部副部长）
　　　　杨志今（文化部副部长）
　　　　崔　丽（卫生计生委副主任）
　　　　张喜武[①]（国资委副主任）
　　　　刘玉亭（工商总局副局长）
　　　　陈　钢（质检总局副局长）
　　　　田　进（新闻出版广电总局副局长）
　　　　杨树安（体育总局副局长）
　　　　陈凤学（林业局副局长）
　　　　李世宏（旅游局副局长）
　　　　胡可明（法制办副主任）

---

① 张喜武，国务院国有资产监督管理委员会原党委副书记、副主任，因严重违纪被撤职。

许小峰（气象局副局长）
王晓林①（能源局副局长）
王承文（国防科工局党组成员）
张宏声（海洋局副局长）
陆东福（铁路局局长）
李家祥（民航局局长）
马军胜（邮政局局长）
王世明（中央宣传部副部长）
王　峰（中央编办副主任）
阎京华（全国总工会党组成员）
汪鸿雁（共青团中央书记处书记）
焦　扬（全国妇联副主席）
周尚平（总参谋部应急办主任）
戴肃军（武警部队副司令员）
杨宇栋（中国铁路总公司副总经理）
王德学（国务院安委会专家咨询委员会主任）

安全生产委员会办公室主任由国家安全监管总局局长杨焕宁兼任，副主任由国家安全监管总局副局长杨元元、孙华山、徐绍川、李兆前和国家安全监管总局副局长、国家煤矿安监局局长黄玉治担任。

（二）2017年4月安委会成员调整

国务院办公厅2017年4月18日发出调整国务院安全生产委员会组成人员的通知。这次调整：一是国务院分管副秘书长易人；二是对教育部、科技部、工业和信息化部、公安部、监察部、民政部、司法部、财政部、国土资源部、交通运输部、水利部、国资委、工商总局、林业局、海洋局、铁路局、民航局、中央宣传部、中央编办、全国妇联、武警部队、中国铁路总公司22个成员单位担任国务院安委会成员职务者进行了调整；三是军队成员单位由原总参谋部应急办，改为中央军委联合参谋部作战局。调整后的国务院安委会成员单位及人员顺序为：

主　任：马　凯（国务院副总理）
副主任：郭声琨（国务委员、公安部部长）
　　　　王　勇（国务委员）
　　　　杨焕宁（国家安全监管总局局长）

---

① 王晓林，国家能源局原副局长、党组成员，因违法犯罪被追究刑事责任。

第十章 国务院安全生产委员会（2001年3月至2018年7月）

　　　　孟　扬（国务院副秘书长）
成　员：连维良（发展改革委副主任）
　　　　李晓红（教育部副部长）
　　　　徐南平（科技部副部长）
　　　　刘利华（工业和信息化部副部长）
　　　　李　伟（公安部副部长）
　　　　王令浚（监察部副部长）
　　　　高晓兵（民政部副部长）
　　　　刘志强（司法部副部长）
　　　　刘　伟（财政部副部长）
　　　　游　钧（人力资源社会保障部副部长）
　　　　凌月明（国土资源部副部长）
　　　　翟　青（环境保护部副部长）
　　　　易　军（住房城乡建设部副部长）
　　　　何建中（交通运输部部长）
　　　　刘　宁（水利部副部长）
　　　　余欣荣（农业部副部长）
　　　　房爱卿（商务部部长助理）
　　　　杨志今（文化部副部长）
　　　　崔　丽（卫生计生委副主任）
　　　　徐福顺（国资委副主任）
　　　　马正其（工商总局副局长）
　　　　陈　钢（质检总局党组成员、国家标准委主任）
　　　　田　进（新闻出版广电总局副局长）
　　　　杨树安（体育总局副局长）
　　　　李树铭（林业局副局长）
　　　　李世宏（旅游局副局长）
　　　　胡可明（法制办党组成员）
　　　　许小峰（气象局副局长）
　　　　王晓林（能源局副局长）
　　　　王承文（国防科工局党组成员）
　　　　石青峰（海洋局副局长）
　　　　杨宇栋（铁路局局长）

冯正霖（民航局局长）

马军胜（邮政局局长）

鲁　炜①（中央宣传部副部长）

魏小东（中央编办副主任）

阎京华（全国总工会副主席）

汪鸿雁（共青团中央书记处书记）

邓　丽（全国妇联书记处书记）

蔡　军（中央军委联合参谋部作战局副局长）

魏佑江（武警部队副参谋长）

刘振芳（中国铁路总公司副总经理）

王德学（国务院安全生产委员会专家咨询委员会主任）

国务院安全生产委员会办公室主任由国家安全监管总局局长杨焕宁兼任，副主任由国家安全监管总局副局长付建华、孙华山、徐绍川、李兆前和国家安全监管总局副局长、国家煤矿安监局局长黄玉治担任。

三、2013届安委会召开的全体会议

（一）2013年5月27日的全体会议②（国务院副总理、安委会主任马凯主持）

议题：传达学习习近平总书记、李克强总理重要指示精神，分析安全生产形势，研究防范遏制重特大事故的对策措施。

主要内容：国家安全监管总局局长、安委办主任杨栋梁汇报了一个时期安全生产重点工作进展情况及事故情况。国务院副总理、国务院安委会主任马凯传达习近平总书记和李克强总理的重要指示精神，要求充分认识做好安全生产工作的极端重要性，把安全生产放在经济社会发展全局中去把握和推进。强调要深刻吸取事故教训，严格督查考核，认真落实企业主体责任、政府监管责任，严格执行"一岗双责"和"一票否决"制度。深化煤矿、非煤矿山、道路交通、烟花爆竹、危险化学品、民爆、消防和冶金等重点行业领域安全整治。加强汛期安全风险防范。国务委员、安委会副主任郭声琨和国务委员、安委会副主任王勇出席会议并讲话。

---

① 鲁炜，因严重违法犯罪被追究刑事责任。

② 由于本届国务院安全生产委员会所召开的会议均没有排序，因此用会议召开的具体时间作为标题。

(二) 2013 年 12 月 6 日的全体会议 (国务委员、安委会副主任王勇主持会议)

议题：传达学习习近平总书记在听取山东青岛"11·22"中石化输油管线泄漏爆炸事故情况汇报时的重要讲话和李克强总理关于安全生产的重要批示精神，总结全国安全生产大检查工作，部署开展大检查"回头看"和油气输送管线等安全专项排查整治。

主要内容：会议传达学习了总书记、总理重要批示精神；听取了国家安全监管总局局长、安委办主任关于全国安全生产大检查工作情况的汇报。安委会主要成员单位负责人作了发言。国务院副总理、安委会主任马凯在讲话中指出：一些行业领域事故多发频发，暴露出一些地方和企业大检查不够彻底、应急处置预案落实不到位、安全生产工作开展不平衡，强调要进一步强化安全生产"红线"意识，深入开展安全生产大检查"回头看"。会议决定立即在全国范围内集中开展石油天然气（包含煤气）、危险化学品等各种易燃易爆品输送管线安全专项排查整治，全面摸清安全隐患和薄弱环节，落实整改责任和措施，彻底排除各类安全隐患。国务委员、安委会副主任郭声琨出席会议并讲话。

(三) 2014 年 7 月 22 日的全体会议 (国务院副总理、安委会主任马凯主持)

议题：分析安全生产形势，研究部署下一步重点工作。

主要内容：国家安全监管总局局长、安委办主任汇报了上半年全国安全生产情况，提出了当前应当突出抓好的重点工作和政策措施建议。安委会主要成员单位负责人发言。国务院副总理、安委会主任马凯，国务委员、安委会副主任郭声琨和国务委员、安委会副主任王勇出席会议并讲话。马凯强调要深刻吸取事故教训，强化红线意识和底线思维，坚持标本兼治，狠抓各项责任和措施落实。加快建立健全安全生产责任体系，强化地方各级党委、政府和行业主管部门安全生产职责，强化安全监管部门的监管责任。继续抓好道路交通、消防、危化品等重点行业领域专项整治。集中力量打好油气管道隐患整治攻坚战，加强统筹协调和政策支持，妥善解决突出问题。大力推动煤矿整顿关闭和瓦斯综合治理。深入开展"打非治违"专项行动，积极稳妥推进安全生产改革及试点，切实加强安全生产基础工作，强化汛期安全防范和值守应急，确保全国安全生产形势持续稳定好转。

(四) 2015 年 1 月 6 日的全体会议 (国务院副总理、安委会主任马凯主持)

议题：总结、部署年度工作。

主要内容：国家安全监管总局局长、安委办主任和公安部副部长黄明分别汇报了 2014 年全国安全生产和道路交通、消防安全情况，提出了抓好 2015 年安全生产重点工作的意见建议。国务委员、安委办副主任郭声琨和国务委员、安委办副主任王勇讲话。副总理马凯在讲话中，回顾了2014年全国安全生产工作进展情况，对2015年的工作提出了要求，强调要进一步强化红线意识，完善落实"党政同责、一岗双责、齐抓共管"的安全生产责任体系；深入宣传贯彻新修订的《安全生产法》，加强安全生产法治建设，强化基层监管执法力量，严肃事故查处和责任追究；继续深化重点行业领域安全专项整治，抓好煤矿治本攻坚和整顿关闭，打好油气输送管道隐患整治攻坚战；夯实安全基础，继续开展企业标准化建设，强化安全教育培训，提升科技和资金保障能力；继续深化安全生产改革创新，健全完善安全监管体制机制，创新监管方式方法，完善应急救援体系，提高政府管理服务水平。

（五）2015年7月28日的全体会议（国务院副总理、国务院安委会副主任郭声琨主持）

主题：分析形势，安排部署下一步工作；审议《国务院安全生产委员会成员单位安全生产工作职责分工》。

国家安全监管总局局长汇报了上半年全国安全生产工作进展情况，以及近期发生的重庆东方轮船公司"东方之星"客轮倾覆、河南平顶山康乐园老年公寓火灾等重特大事故的初步调查情况；就《国务院安全生产委员会成员单位安全生产工作职责分工》的起草情况作了说明。安委会主要成员单位负责人发言。副总理马凯在讲话中强调，要按照党中央、国务院的决策部署，坚持警钟长鸣、常抓不懈，强化预防治本，从根本上提高安全发展水平。要建立健全"党政同责、一岗双责、齐抓共管"的安全生产责任体系，实现各级地方、企业和主管部门安全责任全覆盖、真落实。全面推进依法治安，加大安全监管执法力度，强化监督检查。深入开展打非治违专项行动，继续加强重点行业领域安全整治，打好油气输送管道隐患整治攻坚战，切实加强交通运输等安全监管。深化安全生产领域改革创新，建立完善安全预防控制体系，强化基层执法力量。积极推进煤矿机械化、自动化、信息化建设，加强矿山、石化罐区、内河航运等应急救援体系建设，大力提高安全保障水平。近期要集中开展安全生产大检查，深入排查整治安全隐患，加强汛期安全防范，有效遏制重特大事故。

（六）2015年8月22日的全体会议（国务委员、安委会副主任王勇主持）

议题：传达学习中央政治局常委会议、国务院常务会议精神，分析近期重大安全生产事故暴露出的突出问题，对做好下一阶段安全生产工作进行再动员、再部署。

主要内容：国务院副总理、安委会主任马凯和国务委员、安委会副主任郭声琨讲话，指出天津港"8·12"瑞海公司危险品仓库特别重大火灾爆炸事故教训极为深刻，再次暴露出安全生产领域问题仍然突出、形势依然严峻。会议部署以危化品和易燃易爆物品安全专项整治行动为重点，一个一个企业、一个一个环节、一个一个岗位落实责任，全面排查和整治安全隐患，强化危险化学品项目规划、立项、设计、建设和日常监管等全过程监管。要求各地区、各部门、各单位根据实际确定检查重点，确保取得实效。坚持以问题为导向，针对重特大安全事故和大检查中暴露出来的管理漏洞，健全安全管理体制机制法制，切实落实行业主管部门监管职责。要强化安全生产技术、基础和能力建设，加快建立安全生产预防控制体系，狠抓预防和治本。以更加坚决的态度，更加务实的作风，更加有力的措施，全面加强安全生产工作。

（七）2015年12月25日的全体会议（国务院副总理、安委会主任马凯主持）

议题：总结、部署年度工作，对岁末年初安全防范工作作出安排。

主要内容：听取国家安全监管总局局长、安委办主任杨焕宁关于2015年全国安全生产进展情况和2016年工作意见的汇报。副总理马凯在讲话中强调，2016年要认真贯彻落实党的十八届五中全会和中央经济工作会议、中央城市工作会议精神，坚持人民利益至上，牢固树立安全发展观念和红线意识，坚持标本兼治、综合治理、源头管控，以防范遏制重特大事故为重点，切实落实企业主体责任、部门监管责任、党委政府领导责任，狠抓改革创新、依法治理、基础建设、专项整治和安全宣传教育，充分发挥安防工程、防控技术、管理制度及市场机制和社会力量的作用，加快健全隐患排查治理体系、风险预防控制体系和社会共治体系，着力提升全社会整体安全水平，努力实现事故总量继续下降、死亡人数继续减少、重特大事故频发势头得到遏制，促进全国安全生产形势持续稳定向好，确保"十三五"安全生产工作开好局、起好步。会议议定，1月6日召开全国安全生产电视电话会议，对全国2016年的安全生产工作作出安排部署。国务委员、安委会副主任郭声琨、王勇出席会议并讲话。

（八）2016年7月22日的全体会议（国务院副总理、安委会主任马凯主持）

议题：研究、部署汛期和下半年安全生产工作。

主要内容：国家安全监管总局局长、安委办主任杨焕宁汇报当前安全生产形势和做好下半年工作的意见。公安部、交通运输部负责人在会发言。副总理马凯讲话，强调要扎实做好汛期和下半年安全生产重点工作，高度警惕汛期灾害性天气带来的威胁，突出矿山、尾矿库、危化品、建筑施工、交通运输、旅游等重点行业领域和易受灾害影响的重点部位，对汛期安全防范工作进行再检查再落实，确保灾害监测预警及时、风险隐患治理管控到位、应急处置和保障有力。要在总结巩固上半年工作成效的基础上，保持工作连续性、增强工作预见性和实效性，继续紧紧抓住遏制重特大事故这个重点不放松，积极推进安全生产领域改革创新、依法治安、专项治理等重点工作，全力维护安全生产形势的总体稳定，为经济发展和社会和谐稳定创造良好的安全生产环境。会议议定7月20日召开全国安全生产电视电话会议，安排部署下半年和汛期安全防范工作。国务委员、安委会副主任郭声琨和国务委员、安委会副主任王勇出席会议并讲话。

（九）2016年11月29日的全体会议（国务院副总理、安委会主任马凯主持会议）

议题：传达贯彻习近平总书记和李克强总理关于江西丰城发电厂坍塌事故和全国安全生产工作的重要指示批示精神，对年底安全防范作出安排部署。

主要内容：国家安全监管总局负责人汇报了丰城发电厂坍塌事故有关情况。副总理马凯在讲话中指出，近期重特大事故频发，造成重大人员伤亡，暴露出一些地方和企业红线意识淡薄、主体责任严重不落实、违法违规行为屡禁不止等突出问题。要深刻吸取事故教训，举一反三，抓住薄弱环节，进一步深入开展安全生产大检查。要针对教训查、突出重点查、抓住问题查，全面摸清安全隐患和薄弱环节，落实检查整改责任和措施，强化督导督查，加大追责力度，进一步提高安全生产保障水平。要针对岁末年初安全生产形势特点，进一步加强建筑施工、煤矿、交通运输、危化品、烟花爆竹、供电供热取暖等行业领域和人员密集场所安全监管，强化极端恶劣天气防范应对和应急值守，统筹做好安全生产各项工作，严防各类重特大事故发生。国务委员、安委会副主任郭声琨、王勇出席会议并讲话。

（十）2016年12月28日的全体会议（国务院副总理、安委会主任马凯主持）

议题：总结部署年度工作。

主要内容：国家安全监管总局局长、安委办主任杨焕宁汇报了2016年全国安全生产进展情况和2017年工作的意见建议。相关成员单位负责人发言，提出本行业领域2017年安全生产工作大致思路。副总理马凯讲话，强调2017年要坚持稳中求进工作总基调，深入排查安全生产隐患，标本兼治、综合治理、系统建设，持续夯实安全生产基础，着力提升依法监管能力和全社会整体安全水平、全面实现事故总量、死亡人数、重特大事故"三个继续下降"。全面持续动态排查消除各类安全隐患，突出抓好煤矿、危险化学品、交通运输、建筑施工、城市安全等重点行业领域专项整治，切实强化打非治违。要狠抓企业主体责任、部门监管责任和政府领导责任落实,加强失职问责,推动企业建立全员安全生产责任制,普遍实施安全生产巡查和考核,建立严密的安全生产责任体系。要加快法律法规和标准制修订,建立安全生产行政执法与刑事司法衔接制度,制定实施安全生产监管监察能力建设规划,全面推进安全生产依法治理。要继续加大安全投入力度,提高安全科技支撑水平和事故应对处置能力,健全职业健康监管保障体系,切实提升本质安全水平。要狠抓安全生产领域改革发展重点任务落实,制定配套措施,加强督查督办,不断完善安全生产监管体制机制。国务委员、安委会副主任郭声琨和国务委员、安委会副主任王勇出席会议并讲话。会议议定1月11日召开全国安全生产电视电话会议,对2017年工作作出全面安排部署。

(十一)2017年7月22日的全体会议(国务院副总理、安委会主任马凯主持)

议题:总结上半年工作,部署下半年重点任务。

主要内容:副总理马凯讲话,要求以贯彻落实《中共中央国务院关于推进安全生产领域改革发展的意见》为抓手,深入开展安全生产大检查,加大对安全生产任务重、事故多发、灾害威胁严重地区和企业单位检查力度,狠抓整改,强化问责;打好专项整治"组合拳",重点是抓好煤矿、危化品、道路安全、消防安全和无人机等领域专项整治,组织开展高层建筑、城市燃气、城市轨道交通等领域以及人员密集场所的安全整治;在抓基础上下功夫,着力提高本质安全水平,不断抓好安全生产责任体系、法治体系、防控体系、保障能力体系建设。要求各地区、各有关部门和单位落实防汛责任,排查风险隐患,防范自然灾害引发生产安全事故。会议议定7月20日召开全国安全生产电视电话会,传达贯彻习近平总书记和李克强总理关于安全生产工作的重要指示批示精神,明确工作目标,压实措施任务,部署开展安全生产大检查,扎实做好汛期和下半年安全生产工作。国务委员、安委会副主任郭声琨、王勇出席会议并讲话。

(十二)2017年1月10日的全体会议(国务院副总理、安委会主任马凯主持)

议题:研究、部署年度工作。

主要内容:副总理马凯在讲话中指出:安全生产工作已取得积极成效,事故总量、死亡人数、重特大事故继续下降。但安全生产形势依然严峻复杂,事故总量仍然较大。要求各地区、各部门要进一步警醒起来,对当前安全生产工作进行再动员再部署,组织开展安全生产大检查"回头看",强化重点行业领域安全监管执法,严格落实各项责任和防范措施,切实抓好岁末年初安全生产工作。强调,要全面实现事故总量、死亡人数、重特大事故"三个继续下降",重点防范和坚决遏制重特大事故的发生，全面持续动态排查消除各类安全隐患，狠抓企业主体责任、部门监管责任和政府领导责任落实，加快法律法规和标准制修订，继续加大安全投入力度，狠抓安全生产领域改革发展重点任务落实。

国务委员、安委会副主任郭声琨、王勇出席会议并讲话。

（十三）2018年1月23日的全体会议（国务院副总理、安委会主任马凯主持）

议题：研究部署年度工作。

主要内容：安委会办公室和主要成员单位负责人汇报了2017年工作进展情况和下一步打算。副总理马凯讲话指出：2017年国务院安全生产委员会各成员单位和全国各地认真贯彻党中央、国务院决策部署，推动安全生产工作取得积极成效，实现事故总量、较大事故、重特大事故"三个继续下降"，为保障经济平稳运行和人民生命财产安全作出了积极贡献。党的十八大以来，实现事故总量、较大事故、重特大事故"三个继续下降"，重点行业领域、各地区安全生产状况"两个总体好转"，但安全生产形势依然严峻复杂，仍然存在安全生产隐患，本质安全的基础还不牢固。2018年要认真学习贯彻习近平总书记关于安全生产的重要思想，统筹推进安全生产领域改革发展，加快建立完善的安全生产责任制度、科学的安全监管体制、严格的监管执法机制和严密的安全法治体系、风险防控体系、社会治理体系，持续深入开展安全生产风险隐患排查治理，锲而不舍夯实安全生产基础，为推动经济高质量发展和民生改善作出新的贡献。

四、本届安委会召开的专题会议

本届政府期间，国务院安全生产委员会还召开了以下专题会议：

（1）2014年4月29日召开的安全生产重点工作专项督查情况汇报会。国务委员王勇主持会议并讲话。会议听取了安全生产重点工作和油气输送管线、城市燃气、危险化学品运输和隧道交通安全专项督查工作的汇报。

（2）2015年9月28日召开的安全生产大检查综合督查汇报会。国务委员王勇主持会议并讲话。国家安全监管总局副局长、安委会办公室副主任孙华山通报了综合督查情况，16个督察组负责人作了补充汇报。会议强调要坚持问题导向，对大检查中发现的109.9万项隐患，特别是4707项重大隐患，要登记造册、挂牌督办，逐项整改；以天津港瑞海公司"8·12"特别重大火灾爆炸事故为戒，以危险化学品安全监管为重点和突破口，针对目前存在制度不健全、监管多头交叉、乏力缺位问题，加快完善安全管理体制机制和法律法规制度，下决心从顶层设计上解决好制度不健全不完善，监管职能职责交叉，存在监管漏洞和盲区的问题。

（3）2016年8月18日召开的安全生产巡查工作情况汇报会。议题为听取安委会派出的8个巡查组对天津、山西、江苏、湖南、广东、广西、贵州、云南省（自治区、直辖市）政府安全生产巡查的汇报。副总理马凯、国务委员王勇出席会议并讲话，指出开展巡查是加强安全生产工作，推动责任落实的一项重要制度安排；各地区、各部门要认真学习贯彻习近平总书记、李克强总理关于加强安全生产重要指示批示精神，增强做好巡查工作的主动性、自觉性，突出问题导向，推动党中央、国务院决策部署落地生根。

第九节 地方政府安全生产委员会机构与工作

2001年3月国务院安全生产委员会成立之后，各省级人民政府也都相继成立了安全生产委员会及其办公室，明确了安委会及办公室的工作职责。安徽、甘肃两省由省长担任省安全生产委员会主任。其他各省（自治区、直辖市）则由政府分管领导担任安全生产委员会主任。各地都在经贸委或安全监管局（处）设立安委会办公室，负责安委会的日常工作（表10-1）。

表10-1 各省（自治区、直辖市）及计划单列市安全生产
委员会及安委办主要负责人一览表
（2001年10月）

序号	省份	安全生产委员会主任		安委会办公室主任		安委办处所
		姓名	职务	姓名	职务	
1	北京市	孟学农	副市长	徐和谊	市经委主任	市经委
2	天津市	杨栋梁	副市长	张时善	市安全生产监督管理局局长	市安全生产监督管理局
3	河北省	郭世昌	副省长	刘春增	省经贸委安全生产处长	省经贸委
4	山西省	杨志明	副省长	王纪仁	省经贸委副主任	省经贸委
5	内蒙古自治区	云公民①	副主席	汤爱军②	区经贸委正厅级干部	区经贸委安全生产处

① 云公民，因涉嫌严重违纪违法，目前正接受调查。
② 汤爱军，因严重违法犯罪，被追究刑事责任。

表10-1（续）

序号	省份	安全生产委员会主任		安委会办公室主任		安委办处所
		姓名	职务	姓名	职务	
6	辽宁省	刘国强①	副省长	胡才修	省经贸委副厅级干部	省经贸委安全生产处
7	吉林省	李介车	副省长	姜有为	省经贸委副厅级干部	省经贸委安全生产处
8	黑龙江省	张成义	副省长	蒋绍才	省安全生产监督管理局负责人	省安全生产监督管理局
9	上海市	蒋以任	副市长	徐逸波	上海市经委正厅级干部	市安全生产监察局
10	江苏省	吴瑞林	副省长	张敬华	省安全生产监督管理局局长	省安全生产监督管理局
11	浙江省	叶宝荣	副省长	徐洪军	省经贸委主任	省经贸委
12	安徽省	许仲林	省长	陈硕	省安全生产监督管理局局长	省安全生产监督管理局
13	福建省	贾锡太	副省长	邓云贞	省安全生产监督管理局局长	省安全生产监督管理局
14	江西省	王 君	副省长	查俊如	省安全生产监督管理局局长	省安全生产监督管理局
15	山东省	韩寓群	副省长	孙立新	省安全生产监督管理局局长	省安全生产监督管理局
16	河南省	张以祥	副省长	程志明	省经贸委厅级干部	省经贸委安全生产局
17	湖北省	周坚卫	副省长	詹才泳	省经贸委副厅级干部	省经贸委安全生产处
18	湖南省	郑茂清	副省长	陈学军	省经贸委副主任	省经贸委安全生产处
19	广东省	游宁丰	副省长	陈建辉	省经贸委副主任	省经贸委安全生产监督管理局
20	广西壮族自治区	王汉民	副主席	邓于仁	省经贸委副厅级干部	省经贸委安全生产监督管理局
21	海南省	吴昌元	副省长	郑庭锦	省经贸厅副厅长	省经贸厅安全生产监督管理局

① 刘国强，因严重违法犯罪接受调查，2021年1月受党纪处分。

第十章 国务院安全生产委员会（2001年3月至2018年7月）

表10-1（续）

序号	省份	安全生产委员会主任		安委会办公室主任		安委办处所
		姓名	职务	姓名	职务	
22	四川省			钟兆基	省经贸委正厅级干部	省经贸委安全生产监督管理局
23	重庆市	吴家农	副市长	陈中新	市经委处级干部	市经委安全生产监督管理局
24	云南省	牛绍尧	副省长	纳宗会	省经贸委副厅级干部	省经贸委安全生产处
25	西藏自治区	徐明阳	副主席	索朗次仁	区经贸委副主任	区经贸委安全生产监督管理局
26	贵州省	刘长贵①	副省长	龚仲富	省经贸委主任	省经贸委安全生产局
27	陕西省	龚德顺	副省长	韩树贞	省经贸委助理巡视员	省经贸委安全生产监督管理局
28	甘肃省	陆 浩	省长	蒲承宏	省经贸委副厅级干部	省经贸委安全生产监督管理局
29	青海省	蒋洁敏②	副省长	刘建青	省经贸委副主任	省经贸委安全生产监督管理局
30	宁夏回族自治区	王全诗	副主席	陈德祥	区经贸委副主任	区经贸委安全生产监督管理局
31	新疆维吾尔自治区	艾力肯	副主席	井植朴	区经贸委安全生产监督管理局局长	区经贸委安全生产监督管理局
32	新疆生产建设兵团	刘新齐③	副司令员	陈迪平	兵团经贸委副厅级干部	兵团经贸委
计划单列市						
1	大连市	刘长德	副市长	毕世广	市经委副主任	市经委安全设备处
2	宁波市	吕国荣	副市长	顾亮余	市经委副主任	市经委
3	青岛市	宗 和	副市长	孔 勇	市经委副主任	市经委安全生产监督管理局
4	厦门市	丁国炎	副市长	丁以秩	市劳动局副局长	市劳动局
5	深圳市	王穗明	副市长	卢齐忠	市劳动局处长	市劳动局

① 刘长贵，因严重违法犯罪，被追究刑事责任。
② 蒋洁敏，因严重违法犯罪，被追究刑事责任。
③ 刘新齐，因严重违纪，给予开除党籍处分，行政撤职处分。

随着安全生产形势趋于严峻、安全监管任务日益繁重，各地政府在加强安全监管机构、队伍建设，加大监管监察执法力度的同时，也不断加强安全生产委员会的工作。从2005年开始，河南、山东、山西、黑龙江等地，省市县政府主要领导担任同级政府安全生产委员会主任，大大提升了安委会的指导、协调能力，有力促进了本地区的安全生产工作。

2013年山东青岛黄潍输油管线"11·22"特别重大爆燃事故后，习近平总书记到现场视察事故抢险工作，强调安全生产责任重于泰山，要求抓紧建立健全安全生产责任体系，"党政一把手必须亲力亲为、亲自动手抓"，建立"党政同责、一岗双责、齐抓共管"的安全生产责任体系，做到管行业必须管安全、管业务必须管安全、管生产经营必须管安全。为贯彻落实总书记指示精神和党中央、国务院加强安全生产的决策部署，各地党委、政府加强对安全生产工作的领导，普遍改由政府一把手担任安全生产委员会主任，分管领导为副主任。2014年12月23日国务院向全国人大提交的《国务院关于安全生产工作情况的报告》，回顾了安全生产监管体制改革成就：目前全国32个省级党委政府都制定了"党政同责"具体规定，所有省级政府安委会主任都由政府主要负责人担任，市、县级政府主要负责人担任同级安委会主任的分别达到88.5%和93%。

第十一章 安全生产联席会议和领导（协调）小组

安全生产各类联席会议、领导（协调）小组等（表 11-1），担负着一定意义上的监督管理、指导协调、推动工作的职责和作用，是安全生产监管体制、运行机制的组成部分，也是中国安全生产工作的一项制度优势和显著特色。2000年以来，针对一些隐患严重、事故多发，而且矛盾交织、涉及广泛、解决起来困难和问题较多的行业领域以及重大隐患问题，国务院及国务院安委会相继建立了煤矿整顿关闭工作部际联席会议、清理纠正国家机关工作人员和国有企业负责人投资入股煤矿工作部际联席会议、危险化学品安全生产监管部际联席会议、金属非金属矿山整顿工作部际联席会议、烟花爆竹安全监管部际联席会议，以及道路交通安全部际联席会议（公安部牵头）、校车安全管理部际联席会议（教育部牵头）、海上搜救和重大溢油部际联席会议、重特大生产安全事故责任追究沟通协调工作部际联席会议（监察部牵头）、职业病防治工作部际联席会议（卫生部和国家安全监管总局牵头）等制度；建立了煤矿瓦斯防治部际协调领导小组（发展改革委牵头）、尾矿库专项整治工作协调小组、油气输送管道安全隐患整改工作领导小组等。相关部际协调会议制度、领导（协调）小组的建立，大幅度提高

表 11-1 安全生产领域部际联席会议、领导（协调）小组一览表

序号	名 称	成立时间	牵头部门（召集人）	召开全体会议次数
1	煤矿整顿关闭工作部际联席会议	2006年1月23日	国家安全监管总局、国家煤矿安监局	7
2	煤矿瓦斯防治部际协调领导小组	2005年2月23日	国家发展改革委	15次领导小组全体会议、9次现场会或电视电话会
3	清理纠正国家机关工作人员和国有企业负责人投资入股煤矿工作部际联席会议	2006年5月13日	监察部	2次新闻发布会

表 11-1（续）

序号	名称	成立时间	牵头部门（召集人）	召开全体会议次数
4	危险化学品安全生产监管部际联席会议	2007年4月18日	国家安全监管总局	7
5	金属非金属矿山整顿工作部际联席会议	2013年1月30日	国家安全监管总局	2
6	烟花爆竹安全监管部际联席会议	2011年5月3日	国家安全监管总局	5
7	道路交通安全监管联席会议	2003年10月22日	公安部	
8	全国油气田及输油气管道安全保护工作部际联席会议	2004年11月4日	公安部	
9	校车安全管理部际联席会议	2012年6月29日	教育部、公安部	5
10	国家海上搜救（重大溢油）部际联席会议	2005年5月22日	交通部	12
11	重特大生产安全事故责任追究沟通协调工作部际联席会议	2007年9月14日	监察部	3次全体会议、1次新闻发布会
12	尾矿库专项整治行动工作协调小组	2007年5月14日	国家安全监管总局	
13	油气输送管道安全隐患整改工作领导小组	2014年10月20日	国务院领导	2
14	职业病防治工作部际联席会议	2010年4月	卫生部、国家安全监管总局	4

了中央政府安全生产工作决策效率和贯彻执行能力，促进了重点行业领域、重大隐患问题治理整改，有力推动了全国安全生产工作。

此外，国务院安全生产委员会办公室和国家安全监管总局，围绕着安全生产领域一些跨地区、跨行业热点难点问题，探索和建立了苏浙沪危险化学品道路运输安全监管省际联席会议、环渤海经济圈七省（自治区、直辖市）危险化学品安全监管联控机制，以及泛珠三角区域安全生产合作机制等，也起到了很好的作用。

第一节 煤矿整顿关闭工作部际联席会议

一、成立时间和主要职能

2006年1月23日，国务院作出《关于同意建立煤矿整顿关闭工作部际联席会议制度的批复》。为切实加强对煤矿整顿关闭工作的组织领导，协调、整合各方力量，严厉打击煤矿非法开采和违法生产活动，遏制煤矿重特大事故的发生，经国务院同意，建立煤矿整顿关闭工作部际联席会议制度。其主要职能：在国务院领导下，研究煤矿整顿关闭的政策措施；制订工作计划和阶段性任务并组织落实；协调煤矿整顿关闭工作中的有关重大事项；组织开展联合执法活动；研究煤矿安全生产标本兼治的措施，协调解决有关问题。

二、组成单位和工作规则

联席会议成员单位为国家安全监管总局、国家煤矿安监局、发展改革委、公安部、监察部、财政部、国土资源部、国资委、工商总局、电监会、全国总工会。各成员单位要按照职能分工，主动研究煤矿整顿关闭工作的有关问题，积极参加联席会议，认真落实联席会议布置的工作任务，及时处理煤矿整顿关闭工作中需要跨部门协调解决的问题。要互通信息、相互配合、相互支持、形成合力，充分发挥联席会议的作用。

联席会议原则上每季度召开一次，因工作需要或成员单位要求也可临时召开。联席会议以会议纪要形式明确会议议定事项，经与会单位同意后印发有关方面，同时抄报国务院。

联席会议办公室设在国家安全监管总局，承担联席会议的日常工作，督促落实会议议定事项。联席会议设联络员，由联席会议成员单位的有关司局负责人担任。

三、联席会议成员名单和职责分工

（一）首届联席会议成员名单

召集人：李毅中（国家安全监管总局局长）

成　员：赵铁锤（国家煤矿安监局局长）

　　　　欧新黔（发展改革委副主任）

　　　　刘金国（公安部副部长）

陈昌智（监察部副部长）

朱志刚（财政部副部长）

汪　民（国土资源部副部长）

黄淑和（国资委副主任）

刘玉亭（工商总局副局长）

史玉波（电监会副主席）

张鸣起（全国总工会纪检组组长、书记处书记）

（二）2009年2月调整后的联席会议成员名单

2009年2月23日，国务院办公厅发出关于调整煤矿整顿关闭工作部际联席会议成员单位及成员的函。调整后成员名单如下：

召集人：骆　琳（国家安全监管总局局长）

成　员：赵铁锤（国家安全监管总局副局长、国家煤矿安监局局长）

刘铁男（发展改革委副主任）

黄　明（公安部部长助理）

郝明金（监察部副部长）

张少春（财政部副部长）

杨志明（人力资源社会保障部副部长）

汪　民（国土资源部副部长）

张力军（环境保护部副部长）

黄淑和（国资委副主任）

刘玉亭（工商总局副局长）

史玉波（电监会副主席）

吴　吟（能源局总工程师）

张鸣起（全国总工会副主席、书记处书记）

四、矿井关闭工作职责分工

2008年1月31日，中央机构编制委员会办公室下发《关于进一步明确矿井关闭监管职责分工的通知》：为切实加强矿井关闭监管和废弃矿井治理工作，经国务院和中央编委领导同意，现就有关职责分工问题进一步明确如下：

各类矿山企业是矿井关闭的责任主体，应对按规定予以关闭的矿井关闭到位，并对关闭后可能引起的危害采取预防措施。县级以上地方人民政府是本地矿井关闭的监管责任主体。各省（自治区、直辖市）人民政府应加强对矿井关闭的监管，将本区域未彻底关闭的废弃矿井组织关闭到位，消除安全隐患，防止发生事故。

国务院相关部门职责分工和要求是：

（1）国土资源部负责对无采矿许可证和超层越界开采、资源接近枯竭、不符合矿产资源规划和矿业权设置方案等矿井关闭工作及关闭是否到位情况进行监督和指导。

（2）国家发展改革委负责对不符合有关矿山工业发展规划和矿区、总体规划、不符合产业政策、布局不合理等矿井关闭及关闭是否到位情况进行监督和指导。

（3）国家安全监管总局负责对不具备安全生产条件的矿井关闭及关闭是否到位情况进行监督和指导。

（4）环保总局负责对破坏生态环境、污染严重、未进行环境影响评价的矿井关闭及关闭是否到位情况进行监督和指导。

国家发展改革委、安全监管总局、环保总局等部门要将相关矿井关闭与监督情况及时抄送国土资源部。国土资源部牵头，会同发展改革委、安全监管总局、环保总局等相关部门组织指导并监督检查全国废弃矿井的治理工作。

各部门要按照上述职责分工，认真履行职能，强化监管措施，加强协调配合，做好落实工作。

五、历次全体会议

（一）第一次全体会议（2006年3月2日）

联席会议召集人、国家安全监管总局局长李毅中主持。会议讨论通过了煤矿整顿关闭工作部际联席会议工作职责、工作规则及联席会议办公室组成人员，原则通过了《关于煤矿资源整合工作的指导意见（讨论稿）》；研究确定了下一步工作任务和工作重点。

（二）第二次全体会议（2006年8月18日）

联席会议召集人、国家安全监管总局局长李毅中主持。国家煤矿安监局局长赵铁锤对整顿关闭工作进展情况进行了通报，分析了面临的主要问题。会议指出，用三年时间做好小煤矿整顿关闭工作，是全国人大常委会提出、国务院确定的目标任务。要加大关闭淘汰布局不合理、不符合产业政策、浪费破坏资源、污染环境的煤矿工作力度；搞好资源整合，整合必须是合法矿井，必须是对有开采价值的资源进行整合；加强新建、改扩建矿井的管理工作，按照国家发展改革委等五部委《关于印发新开工项目清理工作指导意见的通知》的规定，对新建项目进行清理整顿；加强煤矿基础管理。

(三) 第三次全体会议 (2007年3月20日)

国务院安委办副主任、国家煤矿安监局长赵铁锤主持。会议确定了2007年煤矿整顿关闭工作的目标、主要任务和保障措施，进一步明确了各职能部门的职责。将提请地方政府及时关闭国办82号文件确定的16种煤矿的工作，按职责分别落实到国土资源、发展改革、煤炭行业管理、煤矿安全监管监察、工商管理等部门。决定5月召开煤矿整顿关闭、资源整合工作现场经验交流会，总结推广内蒙古、河南等地的经验和做法。鼓励各地研究制定淘汰落后生产力的政策措施，建立小煤矿有序退出机制。国家发展改革委牵头研究制定完善小煤矿完全成本的相关政策，提高准入门槛。研究规范煤矿"六证"管理。国土资源部门负责研究起草规范性文件，解决目前部分地区存在的采矿许可证有效期过短的问题；国家安全监管总局、煤矿安监局会同国家发展改革委、国土资源部、工商总局等，共同研究提出规范颁证工作的政策建议。

(四) 第四次全体会议 (2008年5月8日)

通报一个时期以来煤矿整顿关闭工作进展情况，审议并原则通过了《深化煤矿整顿关闭工作指导意见》。

(五) 第五次全体会议 (2010年9月13日)

联席会议召集人、国家安全监管总局局长骆琳主持会议。国家安全监管总局副局长、国家煤矿安全监察局局长赵铁锤通报了煤矿整顿关闭工作进展情况及下步工作建议，对提交会议讨论的《关于进一步规范煤矿整合技改工作的通知》和《开展煤矿整顿关闭专项督查工作方案》作了说明。会议审议并原则通过了《关于进一步规范煤矿整合技改工作的通知》和《开展煤矿整顿关闭专项督查工作方案》。

(六) 第六次全体会议 (2011年7月29日)

国家安全监管总局副局长、国家煤矿安全监察局局长赵铁锤主持会议并讲话，国家煤矿安全监察局副局长黄玉治通报了2005年以来煤矿整顿关闭工作情况。人力资源和社会保障部副部长杨志明、国家电力监管委员会副主席史玉波、国家能源局副局长吴吟出席会议。会议审议并原则通过了《关于煤矿整顿关闭工作情况的通报》。会议指出，煤矿整顿关闭工作取得了明显成效，2005年开展整顿关闭攻坚战以来，全国累计关闭各类小煤矿1.53万处，取缔非法采煤窝点5.4万余处，淘汰落后产能6.5亿吨/年，实现了到2010年底全国保留小煤矿1万处以内的目标，全国煤矿百万吨死亡率由2005年的2.811下降到2010年的0.749。要按照"整顿关闭、整合技改、管理强矿"三步走战略，巩固第一阶段整顿关闭工作成果，集中抓好第二阶段整合技改工作和第三阶段管理强矿工作，推进煤矿企业兼并重组，提高煤炭生产集约化水平；深入推进整合技改，提高小煤矿采掘机械化水平。

（七）第七次全体会议（2013年11月22日）

国家安全监管总局局长杨栋梁主持会议。国家安全监管总局副局长、国家煤矿安监局局长付建华对提交会议审议的《关于进一步推进煤矿整顿关闭工作的通知》作出说明。国家煤矿安监局副局长、联席会议办公室主任黄玉治通报了煤矿整顿关闭工作进展情况及下一步工作建议。会议指出，2005年以来，全国取缔非法煤矿、非法采煤窝点6.5万处，累计关闭小煤矿1.6万多处，淘汰落后产能7.4亿吨/年。与2005年相比，2012年小煤矿占全国煤炭总产量比率由45%下降到18%。2012年与2005年相比，小煤矿事故减少1974起、死亡人数减少3419人，分别下降79.6%和80.0%，百万吨死亡率由5.533下降到0.754，下降了86.4%。会议强调，要深入学习贯彻党的十八届三中全会精神，充分发挥市场作用，利用市场倒逼机制推动整顿关闭工作；强化安全风险评估，用科学数据说话，依法对小煤矿实施关闭；进一步加大政策支持和引导力度，落实保障措施；充分发挥各部门的作用，加强协调配合，坚持原则、齐心协力，确保到2015年底全国关闭2000处以上小煤矿的任务顺利完成。

第二节　煤矿瓦斯防治部际协调领导小组

一、成立时间和主要职能

2005年2月23日，国务院第81次常务会议决定成立煤矿瓦斯防治部际协调领导小组。其主要任务是，协调确定并组织实施煤矿瓦斯防治工作中资源、科技、装备、人才等方面的一系列重大举措，有效防范煤矿重特大瓦斯事故，积极推进国家能源安全和构建和谐社会目标的实现。近期，要雷厉风行，落实国务院常务会议提出的抓好煤矿安全生产的各项措施。

二、领导小组组成

煤矿瓦斯防治部际协调领导小组由国家发展改革委牵头。国家安全生产监督管理总局、国家煤矿安全监察局、科学技术部、财政部、劳动和社会保障部、国土资源部、中国人民银行、国务院国有资产监督管理委员会、国家环境保护总局、中国工程院、国家开发银行、中国煤炭工业协会等部门和单位负责人参加。

(一) 2005 年 3 月 23 日公布的领导小组名单

2005 年 3 月 23 日，国家发展改革委公布煤矿瓦斯防治部际协调领导小组名单：

组　长：张国宝（国家发展改革委副主任）
副组长：赵铁锤（国家安全监管总局党组成员、煤矿安监局局长）
　　　　刘燕华（科技部副部长）
成　员：朱志刚（财政部副部长）
　　　　王东进（劳动保障部副部长）
　　　　汪　民（国土资源部副部长）
　　　　刘士余（中国人民银行党委委员、行长助理）
　　　　黄淑和（国资委副主任）
　　　　汪纪戎（国家环保总局副局长）
　　　　范维唐（中国工程院院士、中国煤炭工业协会会长）
　　　　姚中民①（国家开发银行副行长）

煤矿瓦斯防治部际协调领导小组办公室主任：吴吟（国家发展改革委能源局巡视员）

(二) 2011 年 8 月调整后的小组人员

2011 年 8 月，经国务院批准，国家发展改革委对煤矿瓦斯防治部际协调领导小组组成人员进行调整：

组　长：刘铁男（国家发展改革委副主任、能源局局长）
副组长：赵铁锤（国家安全监管总局副局长、煤矿安监局局长）
　　　　王伟中（科技部副部长）
成　员：张少春（财政部副部长）
　　　　杨志明（人力资源社会保障部副部长）
　　　　汪　民（国土资源部副部长）
　　　　张力军（环境保护部副部长）
　　　　郭庆平（中国人民银行行长助理）
　　　　彭苏萍（中国工程院院士）
　　　　吴　吟（能源局副局长）
　　　　高　坚（国家开发银行副行长）
　　　　姜智敏（中国煤炭工业协会副会长）

---

① 姚中民，国家开发银行原监事长，因严重违法犯罪，被追究刑事责任。

三、小组历次全体会议

（一）第一次会议（2005年3月17日）

部际协调领导小组组长、国家发展改革委副主任张国宝主持会议，副组长单位国家安全监管总局和科技部，成员单位财政部、劳动保障部、国土资源部、中国人民银行、国资委、环保总局、中国工程院、国家开发银行、中国煤炭工业协会等负责人参会。会议研究了协调领导小组的主要职责、任务以及当前的重点工作。确定突出抓好：一是对瓦斯灾害严重的45户重点煤矿派驻安全督导组，进行跟踪监察；二是组织专家组，对瓦斯灾害严重和存在重大隐患的煤矿进行安全评估，逐矿落实瓦斯治理方案；三是研究并落实国家30亿元煤矿安全技术改造资金投入方案，尽快启动一批瓦斯威胁严重的瓦斯治理和利用项目；四是筹备召开全国煤矿安全改造和瓦斯治理电视电话会、煤矿瓦斯治理与利用现场会；五是总结、制定并推广《煤矿瓦斯治理经验》；六是以瓦斯治理为重点，尽快实施"煤矿生产安全科技行动"专项；七是组织力量编制《全国煤矿瓦斯治理总体方案》。

（二）第二次会议（2005年6月8日）

部际协调领导小组组长、国家发展改革委副主任张国宝主持会议。会议审议并原则通过《煤矿瓦斯治理与利用总体方案》和《煤矿瓦斯治理与利用实施意见》；决定尽快下达第二批煤矿安全改造国债资金，完成国家煤矿气工程研究中心的组建工作；建立和完善煤矿瓦斯防治工作信息体系，加强信息交流；尽快启动《煤矿瓦斯治理与利用"十一五"规划》编制工作。

（三）第三次会议（2006年2月27日）

部际协调领导小组组长、国家发展改革委副主任张国宝主持会议。会议分析了2005年煤矿瓦斯事故，研究部署2006年煤矿瓦斯防治工作。国家安全监管总局（国家煤矿安全监察局）、科技部、财政部、劳动保障部、国土资源部、人民银行、国资委、环保总局、国家开发银行和中国煤炭工业协会等副组长和成员单位的负责人及联络员参加会议。

（四）第四次会议（2006年11月30日）

部际协调领导小组组长、国家发展改革委副主任张国宝主持会议。会议分析了当前煤矿瓦斯防治形势，总结了2006年煤矿瓦斯防治工作，讨论并原则通过了领导小组办公室提出的2007年煤矿瓦斯防治工作思路和要点。会议指出：四季度以来，全国煤矿瓦斯重特大事故多发的主要原因，就是非法违规生产现象严重，要钱不要命，煤矿生产秩序混乱；安全管理制度不严，对违规现象熟视无睹，安全检查流于形式；企业重生产、轻安全，重效益、轻管理，内部管理松弛，安全隐患不能及时排除，安全生产的主体责任不落实等。必须认清严峻形势，增强危机感和责任感，把煤矿瓦斯防治工作作为贯彻落实以人为本、科学发展观和建设和谐社会的大事来抓，把工作抓细、抓实、抓好。

（五）第五次会议（2007年12月24日）

部际协调领导小组组长、国家发展改革委副主任张国宝主持会议。国家煤矿安监局有关负责人分析了2007年全国煤矿瓦斯事故情况，领导小组办公室汇报了当年的主要工作，提出了2008年煤矿瓦斯防治工作打算。与会人员就全国煤矿瓦斯防治形势2008年的工作进行了讨论，讨论并原则通过2008年煤矿瓦斯防治工作思路和要点。

（六）第六次会议（2009年1月12日）

部际协调领导小组组长、国家发展改革委副主任、国家能源局局长张国宝主持会议。国家煤矿安监局负责人分析了2008年全国煤矿瓦斯事故情况，国家能源局煤炭司代表领导小组办公室汇报了2008年煤矿瓦斯防治主要工作，提出了2009年工作打算。2008年全国煤矿瓦斯事故死亡人数降到1000人以下，死亡778人，比2005年下降64%，比2006年下降41%，比2007年下降28%。2009年要加强煤矿瓦斯防治措施执行情况的监督检查，抓好瓦斯抽采系统、监测监控系统建设，全方位加强瓦斯防治工作。

（七）第七次会议（2009年12月2日）

部际协调领导小组组长、国家发展改革委副主任、国家能源局局长张国宝主持会议。国家煤矿安监局朱凤山通报了2009年全国煤矿瓦斯事故情况，国家能源局煤炭司汇报了控制煤矿瓦斯事故紧急通知起草情况。会议指出：2008年与2005年相比，煤矿瓦斯事故下降56%，死亡人数减少64%，瓦斯抽采量增加130%，利用量增加160%。会议要求各成员单位围绕实现2010年瓦斯防治形势明显好转的基本治理阶段目标，深入基层，掌握实际情况，深刻分析当前煤矿瓦斯事故的特点、规律和深层次原因，认真研究瓦斯防治工作中出现的新情况、新问题，理清思路，找准对策，提出措施，推动瓦斯防治思路创新。

（八）第八次会议（2011年1月5日）

部际协调领导小组组长、国家发展改革委副主任、国家能源局局长张国宝主持会议。会上通报了2010年全国煤层气（煤矿瓦斯）抽采量88亿立方米，利用量36亿立方米，同比分别增加18.9%和42.3%。2010年全国煤矿发生瓦斯事故135起，死亡593人，分别下降14%和21.5%。会议要求2011年要深入落实瓦斯防治各项政策措施，瓦斯事故死亡人数要比2010年减少10%，抽采量110

亿立方米，利用量 50 亿立方米。增加清洁能源供应，推动煤矿瓦斯防治形势稳定好转。

(九) 第九次会议（2012 年 1 月 16 日）

部际协调领导小组组长、国家发展改革委副主任、国家能源局局长主持会议。会议总结了 2011 年煤矿瓦斯防治工作，分析面临的形势，研究部署了 2012 年工作任务。2011 年全国煤矿发生瓦斯事故 119 起、死亡 533 人，同比减少 36 起、90 人，分别下降 17.9% 和 14.7%。煤层气（煤矿瓦斯）抽采量 115 亿立方米，利用量 53 亿立方米，同比分别增加 36.7% 和 51.4%。2012 年是煤矿瓦斯防治政策措施落实年，力争遏制一次死亡 30 人以上的特别重大瓦斯事故，努力减少一次死亡 10 人以上的重大瓦斯事故，煤矿瓦斯事故死亡人数同比下降 10%；煤层气（煤矿瓦斯）抽采量 155 亿立方米，利用量 80 亿立方米。

(十) 第十次会议（2013 年 2 月 4 日）

会议总结了 2012 年煤矿瓦斯防治工作，分析了面临的形势，研究部署了 2013 年工作任务。2012 年，全国煤矿发生瓦斯事故 72 起、死亡 350 人，同比减少 47 起、183 人，分别下降 39.5%、34.3%。2013 年要进一步完善瓦斯防治工作体系，强化目标考核，落实完善煤矿瓦斯防治政策，力争遏制一次死亡 30 人以上的特别重大瓦斯事故，努力减少一次死亡 10 人以上的重大瓦斯事故，煤矿瓦斯事故死亡人数同比下降 10% 以上；煤层气（煤矿瓦斯）抽采量 160 亿立方米，利用量 74 亿立方米。

(十一) 第十一次会议（2014 年 1 月 24 日）

国家发展改革委副主任、国家能源局局长、部际协调领导小组组长吴新雄主持会议。会议总结了年度工作，2013 年全国煤矿发生瓦斯事故 59 起、死亡 348 人，同比减少 13 起、2 人，分别下降 18.1% 和 0.6%。2014 年力争遏制一次死亡 30 人以上的特别重大瓦斯事故，努力减少一次死亡 10 人以上的重大瓦斯事故，煤矿瓦斯事故死亡人数同比下降 10% 以上；煤层气（煤矿瓦斯）抽采量 180 亿立方米，利用量 85 亿立方米。会议要求部际协调领导小组成员单位要进一步加强沟通协调，不断创新工作方式方法，深入基层和企业调查研究，及时研究解决煤矿瓦斯防治重大问题，推动落实各项政策措施。

(十二) 第十二次会议（2015 年 2 月 5 日）

会议总结了 2014 年煤矿瓦斯防治工作，分析了面临的形势，研究部署了 2015 年工作任务。2014 年全国煤矿发生瓦斯事故 47 起、死亡 266 人，同比减少 15 起、101 人，分别下降 24.2% 和 27.5%；煤层气（煤矿瓦斯）抽采量 170 亿立方米，利用 77 亿立方米，同比分别增长 9.2% 和 17%。2015 年要进一步完善瓦斯防治工作体系，加快制定《国务院办公厅关于进一步加快煤层气（煤矿瓦斯）抽采利用的意见》（国办发〔2013〕93号）配套政策措施，进一步加大煤层气（煤矿瓦斯）抽采利用扶持力度。

（十三）第十三次会议（2016年1月28日）

部际协调领导小组组长、国家发展改革委副主任、国家能源局局长主持会议。会议总结了2015年煤矿瓦斯防治工作，研究部署了2016年工作任务。国家安全监管总局副局长、煤矿安监局局长黄玉治出席会议并讲话。2015年全国煤矿发生瓦斯事故45起、死亡171人，同比减少4起、101人，分别下降8.2%、37.1%；煤层气（煤矿瓦斯）抽采量180亿立方米，利用量86亿立方米，同比分别增长5.5%、11.5%。2017年要加快制定文件（国办发〔2013〕93号）配套政策措施，继续安排中央预算内投资支持煤矿安全改造和瓦斯等重大灾害治理示范矿井建设；发布实施煤层气（煤矿瓦斯）开发利用"十三五"规划，加快煤层气产业化基地和瓦斯抽采重点矿区建设，推进规模化开发利用。

（十四）第十四次会议（2017年1月11日）

部际协调领导小组组长、国家发展改革委副主任、国家能源局局长主持会议。会议总结了2016年煤矿瓦斯防治工作，分析了面临的形势，研究部署了2017年重点任务。2016年，全国煤矿共发生瓦斯事故23起，同比减少22起，下降48.9%；死亡183人，同比略有反弹。煤层气（煤矿瓦斯）抽采利用量保持平稳。预计全年煤层气（煤矿瓦斯）抽采量173亿立方米、利用量90亿立方米。会议要求2017年进一步完善瓦斯防治工作体系，强化防治工作目标管理和绩效考核，加强重点地区工作督导，推动落实煤层气（煤矿瓦斯）开发利用"十三五"规划。

（十五）第十五次会议（2018年2月2日）

国家能源局局长、领导小组组长主持会议。会议指出，十八大以来煤矿瓦斯防治取得显著成效，2017年全国煤矿发生瓦斯事故25起、死亡103人，分别较2012年下降65%和70%，创历史新低；全国抽采煤层气（煤矿瓦斯）178亿立方米，比2012年提升61%；五年累计利用410亿立方米，相当于减排二氧化碳6.2亿吨，节约标准煤5000万吨，产生了显著的安全、环境和经济效益。要继续努力，争取到2022年煤矿瓦斯事故死亡人数比2017年下降50%；煤层气（煤矿瓦斯）利用规模达到200亿立方米。展望2035年，向煤矿瓦斯零事故、零死亡的"双零"目标奋斗。

四、瓦斯防治电视电话会、现场会等

（一）全国煤矿安全改造和瓦斯治理电视电话会议（2005年3月22日）

国家发展改革委和部际协调领导小组副组长单位——国家安全监管总局（煤矿安监局）、科技部负责人，分别发表讲话，对煤矿安全改造、瓦斯治理和实施"煤矿生产安全科技行动"专项，提出具体要求。

（二）全国煤矿瓦斯防治工作现场会（2005年4月26日淮南）

中共中央政治局常委、国务院副总理黄菊出席会议并讲话，要求充分认识加强煤矿瓦斯治理和安全生产的重要性，按照"国家监察、地方监管、企业负责"的要求，切实落实各方责任，采取切实措施，打一场煤矿瓦斯防治攻坚战，实现煤矿安全生产长治久安。国家发展改革委副主任张国宝、国家安全监管总局局长李毅中在会上讲话。国务院办公厅、监察部、司法部、国务院研究室、全国总工会有关部门负责人参加会议。

（三）首届中国国际煤矿瓦斯防治与利用大会（2005年10月26日北京）

煤矿瓦斯防治部际协调领导小组组长、副组长单位——国家安全监管总局、发展改革委、科技部、煤矿安监局主办。来自国内外政府机构、科研院所和重点煤炭企业的近600名代表参加了会议。其中，来自美国、德国、英国、澳大利亚、波兰、南非、日本、越南等近10个国家的代表150余名。国家安全监管总局局长李毅中、国家能源办副主任兼发展改革委能源局局长徐锭明、科技部副部长刘燕华、国际劳工组织中国蒙古局局长康妮、德国北莱茵－威斯特法伦州经济能源及中小企业部部长托本，以及澳大利亚工业旅游资源部资源司司长哈特维尔在开幕式上致辞。

（四）全国煤矿瓦斯治理和利用工作现场会（2006年6月21日晋城）

国务委员兼国务院秘书长华建敏出席会议并讲话，强调要增强煤矿瓦斯可防、可控、可治的信心，以更大的决心、更强的力度、更负责的态度和更有力的措施，建立和完善煤矿安全生产责任体系，坚持标本兼治、综合治理，持之以恒地抓好煤矿瓦斯防治工作，坚决实现年初提出的煤矿瓦斯事故起数和死亡人数分别下降四分之一的目标。国家发展改革委副主任、煤矿瓦斯防治部际协调领导小组组长张国宝和国家安全监管总局、国家煤矿安监局、科技部负责人在会上讲话。

（五）煤矿瓦斯防治工作座谈会（2006年9月21日南昌）

煤矿瓦斯防治部际协调领导小组办公室主任吴吟主持会议。江西、山西、辽宁、黑龙江、贵州、重庆、甘肃等七省（直辖市）的煤矿瓦斯防治办公室负责人、淮南、阳泉、晋城、松藻、盘江、水城和抚顺等大型煤炭企业的负责人，就贯彻落实晋城现场会精神、深入抓好煤矿瓦斯治理作了交流发言。

（六）全国煤矿瓦斯防治工作电视电话会议（2007年4月20日）

国务院副秘书长张平主持会议。国务委员兼国务院秘书长华建敏出席会议并讲话。强调要充分认识加快开展瓦斯防治和抽采利用对于防范煤矿事故、减少温室气体排放、综合开发利用能源的重要意义，坚决落实"先抽后采、监测监控、以风定产"的瓦斯防治措施，狠抓煤层气抽采税收优惠、发电上网、民用价格补贴、煤炭与煤层气综合勘查开采等各项抽采利用政策的落实，扩大对外合作，加大科技攻关和人才培养，确保瓦斯防治和抽采利用工作尽快取得突破性进展。张国宝代表煤矿瓦斯防治部际协调领导小组和发展改革委在会上作了主题发言。国家安全监管总局局长李毅中、陕西省副省长吴登昌、淮南矿业集团公司总工程师袁亮分别在会上发言。瓦斯防治部际协调领导小组各成员单位负责人，部分在京中央企业负责人出席会议。各省（自治区、直辖市）政府、新疆兵团及计划单列市分管安全生产工作的领导人，各省（自治区、直辖市）有关部门负责人，重点产煤地区、产煤县及重点煤炭生产企业的负责人在各分会场参加了会议。

（七）全国煤矿"先抽后采"现场会（2007年4月23日重庆）

会议主要任务是，贯彻落实4月20日召开的全国煤矿瓦斯防治工作电视电话会议精神，推广交流煤矿企业瓦斯治理的先进经验，进一步落实促进煤矿瓦斯抽采利用的政策措施。国家安全监管总局局长李毅中，煤矿瓦斯防治部际协调领导小组副组长、国家煤矿安监局局长赵铁锤，煤矿瓦斯防治部际协调领导小组办公室主任、发展改革委能源局巡视员吴吟，科技部社会发展科技司副司长阎金等出席会议并讲话。国务院应急办、财政部、国土资源部、税务总局、电监会、中国煤炭工业协会有关部门负责人等出席会议。中梁山煤电气有限公司、淮南矿业集团公司、铁法煤业集团公司、平顶山煤业集团公司、晋城无烟煤集团公司、神华集团公司等煤炭企业负责人作了瓦斯抽采的经验介绍。煤炭科学研究总院重庆研究院、中国矿业大学等专家进行了技术讲座。

（八）全国煤矿瓦斯治理现场会（2008年7月8日沈阳）

会议主要任务是，总结交流煤矿瓦斯治理经验和技术，研究部署"十一五"后三年煤矿瓦斯治理工作。国务院副总理、国务院安委会主任张德江出席会议并讲话，指出煤矿安全是全国安全生产工作的重中之重，瓦斯治理是煤矿安全生产的关键环节；要求坚持"先抽后采、监测监控、以风定产"的瓦斯治理工作方针，建立"通风可靠、抽采达标、监控有效、管理到位"的瓦斯综合治理工作体系，建立健全重大瓦斯隐患分级管理和监控机制，深入开展煤矿瓦斯治理攻坚战，推动煤矿安全生产再上新水平。国家发展改革委、科技部、安全监管总局负责人在会上讲话。各产煤省（自治区、直辖市）人民政府有关负责人，煤炭行业管理、煤矿安全监察部门负责人，煤矿瓦斯防治部际协调领导小组成员单位联络员，部分煤矿企业主要负责人等300多人参加会议。与会代表现场参观了抚顺矿业公司老虎台矿，辽宁铁法煤业公司大兴煤矿、大平煤矿、小青矿，沈阳煤业公司西马矿等单位的瓦斯防治工作。

（九）全国煤矿瓦斯防治工作会议（2009年9月4日南昌）

国务院副总理、国务院安委会主任张德江出席会议并发表讲话，全面客观地分析了煤矿安全生产形势，对煤矿瓦斯抽采和利用提出了明确的要求，强调要正确处理安全生产与经济发展、结构调整和改善民生的关系，把煤矿瓦斯（煤层气）抽采利用作为新的经济增长点来抓，促进产业化、规模化开发。国家发展改革委副主任、国家能源局局长、煤矿瓦斯防治部际协调领导小组组长张国宝和国家安全监管总局局长骆琳、科技部党组成员张景安分别讲话，从综合治理利用、瓦斯事故防范、发挥科技保障作用角度提出具体要求。有关专家分析了山西屯兰煤矿、重庆同华煤矿两起特大瓦斯事故的教训。江西省政府等六个单位，从不同角度介绍了煤矿瓦斯防治工作的经验做法。国土资源部地勘司、国家电网公司、煤炭科学研究总院重庆研究院，分别围绕全社会关注、企业关心的如何解决煤炭煤层气矿业权重叠，落实煤层气发电上网政策，制订低浓度瓦斯利用标准等热点和焦点问题，进行了解读。

第三节　清理纠正国家机关工作人员和国有企业负责人投资入股煤矿工作部际联席会议

一、成立时间和主要职能

2006年5月13日，国务院下发《关于同意建立清理纠正国家机关工作人员和国有企业负责人投资入股煤矿工作部际联席会议制度的批复》。为贯彻中央纪委第六次全会和国务院第四次廉政工作会议关于进一步做好清理纠正国家机关工作人员和国有企业负责人投资入股煤矿工作的精神，切实加强对清理纠正工作的组织协调，推动清理纠正工作深入进行，经国务院同意，建立清理纠正国家机关工作人员和国有企业负责人投资入股煤矿工作部际联席会议制度。其主要职能是在国务院领导下，研究制定清理纠正国家机关工作人员和国有企业负责人投资入股煤矿的政策措施；组织协调和督促指导清理纠正工作；研究解决清理纠正工作中的重大问题；制订年度工作计划并组织落实。

二、组成单位、成员名单和工作规则

联席会议成员单位：监察部、国资委、工商总局、国家安全监管总局、国家煤矿安监局。名单如下：

召集人：陈昌智（监察部副部长）

成　　员：黄丹华（国资委副主任）

　　　　　刘玉亭（工商总局副局长）

　　　　　赵岸青（国家安全监管总局党组成员、纪检组组长）

　　　　　王树鹤（国家煤矿安监局副局长）

联席会议根据党中央、国务院领导指示或工作需要召开，以会议纪要形式明确会议议定事项，经与会单位同意后印发有关方面，同时抄报国务院。

各成员单位要按照职责分工，主动研究涉及清理纠正工作的有关问题，积极参加联席会议，认真落实联席会议布置的各项任务；要互相支持配合，加强沟通，形成合力，充分发挥联席会议的作用。

联席会议办公室设在监察部，承担联席会议的日常工作。

三、主要工作

2006年4月11—12日，中央纪委监察部、国务院国资委、工商总局、国家安全监管总局、国家煤矿安全监察局联合召开清理纠正工作汇报会。要求认真贯彻中央纪委第六次全会和国务院第四次廉正工作会议的部署，加大清理纠正工作力度。

2006年6月，联席会议组织了两批联合督查组对山西、河南等14个省（自治区、直辖市）的清理纠正工作进行了督查。9月上旬，又组织8个联合检查验收组对山西、河南、湖北、湖南、江西、四川、陕西、甘肃等8个省清理纠正工作情况进行了检查。

2006年9月22日，联席会议成员单位监察部、国资委、工商总局、国家安全监管总局、国家煤矿安监局联合召开新闻发布会，通报了清理纠正工作进展情况和典型案件。2005年底开展清理纠正工作以来，全国共申报登记5357人（其中国家机关工作人员4023人，国有企业负责人1334人），申报登记投资入股金额7.55亿元，撤资退股金额7.09亿元，占应撤资退股金额的93.9%。

第四节　危险化学品安全生产监管部际联席会议

一、成立时间和主要职能

2007年4月18日，国务院作出批复，同意建立由国家安全监管总局牵头的危险化学品安全生产监管部际联席会议制度。为进一步贯彻落实《危险化学品安全管理条例》，加强对危险化学品安全生产工作的组织领导，强化部门协作配合，提高安全监管工作效率，经国务院同意，建立危险化学品安全生产监管部际联席会议制度。其主要职能：在国务院领导下，掌握全国危险化学品安全生产情况，分析危险化学品安全生产形势，研究、指导危险化学品安全监管工作，提出有关政策建议；督促落实《安全生产法》和《危险化学品安全管理条例》等法律法规和国务院关于危险化学品安全生产的方针、政策；审议各有关部门提出的加强危险化学品安全监管的建议，协调解决危险化学品安全监管工作的重大问题；组织开展部门联合执法、专项整治和督查工作。

二、组成单位和工作规则

联席会议由国家安全监管总局、发展改革委、公安部、监察部、劳动保障部、建设部、铁道部、交通部、卫生部、国资委、工商总局、质检总局、环保总局、民航总局、法制办、全国总工会共16个部门和单位组成，国家安全监管总局为牵头单位。国家安全监管总局局长担任联席会议召集人，各成员单位有关负责人为联席会议成员。联席会议成员因工作变动需要调整的，由所在单位提出，联席会议确定。

联席会议办公室设在国家安全监管总局，承担联席会议的日常工作，落实联席会议议定事项。联席会议设联络员，由各成员单位有关司局的负责人担任。

联席会议原则上每半年召开一次例会。根据国务院领导指示、成员单位要求或工作需要，可以临时召集会议。在全体会议召开之前，召开联络员会议，研究讨论联席会议议题和需提交联席会议议定的事项及其他有关事项。联席会议以会议纪要形式明确会议议定事项，经与会单位同意后印发有关方面并抄报国务院。对难以协调一致的问题，由联席会议牵头单位报国务院安全生产委员会或国务院决定。

各成员单位要按照职责分工，主动研究涉及危险化学品安全管理的有关问题，及时向牵头单位提出会议议题，积极参加联席会议；认真落实联席会议确定的工作任务和议定事项，及时处理危险化学品安全监管工作中需要跨部门协调解决的问题。各成员单位要互通信息，相互配合，相互支持，形成合力，充分发挥好联席会议的作用。

三、首届联席会议成员名单①

召集人：李毅中（国家安全监管总局局长）
成　员：欧新黔（发展改革委副主任）
　　　　刘金国（公安部副部长）
　　　　陈昌智（监察部副部长）
　　　　胡晓义（劳动保障部副部长）
　　　　黄　卫（建设部副部长）
　　　　胡亚东（铁道部副部长）
　　　　徐祖远（交通部副部长）
　　　　王陇德（卫生部副部长）
　　　　黄淑和（国资委副主任）
　　　　刘玉亭（工商总局副局长）
　　　　支树平（质检总局副局长）
　　　　张力军（环保总局副局长）
　　　　李　健（民航总局副局长）
　　　　孙华山（安全监管总局副局长）
　　　　张　穹（法制办副主任）
　　　　张鸣起（全国总工会书记处书记、纪检组长）

四、历次全体会议

（一）第一次全体会议（2007年6月1日）

联席会议召集人、国家安全监管总局局长李毅中主持会议。国家安全监管总

---

① 2009年5月21日国务院办公厅发文调整联席会议成员。召集人：国家安全监管总局局长骆琳。成员：发展改革委副主任刘铁男、教育部副部长陈希、科技部副部长刘燕华、工业和信息化部副部长苗圩、公安部部长助理黄明、监察部副部长郝明金、财政部副部长张少春、人力资源社会保障部副部长杨志明、环境保护部副部长张力军、住房城乡建设部总经济师李秉仁、交通运输部副部长徐祖远、铁道部副部长胡亚东、农业部副部长危朝安、卫生部副部长尹力、国资委副主任黄淑和、工商总局副局长刘玉亭、质检总局副局长刘平均、安全监管总局副局长孙华山、法制办副主任张穹、民航局副局长李健、全国总工会副主席张鸣起。

局副局长孙华山介绍了危险化学品安全整治工作进展情况和下一步工作的意见建议。会议指出,中国危险化学品安全生产形势严峻,化工行业安全生产基础脆弱,一些深层次问题尚待解决,法规标准体系还不完善,部门联合执法的机制不健全,化工建设项目缺少总体规划,安全设施"三同时"制度不落实,长效机制远未形成。必须加大安全监管力度,严格危险化学品企业准入关,抓好危险化学品企业的隐患排查治理工作,对安全距离不符合安全要求的危险化学品企业要加快整治搬迁步伐;建立危险化学品安全监管部门联合执法机制,建立部际联席会议情况通报、信息共享机制,提高安全监管效率。国家发展改革委、公安部、监察部、建设部、铁道部、交通部、工商总局、质检总局、环保总局、民航总局、全国总工会、劳动保障部、卫生部、国资委、国务院法制办等16个部门的有关负责人参加了会议。

(二) 第二次全体会议(2009年8月27日)

联席会议召集人、国家安全监管总局局长骆琳主持会议,传达了国务院办公厅关于调整危险化学品安全生产监管部际联席会议成员单位和成员的批复文件,通报了当前正在开展的安全生产"三项行动"和"三项建设"有关情况。国家安全监管总局副局长孙华山通报了部际联席会议制度成立以来危化品安全工作进展情况,提出了进一步加强危化品安全监管的措施建议。会议强调要发挥联席会议的职能作用,实现成员单位信息共享,开展联合执法,着力解决深层次问题,努力提升安全监管水平。

(三) 第三次全体会议(2010年12月28日)

联席会议召集人、国家安全监管总局局长骆琳主持会议。国家安全监管总局副局长孙华山通报了全国危化品安全生产形势以及相关工作的进展情况。铁道部副部长胡亚东、卫生部副部长尹力、国家质检总局副局长刘平均等21个成员单位领导和相关负责人出席了会议。会议指出,2010年以来相继发生辽宁的大连"7·16"输油管道爆炸事故、江苏南京"7·28"丙烯管道爆炸事故,暴露出危化品安全领域的问题:危化企业安全隐患严重,尤其是安全防护距离不足的问题比较突出;城市危化品管网安全问题十分突出;化工生产装置和危化品储存设施日趋大型化,进一步加大了安全风险;煤化工安全生产问题突出。会议要求全面贯彻落实国务院《关于进一步加强企业安全生产工作的通知》,对危化品安全监管责任制度、标准规程、监督检查和行政执法、行政审批等方面的工作,进行一次全面的对照检查,从法规、制度、管理、处置和咨询服务等各个方面,采取综合措施加强和改进安全监管;认真研究制定中国化工行业安全发展规划,推动化工行业的安全发展;抓紧健全完善危化品设计标准规范,提高大型石油罐区本质安全水平。

(四) 第四次全体会议 (2011年12月21日)

国务院安委办副主任、国家安全监管总局副局长孙华山主持会议，科技部副部长王伟中、工业和信息化部副部长苏波、质检总局副局长刘平均、交通运输部安全总监刘功臣、国资委副秘书长阎晓峰等21个联席会议成员单位领导、成员和联络员参加了会议。会议传达了中央领导近期关于加强危化品安全管理工作的重要指示，通报了全国危化品安全生产形势以及各部门加强危化品安全监管的工作情况，审议了国务院事故调查组在《中国石油天然气集团公司在大连所属企业"7·16"输油管道爆炸火灾等4起事故的调查报告》中提出的防范措施落实工作分工意见，研究讨论了《关于危险化学品领域贯彻落实〈国务院关于坚持科学发展安全发展促进安全生产形势持续稳定好转的意见〉的实施意见（征求意见稿）》以及进一步加强和改进危化品安全监管的工作措施。

(五) 第五次全体会议 (2012年11月29日)

国务院安委办副主任、国家安全监管总局副局长孙华山主持会议。会议审议并原则通过了组织开展提升危险化学品领域本质安全水平专项行动、研究建立长江沿线危险化学品水上运输安全监管长效机制、进一步强化危险化学品道路运输的监督管理、加强高等学校化工安全复合型人才培养、建立部际联席会议成员单位联合督导调研机制等议题及各项议定部门分工建议。

(六) 第六次全体会议 (2014年1月10日)

国务院安委会副主任、国家安全监管总局局长主持会议。会议分析了危化品安全生产形势，对下一步工作进行了安排部署。强调要继续推进提升危险化学品领域本质安全水平专项行动，建立危险化学品安全监管信息共享机制，切实加强道路危险货物运输安全管理，规范化工园区安全发展，加强化工安全人才培养，加快推动危化品安全生产形势的稳定好转。会议指出，随着中国化学工业发展和城市化进程加快，众多危险化学品企业已经位于城镇人口密集区内，有的甚至已被居民区、商业区所包围，由危险化学品引起的重大安全和环保事故时有发生，对人民群众的生命和财产安全构成了严重威胁，对此必须高度重视，协同各有关部门和地方政府，加快推进人口密集区高风险危化品企业和安全条件差的中小化工企业搬迁、改造、关闭、退出。会议还就机动车油改气、锂离子电池安全等问题进行了研究，议定由质检总局牵头，发展改革委、工业和信息化部、公安部、住房城乡建设部、交通运输部、国家安全监管总局组成联合调研组，对在用机动车"油改气"进行调研，研究提出加强安全监管的措施。

(七) 第七次全体会议 (2015年1月8日)

国务院安委办副主任、国家安全监管总局副局长孙华山主持会议。会议指出，2014年全国危化品安全形势稳定，2010年以来首次实现全年未发生重大及以上化工和危化品事故。危化品联席会议自2007年成立以来，为加强危化品安全监管发挥了重要作用，下一步要强化依法治安，提升危化品安全监管工作法治化水平；迅速开展安全大检查，加强危化生产、经营、储存企业和运输环节的安全检查；搞好油气输送管道隐患整改攻坚战、危化品企业搬迁转产退出、危化品运输安全管理等专项整治，实现长治久安。国家安全监管局党组成员、总工程师王浩水通报了2014年全国危化品安全生产形势。会议审议并原则通过了继续推进提升危险化学品领域本质安全水平专项行动、继续推进建立危险化学品安全监管信息共享机制、切实加强道路危险货物运输安全管理、协同推进人口密集区高风险危化品企业和安全条件差的中小化工企业搬迁改造关闭退出、规范化工园区安全发展、加强化工安全人才培养工作等议题及分工建议。交通运输部党组成员刘小明、国资委秘书长阎晓峰、质检总局副局长陈钢、铁路局副局长傅选义、民航局总工程师张红鹰、中国铁路总公司副总经理杨宇栋等联席会议成员单位领导、成员和联络员参加了会议。

第五节　金属非金属矿山整顿工作部际联席会议

一、成立时间和主要职能

2013年1月30日，国务院作出《关于同意建立金属非金属矿山整顿工作部际联席会议制度的批复》。为协调整合各方力量，加强对金属非金属矿山整顿工作的组织领导，有效遏制矿山事故发生，经国务院同意，建立金属非金属矿山整顿工作部际联席会议制度。其主要职能：在国务院领导下，研究、指导金属非金属矿山整顿关闭工作，协调有关重大事项，提出政策建议；制定工作计划和阶段性任务，并对实施情况进行督促检查；组织开展联合执法活动；研究金属非金属矿山安全生产标本兼治的措施，推动解决有关问题。

二、组成单位和工作规则

联席会议由国家安全监管总局、发展改革委、工业和信息化部、公安部、财政部、国土资源部、环境保护部、工商总局、电监会等九个部门组成，国家安全监管总局为牵头单位。国家安全监管总局副局长担任联席会议召集人。联席会议成员因工作变动需要调整的,由所在单位提出,联席会议确定。

联席会议办公室设在国家安全监管总局,承担联席会议的日常工作,督促落实联席会议议定事项。联席会议设联络员,由联席会议成员单位有关司局的负责人担任。

联席会议原则上每年召开一次例会。根据国务院领导的指示精神,成员单位要求或工作需要时,可以临时召开会议。在全体会议召开之前,召开联络员会议,研究讨论联席会议议题和需提交联席会议议定的事项及其他有关事项。联席会议以会议纪要形式明确会议议定事项,经与会单位同意后印发有关方面并抄报国务院,各成员单位按照职责分工负责落实。对难以协调一致的问题,由联席会议牵头单位报国务院安全生产委员会或国务院决定。

各成员单位要按照职责分工,主动研究涉及金属非金属矿山整顿关闭工作的有关问题,及时向牵头单位提出会议议题,积极参加联席会议,认真落实联席会议议定事项和确定的工作任务,及时处理需要跨部门协调解决的问题。各成员单位要互通信息,相互配合,相互支持,形成合力,充分发挥联席会议的作用。

三、联席会议成员名单

召集人:王德学(国家安全监管总局副局长)
成　员:刘铁男(发展改革委副主任)
　　　　苏　波(工业和信息化部副部长)
　　　　黄　明(公安部副部长)
　　　　刘红薇(财政部部长助理)
　　　　汪　民(国土资源部副部长)
　　　　张力军(环境保护部副部长)
　　　　刘玉亭(工商总局副局长)

四、主要会议和重点工作

2013年9月,以部际协调会议名义召开的全国金属非金属矿山整顿工作视频会议。联席会议主持人、国家安全监管总局副局长王德学主持会议并讲话。会议贯彻落实了部际联席会议第一次全体会议精神,通报了金属非金属矿山整顿关闭工作进展情况,总结交流经验,剖析存在的问题,并安排部署了下一阶段整顿关闭工作。

2015年7月,召开全体会议研究部署金属非金属矿山安全工作。指出中国金属非金属矿山、尾矿库数量众多,小型矿山仍占绝大多数,五等尾矿库占总数的66.9%。大部分小矿（库）安全保障能力较低，工艺装备落后，缺乏专业技术人员，从业人员安全素质不高，安全生产基础薄弱，违规违章现象时有发生。下一步重点工作安排要进一步加强监督检查。要继续加大对整顿任务重、事故总量大的地区的督导力度，金属非金属矿山整顿工作部际联席会议成员单位将分别牵头对重点地区工作开展情况进行调研督导；继续组织开展好全国金属非金属矿山80个重点县安全生产攻坚克难工作，并加强跟踪调度，及时掌握进度并定期公布，实施动态调控。加大联合执法工作力度，建立完善安全生产违法行为案件移交机制，将"打非治违"融入日常安全执法中，在日常安全执法中发现涉及其他部门的非法违法行为，及时移交给相关部门处理；建立完善信息共享机制，明确各有关部门信息共享清单，定期召开会议，互通信息、分析形势、研究对策、解决问题，积极推进矿山整顿工作。

第六节　烟花爆竹安全监管部际联席会议

一、成立时间和主要职能

2011年5月3日，国务院作出批复：同意建立由国家安全监管总局牵头的烟花爆竹安全监管部际联席会议制度。为深入贯彻落实《烟花爆竹安全管理条例》，加强对烟花爆竹安全监管工作的组织领导，强化部门协作配合，提高安全监管工作效率，建立烟花爆竹安全监管部际联席会议制度。其主要职能：在国务院领导下，严格执行国家有关烟花爆竹安全生产的法律法规及方针政策；掌握全国烟花爆竹安全生产情况，定期分析、通报烟花爆竹安全生产形势，研究、指导烟花爆竹安全监管工作，提出有关政策建议；审议各有关部门提出的加强烟花爆竹安全监管的建议，研究协调解决烟花爆竹安全监管工作的重要事项；组织开展部门联合执法、专项整治和督查。

二、组成单位和工作规则

联席会议由国家安全监管总局、工业和信息化部、公安部、交通运输部、海关总署、工商总局、质检总局等七个部门组成，国家安全监管总局为牵头单位。国家安全监管总局副局长担任联席会议召集人，各成员单位有关负责人为联席会议成员。联席会议成员因工作变动需要调整的，由所在单位提出，联席会议确定。

联席会议办公室设在国家安全监管总局，承担联席会议的日常工作，落实联席会议议定事项。联席会议设联络员，由各成员单位有关司局的负责人担任。

联席会议原则上每年召开一次例会。根据国务院领导指示，成员单位要求或工作需要，可以临时召集会议。在全体会议召开之前，召开联络员会议，研究讨论联席会议议题和需提交联席会议议定的事项及其他有关事项。联席会议以会议纪要形式明确会议议定事项，经与会单位同意后印发有关方面并抄报国务院。对难以协调一致的问题，由联席会议牵头单位报国务院安全生产委员会或国务院决定。

各成员单位要按照职责分工，主动研究涉及烟花爆竹安全监管的有关问题，及时向牵头单位提出会议议题，积极参加联席会议；认真落实联席会议确定的工作任务和议定事项，及时处理烟花爆竹安全监管工作中需要跨部门协调解决的问题。各成员单位要互通信息，相互配合，相互支持，形成合力，充分发挥好联席会议的作用。

三、联席会议成员名单

召集人：孙华山（安监总局副局长）
成　员：黄　明（公安部副部长）
　　　　魏传忠①（质检总局副局长）
　　　　刘玉亭（工商总局副局长）
　　　　徐祖远（交通运输部副部长）
　　　　鲁培军（海关总署副署长）
　　　　朱宏任（工业和信息化部总工程师）

四、历次全体会议

（一）第一次全体会议（2011年7月5日）

联席会议召集人、国家安全监管总局副局长孙华山主持会议。交通运输部总工程师徐光、质检总局总工程师刘卓慧出席会议。会议通报了全国烟花爆竹安全生产情况，审议并通过了《烟花爆竹安全监管部际联席会议工作规则》和《烟花爆竹安全监管部际联席会议办公室主要职责和机构设置》，研究了加大打击非法生产、经营、运输、燃放烟花爆竹行为力度，强化烟花爆竹流向信息化管理，细化烟花爆竹产品分级分类和包装管理，加强烟花爆竹产品购销合同管理等工作措施。

---

① 魏传忠，原国家质量监督检验检疫总局党组成员、副局长，因严重违法犯罪被判刑。

(二) 第二次全体会议 (2012年10月12日)

联席会议召集人、国家安全监管总局副局长孙华山主持会议并讲话。质检总局副局长魏传忠、交通运输部安全总监宋家慧出席会议。会议通报了全国烟花爆竹安全生产情况和第一次全体会议议题落实情况，研究了严格规范烟花爆竹包装和标识管理，以及严厉打击生产、销售假冒、伪劣和超标产品行为，进一步强化烟花爆竹流向管理信息化建设，开展黑火药、引火线专项治理等工作措施，就国家标准《烟花爆竹安全与质量》(GB 10631) 修订有关事项进行了专题研究。部际联席会议联络员出席会议，国家标准化管理委员会及国家安全监管总局有关司局负责人列席会议。

(三) 第三次全体会议 (2013年6月27日)

联席会议召集人、国家安全监管总局副局长孙华山主持会议并讲话，交通运输部安全总监宋家慧、质检总局总检验师项玉章出席会议。会议通报了全国烟花爆竹安全生产情况及部际联席会议第二次全体会议议定的重点工作落实情况，研究了加强安全监管，推动烟花爆竹产业"工厂化、标准化、机械化、科技化、集约化"的政策措施。

(四) 第四次全体会议 (2014年11月18日)

联席会议召集人、国家安全监管总局副局长孙华山主持会议并讲话，质检总局副局长张沁荣、交通运输部安全总监王金付、国家安全监管总局总工程师王浩水和煤矿安全总监支同祥出席会议。会议通报了全国烟花爆竹安全生产情况及部际联席会议第三次全体会议议定的重点工作落实情况，研究部署了进一步加强安全监管的措施。强调要做好《烟花爆竹安全管理条例》修订工作，继续协同推进烟花爆竹产业转型升级和企业整顿关闭，持续保持烟花爆竹"打非治违"高压态势，认真落实会议议定事项，打出一套依法治理烟花爆竹安全生产工作的"组合拳"，合力加快推进烟花爆竹行业安全发展。

(五) 第五次全体会议 (2015年11月3日)

国家安全监管总局党组成员、总工程师王浩水主持会议。交通运输部总工程师赵冲久出席会议。会议指出，部际联席会议制度建立以来，为国务院及各部门加强烟花爆竹安全管理决策发挥了重要的参谋作用，促进了协调配合工作机制的不断完善。当前烟花爆竹安全生产基础依然薄弱，企业管理水平低，从业人员安全意识差、操作技能不足，非法生产经营行为屡禁不止，市场供求矛盾突出，较大、重大事故时有发生，发生特别重大事故的风险依然存在，安全监管工作不容丝毫松懈。会议要求各成员单位积极推进《烟花爆竹安全管理条例》修订，加强烟花爆竹储运环节安全监管；结合旺季特点，切实强化重点时段的安全监管工作。

第七节 道路交通安全监管联席会议
（公安部牵头）

一、成立时间和主要职能

2003年10月22日，国务院作出关于同意建立全国道路交通安全工作部际联席会议制度的批复。主要职能：在国务院领导下，掌握全国道路交通安全情况，分析道路交通安全形势，研究政策，制订中长期战略规划；统筹研究全国道路交通安全工作，对全国道路交通安全工作进行部署，指导和监督各省、自治区、直辖市人民政府及其职能部门的道路交通安全工作；协调解决涉及相关部门的道路交通安全问题，促进部门协作配合，实现信息共享，建立长效机制，预防和减少道路交通事故，全面推进道路交通安全工作。

二、组成单位和工作规则

道路交通安全部际联席会议成员单位为公安部、中宣部、发展改革委、监察部、建设部、交通部、农业部、卫生部、工商总局、质检总局、安全监管局、法制办、保监会、总后勤部、武警部队共15个部门和单位。公安部为联席会议牵头单位，联席会议召集人由公安部分管副部长担任，联席会议成员为有关部门和单位负责人。

2009年1月23日，国务院办公厅发函对全国道路交通安全工作部际联席会议成员单位和成员进行调整。调整后的成员单位与成员名单：公安部副部长刘金国（召集人）、中央宣传部副部长翟卫华、发展改革委副主任刘铁男、教育部副部长陈小娅、工业和信息化部副部长欧新黔、监察部副部长郝明金、司法部副部长张苏军、住房城乡建设部副部长仇保兴、交通运输部副部长冯正霖、农业部副部长张桃林、商务部部长助理房爱卿、卫生部副部长马晓伟、工商总局副局长刘玉亭、质检总局副局长蒲长城、安全监管总局副局长梁嘉琨、法制办副主任郜风涛、保监会副主席周延礼、总后勤部军事交通运输部副部长刘冀和、武警部队后勤部副部长姬延芳。

联席会议每年召开一次例会。会议由公安部分管副部长召集。根据国务院领导指示、联络员工作组向联席会议提出的建议或工作需要，可以临时召集会议。联席会议以会议纪要形式明确会议议定事项，经与会单位同意后印发有关单位并抄报国务院。各成员单位应按照部门职能，分工负责，贯彻落实。

三、重要会议和重点工作

2004年4月，召开全体会议讨论通过交通部、公安部、国家发展改革委、国家质检总局、国家工商总局、国务院法制办、国家安全监管局等七部委联合制定的《关于在全国开展车辆超限超载治理工作的实施方案》，以全国道路交通安全工作部际联席会议的名义部署开展超限超载专项治理工作。

2005年4月，召开全体会议讨论通过《道路运输危险化学品安全专项整治方案》，决定自2005年5月10日至9月30日在全国开展道路运输危险化学品安全专项整治工作，并作出职责分工：整治危险化学品运输企业，由交通部负责，安全监管总局、工商总局配合；整治危险化学品运输车辆，由公安部负责，交通部、质检总局、发展改革委、安全监管总局配合；整治危险化学品运输从业人员队伍，由交通部负责，公安部、安全监管总局配合；严格执行剧毒化学品、民用爆炸物品公路运输许可制度，整治危险化学品运输车辆通行秩序，由公安部负责；加强对危险化学品仓储、销售企业发货和装载环节的监督，由安全监管总局负责，公安部、质检总局配合；提高道路运输危险化学品处置能力，由安全监管总局负责，公安部、交通部、卫生部、环保总局配合。

2007年5月，全国道路交通安全工作部际联席会议提出《关于进一步落实"五整顿""三加强"工作措施的意见》，国务院办公厅予以转发。提出深入落实"五整顿"（整顿驾驶员队伍、整顿路面行车秩序、整顿交通运输企业、整顿机动车生产改装企业、整顿危险路段）、"三加强"（加强责任制、加强宣传教育、加强执法检查）工作措施，实现事故起数、死亡人数、万车死亡率"三下降"，一次死亡10人以上的特大道路交通事故进一步减少，到2007年底实现万车死亡率不超过5.7的目标，为党的十七大胜利召开，迎接2008年北京奥运会创造更加安全、有序、畅通的道路交通环境。

第八节 全国油气田及输油气管道安全保护工作部际联席会议（公安部牵头）

一、成立时间和主要职能

2004年11月4日，国务院作出《关于同意建立全国油气田及输油气管道安全保护工作部际联席会议制度的批复》。为切实加强对全国油气田及输油气管道安全保护工作的组织领导，形成政府统一领导，部门各司其职，有关方面齐抓共管、综合治理、标本兼治的工作格局，保护油气田及输油气管道安全，维护石油生产秩序，经国务院同意，建立全国油气田及输油气管道安全保护工作部际联席会议（简称联席会议）制度。联席会议职能：在国务院领导下，统筹研究全国油气田及输油气管道安全保护工作，制订油气田及输油气管道安全保护中长期规划，提出有关政策建议；统筹部署全国油气田及输油气管道安全保护工作，指导监督各省、自治区、直辖市人民政府及其相关职能部门的油气田及输油气管道安全保护工作；协调解决涉及相关部门和有关省、自治区、直辖市的油气田及输油气管道安全保护的重大问题，促进部门、地方协作配合，实现信息共享，建立长效工作机制，预防、打击涉油违法犯罪活动，维护国家油气资源、设施和生产安全。

二、组成单位①和工作规则

联席会议由公安部、中央综治办、发展改革委、国土资源部和中国石油天然气集团公司、中国石油化工集团公司共六个部门（单位）和企业组成。公安部为联席会议牵头单位，公安部分管副部长担任联席会议召集人，中央综治办、发展改革委、国土资源部和中国石油天然气集团公司、中国石油化工集团公司负责人为联席会议成员。

联席会议每年召开一次例会。会议由公安部分管副部长召集。根据党中央、国务院领导指示或工作需要，可以临时召开全体或部分成员单位联席会议。可根据工作需要，邀请监察部、国资委、工商总局、质检总局、环保总局、安全监管局、高法院、高检察院等有关部门（单位）及中国海洋石油总公司参加会议。联席会议以会议纪要形式明确会议议定事项，经与会单位同意后印发有关方面并抄报国务院。各成员单位按照职能，分工负责，贯彻落实。

各成员单位要主动研究涉及油气田及输油气管道安全保护的问题，互通信息，相互配合，相互支持，形成合力，充分发挥好联席会议的作用。

联席会议下设联络员工作组，负责通报油气田及输油气管道安全保护形势和各地区、各成员单位开展安全保护工作情况；分析研究安全保护工作中存在的突出问题，协调解决跨部门的安全保护问题；向联席会议提出解决油气田及输油气

---

① 2006年4月3日，国务院发出关于调整和增补全国油气田及输油气管道安全保护工作部际联席会议成员单位及成员的复函，增加国家安全监管总局和监察部、国资委、工商总局、质检总局、环保总局、能源办为联席会议成员单位。

管道安全保护问题的对策建议；完成联席会议交办事项。

联络员工作组召集人由公安部治安管理局局长担任，各成员单位有关司局级负责人为联络员。

联络员工作组每季度召开一次例会。因工作需要或成员单位要求，经联席会议召集人同意，可临时召开联络员工作组会议。以会议纪要形式明确会议议定事项，经与会单位同意后，印发有关单位落实。

三、2004 年 11 月联席会议成员名单

召集人：白景富（公安部副部长）

成　　员：陈冀平（中央综治办主任）

欧新黔（发展改革委副主任）

叶冬松（国土资源部副部长）

苏树林①（中国石油天然气集团公司副总经理）

王作然（中国石油化工集团公司党组成员、纪检组长）

四、2006 年 4 月联席会议名单

召集人：刘金国（公安部副部长）

成　　员：陈冀平（中央综治办主任）

欧新黔（发展改革委副主任）

陈昌智（监察部副部长）

汪　民（国土资源部副部长）

黄淑和（国资委副主任）

刘玉亭（工商总局副局长）

蒲长城（质检总局副局长）

张力军（环保总局副局长）

孙华山（安全监管总局副局长）

马富才（能源办副主任）

苏树林①（中国石油天然气集团公司副总经理）

王作然（中国石油化工集团公司党组成员、纪检组长）

---

① 苏树林，因严重违法犯罪，被追究刑事责任。

五、主要会议和重点工作

2005年6月14日,全国油气田及输油气管道安全保护工作部际联席会议全体会议决定,在天津、黑龙江、河北、山东、河南、新疆等17个省(自治区、直辖市),继续深入开展油气田及输油气管道生产治安秩序专项整治行动(该专项整治行动从2002年初开始)。9月8日,公安部会同联席会议成员单位召开电视电话会议就此作出部署。到2005年底,共破获涉油刑事案件1.1万多起,抓获犯罪嫌疑人9000多人,清理输油气管道违章占压物6700余处。2006年3月30日,公安部会同部际联席会议成员单位召开电视电话会议,表彰了专项行动中的先进集体和先进个人。

2008年3月26日,公安部和部际联席会议成员单位联合印发《2008年全国油气田及输油气管道安全保护工作要点》和《2008年整治油气田及输油气管道生产治安秩序专项行动方案》。4—10月,在北京、河北等17个涉油重点省(自治区、直辖市)组织开展为期七个月的整治油气田及输油气管道生产治安秩序专项行动。2008年中石油、中石化所属油田和输油气管道发生的打孔盗油次数比2007年分别下降了45.3%、37.7%,开井盗油次数分别下降了12.7%、8.9%。

2011年12月联席会议召开年度例会,讨论通过下一年度全国油气田及输油气管道安全保护工作要点,要求各地结合实际,周密部署,精心组织,强化督促,狠抓落实。

2014年12月联席会议召开年度例会,决定对2009—2013年全国油气田及输油气管道安全保护工作成绩突出的集体和个人进行表彰。

第九节　校车安全管理部际联席会议
(教育部牵头)

一、成立时间和主要职能

2012年6月29日,国务院批复同意建立由教育部、公安部等20个部门组成的校车安全管理部际联席会议制度。其主要职能是在国务院领导下统筹协调全国校车安全管理工作。

二、组成单位

校车安全管理部际联席会议由教育部、公安部、中宣部、发展改革委、工业和信息化部、司法部、财政部、住房城乡建设部、交通运输部、税务总局、质检总局、广电总局、安全监管总局、国务院法制办、国务院新闻办、保监会、全国总工会、共青团中央、全国妇联、机关工委组成。

三、历次全体会议

（一）第一次全体会议（2012年7月5日）

讨论通过校车安全管理部际联席会议成员单位的工作职责，讨论通过以20部门名义联合发出《关于贯彻落实〈校车安全管理条例〉进一步加强校车安全管理工作的通知》，要求县以上地方各级人民政府建立校车安全管理工作机制，省级人民政府制定《校车安全管理条例》实施办法，以县为单位制定校车服务方案，部署各地开展专项治理和校车安全管理专项督查。根据第一次联席会议部署，2012年9—10月，派出14个督查组对北京、内蒙古、吉林、安徽、江西、湖南、海南、贵州、云南、陕西、甘肃、宁夏等省（自治区、直辖市）进行了督查。

（二）第二次全体会议（2013年1月5日）

联席会议副召集人、公安部副部长黄明主持会议。会议总结了2012年校车安全管理工作情况，通报了贯彻落实《校车安全管理条例》专项督查情况，要求联席会议成员单位制定完成各项工作的时间表和路线图，加大督办力度。

（三）第三次全体会议（2015年6月3日）

联席会议副召集人、教育部副部长刘利民出席会议并讲话。2014年取缔不合格接送学生车辆1.3万辆，查处无资质驾驶人3.2万人，清理无资质办学点、幼儿园1万多处。要求各单位下一步按照分工切实履行职责，推动形成工作合力；加强督导检查，在全国范围内组织一次校车安全管理专项督导，督促各地完善综合监管机制，落实安全管理责任，全面排查整治校车安全隐患，着力解决突出问题。

（四）第四次全体会议（2016年6月13日）

教育部党组成员、副部长陈舜主持会议。会议指出，2015年全国共查处校车交通违法11.8万起，查处非载客汽车、报废拼装车违法运送学生1191起，全国未发生重特大学生交通安全事故。会议要求加大督办力度，将责任真正落实到安全管理的第一线；各成员单位要根据职能分工，从安全管理的各个环节入手，建立健全各类安全管理制度，完善道路、车辆、交通标志等基础设施建设，加大排查和行车前检查力度，加强基础能力建设，切实消除校车安全隐患。

（五）第五次全体会议（2018年1月15日）

教育部党组成员、副部长朱之文主持会议。会议强调要强化部门协作，形成工作合力。推动各地党委政府统筹区域内校车安全管理工作，严格按照《校车安全管理条例》要求，明确相关部门工作职责，切实做到各司其职、各负其责、齐抓共管。发挥校车安全管理联席会议机制作用，加强沟通协调，健全联动机制，定期研究和及时解决校车安全管理工作中的突出问题，协同做好各项工作。

第十节 国家海上搜救部际联席会议
（交通部牵头）

一、建立时间和主要职能

2005年5月22日，国务院作出关于同意建立国家海上搜救部际联席会议制度的批复。为切实加强对全国海上搜救和船舶污染事故应急反应工作的组织领导，协调、整合各方力量，形成政府统一领导、部门各司其职、快速反应、团结协作、防救结合的工作格局，提高海上突发事件应急反应能力，最大限度地减少人员伤亡、财产损失和环境污染，经国务院同意，建立国家海上搜救部际联席会议制度。其主要职能是在国务院领导下，统筹研究全国海上搜救和船舶污染应急反应工作，提出有关政策建议；讨论解决海上搜救工作和船舶污染处理中的重大问题；组织协调重大海上搜救和船舶污染应急反应行动；指导、监督有关省、自治区、直辖市海上搜救应急反应工作；研究确定联席会议成员单位在搜救活动中的职责。

二、组成单位和工作规则

联席会议由交通部、公安部、农业部、卫生部、海关总署、民航总局、安全监管总局、气象局、海洋局、总参谋部、海军、空军、武警部队共13个部门和单位组成①，交通部为牵头单位。交通部部长担任联席会议召集人，各成员单位有关负责人为联席会议成员。联席会议成员因工作变动需要调整的，由所在单位提出，联席会议确定。

中国海上搜救中心是联席会议的办事机构，负责联席会议的日常工作。联席会议设联络员工作组，由联席会议成员单位的有关司局负责人担任联络员。中国海上搜救中心负责召集联络员工作组会议。

---

① 2006年6月，增加民政部、信息产业部为国家海上搜救部际联席会议新成员单位，使联席会议成员单位达到15个。

联席会议每年召开一次例会。研究解决重大问题时，可请国务院领导主持召开会议。根据党中央、国务院领导指示或工作需要，可以临时召开全体或部分成员单位联席会议。

联席会议以会议纪要形式明确会议议定事项，经与会单位同意后印发有关方面同时抄报国务院，各成员单位按职责分工，负责落实。

各成员单位要按照职责分工，主动研究涉及海上搜救和船舶污染的有关问题，积极参加联席会议，认真落实联席会议布置的工作任务。要互通信息，相互配合，相互支持，形成合力，充分发挥联席会议的作用。

联络员工作组负责分析全国海上搜救和船舶污染应急反应工作形势和存在的突出问题；通报各成员单位工作开展情况；向联席会议提出做好海上搜救和船舶污染应急反应工作的对策建议；完成联席会议交办的事项。联络员工作组每半年召开一次例会。因工作需要或成员单位要求，经联席会议召集人同意，可临时召开联络员工作组会议。以会议纪要形式明确会议议定事项，印发有关单位落实。

三、联席会议成员名单

召集人：张春贤（交通部部长）
成　　员：徐祖远（交通部副部长）
　　　　　孟宏伟①（公安部副部长）
　　　　　牛　盾（农业部副部长）
　　　　　王陇德（卫生部副部长）
　　　　　盛光祖（海关总署副署长）
　　　　　王昌顺（民航总局副局长）
　　　　　梁嘉琨（安全监管总局副局长）
　　　　　许小峰（气象局副局长）
　　　　　张宏声（海洋局副局长）
　　　　　许纪文（总参作战部副部长）
　　　　　孙建国（海军副参谋长）
　　　　　赵忠新（空军副参谋长）
　　　　　刘红军（武警部队副参谋长）
　　　　　刘功臣（交通部海事局常务副局长）

---

① 孟宏伟，公安部原党委委员、副部长，因严重违法犯罪获刑。

四、历次全体会议

（一）第一次会议（2005年12月7日）

国务委员兼国务院秘书长华建敏主持会议并讲话。国务院副秘书长尤权及交通部、公安部、农业部、卫生部、海关总署、民航总局、国家安全监管总局、中国气象局、国家海洋局、总参谋部、海军、空军、武警部队等联席会议成员单位，以及国家发展改革委、财政部、法制办、中央编办、国研室等相关单位的负责人参加会议。交通部副部长翁孟勇介绍了"十五"时期以来海上搜救工作的基本情况，成立国家海上搜救部际联席会议的背景、目的和作用，提出了今后的工作思路。会议确定了各成员单位的职责，明确了工作规则和工作要求。会议要求各单位、各部门充分发挥部际联席会议的职能作用，加强协调配合，共同做好海上搜救工作。

（二）第二次会议（2006年6月2日）

联席会议召集人、交通部部长李盛霖主持会议并讲话。中国海上搜救中心主任、交通部副部长徐祖远对2005年和2006年上半年的搜救工作作了总结。中国海上搜救中心常务副主任、交通部海事局常务副局长刘功臣对2006年海上联合搜救演习筹备情况作了汇报。会议提出下一步工作重点：开展资源普查，整合海上搜救应急资源；制定操作程序符合规范，细化国家海上搜救应急预案；防备结合，建立预警监控体系；建立补偿奖励机制，为海上搜救工作提供物质保障；健全海上搜救法律法规。

（三）第三次会议暨全国海上搜救大会（2007年12月14日）

国务院副秘书长张勇主持会议。国务委员兼国务院秘书长华建敏出席会议并讲话。部际联席会议各成员单位、中央国家机关有关部门和单位的负责人，部分受表彰的全国海上（水上）搜救先进单位、先进集体和先进个人代表在北京主会场参加会议。各省（自治区、直辖市）和计划单列市、新疆生产建设兵团分管海上（水上）搜救工作的负责人，交通部各直属海事局、救助局、打捞局、救助飞行队等单位负责人在各地分会场参加会议。国家海上搜救部级联席会议召集人、交通部部长李盛霖通报了工作情况。会议表彰了全国海上搜救工作先进集体和先进个人。国务委员华建敏在讲话中指出：我国建立了海陆空三位一体，反应迅速、救助高效的应急救援体系，近五年来共组织救助遇险船舶6372艘，救助遇险人员77687人；2007年1—11月，组织搜救行动1680次，救助遇险人员22492人，救助成功率达96.9%，极大地减轻了因海上突发事件造成的人员伤亡和财产损失。必须针对海洋经济迅速发展的新形势，进一步加强海上安全监管，提高搜救能力和水平，确保水上运输和各种涉海用海活动的安全有序。

（四）第四次会议（2007年12月14日）

部际联席会议召集人、交通运输部部长李盛霖主持。会议总结部署了年度工作。联席会议成员、中国海上搜救中心主任、交通部副部长徐祖远以及国家海上搜救部际联席会议部分成员、联络员及其代表参加了会议，国务院应急办、外交部、财政部、国家安全监管总局等部委负责人出席。

（五）第五次会议（2009年9月7日）

部际联席会议召集人、交通运输部部长李盛霖主持。会议对2009年国家海上搜救桌面演习暨东海搜救演习进行了评估，研究部署海上搜救重点工作。联席会议认为本次演习达到了检验预案、磨合机制、锻炼队伍、扩大宣传的效果，是中华人民共和国成立60周年庆祝活动、上海世博会水上安全和应急处置保障的一次大练兵。会议要求下一步要完善海上搜救协作机制，加强预警预测监控体系，总结区域海上突发事件发生的规律性，探索多渠道海上救助形式。

（六）第六次会议（2010年12月20日）

部际联席会议召集人、交通运输部部长李盛霖主持。会议指出："十一五"期间，中国各级海上搜救中心共组织协调救援行动9235次，组织协调各类船艇34531艘次、飞机1172架次，在中国搜救区范围内成功搜救100601名遇险人员，搜索成功率达96.3%，平均每天成功救助56人。会议提出把国家海上搜救部际联席会议制度的优势逐步推行到地方，推进省级厅际联席会议制度的建立，进一步提高国家、省、市三级海上搜救中心的应急指挥和组织协调能力。

（七）第七次会议（2011年12月22日）

部际联席会议召集人、交通运输部部长李盛霖主持会议并讲话，强调大力发展海上搜救志愿者队伍，健全搜救队伍专业化培训和等级划分机制。

（八）第八次会议暨国家重大海上溢油应急处置部际联席会议第一次会议①（2013年12月18日）

会议指出，国家海上搜救部际联席会议制度实施八年来，磨合了运行机制，积累了宝贵经验，得到了各成员单位一致认可。建立国家重大海上溢油应急处置部际联席会议制度，旨在建立统一指挥、反应灵敏、协调有序、运转高效的海上应急管理机制，有助于维护中国海洋环境安全、清洁。会议对两个会议所涉及工作进行了研究部署。

---

① 2012年国务院作出《关于同意建立国家重大海上溢油应急处置部际联席会议制度的批复》（国函〔2012〕167号）。2013年之后的会议，均为两个联席会议合并召开。

（九）2015 年 1 月 23 日召开的国家海上搜救和重大海上溢油应急处置部际联席会议

联席会议召集人、交通运输部部长杨传堂主持。会议审议《2015 年全国海上搜救和重大海上溢油工作要点》，并就完善《国家重大海上溢油应急能力建设规划》和做好 2015 年工作进行了讨论。强调要大力推广"惠海泽航、人本至善"的海上搜救文化品牌，强化制度建设和顶层设计，指导推动地方海上搜救立法工作；强化能力建设和规划实施，确保实现"看得见、听得到、出得去、救得起、处置得了"的核心功能，切实提高南海海域搜救能力。

（十）2016 年 1 月 26 日召开的国家海上搜救和重大海上溢油应急处置部际联席会议

受会议召集人、交通运输部部长杨传堂委托，中国海上搜救中心主任、交通运输部副部长何建中主持会议。会议审议通过了《2016 年国家海上搜救和重大海上溢油应急处置工作要点》《2016 年珠江口国家海上搜救演习总体方案》和《关于加强部际联席会议成员单位之间深度合作的工作方案》，并就做好 2016 年工作等进行了讨论。

（十一）2017 年 1 月 16 日召开的国家海上搜救和重大海上溢油应急处置部际联席会议

联席会议召集人、交通运输部部长李小鹏主持。会议总结了年度工作。2016 年中国共组织协调海上搜救行动 2076 次，成功搜救 1454 艘中外遇险船舶、15261 名中外遇险人员。会议审议了 2017 年国家海上搜救演习方案设想和《关于加强水上搜救工作意见》初步思路，并就做好 2017 年工作等进行了讨论。

（十二）2018 年 2 月 2 日召开的国家海上搜救和重大海上溢油应急处置部际联席会议

交通运输部部长李小鹏主持会议。会议研究审议了《国家重大海上溢油应急处置预案》和《关于加强水上搜救工作指导意见》，就做好 2018 年工作进行了讨论。

第十一节　重特大生产安全事故责任追究沟通协调工作部际联席会议（监察部牵头）

一、建立时间和主要职能

2007 年 9 月 14 日，国务院作出《关于同意建立重特大生产安全事故责任追究沟通协调工作部际联席会议制度的批复》（国函〔2007〕86 号）。为加强重特大生产安全事故责任追究工作的沟通协调,严厉打击生产安全事故涉及的刑事犯罪和瞒报、逃匿等违法行为,依法依纪严肃处理事故责任人,经国务院同意,建立重特大生产安全事故责任追究沟通协调工作部际联席会议制度。其主要职责:掌握全国重特大生产安全事故责任追究情况,协调解决责任追究工作中遇到的重大问题;研究制订贯彻落实安全生产法律法规和党中央、国务院关于生产安全事故调查处理方面决策部署的措施,向国务院提出相关工作建议;组织对各地重特大生产安全事故责任追究的落实情况进行检查,督促落实对事故责任人的责任追究决定和建议;承办国务院交办的重特大生产安全事故责任追究工作的其他事项。

二、组成单位和工作规则

联席会议由监察部、公安部、司法部、安全监管总局和高法院、高检院组成,监察部为牵头单位。由监察部一位负责人担任联席会议召集人,各成员单位有关负责人为联席会议成员。

(1)联席会议原则上每年召开一次例会,因工作需要也可以临时召开。会议由监察部召集,联席会议成员因故不能参加会议时,应委派相关人员参加。

(2)联席会议研究议定的事项,经与会单位同意后以会议纪要的形式印发,同时抄报国务院。联席会议难以解决的重特大生产安全事故责任追究中的重大问题,经有关成员单位研究后报国务院。

(3)联席会议办公室每半年召开一次联络员会议,因工作需要也可以临时召开,通报重特大生产安全事故情况,研究分析责任追究工作中的有关问题,协调具体事项。重要事项提请联席会议研究处理。

(4)各成员单位要按照职责分工,认真落实涉及本部门(单位)的工作任务和议定事项;要相互支持、密切配合,及时处理责任追究中需要跨部门协调解决的问题,加强信息交流,形成工作合力,共同做好重特大生产安全事故责任追究工作。

三、联席会议成员

召集人:陈昌智(监察部副部长)
成　员:刘金国(公安部副部长)
　　　　郝赤勇(司法部副部长)
　　　　王德学(安全监管总局副局长)
　　　　张　军(高法院副院长)
　　　　王振川(高检院副检察长)

联席会议成员因工作变动需要调整的,由所在单位提出,联席会议确定。联席会议办公室设在监察部,主要承担联席会议的日常工作,协调、督促、落实联席会议议定的事项。联席会议设联络员,由成员单位有关司局一位负责人担任。

四、全体会议和新闻发布会

(一)第一次全体会议(2007年10月15日)

联席会议召集人、监察部副部长陈昌智主持。会议分析研究重特大生产安全事故责任追究面临的形势,对当前和今后一个时期工作作出部署安排。部署以下重点工作:一是加强行政机关与司法机关在事故责任追究中的协作配合,进一步细化涉罪案件的移送制度和调查情况的通报制度;二是加大对涉及生产安全事故的刑事犯罪和瞒报、逃匿等违法行为的查处力度,依法依纪严肃处理事故责任人;三是各成员单位要加强沟通协调,提高办案效率,进一步做好司法处理与纪律处分的衔接工作,避免出现责任追究的"空档"和"盲区";四是加强对重特大事故责任追究落实情况的专项检查,及时发现和纠正工作中存在的问题,保证对重特大事故的党政纪处分、行政处罚和刑事追究都能落到实处,实现法律效果和社会效果的统一。

(二)第二次全体会议(2008年7月29日)

联席会议召集人、监察部副部长郝明金主持。会议强调要进一步完善联席会议制度,及时研究解决事故责任追究工作中遇到的困难和问题,有针对性地制定、出台相关的政策措施;要及时收集重特大事故的报告、调查处理、责任追究等有关情况,向联席会议各成员单位反馈;联席会议各成员单位也要督促本系统范围内重特大事故责任追究的落实,并及时向联席会议通报有关情况。加大打击瞒报、迟报事故行为的力度,依法严惩责任人员。联席会议成员单位将联合开展对事故瞒报、逃匿等行为的专项督查,对于查实的瞒报事故,要严惩相关责任人,并追究有关地方和部门领导的责任。进一步规范事故责任追究工作,保证责任追究落实到位。针对群众反映比较强烈的问题,加强部门沟通协调,实现法律效果和社会效果的有效统一。

(三)第三次全体会议(2009年12月4日)

联席会议召集人、监察部副部长郝明金主持。分析研究事故责任追究工作进展情况和存在的问题,对2010年工作进行安排部署。会议强调要严格落实中央《关于实行党政领导干部问责的暂行规定》,加大责任追究力度,保证责任追究落实到位。

(四)新闻发布会

2008年1月22日，联席会议发布关于湖南省凤凰县堤溪沱江大桥"8·13"特别重大坍塌事故等五起重特大事故的调查处理结果。国家安全监管总局局长李毅中、监察部副部长王伟介绍：五起重特大事故共查处有关责任人员183人，其中移送司法机关处理78人，给予党纪政纪处分105人（包括给予撤销党内职务和行政撤职处分31人）。在受到党纪政纪处分的人员中，有地（厅）级干部7人，县（处）级干部32人，科级以下干部及其他人员66人。

第十二节　尾矿库专项整治行动工作协调小组

一、成立时间、组成单位和基本职能

2007年5月14日，经国务院同意，国家安全监管总局、国家发展改革委、国土资源部、国家环保总局联合发出《关于印发开展尾矿库专项整治行动工作方案的通知》。《开展尾矿库专项整治行动工作方案》明确专项整治行动组织领导机构为国家安全监管总局、发展改革委、国土资源部、环保总局联合组成的尾矿库专项整治行动工作协调小组。其基本职能为指导全国尾矿库专项整治工作。

2013年5月8日，国家安全监管总局等七部门关于印发深入开展尾矿库综合治理行动方案的通知：经国务院同意，在国家安全监管总局、国家发展改革委、国土资源部和环境保护部组成的全国尾矿库专项整治行动工作协调小组的基础上，增加工业和信息化部、财政部和国务院南水北调办为成员单位。其基本职能充实完善为统筹全国尾矿库综合治理工作，监督治理方案的制定和实施，细化职责分工，分解综合治理的各项任务和政策措施，定期评估治理方案的执行情况，协调解决综合治理的重大问题。

二、成员单位职责分工

（1）安全监管部门负责加强尾矿库的安全监管，督促检查有关地区及企业落实尾矿库安全生产法律、法规和标准情况，会同有关部门组织开展尾矿库安全隐患排查，指导企业编制、完善事故应急预案，审查尾矿库安全生产许可证颁发情况，对危、险、病尾矿库进行查处，对不符合安全生产条件的尾矿库责令停止使用、限期治理，或提请当地县级以上人民政府依法实施关闭。

（2）发展改革部门负责检查尾矿库相关建设工程的立项核准情况，会同有关部门督促地方和企业落实存在重大隐患尾矿库的治理资金，组织协调有关部门按照职责分工关停、整治危库和险库。

（3）环保部门负责加强尾矿库环境安全隐患的检查和监管，对尾矿库企业进行排污登记，检查企业弃库、闭库环境安全管理责任落实情况，检查指导地方和企业编制完善尾矿库环境安全应急预案，督促地方和企业整治尾矿库超标排污问题。

（4）国土资源部门负责检查尾矿库建设用地审批情况，依法取缔、关闭无证开采的违法企业。

三、工作规则

协调小组召集人分别由国家安全监管总局和发展改革委负责人担任，安全监管、发展改革、国土资源、环保等部门的有关人员为成员。协调小组办公室设在国家安全监管总局，负责日常工作。

地方各级人民政府也要逐级建立健全由政府分管领导为组长，安全监管、发展改革、国土资源、环保等部门参加的尾矿库专项整治行动领导小组（可根据本地区实际，适当增加有关部门），负责本行政区域内尾矿库专项整治行动的组织领导。

四、主要会议和重点工作

2007年12月21日，协调小组召集人、国家安全监管总局副局长孙华山主持全体会议。会议分析了尾矿库安全生产面临的困难和问题，以及专项整治行动工作存在地区间不平衡、部门联动不平衡现象，强调加强部门联动，相互配合，形成整治合力。

2010年3月9日，协调小组召集人、国家安全监管总局副局长孙华山主持召开全体会议。通报2009年尾矿库专项整治行动、隐患综合治理项目进展情况，研究了2010年尾矿库专项整治工作方案。

2011年5月3日，协调小组成员单位联合印发全国尾矿库专项整治行动2010年工作总结和2011年重点工作安排。截至2010年底，全国共有尾矿库11946座，仅有454座库达到安全标准化最低以上等级。四、五等小型库占尾矿库总量的94.1%。尾矿库"小、散、乱、差"状况尚未得到根本改变。部署2011年底前完成1000座危、险、病库的治理任务，基本消除危、险库。

2012年3月12日，国家安全监管总局、发展改革委、工信部、国土资源部、环保部联合印发《关于进一步加强尾矿库监督管理工作的指导意见》，提出建立完善尾矿库隐患排查治理长效机制，及时治理危库、险库，将病库数量控制在已取证尾矿库总量的5%以内，杜绝出现新的无主管单位的尾矿库。全面推进尾矿库安全生产标准化建设，2013年底前，生产运行尾矿库全部达到安全生产标准化三级以上。

2013年8月6日，协调小组成员单位国家安全监管总局、国家发展改革委、工信部、财政部、国土资源部、环保部、国务院南水北调办联合印发《全国尾矿库专项整治行动工作总结及下一步尾矿库综合治理行动重点工作安排》。经国务院同意，从2013年起启动新一轮尾矿库综合治理行动。

第十三节 油气输送管道安全隐患整改工作领导小组

一、成立时间和主要职能

2014年10月20日，国务院办公厅下发关于成立国务院油气输送管道安全隐患整改工作领导小组的通知。为加快推动油气输送管道安全隐患整治，进一步强化油气输送管道安全保护工作的统筹规划、组织领导和政策协调，国务院决定成立国务院油气输送管道安全隐患整改工作领导小组。主要职责：统一组织领导全国油气输送管道安全隐患整改工作，部署深入开展油气输送管道隐患整治攻坚战；研究拟订和审议油气输送管道安全隐患整改的重大方针、政策、措施；指导和督促检查各地区、各部门和有关中央企业开展油气输送管道安全隐患整改工作；统筹协调油气输送管道安全隐患整改中的重大问题，推动构建油气输送管道保护和安全管理长效机制。

二、领导小组组成和工作制度

组　长：王　勇（国务委员）
副组长：杨栋梁（安全监管总局局长）
　　　　吴新雄（发展改革委副主任兼能源局局长）
　　　　肖亚庆（国务院副秘书长）
成　员：连维良（发展改革委副主任）
　　　　黄　明（公安部副部长）
　　　　刘　昆（财政部副部长）
　　　　汪　民（国土资源部副部长）
　　　　王　宁（住房城乡建设部副部长）
　　　　张喜武（国资委副主任）

陈　钢（质检总局副局长）

孙华山（安全监管总局副局长）

胡可明（法制办副主任）

张玉清（能源局副局长）

沈殿成①（中国石油天然气集团公司副总经理）

章建华（中国石油化工集团公司高级副总裁）

刘　健（中国海洋石油总公司副总经理）

领导小组建立联络员制度，联络员由各成员单位相关司局和部门负责人担任，具体负责日常工作的联系和协调。领导小组办公室设在国务院安全生产委员会办公室，承担领导小组日常工作，国务院安全生产委员会办公室副主任、安全监管总局副局长孙华山兼任领导小组办公室主任，安全监管总局总工程师、安全监督管理三司司长王浩水任领导小组办公室副主任。领导小组实行全体会议和办公室会议制度。全体会议由领导小组全体成员组成，会议由领导小组组长或其委托的副组长主持，原则上每半年召开一次。

三、全体会议

（一）第一次全体会议（2014年11月14日）

领导小组组长、国务委员王勇主持会议。会议指出，油气输送管道是连接油气资源和生产生活的桥梁纽带，保障油气输送管道安全运行，事关经济社会发展和人民群众生命财产安全，任务繁巨，责任重大。各地区、各部门、各单位要充分认识隐患排查治理的重要性、艰巨性、紧迫性，以对党和人民高度负责的态度，认真做好油气输送管道安全隐患整治工作，坚决打好油气输送管道隐患整治攻坚战。会议强调，要严格按照国务院安委会《关于深入开展油气输送管道隐患整治攻坚战的通知》要求，加强组织领导，形成工作合力，加大政策支持，营造良好氛围，落实隐患治理责任，加快隐患治理进度，集中开展"打非治违"，加强整改督导检查，着力构建长效机制，确保按期完成全部隐患整治工作，全面提升油气输送管道安全水平。

（二）第二次全体会议（2015年3月31日）

领导小组组长、国务委员王勇主持会议。会议指出，油气输送管道隐患整治取得了积极进展，但形势依然复杂严峻，剩下的隐患大多是难啃的"硬骨头"，

---

① 沈殿成，曾任中国石油天然气集团公司党组成员、副总经理兼安全总监，因涉嫌严重违纪违法接受调查。

整改难度越来越大，攻坚任务十分艰巨。会议强调要牢牢抓住"依法治安"主线，狠抓政府部门监管责任和管道企业主体责任的落实，抓紧完善监管体制机制，尽快推动资金落实，健全法规标准体系，强化督办督导检查，严厉打非治违，全力以赴、齐心协力将油气输送管道整治攻坚工作推向深入，大力提升安全保障水平。2015年重点要抓好重大隐患和形成密闭空间隐患整治，在保证油气资源供应和安全的前提下，加强协调联动，加大挂牌督办力度，全部落实整改措施、责任、资金、时限和预案，加快整改进度，确保按时保质保量完成2015年的隐患整改目标任务，严防重特大事故发生。

第十四节　职业病防治工作部际联席会议（卫生部和国家安全监管总局牵头）

一、成立时间和组成单位

为贯彻落实《职业病防治法》《国家职业病防治规划（2009—2015年）》，加强职业病防治工作的组织领导，强化部门间协调配合，2010年4月，经国务院同意，建立了由卫生部和国家安全监管总局牵头，中央宣传部、发展改革委、工业和信息化部、财政部、人力资源社会保障部、国资委、全国总工会九个部门（单位）为成员的职业病防治工作部际联席会议制度。卫生部和国家安全监管总局负责人为联席会议召集人。

二、首届联席会议成员名单

召集人：陈　竺（卫生部部长）
　　　　骆　琳（国家安全监管总局局长）
成　员：蔡名照（中央宣传部副部长）
　　　　朱之鑫（发展改革委副主任）
　　　　苗　圩（工业和信息化部副部长）
　　　　王　军（财政部副部长）
　　　　胡晓义（人力资源社会保障部副部长）
　　　　陈啸宏（卫生部副部长）
　　　　黄淑和（国资委副主任）
　　　　杨元元（国家安全监管总局副局长）
　　　　张鸣起（全国总工会副主席）

三、历次全体会议

（一）第一次全体会议（2010年4月30日在卫生部召开）

联席会议召集人、卫生部部长陈竺和国家安全监管总局局长骆琳出席会议。卫生部副部长陈啸宏主持。国家安全监管总局副局长杨元元、人力资源社会保障部副部长胡晓义及全国总工会副主席、书记处书记王瑞生等领导出席会议，有关成员单位负责人参加会议。会议分析了职业病防治形势，对成员单位履行联席会议职责提出了希望和要求。会议审议通过了联席会议有关工作制度和2010年工作计划，研究了加强职业病防治措施办法。

（二）第二次全体会议（2011年6月10日在国家安全监管总局召开）

受联席会议召集人、国家安全监管总局局长骆琳的委托，国家安全监管总局副局长杨元元主持会议。联席会议召集人、卫生部部长陈竺出席会议并讲话。会议听取了有关部门贯彻落实中央领导批示精神、组织开展粉尘与高毒物品危害治理专项行动和职业健康状况调查进展情况的汇报，审议了联席会议2010年工作计划执行情况报告，研究确定了2011年联席会议工作计划及责任分工。会议传达了中央编办《关于职业卫生监管部门职责分工的通知》，明确了职业卫生监管过程中"防、治、保"等环节的责任。会议要求，各地区、各有关部门要统一思想认识，加快建立完善高效的职业病防治工作体制和机制。中央编办副主任王峰、卫生部副部长陈啸宏、国务院国资委副主任黄淑和及全国总工会书记处书记、副主席张鸣起等部门相关负责人出席会议，中宣部、发展改革委、工信部、人力资源社会保障部的相关负责人参加会议。

（三）第三次全体会议（2012年5月16日在卫生部召开）

联席会议召集人、卫生部部长陈竺和国家安全监管总局局长骆琳主持会议并讲话。联席会议办公室主任、卫生部副部长陈啸宏，国家安全监管总局副局长杨元元，工信部党组成员、总工程师朱宏任，全国总工会副主席、书记处书记张鸣起和联席会议其他成员单位的相关负责人参加会议。卫生部职业病防治工作领导小组成员列席会议。会议审议了联席会议2011年工作计划执行情况和联席会议2012年工作安排和任务分工，研究了职业健康状况调查、加强无证无照家庭式作坊职业卫生监管和治理长效机制建设等重点工作。

（四）第四次全体会议（2015年3月26日在国家安全监管总局召开）

国家卫生和计划生育委员会主任李斌、国家安全监管总局局长主持会议并讲话。会议通报了职业病防治工作部际联席会议第三次全体会议以来的工作情况，就加强农民工尘肺病防治工作、《国家职业病防治规划（2009—2015年）》实施情况督查方案等工作进行了讨论。会议强调要深入贯彻落实《职业病防治法》，持续加力开展重点行业专项整治，频出重拳打击非法违法行为；突出问题导向，推动国家设立尘肺病防治基金，研究设立职业病危害治理专项资金；进一步简化诊断程序，更加方便劳动者诊断，切实保护劳动者职业健康和相关权益。国家安全监管总局副局长李兆前、全国总工会副主席李世明、国资委秘书长阎晓峰和职业病防治工作部际联席会议其他成员单位的相关负责人参加会议。

附录

附录一　中国安全生产监督管理机构示意图（2017年）

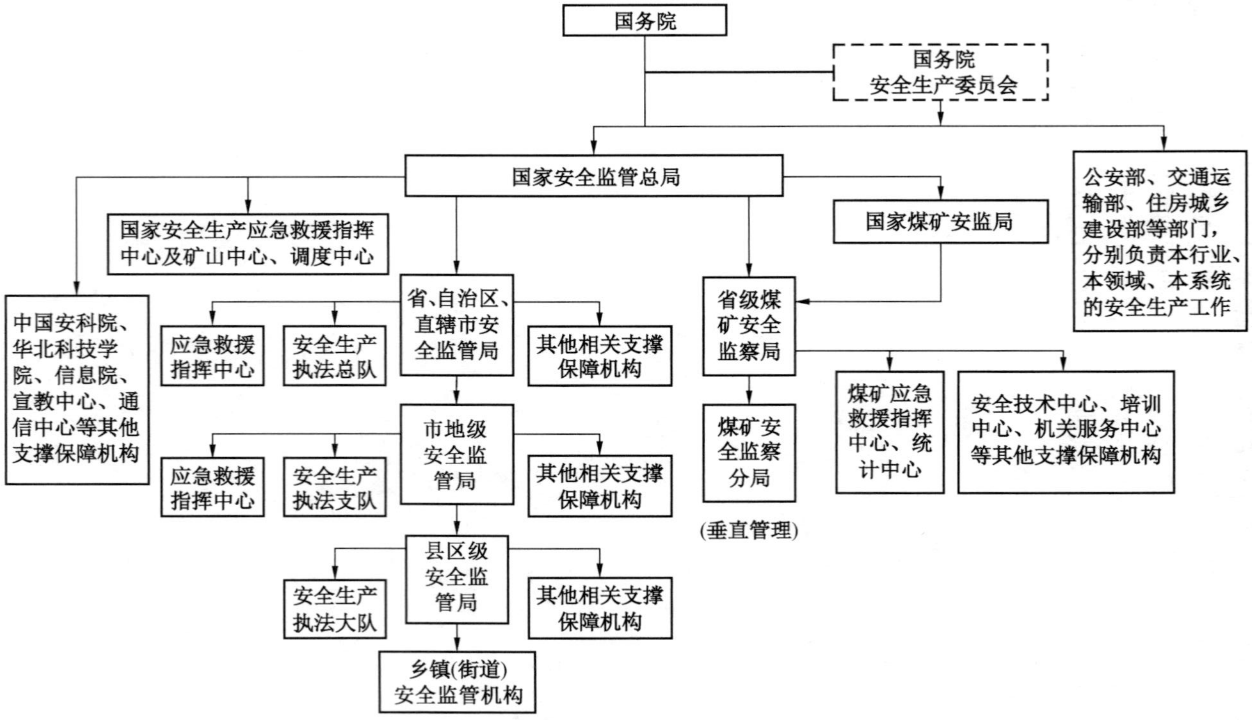

附图1　中国安全生产监督管理机构示意图（2017年）

附录二　中国安全生产监督管理职能示意图

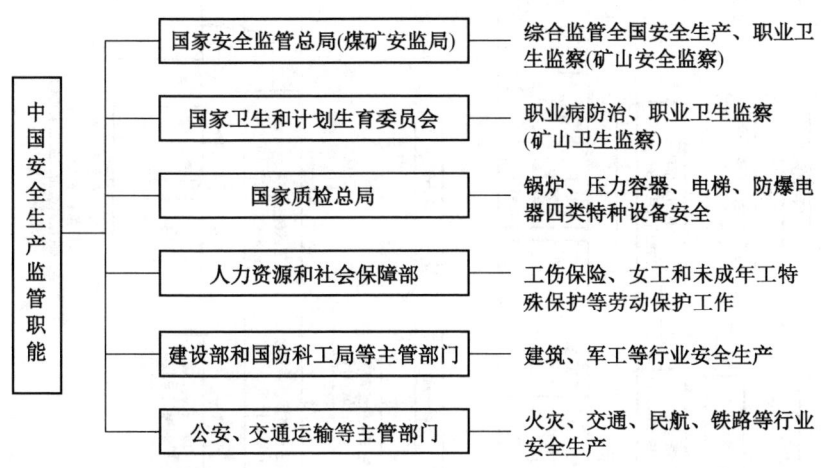

附图2　中国安全生产监督管理职能示意图

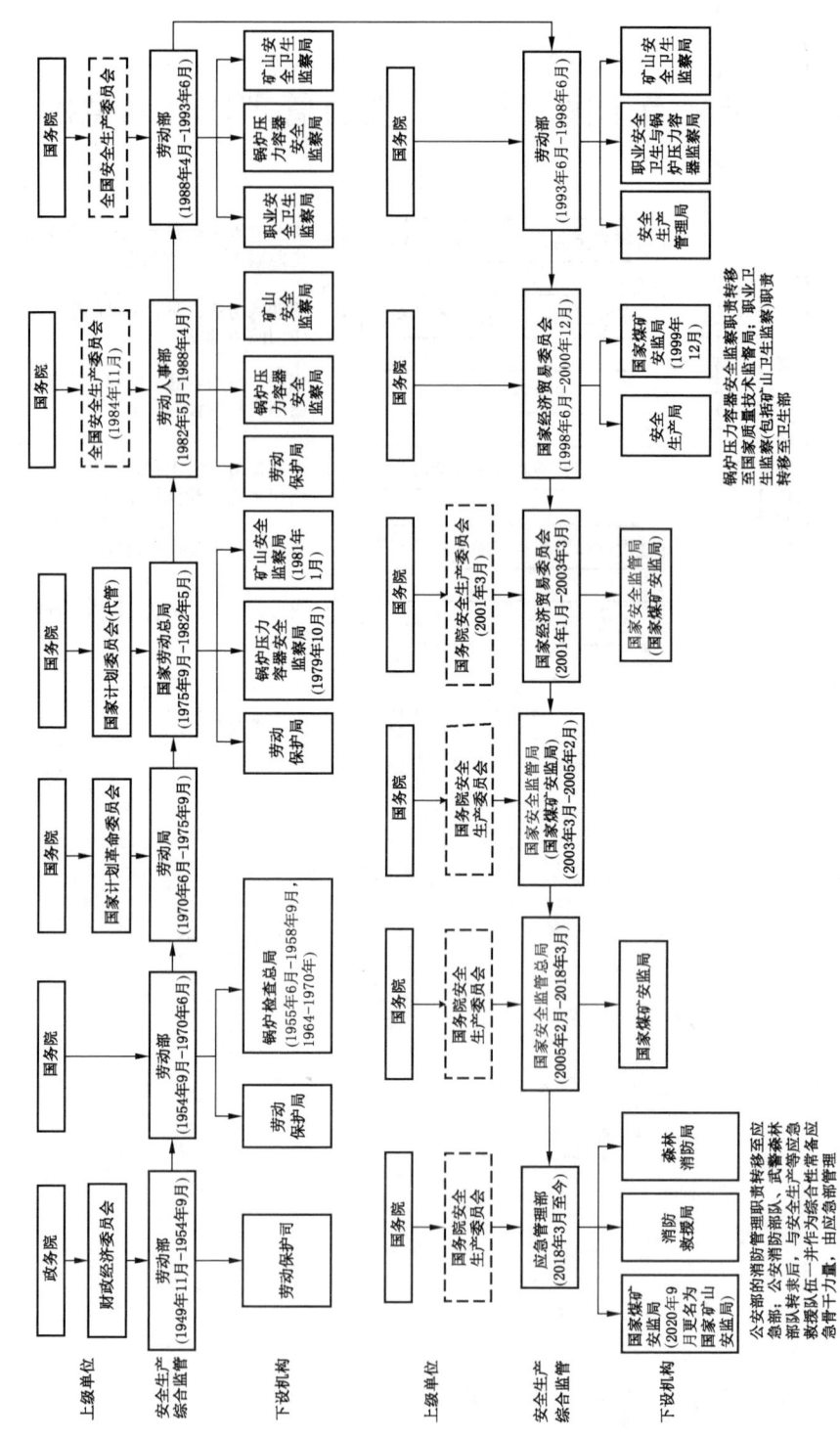

附图3 中国安全生产监管体制沿革图

附录四 中央政府劳动保护、安全生产监管机构演变情况一览表（1949年11月—2018年3月）

机构设立或撤并时间	机构设立或撤并情况
1949年11月	中央人民政府劳动部成立，内设劳动保护司
1954年9月	国务院设劳动部，内设劳动保护司（1956年9月更名为劳动保护局）
1955年7月	国务院批准在劳动部内设立锅炉检查总局（1956年1月正式成立）
1958年9月	锅炉检查总局被撤销，其业务并入劳动保护局
1963年5月	国务院决定恢复各级锅炉安全监察机构
1964年	劳动部设立锅炉安全监察局
1970年6月	劳动部并入国家计划委员会，内设劳动局劳动保护组
1975年9月	国务院决定成立国家劳动总局，内设劳动保护组（1979年6月改名为劳动保护司）、锅炉组（1978年9月改名为锅炉安全监察局，1980年8月改名为锅炉压力容器安全监察局）
1981年1月	国家劳动总局成立矿山安全监察局
1982年5月	国务院机构改革组建劳动人事部，内设劳动保护局、矿山安全监察局、锅炉压力容器安全监察局
1988年4月	国务院机构改革重组劳动部，内设职业安全卫生监察局、矿山安全卫生监察局、锅炉压力容器安全监察局
1993年10月	劳动部职业安全卫生监察局和锅炉压力容器安全监察局合并组建职业安全卫生与锅炉压力容器监察局，新增设安全生产管理局
1998年3月	国务院机构改革撤销劳动部，将安全生产综合管理、职业安全监察、矿山安全监察职能划转国家经贸委，将职业卫生监察（包括矿山职业卫生监察）职能划转卫生部，将锅炉压力容器等特种设备安全监察职能划转国家质量技术监督局；同时撤销煤炭部等工业部，组建国家煤炭工业局等国家经贸委管理的工业局，将原工业部门的行业安全生产管理职能划转国家经贸委
1998年7月	国家经贸委正式组建安全生产局，作为国家经贸委综合管理全国安全生产工作、对安全生产行使国家监督职权的职能部门
1999年12月	国务院批准煤矿安全监察管理体制改革实施方案，决定设立国家煤矿安全监察局，与国家煤炭工业局一个机构，两块牌子，由国家经贸委管理
2000年12月	国务院批准设立国家安全生产监督管理局，国家煤矿安全监察局与其一个机构，两块牌子，由国家经贸委管理

（续）

机构设立或撤并时间	机构设立或撤并情况
2003年3月	国务院机构改革将国家安全生产监督管理局（国家煤矿安全监察局）调整为国务院直属机构
2005年2月	国务院决定将国家安全生产监督管理局调整为国家安全生产监督管理总局，规格为正部级，为国务院直属机构；国家煤矿安全监察局单设，为副部级，作为国家安全生产监督管理总局管理的国家局
2018年3月	国务院机构改革，不再保留国家安全监管总局，将原国家安全监管总局承担的安全生产监管职责和职业健康监管职责分别划转新组建的应急管理部和国家卫生健康委员会，国家煤矿安全监察局仍然单设，由应急管理部管理

附录五 国务院办公厅、中央机构编制委员会及其办公室下发的安全生产体制机构重要文件（15个）

1 国务院办公厅关于印发煤矿安全监察管理体制改革实施方案的通知

各省、自治区、直辖市人民政府，国务院各部委、各直属机构：

中央机构编制委员会办公室、国家经济贸易委员会、国家煤炭工业局拟定的《煤矿安全监察管理体制改革实施方案》已经国务院批准，现印发给你们，请认真贯彻执行。

国务院办公厅
一九九九年十二月三十日

煤矿安全监察管理体制改革实施方案

中央机构编制委员会办公室
国家经济贸易委员会
国家煤炭工业局
（1999年12月21日）

为适应煤炭工业管理体制改革需要，进一步加强煤矿安全监察工作，根据国务院关于改革煤矿安全监察管理体制的有关要求，拟定本实施方案。

一、煤矿安全监察管理体制改革的指导思想

根据党的十五大关于加强执法监管部门的精神，从我国煤矿安全监察工作实际出发，借鉴国外的成功经验，在实行政企分开的基础上，按照精简、统一、效能的原则，改革现行煤矿安全监察体制，实行垂直管理。这项改革要突出重点、先易后难、分步实施，逐步建立起与社会主义市场经济体制相适应的煤矿安全监察管理体制。

二、煤矿安全监察管理体制的调整与机构设置

（1）设立国家煤矿安全监察局，与国家煤炭工业局一个机构、两块牌子。国家煤矿安全监察局是国家经济贸易委员会（以下简称国家经贸委）管理的负责煤矿安全监察的行政执法机构，承担现由国家经贸委负责的煤矿安全监察职能。国家煤炭工业局的有关内设机构，加挂国家煤矿安全监察局内设机构的牌子。

（2）将原煤炭工业部直属的河北、山西、内蒙古、辽宁、吉林、黑龙江、山东、江西、河南、湖南、重庆、四川、贵州、云南、陕西、新疆16个省（自治区、直辖市）煤炭工业管理局，以及安徽省、甘肃省、宁夏回族自治区煤炭工业管理局，改组为煤矿安全监察局（详见附表）。省（自治区、直辖市）煤矿安全监察局均为国家煤矿安全监察局的直属机构，实行国家煤矿安全监察局与所在省（自治区、直辖市）政府双重领导、以国家煤矿安全监察局为主的管理体制。现由劳动等部门负责的煤矿安全监察职能，均由煤矿安全监察局承担。

省（自治区、直辖市）煤矿安全监察局为正厅级机构，名称统一为"××（省、自治区、直辖市名）煤矿安全监察局"，一般设4~6个处（室）。

（3）煤炭行业管理任务比较重的省（自治区、直辖市），可暂在煤矿安全监察局加挂"××省（自治区、直辖市）煤炭工业局"的牌子，履行煤炭行业管理职能。这些地区的煤矿安全监察局，既是国家煤矿安全监察局的直属机构，又是所在省（自治区、直辖市）政府的工作机构，其煤矿安全监察业务以国家煤矿安全监察局管理为主，煤炭行业管理业务以所在省（自治区、直辖市）政府管理为主。具体事宜，由国家煤矿安全监察局与有关省（自治区、直辖市）政府商定。

（4）省（自治区、直辖市）煤矿安全监察局可在大中型矿区设立安全监察办事处，作为其派出机构。安全监察办事处为处级机构，名称统一为"××（地名）煤矿安全监察办事处"。具体的设置方案，由中央机构编制委员会办公室会同国家煤矿安全监察局另行下达。

（5）省（自治区、直辖市）煤矿安全监察局及安全监察办事处的设立、变更，由国家煤矿安全监察局商有关地方政府提出意见，经中央机构编制委员会办公室审核后，报国务院审批。

三、煤矿安全监察机构的主要职责

（一）国家煤矿安全监察局的主要职责

（1）研究拟定煤矿安全生产工作的方针、政策，组织起草有关煤矿安全生产的法律、法规草案，制定煤矿安全生产规章、规程，拟定煤炭工业安全标准，

提出保障煤矿安全的规划和目标。

（2）贯彻执行国家关于煤矿安全生产的方针、政策和法律、法规及有关规章，履行国家煤矿安全监察职责。

（3）组织调查和处理煤矿重大、特大事故，负责全国煤矿事故与职业危害的统计分析，发布全国煤矿安全生产信息。

（4）指导有关煤矿安全生产的科研工作，组织煤矿使用的设备、材料、仪器仪表的安全监察管理工作。

（5）拟定开办煤矿的安全标准，组织煤矿建设工程安全设施的设计审查和竣工验收，组织对不符合安全生产标准的煤炭企业的查处工作。

（6）组织、指导煤炭企业安全生产技术培训工作，负责煤炭企业主要经营管理者安全资格认证工作。

（7）监督检查煤矿职业危害的防治工作。

（8）组织、指导和协调煤矿救护队及其应急救援工作。

（9）按照干部管理权限负责直属煤矿安全监察机构的干部管理工作，组织煤矿安全监察人员的培训、考核工作。

（10）开展煤矿安全生产方面的国际交流与合作。

（11）承办国务院和国家经贸委交办的其他事项。

（二）省（自治区、直辖市）煤矿安全监察局的主要职责

（1）贯彻落实国家关于煤矿安全生产的方针、政策和法律、法规及规章、规程。

（2）按照分级管理的原则和上级授权，组织查处煤矿伤亡事故。

（3）组织、指导煤矿安全生产技术培训、职业危害防治、煤矿救护队及其应急救援工作。

（4）负责煤矿使用的设备、材料、仪器仪表的安全监察管理工作。

（5）查处不符合安全生产标准的煤炭企业。

（6）承办国家煤矿安全监察局交办的其他事项。

（三）煤矿安全监察办事处的主要职责

在省（自治区、直辖市）煤矿安全监察局的领导下，负责划定区域内煤矿的安全监察和执法工作。

四、煤矿安全监察机构的人员编制

（1）国家煤炭工业局与国家煤矿安全监察局实行一个机构、两块牌子后，其机关行政编制不变。

（2）按照精干机关、充实一线的原则，以划定区域煤矿的产量及煤矿职工人数作为标准,省(自治区、直辖市)煤矿安全监察局一般核定编制40名左右,业务量较大的可核定60名左右;煤矿安全监察办事处的编制一般为20名左右,业务量较大的可核定25名左右。按此标准,全国省(自治区、直辖市)煤矿安全监察局以及煤矿安全监察办事处(拟设68个)共核定行政编制2800名,属中央垂直管理,不计入地方行政编制总数。各省(自治区、直辖市)煤矿安全监察局及其安全监察办事处行政编制的具体数额,由中央机构编制委员会办公室会同国家煤矿安全监察局另行下达。

(3)省(自治区、直辖市)煤矿安全监察局领导职数一般为1正2副,加挂"省(自治区、直辖市)煤炭工业局"牌子的,可相应增加1名领导职数。煤矿安全监察办事处领导职数一般为1正1副。

各地煤矿安全监察局及其安全监察办事处的人员,除主要从原煤炭工业管理部门选调外,要选调劳动部门原从事煤矿安全监察的人员。有关考试录用及建立国家煤矿安全监察员制度等工作,由国家煤矿安全监察局商有关部门另行研究。

五、改革中应注意的几个问题

(1)改革煤矿安全监察管理体制,是深化我国煤炭工业管理体制改革的重要举措,涉及体制、机构、人员编制等方面的调整,影响面较大。因此,必须坚持积极稳妥的方针,切实加强组织领导。要注意掌握干部职工的思想动态,做耐心细致的思想政治工作,确保思想不散、秩序不乱、人员妥善安排、国有资产不流失、各项工作正常运转。这项改革的组织实施,由国家煤矿安全监察局负责。

(2)要以煤矿安全监察管理体制改革为契机,把人员分流与优化队伍结构、提高干部队伍素质结合起来,建设一支思想过硬、作风优良、技术精湛、秉公执法的煤矿安全监察队伍。同时,要采取有效措施,切实做好分流人员的安置工作。

(3)各地煤矿安全监察管理体制改革,原则上与省级政府机构改革同步进行。

附表:

省(自治区、直辖市)煤矿安全监察局机构序列

(共19个局)

1. 河北煤矿安全监察局
2. 山西煤矿安全监察局
3. 内蒙古煤矿安全监察局

4. 辽宁煤矿安全监察局
5. 吉林煤矿安全监察局
6. 黑龙江煤矿安全监察局
7. 山东煤矿安全监察局
8. 安徽煤矿安全监察局
9. 江西煤矿安全监察局
10. 河南煤矿安全监察局
11. 湖南煤矿安全监察局
12. 四川煤矿安全监察局
13. 重庆煤矿安全监察局
14. 云南煤矿安全监察局
15. 贵州煤矿安全监察局
16. 陕西煤矿安全监察局
17. 甘肃煤矿安全监察局
18. 宁夏煤矿安全监察局
19. 新疆煤矿安全监察局

2 国务院办公厅关于印发国家安全生产监督管理局（国家煤矿安全监察局）职能配置、内设机构和人员编制规定的通知

各省、自治区、直辖市人民政府，国务院各部委、各直属机构：

《国家安全生产监督管理局（国家煤矿安全监察局）职能配置、内设机构和人员编制规定》经国务院批准，现予印发。

国务院办公厅
二〇〇〇年十二月三十一日

国家安全生产监督管理局（国家煤矿安全监察局）职能配置、内设机构和人员编制规定

为适应我国安全生产工作的需要，进一步加强对安全生产的监督管理，预防和减少各类伤亡事故，设立国家安全生产监督管理局，国家煤矿安全监察局与其

一个机构、两块牌子。涉及煤矿安全监察方面的工作，以国家煤矿安全监察局的名义实施。国家安全生产监督管理局（国家煤矿安全监察局）是综合管理全国安全生产工作、履行国家安全生产监督管理和煤矿安全监察职能的行政机构，由国家经济贸易委员会（以下简称国家经贸委）负责管理。

一、职能调整

（1）现由国家经贸委承担的安全生产监督管理职能，划给国家安全生产监督管理局（国家煤矿安全监察局）。

（2）原国家煤矿安全监察局承担的职能不作调整。

二、主要职责

（1）负责起草安全生产方面的综合性法律草案和行政法规，拟定有关政策及工矿商贸企业安全生产规章、规程和安全技术标准。

（2）综合管理全国安全生产工作，分析和预测全国安全生产形势，拟定全国安全生产工作规划，依法行使国家安全生产监督管理职权，指导、协调和监督质量技术监督等有关部门承担的专项安全监察、监督工作。

（3）依法行使国家煤矿安全监察职权。对设在各地的煤矿安全监察局及其煤矿安全监察办事处的管理，按照《国务院办公厅关于印发煤矿安全监察管理体制改革实施方案的通知》（国办发〔1999〕104号）规定执行。

（4）负责发布全国安全生产信息，综合管理全国伤亡事故统计工作，组织、协调重大、特大事故的调查处理，受国务院委托对特大事故调查报告进行批复。

（5）指导、协调全国安全生产检测检验工作，组织实施对工矿商贸企业安全生产条件和有关设备（由其他有关部门承担的锅炉、压力容器、电梯、防爆电器等特种设备除外）进行检测检验、安全评价、安全培训、安全咨询等社会中介组织的资格认可工作，并负责监督检查。

（6）组织全国安全生产方面的宣传教育和本系统安全生产监察人员、煤矿安全监察人员的培训、考核工作，依法组织、指导并监督特种作业人员的考核工作和企业主要经营管理者的安全资格考核工作。

（7）监督工矿商贸企业贯彻执行安全生产法律、法规情况和安全生产条件、有关设备、材料及劳动防护用品的安全管理工作。

（8）负责新建、改建、扩建工程项目的安全设施与主体工程同时设计、同时施工、同时投产使用（以下简称"三同时"）的安全监督检查工作，按照职业安全法规和标准监督检查工矿商贸企业职业危害的防治工作，依法监督检查重大危险源的监控和重大事故隐患的整改工作,组织对不具备安全生产基本条件的生产经营单位的查处工作,组织、指导和协调煤矿救护、化学事故应急救援等工作。

(9) 拟定安全生产科研规划,组织、指导安全生产重大科学技术研究和技术示范工作。

(10) 按照干部管理权限负责局机关和直属机构的干部管理工作。

(11) 开展安全生产方面的国际交流与合作。

(12) 承办国务院和国家经贸委交办的其他事项。

三、内设机构

根据上述职责,国家安全生产监督管理局(国家煤矿安全监察局)设9个职能司(室)。

(一) 办公室(外事司、财务司)

负责机关文秘、档案、信息、保密和行政后勤等方面的工作;负责财务、经费、国有资产管理工作;负责组织安全生产方面的国际技术合作与交流活动。

(二) 政策法规司

负责起草有关法律草案和行政法规的具体工作;研究拟定工矿商贸企业安全生产规章、规程及安全技术标准;承办安全生产方面的行政复议工作;负责安全生产重大政策研究和起草重要文件及重要会议报告;组织、指导安全生产新闻宣传工作。

(三) 信息与技术装备保障司

负责发布全国安全生产信息和伤亡事故统计的具体工作,分析和预测全国安全生产形势;监督管理安全技术措施经费;组织有关科研成果的鉴定和技术推广;负责国家安全生产专家组工作;实施对工矿商贸企业安全生产条件和有关设备(由其他有关部门承担的锅炉、压力容器、电梯、防爆电器等特种设备除外)进行检测检验、安全评价、安全培训、安全咨询等社会中介组织的资格认可工作,并进行监督检查。

(四) 煤矿安全监察一司

组织国有煤矿建设工程安全设施的设计审查和竣工验收;监督检查国有煤矿贯彻执行安全生产法律、法规情况及其安全生产条件、设备设施安全和职业危害情况;组织调查和处理国有煤矿重大、特大事故;组织、指导和协调煤矿救护及应急救援工作。

(五) 煤矿安全监察二司

监督检查乡镇煤矿贯彻执行安全生产法律、法规情况及其安全生产条件、设备设施安全和职业危害情况，依法查处不具备安全生产基本条件的小煤矿；组织调查和处理乡镇煤矿重大、特大事故。

（六）安全监督管理一司

监督检查金属与非金属矿山企业贯彻执行安全生产法律、法规情况及其"三同时"情况和安全生产条件、设备设施安全情况；组织调查和处理金属与非金属矿山企业重大、特大事故；组织、指导和协调金属与非金属矿山企业事故应急救援工作。

（七）安全监督管理二司

监督检查石油、化工、电力、贸易、机械、冶金、有色、轻工、纺织、医药、建材、烟草、地质等行业的工矿商贸企业贯彻执行安全生产法律、法规情况及其"三同时"情况和安全生产条件、设备设施安全情况；组织调查和处理相关的重大、特大事故；组织、指导和协调化学事故应急救援等工作。

（八）安全监督管理三司

指导、协调和监督公路、水运、铁路、民航、建筑、水利、邮政、电信、林业、军工、旅游等行业的安全生产工作；组织、协调相关的重大、特大事故的处理工作。

（九）人事培训司

按照干部管理权限负责局机关和直属机构干部管理的具体工作；组织、指导本系统安全生产监察人员、煤矿安全监察人员的培训、考核和全国企业安全生产技术培训工作；依法组织、指导并监督特种作业人员的考核工作和企业主要经营管理者的安全资格考核工作。

机关党委。负责局机关和在京直属单位的党群工作，办事机构设在人事培训司。

四、人员编制

国家安全生产监督管理局（国家煤矿安全监察局）机关行政编制160名。其中：局长1名，副局长4名，正副司长职数30名（含机关党委专职副书记），国家安全生产监察专员15名（司局级）。

五、其他事项

（1）国家安全生产监察专员受国家安全生产监督管理局（国家煤矿安全监察局）的委托，监督检查有关单位对重大危险源和重大事故隐患的监控与整改情况，参加对重大、特大事故的调查处理工作，完成局领导交办的其他重要事项。

（2）国家经贸委安全科学技术研究中心（包括中国劳动保护科学技术学

会)、原国家煤炭工业局所属的离退休干部管理机构,由国家安全生产监督管理局(国家煤矿安全监察局)管理;原国家煤炭工业局管理的机关服务中心等事业单位以及中国煤炭工业劳动保护科学技术学会,暂由国家安全生产监督管理局(国家煤矿安全监察局)管理。有关事业单位的改革事宜,由中央编办商有关部门另行研究。

3 中央机构编制委员会办公室关于国家安全生产监督管理局(国家煤矿安全监察局)主要职责、内设机构和人员编制调整意见的通知

中央编办发〔2003〕15号

国务院各部委、各直属机构:

根据第十届全国人民代表大会第一次会议批准的国务院机构改革方案和《国务院关于机构设置的通知》,经研究并报中央编委领导批准,现将国家安全生产监督管理局(国家煤矿安全监察局)主要职责、内设机构和人员编制的调整意见通知如下:

国家安全生产监督管理局(国家煤矿安全监察局)是国务院主管安全生产综合监督管理和煤矿安全监察的直属机构。国家安全生产监督管理局与国家煤矿安全监察局一个机构、两块牌子,涉及煤矿安全监察方面的工作,以国家煤矿安全监察局的名义实施。

一、职责调整

在国家安全生产监督管理局(国家煤矿安全监察局)原有职责的基础上,增加如下职责:

(1)承担国务院安全生产委员会办公室的工作。

(2)原国家经贸委承担的协调安全生产专项整治、危险化学品安全生产监督管理、组织协调特别重大事故调查处理、组织全国安全生产督促检查、中国海洋(包括海域)石油作业安全生产监督管理职责(必要时有关职责以国务院安全生产委员会办公室名义履行)。

(3)原由卫生部承担的作业场所职业卫生监督检查职责。

（4）烟花爆竹生产经营单位的安全生产监督管理职责。

（5）组织实施注册安全工程师执业资格制度，监督指导注册安全工程师执业资格考试和注册工作的职责。

二、主要职责

国家安全生产监督管理局（国家煤矿安全监察局）的主要职责调整为：

（1）承担国务院安全生产委员会办公室的日常工作。

具体职责是：研究提出安全生产重大方针政策和重要措施的建议；监督检查、指导协调国务院有关部门和各省、自治区、直辖市人民政府的安全生产工作；组织国务院安全生产大检查和专项督查；参与研究有关部门在产业政策、资金投入、科技发展等工作中涉及安全生产的相关工作；负责组织国务院特别重大事故调查处理和办理结案工作；组织协调特别重大事故应急救援工作；指导协调全国安全生产行政执法工作；承办国务院安委会召开的会议和重要活动，督促、检查安委会会议决定事项的贯彻落实情况；承办国务院安委会交办的其他事项。

（2）综合管理全国安全生产工作。组织起草安全生产方面的综合性法律和行政法规，研究拟订安全生产工作方针政策，制定发布工矿商贸行业及有关综合性安全生产规章规程，研究拟订工矿商贸安全生产标准，并组织实施。

（3）依法行使国家安全生产综合监督管理职权，指导、协调和监督有关部门安全生产监督管理工作；制定全国安全生产发展规划；定期分析和预测全国安全生产形势，研究、协调和解决安全生产中的重大问题。

（4）依法行使国家煤矿安全监察职权。依法监察煤矿企业贯彻执行安全生产法律、法规情况及其安全生产条件、设备设施安全和作业场所职业卫生情况；对不具备安全生产条件的煤矿企业依法进行查处；组织煤矿建设工程安全设施的设计审查和竣工验收。对设在各地的煤矿安全监察局及煤矿安全监察办事处进行管理。

（5）负责发布全国安全生产信息，综合管理全国生产安全伤亡事故调度统计和安全生产行政执法分析工作；依法组织、协调重大、特大和特别重大事故的调查处理工作，并监督事故查处的落实情况；组织、指挥和协调安全生产应急救援工作。

（6）负责综合监督管理危险化学品和烟花爆竹安全生产工作。

（7）指导、协调全国安全生产检测检验工作；组织实施对工矿商贸企业安全生产条件和有关设备（特种设备除外）进行检测检验、安全评价、安全培训、安全咨询等社会中介组织的资质管理工作，并进行监督检查。

（8）组织、指导全国安全生产宣传教育工作，负责安全生产监督管理人员、煤矿安全监察人员的安全培训、考核工作，依法组织、指导并监督特种作业人员（特种设备作业人员除外）的考核工作和生产经营单位主要经营管理者、安全管理人员的安全资格考核工作；监督检查生产经营单位安全培训工作。

（9）负责监督管理中央管理的工矿商贸企业安全生产工作，依法监督工矿商贸企业贯彻执行安全生产法律、法规情况及其安全生产条件和有关设备（特种设备除外）、材料、劳动防护用品的安全管理工作。

（10）依法监督检查新建、改建、扩建工程项目的安全设施与主体工程同时设计、同时施工、同时投产使用情况；依法监督检查生产经营单位作业场所职业卫生情况和重大危险源监控、重大事故隐患的整改工作，依法查处不具备安全生产条件的生产经营单位。

（11）拟订安全生产科技规划，组织、指导安全生产重大科学技术研究和技术示范工作。

（12）组织实施注册安全工程师执业资格制度，监督和指导注册安全工程师执业资格考试和注册工作。

（13）组织开展与外国政府、国际组织及民间组织安全生产方面的国际交流与合作。

（14）承办国务院交办的其他事项。

三、内设机构

国家安全生产监督管理局（国家煤矿安全监察局）内设职能机构调整为11个：

（一）办公室（国际合作司、财务司）

组织、协调机关办公，拟订和监督执行局机关的各项工作规则和制度；承担机关文秘、政务信息、保密、档案、提案、信访和行政事务等方面的工作；研究及承办机关及所属单位管理体制、机构编制的有关工作；承担机关和所属单位财务、经费、国有资产管理和审计工作；组织开展与外国政府、国际组织及民间组织安全生产方面的国际交流与合作；承担有关外事管理工作。

（二）政策法规司

组织起草有关法律和行政法规；组织研究拟订工矿商贸行业及有关综合性安全生产规章、规程和工矿商贸安全生产标准；承办安全生产方面的行政复议和执法监督工作，指导安全生产系统的法制建设；组织研究安全生产重大政策；组织起草重要文件、重要会议报告；承担全国安全生产信息发布工作；组织、指导安全生产新闻和宣传教育工作。

（三）规划科技司

组织研究拟订安全生产发展规划和科技规划；组织、指导安全生产重大科学技术研究、技术示范及安全生产科研成果鉴定和技术推广工作；负责安全生产信息化建设工作；按照投资管理权限负责相应的固定资产投资项目管理；负责国家安全生产专家组工作；负责劳动防护用品和安全标志的监督管理工作；实施对工矿商贸生产经营单位安全生产条件和有关设备（特种设备除外）进行检测检验、安全评价、安全培训、安全咨询等社会中介机构的资质管理，并进行监督检查。

（四）安全生产协调司（国家安全生产监察专员办公室）

承担安委会办公室日常工作。分析和预测全国安全生产形势；联系国务院有关部门和各省、自治区、直辖市的安全生产工作，及时掌握重要情况和重大事项；组织、协调全国性的安全生产大检查、专项督查和安全生产专项整治工作；负责组织特别重大事故调查处理工作；负责国家安全生产监察专员日常管理工作。

（五）生产安全应急救援办公室

研究起草安全生产应急救援的相关法律、法规和有关规章、规程、标准；组织安全生产应急救援预案的编制和安全生产应急救援体系建设；组织指挥安全生产应急救援演习；统一指挥、协调特别重大生产安全事故应急救援工作；分析预测特别重大事故风险，及时发布预警信息。

（六）煤矿监察一司

依法监察大中型煤矿企业贯彻执行安全生产法律、法规情况及其安全生产条件、设备设施安全和作业场所职业卫生情况，对不具备安全生产条件的大中型煤矿依法进行查处；组织大中型煤矿建设工程安全设施的设计审查和竣工验收；指导和监督大中型煤矿安全评估工作；依法组织或参与大中型煤矿特大和特别重大事故的调查处理并监督事故查处的落实情况；指导协调或参与大中型煤矿事故应急救援工作；负责为煤矿服务的其他煤炭企业的安全生产监督检查工作。

（七）煤矿监察二司

依法监察小型煤矿企业贯彻执行安全生产法律、法规情况及其安全生产条件、设备设施安全和作业场所职业卫生情况，对不具备安全生产条件的小型煤矿依法进行查处；组织小型煤矿建设工程安全设施的设计审查和竣工验收；指导和监督小型煤矿安全评估工作；依法组织或参与小型煤矿特大和特别重大事故的调查处理，并监督事故查处的落实情况；指导协调或参与小型煤矿事故应急救援工作。

（八）监督管理一司（海洋石油作业安全办公室）

依法监督检查非煤矿山、石油、冶金、有色、建材、地质等行业的工矿商贸生产经营单位贯彻执行安全生产法律、法规情况及其安全生产条件、设备设施安全和作业场所职业卫生情况；组织相关的大型建设项目安全设施设计审查和竣工验收；指导和监督相关的安全评估工作；参与相关行业特别重大事故的调查处理，并监督事故查处的落实情况；指导协调或参与相关的事故应急救援工作；承担海上石油安全生产的综合监督管理工作。

（九）监督管理二司

依法监督检查机械、轻工、纺织、烟草、电力、贸易行业的工矿商贸生产经营单位贯彻执行安全生产法律、法规情况及其安全生产条件、设备设施安全情况和作业场所职业卫生情况；指导、监督相关的安全评估工作；组织相关的大型建设项目安全设施设计审查和竣工验收。指导、协调和监督公路、水运、铁路、民航、建筑、水利、邮政、电信、林业、军工、旅游等行业的安全生产工作。参与调查处理相关的特别重大事故，并监督事故查处的落实情况；指导协调或参与相关的事故应急救援工作。

（十）危险化学品安全监督管理司

综合监督管理危险化学品安全生产工作；依法负责危险化学品生产和储存企业设立及其改建和扩建的安全审查、危险化学品包装物和容器专业生产企业的安全审查和定点、危险化学品经营许可证的发放、国内危险化学品登记工作并监督检查。负责烟花爆竹生产经营单位的安全生产监督管理。依法监督检查化工（含石油化工）、医药和烟花爆竹行业生产经营单位贯彻执行安全生产法律、法规情况及其安全生产条件、设备设施安全和作业场所职业卫生情况；组织查处不具备安全生产基本条件的生产经营单位；组织相关的大型建设项目安全设施的设计审查和竣工验收；指导和监督相关的安全评估工作；参与调查处理相关的特别重大事故，并监督事故查处的落实情况；指导协调或参与相关的事故应急救援工作。

（十一）人事培训司

承担局机关和直属机构干部管理及人事、劳动工资和职称管理工作；组织实施注册安全工程师执业资格考试及注册管理工作；指导全国安全生产培训工作，负责本系统安全生产监督管理人员、煤矿安全监察人员的安全培训和考核；依法组织、指导和监督特种作业人员（特种设备作业人员除外）和生产经营单位主要经营管理者、安全管理人员的安全资格考核工作；监督检查生产经营单位安全培训工作。

机关党委。负责局机关和在京直属单位的党群工作。

四、人员编制

按照"人员要精干、结构要改善、素质要提高"的精神,国家安全生产监督管理局(国家煤矿安全监察局)机关行政编制调整为192名(含国家安全生产监察专员编制)。其中:局长1名,副局长4名,正副司长职数37名(含机关党委专职副书记1名),国家安全生产监察专员20名(司局级)。

五、其他事项

(1)关于工矿商贸企业的安全生产监督管理问题。工矿商贸企业的安全生产监督管理实行分级管理,分级负责。国家安全生产监督管理局负责中央管理的工矿商贸企业安全生产的监督管理并承担相应行政监管责任,地方各级人民政府安全生产监督管理部门负责本地区工矿商贸企业安全生产的监督管理并承担相应行政监管责任。

(2)关于交通、铁路、民航、水利、建筑、国防工业和邮政、电信、旅游、特种设备、消防、核安全等有专门的安全生产主管部门的行业和领域的安全监督管理问题。公安、交通、铁路、民航、水利、建设、国防科技、邮政、信息产业、旅游、质检、环保等国务院部门具体负责本行业或领域内的安全生产监督管理工作并承担相应的行政监管责任;国家安全生产监督管理局从综合监督管理全国安全生产工作的角度,指导、协调和监督上述部门的安全生产监督管理工作。特种设备的安全监督管理、特种设备作业人员的考核、特种设备事故的调查处理由国家质量监督检验检疫总局负责。

(3)关于烟花爆竹安全监督管理的职责分工。国家安全生产监督管理局负责监督烟花爆竹生产经营单位贯彻执行安全生产法律法规的情况,负责烟花爆竹生产经营单位安全生产条件审查和生产安全许可证、销售许可证发放工作,组织查处不具备安全生产基本条件的烟花爆竹生产经营单位,组织查处烟花爆竹安全生产事故;公安部负责烟花爆竹运输通行证发放和烟花爆竹运输路线确定工作,管理烟花爆竹禁放工作,实施烟花爆竹厂点四邻安全距离等公共安全管理,侦查非法生产、买卖、储存、运输、邮寄烟花爆竹的刑事案件;国家发展和改革委员会负责拟订烟花爆竹行业规划、产业政策和有关标准、规范。

(4)关于职业卫生监督管理的职责分工。国家安全生产监督管理局负责作业场所职业卫生的监督检查工作,组织查处职业危害事故和有关违法行为;卫生部负责拟订职业卫生法律法规、标准，规范职业病的预防、保健、检查和救治，负责职业卫生技术服务机构资质认定和职业卫生评价及化学品毒性鉴定工作。

中央机构编制委员会办公室
二〇〇三年十月二十三日

4　国务院办公厅关于完善煤矿安全监察体制的意见

各省、自治区、直辖市人民政府，国务院各部委、各直属机构：

1999年国务院决定煤矿安全监察体制实行垂直管理，这对加强煤矿安全生产工作，促进我国煤矿安全生产形势的好转，起到了重要作用。但是，在实际运行中煤矿安全监察、监管的部分职责尚需进一步明确，协调机制和自身体系建设有待完善。根据《国务院关于进一步加强安全生产工作的决定》，为进一步加强煤矿安全生产工作，按照权责一致和充分发挥各方面积极性的原则，对现行煤矿安全监察体制进行完善。经国务院批准，现提出如下意见：

一、明确煤矿安全监察、监管职责

依据《中华人民共和国安全生产法》《煤矿安全监察条例》，结合实际情况，煤矿安全监察机构行使国家煤矿安全监察职能，主要职责是：对煤矿安全实施重点监察、专项监察和定期监察，对煤矿违法违规行为依法作出现场处理或实施行政处罚；对地方煤矿安全监管工作进行检查指导；负责煤矿安全生产许可证的颁发管理工作和矿长安全资格、特种作业人员的培训发证工作；负责煤矿建设工程安全设施的设计审查和竣工验收；组织煤矿事故的调查处理。

地方煤矿安全监管机构的主要职责是：对本地区煤矿安全进行日常性的监督检查，对煤矿违法违规行为依法作出现场处理或实施行政处罚；监督煤矿企业事故隐患的整改并组织复查；依法组织关闭不具备安全生产条件的矿井；负责组织煤矿安全专项整治；参与煤矿事故调查处理；对煤矿职工培训进行监督检查。根据上述职责，省级人民政府结合本地实际情况对地方煤矿安全监管机构及其职责作出具体规定。

二、建立健全煤矿安全监察、监管协调工作机制

设在地方的煤矿安全监察机构和有关地方人民政府及其相关部门，要加强联系、密切配合、协调行动，建立工作通报和信息交流制度，及时通报行政执法情况及有关资料，煤矿安全监察机构在颁发煤矿安全生产许可证等工作中听取地方相关部门的意见；建立联席会议制度，及时协商解决煤矿安全监察、监管工作中的重大问题；完善联合执法机制，杜绝重复执法和"一事两罚"，努力提高执法效率。具体办法由煤矿安全监察机构商当地有关部门研究制定。

三、加强对地方煤矿安全监管工作的检查指导

为保证国家有关煤矿安全生产法律法规的贯彻实施，协助地方搞好煤矿安全监管工作，煤矿安全监察机构要对地方煤矿安全监管工作进行检查指导，主要内容是：贯彻落实煤矿安全法律法规、标准情况；关闭不具备安全生产条件矿井情况；煤矿安全监督检查执法情况；煤矿安全专项整治、事故隐患整改及复查情况；煤矿事故责任人的责任追究落实情况。煤矿安全监察机构要根据检查的情况，向有关地方人民政府及其有关部门提出意见和建议。

四、完善煤矿安全监察体系，建立监察执法责任追究制度

调整煤矿安全监察机构布局，在监察任务繁重的地区适当增设煤矿安全监察机构。在湖北、广东、广西、青海、福建5省（自治区）增设煤矿安全监察局。将煤矿安全监察办事处更名为区域性监察分局。

煤矿安全监察机构要承担与其行使权力相对应的行政责任，建立执法责任追究制度。对煤矿安全监察人员在履行职责中滥用职权、玩忽职守、违反廉政规定等行为，承担相应责任。国家煤矿安全监察局制定监察执法责任追究办法，并向社会公布。

煤矿安全事关人民生命财产和改革发展稳定大局，各级煤矿安全监察机构和地方各级人民政府，要认真履行职责，切实落实责任，强化监管措施，促进煤矿安全局面的根本好转。

2004年11月4日

附 录

5　国务院关于国家安全生产监督管理局（国家煤矿安全监察局）机构调整的通知

各省、自治区、直辖市人民政府，国务院各部委、各直属机构：

　　为适应完善社会主义市场经济体制的要求，进一步加强安全生产监督管理和煤矿安全监察工作，强化监督执法，促进安全生产形势的稳定好转，国务院决定：

　　一、国家安全生产监督管理局调整为国家安全生产监督管理总局，规格为正部级，为国务院直属机构。

　　二、国家煤矿安全监察局单设，为副部级机构，作为国家安全生产监督管理总局管理的国家局。

　　上述两个机构的主要职责、内设机构和人员编制另行制定。

国务院
二〇〇五年二月二十六日

6　国务院办公厅关于印发国家安全生产监督管理总局主要职责、内设机构和人员编制规定的通知

各省、自治区、直辖市人民政府，国务院各部委、各直属机构：

　　《国家安全生产监督管理总局主要职责、内设机构和人员编制规定》已经国务院批准，现予印发。

国务院办公厅
二〇〇五年三月十六日

国家安全生产监督管理总局主要职责、内设机构和人员编制规定

　　根据《国务院关于国家安全生产监督管理局（国家煤矿安全监察局）机构调整的通知》，国家安全生产监督管理局调整为国家安全生产监督管理总局（正

部级)。国家安全生产监督管理总局是国务院主管安全生产综合监督管理的直属机构,也是国务院安全生产委员会的办事机构。

一、职责调整

(1) 将原国家安全生产监督管理局(国家煤矿安全监察局)的安全生产监督管理职责,划入国家安全生产监督管理总局。

(2) 将国务院安全生产委员会办公室职责划入国家安全生产监督管理总局。

二、主要职责

(1) 承担国务院安全生产委员会办公室的工作。具体职责是:研究提出安全生产重大方针政策和重要措施的建议;监督检查、指导协调国务院有关部门和各省、自治区、直辖市人民政府的安全生产工作;组织国务院安全生产大检查和专项督查;参与研究有关部门在产业政策、资金投入、科技发展等工作中涉及安全生产的相关工作;负责组织国务院特别重大事故调查处理和办理结案工作;组织协调特别重大事故应急救援工作;指导协调全国安全生产行政执法工作;承办国务院安全生产委员会召开的会议和重要活动,督促检查国务院安全生产委员会会议决定事项的贯彻落实情况。

(2) 综合监督管理全国安全生产工作。组织起草安全生产方面的综合性法律和行政法规,制定发布工矿商贸行业及有关综合性安全生产规章,研究拟订安全生产方针政策和工矿商贸安全生产标准、规程,并组织实施。负责职责范围内非煤矿山企业和危险化学品、烟花爆竹生产企业安全生产许可证的颁发和管理工作。

(3) 依法行使国家安全生产综合监督管理职权,按照分级、属地原则,指导、协调和监督有关部门安全生产监督管理工作,对地方安全生产监督管理部门进行业务指导;制定全国安全生产发展规划;定期分析和预测全国安全生产形势,研究、协调和解决安全生产中的重大问题。

(4) 负责发布全国安全生产信息,综合管理全国生产安全伤亡事故调度统计和安全生产行政执法分析工作;依法组织、协调特大和特别重大事故的调查处理工作,并监督事故查处的落实情况;组织、指挥和协调安全生产应急救援工作。

(5) 负责综合监督管理危险化学品和烟花爆竹安全生产工作。

(6) 指导、协调全国和各省、自治区、直辖市安全生产检测检验工作;组织实施对工矿商贸生产经营单位安全生产条件和有关设备（特种设备除外）进行检测检验、安全评价、安全培训、安全咨询等社会中介组织的资质管理工作，并进行监督检查。

（7）组织、指导全国和各省、自治区、直辖市安全生产宣传教育工作，负责安全生产监督管理人员的安全培训、考核工作，依法组织、指导并监督特种作业人员（煤矿特种作业人员、特种设备作业人员除外）的考核工作和工矿商贸生产经营单位主要经营管理者、安全生产管理人员的安全资格考核工作（煤矿矿长安全资格除外）；监督检查工矿商贸生产经营单位安全培训工作。

（8）负责监督管理中央管理的工矿商贸生产经营单位安全生产工作，依法监督工矿商贸生产经营单位贯彻执行安全生产法律、法规情况及其安全生产条件和有关设备（特种设备除外）、材料、劳动防护用品的安全生产管理工作。

（9）依法监督检查职责范围内新建、改建、扩建工程项目的安全设施与主体工程同时设计、同时施工、同时投产使用情况；依法监督检查工矿商贸生产经营单位作业场所（煤矿作业场所除外）职业卫生情况，负责职业卫生安全许可证的颁发管理工作；监督检查重大危险源监控、重大事故隐患的整改工作，依法查处不具备安全生产条件的工矿商贸生产经营单位。

（10）组织拟订安全生产科技规划，组织、指导和协调相关部门和单位开展安全生产重大科学技术研究和技术示范工作。

（11）组织实施注册安全工程师执业资格制度，监督和指导注册安全工程师执业资格考试和注册工作。

（12）组织开展与外国政府、国际组织及民间组织安全生产方面的国际交流与合作。

（13）承办国务院、国务院安全生产委员会交办的其他事项。

根据国务院规定，管理国家煤矿安全监察局并综合监督管理煤矿安全监察工作。

三、内设机构

根据上述主要职责，国家安全生产监督管理总局设9个职能机构：

（一）办公厅（国际合作司、财务司）

组织协调机关办公，拟订和监督执行机关的各项工作规则和制度；承担机关文秘、政务信息、保密、档案、提案、信访和行政事务等方面的工作；研究承办机关及所属单位管理体制、机构编制工作；承担机关和所属单位财务、经费、国有资产管理和审计工作；组织开展与外国政府、国际组织及民间组织安全生产方面的国际交流与合作；承担有关外事管理工作。

（二）政策法规司

组织起草安全生产方面的法律和行政法规；组织研究拟订工矿商贸行业及有关综合性安全生产规章、规程和工矿商贸安全生产标准；承办安全生产方面的行政复议，指导安全生产系统的法制建设，监督执法行为；组织研究安全生产重大政策；组织起草重要文件、重要会议报告；承担全国安全生产信息发布工作；组织、指导安全生产新闻和宣传教育工作。

（三）规划科技司

组织研究拟订安全生产发展规划和科技规划；组织、指导和协调安全生产重大科学技术研究、技术示范及安全生产科研成果鉴定和技术推广工作；负责安全生产信息化建设工作；按照投资管理权限负责相应的固定资产投资项目管理；负责国家安全生产专家组工作；负责劳动防护用品和安全标志的监督管理工作；实施对工矿商贸生产经营单位安全生产条件和有关设备（特种设备除外）进行检测检验、安全评价、安全培训、安全咨询等社会中介机构的资质管理，并进行监督检查。

（四）安全生产协调司（国家安全生产监察专员办公室、职业安全监督管理司）

承担国务院安全生产委员会办公室日常工作。分析和预测全国安全生产形势；联系国务院有关部门和各省、自治区、直辖市的安全生产工作，及时掌握重要情况和重大事项；组织、协调全国性的安全生产大检查、专项督查和安全生产专项整治工作；负责组织特别重大事故调查处理工作；负责国家安全生产监察专员日常管理工作；承担综合监督管理煤矿安全监察的日常工作；负责作业场所（煤矿作业场所除外）职业卫生的监督检查工作，组织查处职业危害事故和有关违法行为。

（五）安全生产应急救援办公室

研究起草安全生产应急救援的相关法律、法规和有关规章、规程、标准；组织安全生产应急救援预案的编制和安全生产应急救援体系建设；组织指挥安全生产应急救援演习；统一指挥、协调特别重大安全生产事故应急救援工作；分析预测特别重大事故风险，及时发布预警信息。

（六）监督管理一司（海洋石油作业安全办公室）

依法监督检查非煤矿山、石油、冶金、有色、建材、地质等行业的工矿商贸生产经营单位贯彻执行安全生产法律、法规情况及其安全生产条件、设备设施安全情况；组织相关的大型建设项目安全设施设计审查和竣工验收；负责非煤矿山企业安全生产许可证的颁发和管理工作；指导和监督相关的安全评估工作；参与相关行业特别重大事故的调查处理，并监督事故查处的落实情况；指导、协调或参与相关的事故应急救援工作；承担海上石油安全生产的综合监督管理工作。

（七）监督管理二司

依法监督检查机械、轻工、纺织、烟草、贸易行业的工矿商贸生产经营单位贯彻执行安全生产法律、法规情况及其安全生产条件、设备设施安全情况；指导、监督相关的安全评估工作；组织相关的大型建设项目安全设施设计审查和竣工验收。指导、协调和监督公路、水运、铁路、民航、建筑、水利、电力、邮政、电信、林业、军工、旅游等行业的安全生产工作。参与调查处理相关的特别重大事故，并监督事故查处的落实情况；指导、协调或参与相关的事故应急救援工作。

（八）危险化学品安全监督管理司

综合监督管理危险化学品安全生产工作；依法负责危险化学品生产和储存企业设立及其改建和扩建的安全审查、危险化学品包装物和容器专业生产企业的安全审查和定点、危险化学品经营许可证的发放、国内危险化学品登记工作并监督检查。负责烟花爆竹生产经营单位的安全生产监督管理。依法监督检查化工（含石油化工）、医药和烟花爆竹行业生产经营单位贯彻执行安全生产法律、法规情况及其安全生产条件、设备设施安全情况；组织查处不具备安全生产基本条件的生产经营单位；组织相关的大型建设项目安全设施的设计审查和竣工验收；负责危险化学品、烟花爆竹生产经营单位安全生产许可证的颁发和管理工作；指导和监督相关的安全评估工作；参与调查处理相关的特别重大事故，并监督事故查处的落实情况；指导、协调或参与相关的事故应急救援工作。

（九）人事培训司

承担局机关和直属单位干部管理及人事、劳动工资和职称管理工作；组织实施注册安全工程师执业资格考试及注册管理工作；指导全国安全生产培训工作，负责本系统安全生产监督管理人员的安全培训和考核；依法组织、指导和监督特种作业人员（煤矿特种作业人员、特种设备作业人员除外）和工矿商贸生产经营单位主要经营管理者、安全生产管理人员的安全资格（煤矿矿长安全资格除外）考核工作；监督检查工矿商贸生产经营单位安全培训工作。

机关党委。负责局机关和在京直属单位的党群工作。

四、人员编制

国家安全生产监督管理总局机关行政编制为160名（含国家安全生产监察

专员编制）。其中：局长1名，副局长4名，司局级领导职数33名（含机关党委专职副书记1名），国家安全生产监察专员14名（司局级）。

五、其他事项

（1）国家煤矿安全监察局的综合性业务和人事党务、机关财务后勤、煤矿安全监察人员的考核和组织培训等事务，依托国家安全生产监督管理总局管理。

（2）设在地方的煤矿安全监察局由国家安全生产监督管理总局领导，国家煤矿安全监察局负责业务管理。国家煤矿安全监察局可单独向设在地方的煤矿安全监察局行文，重要文件经国家安全生产监督管理总局审议，必要时可以国家安全生产监督管理总局名义行文或联合行文。国家煤矿安全监察局对设在地方的煤矿安全监察局的领导班子成员任免提出建议，由国家安全生产监督管理总局任免。设在地方的煤矿安全监察局的财务、发展规划和科技项目，经国家安全生产监督管理总局综合平衡后统一上报，由国家煤矿安全监察局下达并实施管理。

（3）工矿商贸生产经营单位的安全生产监督管理实行分级、属地管理。国家安全生产监督管理总局负责中央管理的工矿商贸生产经营单位总公司（总厂、集团公司）的安全生产监督管理工作。

（4）除工矿商贸行业外，交通、铁路、民航、水利、电力、建筑、国防工业、邮政、电信、旅游、特种设备、消防、核安全等有专门的安全生产主管部门的行业和领域的安全监督管理工作分别由公安、交通、铁道、民航、水利、电监、建设、国防科技、邮政、信息产业、旅游、质检、环保等国务院部门负责，国家安全生产监督管理总局从综合监督管理全国安全生产工作的角度，指导、协调和监督上述部门的安全生产监督管理工作，不取代这些部门具体的安全生产监督管理工作。特种设备的安全监督管理、特种设备作业人员的考核、特种设备事故的调查处理由国家质量监督检验检疫总局负责。

（5）国家安全生产监督管理总局负责烟花爆竹的安全生产监督管理，监督烟花爆竹生产经营单位贯彻执行安全生产法律法规情况，审查烟花爆竹生产经营单位安全生产条件和发放安全生产许可证、销售许可证，组织查处不具备安全生产基本条件的烟花爆竹生产经营单位，组织查处烟花爆竹安全生产事故。具体按照分级、属地的原则实施监督管理。

国家质量监督检验检疫总局负责烟花爆竹的质量监督管理，监督抽查烟花爆竹质量，检验进出口烟花爆竹的安全质量。

公安部负责烟花爆竹的公共安全管理，许可烟花爆竹运输和确定运输路线，许可焰火晚会燃放，组织销毁处置废旧和罚没的非法烟花爆竹，侦查非法生产、买卖、储存、运输、邮寄烟花爆竹的刑事案件。

公安部、国家安全生产监督管理总局、国家质量监督检验检疫总局、国家工商行政管理总局等部门按照职责分工，有责任组织查处非法制造、买卖、储存、运输、邮寄、燃放烟花爆竹的违法行为。

（6）国家安全生产监督管理总局负责作业场所（煤矿作业场所除外）职业卫生的监督检查工作，组织查处职业危害事故和有关违法行为；卫生部负责拟订职业卫生法律法规、标准，规范职业病的预防、保健、检查和救治，负责职业卫生技术服务机构资质认定和职业卫生评价及化学品毒性鉴定工作。

（7）国家安全生产监督管理总局与相关部门的职责调整，在下一步完善相关部门"三定"规定时进一步明确。

（8）本规定由中央机构编制委员会办公室负责解释，其调整由中央机构编制委员会办公室按规定程序办理。

7　国务院办公厅关于印发国家煤矿安全监察局主要职责内设机构和人员编制规定的通知

各省、自治区、直辖市人民政府，国务院各部委、各直属机构：

《国家煤矿安全监察局主要职责、内设机构和人员编制规定》已经国务院批准，现予印发。

国务院办公厅
二〇〇五年三月十六日

国家煤矿安全监察局主要职责、内设机构和人员编制规定

根据《国务院关于国家安全生产监督管理局（国家煤矿安全监察局）机构调整的通知》，单设国家煤矿安全监察局（副部级）。国家煤矿安全监察局是国家安全生产监督管理总局管理的行使国家煤矿安全监察职能的行政机构。

一、职责调整

（1）划入原国家安全生产监督管理局（国家煤矿安全监察局）承担的国家煤矿安全监察职责。

（2）加强对地方煤矿安全监督管理工作的监督检查，保证国家有关煤矿安全生产法律法规的贯彻实施。

二、主要职责

（1）研究煤矿安全生产工作的方针、政策，参与起草有关煤矿安全生产的法律、法规，拟定煤矿安全生产规章、规程和安全标准，提出煤矿安全生产规划和目标。

（2）按照国家监察、地方监管、企业负责的原则，依法行使国家煤矿安全监察职权。依法监察煤矿企业贯彻执行安全生产法律、法规情况及其安全生产条件、设备设施安全和作业场所职业卫生情况，负责职业卫生安全许可证的颁发管理工作；对煤矿安全实施重点监察、专项监察和定期监察，对煤矿违法违规行为依法作出现场处理或实施行政处罚。

（3）组织或参与煤矿重大、特大和特别重大事故调查处理，负责全国煤矿事故与职业危害的统计分析，发布全国煤矿安全生产信息。

（4）指导煤矿安全生产科研工作，组织对煤矿使用的设备、材料、仪器仪表的安全监察工作。

（5）负责煤矿安全生产许可证的颁发管理和矿长安全资格、煤矿特种作业人员（含煤矿矿井使用的特种设备作业人员）的培训发证工作。

（6）组织煤矿建设工程安全设施的设计审查和竣工验收，对不符合安全生产标准的煤矿企业进行查处。

（7）检查指导地方煤矿安全监督管理工作，对地方贯彻落实煤矿安全生产法律法规、标准，关闭不具备安全生产条件矿井，煤矿安全监督检查执法，煤矿安全生产专项整治、事故隐患整改及复查，煤矿事故责任人的责任追究落实等情况进行监督检查，并向有关地方人民政府及其有关部门提出意见和建议。

（8）组织、指导和协调煤矿应急救援工作。

（9）承办国务院、国务院安全生产委员会及国家安全生产监督管理总局交办的其他事项。

三、内设机构

根据上述主要职责，国家煤矿安全监察局设3个职能机构：

（一）综合司（技术装备司）

组织协调机关办公，承担机关行政事务相关工作；研究和参与起草有关法律法规、生产规程和标准，拟定规章和命令；按分工负责有关人事、财务、发展规划和科技项目等管理工作；负责组织煤矿安全生产科研及科技成果推广工作；协调全国煤矿安全技术装备保障工作；组织煤矿使用的设备、材料、仪器仪表的安全监察管理工作。

（二）安全监察司

依法监察煤矿企业贯彻执行安全生产法律、法规情况及其安全生产条件、设备设施安全和作业场所职业卫生情况，依法查处不具备安全生产条件的煤矿；组织煤矿建设工程安全设施的设计审查和竣工验收；负责煤矿安全生产许可证的颁发管理和矿长安全资格、煤矿特种作业人员（含煤矿矿井使用的特种设备作业人员）的培训发证工作；指导和监督煤矿安全评估工作；负责为煤矿服务的其他煤炭企业的安全生产监督检查工作；对地方煤矿安全监督管理工作进行检查指导，并向有关地方人民政府及其有关部门提出意见和建议。

（三）事故调查司

依法组织或参与煤矿重大、特大和特别重大事故的调查处理并监督事故查处的落实情况；指导协调或参与煤矿事故应急救援工作；承办煤矿安全生产方面的行政复议，监督执法行为；负责全国煤矿事故与职业危害的统计分析，发布全国煤矿安全生产信息；负责国家煤矿安全监察专员的日常工作。

四、人员编制

国家煤矿安全监察局机关行政编制为48名（含国家煤矿安全监察专员编制）。其中：局长1名，副局长4名（其中1名兼总工程师），正副司长职数10名，国家煤矿安全监察专员6名（司局级）。

五、其他事项

（1）国家煤矿安全监察局的综合性业务和人事党务、机关财务后勤、煤矿安全监察人员的考核和组织培训等事务，依托国家安全生产监督管理总局管理。

（2）设在地方的煤矿安全监察局由国家安全生产监督管理总局领导，国家煤矿安全监察局负责业务管理。国家煤矿安全监察局可单独向设在地方的煤矿安全监察局行文，重要文件经国家安全生产监督管理总局审议，必要时可以国家安全生产监督管理总局名义行文或联合行文。国家煤矿安全监察局对设在地方的煤矿安全监察局的领导班子成员任免提出建议，由国家安全生产监督管理总局任免。设在地方的煤矿安全监察局的财务、发展规划和科技项目，经国家安全生产监督管理总局综合平衡后统一上报，由国家煤矿安全监察局下达并实施管理。

（3）国家煤矿安全监察局负责煤矿作业场所职业卫生的监督检查工作，组织查处职业危害事故和有关违法行为；卫生部负责拟订职业卫生法律法规、标准，规范职业病的预防、保健、检查和救治，负责职业卫生技术服务机构资质认定和职业卫生评价及化学品毒性鉴定工作。

（4）本规定由中央机构编制委员会办公室负责解释，其调整由中央机构编制委员会办公室按规定程序办理。

8 中央机构编制委员会关于印发国家安全生产应急救援指挥中心主要职责、内设机构和人员编制规定的通知

中编发〔2005〕3号

国务院安全生产委员会办公室、国家安全生产监督管理总局：

《国家安全生产应急救援指挥中心主要职责、内设机构和人员编制规定》已经审核批准，现予印发。

中央机构编制委员会
2005年5月8日

国家安全生产应急救援指挥中心主要内设机构和人员编制规定

根据《国务院关于进一步加强安全生产工作的决定》，设立国家安全生产应急救援指挥中心，为国务院安全生产委员会办公室领导，国家安全生产监督管理总局管理的事业单位，履行全国安全生产应急救援综合监督管理的行政职能，按照国家安全生产突发事件应急预案的规定，协调、指挥安全生产事故灾难应急救援工作。

一、主要职责

（1）参与拟定、修订全国安全生产应急救援方面的法律法规和规章，制定国家安全生产应急救援管理制度和有关规定并负责组织实施。

（2）负责全国安全生产应急救援体系建设，指导、协调地方及有关部门安全生产应急救援工作。

（3）组织编制和综合管理全国安全生产应急救援预案。对地方及有关部门

安全生产应急预案的实施进行综合监督管理。

（4）负责全国安全生产应急救援资源综合监督管理和信息统计工作，建立全国安全生产应急救援信息数据库，统一规划全国安全生产应急救援通信信息网络。

（5）负责全国安全生产应急救援重大信息的接收、处理和上报工作。负责分析重大危险源监控信息并预测特别重大事故风险，及时提出预警信息。

（6）指导、协调特别重大安全生产事故灾难的应急救援工作；根据地方或部门应急救援指挥机构的要求，调集有关应急救援力量和资源参加事故抢救；根据法律法规的规定或国务院授权组织指挥应急救援工作。

（7）组织、指导全国安全生产应急救援培训工作。组织、指导安全生产应急救援训练、演习。协调、指导有关部门依法对安全生产应急救援队伍实施资质管理和救援能力评估工作。

（8）负责安全生产应急救援科研成果推广工作。参与安全生产应急救援国际合作与交流。

（9）负责国家投资形成的安全生产应急救援资产的监督管理，组织对安全生产应急救援项目投入资产的清理和核定工作。

（10）完成国务院安全生产委员会办公室交办的其他事项。

二、内设机构

根据上述职责，国家安全生产应急救援指挥中心内设5个职能部门：

（一）综合部

负责办公综合业务，制定机关工作规则和制度；承担文秘、档案和行政事务等工作；起草重要文件和报告、组织会议、对外联络等工作；负责党务和人事管理工作；负责安全生产应急救援国际合作与交流。

（二）指挥协调部

负责安全生产应急救援信息的接收、处理、上报及值班工作。跟踪事故救援情况，提出应急救援建议方案。调集相关资源，为现场应急救援提供技术支持，根据授权下达指挥命令。组织、指导安全生产应急救援的宣传教育和专业应急救援人员的培训工作，组织、指导应急救援演习和训练。

（三）信息管理部

负责全国安全生产应急救援信息管理，分析特别重大事故风险，提出发布预警信息的建议；建立应急救援队伍、专家和应急预案数据库。协调、指导有关部门依法对安全生产应急救援队伍实施资质管理和救援能力评估工作。

（四）技术装备部

组织安全生产应急救援培训基地建设。协调全国安全生产应急救援指挥系统的技术装备保障工作；负责应急救援基础研究及科技成果推广工作；负责国家安全生产应急救援专家组工作。

（五）资产财务部

负责国家投资形成的安全生产应急救援资产的监督管理，组织对应急救援项目投入资产的清理和核定工作；负责中心财务工作。

三、人员编制

国家安全生产应急救援指挥中心事业编制 80 名。其中：主任 1 名，配备副部级干部（由安全生产监督管理总局副局长兼任）；副主任和任务重的内设机构负责人可适当高配干部。

四、其他事项

国家安全生产应急救援指挥中心成立后，国家安全生产监督管理总局履行政府安全生产应急救援的行政监管职责，负责起草或制定安全生产应急管理和应急救援的法规、规章和标准，并依法进行监管；统一规划全国安全生产应急救援体系。国家安全生产应急救援指挥中心经授权履行安全生产应急救援综合监督管理和应急救援协调指挥职责。

9 中央机构编制委员会办公室关于国家安全生产监督管理总局所属部分事业单位更名的批复

中央编办复字〔2005〕91 号

国家安全生产监督管理总局：

你局《关于我局所属事业单位调整的请示》（安监总办字〔2005〕70 号）收悉。经研究，现批复如下：

一、同意中国煤矿文工团加挂"中国安全生产艺术团"的牌子。

二、同意以下 20 个事业单位更名：

1. 国家安全生产监督管理局（国家煤矿安全监察局）调度中心更名为国家安全生产监督管理总局调度中心，事业编制仍为 31 名。

2. 国家安全生产监督管理局（国家煤矿安全监察局）国际交流合作中心更名为国家安全生产监督管理总局国际交流合作中心，事业编制仍为45名。

3. 煤炭工业档案馆［国家安全生产监督管理局（国家煤矿安全监察局）档案馆］更名为国家安全生产监督管理总局档案馆（煤炭工业档案馆），事业编制仍为30名。

4. 国家安全生产监督管理局（国家煤矿安全监察局）机关服务中心更名为国家安全生产监督管理总局机关服务中心（机关服务局），事业编制仍为463名，其中经费自理393名。

5. 国家安全生产监督管理局（国家煤矿安全监察局）矿山救援指挥中心更名为国家安全生产监督管理总局矿山救援指挥中心，事业编制仍为30名。

6. 国家安全生产监督管理局（国家煤矿安全监察局）宣传教育中心（煤炭工业展览中心）更名为国家安全生产监督管理总局宣传教育中心（煤炭工业展览中心），事业编制仍为70名。

7. 煤炭工业人才交流培训中心［国家安全生产监督管理局（国家煤矿安全监察局）职业安全技术培训中心］更名为国家安全生产监督管理总局培训中心（煤炭工业人才交流培训中心），事业编制仍为25名。

8. 国家安全生产监督管理局（国家煤矿安全监察局）研究中心（中国煤炭工业发展研究中心）更名为国家安全生产监督管理总局研究中心（中国煤炭工业发展研究中心），事业编制仍为40名，经费自理。

9. 煤炭工业通信信息中心［国家安全生产监督管理局（国家煤矿安全监察局）通信信息中心］更名为国家安全生产监督管理总局通信信息中心（煤炭工业通信信息中心），事业编制仍为149名。

10. 国家安全生产监督管理局化学品登记中心更名为国家安全生产监督管理总局化学品登记中心，事业编制仍为25名。

11. 煤炭信息研究院（安全生产信息研究院）更名为国家安全生产监督管理总局信息研究院（煤炭信息研究院），事业编制仍为628名。

12. 煤炭总医院［国家安全生产监督管理局（国家煤矿安全监察局）矿山医疗救护中心］更名为煤炭总医院（国家安全生产监督管理总局矿山医疗救护中心），事业编制仍为800名。

13. 煤炭工业职业医学研究所（职业安全卫生研究所）更名为国家安全生产监督管理总局职业安全卫生研究所（煤炭工业职业医学研究所），事业编制仍为179名。

14. 中国煤矿工人北戴河疗养院［国家安全生产监督管理局（国家煤矿安全

监察局）职业安全技术培训中心北戴河中心］更名为中国煤矿工人北戴河疗养院（国家安全生产监督管理总局培训中心北戴河中心），事业编制仍为300名。

15. 中国煤矿工人大连疗养院［国家安全生产监督管理局（国家煤矿安全监察局）职业安全技术培训中心大连中心］更名为中国煤矿工人大连疗养院（国家安全生产监督管理总局培训中心大连中心），事业编制仍为225名。

16. 中国煤矿工人昆明疗养院［国家安全生产监督管理局（国家煤矿安全监察局）职业安全技术培训中心昆明中心］更名为中国煤矿工人昆明疗养院（国家安全生产监督管理总局培训中心昆明中心），事业编制仍为150名，经费自理。

17. 国家安全生产监督管理局（国家煤矿安全监察局）西郊招待所更名为国家安全生产监督管理总局西郊招待所，事业编制仍为300名，经费自理。

18. 国家安全生产监督管理局（国家煤矿安全监察局）东四招待所更名为国家安全生产监督管理总局东四招待所，事业编制仍为60名，经费自理。

19. 国家安全生产监督管理局（国家煤矿安全监察局）东单招待所更名为国家安全生产监督管理总局东单招待所，事业编制仍为50名，经费自理。

20 国家安全生产监督管理局（国家煤矿安全监察局）盔甲厂招待所更名为国家安全生产监督管理总局盔甲厂招待所，事业编制仍为68名，经费自理。

此复

2005年8月11日

10　国务院办公厅关于加强煤炭行业管理有关问题的意见

煤矿安全事故多发是当前煤炭行业发展中的一个突出问题，加强安全生产管理事关人民生命财产和改革发展稳定大局。党中央、国务院高度重视煤矿安全生产，采取了一系列措施，不断强化煤矿安全生产监管监察体系和组织机构建设。各地区、各有关部门做了大量工作，取得一定成效。但是，当前煤矿安全生产形势依然严峻，煤矿重特大事故多发，反映出煤炭行业管理上存在一些深层次矛盾和问题，主要是在资源开发管理、行业标准和规程修订、市场准入、企业安全基础管理、隐患治理、科技进步、人才培养等方面还存在薄弱环节。为此，要围绕煤矿安全生产采取措施，加强煤炭行业管理，推进体制机制创新，不断夯实煤矿安全生产的基础。经国务院同意，现提出如下意见：

一、建立和完善煤炭行业管理工作协调机制

煤炭行业管理涉及面广，工作复杂。为加强综合协调，统筹兼顾煤矿安全生产和有关行业管理，及时研究解决行业管理中涉及安全的重大问题，在国务院安全生产委员会建立和完善煤炭行业管理工作协调机制，并相应调整国务院安全生产委员会职责。

调整后，国务院安全生产委员会的主要职责是：在国务院领导下，负责研究部署、指导协调全国安全生产工作；研究提出全国安全生产工作的重大方针政策；分析全国安全生产形势，研究解决安全生产工作中的重大问题；必要时，协调总参谋部和武警总部调集部队参加特大生产安全事故应急救援工作；研究提出煤炭行业管理中涉及安全生产的重大方针政策、法规、标准，推动指导煤炭企业加强安全管理和科技进步等基础工作，协调解决相关问题；完成国务院交办的其他事项。国务院安全生产委员会办公室在现有职能基础上，承担国务院安全生产委员会协调煤炭行业管理涉及安全生产方面的工作，督促检查各项工作和措施的落实情况，并相应加强组织建设，加大协调指导工作力度。

二、调整国务院相关部门职能

加强煤炭行业管理，既要加强宏观管理，创造安全生产的良好环境，也要加强安全基础管理，强化管理手段，落实安全生产责任制。

为解决当前煤炭行业管理中的突出矛盾和问题，充分发挥相关部门的职能作用，理顺职责关系，将发展改革委与安全生产密切相关的行业管理职能划转到安全监管总局和煤矿安监局。将发展改革委负责的指导和组织制定或拟订煤炭行业规范和标准的职能，交由煤矿安监局承担。将发展改革委指导和管理的矿长资格证颁发的工作，交由煤矿安监局承担。指导和监督煤矿生产能力核定的工作，改由煤矿安监局会同发展改革委承担。煤炭生产许可证、矿长资格证的审核发放，以及煤矿生产能力核定的具体工作由地方负责。指导煤矿整顿关闭工作由安全监管总局、煤矿安监局会同发展改革委等部门负责。发展改革委核准重大煤炭建设项目，要征求安全监管总局和煤矿安监局的意见，煤矿安监局负责对项目进行安全核准。

进一步明确相关部门在国有重点煤矿安全技术改造和瓦斯综合治理与利用项目安排上的工作分工，即由省（区、市）投资主管部门、煤炭行业主管部门和设在地方的省级煤矿安全监察机构，提出国有重点煤矿安全技术改造和瓦斯综合治理与利用项目的立项、资金安排的方案，联合上报发展改革委、安全监管总局

和煤矿安监局。安全监管总局和煤矿安监局对方案和项目提出审核意见，报送发展改革委审批后，由发展改革委与安全监管总局、煤矿安监局联合下达。

三、明确和加强国务院相关部门职责

加强煤炭行业管理，要在宏观政策、安全监管、资源管理、科技进步、人才培养等多方面采取措施，进一步明确部门职责分工，强化和落实责任，建立和完善长效工作机制。

发展改革委要强化拟订煤炭行业发展战略和规划、产业政策，调节经济运行等职能，会同有关部门加快组织实施煤矿大集团、大公司战略。

安全监管总局和煤矿安监局要加强对地方相关煤炭行业管理和煤炭企业安全基础管理工作的指导。按照"国家监察、地方监管、企业负责"的原则，煤矿安监局要继续履行好煤矿安全监察和检查指导地方政府监管煤矿安全工作的职能。同时，安全监管总局、煤矿安监局也要尽快落实职能分工，明确各自责任。

国土资源部要加强对煤炭资源勘查、开采的监督管理，加大对无证非法开采、超层越界开采等乱采滥挖煤炭资源违法行为的查处力度。科技部要加强对煤矿重大科技攻关和科技进步的组织工作，加大对煤矿重大灾害治理、瓦斯抽放等重大科研项目的科技投入，加快推动煤矿安全科研成果的转化应用。

劳动保障部要研究落实推进煤矿工伤保险的有关政策措施，规范煤矿用工和劳动管理。

教育部要制定有效的政策措施，鼓励发展地矿类高等教育和职业教育，加快培养地矿类专业人才。

国资委要按照国有资产出资人的职责，加强对中央煤炭企业安全生产工作的监督和考核，加强对地方国有资产管理机构监督和考核国有煤炭企业安全生产工作的指导。

中国煤炭工业协会要充分发挥行业自律作用，协助政府制定煤炭行业规范和标准，推动和促进煤矿企业加强安全基础管理。

做好煤炭行业管理工作，任务艰巨，责任重大。国务院相关部门要按照上述职责分工，认真履行职能，加强协调配合，做好落实工作。进一步完善煤矿安全生产监管监察体制，理顺国家监察与地方监管的关系，强化地方监管，落实企业主体责任。各省、自治区、直辖市人民政府要结合本地实际，采取有力措施，切实落实责任，加强煤炭行业管理和煤矿安全监管工作，促进煤炭行业持续健康发展。

2006年7月6日

11 中央机构编制委员会办公室关于调整安全监管总局和煤矿安监局机构编制的批复

中央编办复字〔2006〕150号

安全监管总局：

你局《关于落实相关煤炭行业管理职能机构设置和人员编制问题的请示》（安监总办〔2006〕156号）收悉。经研究并报中央编委批准，现批复如下：

一、同意安全监管总局增加3名行政编制，用于承担国务院安委会协调煤炭行业管理涉及安全生产方面的工作。

二、同意撤销煤矿安监局综合司加挂的"技术装备司"牌子，设立科技装备司、行业安全基础管理指导司，相应增加15名行政编制和5名正副司长职数。

科技装备司的主要职责是：研究和参与起草煤矿安全生产、煤矿安全监察有关法律法规，拟定煤矿安全生产规章、规程、标准和命令，组织研究拟订煤矿安全生产规划；指导和组织制定或拟定煤炭行业规范和标准工作；组织煤矿安全生产科研及科技成果推广工作；协调全国煤矿安全技术装备保障工作，组织对煤矿使用的设备、材料、仪器仪表的安全监察工作；承担对国有重点煤矿安全技术改造和瓦斯综合治理与利用项目的审核工作。

行业安全基础管理指导司的主要职责是：指导煤炭企业安全基础管理和安全质量标准化工作，指导和监督煤炭企业建立并落实安全隐患排查、报告和治理制度；指导和监督地方煤炭行业管理部门开展煤矿生产能力核定工作；依法监督检查中央管理的煤炭企业集团公司（总公司）和为煤矿服务的煤矿矿井建设施工、煤炭洗选等企业的安全生产工作；指导煤矿整顿关闭工作。

重大煤炭建设项目安全核准工作由煤矿安监局安全监察司承担；指导和管理煤矿矿长资格证颁发工作，由煤矿安监局事故调查司承担。

三、安全监管总局和煤矿安监局共计增加的18名行政编制，从煤监垂直系统剩余的机动编制中调剂解决。调整后，安全监管总局仍设9个职能机构，机关行政编制为190名。煤矿安监局设5个职能机构，即综合司、安全监察司、事故调查司、科技装备司、行业安全基础管理指导司；机关行政编制为63名，其中正副司长职数15名。

2006年12月21日

12 中央机构编制委员会办公室关于进一步明确矿井关闭监管职责分工的通知

中央编办发〔2008〕4号

国土资源部、发展改革委、安全监管总局、环保总局：

为切实加强矿井关闭监管和废弃矿井治理工作，经国务院和中央编委领导同志同意，现就有关职责分工问题进一步明确如下：

各类矿山企业是矿井关闭的责任主体，应对按规定予以关闭的矿井关闭到位，并对关闭后可能引起的危害采取预防措施。县级以上地方人民政府是本地矿井关闭的监管责任主体。各省（自治区、直辖市）人民政府应加强对矿井关闭的监管，将本区域未彻底关闭的废弃矿井组织关闭到位，消除安全隐患，防止发生事故。

国务院相关部门职责分工是：

国土资源部负责对无采矿许可证和超层越界开采、资源接近枯竭、不符合矿产资源规划和矿业权设置方案等矿井关闭工作及关闭是否到位情况进行监督和指导。

发展改革委负责对不符合有关矿山工业发展规划和矿区、总体规划、不符合产业政策、布局不合理等矿井关闭及关闭是否到位情况进行监督和指导。

安全监管总局负责对不具备安全生产条件的矿井关闭及关闭是否到位情况进行监督和指导。

环保总局负责对破坏生态环境、污染严重、未进行环境影响评价的矿井关闭及关闭是否到位情况进行监督和指导。

发展改革委、安全监管总局、环保总局等部门要将相关矿井关闭与监督情况及时抄送国土资源部。国土资源部牵头，会同发展改革委、安全监管总局、环保总局等相关部门组织指导并监督检查全国废弃矿井的治理工作。各部门要按照上述职责分工，认真履行职能，强化监管措施，加强协调配合，做好落实工作。

2008年1月17日

13　国务院办公厅关于印发国家安全生产监督管理总局主要职责、内设机构和人员编制规定的通知

各省、自治区、直辖市人民政府，国务院各部委、各直属机构：

《国家安全生产监督管理总局主要职责、内设机构和人员编制规定》已经国务院批准，现予印发。

中华人民共和国国务院办公厅
二〇〇八年七月十一日

国家安全生产监督管理总局主要职责、内设机构和人员编制规定

根据《国务院关于机构设置的通知》，设立国家安全生产监督管理总局（正部级），为国务院直属机构。

一、职责调整

（1）取消已由国务院公布取消的行政审批事项。

（2）加强对全国安全生产工作综合监督管理和指导协调职责。

（3）加强对有关部门和地方政府安全生产工作监督检查职责。

二、主要职责

（1）组织起草安全生产综合性法律法规草案，拟订安全生产政策和规划，指导协调全国安全生产工作，分析和预测全国安全生产形势，发布全国安全生产信息，协调解决安全生产中的重大问题。

（2）承担国家安全生产综合监督管理责任，依法行使综合监督管理职权，指导协调、监督检查国务院有关部门和各省、自治区、直辖市人民政府安全生产工作，监督考核并通报安全生产控制指标执行情况，监督事故查处和责任追究落实情况。

（3）承担工矿商贸行业安全生产监督管理责任，按照分级、属地原则，依法监督检查工矿商贸生产经营单位贯彻执行安全生产法律法规情况及其安全生产

条件和有关设备（特种设备除外）、材料、劳动防护用品的安全生产管理工作，负责监督管理中央管理的工矿商贸企业安全生产工作。

（4）承担中央管理的非煤矿山企业和危险化学品、烟花爆竹生产企业安全生产准入管理责任，依法组织并指导监督实施安全生产准入制度；负责危险化学品安全监督管理综合工作和烟花爆竹安全生产监督管理工作。

（5）承担工矿商贸作业场所（煤矿作业场所除外）职业卫生监督检查责任，负责职业卫生安全许可证的颁发管理工作，组织查处职业危害事故和违法违规行为。

（6）制定和发布工矿商贸行业安全生产规章、标准和规程并组织实施，监督检查重大危险源监控和重大事故隐患排查治理工作，依法查处不具备安全生产条件的工矿商贸生产经营单位。

（7）负责组织国务院安全生产大检查和专项督查，根据国务院授权，依法组织特别重大事故调查处理和办理结案工作，监督事故查处和责任追究落实情况。

（8）负责组织指挥和协调安全生产应急救援工作，综合管理全国生产安全伤亡事故和安全生产行政执法统计分析工作。

（9）负责综合监督管理煤矿安全监察工作，拟订煤炭行业管理中涉及安全生产的重大政策，按规定制定煤炭行业规范和标准，指导煤炭企业安全标准化、相关科技发展和煤矿整顿关闭工作，对重大煤炭建设项目提出意见，会同有关部门审核煤矿安全技术改造和瓦斯综合治理与利用项目。

（10）负责监督检查职责范围内新建、改建、扩建工程项目的安全设施与主体工程同时设计、同时施工、同时投产使用情况。

（11）组织指导并监督特种作业人员（煤矿特种作业人员、特种设备作业人员除外）的考核工作和工矿商贸生产经营单位主要负责人、安全生产管理人员的安全资格（煤矿矿长安全资格除外）考核工作，监督检查工矿商贸生产经营单位安全生产和职业安全培训工作。

（12）指导协调全国安全生产检测检验工作，监督管理安全生产社会中介机构和安全评价工作，监督和指导注册安全工程师执业资格考试和注册管理工作。

（13）指导协调和监督全国安全生产行政执法工作。

（14）组织拟订安全生产科技规划，指导协调安全生产重大科学技术研究和推广工作。

（15）组织开展安全生产方面的国际交流与合作。

（16）承担国务院安全生产委员会的具体工作。
（17）承办国务院交办的其他事项。

三、内设机构

根据上述职责，国家安全生产监督管理总局设10个内设机构（正司局级）：

（一）办公厅（国际合作司、财务司）

拟订机关的各项工作规则和制度；负责文电、信息、保密、档案、信访等工作；承担体制改革、机构编制管理相关工作；承担机关和所属行政事业单位财务、经费、国有资产管理和审计工作；组织开展安全生产国际交流与合作，承担有关外事管理工作；承担国务院安全生产委员会办公室的综合协调工作。

（二）政策法规司

组织起草安全生产法律法规草案；组织拟订工矿商贸行业及有关综合性安全生产规章、规程和工矿商贸安全生产标准；拟订安全生产重大政策；发布全国安全生产信息；承担安全生产执法监督、行政复议和行政应诉工作；组织指导安全生产新闻宣传工作；负责机关有关规范性文件的合法性审核工作。

（三）规划科技司

组织拟订安全生产规划和科技规划；指导协调安全生产重大科学技术研究和推广工作；承担安全生产信息化建设工作；承担规定权限内固定资产投资项目管理有关工作；承担安全生产社会中介机构、安全评价、劳动防护用品和安全标志的监督管理工作；承担综合协调建设工程和技术改造项目安全设施同时设计、同时施工、同时投产使用有关工作；承担国家安全生产专家组有关工作。

（四）安全生产应急救援办公室（统计司）

拟订安全生产应急救援和信息统计的规章、规程、标准；指导安全生产应急救援体系建设；组织安全生产应急救援预案编制和演练；指导协调安全生产应急救援工作；提出全国安全生产控制考核指标；综合管理全国安全生产和职业危害信息统计工作；承担应急值守、事故信息接报处置工作；分析预测安全生产形势和特别重大事故风险，发布预警信息。

（五）安全监督管理一司（海洋石油作业安全办公室）

依法监督检查非煤矿山（含地质勘探）、石油（炼化、成品油管道除外）行业生产经营单位贯彻执行安全生产法律法规情况及其安全生产条件、设备设施安全情况；组织相关大型建设项目安全设施的设计审查和竣工验收；承担非煤矿山企业安全生产准入管理工作；指导监督相关安全标准化和不具备安全生产条件的非煤矿井关闭工作；承担海上石油安全生产综合监督管理工作；参与相关行业特别重大事故调查处理和应急救援工作。

（六）安全监督管理二司

按照规定，指导、协调和监督有专门安全生产主管部门的行业和领域安全监督管理工作；参与相关行业和领域特别重大事故的调查处理和应急救援工作；指导、协调相关部门安全生产专项督查和专项整治工作。

（七）安全监督管理三司

依法监督检查化工（含石油化工）、医药、危险化学品和烟花爆竹生产经营单位安全生产情况，承担相关安全生产和危险化学品经营准入管理工作，组织查处不具备安全生产条件的生产经营单位；承担危险化学品安全监督管理综合工作；组织指导危险化学品名录编制和国内危险化学品登记；指导非药品类易制毒化学品生产、经营监督管理工作；组织相关大型建设工程项目安全设施的设计审查和竣工验收；指导和监督有关安全标准化工作；参与相关行业特别重大事故的调查处理和应急救援工作。

（八）安全监督管理四司

依法监督检查冶金、有色、建材、机械、轻工、纺织、烟草、商贸等行业生产经营单位贯彻执行安全生产法律法规情况及其安全生产条件、设备设施安全情况；组织相关大型建设项目安全设施的设计审查和竣工验收；参与相关行业特别重大事故的调查处理和应急救援工作。

（九）职业安全健康监督管理司

依法监督检查工矿商贸作业场所（煤矿作业场所除外）职业卫生情况；按照职责分工，拟订作业场所职业卫生有关执法规章和标准；组织查处职业危害事故和违法违规行为；承担职业卫生安全许可证的颁发管理工作；组织指导并监督检查有关职业安全培训工作；组织指导职业危害申报工作；参与职业危害事故应急救援工作。

（十）人事司（国家安全生产监察专员办公室）

承担机关和直属单位人事管理、队伍建设、劳动工资等工作；监督和指导注册安全工程师执业资格考试及注册管理工作；指导全国安全生产培训工作；组织指导和管理有关安全资格考核工作；监督检查工矿商贸生产经营单位安全培训工作；承担国家安全生产监察专员日常管理工作。国家安全生产监察专员负责组织协调或参加特别重大事故的调查处理工作。

机关党委负责机关和在京直属单位的党群工作。

离退休干部局负责机关离退休干部工作，指导直属单位的离退休干部工作。

四、人员编制

国家安全生产监督管理总局机关行政编制为 247 名（含两委人员编制 2 名、离退休干部工作人员编制 53 名）。其中：局长 1 名、副局长 4 名，司局级领导职数 56 名（含总工程师 1 名、国家安全生产监察专员 14 名、机关党委专职副书记 1 名、离退休干部局领导职数 4 名）。

五、其他事项

（1）管理国家煤矿安全监察局。国家煤矿安全监察局的综合性业务和人事党务、机关财务后勤、煤矿安全监察人员的考核和组织培训等事务，依托国家安全生产监督管理总局管理。

（2）职业卫生监督管理职责分工。国家安全生产监督管理总局、国家煤矿安全监察局负责作业场所职业卫生的监督检查工作，负责职业卫生安全许可证的颁发管理，组织查处职业危害事故和有关违法违规行为。卫生部负责起草职业卫生法律法规草案，拟定职业卫生标准，规范职业卫生的预防、保健、检查和救治，负责职业卫生技术服务机构资质认定和职业卫生评价及化学品毒性鉴定工作。国家安全生产监督管理总局、国家煤矿安全监察局和卫生部要按照职责分工，建立完善协调机制，加强配合，共同做好相关工作。

（3）设在地方的煤矿安全监察局 25 个、煤矿安全监察分局 73 个，行政编制 2762 名。设在地方的煤矿安全监察机构由国家安全生产监督管理总局领导，国家煤矿安全监察局负责业务管理。

（4）所属事业单位的设置、职责和编制事宜另行规定。

六、附则

本规定由中央机构编制委员会办公室负责解释，其调整由中央机构编制委员会办公室按规定程序办理。

14 国务院办公厅关于印发国家煤矿安全监察局主要职责、内设机构和人员编制规定的通知

各省、自治区、直辖市人民政府，国务院各部委、各直属机构：

《国家煤矿安全监察局主要职责、内设机构和人员编制规定》已经国务院批

准，现予印发。

国务院办公厅
二〇〇八年七月十一日

国家煤矿安全监察局主要职责、内设机构和人员编制规定

根据《国务院关于部委管理的国家局设置的通知》，设立国家煤矿安全监察局（副部级），为国家安全生产监督管理总局管理的国家局。

一、职责调整

（1）取消已由国务院公布取消的行政审批事项。

（2）将设在地方的煤矿安全监察机构负责的煤矿矿长安全资格和特种作业人员（含煤矿矿井使用的特种设备作业人员）操作资格考核发证工作，交给地方政府有关部门承担。

（3）加强对地方政府煤矿安全生产监督管理工作监督检查职责。

二、主要职责

（1）拟订煤矿安全生产政策，参与起草有关煤矿安全生产的法律法规草案，拟订相关规章、规程、安全标准，按规定拟订煤炭行业规范和标准，提出煤矿安全生产规划。

（2）承担国家煤矿安全监察责任，检查指导地方政府煤矿安全监督管理工作。对地方政府贯彻落实煤矿安全生产法律法规、标准，煤矿整顿关闭，煤矿安全监督检查执法，煤矿安全生产专项整治、事故隐患整改及复查，煤矿事故责任人的责任追究落实等情况进行监督检查，并向地方政府及其有关部门提出意见和建议。

（3）承担煤矿安全生产准入监督管理责任，依法组织实施煤矿安全生产准入制度，指导和管理煤矿有关资格证的考核颁发工作并监督检查，指导和监督相关安全培训工作。

（4）承担煤矿作业场所职业卫生监督检查责任，负责职业卫生安全许可证的颁发管理工作，监督检查煤矿作业场所职业卫生情况，组织查处煤矿职业危害事故和违法违规行为。

（5）负责对煤矿企业安全生产实施重点监察、专项监察和定期监察，依法监察煤矿企业贯彻执行安全生产法律法规情况及其安全生产条件、设备设施安全

情况，对煤矿违法违规行为依法做出现场处理或实施行政处罚。

（6）负责发布全国煤矿安全生产信息，统计分析全国煤矿生产安全事故与职业危害情况，组织或参与煤矿生产安全事故调查处理，监督事故查处的落实情况。

（7）负责煤炭重大建设项目安全核准工作，组织煤矿建设工程安全设施的设计审查和竣工验收，查处不符合安全生产标准的煤矿企业。

（8）负责组织指导和协调煤矿事故应急救援工作。

（9）指导煤矿安全生产科研工作，组织对煤矿使用的设备、材料、仪器仪表的安全监察工作。

（10）指导煤炭企业安全基础管理工作，会同有关部门指导和监督煤矿生产能力核定和煤矿整顿关闭工作，对煤矿安全技术改造和瓦斯综合治理与利用项目提出审核意见。

（11）承办国务院及国家安全生产监督管理总局交办的其他事项。

三、内设机构

根据上述职责，国家煤矿安全监察局设5个内设机构（副司局级）：

（一）办公室

拟订机关工作规则和工作制度；承担机关公文管理、政务信息、机要保密工作；协调机关人事、财务、外事等相关工作。

（二）安全监察司

依法监察煤矿企业执行安全生产法律法规情况及其安全生产条件、设备设施安全情况，依法查处不具备安全生产条件的煤矿；组织煤矿建设工程安全设施的设计审查和竣工验收；承担煤矿企业安全生产准入管理工作；承担对重大煤炭建设项目的安全核准工作；指导和监督煤矿整顿关闭工作；检查指导地方煤矿安全监督管理工作。

（三）事故调查司

依法组织指导煤矿安全事故和职业危害事故的调查处理；按照职责分工，拟订煤矿作业场所职业卫生执法规章和标准；监督检查煤矿作业场所职业卫生情况；指导协调或参与煤矿事故应急救援工作；监督煤矿安全生产执法行为；承办相关行政复议；指导监督煤矿事故与职业危害统计分析及职业危害申报工作；发布煤矿安全生产信息；承担国家煤矿安全监察专员日常管理工作。

（四）科技装备司

参与起草煤矿安全生产、安全监察有关法律法规草案；拟定煤矿安全生产规划、规章、规程、标准；指导和组织拟订煤炭行业规范和标准；组织煤矿安全生产科研及科技成果推广工作；组织监察煤矿设备、材料、仪器仪表安全；审核国有重点煤矿安全技术改造和瓦斯综合治理与利用项目。

（五）行业安全基础管理指导司

指导和监督煤炭企业安全基础管理、安全标准化工作；指导和监督煤炭企业建立并落实安全隐患排查、报告和治理制度；指导和监督地方煤炭行业管理部门开展煤矿生产能力核定工作；依法监督检查中央管理的煤炭企业和为煤矿服务的（煤矿矿井建设施工、煤炭洗选等）企业的安全生产工作；指导和管理煤矿有关资格证的考核颁发工作并监督检查，指导和监督相关安全培训工作。

四、人员编制

国家煤矿安全监察局机关行政编制为63名。其中：局长1名，副局长4名（其中1名兼总工程师），正副司长职数15名，国家煤矿安全监察专员（部委副司局级）6名。

五、其他事项

国家安全生产监督管理总局与国家煤矿安全监察局的工作关系。国家安全生产监督管理总局主要通过局长或局长召开会议的形式，对国家煤矿安全监察局工作中的重大方针政策、工作部署等事项实施管理。国家煤矿安全监察局的综合性业务和人事党务、机关财务后勤、煤矿安全监察人员的考核和组织培训等事务，依托国家安全生产监督管理总局管理。

设在地方的煤矿安全监察局25个、煤矿安全监察分局73个，行政编制2762名。设在地方的煤矿安全监察机构由总局领导，国家煤矿安全监察局负责业务管理。

六、附则

本规定由中央机构编制委员会办公室负责解释，其调整由中央机构编制委员会办公室按规定程序办理。

附 录

15 中央机构编制委员会办公室关于国家煤矿安全监察系统事业单位机构编制的批复

中央编办复字〔2009〕140号

国家安全生产监督管理总局：

《关于申请核定省级煤矿安全监察局所属事业单位机构编制的函》（安监总办〔2007〕177号）收悉。经研究，批复如下：

一、同意河北、山西、内蒙古、辽宁、吉林、黑龙江、安徽、江西、山东、河南、湖南、重庆、四川、贵州、云南、陕西、甘肃、宁夏、新疆19个煤矿安全监察局，分别设立统计中心、救援指挥中心、安全技术中心，核定财政补助事业编制798名。

二、同意江苏、福建、湖北、广西、青海5个煤矿安全监察局和北京、新疆生产建设兵团2个煤矿安全监察分局，分别设立统计中心（挂救援指挥中心牌子）和安全技术中心，核定财政补助事业编制140名。

三、同意湖南、重庆、河北、山西、内蒙古、辽宁、山东、河南8个煤矿安全监察局设立安全培训中心，核定财政补助事业编制280名。

四、同意24个煤矿安全监察局及北京、新疆生产建设兵团2个煤矿安全监察分局设立机关服务中心（不含宾馆、招待所、幼儿园、疗养院），核定经费自理事业编制420名。

五、同意设立山西煤矿安全监察局档案馆，核定财政补助事业编制10名；吉林煤矿安全监察局档案馆，财政补助事业编制15名；江西煤矿抢险排水站，财政补助事业编制10名；吉林煤矿安全监察局通讯信息中心，财政补助事业编制6名；山东煤炭工业信息计算中心，财政补助事业编制45名；煤炭工业黑龙江建设工程质量监督中心站，财政补助事业编制6名。

以上共核定国家煤矿安全监察系统事业单位111个，事业编制1730名，其中财政补助事业编制1310名，经费自理事业编制420名。

此复（详见附表略）

2009年10月12日

附录六 国家安全生产监督管理部门 2000年以来下发的体制机构文件目录（2000—2017年）

2000年

（1）国家煤炭工业局、国家煤矿安全监察局关于煤矿安全监察管理体制改革中有关事项的通知（煤司办字〔2000〕第2号）

（2）国家煤炭工业局办公室转发《国务院办公厅关于印发煤矿安全监察管理体制改革实施方案的通知》（煤司办字〔2000〕第4号）

（3）国家煤炭工业局、国家煤矿安全监察局关于印发《国家煤炭工业局国家煤矿安全监察局机构设置方案》的通知（煤司办字〔2000〕第87号）

2001年

国家安全生产监督管理局、国家煤矿安全监察局关于印发国家安全生产监督管理局、国家煤矿安全监察局职能配置、内设机构和人员编制规定的通知（安监管司办字〔2001〕9号）

2002年

（1）国家安全生产监督管理局（国家煤矿安全监察局）办公室关于印发外事中心职能配置、内设机构及人员编制方案的通知（安监管司办字〔2002〕6号）

（2）国家安全生产监督管理局（国家煤矿安全监察局）办公室关于印发北京煤矿安全监察办事处职能配置、内设机构及人员编制方案的通知（安监管司办字〔2002〕36号）

（3）国家安全生产监督管理局（国家煤矿安全监察局）办公室关于华北高等专科学校等16家单位更名的通知（安监管司办字〔2002〕42号）

（4）国家安全生产监督管理局（国家煤矿安全监察局）办公室关于印发煤炭工业展览中心（安全生产宣传教育中心）职能配置、内设机构及人员编制方案的通知（安监管司办字〔2002〕73号）

2003 年

（1）国家安全生产监督管理局（国家煤矿安全监察局）转发中央机构编制委员会办公室关于国家安全生产监督管理局（国家煤矿安全监察局）主要职责、内设机构和人员编制调整意见的通知（安监管办字〔2003〕158 号）

（2）国家安全生产监督管理局（国家煤矿安全监察局）办公室关于中共国家安全生产监督管理局（国家煤矿安全监察局）党校管理体制机构编制等有关事项的复函（安监管司办字〔2003〕2 号）

（3）国家安全生产监督管理局（国家煤矿安全监察局）办公室关于印发国家安全生产监督管理局（国家煤矿安全监察局）矿山救援指挥中心职责范围、机构设置及人员编制方案的通知（安监管司办字〔2003〕12 号）

（4）国家安全生产监督管理局（国家煤矿安全监察局）办公室关于同意煤炭信息研究院成立安全生产法律研究所的复函（安监管司办字〔2003〕29 号）

（5）国家安全生产监督管理局（国家煤矿安全监察局）办公室关于同意中国矿业大学（北京校区）加挂安全科学技术学院牌子的复函（安监管司办字〔2003〕31 号）

（6）国家安全生产监督管理局（国家煤矿安全监察局）办公室关于成立安全生产理论专家组的通知（安监管司办字〔2003〕33 号）

（7）国家安全生产监督管理局（国家煤矿安全监察局）办公室关于成立安全生产法律专家组的通知（安监管司办字〔2003〕34 号）

（8）国家安全生产监督管理局（国家煤矿安全监察局）办公室关于成立安全生产理论研究所的复函（安监管司办字〔2003〕35 号）

（9）国家安全生产监督管理局办公室关于中国劳动保护科学技术学会内设机构的复函（安监管司办字〔2003〕41 号）

（10）国家安全生产监督管理局（国家煤矿安全监察局）办公室关于同意安全科学技术研究中心成立安全生产理论研究所的复函（安监管司办字〔2003〕35 号）

（11）国家安全生产监督管理局（国家煤矿安全监察局）办公室关于矿山医疗救护中心职责范围及机构设置的复函（安监管司办字〔2003〕57 号）

（12）国家安全生产监督管理局（国家煤矿安全监察局）办公室关于国家安全生产监督管理局（国家煤矿安全监察局）内设机构主要职责、处室设置和人员编制调整意见的通知（安监管司办字〔2003〕101 号）

（13）国家安全生产监督管理局（国家煤矿安全监察局）关于内蒙古自治区

安全生产监督管理机构设置问题的复函（安监管函字〔2003〕99号）

（14）国家安全生产监督管理局（国家煤矿安全监察局）关于贵州省安全生产监督管理机构设置问题的复函（安监管函字〔2003〕151号）

（15）国家煤矿安全监察局办公室关于同意原煤炭部煤矿安全标准化技术委员会更名的复函（煤安监司办字〔2003〕1号）

（16）国家煤矿安全监察局办公室关于同意成立陕西煤矿安全装备检测中心的复函（煤安监司办字〔2003〕2号）

（17）国家煤矿安全监察局办公室关于同意原煤炭工业长沙安全仪器检验站更名的复函（煤安监司办字〔2003〕4号）

2004年

（1）国家安全生产监督管理局（国家煤矿安全监察局）办公室关于印发调度中心职责范围、机构设置和人员编制方案的通知（安监管司办字〔2004〕1号）

（2）国家安全生产监督管理局（国家煤矿安全监察局）办公室关于同意煤炭工业职业医学研究所加挂矿山职业卫生研究所牌子的复函（安监管司办字〔2004〕26号）

（3）国家安全生产监督管理局办公室转发中央机构编制委员会办公室关于化学品登记中心变更隶属关系批复的通知（安监管司办字〔2004〕55号）

（4）国家安全生产监督管理局办公室关于成立2004—2008年高等学校安全工程学科教学指导委员会的通知（安监管司办字〔2004〕57号）

（5）国家安全生产监督管理局（国家煤矿安全监察局）办公室关于同意煤炭工业展览中心（安全生产宣传教育中心）调整机构设置的复函（安监管司办字〔2004〕64号）

（6）国家安全生产监督管理局（国家煤矿安全监察局）办公室转发中央机构编制委员会办公室关于煤炭工业展览中心更名等问题批复的通知（安监管司办字〔2004〕80号）

（7）国家安全生产监督管理局（国家煤矿安全监察局）办公室关于公布国家安全生产监督管理局（国家煤矿安全监察局）非常设机构清理结果的通知（安监管司办字〔2004〕87号）

（8）国家安全生产监督管理局办公室关于印发《国家安全生产监督管理局化学品登记中心管理体制有关问题会议纪要》的通知（安监管司办字〔2004〕103号）

（9）国家安全生产监督管理局办公室关于印发国家安全生产监督管理局化学品登记中心职责范围、机构设置和人员编制方案的通知（安监管司办字〔2004〕121号）

（10）国家煤矿安全监察局办公室关于同意成立甘肃煤矿安全监察局煤矿救援指挥中心的复函（煤安监司办字〔2004〕1号）

（11）国家煤矿安全监察局办公室关于同意焦作工学院成立安全工程技术研究中心的复函（煤安监司办字〔2004〕3号）

（12）国家煤矿安全监察局办公室关于同意山西煤矿安全监察局成立山西矿山救援指挥中心的复函（煤安监司办字〔2004〕11号）

（13）国家煤矿安全监察局办公室关于同意成立新疆煤矿矿用安全产品检验中心的复函（煤安监司办字〔2004〕30号）

（14）国家煤矿安全监察局办公室关于同意成立内蒙古煤矿矿用安全产品检验中心的复函（煤安监司办字〔2004〕31号）

（15）国家煤矿安全监察局办公室关于同意成立吉林煤矿矿用安全产品检验中心的复函（煤安监司办字〔2004〕32号）

（16）国家煤矿安全监察局办公室关于同意成立河北煤矿矿用安全产品检验中心的复函（煤安监司办字〔2004〕33号）

（17）国家煤矿安全监察局办公室关于同意成立甘肃煤矿矿用安全产品检验中心的复函（煤安监司办字〔2004〕37号）

（18）国家煤矿安全监察局办公室关于同意成立重庆煤矿矿用安全产品检验中心的复函（煤安监司办字〔2004〕40号）

（19）国家煤矿安全监察局办公室关于同意成立江西煤矿救援指挥中心的复函（煤安监司办字〔2004〕44号）

（20）国家煤矿安全监察局办公室关于同意成立吉林煤矿救援指挥中心的复函（煤安监司办字〔2004〕45号）

（21）国家煤矿安全监察局办公室关于同意成立宁夏煤矿矿用安全产品检验中心的复函（煤安监司办字〔2004〕48号）

（22）国家煤矿安全监察局办公室关于同意山西裕智国际科技文化交流中心加挂山西煤矿安全监察局培训中心牌子的复函（煤安监司办字〔2004〕52号）

（23）国家煤矿安全监察局办公室关于同意成立山西煤矿安全装备技术测试中心更名的复函（煤安监司办字〔2004〕54号）

（24）国家煤矿安全监察局办公室关于同意成立辽宁煤矿矿用安全产品检验中心的复函（煤安监司办字〔2004〕55号）

2005 年

（1）国家安全生产监督管理总局关于印发国家安全生产监督管理总局内设机构主要职责、处室设置和人员编制规定的通知（安监总办字〔2005〕11号）

（2）国家安全生产监督管理总局关于印发国家煤矿安全监察局内设机构主要处室设置和人员编制规定的通知（安监总办字〔2005〕12号）

（3）国家安全监管总局关于印发《国家安全生产监督管理总局与国家煤矿安全监察局工作关系暂行规则》的通知（安监总办字〔2005〕13号）

（4）国家安全监管总局办公厅关于印发山东煤矿安全监察局主要职责、内设机构和人员编制规定的通知（安监总厅字〔2005〕79号）

（5）国家安全监管总局办公厅转发中央机构编制委员会办公室关于国家安全生产监督管理总局所属部分事业单位更名批复的通知（安监总厅字〔2005〕103号）

2006 年

（1）国家安全监管总局办公厅关于中国煤矿文工团（中国安全生产艺术团）机构设置的批复（安监总厅〔2006〕5号）

（2）国家安全监管总局办公厅关于省级煤矿安全监察局所属事业单位办理事业法人登记管理有关问题的通知（安监总厅〔2006〕6号）

（3）国家安全监管总局办公厅关于印发国家安全生产应急救援指挥中心内设机构主要职责、处室设置和人员编制规定的通知（安监总办〔2006〕7号）

（4）国家安全监管总局办公厅关于印发国际交流合作中心职责范围、内设机构和人员编制方案的通知（安监总厅〔2006〕69号）

（5）国家安全监管总局办公厅关于安全生产应急救援办公室（调度统计司）主要职责等有关事项的通知（安监总厅〔2006〕93号）

2007 年

（1）国家生产监督管理总局关于印发国家煤矿安全监察局内设机构主要职责、处室设置和人员编制规定的通知（安监总办〔2007〕12号）

（2）国家生产监督管理总局关于组建山西煤矿安全监察局晋城监察分局和山西煤矿安全监察局晋中监察分局的批复（安监总办〔2007〕159号）

（3）国家生产监督管理总局关于申请核定省级煤矿安全监察局所属事业单位机构编制的函（安监总办〔2007〕177号）

（4）国家生产监督管理总局关于上海办事处管理体制有关事项的批复（安监总办函〔2007〕52号）

（5）国家安全监管总局办公厅转发中央编办关于山西煤矿安全监察局增设监察分局批复的通知（安监总厅〔2007〕108号）

（6）国家安全监管总局办公厅转发中央编办关于山西省理顺煤炭工业管理体制实施意见批复的通知（安监总厅〔2007〕125号）

2008年

（1）国家安全生产监督管理总局转发国务院办公厅关于印发国家安全生产监督管理总局和国家煤矿安全监察局主要职责、内设机构和人员编制规定的通知（安监总办〔2008〕57号）

（2）国家安全生产监督管理总局关于同意中国职业安全健康协会变更业务主管单位的批复（安监总办函〔2008〕16号）

（3）国家安全监管总局办公厅转发中央编办关于进一步明确矿井关闭监管职责分工的通知（安监总厅〔2008〕12号）

2009年

（1）国家安全生产监督管理总局关于内蒙古煤矿安全监察局包头监察分局更名为鄂尔多斯监察分局有关问题的批复（安监总办函〔2009〕129号）

（2）国家安全生产监督管理总局关于调整湖南煤矿安全监察局及所属监察分局机构编制和监察区域的批复（安监总办函〔2009〕130号）

（3）国家安全生产监督管理总局关于调整新疆煤矿安全监察局所属监察分局机构编制和监察区域的批复（安监总办函〔2009〕132号）

（4）国家安全生产监督管理总局关于同意重庆市煤炭工业管理局与重庆煤矿安全监察局实行合署办公的复函（安监总办函〔2009〕162号）

（5）国家安全监管总局办公厅关于总局非常设机构设置调整的通知（安监总厅〔2009〕106号）

（6）国家安全监管总局办公厅转发中央编办关于国家煤矿安全监察系统事业单位机构编制批复的通知（安监总厅〔2009〕167号）

（7）国家安全监管总局办公厅关于制定国家安全监察系统事业单位主要职责、机构设置和人员编制规定有关工作的通知（安监总厅〔2009〕179号）

（8）国家安全监管总局办公厅关于华北科技学院（中国煤矿安全技术培训中心）机构设置及中层干部职数的复函（安监总厅函〔2009〕338号）

2010 年

（1）国家安全监管总局办公厅关于印发云南煤矿安全监察局所属事业单位主要职责、内设机构和人员编制规定的通知（安监总厅〔2010〕28 号）

（2）国家安全监管总局办公厅关于中国安全生产报社（中国煤炭报社）机构设置及中层干部职数的复函（安监总厅函〔2010〕133 号）

2011 年

（1）国家安全监管总局办公厅关于调整国家安全监管总局机关机构编制的通知（安监总厅〔2011〕168 号）

（2）国家安全监管总局办公厅关于调整国家煤矿安监局有关司室行政编制的通知（安监总厅〔2011〕169 号）

（3）国家安全监管总局办公厅关于华北科技学院（中国煤矿安全技术培训中心）机构设置调整的通知（安监总厅〔2011〕182 号）

（4）国家安全监管总局办公厅转发中央编办关于中国安全生产科学研究院增加事业编制批复的通知（安监总厅〔2011〕194 号）

（5）国家安全监管总局办公厅关于印发国家安全生产监督管理总局职业安全卫生研究所（煤炭工业职业医学研究所）职责范围、机构设置和人员编制规定的通知（安监总厅〔2011〕249 号）

（6）国家安全监管总局办公厅关于印发国家安全生产监督管理总局通信信息中心（煤炭工业通信信息中心）职责范围、内设机构和人员编制规定的通知（安监总厅〔2011〕254 号）

（7）国家安全监管总局办公厅关于同意广东省佛山市顺德区市场安全监管局行使地级市安全监管行政职能的复函（安监总厅函〔2011〕27 号）

2012 年

（1）国家安全监管总局办公厅关于调整总局人民防空委员会组成人员的通知（安监总厅〔2012〕12 号）

（2）国家安全监管总局办公厅关于调整人事司（国家安全生产监察专员办公室）处室设置的通知（安监总厅〔2012〕67 号）

（3）国家安全监管总局办公厅关于成立国家安全生产监督管理总局党校校务委员会的通知（安监总厅〔2012〕68 号）

（4）国家安全监管总局办公厅关于调整总局非常设机构的通知（安监总厅

〔2012〕91号）

（5）国家安全监管总局办公厅关于职业安全卫生研究所等直属单位更名的通知（安监总厅〔2012〕149号）

2013 年

（1）国家安全监管总局办公厅关于通信信息中心信息开发部更名的通知（安监总厅〔2013〕27号）

（2）国家安全监管总局办公厅关于华北科技学院（中国煤矿安全技术培训中心）设立安全工程研究院的通知（安监总厅〔2013〕38号）

（3）国家安全监管总局办公厅转发中央编办等部门关于做好中央国家机关所属事业单位分类工作的通知（安监总厅〔2013〕57号）

（4）国家安全监管总局办公厅关于印发中国煤矿工人北戴河疗养院（国家安全生产监督管理总局北戴河职业病防治院）职责范围、机构设置和人员编制规定的通知（安监总厅〔2013〕83号）

（5）国家安全监管总局办公厅关于印发中国煤矿工人大连疗养院（国家安全生产监督管理总局大连职业病防治院）职责范围、机构设置和人员编制规定的通知（安监总厅〔2013〕84号）

（6）国家安全监管总局办公厅关于印发中国煤矿工人昆明疗养院（国家安全生产监督管理总局昆明职业病防治院）职责范围、机构设置和人员编制规定的通知（安监总厅〔2013〕83号）

（7）国家安全监管总局办公厅关于调整山东煤矿安全监察局所属监察分局人员编制的通知（安监总厅〔2013〕104号）

（8）国家安全监管总局办公厅关于印发新疆生产建设兵团煤矿安全监察局所属事业单位主要职责、内设机构和人员编制规定的通知（安监总厅〔2013〕105号）

（9）国家安全监管总局办公厅关于调整河北煤矿安全监察局所属监察分局人员编制的通知（安监总厅〔2013〕147号）

2014 年

（1）国家安全监管总局办公厅关于调整油气管道安全监管职责的通知（安监总厅〔2014〕57号）

（2）国家安全生产监督管理总局关于组建宣传教育办公室和设立督查室的通知（安监总办函〔2014〕2号）

2015 年

（1）国家安全监管总局办公厅关于调整国家煤矿安全监察局办公室内设机构的通知（安监总厅〔2015〕33 号）

（2）国家安全监管总局办公厅关于调整人事司（宣传教育办公室）有关处室机构编制的通知（安监总厅〔2015〕46 号）

（3）国家安全监管总局办公厅关于调整技术委员会组成人员的通知（安监总厅人事〔2015〕55 号）

（4）国家安全监管总局办公厅关于调整国家安全生产应急救援指挥中心内设机构有关机构编制事项的通知（安监总厅〔2015〕68 号）

（5）国家安全监管总局办公厅关于调整安全监督管理二司行政编制的通知（安监总厅〔2015〕85 号）

（6）国家安全监管总局办公厅关于调整信息研究院内设机构的通知（安监总厅〔2015〕101 号）

（7）国家安全监管总局办公厅关于设立调研处的通知（安监总厅〔2015〕107 号）

（8）国家安全监管总局办公厅关于调整中国安全生产报社（中国煤炭报社）内设机构的通知（安监总厅〔2015〕108 号）

2016 年

（1）国家安全监管总局办公厅关于成立安全生产信息化工程项目建设办公室的通知（安监总厅规划〔2016〕88 号）

（2）国家安全监管总局办公厅关于调整有关直属单位党委、纪委工作机构设置的通知（安监总厅〔2016〕127 号）

2017 年

（1）国家安全监管总局办公厅关于总局机构编制管理和全面深化改革领导小组办公室工作职责及机构编制调整事项的通知（安监总厅〔2017〕2 号）

（2）国家安全监管总局办公厅转发国家发展改革委等十部门关于印发《行业协会商会综合监管办法》的通知（安监总厅人事〔2017〕14 号）

（3）国家安全监管总局办公厅转发中央编办关于国家安全监管总局所属事业单位分类意见的通知（安监总厅人事〔2017〕40 号）

（4）国家安全监管总局办公厅关于煤矿民用爆炸物品和超层越界开采监管职责有关问题的复函（安监总厅人事函〔2017〕116 号）

附　录

附录七　安全生产监管体制改革调查研究类文献

1　美籍采矿专家姜汉信关于改革中国煤矿安全生产监管体制的建议[①]

朱镕基总理：

我叫姜汉信，原为美国西弗吉尼亚大学采矿系教授，现主持美国长壁采煤研究中心的工作。1993年3月2日我第一次给您写信，不到三天就得到回复，您高效率的办事作风和对人民高度负责的精神，给我留下了极为深刻的印象。

近几个月来，报纸和网络上经常发表国内大小煤矿发生重大灾害（主要是瓦斯和煤尘爆炸）事故的消息。1998年煤矿事故死亡人数过万。这些煤矿灾害事故和前些时国内发生的严重水患一样，深深地牵动着我的心。五十年来，我从未脱离煤炭工业，从新中国成立到1981年我出国前，我亲身经历了祖国煤炭工业变革和发展的全过程。出国后我的研究项目仍然以煤矿现场为主，与此同时，我和国内煤炭工业界一直保持着密切联系。从1997年1月至今，受原煤炭工业部的委托，美国长壁采煤研究中心为国内各矿务局的局、矿长和局、矿总工程师进行高产高效和煤矿安全的培训，共24期计436人次。为此我们认真地编写了培训教材，每期培训教材都要根据最新资料予以更新。两年来我结识了更多的国内煤炭工业界同行，也在和他们的交流中获取了不小的收益，更加深了我对祖国煤炭工业的感情。

出于对祖国煤矿安全的关心和支持您工作的诚意，我冒昧地向您进言。

美国的原煤年产量和我国差不多，但美国煤矿的死亡率却比我国小得多。近十二年来，美国煤矿每年的死亡人数没有超过60人（1989年为62人除外），近三年来没有超过40人，去年只有29人，1993年以来几乎没有人死于煤矿爆炸事故。究其原因，是由于美国鉴于过去煤矿灾害的频繁发生，在社会舆论、纳税人指责和受难家属控诉的强大压力下，政府建立了专门的独立的监察机构——联邦矿山安全与健康局；国会通过了煤矿安全的联邦法，其内容涵盖所有的采矿活动，详尽具体，厚厚的一本，并授权联邦矿山安全与健康局来强制执行。

[①] 中共中央办公厅、国务院办公厅信访局《群众反映》1999年第31期对此文作了删减选录。

对比我国，煤矿瓦斯和煤尘爆炸事故频繁发生，每年煤矿死亡人数数以千计，原煤炭工业部的几位部长为处理事故疲于奔命，发生事故的局、矿长因此被处分或受到法律制裁。当然，他们对煤矿安全负有责任，但恕我直言，真正应该对此负责的是历届国务院。建国以来，虽然原煤炭工业部也制定了《保安规程》，但内容不详尽，薄薄的一本32开的小册子，很多具体的但重要的内容都在各矿务局、矿的自己制定的《作业规程》中。《作业规程》只具有行政效力而无法律效力，纵观历次煤矿灾害事故，大多数都是由于违反《作业规程》而造成的。执行《保安规程》的是原煤炭工业部和各矿务局，而煤炭工业部既管各矿务局的生产，又管人事和财务，各矿务局的安全监察局直接下属该矿务局，有的矿务局副局长还兼任安全监察局局长。在这种不完善的和互相纠缠的组织机构下，就很难正确地摆好安全和生产的位置，在事故发生前很难一丝不苟地执行具有法律效力的《保安规程》以预防事故，一旦发生事故又很难正确处理，以杜绝后患。

一年多来您大力改革国家机构，成绩斐然，世人瞩目。目前的国家煤炭工业局已完全和原所属企业脱钩，对全国煤炭工业只起宏观指导作用，这就为彻底改革和建立独立的国家级矿山安全监察机构创造了优越条件。

为了说明我的想法，先简单地介绍一下可供借鉴的美国煤炭工业情况，以便结合我国的实际情况，提出建议。

美国目前探明的煤炭储量约5000亿吨，其中70%以上属私人所有，政府拥有的不到30%。按1997年统计（1998年的数字尚未发表），煤炭总产量为10089932000短吨（商品煤），全国共有1828个煤矿，全归私人所有，其中井工煤矿874个，占总产量的38.59%，露天煤矿954个，占总产量的61.41%。66.26%的井工煤矿产量是由为数仅为12.31%的100万吨以上的大型矿井产出，81.24%的露天煤矿产量则是由为数仅为10.69%的100万吨以上的大型露天矿产出。近十五年来，由于采矿技术的发展和管理水平的提高，美国煤炭工业的趋势是矿井个数和矿工人数大幅度下降，而年产量仍然逐年上升，1997年全美的煤量是1963年的237.50%，而1997年的矿井个数和矿工人数则分别为1963年的57.56%和23.02%。美国的能源目前仍然以煤炭为主，1997年全美用于发电的煤炭消耗量为9亿多吨，占总年产量的82.61%，占发电能源的58.50%。

美国有关矿井安全与健康的联邦立法都要经国会通过，作为联邦法律来执行。1910年通过了《建立矿山局的组织条例》，规定矿山灾害需要联邦政府的承认和帮助；1941年颁布《检查煤矿的授权条例》，但这个条例没有实施权，仅对矿主和矿工提供情报信息；1947年颁布《烟煤和褐煤煤矿安全规程》，规定了煤矿实施标准；1952年颁布了《煤矿健康与安全条例》，授予矿山局在紧急危险的情况下撤退矿工的权力，这是美国煤炭工业历史上第一次授予执行机构执法权，在此之前的72年（1881—1952）中，共有11118人在煤矿瓦斯和/或煤尘爆炸事故中牺牲，平均每年约154人，而在此之后的45年（1953—1998），死亡人数降到552人，平均每年约12人，后者仅为前者的7.8%；1966年颁布《煤矿修订条例》，为小煤矿的扩充条例；1968年美国连续发生了6次煤矿爆炸事故，最严重的一次死亡78人，全美震惊。国会于1969年通过了新的《煤矿健康与安全条例》，建立采矿强制安全管理局（MESA），制定强制性的健康与安全标准，规定检查次数，提供矽肺病的福利，提供州政府基金，规定强制执行，后来又于1977年修订为《一九七七年联邦安全与健康条例》（联邦公共法95-164），在原运行的法律基础上，合并了用于所有类型矿山的安全与健康条例，包括金属矿、非金属矿和煤矿。矿山安全与健康局是根据此条例而建立，把原采矿强制安全管理局更名为矿山安全与健康局（MSHA），于1978年3月生效。这是美国煤矿安全史上最重要的里程碑，是以数以千计美国矿工的生命为代价，为此后保障煤矿工人的健康和生命安全所取得的重要成果。自1969年至今，尽管煤矿瓦斯煤尘爆炸次数频繁，但死亡人数却显著降低。

美国联邦矿山安全与健康局被授权：制定并颁布强制性的安全与健康标准，并强制执行这些标准；每年对井工煤矿进行四次，对露天煤矿进行两次强制性检查；对重要的或重大的违法行为，有权关闭矿井；强制性地对新矿工，改变工种的矿工进行培训和每年对所有矿工进行再培训；征收民事违法罚款；调查和参与处理事故；协助州政府发展有效的国家矿山安全与健康计划；与州政府和采矿工业界，以及与卫生部及内政部合作改进和扩大培训计划；促进矿山安全与健康研究与开发的改进和扩大。所有这些活动都是针对着预防和减少采矿工业的矿山事故和职业病。

美国联邦矿山安全与健康局每年对井工煤矿进行四次，对露天煤矿进行两次不定期也不预先通知的强制性检查。美国的安全监察员与被检查单位无任何隶属关系，不得接受被检查单位的任何招待（自备午餐）和礼品。联邦安全检查员必须具备采煤区长或现场工程师的资格，每一个联邦安全检查员每年必须到安全培训学院（下属矿山安全与健康局）参加一周轮训。设在各地的联邦安全检查员，每两年必须轮换对调。联邦矿山安全与健康局还设有免费热线电话，任何人都可直接投诉。任何煤矿发生三人以上的死亡事故，当地的联邦及州政府安全检查员不得参与该事故的调查和处理，而由联邦立即从外地调派安全检查员到出事矿井执行工作，具有很高的权威性和强制性。各产煤州必须建立相应的执行机构来实施《一九七七年联邦安全与健康条例》，各州可根据本州情况制定州煤矿安全法，州法必须符合联邦法，但州法条例可比联邦法更加严格。

历年来矿山安全与健康局的编制在 2500 人左右，其中煤矿安全与健康管理局约占 57%，金属矿和非金属矿安全与健康管理局约占 16%。虽然 1999 年该局编制减少到 2261 人，但由于煤矿安全与健康管理局的编制 1200 人是国会制定的，所以尽管其他部门的人数减少，而今年煤矿安全与健康管理局编制却由 1988 年的 1209 人增加到 1259 人，其中 90% 以上分布在十个检查区，常年在现场工作，不到 10% 在国家办公室的人，也要经常出差到现场。

综上所述，我认为美国煤矿安全状况能在近三十年得到如此显著的改善，特别是能在近几年把煤矿爆炸事故的死亡率降到零的主要原因，一是制定和不断完善联邦安全条例，二是建立了独立的有权威性的安全监察机构来强制执行联邦法。对比美国只有 1828 个煤矿和 81516 名矿工，我国有数以万计的大小煤矿和数以百万计的矿工，但却没有一个全国性的独立的安全监察机构和行之有效的煤矿安全法，这显然与作为世界第一产煤大国极不相称。我和所有期望祖国繁荣昌盛的中国人一样，全力支持您对国家臃肿机构大刀阔斧的改革，但也希望您在精简机构的同时，加强和建立过去遗漏和忽视了的机构。您近来对海关机构的改革和加强，取得了世人瞩目的成效，我由衷地为此喝彩！煤矿安全监察机构和海关一样，一个是挽救国家经济损失，一个是挽救人民的生命和国家财产。为此我建议：

一、把现有的国家煤炭工业局改成国家煤炭工业总局（或其他名称），直属国务院，使其具有足够的权威性

为了避免机构重复，可仍保留对全国煤炭工业的宏观指导作用。但其主要的任务是：

（1）制定国家煤矿安全法。安全法的条例应尽可能详尽具体，以便于执行人有据可查，有法可依，无空子可钻。

（2）组织国家煤矿安全监察员队伍。目前原煤炭工业部和各地矿务局、矿有大批下岗或即将下岗人员，很多没有下岗的转到有关的协会或学会，他们大多是从煤矿院校毕业和长期从事煤矿工作的技术或管理人员，具有煤矿专业知识和生产实践经验，是国家培养的宝贵财富，让他们改行实在太可惜，安排他们来充实煤矿安全监察员队伍是最理想了，这一条件要比美国优越得多。

（3）指导和协助各产煤省建立相应的煤矿安全监察机构和省煤矿安全监察员队伍。各产煤省的煤矿安全监察机构必须服从国家安全监察机构的领导和指导。

(4) 健全矿山安全救护队伍,一旦发生重大煤矿灾害事故,有权调动任何省、局、矿的矿山安全救护队。

(5) 促进煤矿安全和职工健康的研究与开发。

(6) 健全和完善培训机构,制定煤矿安全监察员和煤矿工人的培训计划。

(7) 制定全国统一的开矿标准,颁发全国统一的开矿许可证。

(8) 健全国家煤矿设备检测机构,所有煤矿使用的机、电、动力设备毫无例外都必须取得检测合格证才能出售和使用。

(9) 建立全国性的煤矿事故网络,健全煤矿事故的档案,重大事故的调查报告应列入煤矿安全监察员和煤矿工人的培训教材。

二、要实现上述目标,经费来源是一个首当其冲的问题

要保障安全,就必须要投入。为了减轻国家的负担,我建议在每吨煤的生产成本或在销售价格中,提取人民币1.0元、1.5元或2.0元,上交国库,专款专用。我记得多年以前,为了提高生产力,解放煤矿工人的笨重体力劳动,原煤炭工业部曾经在原统配煤矿的吨煤生产成本中,提取人民币1.0元用于发展采煤机械化。这一措施达到了预期效果。在短短的几年中,我国煤矿的机械化水平迅速提高,目前已达到或接近国际水平,国产的重型采煤设备(液压支架)曾出口到美国,多套成组国产采煤设备出口到印度。这一成功的经验完全可以借鉴。美国联邦矿山安全与健康局遵守一条名言:"安全是生命的终身保障(Safety is a lifetime investment,安全是一项终生的投资)。"煤矿安全应得到全社会的重视和关心,这样做一定能够取得煤矿用户的理解和支持的。

以上建议仅供您参考。上列各项数字和图表中所用数据,都经过我详细核对,我对此负完全责任。衷心祝愿祖国繁荣昌盛。

(1999年3月6日)

2 国家煤炭工业局关于改革煤矿安全保障体制的报告

国家经贸委:

遵照镕基总理、邦国副总理对中办、国办《群众反映》第31期"关于改革我国煤矿安全保障体制的建议"的批示,我局党组进行了认真研究,深感国务

院领导同志的批示非常重要,改革目前煤矿安全保障体制非常必要,非常迫切。为此,我们组织有关专家和部分煤管局、矿务局主管安全的负责人对我国煤矿安全生产状况和安全保障体制进行了分析,对国外主要产煤国家的经验作了研究。在此基础上,结合中央编办的意见,经反复研究论证,提出了改革的初步意见。现报告如下:

一、我国煤矿事故多、伤亡大的现状和煤矿的特点决定了必须改革煤矿安全保障体制

多年来,在党中央、国务院的领导和支持下,煤炭行业为搞好安全生产,作了很多工作,采取了一系列措施,包括:坚持"安全第一、预防为主"方针;实行"管理、装备、培训并重"的原则进行综合治理;制定了一系列行业安全生产规章;强化煤矿企业安全管理与监督检查;建立健全安全培训网络和矿山救护系统,建立健全煤矿安全科研、检测体系等,促进了煤矿安全生产状况逐步好转。但是煤矿事故多、伤亡重、损失大的状况仍未从根本上扭转。

一是事故死亡人数居高不下。全国煤矿每年死亡人数一直徘徊在近万人左右。据国家经贸委通报,1997年全国煤矿死亡9512人,占全国矿山企业死亡9576人的99.3%,占全国工业企业死亡15869人的60%。一些非法小煤矿发生死亡事故隐瞒不报或"私了"的,尚无法统计在内。

二是重特大事故频繁发生,瓦斯煤尘爆炸事故呈上升趋势。全国煤矿一次死亡10人以上特大事故每年在70起左右,平均每5天发生一起。1990年以来,一次死亡50人以上事故共发生18起,死亡1426人。1997年全国10人以上的矿山事故都发生在煤矿,共102起、死亡2028人。今年1—4月份,国有重点煤矿和地方乡镇煤矿的死亡人数都比去年同期上升。

三是事故多,伤亡大,给职工家属带来巨大痛苦和损失,给国家造成很大经济损失和政治影响。煤矿的一般事故平均每死亡1人,直接损失不下10万元。瓦斯煤尘爆炸事故直接和间接损失更大,据淮南、抚顺、平顶山矿务局测算,平均每死亡1人高达30万元以上。平顶山十矿1996年死亡84人的特别重大瓦斯爆炸事故,造成直接和间接经济损失1亿元,相当于每死亡1人损失119万元。据粗算,近年来煤矿一年的死亡事故损失约15亿元。煤矿职业病危害严重,工业卫生工作任务艰巨。全国煤矿尘肺病患者累计17.5万人,每年死亡2000人左右,目前还有患者12.1万人,人均每年医疗费达1万元以上,全国煤矿一年达12亿元。此外,工伤致残人员约为工伤死亡人员的3~4倍,用于医疗、护理的费用,年人均上万元,全国煤矿一年要花费4亿元左右。以上三项合计,一年的

经济损失高达 31 亿元。

四是我国煤矿安全状况与世界主要产煤国家差距很大。1996 年，我国产煤 13.74 亿吨，死亡 10015 人；而美国产煤 9.6 亿吨，死亡 38 人；俄罗斯产煤 2.6 亿吨，死亡 172 人；波兰产煤 2.0 亿吨，死亡 45 人；南非产煤 2.1 亿吨，死亡 48 人；印度产煤 2.9 亿吨，死亡 137 人。

尽管我们采取了不少措施，但是煤矿安全状况至今仍未从根本上得到好转，原因多方面的。从客观上讲，世界其他产煤国家多数自然条件较好，露天开采比重大，煤矿个数少，生产力发展水平高，技术装备比较先进，职工队伍素质比较高，等等。而我国煤矿煤层埋藏深，井工开采占 95%，开采深度已达 400 米以上；地质条件复杂，自然灾害严重，国有重点矿井 48% 为高瓦斯或突出矿井，60% 有煤尘爆炸危险，40% 是水患严重矿井；小煤矿多达 6.2 万处，点多面广，过多过滥，整顿后还将保留近 4 万处，小煤矿装备和人员素质很差，生产方式落后；安全投入不足，矿井抗灾能力低，等等。但还有一个重要原因是，多年来我国的煤矿安全保障体制政企不分，安全管理与安全监察合二为一，没有形成独立的（安全监察机构独立设置，安全监察员独立行使职权）、垂直管理（安全监察机构自上而下垂直领导）的煤矿安全监察机制和体系，安全监察缺乏权威性和有效性，依法治矿、依法管理安全难以落到实处。

另外，尽管我国制定了《矿山安全法》《煤炭法》等法律、法规，但配套法规不健全，给依法推进煤矿安全保障工作增加了难度。

世界其他主要产煤国家，无论是实行市场经济体制，还是原来实行计划经济体制（如苏联、波兰），无论是发达国家，还是发展中国家（如印度），都设有独立的、垂直管理的国家矿山安全监察机构，实行了安全监察员独立行使职权的监察制度，将安全监察与安全生产管理分开，推进依法治矿、依法管矿，保证安全。这可以说是世界煤矿安全管理的共同的、有效的经验。例如：

美国年产商品煤 10 亿吨左右，有 1800 个煤矿，8 万多职工。国家设有联邦矿山安全与健康局，局长由劳工部副部长兼任；并设有 11 个地区性煤矿安全监察分局和 65 个煤矿安全监察站。实行矿山安全监察员制度，1999 年矿山安全与健康局共有职工 2243 人，其中煤矿安全监察员 1259 人。矿山安全监察员由政府委任，与煤矿无隶属关系。美国联邦矿山安全与健康局负责制定的安全与健康标准，已列入联邦法规，其中有关煤矿安全的部分有 9 章、38 节、1500 多条，每年修订出版一次，强制执行。安全监察员每年至少对煤矿检查 4 次。安全监察员有权命令停止作业，撤出人员，关闭矿井。联邦政府重视对煤矿安全的投入，每年拨给矿山安全与健康局 2 亿美元左右。

俄罗斯设有联邦矿山和工业安全监察局，直属部长会议，在全国各地设有47个分支机构，拥有安全监察员6000多人。安全监察员有权命令停止作业，直至封井。

波兰设有国家最高矿山监察局，是中央政府的部级机构，直属部长会议领导，正、副局长由政府总理任免。下设14个地区监察局。

印度设有国家矿山安全监察总局，在地区派驻安全监察分局，全国有1000多名矿山安全监察官。监察官可以向矿长发出警告，直至发布关闭矿井命令。

过去，劳动部曾提出要实行"国家监察（劳动部行使）、行业管理（煤炭部行使）、企业负责、群众监督"体制。实际上国家监察没有真正到位。存在的问题：一是没有实行煤矿安全监察员制度，安全监察人员实际上分散在各级政府劳动行政部门，主要做劳动安全方面的管理工作；二是用于煤矿安全方面的人力不够，且熟悉煤矿的专业人员少；三是没有形成垂直的领导体制，解决不了地方保护主义问题。

煤矿的安全实际上是靠各级煤炭管理部门抓。但长期以来政企不分。原煤炭工业部既要行使行业管理的职能，还要直接管理国有重点煤矿。虽然从行业内部自上而下有一套安全监察机构，但也是监察和管理不分。过去煤炭工业部曾研究过建立独立的煤矿安全监察体制问题，但鉴于当时的煤炭管理体制现状等原因，一直没能实施。

各矿务局的安监工作是自查自检。在本单位行政一把手领导下进行，既是"运动员"，又是"裁判员"。

过去这种安全保障体制最大的缺点是政企不分，安全监察与安全管理不分，独立的安全监察体系没有建立起来，监察力度不够，权威性不强。这种缺乏权威、没有外部强制监察安全生产的体制是难以发挥好安全监察作用的。

这次国务院机构改革后，安全管理与监督职能由原煤炭工业部、劳动部移交国家经贸委。国家煤炭工业局不再具有安全生产管理和监督职能。国家经贸委安全生产局负责全国各行业的安全管理和安全监督，其中，负责包括煤矿安全管理和监察的一处只有5个人，要对11个行业的安全生产进行监督管理，显然是力不从心的。

综上，为适应发展市场经济的新形势，为改变我国煤矿安全落后局面，改革煤矿安全保障体制势在必行。

二、关于我国煤矿安全保障体制改革方案的建议

改革的原则：贯彻党的十五大提出的加强执法监管部门和推进政府机构改革

的要求，从我国煤矿实际出发，借鉴国外经验，建立适应社会主义市场经济体制的煤矿安全保障体制；建立煤矿安全监察员制度，实行安全监察与安全管理分开，并相应建立垂直领导的专事煤矿安全监察的国家煤矿安全保障体系；突出依法治矿，依法治理煤矿安全；充分考虑关井压产成果的巩固，将安全监察同关井压产工作有机结合起来。具体方案：

（一）实行国家煤矿安全监察员制度，建立独立的煤矿安全监察队伍

国家煤矿安全监察员是由国家煤矿安全监察部门委任、国家和省级煤矿安全监察部门分级管理的，代表国家对省以下地方政府及煤矿企业进行安全监督监察和安全行政执法的国家公务人员。

煤矿安全监察员的主要职责是：检查省以下地方政府和煤矿企业的安全工作，提出评价意见、存在突出问题和整改建议，并报告上级煤矿安全监察部门；实施安全行政执法，依据有关法律、法规和安全规章、规程，对非法和不安全矿井提出关闭、停产整顿或整改意见；制止违章指挥、违章作业，对有发生事故危险的作业场所责令停止作业，并撤出人员；参与重大事故调查并提出处理意见。

国家煤矿安全监察员须经培训，取得国家煤矿安全监察部门颁发的证书后，持证上岗，依法行使职权。

国家煤矿安全监察员的任职资格是：具有矿业大专以上学历；5年以上煤矿现场工作经验；熟悉煤矿有关法律法规和安全规章，熟悉煤矿专业技术；有独立进行安全监察和行政执法能力；作风正派，清正廉洁，秉公执法，不怕得罪人；身体健康，能坚持下井。

国家煤矿安全监察员对所负责行政区域内的各类煤矿实行巡回监察。必要时对事故多发的重点煤矿实行派驻办法，但派驻人员需定期轮换，以防执法不公。

全国关井压产任务完成后，矿井个数约压减到43000个（国有重点煤矿600个，国有地煤矿方2450个，各类小煤矿40000个），建议目前国有矿井按平均5个矿配备1人，需620人；各类小煤矿按平均12~13个矿配备1人，约需2900人。共需配备3500人。

目前，全国27个产煤省、自治区、直辖市的省级煤炭管理部门共有4000人，市县政府煤炭管理部门约2万人。煤矿安全监察人员优先从县以上煤炭管理部门的人员中挑选，有充分余地，不需从煤矿企业抽调。

（二）设立国家煤矿（矿山，下同）安全监察局（目前拟暂不独立设置，采取过渡办法）

其主要职责是：

（1）研究提出煤矿安全法律、法规草案（修正案）方针、政策，制定煤矿安全规章、规程、标准,推进煤矿安全法律建设。

(2)对地方政府贯彻执行国家有关安全法律法规、方针政策等情况进行监督。

(3)管理煤矿安全监察员证书。

(4)协同地方政府调查处理煤矿特别重大事故。

(5)组织煤矿安全科研、矿用设备检测。

(6)组织煤矿安全技术培训,开展技术保障服务。

(7)对煤矿职业病防治工作监督检查。

(8)指导、协调矿山救护队及其抢险救灾工作。

(9)开展行业安全与健康方面的国际交流与合作。

(三)煤矿安全监察员实行省以下垂直管理

全国共有27个产煤省(自治区、直辖市)。在20个主要产煤省、自治区、直辖市设立省煤矿安全监察局(同时加挂煤矿安全监察分局的牌子,为国家煤矿安全监察局的派出机构),为同级人民政府的工作部门。主要职责是,领导省以下煤矿安全监察部门(安监站)履行煤矿安全监察职能。按平均每局(分局)30人配备,需600人。

在主要产煤地市设煤矿安全监察站(全国约80个),为省级煤矿安全监察局的直属机构。其绝大多数人员为煤矿安全监察员。主要职责是,在省级煤矿安全监督局的领导下,负责本行政区域内或划定区域内各类煤矿的安全监察和安全执法工作。按平均每站35人配备,需2800人。

在北京、浙江、福建、广东、广西、湖北、青海等7个产煤较少的省(自治区、直辖市)设煤矿安全监察站,主要职责是,负责全省各类煤矿的安全监察和安全执法工作。其大多数人员为煤矿安全监察员。按每站30人配备,需210人。

(四)干部管理

省级煤矿安全监察局正副局长实行中央和地方双重管理,以中央为主。20个省级煤矿安全监察局(分局)的局长、副局长由国家煤矿安全监察局经征求省级干部管理部门意见后,按规定程序分别办理任免手续。

7个省(自治区、直辖市)的煤矿安全监察站的站长由省级干部管理部门征求国家煤矿安全监察局同意(副站长征求国家煤矿安全监察局意见)后,按规定程序任免。

20个省级煤矿安全监察局直属的煤矿安全监察站的正副站长,由省级煤矿安全监察局任免,报国家煤矿安全监察局备案。

煤矿安全监察员由各煤矿安全监察站提名,省级煤矿安全监察局(站)研究决定,报国家煤矿安全监察局审核备案并颁发证书。

(五)财务经费渠道

各级煤矿安全监察机构,按照国家规定,将罚没收入上缴省级财政,实行收支两条线管理。

国家煤矿安全监察局的经费由国家财政负担。

省级煤矿安全监察局及其直属煤矿安全监察站的人员经费、公用经费、办案经费、装备经费及基础设施经费等,纳入省级财政预算统一核定和拨付,切实予以保障。

(六)关于国家煤矿安全监察局的组建意见

鉴于国务院机构改革已经完成,再增设独立机构难度很大,因此建议采取过渡措施。国家煤矿安全监察局目前可与国家煤炭工业局一套机构、两块牌子,合署办公。国家煤矿安全监察局职能暂由国家煤炭工业局内设机构行使。为此,在不增加编制和内设机构数的情况下,国家煤炭工业局在搞好煤炭行业管理的同时,对内设司室人员进行调整。抓紧把省级煤矿安全监察局和监察站建立起来,并尽快委派煤矿安全监察员。如名称确定为国家矿山安全监察局,在适当时机,内设机构设置金属和非金属矿安全监察机构,充实非煤矿的矿山安全监察人员。

国家煤矿安全监察局组建起来后,近期的工作重点:

一抓依法关井压产,坚决完成国务院确定的关井2.58万处、压产2.5亿吨的任务,并巩固关井压产成果,将小煤矿的事故大幅度降下来。

二是加大对煤矿"一通三防"(通风、防瓦斯、防尘、防火)工作的监督检查力度,控制和减少重大、特大事故的发生。

三要对全国各类煤矿的安全状况进行普遍的调查摸底,实行定期安全大检查,督促煤矿企业加强安全管理。

四抓安全法治建设,推进依法治矿。抓紧起草煤矿安全工作条例,修订《煤矿安全规程》等。

通过努力工作,争取使煤矿事故死亡人数大幅度下降。

三、本方案的特点

(1)重点突出,针对性强。在各行各业中,煤矿安全生产形势最严峻,事故最突出。煤矿职业病的严重程度也居各行业之首。把煤矿的事故降下来,全国工业及矿山事故也就降了下来,国家的安全生产形势就会明显好转。所以,要把建立煤矿安全保障体制作为当务之急。本方案体现了这个精神。

（2）既借鉴国外经验，又从中国实际出发。国外安全保障体系的基本经验是设立独立的、垂直管理的安全监察体系，实行安全管理和安全监察分开，实行安全监察员制度。本方案，借鉴了这些基本经验。同时考虑到煤矿事故在各类事故中的严重程度，中国比外国更突出（例如美国，煤矿事故与其他工业企业事故的差距不大），专设煤矿安全监察机构和煤矿安全监察员，是十分必要的。又考虑到安全监察离不开地方政府的支持配合，建议实行省以下垂直管理，以调动地方政府的积极性。

（3）有利于抓住当前煤炭行业主要矛盾，与关井压产紧密结合，巩固关井压产的成果。煤矿事故多就多在各类小煤矿。1997年全国煤矿死亡9512人，其中乡镇煤矿死亡7373人，占77%。抓好关井压产是搞好煤矿安全的重要举措，而建立独立的煤矿安全保障体系，有利于依法制止不具备安全生产条件的小煤矿非法生产，防止被关闭小煤矿死灰复燃。

（4）既体现政府机构改革精简、高效的原则要求，又便于操作。采取国家煤矿安全监察局与国家煤炭工业局一套机构、两块牌子，合署办公的办法，可以不增加编制，不增加经费，还免去了办公用房、后勤保障等诸多麻烦。27个省级煤矿安全监察局（站）的人员控制在700人左右，是精简的。人员列入地方，不增加中央财政负担。向下派驻的安监站，基本上都是安全监察员。这样从下到上共需3500人，管理人员是少数，突出了安全保障体制的实效性。

（5）充分发挥现有煤炭行业安全管理和监督专业人员基础雄厚这一优势。实践证明，煤矿安全监察人员必须精通煤矿安全生产业务技术，掌握煤矿安全政策法规，有现场工作经验，有吃苦精神，能坚持下井。煤炭各级管理机构这类人才较多。按这个方案，有利于建立一支业务素质高和具有依法行政水平的煤矿安全监察队伍，真正把煤矿安全监督的职能承担起来。

（6）可以避免安全管理、安全监察工作交叉重复问题。采用本方案后，国家经贸委安全生产局的机构及其他行业的安全监察机构都不变，只是把对煤矿（矿山）的安全监察职能划出去。

（1999年5月）

3 国家安全监管局政策法规司课题组关于深化我国安全生产监督管理体制改革的课题研究报告

2001年是我国政府安全生产工作重大举措最多的一年。成立了国务院安全生产委员会及其办公室，组建了国家安全生产监督管理局；出台了《国务院关于特大安全事故行政责任追究的规定》等行政法规；国务院召开了全国安全生产电视电话会，召开了关闭整顿小煤矿和煤矿安全生产工作现场会，以国办明传电报等形式连续发出关于加强安全生产的通知和紧急通知。尽管一次死亡10人以上的特大事故有所减少，但事故总量仍然居高不下。2001年在国家集中开展安全生产五个方面（危险化学品储运、煤矿安全、民用爆破品和烟花爆竹、道路和水路交通运输、公众聚集场合消防安全）专项整治的高压态势下，大多数小矿、小厂和生产经营厂点被迫停产、停业，全国仍发生各类生产伤亡事故1000583起，死亡130037人，比2000年分别上升20.5%和10.4%。其中工矿企业生产伤亡事故11382起，死亡12454人，同比分别上升6.1%和5.9%。较典型的如江苏徐州小煤矿瓦斯爆炸事故，沪东造船厂吊车颠覆事故，陕西铜川、韩城煤矿瓦斯爆炸事故和榆林民用爆破品爆炸事故，广西南丹锡矿透水事故，江西万载、湖北黄陂等地的烟花爆竹事故，以及山西大同、吕梁等地11月份10天之内连续发生的5起小煤矿瓦斯爆炸事故，伤亡惨重，影响恶劣。

导致我国安全生产持续被动的原因是多方面的。除了生产力发展水平较低、全民安全素质较差和法制不健全等之外，一个不可忽视的因素就是现行的监督管理体制缺陷太多，难以适应加强安全生产工作的实际需要。目前我国的安全生产监管体制，存在着管理主体和职责权限不清晰、非异体监督、监督主体权力地位小于客体、系统不完善（或者说尚没有构成一个系统）等诸多问题，从而导致国家对安全生产的监督管理的相对软弱无力。

为扭转我国安全生产的被动局面，迫切需要从市场经济条件下政府对安全生产实施有效监管的实际需要出发，顺应国际社会重视和加强劳工保护的潮流，遵从加入世贸组织的相关规则，抓住目前全社会高度重视安全生产的有利时机，按照现代管理科学的一般规律和要求，学习借鉴国外经验，从明确管理主体和管理职能、理顺管理主体与客体的关系，健全完善管理系统等基础环节着手，进一步深化安全生产监管体制改革，重新整合、科学界定各部门安全生产监督管理职能，组建具有较高权威和较强监管能力的国家安全生产监督监察机构，建立监察执法系统、日常管理系统和支撑保障体系，尽快形成健全完善的安全生产监管体系和依法运作的监管工作机制，为实现我国安全生产状况的稳定好转，提供强有力的体制和制度保障。

一、我国安全生产监管体制的历史沿革和现行体制的弊端

计划经济时期由于我国的经济成分比较单一。第二、第三产业的生产活动，集中在公有制企业特别是国有大中型企业。抓好了国有大中型企业的安全，全国的安全生产就有了比较可靠的基础。而国有大中型企业又隶属于行业部门。与之相适应，计划经济时期我国的安全生产工作，一直实行"国家监察、行业管理、企业负责、群众监督、劳动者遵章守纪"的体制。即由劳动部代表国家履行安全监督监察职能；国务院各专业经济部委履行行业管理职能，负责对本部门所直属、直管企业的安全生产监管（以煤炭部为例，负责103个直属重点煤矿的安全生产）；国有和集体企业内部普遍设立职能机构，负责日常性安全生产管理；企业工会、共青团、女工、家属委员会等群众团体，积极参与安全监督和各类安全活动；而产业工人所具有的主人翁责任感、较高的思想业务素质和严格的组织纪律观念，则使企业的安全生产获得了一个比较扎实的基础。上述体制（或曰工作格局），基本上保证了计划经济时期的安全生产。

计划经济体制的终结和市场经济体制的确立，带来了经济成分的多元化。数量众多的非公有制小企业在迅速成为社会生产主体的同时，也成了生产伤亡事故的主要来源地（以前年度缺乏专门统计。2001年的统计：当年非公有制小企业发生的死亡事故的起数和死亡人数，分别占全国的58%和67%；其中一次死亡10人以上特大事故的起数和人数，则高达74%和72%）。这些小企业外无主管部门（也以煤炭为例，8.5万处小煤矿均非煤炭部所管理，也不接受煤炭部的安全指示、指令和监督检查），内无专门的安全机构和群团组织，员工流动性大且素质参差不齐。加上国有大中型企业普遍下放地方管理，"国家监察、行业管理、企业负责、群众监督、劳动者遵章守纪"的传统体制格局的基础，大部分不复存在。面对新形势和新情况，国家和政府安全生产监督管理体制、监管模式和方式方法的探索创新也就势在必行。

1998年九届人大一次会议通过的国务院机构改革方案，将劳动部改组为劳动和社会保障部，除了保留工伤和职业病保险、就业培训等部分与劳动保护相关的职能外，安全生产监管主要职能移交国家经贸委；煤炭、冶金、石油和化工、机械、轻工业、电力、建材、有色金属、纺织等九个专业经济部门和行政性行

业协会，改组为国家经贸委管理下的国家局，并将所属行业的安全生产政府监督管理职能全部转移到国家经贸委安全生产局，由国家经贸委实行统一集中管理。

1999年7月，美籍华人、著名矿业专家姜汉信先生致信国务院领导人，认为煤矿安全是中国安全生产的重中之重，而当时的监管体制和监管力量配置（经贸委安全生产局内主管煤矿安全的仅两三人）不仅没有加强煤矿安全工作，而是严重地削弱了。由此他建议将国家经贸委负责的煤矿安全监管职能转移出来，成立独立的更具权威的国家煤矿安全监管机构。经研究论证，国务院采纳了这一建议，在成立国家煤矿安全监察局的同时，以原煤炭部直属的各省区煤炭工业管理局为基础组建了20个省级煤矿安全监察局，69个煤矿安全监察办事处。共计2800人的煤矿安全监察队伍，全部纳入公务员序列，实行全国统一垂直管理。煤矿安全监察的这一新体制从2000年1月开始启动，对扭转煤矿事故多发局面起到了一定作用，当年全国煤矿事故死亡人数比上年下降了9.39%，少死亡601人。

2000年12月再次进行机构改革。撤销了国家经贸委管理的9个国家局，同时组建国家安全生产监督管理局，与先前成立的国家煤矿安全监察局实行"一个机构、两块牌子"，仍作为委管局，副部级单位，编制160人，负责统一履行全国安全生产监督管理和煤矿安全监察职能。2001年6月，决定成立国务院安全生产委员会及其办公室。国务院安委会办公室设在国家安全生产监督管理局（国家煤矿安全监察局），国家局的局长、副局长即为国务院安委会办公室的正、副主任。

上述一系列变化，体现了中央"强化综合、淡化专业"的改革初衷，有利于实现政企分开，精简政府机构；体现了党中央、国务院对安全生产的重视和对市场经济条件下安全生产规律特点的认识，有利于逐步加强和改进政府安全生产监督管理工作。但由于缺乏经验，对于旧体制打破之后如何建立统一高效的新体制，统筹谋划很不够。国家安全生产监管体制改革的相关举措，包括机构设置、职能界定等，带有明显的探索性、临时性和过渡性，表现出"摸着石头过河"的特征。在一年多的机构运作过程中，表现出诸多的不协调。从现代管理的一般规律和要求看，现行体制存在着管理主体不清晰、职能职责不明确、机构设计不合理、系统不健全等诸多问题，直接影响了市场经济条件下政府对安全生产的有效监管。具体分析起来，有以下六大比较突出的问题：

（一）管理主体不清晰，职能不明确

现代管理学认为，任何管理活动都是由管理主体、管理客体、管理目的、管理职能和方法、管理环境或条件五种要素构成。其中管理主体是最首要的因素。任何管理，首先必须明确回答由谁管的问题，否则就难以清晰地界定职能职责，也无法对客体实施有效管理，管理目的也就难以达到。

我国政府的安全生产监督管理，时至目前，尚没有解决好管理主体这个最起码的问题。也就是说，全国的安全生产究竟由谁来管，尚没有准确的说法，没有一个能够代表国家统一履行安全监管职责的管理主体。由于我国前一时期的安全监管体制改革缺乏总体设计，存在着一定的随机性，加上新旧体制需要有一个过渡期，造成当前我国安全监督管理多主体并行局面。

从国家的层面看，安全生产监管的主体是：

（1）国务院安全生产委员会办公室及其所依托的实体性机构——国家安全生产监督管理局（国家煤矿安全监察局）。国务院有关文件已经明确了其"统一履行全国安全生产监督管理职能"。

（2）国家经贸委。尽管国务院文件已经明确"原国家经贸委承担的安全生产监督管理职能移交给国家安全生产监督管理局"，但国家经贸委作为国家局的"委管"上级，对这一块职能始终没能松手。来自国务院关于安全生产工作的批示也呈现多头，有时批给安委会办公室和国家局，有时则批给国家经贸委。

（3）国家质量监督检验检疫总局。该局内部设有锅炉压力容器安全监察局和事故调查处理中心，国务院下达的"三定"方案，规定其负责全国锅炉、压力容器、压力管道、特种设备的安全监督管理。2001年10月，该局发出规格升级后的第2号令，以死伤人数划分压力容器等特种设备的事故等级，并对事故的报告、调查、处理、统计等作出自己的规定；2002年1月，该局几乎与"全国安全生产工作会议"同时，召开了全国"锅容管特"安全监察工作会议；并与《安全生产法》的起草制定工作同步，开始起草《特种设备安全监察法》。事实上，涵盖了诸如电梯提升设备、供热供气和石油天然气管道、氧气储运设施设备、起重机械、厂内机动车辆、煤矿井下防爆电器等在内所谓"锅容压特"，已经把工矿企业的主要设备几乎全部罗列其中。而截至目前几乎所有的重大事故，又都涉及这些设备。且该局又以死亡人数划分事故等级和查处。照此办理，则工矿企业的绝大多数事故都应由该局查处。

（4）相关部委如交通部、铁道部、公安部、国防科工委、国家旅游局等，负责交通运输、铁路、民用爆炸品、烟花爆竹等方面的安全生产。这些部委局的安全生产监督管理自成系统，且行政规格一般都高于国家安全生产监督管理局。国家局对这些系统的安全监管，主要表现为了解进展情况，催要索取数字，有时甚至连这一点也很难做到。

(5) 劳动和社会保障部。从劳动保护的角度所保留的工伤和职业病保险等职能，严格讲也是安全生产的内容。

从省区这个层面看情形更为复杂。能够称得上省区安全生产监管主体的计有：①省区安全生产委员会办公室，有的设在经贸委，也有的设在计委、劳动厅；②省区安全生产监督管理局，有的单独设立，有的与安委会办公室合署办公；③省区经贸委，多数省区经贸委具有安全生产监管职能；④省区质量监督检验检疫局，按照国家质量监督检验检疫总局的授权行使本省区"锅容压特"（也即几乎全部的工矿企业伤亡事故）的安全监管和事故查处；⑤省区煤矿安全监察局，独立行使煤矿安全监察职能，为正厅局级，普遍高于省区安全生产监督管理局半格到一格；⑥省区劳动厅、卫生厅等与安全生产关系密切的部门，前者负责工伤事故保险，后者负责作业场所卫生检查和职业病防治等；⑦省区煤炭局、交通厅、建设厅、公安厅等行业和专业管理部门。

多主体并行引起的职能交叉混乱。各部门很难搞清楚自己管什么、不管什么。国家安全生产监督管理局担着虚名却统不起来，其他部门享有着实际上的主体地位和权力，却须在名义上受制于国务院安委会办公室和国家安全监管局。这就难免形成工作上的不协调，造成大量的漏洞和死角，影响安全生产。如从2000年下半年开始的全国安全生产五个专项整治（煤矿安全、道路交通安全、危险化学品的储运安全、民用爆破品和烟花爆竹安全、公众聚集场合的消防安全），从国务院安委会办公室和国家安全监管局的角度看，是该统管起来的。但从国家局的行政规格级别等现实情况看，又似乎管不了那么多。所以除了煤矿安全整治外，其他的各项整治从组织到实施、到检查奖惩，都无法真正去管。一些方面的整治流于形式、边整治边大量发生事故，也就在所难免。此外，多主体并行也造成政出多门。如石油天然气运输管道的安全问题，依据国务院颁布的《石油天然气管道保护条例》和国家经贸委颁发的《石油天然气管道安全监督与管理暂行规定》，应有国家安全生产监督管理局授权有关检验机构进行监督管理；而国家质量监督检验检疫总局则根据国务院下达的"三定"方案，授权其各地的锅炉压力容器检验所进行监督管理和收费，造成矛盾和纠纷，使下面无所适从。

（二）机构设置不合理

违背了"以目标为中心，以职能为依据"的机构设置原则。现代管理学认为，目标是组织机构的核心，机构组织形式的选择要服从服务于该机构经常性的管理目标，只有如此才能使机构的各级领导和全体成员形成共同协作的愿望，使机构高效运作。同时认为，机构必须服从职能，做到因事设人，依据履行职能的实际需要来设置机构、配置人员。

目前的国家安全生产监督管理机构设置，显然有悖于此。突出表现在缺乏一个能够通览整个机构工作的经常性管理目标和基本职能。全国安全生产监管的大概念与煤矿安全监管的小概念齐肩并行，国务院办事机构与委管国家局共为一家，宏观管理、行政执法和协调平衡三大职能相互混淆。目前平行加挂在北京和平里北街 21 号这一机构门口上的三块牌子，其经常性的管理目标和基本职能，各有独自的内涵。国家安全生产监管局作为宏观管理机构，其目标和职能主要在于对各行各业安全生产实施监督管理；国家煤矿安全监察局作为执法机构，其目标和职能主要是查处煤矿重大特大事故，依法履行煤矿安全监察执法职能；国务院安委会办公室作为协调机构，其目标和职能主要是催办、落实国务院安委会议定的某些事项。这样，这个 160 名编制的国家局机关内部，事实上便分作四摊人马：大安全一摊；煤矿安全监察执法一摊；专门顶着国务院安委办的名义，负责办理安委会临时交办事务如写会议纪要、发简报的一摊；办公室、政法司、人事司等搞综合的又是一摊。缺乏集中统一的目标，加上基本职能的不一致，影响了机构的工作效率。

（三）非异体监督

自己不能监督自己。要保证监督的有效实行，必须坚持异体监督的原则。我国目前的安全生产监督，违背了这一原则。国家经贸委的重要职责是对全国的工矿商贸企业的生产活动进行组织、协调和平衡。把国家安全生产监管局作为国家经贸委管理的机构，或者由国家经贸委直接履行安全监督职责，违背了异体监督的原则，造成生产管理和安全监督事实上的一体化，也即"既当运动员，又当裁判员"。

此外也有不少人认为："国家安全生产监督管理局"之机构名称，本身就是集"运动员"和"裁判员"职能于一身。持这种观点者，把安全管理与监督作为两个截然不同的范畴，担心把政府监督与具体的安全生产管理活动搅和在一起，不利于发挥政府的监督职能。而按照管理学的一般理论，监督也是管理，是管理的题中应有之义。"国家安全生产监督管理局"这一名称中的"管理"，显然是指政府对安全生产的宏观管理，而且这种管理是以"监督"为主要内容的。尽管如此，人们的意见也并非没有可取之处。当不少的人都对此产生疑虑的时候，改一个更确切、更容易让人理解的机构名称，也是应当的。

（四）监督主体权力小于客体

以权力对权力，以大权力对小权力，是监督的又一个基本原则。而目前，从国家到省、地（市）、县各级安全生产监管机构，绝大多数的比同级政府所属各职能机构低半格，有的甚至低一格。国务院安全生产委员会办公室和国家安全生产监督管理局为副部级机构，省级安全监管机构多数为副厅局级，个别的如河南省安全生产监管局为省经贸委内的正处级单位；陕西省所属各市地的安全生产监管局一般为科级单位。在政府部门级别规格一向很严、企业行政级别事实上仍然存在、全社会"官本位"气氛相当浓重的情况下，各级安全监管机构时常处于尴尬的状态，一些会议不能参加，一些文件见不到，到相关单位检查安全生产工作得不到重视，说话没有分量，工作部署难以得到切实认真的贯彻落实。

在级别、权限的制约下，国家及其地方安全生产监管部门很难有效履行职责。由于国家安全生产监督管理局是副部级机构，没有资格发布部门规章，所发文件的法律效力也低于正部级机构。当国家安全生产监督管理局的文件与相关行业主管部委等的文件发生矛盾时，从道理上讲，地方政府和基层单位应该执行后者而并非前者。而在目前情况下，这类矛盾又是难以避免和经常发生的。

（五）安全监管系统不完善，监管力量严重不足

目前我国的安全生产监管体系，大致为垂直管理与分级管理相结合。垂直管理是指煤矿安全监察，国家局—省级局—办事处，上下一条线，内部也有人称之为"小安全"；分级管理是指除煤矿安全之外的其他安全生产工作，即大安全。说系统不完善，主要是就大安全而言。从系统构成的客观要求看，我国安全生产监督管理体制存在的问题：

第一是缺乏一个明确的强有力的中枢。任何系统都是围绕着一个中心展开的，没有中心即无所谓系统。这里我们姑且把这个中心称之为中枢。如同前面论述的管理主体问题，目前全国安全生产监督管理的中枢究竟在哪里，很不清晰。说是在国务院安委会及其办公室吧，但国务院安委会只是一个议事和决策机构，也没有实体性机构组织所必需的甚至诸如公章、红字稿头纸等东西。至于安委会办公室，尽管国办文件明确其为"安委会的工作机构"即执行机构，但其职能却限定为承办安委会召开的会议、编发安全生产工作简报和承办安委会交办事项和日常工作。显然，这样一个虚化了的工作机构，是不能发挥全国安全生产监管系统中枢作用的。说是在国家安全生产监管局吧，这却是一个委管局，规格和影响力都不足以担当如此重大的职责，难以统起来。说是在国家经贸委吧，国务院下达的"三定"方案已经明确将安全监管职能从国家经贸委移交给国家安全生产监督管理局，而且国务院安委会办公室也没有设在国家经贸委。

第二是子系统不健全。大的管理系统通常是由若干子系统和辅助系统所构成。全国安全生产监督管理系统内,应包含有各省区的纵向子系统和各行业的横向子系统,同时还应当有覆盖全国的安全生产信息调度、宣传教育和培训、事故应急救援等辅助系统。目前纵向子系统远远没有建立起来,全国除山东、江苏等少数省区外,大都没有设立独立的安全监管机构,通常是在省区经贸委或其他综合部门之内设立一个机构负责这方面的工作。且由于中央政府对各省区政府内部编制采取总量控制而不具体干涉的政策,设什么机构不设什么机构完全由省区自己决定,这就使得纵向子系统的形成愈发遥遥无期。横向子系统如交通、铁路、电力、建设等行业的安全生产机构体系倒是健全,但国家安全生产监管部门"统"不起来,游离于母系统之外。辅助系统尚存在于观念之中。要支撑和强化政府安全监管,必须建设若干辅助系统,特别是信息调度系统。目前的安全生产信息特别是重特大事故信息的梗塞隔阻,确实到了非常严重的程度。个别地方尚处在"民不告官不究"的自然状态,甚至出现群众上告而各级官员层层遮掩搪塞的现象,广西南丹事故就是一例。

第三是系统基础薄弱,监管力量严重不足。安全生产监管系统是由人和工作构成的,人是系统的基础。目前国家安全生产监督管理局内专门负责冶金、化工、机械等行业安全生产工作的仅一两个人,不及以前专业部委安全管理人数的十分之一。省级从事安全监管的7～15人,市地5～7人,县级以下多为空白。2001年7月16日,陕西榆林市横山县马坊村一非法生产火药的个体户藏匿炸药发生爆炸,70人死亡,85人受伤。该事故就暴露出监管力量严重不足的问题。榆林市所属各县区普遍没有设立安全生产监管工作机构。对民爆器材和易燃易爆品的安全整治工作,尽管国家和省里曾经三令五申,但到了下面没人去贯彻落实,甚至没人知道这件事情。我们曾经指责一些地方安全生产工作往往停留在会议上和文件上,而当时榆林市所属各县尚未上升到这个"高度",连"过场"也不走。这种状况显然难以适应当前政府加强安全生产监管的实际需要。

(六)执行机构即国务院安委会办公室虚化问题

安全生产工作是人命关天的大事,是"说了算、定了干"的实事,是稍有漏洞就可能捅出大娄子的细致事。安全生产工作的一招一式,都应当实实在在。所以国务院安全生产委员会的具体办事和执行机构,不宜虚设虚化。

我国安全监管体制存在的上述一系列问题,直接导致政府对安全生产的监管上的软弱无力,安全生产形势严峻。一个时期来一些地区和行业安全生产重大、特大事故多发,给人民生命财产造成严重损失,影响了改革发展和稳定大局,损害了社会主义国家和政权形象。在前一时期改革的基础上,继续深化安全生产监管体制改革势在必行。概要地说：第一，是贯彻江总书记"三个代表"重要思想的需要。生产过程中死伤累累，违背先进生产力的发展要求；生命健康无保障，为人民群众的根本利益所不容；倡导弘扬以"关爱生命、关注安全"为基本内容的大众安全文化，是先进文化的一个组成部分。第二，是迎接加入WTO，更加理直气壮地参与国际市场竞争的需要。在西雅图世贸组织第三届部长会议及其他多种场合，以美国、英国为首的西方国家多次提出过所谓的"劳工标准"问题。其实质，固然在于以"劳工标准"为借口，尽可能阻止低劳动成本的产品进入西方国家，维护其竞争优势。我国虽然反对将"劳工标准"问题纳入多边贸易规则，但是也应当对这个问题引起足够的重视，在发展经济的过程中，更加注意职业安全保护和卫生问题，尽最大努力维护劳动者的生命健康。第三，是加强市场经济条件下强化政府宏观管理职能的需要。新的经济体制下政府的根本职责，首先是要创造一个良好的市场经济秩序。安全生产是市场经济秩序的题中应有之意，政府的安全生产监管职能只能加强不能削弱。而这一职能的体现，有赖于有科学完善的体制和制度。体制不行，制度设计上出了毛病，强化政府监管说到底只是句空话。第四，是安全生产监管体制自身不断发展完善的需要。改革不可能一蹴而就。市场经济条件下的安全生产监管本身就是一件相当棘手的事情，以前我们从来没有搞过。面对层出不穷的新情况和新问题多，迫切需要在前一时期改革的基础上，认真总结经验教训，继续深入进行探索，不断改革完善。

二、对发达国家安全生产监督管理体制的考察和研究

工业发达国家对安全生产（职业安全卫生）实施政府监督管理已有100多年的历史，目前已基本形成了比较科学的体制与制度。这些体制和制度，包含着全社会的探索实践，千百万劳动者为此付出了鲜血和汗水，应当视为人类文明的共同财富。学习借鉴其中成功的经验，有助于我们少走弯路，尽快建立比较完善的与社会主义市场经济相适应的安全生产监察管理体制。

（一）几个主要发达国家安全生产监管体制状况

1. 美国

基本模式可以称为"部管局"类型。美国有关法律规定：劳工部是安全生产监管的最高权力部门，主要职能机构为其所属的职业安全卫生局和矿山安全与健康监察局。

职业安全卫生局。内部设有政策立法计划处、卫生标准处、安全标准处、联邦计划和州计划管理处、培训教育处、技术支援处、行政管理计划处。本部

工作人员411人,在全国设立23个州级职业安全卫生局,并设立10个地区和30个分区办公室,从事职业安全卫生工作专业人员5000余人,其中半数为监察人员。

矿山安全与健康监察局,负责全国矿山安全卫生监督管理,2000年编制2317人。下设煤矿监察司、金属与非金属矿山监察司、技术支援司、标准规程司、行政处罚管理司、罚款估价室、教育政策与开发司等。在全国设立17个地区矿山监察处,其中煤矿监察处11个,61个现场办公室。工作人员1700多人(国家任命的监察员1200人);金属与非金属矿山监察处6个地区,12个分区,18个现场办公室,工作人员500人(政府任命的监察员300人)。现场办公室是一级执法机构,专业分工较严。

2. 德国

基本模式可以称为"政府、协会双轨运行"类型。德国的劳工部是代表国家履行安全监管职能的政府机构。该部在每个州都任命有劳动安全监察员,并设监察员办公室负责该州的具体监管事务。在该州注册的所有企业,都必须接受该办公室在安全生产方面的统一监管。全国共任命监察员3300人。与此同时,德国还在不同行业建立了35个同业工伤事故保险协会(大行业一行一会,小行业数行一会)。在同业保险协会内部,任命了1250名劳动监察员,其职责大致相同于劳工部的监察员,既负责伤亡事故的调查处理和办理赔付,也负责所辖范围内企业安全生产的日常性监督监察。

3. 英国

健康安全委员会是英国安全生产法定主管部门。委员会主席由首相任命,委员会成员由来自政府、企业主和工人三方代表所组成,是国家职业安全卫生工作的最高决策机构,同时具有一定范围内的立法职能。健康安全执行局是由健康安全委员会任命的执行机构,其职能在于贯彻执行委员会的指示,为委员会提供顾问和帮助,负责加强健康和安全法律方面的工作及安全事故统计、调查等,代表委员会行使安全监管职权。

健康安全执行局拥有覆盖全国的监察员组织网络。监察员是政府任命的,受过系统或专业领域监察的培训,能正确地根据法律作出判断,并且可以提供合乎政策和健康安全执行局技术中心要求的信息。监察领域包括工厂、矿井、核设施、铁路、海洋石油安全辖区、化学及高危设施辖区等。其中负责工厂安全生产的监察力量最强,共有监察员850名,下设21个地区监察机构和7个现场咨询组,有固定或可移动的实验室设备,配备有机械工程、化学工程、土木工程、电气工程和职业卫生等各类技术专家。

（二）发达国家安全生产监管体制的共同特点

纵观以上几个国家安全生产监督管理体制，有以下几个特点：

（1）政府监管主体明确。各国都把各类各行业的安全监管工作统一起来，将监管权力集中于中央政府的一个部门，形成一个强有力的监督管理主体，以保证监管的统一性和协调性。值得注意的是，有的国家以前也存在着多主体现象，如英国1990年之前铁路安全监管职能放在交通部，后来也转移到健康安全执行局。

（2）监管对象的界定比较科学。也就是说，较好地解决了管什么这个管理客体的问题。大多数国家将生产安全与职业卫生健康结合起来统一监管。德国将生产安全、职业卫生和劳动保险三方面结合一起，共同实施监察管理。一些国家还把特种设备、压力容器、运输管道（水、汽、油等）的安全监管，与其他方面的安全生产共同管理。这样更有助于安全生产工作的协调统一。

（3）形成了垂直管理的比较健全完善的安全监管工作体系。由于安全监管具有执法性质，客观上要求有比较严密的组织结构和权威性的工作制度，因此，上述几国普遍建立了从国家到地方、到企业这样一个垂直管理的安全生产监管体系，监察员由国家直接任命，代表国家对各行业、各企业的安全生产进行有效监管。有的国家如德国，还实行安全监管双轨制，不仅建立了统一垂直管理的国家安全监察工作体系，而且建立了垂直管理的同业保险协会监察体系，两大体系相辅相成，确保安全监管的触角延伸到各个领域、各个生产单位。

（4）监管机构和监管人员有职有权，能有效履行监管职能。美国的职业安全卫生局及其州级局、地区和分区办公室，都有着法律赋予的地位，其安全监察员在法律上是劳工部部长代表，有权在职责范围内处理涉及安全卫生方面的技术、管理等问题，如罚款、限期改善情况等，并将安全状况定期逐级报告。德国的劳动监察员有权直接检查工厂，如发现有违法现象，监察员必须向上级报告或通知企业采取纠正措施；若发现严重违法现象和严重事故隐患，监察员有权作出立即停工的决定。

（5）辅助系统健全。如美国的安全监管的辅助系统方面，建立了四个中心，即丹佛安全卫生技术中心、匹兹堡卫生技术中心和批准认证中心、普鲁斯顿安全卫生技术中心。这些中心是政府授权的技术服务组织，为煤矿和非煤矿山企业安全提供工程、卫生技术的帮助和支持、统计分析、职业危害研究评价及矿山救援等服务。中心运转经费由政府统一预算、支付。此外还有国家矿山安全与卫生学院，负责对矿山安全监察员、技术支援人员、采矿人员等进行安全生产培训。

(三) 借鉴和启发

先进市场经济国家在安全生产监督管理方面已经形成了一套比较完善的体制。概括地讲就是"一集中、两结合、三强化"。"一集中"是指把国家安全生产监督管理的职能、权力高度集中在一个部门，建立起权威的国家安全监管机构；"两结合"是指安全生产与卫生保健结合，安全生产与工伤保险紧密结合，使政府安全生产监管内容科学化、系统化。"三强化"即强化全国统一和垂直管理的安全生产监管工作体系，强化安全监管机构和监管人员的执法地位，强化安全监管的辅助体系。

对上述三种不同模式借鉴作用的分析：

一是美国"部管局"模式，即以劳工部为国家安全生产监督管理最高机关，通过两个职能局来分别履行职责。把安全生产工作部门作为政府二级机构，反映了当前美国社会现阶段生产力高度发展，安全生产问题已经不是很突出，起码已经次于劳工利益、劳工权益问题的现状。而我国，受生产力发展水平和各方面因素制约，安全生产问题非常突出，事故发生率和事故伤亡人数都是世界上最高的（以煤矿百万吨死亡率为例，目前美国为0.038，印度为0.908，我国约为7。2000年美国产煤9.92亿吨，死亡38人；中国产煤10亿吨，公布死亡数为5798人）。安全状况不好的问题，已经影响到社会稳定和国家政权形象，因此不宜向经济高度发达、安全生产问题已经不再突出的美国那样，把国家安全生产监管职能放在某个部委内部，摆在国家二级机构的位置上。

二是德国，政府协会双轨运行，结合和依托工伤保险实施监督管理的体制。这种监察管理体制组织严密，运转有序，但它是建立在庞大的同业工伤保险机构基础上的，我国工伤保险目前刚刚起步，自身尚有许多方面需要理顺完善，很难效仿。

三是英国，即一委一局的中央集权管理模式，国家健康安全委员会决策，健康安全执行局贯彻实施，向上直接对政府最高领导人负责，向下通过划分安全辖区和监察员的工作而一统到底。这种监管体制职责简明，有利于建立政府在安全监管方面的法治权威，提高监管工作效率，值得我们学习借鉴。但也需要从我国的国情出发，加以扬弃和改造。

三、深化我国安全监督管理体制改革的设想和建议

我国安全生产的持续被动状况，已经在实践意义上对现行监督管理体制予以了某种程度的否定。顺应国内要求强化安全生产的民心民意和国际社会普遍重视政府安全生产监管的潮流，遵循马克思主义"否定之否定"的哲学思想，继续

采用改革的手段，尽快结束目前这样一个不济事、耽误事的体制格局，产生一个更科学、更强有力、更管用的体制格局，乃势所必然。这件事情宜早不宜迟，早下决心，早搞，早主动。

深化我国安全生产监督管理体制改革的总体思路，就是要在江泽民"三个代表"重要思想指导下，把现代管理学等学科的一般原理与安全生产监管实践结合起来，认真学习借鉴国外的成功经验，着眼于强化政府监管职能，提高监管效率，推动全国安全生产状况的稳定好转，从确立管理主体、明确职责权限、健全完善系统等基础环节着手，构建与社会主义市场经济相适应的政府安全监管新体制。

新体制的基本构想，可以概括为"三个一"：①组建一个由国务院直管的事权一致的有权威的国家安全生产监督监察总局，重新整合国家相关部门安全生产工作职能；②建立一个以国务院安委会为决策机构，以国家安全生产监督监察总局为执行和系统中枢，以地方各级政府安全生产监督监察机构和行业管理部门为纵向和横向子系统，以安全生产信息调度、政策法规、宣传文化、培训教育、事故应急救援、技术装备保障等为辅助系统的覆盖全国的安全生产监管工作体系；③建设一支垂直管理的安全生产监管执法队伍，逐步形成依法行政、高效运作的安全生产监管工作机制。

（一）组建国家安全生产监督监察总局，对相关部门的安全生产工作职能重新进行整合

目前，国家安全生产监督管理局的委管局、副部级行政规格及其160人的编制，与其所承担工作本身所具有的重要性，显然是极不相称的；与"安全第一""安全为天""安全责任重于泰山"的社会共识，形成很大反差。机构权威性和人员力量不足，使其不足以担当起负责全国安全生产监管工作的重任。也有人因为该机构组建以来疲于应付各地突发性的特大安全事故的抢险救灾和调查处理，而将其戏称为"安全生产消防局""安全事故处理局"。这种状况不克服，加强安全生产就是一句空话，我国安全生产的被动局面也就未有穷期。为此，建议采取下述相应举措：

（1）尽快成立具有较高行政规格的负责全国安全生产监管工作的机构，确立权威性的国家安全监管主体，解决监管主体不清晰、主体小于客体等问题。监督管理全国安全生产需要权威，而权威很大程度上来自机构的行政级别规格。没有相应规格级别的机构就没有权威，就必然造成"各顾各，相互打架，相互拆台，统一不起来"（邓小平《中央要有权威》，《邓小平文选》第三卷278页，人民出版社，1993年10月第一版）。就我国安全生产的现状以及安全工作必须具有的权威性而言，即使成立实体性的与国家计委、经贸委等机构平行的国家安全生产委员会，也是必要的、应当的。但考虑到国务院机构的精简效能原则和平稳过渡的需要，宜比照国家工商管理总局、国家质量监督检验检疫总局的机构设置办法，在现国家安全生产监督管理局的基础上，组建一个由国务院直接领导的正部级的国家安全生产监督监察总局，重新整合国务院相关机构以及现国家安全生产监管局内部的安全生产工作职责，调整理顺各方面关系，实行"一个机构、一块牌子"，统一履行全国安全生产监督监察和管理职能。

（2）取消目前的国务院安全生产委员会办公室之名义，解决执行机构虚设虚化问题。作为执行机构，不应该是虚设的和名义上的，特别是安全生产这样事关老百姓生命健康和根本利益、事关社会稳定和经济发展大局的"实事""大事"。建议借鉴、仿照英国的体制，将国家安全生产监督监察总局直接明确为国务院安全生产委员会的执行机构。大政方针由国务院安委会讨论决策，国家安全生产监督监察总局负责贯彻执行。

（3）解除国家安全生产监管机构与国家经贸委的行政隶属关系，解决"既当运动员，又当裁判员"的非异体监督问题。不仅如此，还应当同对待各行业管理部门一样，把国家经贸委及其地方各级经贸委所从事的政府对工业生产活动所进行的宏观管理行为，同样依法纳入国家及其各级安全生产监督机构的监督监察之中。国家和地方各级经贸委的经济管理活动，都必须在"安全第一，预防为主"的方针下进行，不得违背国家安全生产各项法律法规。

（4）撤销国家煤矿安全监察局，解决国家安全生产监管大概念与煤矿安全监管小概念并行的问题。煤矿安全固然相对重要，但说到底，毕竟只是全国安全生产工作的一个局部。"煤矿安全"这一概念，不仅远远小于"全国安全生产"的总概念，而且是"矿山安全"属概念下之种概念。鉴于此，宜在国家安全生产监督监察总局内部设立负责这部分工作的二级机构即矿山安全监察局，负责《矿山安全法》及其相关法律法规的监察执法。并将现各省级煤矿安全监察局以及各煤矿安全监察办事处，改组为地区性的矿山安全监察分局和矿山安全监察执法大队，仍然实行全国统一垂直管理。

（5）将相关部门依法承担或主动承揽的安全生产监督职能，集中到国家安全生产监督监察总局，统一执法，解决国家安全生产监管目前存在的多主体并行问题。一是，撤销质量监督检验检疫总局内设的安全生产监督管理部门，将其职能严格界定在对某些特种设备进行质量技术层面的日常性监督管理上，主要精力放在发现解决质量技术类缺陷，改进设备质量技术性能和管理水平。在国家安全生产监督监察总局内设立专司压力容器和输送管道安全监督的二级或三级机构，主要职责为查处压力容器和输送管道（包括石油天然气管道）设施安全事故；目前该局承揽的提升起重设备、厂内运输工具、防爆设备等安全，本为安全生产监管部门实施监管的正常范围，不再设立机构专司其事。二是，将交通部、建设部、铁道部、国防科工委、民航总局、国家旅游局等专业部委局对本行业安全生产的监督监察、重特大事故调查处理等权限，移交到国家安全生产监督监察总局，保留其日常性安全生产管理职能。三是，将公安部对烟花爆竹生产安全的监督管理权限移交国家安全生产监督管理总局。

（6）合理区划生产安全与社会公共安全的界限，解决目前安全生产概念揽得过宽、"贪多嚼不烂"的问题。一是，将道路交通安全从生产安全的基本概念中予以摘除。长期以来，我国通行的安全生产概念中，包括了道路交通安全。国家安全生产监督管理局公布的2001年全国各类事故为100多万起，死亡总数12万人；其中，道路交通事故77.7万起，死亡10.6万人。这会引起对安全生产监督管理客体认识的混淆，即在国家安全生产监管到底"管什么"这一基本问题上，产生不必要的混乱。事实上，发生道路交通事故的车辆，相当大的一部分与生产活动无关。随着私人轿车大量进入家庭，非生产性质的道路交通将更为常见。因此，应将道路交通安全，基本上视作社会公共安全来看待。道路交通事故另行统计，其中与生产活动直接相关的道路交通事故，同时列入生产事故统计和管理。二是，将消防安全从安全生产中分离出去。消防安全的情况与道路交通安全情况类似，也不应留在国家安全生产监督管理局的监管范围内。火灾事故的统计管理亦应有总有分。只有与生产活动有直接关系的火灾，才纳入安全生产范畴。三是，将人为制造的伤亡事故与安全生产分离开来。

上述政府的监管职能之重新整合，是指国家（国务院）而言。原则上对各地也是适用的。尽管国家对省区及其以下政府机构的设置和职能配置不作硬性规定，但目前大多数省区在这方面还是跟着国家走的。上面怎么设、怎么配，下面一般也会怎么设、怎么配。国家安全生产监管重新整合理顺之后，地方各级也终将得到调整理顺。

（二）建立健全上下贯通、层次分明、事权一致的安全生产监管工作系统

这个系统应以国务院安委会为最高决策机构，以国家安全生产监督监察总局为系统中枢，以各级政府安全生产监督监察机构为纵向子系统，以相关部委和负有一定行政职能的全国性公司为横向子系统，以安全生产信息调度、政策法规、宣传、培训教育、煤矿救护和危险化学品应急救援、技术保障等体系为辅助系统。各个子系统和辅助系统的性质、职能及其外延和基本特征等大致如下：

（1）纵向子系统。可以看作是安全生产监督监察执法系统。其基本职能是代表国家和各级政府、依法对所管辖范围内的企业的安全生产活动实施监督监察。国家安全生产监督监察总局处在该系统的最高层次，以下依次为：①省（自治区、直辖市、计划单列市）安全生产监督监察局；②地（市）安全生产监督监察局；③县（市、区）安全生产监督监察局；④派驻乡镇的安全生产监管人员。

纵向子系统具有明显的层次性，不同层次授予不同的权力，并承担相应的职责。具体讲，大企业的安全生产监督监察由较高层次的机构负责，小企业则由较低层的机构负责；同时视死亡人数和事故等级，30人以上特大恶性事故由国家局直接查处；10~30人的事故由省级机构查处；3~9人的事故由市地机构查处；1~2人的事故由县级机构查处。派驻乡镇的监管人员不独立行使事故的查处权。

（2）横向子系统。可以视作安全生产的日常管理系统。其基本职能是履行安全生产行业管理和企业日常管理职责，是安全生产工作的基础所在。①煤炭安全行业管理部门。主要是国家经贸委内设机构和煤炭工业协会。多数省区尚保留有煤炭管理局或煤炭管理办公室。在煤矿安全方面，这些机构负有指导协调、组织开展日常性安全活动的责任。②铁道部。负责全路安全生产的组织和管理工作。③交通部。负责水上交通安全的宏观管理。④建设部，负责施工安全方面的宏观管理。⑤国防科工委，负责民爆器材、烟花爆竹的安全生产宏观管理。⑥国家质量监督检验检疫总局，负责对锅炉类压力容器和输送管道质量技术方面的监督管理，确保其安全技术性能符合国家标准，防止伪劣产品进入市场和投入生产，为安全生产创造条件。⑦国家旅游局，负责旅游企业主要是游乐场设施、索道、滑道、缆车等的安全工作。⑧在行业部委基础上改组而成的全国性公司，如中国石油天然气集团公司、中国电力总公司、中国石油化工总公司、中国航天工业总公司等，这些公司内部都设有安全生产工作机构，负责本系统安全生产日常管理工作。

作为横向子系统，其构成可能是不周延的（即难以把所有地方、所有部门、所有方面的安全生产工作机构都囊括其中），其要求也可能是不严格的（即允许各个子系统从各自实际出发，相对独立地部署和开展工作）。但系统的基本目标应是一致的，系统的整体性必须得到维护。即以上所有部门、行业的安全生产活动，都应当紧紧围绕实现全国安全生产状况的稳定好转这个基本目标来组织和进行；都要纳入国家安全生产工作的总体部署之中，并听从国务院安委会及其执行机构——国家安全生产监督监察总局的招呼。

(3) 辅助系统。可以看作是政府安全生产监督监察的支撑保障系统。主要职能是为政府安全生产监督系统的正常运作提供业务技术层面的必要支持。①信息调度体系，以国家安全生产监督监察总局调度为龙头，以省级安全生产监察局调度室、地级和县级安全生产监管局信息工作部门，以企业、社区、乡镇安全生产工作机构和专兼职信息员为基础，构成遍布全国的安全生产信息网络，保证基层安全生产信息特别是事故信息，能够及时准确传递和反馈。发挥政府安全生产网站的作用，保证国家安全生产方针政策和工作部署及时传达下去。②政策研究和法律法规体系。鉴于我国的安全生产监管事业尚处在创立和发展阶段，许多重大政策和法律问题亟待深入研究、回答解决，建立这一体系非常必要。③安全生产宣传文化工作体系。组建国家局安全生产宣传文化工作中心和省区分中心，充分利用电视、报纸、互联网等媒体的作用，构建辐射全社会的宣传文化网络。面向社会大众，倡导和发展有中国特色的安全文化事业，形成"关注安全、关爱生命"的强大舆论氛围。④安全生产培训教育体系。建立健全国家、区域性和大型企业三级培训教育网络。抓紧对现有的培训教育基地的资格、条件进行审查认定，加强基地和基础设施的建设，制定培训计划，落实培训任务。发展安全生产国民教育，适应安全生产工作的需要，在矿业、冶金、化工、电力等大专院校设立安全工程院、系，积极创办中国安全工程大学。⑤煤矿救护和危险化学品应急救援体系。在组建国家救护中心的基础上，分区域设立救护分中心，并在煤矿和危险化学品生产集中地设立救护队。配备直升机、救援专车等必要设备，重大、特大事故发生后能在最短的时间里赶到现场，把损失降低到最低限度。⑥安全技术装备保障体系。主要职能是推进安全生产科技创新，引进和开发推广先进的技术装备，改善安全生产基础条件；加强安全设备、劳动防护用品的安全认证和监督管理工作；进行安全生产检验、检测，机构和中介组织的资格认证、认可和管理工作。

辅助系统的组建和运作，通常是以主系统（即监督执法系统）内设职能机构为依托来进行的。一般来讲，各个辅助系统都能在其主管单位内部找到相对应的职能部门。换言之，就是要根据对辅助系统的需要，在国家安全生产监督监察总局及地方安全生产监察局设立相应的职能部门。这样，国家安全生产监督监察总局内部应设立的职能司局也就变得清晰起来，如调度信息、政策法规、宣传、教育培训、技术装备保障、救护救援等司（局），无须赘述。

(三) 建设全国统一的安全生产监督监察员队伍，形成依法运作的安全生产监管机制

(1) 建立国家安全生产监督监察员制度。借鉴成熟市场经济国家的经验，

安全生产监督监察员统一由国家任命，代表国家履行监督监察职责，并纳入国家公务员及其行政级别序列进行管理。根据我国的实际，高级（司局级以上）监督监察员可由国家安全生产监督监察总局任命；中、低级（处级、科级和一般人员）由省级安全生产监督监察机构任命。考虑到党风和社会风气现状，为维护国家安全生产监督监察员制度的严肃性，地市级以下机构不应赋其任命权。最近几年，可以先在各级政府相关机构、企业安全生产工作部门和社会上公开招考，录取后参加监督监察员和政府公务员初任资格的培训，获得资格证书后上岗。待安全生产国民教育发展到一定规模后，再主要从安全生产工程类大专院校的毕业生中招录。同时，建立和健全安全生产监督监察员的选拔、任用、考核、奖惩等一整套规章制度，实现规范化管理。

（2）解决好安全生产监督监察机构及监督监察员的法律地位等问题。安全生产立法工作目前正在抓紧进行。现行的体制格局，对立法工作也产生了一些负面影响。由于相关部门争权"打架"，在提交全国人大常委会法律委员会一审讨论的法律草案中，国家和地方安全生产监督管理执法主体很不确切，对安全监管机构的权利义务界定不够清晰，迫切需要从实际情况出发进行修改和完善。通过安全生产立法，一是要解决国家和各级安全生产监督管理机构、安全生产监察员的法律地位问题，为监督管理机构和监督监察员的存在提供法律依据；二是要回答和解决《安全生产法》的执法主体问题，即谁来代表国家监督监察这部法律和相关法律法规的贯彻施行情况，避免多执法主体和不必要纠纷的出现；三是要解决安全生产监管机构、监督监察员的职责权限、执法手段和执法程序问题，使之能够依法运行、依法履行监督监察职能。

（3）确立安全生产监督监察机构和监察员的执法权威。同样应通过安全生产立法，把国家安全生产监督监察基本体制以法律形式固定下来，明确国务院及其职能机构、各级政府及其职能部门对安全生产活动所负有的监督监察的神圣职责。在确立各级安全生产监督监察机构、安全生产监督监察员的法律地位，明确其职责权限的同时，规定安全生产监督监察对象的权力义务，要求所有单位和个人，必须接受国家和各级政府安全生产监督监察机构的强制性监管，依法规范安全生产行为。

（2002年12月）

4 国家安全生产监督管理局课题组关于完善我国安全生产监督管理体制的研究报告①

一、我国安全生产监督管理体制的历史

(一)"一五"时期安全生产初创期奠定重要基础

1949年新中国成立,党和政府十分重视劳动者的安全健康。同年11月2日正式成立中央人民政府劳动部,内设劳动保护司负责厂矿安全生产工作。1954年国务院设立劳动部,并在原来劳动保护司的基础上增设了锅炉检查总局。各产业部和中华全国总工会、地方劳动部门和企业内部,也都相继建立了劳动保护专门机构。

新中国成立之初,中国人民政治协商会议通过的《中国人民政治协商会议共同纲领》规定"实行工矿检查制度,以改进工矿的安全和卫生设备"。1956年9月国务院批准的《劳动部组织简则》明确要求由"劳动部进行监督检查、综合管理"。国务院及劳动部门相继颁布了安全生产相关法律法规。其中最重要的是周恩来总理主持制定的《工厂安全卫生规程》《建筑安装工程安全技术规程》和《工人职员伤亡事故报告规程》。

在国民经济恢复阶段,政府对安全生产和劳动保护非常重视。特别是在"一五"期间,劳动保护工作积极适应国民经济发展规模和速度。国家在安全生产方面的投入逐年增加,各类事故得到有效控制。

(二)"大跃进"运动对安全生产的冲击非常严重

1958年"大跃进"运动开始,对安全生产工作造成很大冲击。由于推行"两参一改三结合"②,严重削弱了企业和主管部门安全生产管理工作。大部分企业撤销了安全生产管理科室,工伤事故骤然增加。全国厂矿企业事故死亡人数从1957年的3704人,急剧上升到1958年的12850人,1960年达到21938人,是1957年的5.9倍。这是建国以来第一个事故高峰期。这次高峰持续了4年,年

---

① 课题组组长王显政,课题组主要成员有黄盛初、郭云涛等。本志书所载为节录,对标题和部分内容进行了调整修改。

② "两参一改三结合":干部参加劳动,工人参加管理;改革工厂管理制度;干部、工程技术人员和工人三方面相结合。

均事故死亡人数高达16189.5人。典型事故如1960年5月8日山西省大同矿务局老白洞煤矿发生瓦斯爆炸，一次死亡684人。并且矽肺和铅汞中毒等职业病也日趋严重。

经过1961—1965年的调整，采取了一系列的紧急措施。如1963年国务院先后发布了《关于加强企业安全生产的紧急通知》和《关于加强生产中安全工作的几项规定》，对搞好安全生产工作提出了具体的要求。同年2月9日，国务院批转劳动部、卫生部、全国总工会、冶金工业部、煤炭工业部《关于防治矽尘危害工作会议的报告》和劳动部对1963年防治矽尘危害措施专款的分配和使用意见。国务院批准拨款1300万元作为防尘专项费用。1964年国家编委发出要求充实安全监察机构编制的文件。重建经济秩序，重新树立安全理念，加强安全监察机构，使多数大中企业有了安全专（兼）管机构，并且增拨劳动保护经费，使防尘防毒工作得以恢复。从1961年起伤亡事故控制见到成效，到1965年恢复到较好水平。

（三）"文化大革命"时期造成灾难性后果

"文化大革命"时期，"极左"思潮和无政府主义泛滥，安全生产、劳动保护的方针政策再一次被政治斗争无情破坏。工矿企业安全管理机构撤销，安全生产法制建设、综合管理全面瘫痪。1970年12月1日毛泽东主席亲自批示"照发"，中共中央发出《关于加强安全生产的通知》，采取措施控制事故上升趋势。但难以抵挡当时全国的混乱形势，到1971年全国事故死亡人数上升到17610人。1970—1972年成为建国后伤亡事故的第二个高峰期。1976年粉碎"四人帮"后，虽然恢复了生产，但"文化大革命"影响未尽，不实事求是，不尊重科学、生产建设盲目追求高速度和高指标等现象普遍存在，安全生产、劳动保护工作并未得到应有重视，企业伤亡事故和职业病状况继续恶化，到1978年仍未得到明显缓解。1970年劳动部并入国家计划委员会，组建国家计委劳动局，由国家计委主管安全生产和劳动保护工作，其间发布了《安全生产管理暂行办法》和《防治矽尘和有毒物质危害实施计划》等文件。1975年9月又把这项工作从国家计委划出，成立国家劳动总局，将矿山安全从劳动保护司的工作中分出，单独成立矿山安全监察局。

（四）"六五""七五"时期我国安全生产监察管理工作体制得到恢复和加强

党的十一届三中全会后，我国进入改革开放时期。安全生产工作秩序开始逐渐恢复。进入20世纪80年代后，法制建设也步入正轨，进入安全生产全面发展时期。先后颁布了《锅炉压力容器安全监察暂行条例》《矿山安全条例》《矿山安全监察条例》和《关于生产性建设工程项目职业安全卫生监察的暂行规定》等法规。1992年通过《矿山安全法》。

1982年5月国家组建劳动人事部,有关安全生产、劳动保护工作由劳动保护局、矿山安全监察局、锅炉压力容器安全监察局共同承担,正常的安全生产管理监察体制开始建立。

1985年1月3日,国务院批准建立全国安全生产委员会,其办公室设在劳动人事部。全国安全生产委员会是国务院非常设机构,主要任务是统筹、协调和指导涉及全国的重要安全生产问题,在安全生产工作中发挥了重要作用。同时各产业系统和企业也强化了安全生产机构,加大了安全生产管理和投入力度。

国家还采取了其他一系列重大措施加强安全生产:国发〔1983〕85号文件批准增加8000名劳动安全卫生监察人员编制;对"渤海二号"钻井平台翻沉等重大事故严肃处理;开始实施建设项目安全卫生设施"三同时"规定;设立"安全月(周)"加强安全生产宣传工作;形成了"企业负责、行业管理、国家监察、群众监督"的安全生产工作体制;组建劳动保护科学研究所,增加各级劳动保护科研检测技术力量等。

由于管理严格、措施得力,1979—1983年全国工业事故死亡人数呈现下降趋势,且下降幅度较大。1983—1992年事故死亡人数连续保持较低水平。1979—1992年的14年间,全国年平均事故死亡9402人,起伏也不大,出现了我国安全生产形势最好的一个时期。

(五)"八五""九五"时期安全生产不断进步

1993年6月国务院机构调整,撤销全国安全生产委员会,指定劳动部代表国务院综合管理全国安全生产工作,行驶国家安全生产监察职权,安全生产中重大问题由劳动部请示国务院决定。劳动部因此调整劳动保护监察机构:设立安全生产管理局、职业安全卫生与锅炉压力容器监察局、矿山安全卫生监察局。

1998年6月机构改革,安全生产综合管理职能和安全监察职能划归国家经贸委,组建安全生产局,综合管理全国安全生产工作;对安全生产行使国家监察职责;拟定全国安全生产综合性法规、政策;组织、协调、处理重大事故。这次机构调整将职业安全卫生监察职能划归卫生部,锅炉压力容器等特种设备的安全监察职能交由国家技术监督局负责,工伤与职业病保险留在劳动和社会保障部。

1999年12月成立国家煤矿安全监察局,专门负责全国煤矿安全监察工作。在重点产煤省和地区建立省级煤矿安全监察局和办事处,施行垂直管理。

2001年初撤销了经贸委管理的9个国家局,组建了国家安全生产监督管理局，与国家煤矿安全监察局"一个机构、两块牌子"。之后为强化安全管理，国务院又恢复了国务院安全生产委员会。地方机构也出现相应变化。到2001年底，已经有20个省级政府建立了安全生产监督管理局。

20世纪90年代，我国经济建设高速增长。但安全生产和劳动保护工作因各种原因相对滞后，又由于监察机制的撤销致使安全生产工作中存在的问题相当严重。乡镇、"三资"和私营企业大量涌现，市场竞争激烈，单纯追究经济效益，忽视劳动者的生命安全和健康的现象很普遍。企业为了降低生产成本不顾工人安全健康，很多的"三合一"建筑（兼具生产、住宿、仓储等功能的房屋）极易发生工伤、火灾等事故。1993年全国工业事故死亡人数骤然上升到1982人，1994—1995年均超过2万人，出现建国后第三次事故高峰。"八五""九五"期间平均每天发生死亡3人以上事故2起，每三天发生一起死亡10人以上的重特大事故。平均每个工作日有80人死于各类生产安全事故。

总结建国以来三次事故高峰的教训，仅就事故发生的环境和条件而言：第一次事故高峰是由于人为地破坏了计划经济条件下的经济规律，搞"大跃进"所导致。第二次事故高峰是由于"文化大革命"干扰破坏了正常的经济建设和经济工作，忽视安全生产，导致事故多发。第三次事故高峰发生在我国从计划经济向社会主义市场经济转轨初期，由于法制不健全、政府安全监管体制和机构不完善、市场主体多元化、市场竞争无序等原因所导致。

近年来特别是2001年以来，党中央、国务院采取一系列重大举措加强安全生产：一是成立了国务院安全生产委员会，组建了国家安全生产监督管理局；二是颁布了《安全生产法》和《国务院关于特大安全事故行政责任追究的规定》等法律法规；三是针对薄弱环节和突出问题，集中开展五项安全整治，尤其加大了整顿关闭小煤矿的力度，促使全国安全生产状况开始趋于好转。

对我国安全生产出现的两个最好历史时期，有许多好的经验值得总结继承：

一是各级政府和企业对安全生产重视，注重解决实际问题，注重实效。同时国家和企业加大对安全生产的投入。例如，1962年从"四项费用"拨出专款用于劳保技措项目；1963年国务院发出安全生产五项规定，对企业安全管理提出明确要求，至今仍具有指导意义。80年代初开始的"安全生产月（周）"，组织召开的全国安全生产工作会议和现场会；成立的劳动保护技术学会，全国安全生产委员会专家组等，对加强安全生产都起到了重要作用。

二是国家安全生产监督管理机制比较顺畅，各级政府检查管理力度较大。例如，1984年国务院批准成立全国安全生产委员会，以研究协调和指导关系全局的重大问题。从中央到地方，都在劳动部门设立了职业安全卫生检查、矿山安全卫生监察和锅炉压力容器安全监察机构，使国家监察的力度得到很大的加强；并开始建立"企业负责、行业管理、国家监察、群众监督"的安全生产工作体制。

三是严肃及时处理重大事故，严格执法。最具有代表性的是：1980年8月国务院对1979年11月25日"渤海二号"钻井平台翻沉事故作出严肃处理，上至国务院分管领导，下到具体责任者，"向全国人民承认错误"并受到严肃处理。国务院下发处理决定指出"一切重大责任事故必须严肃处理，追究行政和法律责任，不得姑息宽容"，在全国引起巨大反响。

回顾我国安全生产历史，既有成功经验，也有失误和教训。综合分析我国安全生产工作的这些发展规律、变化特点及其主要经验教训，对今后的安全生产工作决策具有很大的参考意义。

二、我国安全生产监督管理体制现状

2003年3月，国家经贸委管理的国家安全生产监督管理局改为国务院直属机构。2003年10月，国务院成立新一届安全生产委员会。由副总理黄菊任主任。同时对国家安全生产监督管理局（国家煤矿安全监察局）主要职责、内设机构和人员编制进行了调整。规定新增加的职责为：承担国务院安全生产委员会办公室的工作；原国家经贸委承担的协调安全生产专项整治、危险化学品安全生产监督管理、组织协调特别重大事故调查处理、组织全国安全生产监督检查、中国海洋（包括海域）石油作业安全生产监督管理职责；由原卫生部承担的作业场所职业卫生监督检查职责；烟花爆竹生产经营单位的安全生产监督管理职责；组织实施注册安全工程师执业资格制度、监督指导注册安全工程师执业资格考试和注册工作的职责等。内设职能机构调整为11个，包括办公室（国际合作司、财务司）、政策法规司、规划科技司、安全生产协调司（监察专员办公室）、安全生产应急救援办公室、煤矿安全监察一司、煤矿安全监察二司、监督管理一司（海洋石油作业安全办公室）、监督管理二司、危险化学品安全监督管理司、人事培训司。2004年1月，国务院作出《关于进一步加强安全生产工作的决定》，进一步明确了安全生产方针政策和各项重大举措，对安全生产监督管理体制、机构和支撑体系建设等提出明确要求。

在党中央、国务院的领导下，国家安全生产监督管理局党组积极推进安全监管体制机构和支撑建设。目前，已经建立起全国统一、垂直管理的煤矿安全监察体制。全国31个省（区、市）和新疆生产建设兵团都建立了安全生产监督管理局。其中21个为政府直属机构，23个为正厅级机构。全国84%的地（市）和

70%的县（区）建立了专门的安全生产监督管理机构。安全生产支撑体系建设也取得明显成效。安全信息网络系统建设方面，国家局已经与21个省级煤矿安全监察局和20个省（区、市）安全生产监督管理局联网，可以进行安全信息调度统计，召开视频会议，以及进行安全生产应急救援远程指挥等。改造了国家局政府网站，初步实现了局域网资源共享。在应急体系建设方面，目前全国已经建立了14个国家级矿山救援基地，正在筹建77个省级救援基地；危险化学品等应急体系正在统筹规划中。安全生产宣传教育、培训等中介服务机构得到良好发展。全国共有三级培训机构644家，省级安全生产宣传教育中心6个。得到国家认证的安全评价机构178家，其中甲级机构19家。

目前我国安全生产监督管理的总体格局是：国家安全生产监督管理局（国家煤矿安全监察局）对全国安全生产实施综合监督管理；国家质检总局负责锅炉压力容器等四类特种设备的安全监督检查；卫生部负责职业病防治工作；劳动和社会保障部仍然保留了儿童妇女的劳动保护工作和工伤保险管理职能；建设部、公安部、交通部、铁道部、民航总局等分别负责建筑施工、消防、道路和水上交通运输、铁路、航空等相关行业领域的安全工作。

现行体制和格局存在的突出问题是：

（一）统一执法的权威性不够

随着政府机构改革和市场经济的发展，原有的安全生产工作机制和方法已经难以适应新形势的要求。在企业层面上，政府由于转变职能，实现政企分开，从直接干预转变为宏观调控，在对企业经营进行"松绑"的同时，不再对企业的安全生产工作进行直接部署。加上行业管理的逐步淡化和撤出，尤其需要有权威的执法监督机构。目前20个省（区、市）的安全生产监督管理机构为正厅级，其他的则为副厅级机构。不少的省级安全生产监督管理局，目前尚不是政府直属机构，仍由省（区、市）经贸委等综合部门管理，不具有独立的行政执法主体资格。"腰杆不硬""说话不灵"的情况普遍存在。即使是国家安全生产监督管理局，目前也只是副部级设置，在全面落实其"依法行使国家安全生产综合监督管理职权，指导协调和监督有关部门安全生产监督管理工作"上，存在着一定的难度和压力。在部门协调上，由于安全生产监督管理职能分工过于分散，难以形成统一高效的工作机制，部门间工作协调难度大、效率低。有的地方有关部门之间互不通气、各行其是，甚至互相掣肘，再加上地方经济保护主义等，使安全生产监督管理执法力度、权威性和效率严重削弱。

（二）安全生产监督管理职能交叉重叠

多年来，我国的安全生产和职业安全健康管理工作，一直未能形成稳定、系统、完善的体制与体系。1998年政府机构改革以来，安全生产监督管理机构历经重大变动。国家安全生产监督管理局的成立是我国安全生产监督管理体制的一个巨大进步，改变了长期以来我国安全生产以部委内部机构实施监督管理为主的计划经济模式，加强了国家监督管理力度，形成了市场经济条件下安全生产监督管理的基本框架，为进一步隶属安全生产工作机制和体系创造了有利条件。

然而当前的体制仍然很难从根本上解决长期以来存在的政出多门、职能交叉问题，也难以形成高效、统一的工作机制，部门间工作协调的难度仍然很大，综合监管的效率难以提高；再就是安全生产监督管理职责仍不够清晰，比如交通运输、防火、化学毒物的公共安全管理和事故善后等工作，与职业安全健康混淆在一起，执法监察与行政管理也混为一谈；系统内部的安全生产综合监督管理与煤矿安全监察垂直管理的关系，也应该进一步理清，形成完善、协调的运行机制；最近已经显现的一个严重的问题，就是地方与中央安全生产机构调整不能同步进行，使监督管理工作上下脱钩。已经建立的机构，相互之间的管理模式、独立程度、内部机构设置等差别很大，在如何开展工作上存在一些困扰。

（三）监督管理力量不足

与发达国家相比，我国在安全生产监察力量上的差距十分明显。在数量上，我国每万名从业人员所配置的政府安全卫生监察人员数量不到美国的二分之一、英国的五分之一。在质量上，美国、英国、日本等国对监察员的专业背景、培训经历和业务能力都有严格的要求，建立了完备的考核、选拔、监督制度，使其具备现代化的监察和管理能力。而我国的安全生产、职业卫生监察人员大多来自行业抽调的非本专业人员，其专业水平和业务素质参差不齐。同时政策性变动对安全生产主管机构和管理人员、专业人员也具有极大影响。中央和地方各级安全生产监督管理机构在机构改革和企业改组、改制中多次被削弱。另外，我国安全生产监察机构权力有限，缺乏行之有效的监察执法规范，因此监察人员在执法时难以准确、公正地行使职权。

（四）未能依托工伤保险形成事故预防机制

在市场经济发达国家，工伤保险已经成为安全生产工作的三大支柱之一（立法、监察、保险）。而我国，由于种种原因，由工伤保险所主导的事故预防机制至今尚未建立起来。目前我国工伤保险职工参保率仅为30%左右。多数地方尚停留在一旦职工受到事故伤害，由社保予以抚恤善后的阶段。国务院颁布的《工伤保险管理条例》规定，工伤保险工作由国务院劳动保障行政部门主管，而该部门又难以组织开展为企业提供事故预防的服务和指导。职能与部门的分离，成为阻挠工伤保险与事故预防相结合的重要原因。此外，我国的工伤保险也未能发挥费率在预防事故、促进安全生产方面应当具备的经济杠杆作用，与企业伤亡情况密切挂钩的差别费率、浮动费率机制尚未形成，亟待予以改进。

三、改进完善我国安全生产监督管理体制体系的思路建议

（一）改进我国安全生产监督管理体制的指导思想、主要目标和基本原则

1. 宗旨和指导思想

完善我国安全生产监督管理体制的宗旨是切实保障人民群众生命财产安全和促进经济社会可持续发展。这体现了最广大人民群众的根本利益，反映了先进生产力的发展要求和先进文化的前进方向。做好安全生产工作是全面建设小康社会、统筹经济社会全面发展的重要内容，是实施可持续发展战略的重要组成部分，是政府履行社会管理和市场监督职能的基本任务，是企业生存发展的基本要求，完善我国安全生产监管体制要以邓小平理论和"三个代表"重要思想为指导，树立和落实以人为本的科学发展观，坚持"安全第一、预防为主"的方针，建立与社会主义市场经济发展相适应，与建设法制政府目标相符合的统一、高效、具有执法权威的安全生产监督管理工作体系，创新监督管理方式，提高监督管理效能，构建安全生产长效机制。

2. 主要目标

总体目标是建立适应我国市场经济发展的统一高效、执法权威、权责明确、行为规范、监督有效、保障有力的安全生产监督管理体系，忠实履行执法主体责任，从根本上提高我国安全生产监督管理水平。具体包括：

（1）保障各级安全生产监督管理机构行政执法权威性和有效性。

（2）理顺安全生产监督管理体制，整合监管要素，完善监管网络，形成科学的安全生产监督管理体制架构。

（3）建立完善的安全生产监督管理法律法规体系和政策体系。

（4）建立科学、规范、高效的安全生产监督管理机制，创新监管方式和手段。

（5）进一步提高重大风险监控和重特大事故预防的整体水平。

（6）提高对突发重大事故灾难的应急处置能力。

（7）建立保障有力的支撑体系和技术服务体系。

（8）建立完善安全生产监督管理新格局，形成全社会关注安全、关爱生命的氛围。

3. 基本原则

总的讲，就是要坚持立足当前、着眼未来；先易后难，自上而下；整体设

计、分期实施;与时俱进,重在创新;积极稳妥,科学建设。

立足当前、着眼未来。我国正处在社会主义初级阶段,安全生产也处在初步发展时期。受生产力水平制约,安全生产形势仍然严峻。要实现安全生产状况的根本好转,必须将其作为一项长期艰巨的任务,警钟长鸣、常抓不懈,动员全社会力量齐抓共管。因此在总体设计上,要着眼于中长期发展规划,具有前瞻性和预见性;在当前工作中,要注意解决一些矛盾突出、反映强烈的关键瓶颈问题。

先易后难,自上而下。要以求真务实精神抓好安全生产基础工作。继续加强协调,逐步改变长期存在的安全生产监督管理政出多门和职能交叉问题,形成统一高效的工作机制。有限解决各方面容易达成共识的问题。对争论较大的问题,争取在发展中逐步解决。一些重大政策性、体制性问题,可以先从中央一层启动,逐步向地方扩展。

整体设计、分期实施。以贯彻落实《国务院关于进一步加强安全生产工作的决定》为契机,大力推进安全生产长效机制建设;以大力推进安全生产监督管理体制、安全生产法制和执法队伍"三项建设"为契机,搭建安全生产监督管理体系研究框架,提出相应措施和建议,有计划、分步骤组织实施。

与时俱进,重在创新。在社会主义市场经济条件下,完善安全生产监督管理体制体系,必须在思维模式、监督管理机制和手段、安全生产科技等各个方面不断创新。

积极稳妥,科学建设。完善安全生产监督管理体制和体系,必须认真总结经验教训,对工业发达国家的职业安全健康管理体制和模式,以及国内环境保护、公共卫生等相关部门的监督管理体制体系进行广泛调研,做到目标明确,建议得当,建设稳妥。

(二)我国安全生产监督管理体系的总体框架

安全生产工作构成一个开放、复杂的巨系统,由若干相互联系、相互制约、相互作用的子系统构成。安全生产监督管理体系具有作为一个大系统的所有特征,即具有整体性、层次性、动态性、开放性、有序性、协同性和复杂性。

安全生产监督管理体系不等于所有子体系之和,其各个子系统具有相对独立性,有其各自的科学的内涵和外延,是一个具有新的属性与功能的有机整体。

依据安全生产工作所涉及的内容范围,我国安全生产监督管理体系总体框架由政策法规体系、组织管理体系、宣教培训体系、执法监察体系、应急救援体系、科技创新体系、中介服务体系、工伤保险和国际合作等9个子体系组成(附图4)。

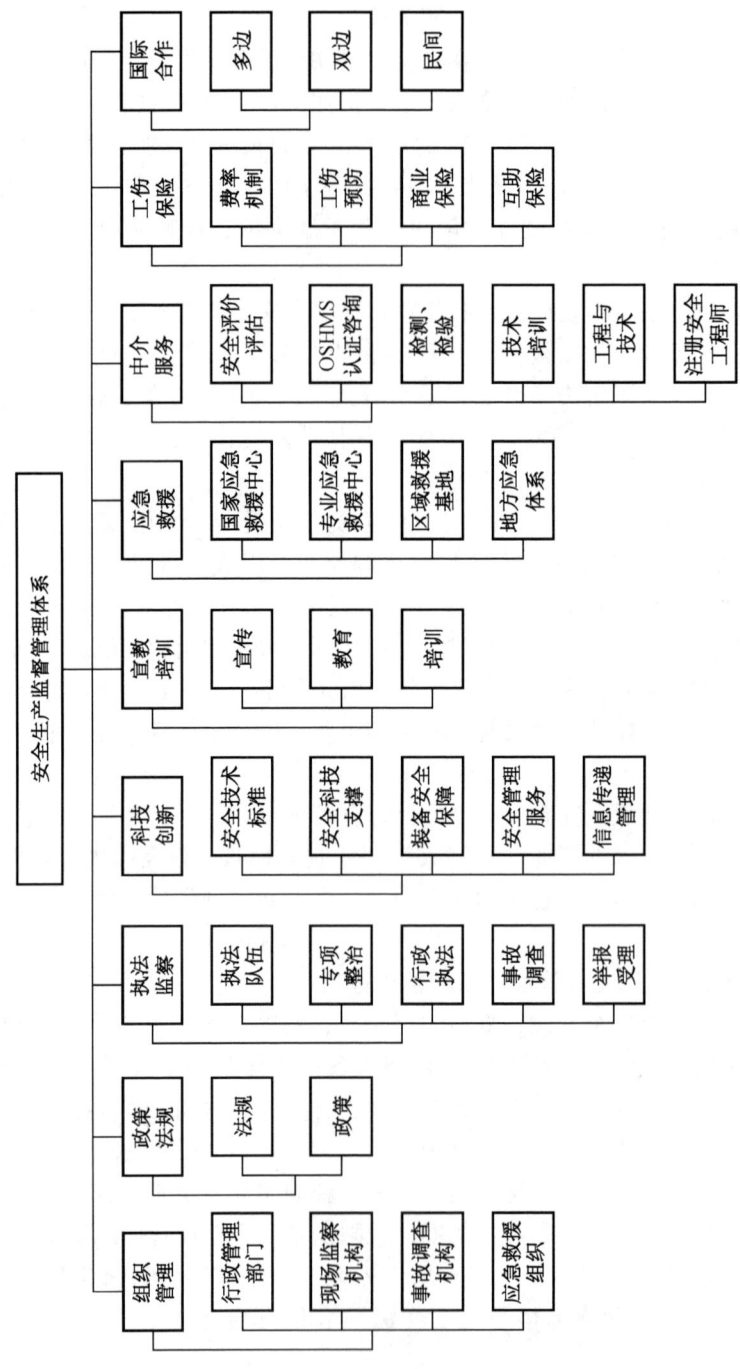

附图4 安全生产监督管理体系总框架

建立中央与地方政府直属的、权威的、高效的安全监察机构。依据上述指导思想、发展目标、建立原则和总体设计思路,建议我国安全生产监督管理体制的基本框架应由国务院直属的国家安全生产监督管理机构为顶层,以地方各级人民政府直属的监督管理机构为坚实基础,形成分级垂直和属地为主的新型监督管理体制框架,实行中央与省级地方政府分级监察,省以下垂直监督管理的工作体制(附图5)。在国家安全生产监督管理部门内设矿山和职业安全健康两个副部级监察管理局,国家应急救援中心和国家安全生产科学技术委员会两个副部级事业单位,同时承担国务院安全生产委员会办公室的职责。省及省以下安全生产监督管理机构可比照上述机构设置逐步完善。

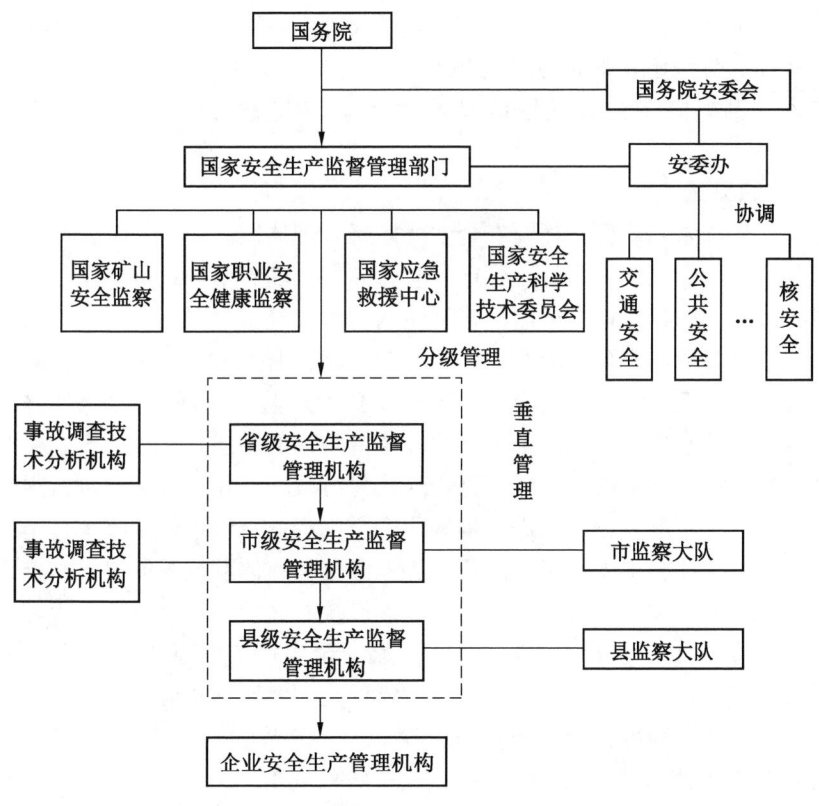

附图5 国家安全生产监督管理体制框图

按照职责明确、权威高效的基本思想,加强我国安全生产监督管理体制规范

化和专业化的建设,在安全生产监督管理体制内设置具有行政管理、现场监察、事故调查和应急救援这四类职能的组织机构:

首先,行政管理部门。以国家安全生产监督管理总局,各省、市、县安全生产监督管理局为主体的安全生产监督管理机构对全国和地方的安全生产工作实施行政管理。

其次,现场监察机构。在市、县两级设立监察大队,充实监察员队伍,加强监察队伍专业化、职能化的建设,直接对企业实施现场监督检查,保证安全生产法治监督的权威性和有效性。

再次,事故调查机构。建立国家、省、市三级事故调查专业技术队伍,客观、公正、科学地开展事故原因调查工作。

最后,应急救援组织。针对生产安全事故应急救援的专业特点和需求,按照统一指挥、分级响应和属地为主的原则,建立有效的全国生产安全事故应急救援体系,组织协调全国或地区安全生产事故和重大事故灾难的应急救援工作。

(三)意见建议

第一,坚持体制创新,理顺安全生产监督管理体制。

安全生产需要统一、高效、稳定的监管体制。随着市场经济体制的深化和政府职能的转变,现行安全生产监督管理体制与现实经济状况不相适应的矛盾越来越突出。主要表现在安全生产监督管理体制不顺,监察力量不足。部门利益之争导致管理部门职责不清、职能交叉,同时安全生产监督管理缺乏足够的权威性。中央的状况很难发挥国家在安全生产领域统筹规划的功能,制约了安全生产局面的改善,既不符合中国国情,也不符合现代化行政一元化的国际惯例,很难与国际接轨、为适应新形势,需要进一步深化安全生产监督管理体制改革,坚持体制创新,按照适应社会主义市场经济新形势和深化行政体制改革的要求,推进安全生产监督管理体制和工作机制建设,逐步形成统一高效、规范运作的管理体制和运行机制。落实《安全生产法》,确立国家安全生产监督管理部门执法主体地位,提高国家监管层次,加强监察力度。要优化国家监察职能,理顺政府监督管理关系。顺应世界潮流,借鉴国际先进模式,加强安全生产监察机构建设,改变当前安全生产监督管理工作上存在的一系列问题,做到既不脱离我国的实际,又能使安全监察工作有效,建成统一、高效、权威的国家安全生产监察体制。

第二,组建统一权威的国家安全生产监管监察机构。

安全生产监督管理体制建设在安全生产总体战略和工作中具有十分重要的作

用。要重点围绕着现有监督管理体制中存在的监管职能过于分散、职责交叉重叠，监察执法"腰杆不硬""说话不灵"、缺乏权威性等问题，尽快提高安全生产监督管理的统一性和权威性。抓紧建立起集中管理、指挥有力、协调一致、统一高效的安全生产监督管理体系。按照集中管理的原则，把锅炉压力容器等特种设备的安全监督管理、职业卫生与职业病的检测与防治、职工工伤保险等属于安全监管局监督管理职责范畴的业务和机构，实行集中管理。要解决安全监管部门行政规格比同级政府部门普遍低半格的问题，提高其监督管理的权威性。要建立垂直管理体制，从根本上扭转安全生产监督管理"层层衰减"问题。要在国家安全生产监督管理部门与负有安全生产业务的相关部门建立起协调机制，由国家安全生产监督管理部门对其安全生产实行指导。因此，应加快组建国务院领导的、具有较高权威性、统一高效的国家安全生产监管监察机构——国家安全生产监督管理总局，对安全生产实行中央与省级政府两级监察。以省（自治区、直辖市）为责任区，省以下实行垂直监察，以全面提高安全生产监察水平。

第三，加强基层监管监察队伍建设，强化执法功能。

我国安全生产监督管理工作中普遍存在着有法不依、执法不严、违法不究的现象，这与目前安全生产监督管理格局、监察力量和人员水平有关。我国安全生产监察人员与每万名职工比例小于 0.83，而英国为 4.5，德国为 3.5，美国为 2.1。当前我国多数安全生产监督管理机构的监管执法人员不足，超负荷运转。现有人员中有的来自其他部门或单位，不懂得安全生产业务，不熟悉安全生产法律法规，普遍存在年龄偏大、知识结构不合理、法律素质较低等问题。特别是法律人才奇缺，难以胜任繁重的安全生产监督管理执法工作。安全生产责任主体是数量庞大的各类生产经营单位，特别是生产条件、人员素质较差的中小企业，更是工伤事故、职业危害的高发领域。这些生产经营单位是否依法生产，是否遵章守纪，是否具备基本的安全生产条件，将直接影响到国内的安全生产状况。它们应该是安全生产的重点监察对象。因此在健全完善安全生产监管体制体系当中，应重视加强基层监管监察机构建设，在市县两级设立安全生产监察执法机构和队伍，加强对中小企业的安全监管监察。

第四，建立事故调查专业技术队伍，将技术调查与行政处理分开。

事故调查的最主要目的是通过对事故现场的勘查、物证搜集等专业性工作运用理论分析、实验检测分析等技术手段，找出导致事故发生的根本原因，为事故责任认定提供可靠依据，为预防此类事故的再次发生提供借鉴。事故调查是专家行为、技术行为和独立行为，必须体现客观、公正、准确的原则。我国现阶段由安全生产监督管理部门组织和参加事故调查。由于安全生产监管各部门既有监督权，又有管理权，使得事故调查的组织机构身兼"运动员"和"裁判员"两职，事故调查工作会因为部门之间的权利和利益问题，使调查结论避重就轻，难以保证事故调查处理的客观公正和高效。

应该强调事故调查的独立性和技术性，实现技术调查分析与行政处理分开。充分发挥检测检验中介技术服务机构和专家的作用，独立行使事故调查分析职责，为安全监管执法部门提供事故处理批复的依据。这样既能解决行政执法部门力量不足，把工作的重点转移到预防性安全监察上来；又可以防止因本身监督管理职责不清而造成的自我保护、推诿责任和行政干预等方面的缺陷，同时还能减少事故调查人员，缩短事故调查时间，节省人力、物力、财力。为此，应组建国家、省、市三级事故调查专业技术队伍。各级事故调查专业技术队伍依据职责权限，负责组织进行不同等级事故的调查工作；各级事故调查专业技术队伍依据职责权限，负责不同等级事故原因、责任认定和举证等方面的技术调查工作。各级行政监察部门依据事故调查结论提出事故责任追究处理意见。可采取安全生产监察、工会等部门集体讨论和会审形式，加强第三方约束，多部门相互监督，最后由安全生产监察部门对事故处理意见作出批复。

第五，建立国家安全生产科学技术委员会，实施科技强安战略。

科学技术是第一生产力。安全科学技术是推动安全生产事业发展的重要基础工作。要在抓好安全监督管理工作的同时，以安全科技进步为动力，全面贯彻落实科技兴安战略方针。如何在现有经济发展水平、资金投入有限的情况下，合理规划安全科技工作，把握安全科技发展方向，实施安全科技人才战略；如何提炼和提出影响安全生产发展的重大安全科技等，都是至关重要的。设立国家安全生产科学技术委员会，可以实现对安全生产科技领域中重大和关键性问题的总体把握和指导，有利于促进和推动我国安全科技朝着正确的方向迅速发展，有利于安全科技效能的充分发挥和利用。

第六，加强应急救援体系建设，增强抵御事故和风险的能力。

目前我国安全生产应急救援工作按行业领域分属于不同部门负责，救援力量和装备薄弱。一方面重复建设，资源浪费；另一方面难以协同作战，形不成合力。按照《国务院关于进一步加强安全生产工作的决定》，加快全国安全生产应急救援体系建设，是一项紧迫任务。安全生产应急救援体系建设具体任务包括：①设立国家安全生产应急救援指挥协调中心。该中心是全国安全生产应急救援的管理和指挥机构，负责组织起草安全生产应急救援相关政策、法规、标准和规范,负责全国应急救援体系的规划和建设,综合管理指导全国安全生产应急救援工作,组织制定全国安全生产应急救援预案,组织、指挥、协调特别重大事故的应急救援行动。②设立相关专业的应急救援中心。依据行业特点,分别设立矿山、危险化学品等专业安全生产应急救援机构,负责制定本专业应急预案,重特大事故应急响应时,负责协调本专业领域救援力量,为事故抢险救援提供专业技术、装备、信息等支援。③组建区域救援基地。根据行业地域分布特点,利用现有资源,在符合条件的大型、特大型企业救援队伍或社会专业救援力量的基础上组建。④积极推动地方安全生产应急救援机构和队伍建设。设立省级安全生产应急救援指挥协调中心,省以下依据实际需要设立,或融入城市综合救灾体系。

(2004年11月)

5 国家安全监管总局课题组关于国外安全生产体制制度和加强我国安全生产的对策措施的研究报告[①]

《中国大百科全书》对"安全生产"的定义为"安全生产是指在保障劳动者在生产过程中的安全的一项方针,也是企业管理必须遵循的一项原则,要求最大限度地减少劳动者的工伤和职业病,保障劳动者在生产过程中的生命安全和身体健康。"安全生产的本质是要在生产过程中防止各种事故的发生,确保人民生命财产安全。安全生产涉及生命、财产、资源、环境、社会等方面,贯穿于社会经济发展的全过程。安全生产是保护和发展社会生产力、促进社会和经济持续健康发展的基本条件,是坚持安全发展、实现可持续发展的重要内容,是社会文明与进步和全面建设小康社会的重要标志。

本报告在回顾国内外安全生产的历史与现状和安全生产监督管理体系发展进程的基础上,总结经验教训,为建立健全适合我国国情的安全生产监督管理体制和制度,实现安全生产的跨越式发展提出建议。

---

① 课题研究工作由安全监管总局局长李毅中牵头组织进行。该报告后作为2006年3月27日中央政治局第30次学习会上专家使用的讲稿。

一、国外安全生产简况与发展规律

（一）国外安全生产的简要评价

安全生产是人类社会发展和工业化进程中必然遇到的问题。人类在获取生产资料和生活资料的过程中，难免会受到来自自然界、作业场所以及劳动工具的伤害。在农业化社会，这种伤害程度很有限。只是在进入社会化大生产之后，安全生产才成为一个必须严肃对待的社会性、全球性问题。

根据国际劳工组织的报告，目前全世界就业总人数为27亿人，每年因职业事故造成的死亡人数约21万人，由财产损失、赔偿、工作日损失、生产中断、培训和再培训、医疗费用等造成的损失占全球国内生产总值的4%。目前，世界各国主要采用从业人员的事故死亡人数等绝对指标和从业人员十万人事故死亡率（简称十万人死亡率）、单位国内生产总值事故死亡率、百万工时事故死亡率和二十万工时事故死亡率等相对指标，反映一个国家（地区）和高危险行业或领域的安全生产状况；用万车死亡率反映道路交通安全情况；用煤炭生产百万吨死亡率反映煤矿安全生产状况。

统计数据表明，世界各国的十万人死亡率近二十年来呈下降趋势。1990年，世界大部分国家的十万人死亡率分布在15以下，2000年世界平均已降至10以下，2002年降至8以下。但是，各国情况很不均衡。先进工业化国家十万人死亡率普遍较低，目前平均值为4.0左右，其中英国最低，在1以下；澳大利亚其次，由1992年的7.0下降到2002年的2.0；德国居第三位，自1990年的5.1下降到2002年的2.9；美国由1992年的5.3下降到2002年的4.2；日本2002年为4.5。发展中国家的十万人死亡率一般在10以上。欧洲独联体国家、拉丁美洲和加勒比地区国家一般在10~20之间，其中巴西2002年的十万人死亡率在15左右，非洲等经济相对落后国家则更高。同口径测算，我国目前为10左右（附图6）。

也可以利用"单位国内生产总值事故死亡率"（反映事故死亡人数与经济发展关系的相对性指标）来分析各国安全生产水平。英国亿元国内生产总值（折算为人民币，下同）事故死亡率自1990年的0.04降至目前的0.02，日本则由1990年的0.07降至目前的0.05。美国、澳大利亚、法国均在0.04~0.06之间的较低水平。相比之下，发展中国家普遍较高。韩国目前为0.60，我国2004年为0.86，2005年为0.7。如果这项指标居高不下，则意味着为经济的高速发展付出了高昂的伤亡代价。

采矿业、建筑业和运输业是各国生产安全事故死亡最多的行业领域，死亡人

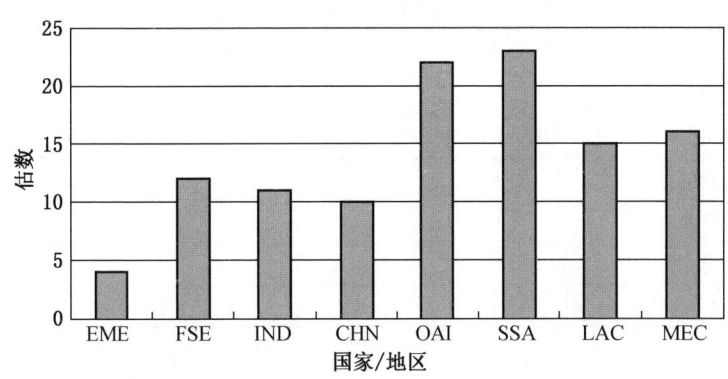

EME：已建立市场经济国家　　FSE：以前的社会主义经济国家
IND：印度　　　　　　　　　CHN：中国
OAI：其他亚洲国家和岛屿国家　SSA：撒哈拉以南非洲地区
LAC：拉丁美洲和加勒比地区　　MEC：中东伊斯兰国家

附图6　国际劳工组织对不同国家地区每10万人与工作相关的致命性事故率估数

数占全部死亡人数的50%~60%。比较分析表明，产业结构的优化对降低事故死亡率起着重要作用。先进工业化国家经过长期的产业调整，已普遍形成了服务业比重很高、工业和制造业比重其次、农业比重很低（平均约占5%）、高风险行业从业人员较少的产业格局。2001年美国采矿、建筑和运输业等行业的从业人数，仅占总从业人数的15.4%，尽管这三个行业的十万人死亡率（附表1，分别为24、12和11）远高于其他行业，但由于服务和金融等低危险性行业的就业人数占较高比重，使得总的十万人死亡率较低（2001年为4左右）。相比之下，韩国2001年这三个行业的就业人数占总就业人数的比例为31%，十万人死亡率接近15。先进工业化国家的经验表明，安全生产状况可以随产业结构和就业结构的优化而得到控制。

附表1　美国联邦劳工局统计，1992—2001年各行业10万人死亡率情况

年　份	1992	1993	1994	1995	2001
采矿业	29	25	27	27	24
农业、林业和渔业	38	22	24	22	23
建筑业	25	15	15	14	12
运输和公共事业	22	12	13	13	11

附表1（续）

年　份	1992	1993	1994	1995	2001
批发业	6	5	6	5	4
制造业	1	4	4	4	3
政府部门	9	4	3	3	3
零售业	3	3	4	3	2
服务业	4	4	3	2	2
金融、保险和房地产业	—	2	1	2	1

（二）工业化进程中安全生产的阶段性特征和"易发期"规律

1. 工业化进程中安全生产呈现出阶段性

研究表明，各国工业化进程中的安全生产状况相对于经济社会发展水平可大致划分为四个阶段，并且呈非对称抛物线函数关系（附图7）。一是工业化初级阶段，工业经济快速发展，生产安全事故多发；二是工业化中级阶段，生产安全事故达到高峰并逐步得到控制；三是工业化高级阶段，生产安全事故快速下降；四是后工业化时代，生产安全事故稳中有降，事故死亡人数很少。

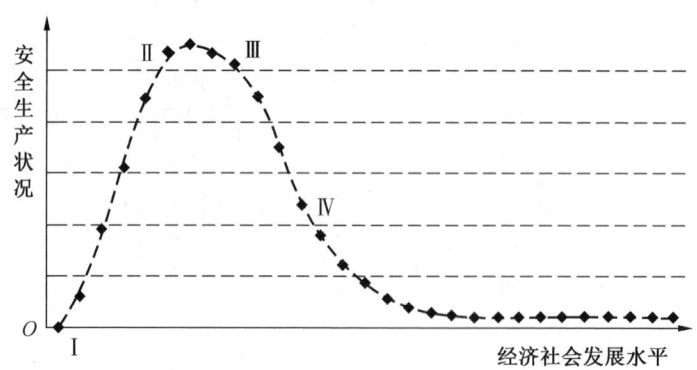

附图7　安全生产与经济社会发展阶段变化关系

日本1948—1960年处于工业化初级阶段，人均国内生产总值从300美元增长到1420美元，经济平均增长率高达15.5%，但工伤事故急剧增加，13年间职业死亡率增长了146.1%。1961—1968年处于工业化中级阶段，人均国内生产总值从1420美元增加到5925美元，事故高发势头得到一定控制，但职业事故死亡人数仍在6000人左右波动。1969—1984年,日本进入工业化高级阶段,人均国内生产总值增加到21064美元,事故死亡人数大幅度下降到2635人,平均每年减少5.2%。1985年以后,日本进入后工业化时代,事故死亡人数保持平稳下降趋势,2002年为1689人(附图8)。

再以美国煤矿业为例(附图9),1900—1907年处于工业化初级阶段,国内生产总值增长率为36%,煤矿事故死亡人数也从1489人猛增至3242人,1907年百万吨煤死亡率高达10.8。1900—1910年的十年间发生了十起一次死亡百人以上事故。1907年在相隔不足半个月的时间里就发生了分别死亡362人和239人的两起事故。1908—1930年处于美国的工业化中级阶段,此期间国内生产总值增长率为88%,煤矿生产安全事故死亡人数减少到1930年的2063人,百万吨煤死亡率降至3.56,事故逐步得到控制并开始下降。1931—1960年处于美国工业化高级阶段,国内生产总值增长率为216%,安全生产状况也明显好转,到1960年煤矿死亡420人,百万吨煤死亡率为0.95。1960年美国进入后工业化时代,目前年产煤10亿吨左右,死亡约30人,百万吨死亡率为0.03。

英国、德国等工业化国家的安全生产,也都经历了从事故多发,到下降和趋于稳定的过程。作为发展中国家的巴西,20世纪90年代进入经济快速增长时期,十万人死亡率在经历了十多年的波动后,已出现下降趋势(附图10)。

安全生产的这种阶段性,揭示了安全生产与经济社会发展水平之间的内在联系。一个国家和地区的安全状况,客观上反映了该国家和地区经济社会阶段性发展水平,安全生产随着经济社会的发展而发展,这是不以人的意志为转移的客观规律。

2. 生产安全事故的"易发期"规律

研究发现,人均国内生产总值与事故死亡数量之间具有一定的相关性。当人均国内生产总值处于快速增长这个特定区间时,生产安全事故也相应地较快上升,并在一个时期内处于高位波动状态,我们把这个阶段称为生产安全事故的"易发期"。在这个时期,一方面经济快速发展,社会生产和交通运输规模急剧扩大;另一方面安全法制尚不健全,政府安全监管机制不尽完善,科技和生产力水平较低,企业和公共安全生产基础仍然比较薄弱,教育与培训相对滞后,这些因素都会导致事故发生。

我们依据世界银行关于经济发展水平的划分标准,选择四类、27个国家、14项经济社会发展指标进行了综合分析,发现各国生产安全事故"易发期"存在区间有一定差异,美国的"易发期"处于人均国内生产总值1000~3000美元之间,而日本的"易发期"则处于1000~6000美元之间;各国"易发期"经历

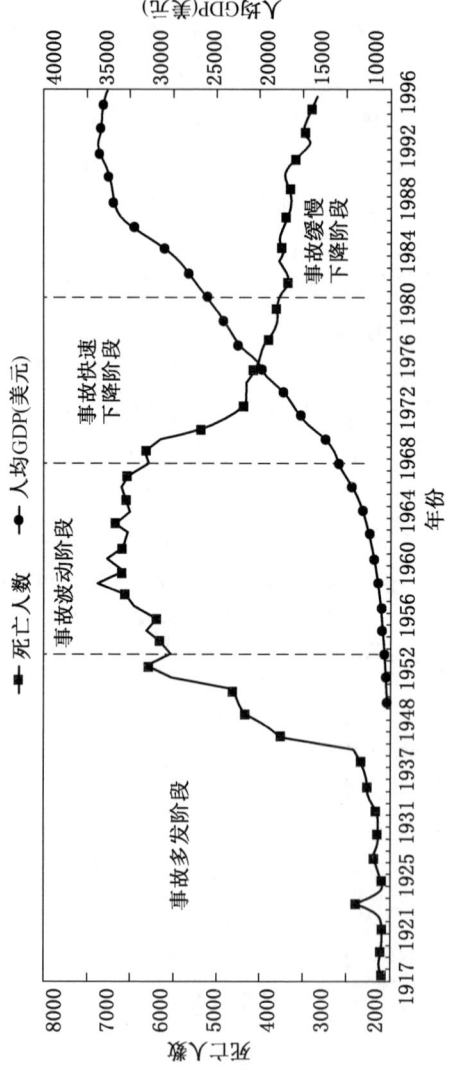

附图8 1917—1996年日本职业死亡人数与人均GDP的发展变化趋势（数据来源：日本劳工局）

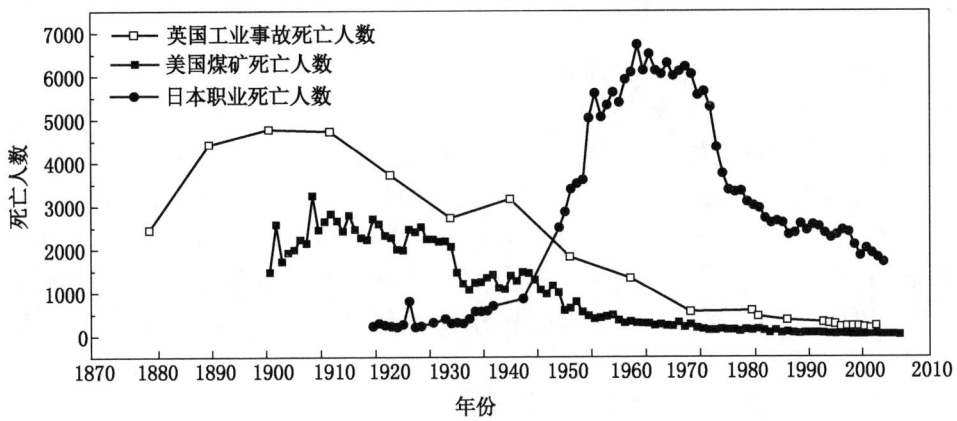

附图9 英国工业事故、美国煤矿和日本职业死亡人数的发展变化

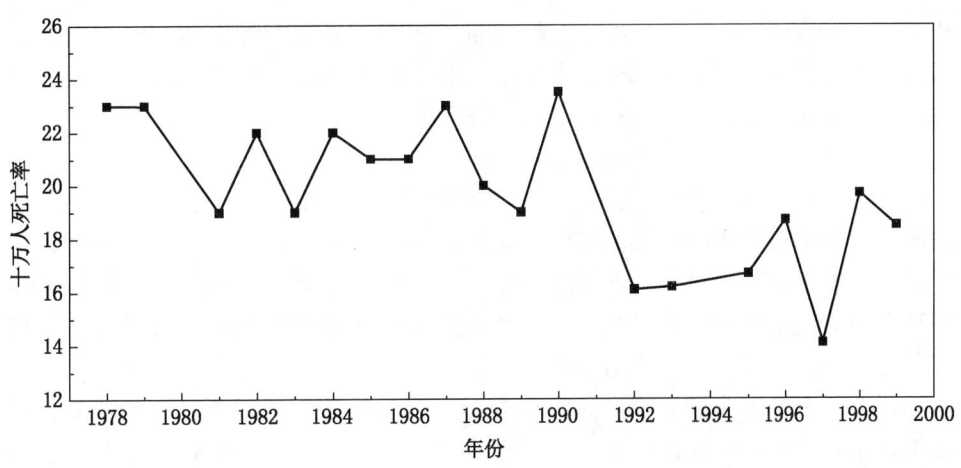

附图10 巴西职业十万人死亡率发展趋势变化

的时间跨度也不相同,英国为70年(1880—1950年),美国为60年(1900—1960年),而日本则为26年(1950—1976年)。这表明,安全生产与国家监管体制、法制建设、科研投入水平、社会福利化制度、教育普及程度、安全文化等因素密切相关,"易发期"并不必然等于事故高发频发,"易发期"也是可以缩短的。

二、国外安全生产监督管理的制度措施

（一）国外安全生产法制建设

1. 安全生产法制建设的历史沿革

先进工业化国家的经验证明，健全法制是解决安全生产问题的必由之路。

18世纪中叶英国工业革命后，工人运动高涨，重大生产安全事故常引发社会动荡，迫使西方各国通过立法来保障劳工安全和健康，缓和阶级矛盾。英国政府于1833年制订了第一个《工厂法》，对工作场所安全作出规定；美国政府于1877年颁布了第一个《工厂检查法》；日本政府于1897年草拟了《职工法》，后改名为《工厂法》。

二战后，西方各国工业化进入快速发展阶段，伤亡事故显著增加，安全立法也进一步加快。1970年以来，美、日、英等国由单一的安全立法，过渡到制定综合性的、适用范围广泛的职业安全健康立法。美国于1970年颁布了《联邦职业安全与健康法》，日本于1972年颁布了《劳动安全健康法》，而英国于1974年10月、1975年1月和4月分三批颁布了《劳动安全与健康法》。其后德国、加拿大等国也分别制定并颁布了本国的"职业安全与健康法"。目前，先进工业化国家已经建立起比较完善的安全生产法律法规体系。

2. 国外安全生产的法律法规概况

英国于1974年颁布了《劳动安全与健康法》作为国家安全生产基本法，该法确立了英国安全法律框架。其重要特点是以法管法，此前颁布的各种法律法令都要以基本法为准；另一特点是法中有法，如1974年安全健康许可证申诉规则、1975年安全健康询问条例、1977年安全代表和安全委员会条例、1977年安全健康条例，均作为《劳动安全与健康法》的附属部分。

日本《劳动安全健康法》是该国安全生产基本法，规定所有企事业单位都必须建立劳动安全体制，任命或指定劳动安全负责人，监督指导企业安全工作。在基本法的指导规范下，日本颁布了《矿山安全法》和《劳动灾难防止团体法》一系列法律法规。其中《矿山安全法》确立了矿山的安全保障体系和监察体系；根据《劳动灾难防止团体法》，日本设立了"中央劳动灾难防止协会"，提供安全健康信息，开展安全生产教育，推动"零灾难"运动，同时负责组织安全生产技术交流，以及对安全生产管理人员进行培训等。

美国1970年颁布的《联邦职业安全与健康法》是该国安全生产的基本法，它改变了过去各州自行制定安全法规的情况。另一部重要法律是《联邦采矿安全健康法》（也称《矿山安全法》）。该法是在1969年颁布的《联邦煤矿安全健康

法》基础上，于1977年修订颁布的。将煤矿、金属矿和非金属矿纳入统一的法律规范，就煤矿安全监察员制度、安全培训、事故调查、安全责任与处罚等，作出详细规定。这部法律及其配套法规规章的实施，把美国矿业安全生产纳入了比较健全的法制轨道。

俄罗斯安全生产法律法规体系，包括了总统令、联邦法律，以及以俄罗斯联邦矿山与工业技术监督局、工业能源部等发布的部门规章等。1997年颁布的《俄罗斯联邦危险生产项目工业安全法》是联邦最重要的安全法规，该法适用于俄罗斯所有危险生产项目、工业生产范围。随后又发布了《俄罗斯劳动保护基本法》《工伤事故和职业病强制社会保险法》等80余项法律法规，并不断增补修订和注释。

3. 国外安全生产法制建设的成功经验

一是建立国家安全生产的基本法，由基本法授权，安全管理部门可根据需要制定从属的法规、条例、规程、标准等，从而加速立法进程，及时发挥法律效力。如美国《职业安全与健康法》授予劳工部部长有制定标准、指导检查和处以刑罚等权力。美国各州也具有在基本法授权下，制定各种法规的自主权。

二是通过立法，积极推行安全与健康标准化。美国、日本等国把建立健全安全与健康标准，作为安全生产的基础和安全立法的重要内容。美国劳工部职业安全与健康管理局制定了一般工业、海运业、建筑业和农业四大类标准，并随着经济发展和技术进步而不断进行修正。

三是法律明确规定企业的安全责任，并重视保护劳动者权益。美国法律要求雇主必须为雇员提供安全健康的工作条件，对雇主的违规行为规定了严厉的处罚办法，严重违法者要受到6个月直至终生关押的惩处。西方各国在安全健康立法中，越来越重视对劳动者、弱势群体权益的保护，强调要不断改善劳动条件、工资福利。

（二）国外安全生产的监管体系和应急体制

1. 国外安全生产监管体系模式

主要有以下三种：

一是垂直、集权高效型。美国、俄罗斯、日本、巴西、印度等国采用这种模式。美国矿山安全与健康局在全国设立11个地区煤矿安全监察局和65个监察分局，实行垂直管理；巴西劳工部下设安全与健康监察局，有3200名监察员，负责全国各行业安全与健康监察工作；印度劳工部下设矿山安全监察局，负责矿山安全监察工作。

二是多元监管型。德国设立联邦劳动与社会事业部，负责制定安全与健康政策法规,企业日常安全监管则主要依靠保险机构和技术中介监督。

三是联邦政府与地方政府两级监管型。澳大利亚、加拿大等国采用这种监察模式。国家设立安全与健康委员会,由州或省具体负责监管。

2. 国外安全生产监察执法的成功经验

一是监察执法主体明确,权威性有保障。在法律条文中对安全监察机构的设立和授权有明确规定。例如,英国由《劳动安全与健康法》授权,建立安全与健康委员会和安全与健康执行局,负责监督实施;美国职业安全与健康监察局和矿山安全与健康监察局,经法律授权行使执法监察和技术管理职权;日本《矿山安全法》对矿山安全的监察机构等作了明确规定,由此建立了一整套独立的矿山安全监察体系,实施高效的监督管理。

二是监察力量雄厚,执法到位有保障。英、德、美等国平均每万名职工分别有4.5名、3.5名和2.1名专职监察人员(我国目前为0.8名)。

三是实施强制性监察执法和事故责任追究制。各国政府对企业安全生产,尤其是对风险程度高的行业,都依法建立了严格的监督检查和事故责任追究制度。当出现伤亡事故时,调查人员必须出具事故报告并判明责任。蓄意违反安全法案的责任者,将被处以罚款或有期徒刑。同时,也强调检查人员和设备供应商的责任,若检查人员出具误导性的错误报告,设备供应者提供不安全设备,将会被处以罚款或有期徒刑。

四是强调安全监管机构的独立性,并在制度、机制上防止与监管对象形成利益同盟。美国根据联邦劳工部所属的矿业安全与卫生署,下设煤矿安全与卫生办公室,在11个地区和45个矿场设有派出机构,这些派出机构既与矿主没有利益关系,也和各州、县政府没有从属关系,从体制上保证执法的独立性。美国各地的联邦矿山安全监察员每两年必须轮换对调,以防止与矿主、地方政府形成利益同盟。

五是安全检查经常化和"突袭"制。美国每个井工矿每年必须接受四次安全检查,露天矿必须接受两次检查,这些检查是不定期的突然袭击形式的。矿主必须按照检查人员提出的建议改进安全措施,否则将被罚款和判刑。英国的安全监察员可在未告知被检查方的情况下,直接进入现场进行执法监督,并可对违法违规行为者提出处罚和诉讼。提前泄露安全检查信息的人,可能被处以罚款或有期徒刑。

值得一提的是,日本的安全监察机构十分重视安全超前管理和过程管理。不是事故发生以后再去调查、追究责任,而是事先监督,督促企业落实防范措施,消灭事故隐患。因此,日本矿山在实施某些特殊的项目时,必须事先制订保障安全的方案，并报政府安全部门批准。在实施过程中，监督部门的人员现场监督指导，有效地防止了事故。

3. 安全生产监管的应急救援体系

美国、欧盟、日本、巴西等国都建立了运行良好的应急救援管理体制，具有比较完善的应急法规、预案、管理机构、指挥系统、应急队伍、资源保障等。美国于2002年成立国土安全部，将联邦政府中与应急相关的22个机构并入该部，并于2004年发布国家应急预案，形成统一的突发事件应急机制。俄罗斯设立了民防、应急与减灾部（紧急状态部），直接对总统负责，负责整个联邦应急救援的统一指挥和协调。各国重视应急救援体系建设，一般都规定企业必须具备高效的救援队伍，随时准备应对重特大事故。

（三）国外安全生产监管的经济措施

1. 实行强制性工伤保险

工伤保险的基本功能包括事故预防、伤亡赔偿和工伤康复三个方面。西方国家工伤保险已有一百多年的历史。据不完全统计，目前世界上66%的国家实行工伤保险制度。各国的工伤保险有三项基本做法值得借鉴：

一是雇主必须为职工上工伤保险。日本的工伤保险覆盖率在98%左右，英国规定所有具有劳动合同的职工或学徒工必须参加工伤保险。

二是无责任赔付原则，无论事故责任在雇主或由工人违章引起，损失均由保险公司和企业负担。

三是把事故预防作为工伤保险的重要职能。保险机构不是被动地办理事故伤亡赔偿，而是主动对企业安全实施监督指导，从源头上降低事故风险和保险赔付，通常将工伤保险费用的10%～20%用于事故预防，力图实现保险机构和生产经营单位的互利双赢。

最具代表性的是德国工伤保险同业公会，在全国范围内设立了安全监督部门，配备安全监督员，对每个企业进行有效监督检查。它在事故预防方面的责任，包括制定安全标准，检查事故隐患，提供咨询服务，提供培训服务，职业病预防，检测与事故调查，产品安全标准鉴定等方面。

2. 实行财产保险

先进工业化国家重视财产保险在促进安全生产中的作用。一般都规定工矿企业必须投保财产保险，没有财产保险的企业，不能通过银行等金融机构进行融资。美国的工厂互惠保险公司（FM）现保险价值总额6万亿美元，现金储备25亿美元，全球财富1000强中有37%的单位是其保险客户。仅2003年该公司就投入7000万美元，更新和扩建其大型试验研究与检测设施。在处理财产保险业务时,该公司并不雇用保险精算师,而是以安全专家、工程师等为主进行现场调查,科学评价风险,据此确定保险费率。雇用了1500名工程师,每年在世界各地进行6万多次的视察检查,协助投保户防止事故发生,直接促进了安全生产。

3. 运用资源税制,提高矿业的准入条件

西方国家有关资源税或者类似税种,大致有三种。一是矿业权出让金,也叫矿业权开采或者年度租金,其税率与探明的可采储量、回采率和开采风险挂钩。二是权利金,是国家凭借对矿产资源的所有权对开采企业征收税额,一般征收额度为净利润的2%~5%。三是资源租金税,是专门针对部分企业因占有富矿区,在矿产资源开采中获得超额利润所征收的税制。

相比于其他税率,西方国家对矿产等不可再生资源收取较高的资源税,平均一般占销售额的2%~8%。美国和澳大利亚对石油、天然气、黄金等矿种的资源税分别占销售额的12.5%和10%(我国目前通过资源税获取的矿产资源补偿费平均仅为1.18%)。

4. 采取有利于安全生产的经济政策

西方各国普遍重视运用经济政策,来鼓励和推动安全生产。美国煤层气产业迅速发展,主要得益于政府在煤层气产业发展初期颁布了《能源意外获利法》,对非常规能源开发实行税收补贴政策。1980年该法规出台以后的10年内,美国黑勇士盆地地面抽放瓦斯所得税收补贴约2.7亿美元,圣胡安盆地为8.6亿美元。1983—1995年,全美地面抽放瓦斯年产量从1.7亿立方米猛增至250亿立方米;到2002年共建成煤层气井2万余口,煤层气产量达453亿立方米;2004年产量达500亿立方米左右。前后20年间,煤层气产量增加了265倍,地面抽放瓦斯占气体能源(天然气)总量的8%~10%,成为重要的能源资源。再例如,今年初美国一个煤矿发生瓦斯爆炸后一个月,美国参议院就通过了《矿山安全税收减免法》,减少采矿公司因开展救护培训和购买安全设备所交纳的部分税费。

(四)国外安全生产的科技与教育措施

1. 安全生产科研机构与研究计划

先进工业化国家都建立了安全生产科研机构,如美国职业安全与健康研究院,英国安全与健康研究院,德国劳动保护研究所和日本产业安全研究所等。2002年美国政府拨付给国家职业安全健康研究院的经费就达4.1亿美元。

2. 依靠科技保障安全生产

在安全生产技术方面,先进工业化国家近年来致力于研究事故成因及预防、全方位监测监控、快速预测预警、科学决策指挥和救援处置等的安全生产关键技术装备与系统，构建安全生产科技创新和技术支撑体系，为实施预防为主和应急救援提供科学技术保障。

美国煤矿瓦斯先抽后采，是运用先进科技保障安全生产的成功例子。在美国建设井工煤矿，必须先建设地面瓦斯抽放利用设施，将蕴含在煤层中的瓦斯抽放出来，把高瓦斯矿井变成低瓦斯矿井，然后才能投入开采生产。如美国西达山（Cedar Hill）矿区瓦斯地面抽放工程，该区为一单斜盆地，煤层层数多，含7个煤组，煤层厚度大，瓦斯蕴含丰富。他们先是通过三维地震勘探和精细描述等查明矿区瓦斯分布区块面积和煤层含气量，确定分布区域中瓦斯富集部位，然后在富集部位采用多分支羽状水平井进行地面抽放。这种技术与井下抽放、采空区抽放结合，较为有效地解决了煤矿瓦斯灾害问题。

本着"预防为主"的理念，各国均把加强安全教育培训作为安全生产监管预防工作的重点。美国联邦法规《矿产资源》卷规定，煤矿必须对雇员进行安全技术培训，对未按规定进行合格培训的煤矿，安全监察员每发现一项/次，予以最高7万美元的处罚；对故意违规或重复违规的，将加重处罚甚至判刑。美国许多州都有矿工培训的专科院校，全美31所高校及科研机构中都建立了安全健康教育中心。英国把安全培训作为安全生产基础性工作，20世纪20年代就在大学设立职业安全专业。日本目前已形成完整的培训体系，包括企业自主培训、院校安全培训、中介组织培训等。巴西根据其《劳动法》规定，雇主有义务为工人提供安全培训，每年至少20小时的安全培训课程。

（五）国外的安全文化建设

1986年，国际核安全咨询组（INSAG）提出"安全文化"的概念并将其定义为："安全文化是存在于单位和个人中的种种素质和态度的总和。"英国健康安全委员会核设施安全咨询委员会（HSCASNI）认为："安全文化是个人和集体的价值观、态度、能力和行为方式的综合产物，它决定着健康安全管理上的承诺、工作作风和效能。"

先进工业化国家强调人的生命高于一切的安全理念。要求企业对职工安全健康要作出明确承诺，职工对自身和同伴的安全要有责任感；注重通过教育、培训、演练、宣传、科普、奖惩等，创建群体安全氛围，提高社会和从业人员的安全素质；重视增强企业和员工遵章守法的法制意识；注意把安全文化与安全管理有机结合，在经营管理中融入了安全文化因素；做好安全文化的传播与普及，促进全社会对安全生产的关注、参与和监督。

国际劳工组织目前正在讨论制定的《促进职业安全与健康框架》这一政策性文件，将促进安全文化作为重要内容之一。欧盟安全健康署组织开展了以预防事故灾害为主题的"欧洲安全健康年"活动，各成员国通过电影、电视及广播等途径，以及举办安全招贴画和安全标志设计竞赛等，开展各种宣传活动。英国职业安全与健康执行局1992年开始举办工作场所安全与健康周活动。美国安全工程师学会把每年的6月20—27日作为"全国作业车间安全周"。加拿大安全工程协会也发起"加拿大职业安全与健康周"活动。日本每年7月1—7日是全国安全周；10月1—7日是全国劳动卫生周。这些活动对提高全民的安全意识，推进事故预防，起到了积极作用。

（六）吸取事故教训，不断改进安全法制、体制和标准

重特大生产安全事故的发生，往往能透视出在安全监管法律法规与标准、应急管理措施、安全科技与文化等方面的严重不足，从而促使反思和改进。先进工业化国家在重特大事故灾难发生后，都能认真吸取教训，迅速改进安全法律法规、技术标准和管理措施。

1. 切尔诺贝利核泄漏事故

1986年4月26日，苏联（现乌克兰境内）的切尔诺贝利核电站4号机组发生爆炸，8吨多强辐射物质倾泻而出，使5万多平方公里的土地受到污染，320多万人遭受核辐射的侵害。切尔诺贝利事件的最主要教训是安全监管体制问题，即运营单位自己监督自己的安全。此后各国在监管体制上，强调核电站运营单位安全管理和政府安全监督职能分开。同时总结了切尔诺贝利核电站设计上的教训，普遍采用了"纵深防御、多重屏障"的设计理念以强化安全防范；制定了新的核反应堆投产和废弃的规定与措施，以及核燃料循环技术标准，使核电站的安全性显著提高。

2. 印度博帕尔毒气泄漏事故

1984年12月3日，设在博帕尔的美国联合碳化物公司的一家农药厂发生异氰酸甲酯毒气泄漏事件，致使3150人死亡，5万多人失明，15万人接受治疗。这是人类历史上最惨痛的工业事故。这起事故的主要教训是，发展中国家的工业安全标准往往低于工业先进国家，而某些跨国公司就是利用这种标准的差异，用设计简陋、质量低劣的设备，在第三世界国家开设工厂。这起事故的最大启示，就是发展生产和繁荣经济绝对不能以降低安全标准为代价。

3. 美国煤矿爆炸事故

今年1月2日美国西弗吉尼亚州萨戈煤矿发生爆炸，12名矿工遇难。美国矿山安全与健康局（MSHA）2月7日就出台了煤矿安全生产的紧急临时标准，对煤矿工人的装备、事故报告制度、逃生装置等作了严格规定，要求煤矿为矿工配备个人定位通信系统，以便在事故发生后能够确定遇险矿工所处位置并进行

救援。

把一、二部分归纳起来，我们的主要结论是：

（1）工业化进程中的安全生产工作具有长期性、艰巨性和复杂性。先进工业化国家的安全生产，一般都经历了事故多发到趋于稳定和逐步下降这样一个发展过程，经历了事故快速增多并在高位波动的"易发期"。

（2）安全生产与监管体制和法制、技术和标准、管理机制和经济措施、社会福利化制度、教育普及程度、安全文化等因素密切相关。在工业化发展进程中，先进工业化国家逐步重视并已形成比较健全完善的安全法律和制度，综合运用法律、经济等手段，依靠先进技术，有效地促进了安全生产。

（3）借鉴国外安全生产经验和做法，充分发挥我国的制度优势、政治优势和后发优势，我们完全有可能缩短事故易发期，用十几年的时间，跨越西方国家几十年走过的路程，尽快实现我国安全生产的根本好转。

三、我国安全生产发展历程和现状分析

（一）我国安全生产的发展过程

建国五十多年来，我国安全生产工作大致可分为三个发展时期：

（1）安全生产方针和管理体制初创时期（1949—1965年）。1954年新中国制定的第一部宪法，把加强劳动保护、改善劳动条件作为国家的基本政策确定下来。中央人民政府先后颁布了《工厂安全健康规程》《建筑安装工程安全技术规程》《工人职员伤亡事故报告规程》等行政法规。从"一五"时期开始，形成由劳动部门综合监管、行业部门具体管理安全生产工作体制。1953—1957年是我国安全生产状况第一个较好时期。但"大跃进"时期片面追求高经济指标，忽视安全，导致事故上升。1958—1961年期间，年平均工矿企业事故死亡16190人，比"一五"时期增长了3.9倍，出现建国以来第一次事故高峰期（附图11）。1963年国务院颁布了《关于加强企业生产中安全工作的几项规定》等规章制度，恢复重建安全生产秩序，工矿死亡人数明显下降，1962—1965年出现第二个较好时期，年平均工矿企业死亡人数降至4330人，比前期（1958—1961年）减少73.3%。

（2）"文化大革命"时期（1966—1978年）。1970年劳动部并入国家计委，其安全生产综合管理职能也相应转移。1975年9月成立国家劳动总局，内设劳动保护局、锅炉压力容器安全监察局等安全工作机构。这一阶段政府和企业安全管理一度失控，在1971—1973年，年平均工矿企业死亡人数16119人，较1962—1967年的年均数增长2.7倍，出现了历史上的第二次事故高峰（附图11）。

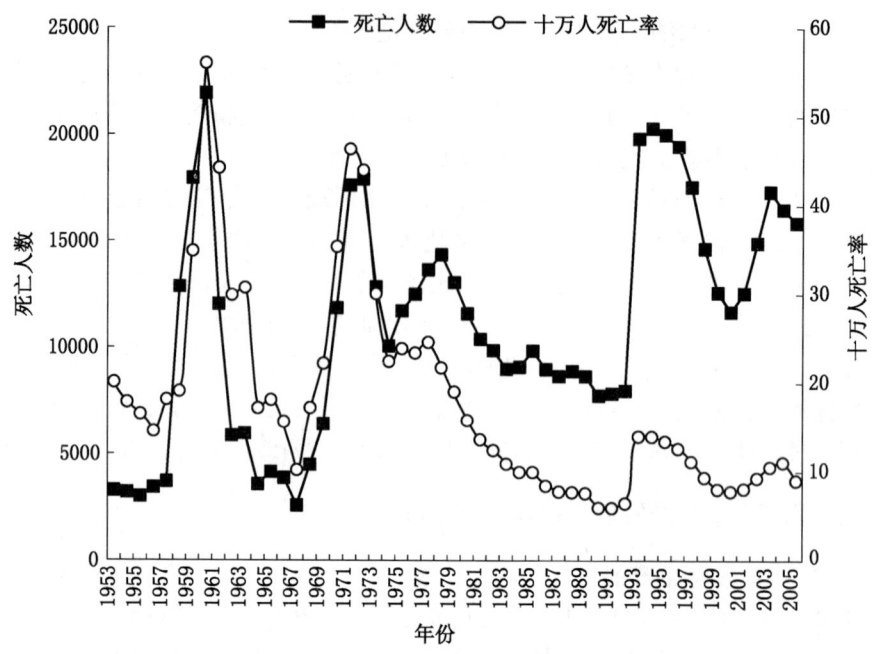

注：1953—1992年数据为国有及县以上集体企业事故死亡人数；
1993—2005年数据为包含乡镇企业在内的工矿企业事故死亡人数
附图11 1953—2005年工矿商贸企业事故死亡人数与死亡率变化

（3）恢复和创新发展时期（1978年至今）。可分为以下三个阶段：

一是恢复和整顿提高阶段（1978—1991年）。粉碎"四人帮"后，治理经济环境和整顿经济秩序，为加强安全生产创造了较好的宏观环境。1978年《中共中央关于认真做好劳动保护工作的通知》，明确提出要建立安全生产责任制度，强调建设项目必须坚持安全生产"三同时"原则。这一时期安全生产法制建设取得较大进展。《矿山安全法》《矿山安全监察条例》《劳动保护条例》《职工伤亡事故报告和处理条例》等法律法规相继出台实施。成立了全国安全生产委员会。1980—1991年工矿企业事故死亡人数连续下降，年平均死亡人数较第二次事故高峰减少46.2%（附图11）。

二是适应市场经济发展阶段（1991—2002年）。党的十四大确立了建立社会主义市场经济体制的目标。为确立和发挥企业市场经济主体作用，1993年国务院决定实行"企业负责、行业管理、国家监察、群众监督"的安全生产管理体制。1994年颁布《劳动法》，随后又颁布了工伤保险、重特大伤亡事故报告调查和重特大事故隐患管理等几十项法规。1998年国务院机构改革，由原劳动部承担的安全生产综合监管职能交由国家经贸委行使。2000年初，在国家煤炭工业局加挂国家煤矿安全监察局牌子，履行煤矿安全监察职能，实行全国统一垂直管理。2001年初组建了国家安全生产监督管理局，与国家煤矿安全监察局"一个机构、两块牌子"。相继出台了《安全生产法》等法律法规，安全生产开始纳入比较健全的法制轨道。这一阶段由于经济体制转轨和工业化进程加快等，安全生产面临一系列新情况、新问题，全国安全生产状况起伏变化较大，1994—1997年平均工矿企业死亡人数19334人，成为第三个事故高峰期（附图12）。

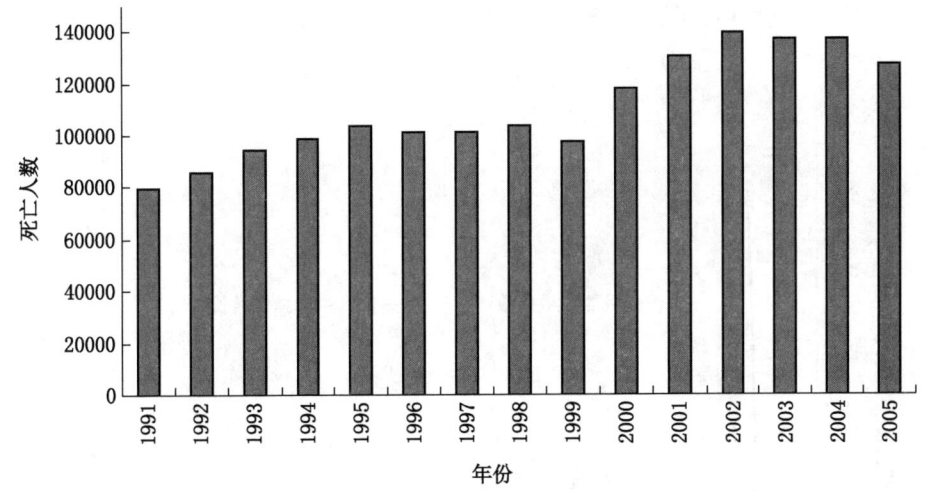

附图12 1991—2005年各类事故死亡人数

三是安全生产创新发展阶段（2003年以来）。十六大以来，以胡锦涛同志为总书记的领导集体坚持"以人为本"的科学发展观，高度重视安全生产工作。党中央、国务院在体制和法制建设等方面采取一系列措施，强化政府安全监管职能。2003年国家安全生产监督管理局（国家煤矿安全监察局）成为国务院直属机构，成立了国务院安全生产委员会；2004年国务院作出了《关于进一步加强安全生产工作的决定》；2005年初国家安全生产监督管理局升格为总局；2006年初成立了国家安全生产救援指挥中心。从2003年开始，工矿商贸和全国事故死亡人数开始下降（附图12），2005年事故起数和死亡人数，分别比2004年减少 3.8% 和 7.1%。

分析建国以来我国伤亡事故统计数据变化规律,可以发现三个现象:一是随着经济总量的扩大,事故总量也持续上升。建国以来工矿企业事故死亡人数总体上呈上升态势(附图11)。值得注意的是2003年出现的"拐点",当年在国内生产总值持续增长的背景下,事故死亡指数开始下降。从事故死亡指数曲线看,1953—1976年波动幅度波动较大,1978年后波动幅度相对较小(附图13),这说明外部环境对安全生产工作冲击很大,也说明改革开放以来比较稳定的社会、政治环境,为安全生产的较平稳发展创造了条件。二是反映事故死亡人数与经济活动关系的一些相对性指标持续下降。如亿元国内生产总值事故死亡率、煤炭生产百万吨死亡率和道路交通万车死亡率(附图14、附图15)、工矿企业职工十万人死亡率,呈逐年下降趋势(附图11),这表明,随着安全法制的健全和安全

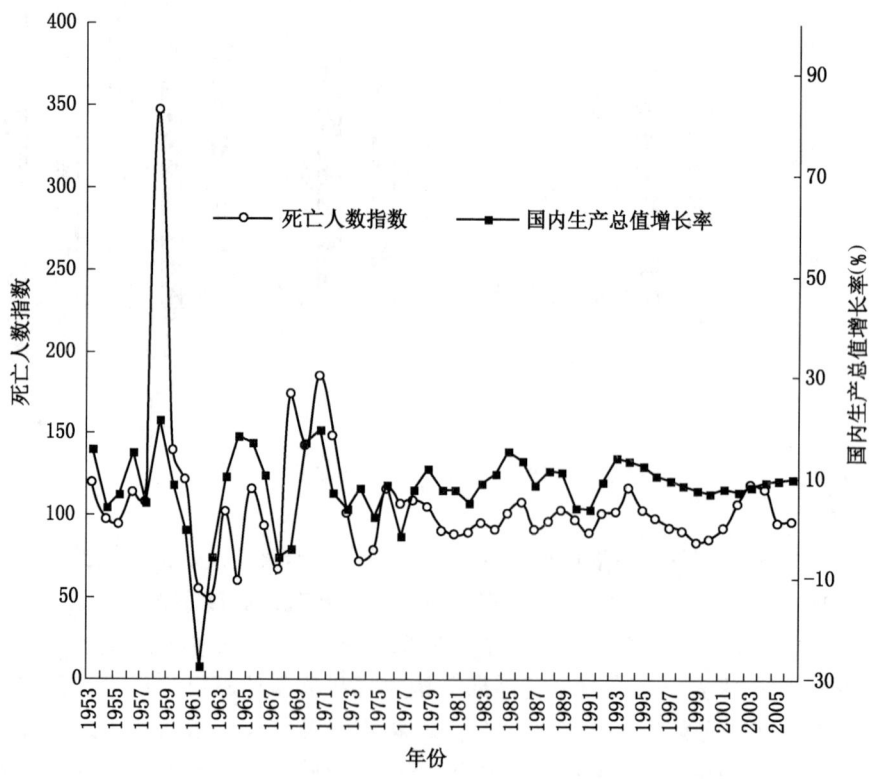

附图13 1953—2005年我国工矿企业事故死亡人数指数与国内生产总值增长率变化趋势

监管力度加大，我国的安全生产正在得到逐步加强和改进。三是特大事故呈上升态势（附图16）。这种现象表明，随着生产规模扩大、生产集中化程度提高、城市化进程加快、交通运输增加等，发生群死群伤重特大事故的因素增加；表明防范重特大事故，是当前我国安全生产工作的重点任务和当务之急。

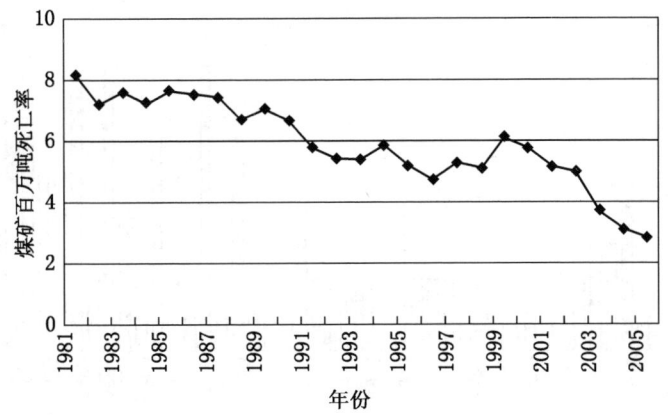

附图14　1981—2005年我国煤矿百万吨死亡率变化

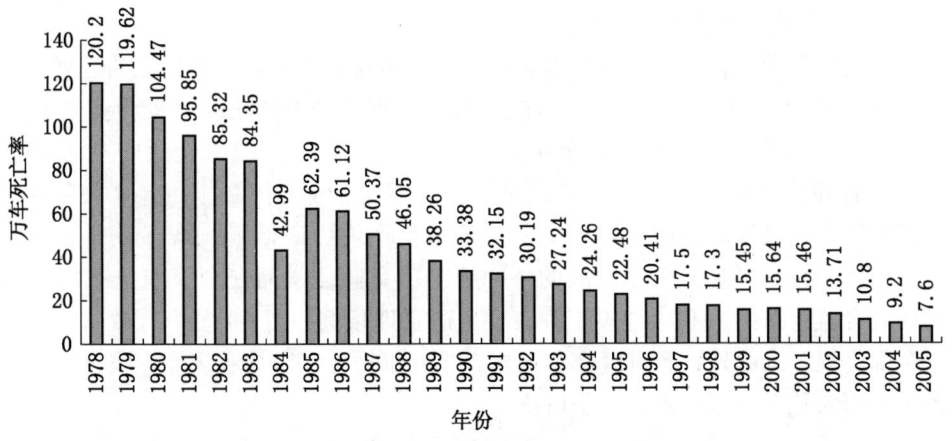

附图15　1978—2005年道路交通万车死亡率变化

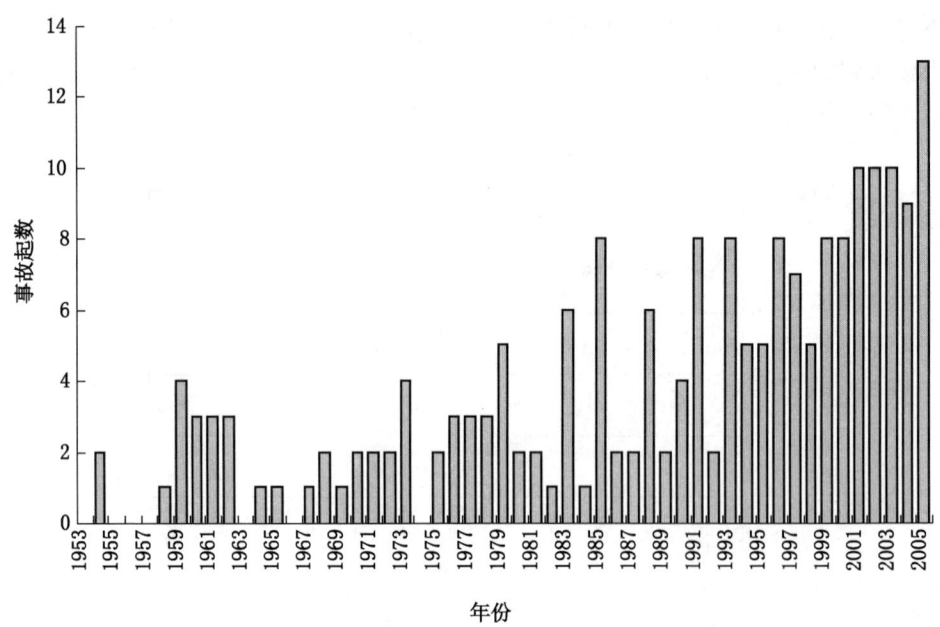

附图16　1953—2005年我国工矿企业一次死亡30人以上事故起数

（二）我国安全生产的现状

在党的领导下，经过持续不懈的努力，我国安全生产取得了长足的进展。

（1）安全生产法律体系初步形成。目前已有一部主体法即《安全生产法》；有《劳动法》《煤炭法》《矿山安全法》《海上交通安全法》《道路交通安全法》《消防法》《铁路法》《民航法》《电力法》《建筑法》等十余部专门法律；有《国务院关于特大安全事故行政责任追究的规定》《安全生产许可证条例》《煤矿安全监察条例》《关于预防煤矿生产安全事故的特别规定》《危险化学品安全管理条例》《道路交通安全监管条例》和《建设工程安全生产管理条例》等50多个行政法规，上百个部门规章。此外，各省区都制定出台了一批地方性法规和规章。安全生产的各个方面大致上都可以做到有法可依。

（2）安全监管体制日趋健全。国家安全监管机构升格以来，地方各级政府和相关部门加快安全监管机构和队伍建设，目前各省、区、市以及93%的地市、85%的县都建立了安全监管机构，全国共有安全监管人员约3.2万人，全国初步形成了综合监管与行业监管互动的安全生产管理体制；形成了"政府统一领导，部门依法监督,企业全面负责,群众监督参与,社会广泛支持"的安全生产工作格局;在煤矿安全方面,建立了"国家监察、地方监管、企业负责"的工作责任体系。

(3) 安全生产应急体系开始建立。国务院发布了《国家突发公共事件总体应急预案》和25个专项预案、80个部门预案。专项预案中,包括了《国家生产安全事故灾难应急预案》和海上搜救、铁路、民航、地铁、大面积停电、核应急、通信保障、环境事件等9个事故灾难类预案。部门预案中,有矿山、危险化学品等22个事故灾难类应急预案。全国各省、区、市都制定发布了安全生产应急预案,高危行业和规模以上企业应急预案基本编制完成。矿山、消防、水上、铁路等应急救援力量已初具规模,应急体系建设框架正在形成。

(4) 安全生产状况呈现总体稳定、趋于好转发展态势,但形势依然严峻。2005年在国民经济持续快速发展的情况下,全国事故起数和死亡人数分别比上年下降10.7%和7.1%。但事故总量仍然过大。2005年全国事故717938起,死亡127089人,其中道路交通事故死亡98738人,占77.7%;铁路路外7380人,占5.8%;煤矿5938人,占4.7%;建筑施工2607人,占2.1%(附图17)。发生一次死亡10人以上重特大事故134起,增加了3起,死亡人数增加17%,其中煤矿58起,增加15起,死亡人数增加66.6%。我国工矿企业职工因事故伤亡的风险仍然很高,2005年工矿企业十万人死亡率为10左右,其中煤炭工业职工十万人死亡率高达173.9,非煤采矿业为146.0,建筑业和化学工业分别为31和23.7(附表2)。

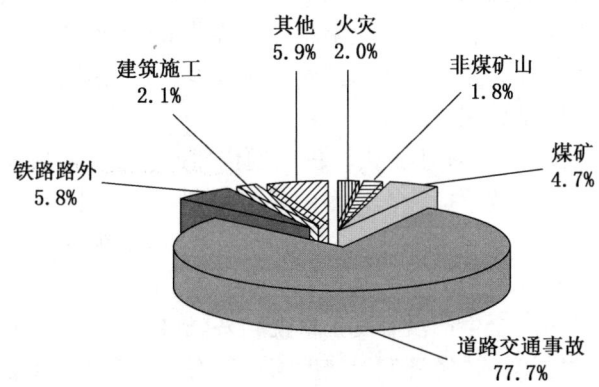

附图17 2005年全国各类死亡事故构成

附表2 中国2005年工矿企业事故十万人死亡率
（按行业风险排序）

行　业	死亡人数 （人）	就业人数 （1000人）	十万人死亡率
煤炭开采和洗选业	5938	3415	173.88
非煤采矿业	2324	1592	145.98
建筑业	2607	8410	31.00
化学原料及化学制品制造业	501	2118	23.65
电力、煤气及水的生产和供应业	398	2305	17.27
纺织业	131	2655	4.93
农、林、牧、渔业	183	4661	3.93
交通运输、仓储及邮政业	221	6318	3.50
水利、环境和公共设施管理业	38	1761	2.16
科学研究、技术服务和地质勘查业	42	2221	1.89
全国	15868	169200	9.38

注：1. 工矿商贸生产安全事故死亡人数来源于全国伤亡事故统计2005年报；
　　2. 就业人数来源于中国统计出版社出版的中国劳动统计年鉴（2005年）。

（三）重特大事故多发、安全生产形势依然严峻的原因分析

近年来党和政府三令五申，实行了严厉的安全责任追究制度。加强安全生产的舆论声势越来越大。国家和地方各级安全监管机构以超常规精神抓工作，监督检查不断。然而煤矿、交通、危险化学品等重特大事故仍然时有发生，安全形势仍然很严峻。究竟是什么原因，问题到底出在哪里？我们把诸多因素综合起来加以分析，大致可以归结为三个方面：

（1）"严格不起来、落实不下去"的问题仍然严重。国务院和地方政府在安全生产工作上的一系列政策措施，许多的仍然停留在口头上、文件中和会议上，并没有真正贯彻落实到县乡和企业。"安全第一、预防为主、综合治理"的方针，在贯彻执行中打了折扣。

说到底，还是对安全生产没有真正重视起来。讲起来安全生产很重要，是第一；实际做起来效益第一，经济发展速度第一，安全生产不知道摆在了第几。就目前的技术手段和防控能力看，只要真正重视起来，实实在在抓工作，许多事故是可以避免的。从调研了解的情况看，一些地方对抓安全生产态度不坚决，安全监管不得力，对非法违法行为惩处不力。有些地方政府受利益驱动，片面追求发

展速度，短期行为严重，在招商引资、兴办工业时，首先考虑的是产值和利税，而往往忽略安全和环保等民生问题。有的地方政府为了维护局部经济利益，对关闭小煤矿等措施消极应付，甚至有抵触情绪。一些领导干部和工作人员失职渎职，甚至官商不分、钱权交易、充当非法违法企业的保护伞。

企业安全责任被形式化和边缘化，安全生产主体责任不落实，是当前的突出问题之一。一些企业为追求经济利益最大化，降低安全成本，减少安全投入。一些企业为获得高额利润，违法生产，冒险作业，劳动者承担的伤亡风险很高，但企业负责人的风险责任却很低。有的业主甚至事故后隐瞒、逃逸，把善后责任转移给政府。

行业管理弱化是一个不可忽视的原因。全国人大常委会在去年进行的安全生产法执法检查中，特别指出了煤炭行业管理弱化问题。煤炭行业既是重要的基础产业，同时又具有高风险性，资源、安全、技术等管理任务繁重，不宜用管理一般行业的思路来管理煤炭这样一个特殊行业。而目前多数地方撤销或合并了煤炭管理机构，煤炭开发建设、资源管理、产业政策、重大项目科研攻关、技术进步、结构调整、经济运行、规程标准、教育培训、安全生产等，缺乏统筹规划和强有力的监督管理。特别是在安全生产方面，行业安全标准、技术政策不能及时修订和调整，企业安全管理缺乏有效指导，影响和制约了煤矿安全状况的好转。

（2）安全生产基础薄弱。一是由于安全生产长期投入不足，欠账较多。安全生产基础设施设备落后，隐患突出。去年国家组织专家对54个重点煤矿、462个矿井进行了安全技术专家"会诊"，共查出5886条重大隐患，估算治理所需费用高达689亿元。我国"一五"时期建设的一批老工业基地和大型国有企业，多年没有进行大的技术改造，生产工艺落后，设备陈旧老化甚至超期服役，个别矿山使用的绞车还是伪满时期制造的。国有煤矿在用设备约1/3应该淘汰更新。随着城市化进程加快，一些原来位于郊区的工业危险设施，逐渐被包围在繁华市区之中，万一发生事故，后果不堪设想。调查资料显示，仅11个省、市就有407家危险化学品生产企业需要搬迁。

二是安全科学技术落后，与先进工业化国家差距较大。我国安全科技基础薄弱，安全科研力量严重不足。安全科学尚未形成较完整的学科体系，安全设计规范和技术标准明显滞后于生产发展。我们注意到，一些外国公司纷纷在我国投资大型化工企业，许多城市都在建设化工园区，化工装置几乎都是重大危险源。这些建设项目应事先进行风险评价和安全规划，但由于缺乏标准规范和科技支持，很难得到严格执行。安全防护产品与装备研发投入不足，知识产权少，成果转化率低。我国劳动防护产品年产值近800亿元，但一些高端产品市场几乎完全被国外产商占领。

三是从业人员安全素质不能适应需要。最近几年，随着经济发展，农村劳动力大量转移，进入矿山、建筑等高风险、重体力劳动行业和领域。煤矿井下一线几乎全部为农民工，约占全国煤矿550万职工的半数以上。3000万建筑工人中，80%为农民工。据统计，在农民工中，文盲与半文盲占7%，小学文化为27%，其文化素质和安全意识都与现代化大工业生产要求相距甚远。而且培训力度难以达到法律要求。在走访中发现，有些新工人缺乏基本安全常识，不了解最简单的自救方法，不能维护自己的合法权益，违章、违规和违反劳动纪律现象严重。

（3）宏观因素影响安全生产发展。安全生产状况与国家经济基础和生产力水平密切相关，从深层次原因分析，一些宏观因素对安全生产发展具有很大影响。

一是较低的经济发展水平使事故风险处于较高状态。根据工伤事故发展变化规律的对比研究，经济发展水平较低的国家，工伤事故风险相对高于经济发展水平较高的国家。同一国家在经济发展水平较低时期的事故风险，也要高于经济发展水平较高时期。

二是第二产业比重增加使伤亡事故风险加大。随着我国经济发展，第二产业在国民经济中所占比重逐渐加大。在制造业高速发展时期，往往出现事故频率高、死亡人数多和职业危害严重的情况。

三是粗放型经济增长方式下经济总量扩大可能导致事故增加。经济总量扩大后，企业数量、工业生产规模和从业人数都相应增加，安全投入不足和安全管理滞后都可能导致事故总量上升。

四是经济持续高速发展加大了安全生产的压力。经济高速发展，必然对煤、电、油、原材料和交通运输形成巨大需求，使企业产生超产冲动，甚至不顾安全条件超强度开采，超能力、超定员组织生产。

五是国家加强安全生产的政策措施发挥作用需要一个过程。国家安全法律和干预政策作用巨大，但一般都具有滞后性，其效果需要过一段时间才能显现出来。

总之，影响安全生产的因素很多，有主观原因也有客观原因，有历史的积淀也有新情况、新问题，有浅层次的表象也有深层次的矛盾和问题。多种因素相互缠绕，互为因果。我国地域辽阔，企业数量巨大，种类繁多，安全管理难度很大。目前又处在社会主义初级阶段，经济高速发展与安全生产基础薄弱的矛盾十分尖锐。对安全生产工作的艰巨性，应当有清醒的认识，做好攻坚克难的思想准备。

(四) 树立信心，乘势而上，努力实现历史跨越

近几年党和国家采取了一系列重大措施，已收到确实效果，为减少伤亡事故风险、遏制重特大事故奠定了基础，尽管当前还存在诸多问题和困难，但同时也要看到有利条件：

一是"安全发展"指导原则的确立，为安全生产工作提供了强大精神动力和有利舆论氛围。党的十六届五中全会从经济社会发展的全局出发，强调"坚持节约发展、清洁发展、安全发展，实现可持续发展"。胡锦涛总书记在中央经济工作会议的报告中指出，要切实做好安全生产工作，坚持安全第一，严格落实安全生产责任制，巩固煤矿安全生产整顿的成果，尽快扭转事故多发状况。全党全社会对安全生产工作高度关注，并给予充分理解和支持，以人为本、安全发展、关注安全、关爱生命正在成为全社会的共识。

二是国家为解决安全生产深层次问题而采取的一系列政策措施正在逐步实施。随着经济增长方式的转变，结构调整的加快，宏观调控力度的加大，行业管理的加强，相关经济政策的制定实施，势必遏制一些地方、行业和企业盲目超产的冲动，从而改善经济运行质量，减少安全生产压力。反腐败斗争的持续深入，也为进一步查处事故背后的违法违纪行为创造了条件。

三是两个攻坚战和其他专项整治工作，使安全生产基础得到加强。通过落实瓦斯治理的各项措施，增强了煤矿防范事故的能力；通过实施整顿关闭，关闭了5000多个不具备安全生产条件的煤矿。我们认为，补还安全欠账和技术改造的效果，将在今后逐步显现。各个行业领域专项整治活动的深入开展，也将有助于解决安全生产各个薄弱环节上的问题。我们相信，安全生产基础工作得到加强，企业本质安全水平也将逐步提高。

四是可以总结经验教训，发挥后发优势。在安全生产法制、体制、机制、责任制、安全文化建设等方面，我们积累了不少经验。政府统一领导、各部门共同参与的联合执法机制正在形成。通过认真总结工业化国家的发展经验和我们自己的经验与教训，取长补短，少走弯路，就一定可以跨越前进，后来居上。当前，应充分应用现代科学技术的创新成果，如采用自动化和信息化等技术对重大危险源进行监测、预警和控制，以及彻底根除事故隐患，促进安全生产工作超常规发展。另外，以系统工程、控制论和风险管理为代表的现代管理理论与方法的创新和普及，使安全管理行为更加科学和高效。

更重要的是，各级党委和政府的坚强领导，为安全生产工作提供了强有力的保证。我国特有的政治优势和制度优势，可以集中力量、集结各类资源办大事，攻克安全生产工作中的重点、难点问题。相信只要思路对头，扎实工作，就一定

能实现我国安全状况逐步好转。

四、加强安全生产工作的建议

安全生产是一项复杂的系统工程。加强安全生产工作要坚持标本兼治、重在治本。应以制度建设为核心，以遏制重特大事故为当前重点，立足于建立长效机制，切实抓好安全文化、安全法制、安全责任、安全科技、安全投入等关键要素，实现安全发展。

（一）把安全生产作为基本国策，建设安全保障型社会

党的十六届五中全会已经把安全与资源、环境放在同等重要的位置，安全发展的指导原则正逐步深入人心。党和政府又把安全生产列入解决涉及群众切身利益的突出问题之一，进行了重点部署。这充分反映了党的"立党为公，执政为民"的施政理念，代表了最广大人民群众的根本利益。

严峻的安全生产形势，不仅制约经济社会的健康协调发展，影响着社会主义和谐社会的构建，同时对国家经济建设、社会发展、人民生活质量，乃至对社会稳定大局和国家政权形象都产生负面影响。为此，建议将"安全"与人口、资源、环境并列，作为基本国策之一，在科学发展观统领下，建设资源节约型、环境友好型、安全保障型社会。

安全发展是经济发展和社会进步的基本前提和保障。我们认为，把安全发展上升至基本国策的地位，可以更加彰显科学发展观"以人为本"的本质特征，有利于进一步动员全党、全社会高度重视安全生产工作，贯彻"安全第一、预防为主、综合治理"的方针，切实把安全生产纳入国家经济社会发展总体规划，通过转变经济增长方式和产业结构调整等推动安全发展；有利于促进安全生产各项治本之策的贯彻实施，遏制重特大事故多发的势头，努力避免、减少事故灾害对广大人民群众生命健康和财产安全造成的威胁和伤害，使全体劳动者在辛勤劳作的同时，能够分享到发展带来的成果和体现出国家主人翁的尊严。

（二）建议实施全民"安全素质工程"

安全素质的低水准必然导致安全水平的低下。高的安全素质从哪里来，从加强倡导安全文化、建设安全文化上来。这方面要抓好五件事情：

一是宣传普及法律和安全知识，使从业人员和社会公众，都具有较强的安全意识和安全生产法制观念，人人知道事故，防范事故，远离事故灾害，不伤害自己，不伤害别人，也不被别人伤害。安全教育要从青少年抓起，中小学要开设安全知识课。

二是教育培训，提高职工安全技术技能。对高危行业应实行强制性安全培训，建立培训考核许可制度，并从特殊工种作业人员延伸到一般员工；改善安全培训方式，加大培训力度，提高培训效果。可以从生产一线等选送优秀员工进行脱产培训和进修。把安全技能纳入农村人口转产就业技能培训的重要内容。

三是舆论监督和社会监督。宣传党和政府为加强安全生产而作出的努力，宣传安全生产方面可学可信的经验和好的典型。同时也要揭露违法非法行为，曝光重特大事故。保持正确的舆论导向，增强全社会对安全生产形势好转的信心。

四是把工会等群众团体的作用发挥起来。非公有制企业也要建立工会，动员组织职工群众参与、监督企业安全工作，依法维护自身安全权益。发现隐患问题，职工有检举揭发权；在危及安全情况下，有拒绝作业权；发生事故后，有索取赔偿权。这些权力都要得到保障。

五是抓企业安全文化建设。把安全文化体现在企业两个文明建设、经营管理各个环节。推动企业采用先进的安全生产管理理念和方法，建立自我约束、持续改进的安全生产长效机制。

（三）必须用重典治理安全生产领域的乱象

（1）安全生产立法步伐要再快一些。由于经济体制和执法主体、法律适用对象和范围已发生变化，《矿山安全法》《煤炭法》等法律中有关安全生产的内容，包括《安全生产法》一些条文急需修改。急需出台重大事故调查处理和重大事故应急救援管理等有关法规，以增加执法的有效性。要鼓励、支持部门和地方立法，作为对国家法律体系的补充。有的地方已先行一步，可以总结他们的经验，促进国家立法。

许多来自安全工作一线的同志认为，《刑法》第131~139条对安全事故责任罪的量刑偏轻，最多判七年，实际执行中还可能缓行或保外，起不到震慑作用，建议对此进行修改和出台新的司法解释。对不具备安全生产条件并导致事故发生的企业，最高罚款20万元，也达不到应有的惩罚力度，希望尽快修改。

（2）在法律贯彻执行上要动真的。法乃治国利器，法之重要，重在"法之必行"。普遍的违法行为一旦得不到有效纠正和处罚，可能造成"法不责众"的后果。影响法律的尊严和政府的权威，损害人民的利益。现在社会上普遍反映安全生产执法失之于宽，失之于软，建议政府部门一定要用好经济手段、行政手段和法律手段，严惩事故直接责任者，同时还要严肃查处事故背后的失职渎职、权钱交易和官商勾结等腐败行为。

事故处理"四不放过"原则，最重要的是"不接受教训不放过"，恰恰这一点上目前做得很不够，同类事故多次重复发生。所以在严肃追究事故责任的同时,一定要注重事故深层次的原因分析,从技术和制度层面分析原因,吸取教训,举一反三,为改进技术、完善法规标准提供参考。

(3)联合执法机制符合国情,施之有效,必须坚持。从2005年的执法实践来看,建立健全地方党委领导、政府统一领导、相关职能部门和公检法、纪检监察机关共同参与的联合执法机制,是扭转当前安全生产执法不力的有效措施。按照全国人大常委会安全生产执法检查要求,各地在关闭整顿非法和不具备安全生产条件煤矿工作中,普遍采取了联合执法的办法。实践表明,联合执法符合国情和现阶段行政、司法等资源配置现状。建立各部门共同参与的联合执法机制,可以有效打击非法违法行为,切实维护人民群众的生命安全权益,保证政府的执行力和公信力。

(四)抓实安全生产责任制,纳入政绩、业绩考核

责任是安全生产的灵魂。安全生产必须明确责任,落实责任,追究责任。温家宝总理在十届全国人大四次会议上强调,各级政府要把安全生产摆在更加重要的位置,主要领导亲自抓、负总责,强化企业安全生产主体责任,层层落实安全生产责任制。

(1)应同时强调两个责任制。这些年的实践表明,政府和企业两方面的责任制都要真正落实,互为因果,缺一不可。落实安全生产负责制,从政府的角度,就是落实行政首长负责制,省、市、县、乡镇主要负责人对安全生产要亲自抓、负总责。企业是安全生产责任主体,对企业来说,就是落实法定代表人负责制。建议各级党委明确支持两个责任制的落实,把安全生产作为考核政府政绩、企业经营业绩、评价干部的重要内容。使安全生产责任制层层落实到县乡、厂矿。

(2)控制考核指标应"插"到基层。十届全国人大四次会议通过的国家"十一五"规划纲要,已经把单位国内生产总值生产安全事故死亡率、工矿商贸企业十万从业人员事故死亡率纳入经济社会发展目标体系,国家统计局也把这两个指标以及道路交通万车死亡率、煤矿百万吨死亡率纳入统计指标体系。要分解到各地区、各行业年度安全生产控制考核指标中,抓紧落实。

最近两年实行的年度安全生产控制考核指标,是针对我国安全生产形势严峻而采取的标本兼治措施之一。目的在于积极控制事故、减少伤亡。实践表明,控制考核指标强化了地方政府安全责任,调动了各级干部抓安全工作的积极性。为保证统计数据准确性和考核制度严肃性,我们建议应尽早建立独立的生产安全事故数据报告抽样系统和评价考核指标质量监控制度,防止事故漏报、误报和瞒报。

（五）实施"科技兴安"战略，引领和支撑安全生产状况的根本好转

（1）尽快启动"十一五"安全生产科技项目。在国家的中长期科技发展纲要里，已列入了煤矿瓦斯重大事故监测、预警与防控和重大突发事件应急技术平台建设等重大研究项目，希望能尽早启动。在非煤矿山、危险化学品和特种工业设备重大事故灾难监测、预警、防治、应急救援技术，高危职业危害预防技术等方面，组织开展重点科技攻关，希望能尽快落实到"十一五"规划和年度计划之中。应注重开展宏观经济运行状况与安全生产关系的理论研究和国家重大事故宏观预警系统应用研究等。同时加强安全生产综合性、公益性重大基础理论研究。

（2）集成推广先进技术装备，为隐患治理和安全技术改造提供技术支撑。推广先进、适用技术和装备，建立安全技术示范工程，提升企业生产安全技术水平。研发、集成和推广相关新工艺、新技术、新设备和新材料，提高企业安全生产科技创新能力。建议以隐患治理、重大事故预防和应急救援的技术与装备为重点，建立科技成果转化平台，制定政策、推广应用国内外先进技术，同时定期以法规形式公布淘汰落后、不符合安全要求的工艺和设备。

（3）修订过时的安全技术标准规程刻不容缓。要开展安全生产技术标准规范研究，对涉及安全生产的现有技术标准和规程进行全面的调研和清理。针对安全生产实际工作的需求，特别是总结特大事故教训，跟踪国际先进标准，加快重点领域安全技术标准规程的修制定工作，保证标准的先进性和效能性，缩小与国际先进标准的差距。

（4）采取有效措施解决安全科技人才危机。针对我国安全科研力量薄弱和煤矿等高风险行业安全技术人才匮乏、后续无人问题，需尽早采取有效措施，如扩大地矿类招生规模，实行对口专招、委托培养和奖学金制度等。同时还可以大力发展职业教育，培养专业安全技工。建议将"安全科学与工程"设立为学位与研究生培养的一级学科。积极发展和规范管理从事安全评价、检测检验、安全咨询与认证和职业教育与技术培训等各类安全中介服务机构，做好注册安全工程师执业资格的管理。有目标、有计划地建设一支一流装备、一流人才、一流水平的安全科技力量。

（六）强化经济政策导向，加大安全生产投入

（1）建立多元化的安全生产投入机制。国务院《关于进一步加强安全生产工作的决定》明确了高危行业企业提取安全费用、提高事故赔偿标准和安全生产风险抵押金三项经济政策。财政部、发展改革委和安全监管总局就煤炭企业提取安全费用、实行煤矿安全抵押金，出台了实施办法。建议应将此办法扩大到其

他高风险行业，并加强对资金的收支监管。目前不少省（区、市）已对事故死亡确定了不少于20万元的赔偿标准，得到社会支持，建议应进一步制定具有法律依据的制度。

（2）矿产资源税费改革应及早出台。实行"储量、风险、回采率"综合设计的税费征收办法，即以储量为基数，与开采风险和回采率挂钩的资源税征收办法。目前我国的矿产资源补偿费是按产量计征，计征方法不当和费率过低不仅造成国家利益受损，而且导致产业进入门槛过低，小煤矿乱采滥挖，资源浪费、破坏严重，安全事故多发。我们建议，通过资源税费的改革，加大资源、环境、安全、科技和人工在成本中的合理比重，这是对不合格小煤矿釜底抽薪的治本之策，也可以增加国家对煤炭等资源勘探以及环境治理的投入。

（3）发挥工伤保险的事故预防作用。我国工伤保险制度建立已有十多年历史。建议应强制要求所有企业必须加入工伤保险，同时在工伤保险基金中，按一定比例拨出专项预防基金，用于安全生产教育培训和隐患整改等，变被动理赔为超前预防。还要充分应用企业承担全部经济责任和职工无责赔偿原则，保护劳动者权益，同时采取工伤保险的差别费率和浮动费率机制激励企业增加安全生产投入。另外，应积极鼓励、支持商业保险进入安全生产领域，推动矿山、化工和建筑等高危行业加入意外伤害险或雇主责任险，加大企业事故风险成本，扩大对安全生产项目的投资渠道。

（4）政府应增加对安全生产基础性和公益性投入。针对我国安全生产基础薄弱的现实，建议国家应在财政上重点扶持老工业基地和国有大型企业的隐患治理，同时增加对综合性、基础性和公益性公共安全设施项目的投入，地方政府也要投入相应配套资金。

《国务院关于进一步加强安全生产工作的决定》设立了三个阶段目标：到2007年，全国安全生产状况稳定好转，事故总体指标有一定幅度下降；到2010年，全国安全生产状况明显好转，重特大事故得到有效遏制，事故总体指标有较大幅度下降；力争到2020年，我国全国安全生产状况实现根本性好转，亿元国内生产总值死亡率、十万人死亡率等指标达到或接近世界中等先进工业化国家水平。按目前的发展态势，我们相信，只要坚持不懈努力，这些目标应该能够达到。

名词解释：

1. 死亡人数指数：指当年事故死亡人数与上年相比增长或下降的幅度。

$$死亡人数指数 = \frac{当年事故死亡人数 - 上年事故死亡人数}{上年事故死亡人数} \times 100\%$$

2. 工矿企业十万人事故死亡率：每十万工矿企业就业人员（即第二产业）中因事故死亡的人数。

3. 工矿商贸企业十万人事故死亡率：每十万工矿商贸企业从业人员（即第二产业和第三产业总人数）中因事故死亡的人数。

4. 道路交通万车死亡率：每万车道路交通死亡人数。

5. 煤矿百万吨死亡率：每百万吨原煤产量中因事故死亡的人数。

6. 变异系数：标准差与均数之比，用于比较数据间的波动变化程度。

（2006年3月）

6 国家安全监管总局办公厅关于完善安全生产监管体制机制情况的调研报告

根据国家安全监管总局党组开展"完善安全生产监管体制机制专题调研方案"部署，在华山同志领导下，办公厅会同政法司、监管三司、人事司等有关司局，对安全监管监察体制机制建设及安全生产行政许可等工作情况进行了调研，并结合安全生产工作实际和加快推进政府职能转变，提出了进一步加强安全监管体制机制建设的建议，形成了总体调研报告。

一、基本情况

（一）安全生产监管监察体制不断健全

一是安全监管监察部门不断加强，职责逐步完善，权威性进一步提高。国家安全监管部门不断调整加强，成立了正部级的国务院直属机构国家安全监管总局，主管全国安全生产综合监督管理；单设总局管理的副部级国家煤矿安监局，行使煤矿安全监察职能；省、市和绝大多数县级政府设立了独立履行执法主体责任的安全监管部门。初步建立了"分级负责、属地管理"的安全生产监管体制和"国家监察、地方监管、企业负责"的煤矿安全管理体制，形成了"政府统一领导、部门依法监管、企业全面负责、群众参与监督、社会广泛支持"的安全生产工作格局，为全国安全生产工作的高效有序开展提供了有力的体制和组织保障。

二是综合监管与行业监管相结合的安全生产监管职责体系基本形成。在综合监管上,安全监管部门负责安全生产综合监督管理。在行业监管上,安全监管部门负责工矿商贸领域安全监管,中央垂直管理的煤矿安全监察机构负责煤矿安全监察,其他负有安全生产监管职责的部门分别负责本行业领域的安全生产专业监管和行业管理。全国基本形成了综合监管与行业监管相结合的安全生产监管职责体系。

三是地方各级安全监管部门和执法机构逐步健全,安全监管体系日趋完善。全国形成了省、市、县三级安全监管机构和包括乡镇在内的四级安全监管网络体系。截至2012年底,全国省、市、县三级安全监管部门及执法机构人员编制7.2万名,实有人数7.7万名,比2007年分别增长27.2%和27.3%;乡镇(街道)安全监管机构和执法队伍专兼职安全监管人员12.8万名(其中专职人员6.4万人),比2007年增长63.2%。全国已有26个省份、53.6%的市(地)和47.6%的县(区)划转了职业卫生监管职能。

四是安全监管支撑保障体系建设稳步推进,保障能力逐步提升。截至2012年底,总局共有直属事业单位27家,26个省级煤矿安监局共有事业单位111家,涉及安全生产与职业健康科技、信息、宣传、培训、应急救援等众多方面,初步建立了安全监管支撑保障体系,发挥了对安全监管监察工作的重要支撑保障作用。

实践证明,现行安全生产监管体制有利于发挥行业主管部门和地方政府及有关部门积极性,明确和落实安全监管责任,强化安全监管工作权威性,为推动科学发展、安全发展,促进安全生产形势持续稳定好转奠定了坚实的体制基础。

(二)以各级安委会及其办公室为平台的安全生产工作机制逐步完善

一是健全了各级安委会及其办公室工作机制,强化了综合协调职责落实。国家层面成立了国务院安委会,作为国务院议事协调机构,具体推动落实国务院安委会的部署和要求,每年召开全体会议,研究部署、指导协调全国安全生产工作;设立了国务院安委会办公室作为办事机构。地方各级政府也成立了安委会及其办公室,参照国务院安委会及其办公室工作运行机制开展工作。2008年以来,国务院安委会召开了10次全体会议和40多次专题会议,研究制修订和实施了近100项安全生产政策、标准、制度,印发各类安全生产重要文件580余件,在制度治本、政策治本方面取得显著成效;连续4年组织开展"安全生产年"活动,连续3年组织开展"打非治违"专项行动,每年组织开展一系列全国范围的督查检查,强化了协调联动,提高了工作效能,在安全生产领域重大决策部署、协调联动、监督检查、责任落实等方面发挥了不可替代的重要作用。

二是建立部际联席会议制度,推进了重点行业领域工作开展。经国务院同意,自2006年以来,由安全监管总局牵头建立了煤矿、非煤矿山整顿关闭、危险化学品、烟花爆竹安全监管、职业病防治等部际联席会议和尾矿库专项整治行动工作协调小组。各成员单位之间强化沟通协调,通力配合,着力研究解决重大问题，共同推进相关领域安全生产工作，形成了合力。建立联席会议制度以来，共召开了22次部际联席会议，相继健全完善了煤矿整顿关闭、危险化学品、烟花爆竹、尾矿库、职业卫生监管等相关领域的安全法规和标准规范，研究出台了中央财政整顿关闭小煤矿和尾矿库隐患治理等经济政策和措施，建立了长江沿线危险化学品水上运输安全监管、湘赣及豫皖交界区域烟花爆竹"打非治违"等多个联动机制，开展了一系列重要联合执法检查和督查，取得明显成效，也带动了地方相关工作机制的建立，推动了安全生产重大问题的解决。

三是实行督查督办制度，推动了安全生产工作措施有效落实。主要开展了四个方面的督查督办工作：一是决策督查，重点对党中央、国务院重大决策部署、重要文件以及总局年度重点工作责任分工等落实情况进行督查督办；二是跟踪督查，重点对中央领导同志、总局主要领导同志重要批示指示需要落实的事项进行督办；三是综合督查，每年组织开展3~4次国务院安委会及办公室重大安全生产督查活动；四是专项督查，对全国人大代表建议和政协委员提案办理、重大事故查处挂牌督办等工作开展督查，增强了安全生产各项制度措施的执行力。

（三）安全生产行政许可制度逐步走向规范

安全监管监察部门设立之初，面对事故总量居高不下，监管监察工作权威性不够、效能不足的局面，在一些高危行业领域相继设立了安全生产行政许可制度，符合《行政许可法》规定。经过多年创新探索，安全生产行政许可制度逐步走向规范，成为严格安全准入、实施源头治本、提升安全监管监察效能的重要抓手和有效途径。

目前，涉及安全监管总局各类行政许可项目有18个大项，细分29个小项，包括企业类、建设项目"三同时"类、中介机构类、人员资格类四个方面。许可范围广泛，环节众多，且涉及的企业和人员数量庞大。截至2012年底，颁发煤矿安全生产许可证10845个，非煤矿山安全生产许可证60084个，危险化学品安全生产许可证21179个、经营许可证262634个，烟花爆竹安全生产许可证4554个、经营许可证480023个。煤矿、非煤矿山、烟花爆竹等高危行业取得安全资格证书553万人，全国取得注册安全工程师执业资格证书168852人，各类安全主任47万人，持有特种作业操作资格证书996.2万人。

二、主要问题和不足

（一）安全生产监管体制方面

一是安委会及办公室相关职能需进一步明确和强化。上届政府安委会及其办公室承担了一些应由负有安全监管职责部门负责的工作，如研究拟订年度安全生产控制考核指标,特别重大生产安全事故调查处理和办理结案,组织协调特别重大生产安全事故应急救援,指导协调全国安全生产行政执法等。随着安全发展的深入推进,工作任务越来越重、协调难度也越来越大,具体负责日常工作的力量不足,综合协调的权威性还不够强,对相关地区和部门安全生产工作考评职能还需强化。

二是一些部门安全监管职能交叉、职责落实不到位。建筑行业安全监管职责及工矿工程建筑安全监管职责不落实,特种设备日常监管弱化和不到位,核工业矿山建设、开采、生产等环节安全监管不衔接,海洋石油安全监管存在政企不分、力量不足、监管难以到位等问题。安全监管部门与质检等行业主管部门在安全培训、事故调查等方面存在职责交叉。部分行业主管部门发挥作用不够,安全监管部门承担了一些应由行业主管部门负责的工作,行业(领域)主管部门的安全监管职责需要进一步落实。

三是部分地区基层监管力量薄弱,执法机构不健全。少数地方安全监管机构不健全,部分市、县安全监管力量薄弱,事业编制比例偏高。一些地区现有执法机构平均人员编制偏少,部分省、市和县没有建立专门执法机构。乡镇(街道)安全监管人员偏少且多为兼职,安全监管职责有待进一步明确和落实。

四是职业卫生监管职责需要进一步理顺。部分省份划转职责后安全监管部门没有相应增加职能机构和人员编制。安全监管与职业卫生监管相分离,涉及职业卫生监管的行政许可、建设项目"三同时"等业务独立进行,造成工作重复。职业卫生技术服务机构力量不强,支撑能力有待提高。总局有关司安全监管与职业卫生监管工作需要进一步结合。

五是安全监管支撑保障体系尚不健全。总局直属事业单位存在职能重叠、资源分散等问题,主业不够突出;部分煤监系统事业单位力量薄弱、功能不强,支撑保障作用发挥不够。一些地区安全监管工作缺乏必要的技术支撑,难以适应工作需要。

(二)安全生产工作机制方面

一是各级安委会及其办公室考评机制还不健全。一些省级安委会还没有建立起对同级政府相关成员单位的综合考核机制,对相关部门缺乏必要的考评手段和制度化的工作联动机制,制约了职能作用的有效发挥。

二是部际联席会议制度有待进一步完善。部分部际联席会议没能很好地落实工作例会制度;成员覆盖面不够;一些重点、难点问题涉及多个部门,缺乏针对性的解决措施和办法;相关部门间没有建立定期信息通报和信息共享机制。

三是督查督办机制有待健全规范。总局尚未设立专职的督查督办机构,职能分散,未建立起一套比较完善的督查和相关考核奖惩制度。

(三) 安全生产行政许可方面

一是日常工作任务与现有力量保障不相适应。大量的安全生产许可任务在省级，但省级安监部门行政许可工作力量弱，一般不超过10人，特别是一些危险性较小危化品安全许可、纯贸易型经营许可，涉及企业数量众多，危化品建设项目审查数量多、环节多，不利于行政许可资源的配置和许可质量的保障；许可后的监管工作跟不上，安全监管部门和安监人员承担着巨大的责任风险和压力。

二是行政许可类别较多且连续性和整体性不强。煤矿、非煤矿山、危险化学品既有企业类资质许可，又有建设项目"三同时"审查，对同一事项的不同环节设定行政许可，建设项目职业卫生许可也有类似情况；安全生产许可和职业卫生许可存在一些重叠交叉。行政许可划分过细，连续性和整体性设置不足，造成许可重复、程序烦琐、责任不清等问题。

三是在行政许可制度改革创新过程中出现了一些新问题。广东试点安全生产行政许可项目"取消"后，安全监管存在一定真空，而承接相关职能的行业协会等社会组织发育还不成熟。一些行政许可项目"下放"后，市、县级安全监管部门履职能力和水平亟待提高；有的项目"下放"到乡镇，监管力量不足、技术支撑不够等问题非常突出，且"地近人熟"，不利于保证行政许可的质量，也不利于保护干部。

三、几点建议

(一) 安全生产监管体制方面

一是进一步强化国务院安委会及其办公室有关职能。适应安全发展的新形势，进一步明确安委办工作与安全监管部门综合监管工作之间的关系；进一步增强国务院安委会及其办公室综合协调的权威性，突出安委会安全生产研究部署、指导协调职能，强化对安委会成员单位和省级人民政府履行安全生产监管职责情况的考评，充实安委办工作力量。

二是进一步明确和理顺安全监管职责。结合新一届政府机构改革和职能转变、制定部门"三定"规定，联系中央编办进一步研究明确相关部门安全监管职责：明确住房城乡建设部负责全国建筑行业安全监管及工矿工程建筑安全监管；明确工业和信息化部负责通信业安全监管；明确商务部负责指导商贸企业加强安全生产管理，加强对境外中资企业安全生产工作的指导和监督；明确国资委负责检查督促中央企业加强安全生产工作；落实和强化质检总局特种设备日常监管职责；进一步理顺海洋石油、核工业矿山安全监管职责。

三是进一步理顺总局内部安全监管和职业卫生监管职责分工。明确民用爆炸物品综合监管由监管二司负责,造船业安全监管由监管四司负责。明确除监管三司外,负责其他行业安全监管的业务司同时承担该行业涉及的危险化学品安全监管职责;除化工、化学制药行业企业生产的自用危险化学品安全监管由监管三司负责外,其他工商贸行业企业生产的自用危险化学品安全监管由监管四司负责。进一步调整理顺总局有关司职业卫生监管职责分工,将实行建设项目安全设施"三同时"审查(备案)行业的职业卫生监管职责明确由相关业务司会同职业健康司负责,促进安全监管与职业卫生监管相融合。职业健康司负责职业卫生监管的综合性工作,健全完善作业场所职业卫生监督管理和有关执法规章、标准和规程,负责除高危行业以外其他行业职业卫生监管,加强与卫生部门和业务司的协调配合,承担职业病防治工作部际联席会议联络协调工作,参与职业危害事故应急救援工作;有关司按照职责分工会同职业健康司负责相关建设项目职业卫生"三同时"、职业卫生安全许可、技术服务机构资质管理和职业卫生培训等工作。

四是进一步推动地方安全监管机构建设。继续指导推动地方安全监管部门和执法机构建设,加强力量,明确和落实各级安全监管职责。指导推动各地职业卫生监管职责划转,明确职责分工,落实监管责任,完善协调机制。

五是加强安全监管支撑保障体系建设。扎实做好总局直属事业单位和煤矿安监系统事业单位分类工作,明确功能定位,建立健全总局安全生产法律法规与政策标准、科技、职业健康、应急救援、宣传教育培训、信息和后勤服务保障体系,突出主业、形成合力,不断提升安全监管监察支撑保障能力;进一步明确技术支撑机构在安全监管监察工作中的地位和作用,充分发挥其在事故调查、行政许可、安全执法中开展技术鉴定、检测检验的权威性和有效性,并带动和促进地方安全监管支撑机构建设。

(二)安全生产工作机制方面

一是建立安委会成员单位安全生产绩效综合考核机制。研究制订考评办法,建立包括国务院安委会在内的各级政府安委会成员单位安全生产工作绩效综合考评机制,充分发挥各成员单位的工作积极性,增强工作合力和整体效能。

二是进一步加强各级安委会工作制度建设。在安委会设立工业安全、交通安全、建筑安全等若干个专业组,以有效协调解决重大问题;建立完善督促检查、约谈、安全生产履职报告、重大安全隐患治理逐级挂牌督办和公告制度、事故查处督办等制度,并强化对相关制度执行情况的监督检查。

三是进一步完善部际联席会议制度。根据实际工作需要和相关部门职责,适当增加部际联席会议成员单位;建立健全难点、重点问题联合督导调研,行政执法与刑事司法衔接,重大责任事故查处工作沟通协调,以及危险化学品、道路交通、矿山等重点行业领域的信息互通和共享等机制。

四是强化督查督办工作在"抓落实"中的职能作用。完善督查工作体系，设立专职督查工作机构，整合资源和力量，实现"统一归口管理、分工抓好落实"。健全完善督查制度，研究制定督查督办工作实施办法，构建绩效评估指标体系。强化督查结果运用，定期对各单位完成督办任务情况进行通报，绩效评估结果与年度工作考核等挂钩。

（三）安全生产行政许可方面

借鉴英国等工业化国家成功经验，结合我国安全生产工作阶段性实际，本着"主动谋划、与时俱进，多'减'少'放'、国际接轨，科学设置、注重实效"的原则，稳步完善安全生产行政许可制度，着力增强连续性、系统性和前瞻性。

一是统筹推进，分步实施。第一步：适当调整、合并行政许可项目，解决行政许可划分过细的问题。第二步：对于已有中介机构提出的报告，法律责任由中介机构承担，安全监管监察部门不再审查，同时把培训机构、评价机构、检测检验机构、煤矿井下矿用产品安全标志认证机构资质认可等，交由社会组织或者总局事业单位来管理。第三步：减少相关建设项目安全设施设计审查和职业病危害严重防护设施设计审查等行政许可，把职业卫生技术服务机构资质认可交由社会组织或者事业单位管理，高危企业安全生产管理人员资格认定由注册安全工程师替代。

二是多"减"少"放"，国际接轨。一方面，最大限度地取消无力管好的行政许可审批事项，集中精力做好保留的安全许可事项和强化安全执法；另一方面，注重工作权限与履职能力相匹配，并借鉴国外经验，在许可形式、审查内容及许可程序上，着力与发达国家接轨。

三是科学设置，确保质量。在保留行政许可的基础上，减少许可范围，调整许可类型。如减少《危险化学品目录》的品种数量，删除一部分涂料等危险性较小的品种；取消危险化学品纯贸易型经营许可（经营剧毒品除外，仅对带有储存的危化品经营实行许可）；减少危险化学品建设项目的审查，仅对重要、重大的危化建设项目进行审查或合并三个审查环节为一项审查。在安全生产行政许可"精减"标准的设置上，重预防、重源头，突出强化重点品种、重点危险工艺、重大危险源企业的安全监管。有条件的省份可将安全生产许可证或经营许可证审批下放到地市级，最低下放到县（区、市）一级，确保行政许可质量。

四是规范运行，注重实效。统一设置下放的层级和审批标准，建立省际相互确认机制，解决"分级审批、标准不同"的问题；建立许可后监管制度，强化许可后定期执法检查，将检查记录作为期满换证的主要依据之一。地方各级安全监管监察部门由一个窗口统一受理许可申请，分送各个内部机构进行审查，最后由一个窗口统一发证；逐步实行网上申报和办理，推行网络同步监督。矿山和用于生产、储存危险物品的建设项目领域安全生产设施"三同时"许可与职业病防护设施"三同时"许可有机结合，实行一体化管理，统一申报，联合审查，一个企业中设置一个安全生产方面许可证，注明适用范围。

五是强化基础，配套保障。完善行政审批的日常管理制度，优化审批事项的办事条件、规则和流程，探索网上审批，大力缩短审批时限；发展电子政务，建立安监系统审批信息的互联和共享机制。加强业务培训、工作研讨和经验交流，确保相关事项"转得出、接得稳"，防止交接过程中出现监管"真空"。建立健全行政审批责任追究制度，对安全生产领域行政不作为、乱作为的行为严格责任追究，落实奖惩措施。大力培育发展安全生产中介组织机构并严格依法规范，把部分审批事项转移给具备条件的行业协会、商会等社会组织实行自律管理；推行中介机构"黑名单"公示制度，定期开展专项检查，依法规范其从业行为。

附件：

地方安全监管机构编制情况表

附表3　地方安全监管部门及执法机构人员编制情况对比表

类别		2007年	2011年	2012年
监管部门	人员编制	42578	51428	54131
	实有人数	47508	57832	60539
执法机构	人员编制	14312	23728	26736
	实有人数	13367	22049	25024
总计	人员编制	56890	67593	72379
	实有人数	60875	72723	77473

附表4　地方安全监管部门及执法机构平均人员编制情况表

类别	区划数	安全监管部门		安全生产执法机构	
		机构数	平均编制数	机构数	平均编制数
省级	31	31	75.6	26	19.8
市（地）级	333	332	27.4	325	12.4
县（区）级	2851	2811	14.6	2447	9.1

说明：各项数据不含新疆兵团；市（地）级区划数包括新设立的三沙市。

附表5　地方安全监管部门所属事业单位及人员编制情况表

类　　别	个数	平均个数	平均编制数
省级安全监管部门所属事业单位	88	2.8	92.9
市地级安全监管部门所属事业单位	417	1.3	13.6
县区级安全监管部门所属事业单位	1551	0.5	4.6

(2013年4月9日)

7　中国机构编制管理研究会　国家安全监管总局办公厅课题组关于深化安全生产监督管理体制改革的研究报告（节选）

经济发展归根到底是为人服务的，经济发展成果归根到底要为广大人民群众共同分享。历史经验已经表明，如果没有安全生产，带血的GDP不仅不可能有助于经济发展社会进步，反而会让整个社会付出更大的代价。因此，重视安全生产，无论何时，无论怎样强调都不为过。安全生产是经济和社会健康可持续发展的前提和基础，事关经济社会发展全局，它不仅关涉到广大人民群众的切身利益，更关系到社会政治稳定。从这个意义上讲，搞好安全生产监管是一项长期的战略性任务。

改革开放以来，特别是我国经济进入高速增长期之后，伴随着经济高速发展，安全生产的形势严峻，安全生产事故时有发生。从一段时期的发展趋势判断，我国的安全生产事故一直都处在高发期。这给国家的安全生产监管体制带来巨大的压力和挑战。而且，安全生产事故往往涉及面广，影响大，极易引发社会公共危机，成为社会各界关注的焦点。天津"8·12"爆炸就是一个例证。事故灾难，导致了一个个鲜活的生命消逝了，经济社会损失惨重，而且党和政府的形象也遭受损害。为了应对安全生产监管的巨大压力，国家层面在不断地加强安全生产监管，改革和调整安全生产监管体制，通过体制机制的调整促进并保障安全生产。2001年以来，我国现行的安全生产监管体制逐步确立，当然，这一体制也在不断地改革完善。客观地说，近年来安全生产形势已经有了很大的改观，主要得益于这一套体制机制有效地发挥了作用。但是，随着经济进入新常态，安全生产开始面临着新形势、新任务和新要求。党的十八届三中全会明确要求深化安全生产管理体制改革。习近平总书记要求，各级党委和政府要牢固树立安全发展理念，坚持人民利益至上，始终把安全生产放在首要位置，切实维护人民群众生命财产安全。因此，在经济发展新常态下，面对新任务、新形势的严峻挑战，安全生产监管体制如何进一步深化改革，真正发挥"第一保障"的作用，是迫切需要解决的问题。

本研究的重点是当前我国安全生产监管体制存在的问题及改革思路。总报告结构安排如下：第一部分是安全生产监管体制的历史沿革过程及现状，力图从历史的维度来思考中国现行安全生产监管体制是从哪里发展而来的，观察并分析其优势和存在的体制机制问题。第二部分是对安全生产监管体制的国际比较，力图通过对其他国家安全生产监管体制的设置、运行进行观察，包括对其现状、运行环境、运行过程以及优势弊端的分析，从国际比较的维度来思考中国的安全生产监管体制的问题。第三部分是对当前安全生产监管体制的若干重点问题的分析，力图准确把握问题，并提出进一步改革的思考。第四部分是对我国安全生产监管体制改革的方案考虑和政策建议。第五部分和第六部分是对山西和黑龙江两个省的案例分析。我们试图通过对这两个资源大省也是安全生产形势严峻的地方进行案例解剖，给整个研究提供较为坚实的实践支撑。

（以下节选报告的第三、四部分）

三、安全生产监督管理体制改革的若干重点问题

新中国成立以来，我国的安全生产监管机构设置和职能配置始终在不断地调整变化。但总的趋势很明确，安全生产监管不断加强，并逐步形成了相对稳定的安全监管思路和监管体制。从实际效果来看，现行的安全监管体制和模式发挥了积极的作用，我国的安全生产形势有了根本的转变。随着经济社会的快速发展，安全生产监管领域出现了大量的新情况、新问题，特别是经济进入新常态之后，一些深层次的体制机制问题表现得更加突出，已经制约了安全监管作用的发挥，迫切需要加强研究和进一步深化改革。

前面对我国安全生产监管和安全生产监管体制的问题已有分析，事实上，这些问题是不同层面的问题，有些是制度顶层设计的问题，有些是微观层面的技术问题；有些是长期存在但一直没有很好解决的体制问题，有些是新近出现的难点问题。我们重点分析安全生产监管体制设计层面的三个重点问题。

（一）安监部门的职能定位及职能转变问题

安监部门及安监系统是当前安全生产监管领域的核心职能部门，因此，它是安全生产监管体制中最重要的组成部分，从这个意义上讲，安监部门应该承担哪

些基本职责,其职责范围的边界、内部的职责结构以及安监部门与其他部门之间的职责分工和关系等问题,都是安全生产监管体制改革调整首先要明确的问题。

1. 综合监管和行业管理的关系

虽然安全生产监管机构自身的变化比较频繁,但是综合管理一直是安全生产监管机构承担的主要职责。在1998年以前,由劳动部门负责综合管理全国的安全生产工作,1998年到2000年,由国家经贸委(内设安全生产局)综合管理全国的安全生产工作,对安全生产行使国家监督职权。2000年国家安全生产监督管理局独立设置,此后,各级安监部门逐渐明确成为了负责安全生产综合管理、履行国家安全生产监督管理职能的机构。

综合监管是安监部门的一项法定职责。在2008年安全监管总局的"三定"规定中,需要加强的两项职责都与综合监管有关,分别是"加强对全国安全生产工作综合监督管理和指导协调职责"及"加强对有关部门和地方政府安全生产工作监督检查职责",而且,在主要职责中开宗明义首先明确了安全监管总局对全国安全生产工作实施宏观指导和综合管理的职责。这是安监部门履行综合监督管理职责的基本依据。对此,安全生产法也有明确规定。新安法第九条规定:"国务院安全生产监督管理部门依照本法,对全国安全生产工作实施综合监督管理;县级以上地方各级人民政府安全生产监督管理部门依照本法,对本行政区域内的安全生产工作实施综合监督管理"。虽然安监部门履行综合监督管理职责具有法律依据,但是在法律层面只是给了综合监管一个整体的定位,而对于综合监管的一些基本问题,比如哪些工作属于综合监管范畴,如何进行综合监管,综合监管与行业监管的关系如何等,都没有作出更明晰的规定。这使得实践中各方面对综合监管的认识尚存有差别,也导致综合监管工作面临着不少实践难题。

第一,对综合监管职责的定位认识尚不一致。"三定"规定和安全生产法虽然明确赋予了安全生产监督管理部门依法行使综合监督管理的职权,但是对综合监管的具体内容和职责范围等,规定相对原则。从实践看,各方对综合监管的定位首先在认识上就不一致。一种认识是,安监部门承担的综合监管职责不同于行业管理部门承担的安全监管职责,它是一种更高层次的、宏观的安全监管,安监部门并不承担直接监管的职责,相关部门首先应先履行好自己的安全监管职责,充分发挥专业监管的优势和作用。2008年安全监管总局的"三定"规定的表述为这一思路提供了依据和支撑,即"承担国家安全生产综合监督管理责任,指导协调、监督检查国务院有关部门和各省、自治区、直辖市人民政府安全生产工作,监督考核并通报安全生产控制指标执行情况,监督事故查处和责任追究落实情况。"这种思路认为,综合监管属政府宏观层面的职责,不是简单的监管的

"综合",安监部门不承担直接监管的职能和责任。另一种认识是,综合监管部门也应承担监管职责,"指导协调""监督检查"只是监管的重要方式和手段。而且,在实际工作中,综合监管首先是建立在直接监管的基础之上,其次,综合监管与行业监管的手段和路径基本相同。如果综合监管不承担监管责任,而各个行业领域主管部门都已经依法履行直接监管职责,那么"综合监管"就失去了存在的价值。因此,综合监管就是行业监管的"综合"。这种对综合监管的定位的不同认识,直接导致安监部门的综合监管和行业部门的直接监管之间的关系问题很多,既有职责交叉重叠的问题,又有互相推诿、监管空白的问题。

当然,出现认识不一致的原因是多方面的,一是目前我们对"安全"的基本属性认识不一致,对安全的管理,究竟是综合管理、分行业管理,还是两者兼具,尚没有形成一致的认识;二是安监部门同时还承担着安委会的工作,这样,安监部门的综合监管职责与安委会的职责区分得并不清楚,至少在载体上未做区分;三是"综合监督管理"的内涵不明确。事实上,"监督""管理"和"监管"三项职责,履行的方式和手段各不相同。

第二,综合监管的范围在不断扩大,给安监部门的工作带来了压力。综合监管范围的不断扩大,与当前我国经济社会发展的所处的阶段有关,也与"安全"的社会属性有关。主要有如下表现:一是随着经济社会的快速发展,大量的新兴行业、新兴产业开始出现,而这些行业或领域又难以明确传统意义上的行业主管部门,目前,对这些行业或领域的安全监管尚是空白,迫切需要政府监管力量的有效介入。即使是一些传统的行业领域,其自身也发生了很大的变化,包括巨型企业集团的出现、企业的跨领域多种经营等,都给安全监管带来了新的考验。从实践来看,作为综合监管部门,安监部门事实上承担着"兜底"的作用。比如,昆明机场净空保护区域鸟害清查整治工作,目前就由昆明市安全监管局来负责,经开区、盘龙区道路交通安全委员会办公室也设在安全监管局。二是虽然生产经营单位的安全生产是我国目前经济发展阶段下问题最突出的安全领域,但是很显然"安全"不仅仅是生产安全,其社会属性明显,由此衍生出一些新的安全问题,导致综合监管的领域自然在扩大。同时,一些生产安全问题极容易引发公共安全,生产安全和公共安全之间的界限也难以做特别明确的划定。比如道路交通、水上交通、校园、消防、人员密集场所的公众活动和地质灾害隐患、油气管网等,既存在着生产经营安全问题,也存在公共安全问题。部分地方政府在处理重大安全问题时,不可能先对生产安全和公共安全做严格区分,均要求安监部门介入,从实际需要看,我们认为,这也有一定的道理。但对于安监部门来说,这就意味着综合监管范围可能不断扩大,其承担着越来越艰巨的"兜底"责任。

第三，安全生产综合监管权威性不高，缺乏有力的工作机制和手段。从安监机构的定位来看，综合监管主要体现为运用法律法规赋予其的权力和方式，对有关政府及其部门、生产经营单位贯彻执行国家安全生产法定职责的情况进行指导协调和监督检查，具有一定的强制性。但从实践来看，安监部门的综合监管职责主要是依托各级政府安委会或政府安办这个载体进行，一方面，由于工作载体不分，行业部门和公众都容易认为安委会就是安监部门，这大大降低了安委会作为更高层面的综合协调"大安全"监管的权威性，而安监部门是安委会的办事机构，间接地给安监部门行使综合监管职权制造了屏障。安监部门在牵头协调、指导、督促同级别部门以及下一级政府的安全生产工作时，难度大。另一方面，安监部门在履行"指导协调"和"监督检查"法定职责时，尚缺乏有效的工作机制和具体手段，且目前已有的机制和手段，包括指导协调安全生产工作、分析预测安全生产形势、发布安全生产信息等，多为相对"柔性"的手段，监管的强制力度小，也难以综合评价。此外，安监部门还承担着矿山、危险化学品及部分工矿商贸企业安全生产的直接监管职责，这种集"裁判员""运动员"和"教练员"角色于一身的职能配置现状，客观上也难以保证综合监管必须具备的超脱、公正与中立，这是综合监管整体上难以有效推动与突破的深层次原因。

第四，多部门监管、多级监管与监管空白问题并存。在现行的安全生产监管体制下，安全生产总是涉及多个部门、多个层级的政府。一是在那些已经有明确行业监管的领域，由于综合监管管什么、管到什么程度、怎么管，这些基本问题尚不明确或没有形成一致认识，安监部门的综合监管与行业监管存在着多部门监管、职责交叉重叠的问题。若从企业的角度看，同时要面对着安监、消防、质检、煤监、建筑、特种设备等多个部门，这些部门依据各自的规定对企业的规章制度、作业现场安全进行监管，加之这些规定要求又不完全一致。这种政府部门的多重监管格局加重了企业的负担。在一些地方，由于企业的性质、级别等因素，还存在着多层级政府重复监管的问题。各部门之间统一、协调、有序的联动机制迫切需要加强。二是在那些没有明确的行业主管部门，或者虽然有行业部门，但行业部门缺乏核心控制力的领域，安全监管基本是空白状态，迫切需要政府监管力量的有效介入。比如高空清洁作业，由谁来监管尚不明确。再如，海洋石油生产的安全监管，难以实现属地监管，政府监管存在不到位问题。

2. 综合监管和直接监管的关系

这涉及安监部门职责的内部结构。直接监管也是安监部门的法定职责，"三定"规定中有明确要求。也就是说，安监部门除了对煤炭、公路、铁路、民航、消防、道路交通、水上交通、建筑施工、水利、电力、军工、民爆、特种设备、渔业、林业、农机、教育、文化、旅游、气象等20多个行业实施综合监管外，对非煤矿山、危险化学品、烟花爆竹，以及冶金、有色、建材、机械等工矿商贸行业安全生产和职业卫生实施直接监管。

根据这些法律规定，安监部门职责结构显然不同于其他政府职能部门，其突出特点是，它同时承担着综合监管和直接监管职责。在实践中，这既是安监部门职责配置的特点，有其优势，也是安监部门实践中面临诸多问题的制度性原因。当然，这种职责配置结构，有历史遗留的原因，也有经济社会发展所处阶段的现实需要，要全面加以认识。

第一，这种制度设计导致安监部门的职责定位不明确。从综合监管来看，安监部门属于综合管理部门；从直接监管来看，安监部门又是典型的行业管理部门。事实上，这两种性质的部门，承担的职责不同，履行职责的手段、方式也不同，对政府是否有效地履职情况的评价体系也不同。由于制度设计的原因，安监部门，特别是部分地方安监部门，对自己职责配置的认识也在这两个维度之间不断摇摆。

第二，安监部门既是"裁判员"又是"运动员"，因此，其承担的综合监管职责很难做到真正的超脱和中立，前文已有阐述，这必然影响到综合监管职能的发挥；同时承担着两种类别属性的职责，相关的机构设置和人员力量配置也必然分散，直接监管的队伍力量和精力也会受到限制，这又会影响到直接监管职责的履行。

第三，直接监管的理念、方式方法不适应快速发展的经济社会现实需要。在社会主义市场经济条件下，监管是政府的基本职责之一。特别是在简政放权的大背景下，强调放管结合，加强监管是政府的主要职责。政府的监管理念以及相应的方式和手段必须要适应市场经济的需要，特别是如何让市场起决定性作用。安全生产领域的监管，一是从监管理念上看，企业应是安全生产责任的主体，因此，要从过分依赖政府的一元监管向注重发挥企业主体责任转变。也就是说，监管理念上迫切需要进行调整。二是从监管的重心看，要从过去注重政府前置审批向企业按规定标准要求（具有相应资质技术服务机构进行安全把关条件下）生产的转变。据统计，80%~90%生产事故都是由人为因素造成的。也就是说，政府对安全硬件审批的许可，并不能基本保证安全。政府监管部门主要是检查或监督企业是否具备安全生产的条件，而是否具备安全生产条件应由相关的技术评价机构按照规定标准作出。三是从监管方式上看，过去主要是安监员到企业排查隐患，某种程度上替代或共担了企业的安全责任，应逐步向严格查处企业违规行为转变。相应地，安监部门作为监管主体，只承担间接监管责任，主要追究企业的安全主体责任。

第四,职业卫生监管的职责需要进一步理顺。2010年,中央编办印发《关于职业卫生监管部门职责分工的通知》,将组织拟订部分国家职业卫生标准、职业卫生"三同时"审查及监督检查、职业卫生技术服务机构资质管理等职责划归安全监管总局。这一职责调整,明确了职业健康监管"防、治、保"三个环节分别由一个部门为主进行监管的指导原则,新的职责分工赋予安监部门在职业病事前预防、过程监管、事故查处等方面的职责。目前,地方在陆续进行职责、机构和编制的划转。据统计,到2014年3月,全国31个省(区、市)已经全部完成了职业卫生监管职能划转工作,地市级职能划转率为86%,县区级为75%[①]。应该说,将职业卫生监管,特别是"防"的职责划归安监部门,促进安全生产监管与职业卫生监管相融合,是符合当前国际一般趋势的。但是,目前安全生产与职业健康监管分别依据的是《安全生产法》和《职业病防治法》及其相应的配套法规、规章、标准,仍然是两个系统、两种标准、两套办法。从长期来看,如何进行法律法规的调整,理顺职业卫生监管职责划分,促使职业卫生安全融合发展,促进职业健康,是一个重要的课题。

(二)煤矿安全监管体制的问题

我国的煤矿安全监管体制几经调整,现行的"国家监察、地方监管"的格局发挥了非常有效的作用。这一体制设计也基本符合国际的一般趋势:煤矿安全实行行业单独监管,即在煤矿行业设立一套独立的核心监管机构,负责煤矿行业安全监管,而且,煤矿安全核心监管机构实行垂直管理,人、财、权管理上均独立于地方政府。同时,煤矿安全核心监管机构与其他煤矿安全相关政府部门分工与合作共同监管。从实践来看,这一套体制符合中国的特殊发展阶段需要。当然,煤矿安全监管体制也存在着一些不适应新形势新任务的问题。

第一,煤矿安全监察的职能定位存在偏差。主要有几个表现:一是煤矿安全监察部门目前还掌握着不少煤矿安全生产的行政许可职责,从属性上看,行政许可职责显然不属于行政监察的范畴,存在"越位"问题。二是在国家层面,煤矿安全监察部门还承担着部分煤炭行业的管理职能,但省级层面及地方监察分局并不承担行业管理职能,一方面,"上下不对口",另一方面,机构和人员配置上也不具备承担条件。比如,黑龙江煤矿安监局还承担着煤矿水文地质类型划分结果统计分析工作,这显然应属于煤矿行业管理部门的职责。当然,问题首先在国家层面煤监部门的职责定位存在偏差,监察部门不应承担行业管理职责,否则

---

① "全国职业卫生监管职能划转全部完成",见法制网,2014-03-20。

不符合监管监督的一般规律，自己监管自己，不可能确保监管的独立、客观、公正。这一现状与体制历史延续有关。三是煤矿安全行政监察部门同时负责辖区内煤矿安全行政监管和行政监察双重职责，工作重点往往在对企业的行政监管上，而对地方政府及其他部门的行政监察职责履行"不到位"。煤监机构对检查发现的问题仅有通报、报告和建议权，缺乏相应的处置权力，因此"行政监察"职责或流于形式或难以真正发挥作用。

第二，煤矿安全监管职能存在交叉重叠问题。在目前"国家监察、地方监管"的体制格局下，煤矿安全监察和煤矿安全监管部门都有对煤矿企业安全生产的监督管理权。《国务院办公厅关于完善煤矿安全监察体制的意见》规定，煤矿安全监察机构行使国家煤矿安全监察职能，其主要职责是：对煤矿安全实施重点监察、专项监察和定期监察，对煤矿违法违规行为依法作出现场处理或实施行政处罚；对地方煤矿安全监管工作进行检查指导；负责煤矿安全生产许可证的颁发管理工作和矿长安全资格、特种作业人员的培训发证工作；负责煤矿建设工程安全设施的设计审查和竣工验收；组织煤矿事故的调查处理；地方煤矿安全监管机构的主要职责是：对本地区煤矿安全进行日常性的监督检查，对煤矿违法违规行为依法作出现场处理或实施行政处罚；监督煤矿企业事故隐患的整改并组织复查；依法组织关闭不具备安全生产条件的矿井；负责组织煤矿安全专项整治；参与煤矿事故调查处理；对煤矿职工培训进行监督检查。无论是从规定看，还是在实践中，国家煤矿安全监察部门和地方煤矿安全监管部门的执法对象、执法性质、执法手段相近，这导致监察和监管部门各自为政、职责交叉、权责不明，对煤矿企业多重监管、多重执法。这不仅浪费了行政资源，更重要的是加重了煤炭企业的负担。出现这一问题，核心还是制度设计存在问题。从机构定位看，煤矿安全监察部门同时被赋予了行政监管和行政监察两项职责，既对其他监管主体（包括地方政府及其部门）行使行政监察职能，又对煤矿企业履行监管职责，但是，制度设计上又没有对煤矿安全监察部门的"行政监管"职责与地方政府的煤矿"安全监管"职责加以区别，在地方，煤矿监察部门与煤炭行业管理部门职责必然出现交叉重叠的问题。职责交叉，可能都在管，也可能都不管，还可能一些部门强大、一些部门难以发挥作用。这一问题是目前地方反映最突出的问题。

第三，煤矿安全监察系统内部职责划分不明确。在目前的纵向三级机构中，国家煤矿安全监察局主要负责政策、法规的制定与管理，煤矿安全监察分局主要负责执法，这两者的职责定位相对明确，但是，省级煤矿安全监察局的介于这两个层级之间，职责定位并不清楚，有的地方将部分行政级别较高的大型国有煤矿明确由省级煤矿安全监察局负责，此时煤矿安全监察分局就不再监管；有的地方是划片或按企业分类的方法划定监察分局的范围，省级监察局也可以在监察分局管辖的煤矿监察执法，这种职责划分办法导致了管辖区域重叠。另外，由于煤矿安全监察系统内部职责划分不清晰，也导致了执法力量不足和执法力量冗余并存的问题，省级煤监机构，执法工作量少而执法人员多的问题最明显，分局的执法力量相对不足。

第四，煤矿安全监察系统存在地方利益趋同现象。目前，煤矿安全监察垂直系统都是按照省级行政区划设立的。由于煤矿安全监察系统内部尚没有形成规范的安监员周期性跨区域调动制度，加之煤矿安全监察局与地方政府的辖区范围一致，因而在区域性的安全政策制定、安全绩效评比、重大事故责任行政问责等方面具有安全利益一致性，现实中，煤矿安全监察局与地方政府必然有利益趋同现象，影响了安全监察的独立性。

第五，煤矿安全监察部门行政处理与行政处罚缺乏强制力保障，监察职能难以有效发挥作用。在实践中，安全监察部门在发现煤炭企业及有关人员违反法律规定，可以做出的行政处理与行政处罚措施主要包括：①行为禁止令，包括责令停止作业、责令停止使用、责令限期改正、责令关闭、责令停产整顿等，这是煤矿安全监察中最常用的措施；②资格处罚，即吊销安全生产许可证；③警告；④罚款，对违法者可处最高15万元以下的罚款；⑤移送其他部门处理，包括移送地质矿产部门依法吊销采矿许可证、移送司法部门追究刑事责任等。上述措施，除警告与吊销安全生产许可证可由煤矿安全监察局直接实施外，其他行政处理与行政处罚，一旦行政相对人不予配合，其最终实现均需采取行政强制执行措施。但是，法规又没有授予煤矿安全监察部门具体的行政强制执行权。国家安全生产监督管理总局出台的处罚办法、监察规定等都属部门规章，也无法为自身设置强制执行权。这就导致在煤矿安全监察实践中，各种责令、罚款或关闭决定，最终都需要地方政府及其所属部门予以配合执行。一旦地方政府不愿配合，便常以强制执行权牵制煤矿安全监察局，导致监察职能难以独立高效地发挥。

（三）基层安全监管力量问题

首先需要指出的是，这里的"基层"主要是指县及县以下地方政府，重点是县及县以下地方政府安全监管力量的配置问题。因为，在目前"分级负责、属地管理"的监管体制格局中，县及县以下地方政府直接面对数量庞大的监管对象，承担着属地管理的职责，也承担着最主要的监管风险和压力。

安监部门和地方安监系统反映较多的是基层安全监管力量不足、任务重、压力大，要求加强监管力量的呼声很高。对这个问题，要有全面的理解。我们认为，这个问题有历史的因素，有安监体制设计的因素，有地方监管力量结构不合理的因素，也有监管队伍专业能力不强的因素。也就是说，这个问题是个微观层面的问题。若历史因素随着时间的推移，就可能会改善基层面临的难题，若制度设计上的因素得以解决，则会真正有助于改善基层现状；关于其自身的因素，需要在现有的框架内调整解决。

基层安全监管力量相对较弱，与安全生产监管机构成立时间短有一定的关系。从历年的变化数据看，2005年以后，安全生产监管机构和人员力量开始有了快速增加。据统计，2005年，基层安监部门和执法队伍共34641人，2013年增长到53502人，增长了近50%。从发展趋势来看，安监力量始终在不断地加强。加强是大趋势。

第一，基层安监力量不适应我国现阶段安全生产的常态性特征的要求。这是由我国当前的发展阶段特征决定的。当前，我国正处于工业化、城镇化快速发展时期，也处于事故易发多发的特殊阶段，安全生产面临着诸多挑战。比如，粗放的经济发展方式造成能源、原材料以及交通运输持续紧张，导致超能力生产、超负荷运输的现象屡禁不止，引发的事故时有发生；经济结构不尽合理，高危行业比重过大、人员过多，发生事故的概率较高等。有统计，2013年各类安全生产事故30多万起，死亡6万多人。2013年重大以上事故49起，死亡865人；职业危害比较严重，2012年全国涉及有毒有害品的超过1600万家，接触危害因素的人数超过2亿人，2013年新发职业病26393例。面对诸多挑战和压力，基层安全监管执法力量进一步加强安全生产监管执法。

第二，基层安全监管执法问题比较突出的是乡镇（街道）和经济开发区。目前，在乡镇（街道），不仅安监机构设置不健全，人员多为兼职或临时聘用，专业监管人员更是少之又少，更突出的是不具备执法权。目前，乡镇主要通过委托执法方式行使简易程序处罚。一旦发生事故，首先被问责，被追究乡镇的属地监管责任。这一问题在一些经济发达省份尤为突出，有些乡镇规模很大，平均辖区面积超过100平方公里，有些大的乡镇辖区面积超过300平方公里，人口超过20万，而且乡镇（街道）工业化程度高，各类企业聚集，比如江苏的一些乡镇工业企业超过1000家，规模以上企业超过100家，因此，安全风险程度高，安全监管压力大。此外，各类开发区事故多发，青岛"11·22"、江苏昆山"8·2"等特别重大事故发生在开发区，因此，这类区域安全监管压力巨大。一方面，安全监管机构不健全，据统计仅54.3%的开发区设置安全监管机构，其中，大部分是开发区管委会所属部门内设机构，因此安监机构不具备独立的执法权，监管工作只能以整改为主，这大大影响了监管的效力。另一方面，开发区安全监管人员拥有相关专业背景的仅约47.8%，很难实现有效监管。

第三，基层安全监管执法人员身份不一，大多数基层安监执法队伍是事业身份，没有执法权，影响执法的权威性和效率。据统计，县级安监机构事业编制占编制总数的34.4%。黑龙江为61.7%、贵州为59.9%、内蒙古为55.1%、河南为54.7%。有些县，全部是事业编制。县级执法队伍也多为事业单位，人员的事业编制比例达83%。在云南，昆明、曲靖、普洱、玉溪、红河5个州的执法监察机构，均是事业单位，129个县，绝大部分没有设立独立的执法监察机构。县级执法队伍中，行政编制和行政执法编制平均仅为1.6人。

第四，基层监管力量的专业技术素质不高。安监人员劳动强度大、监管风险高，经常处理突发事件，长期接触各类有毒有害物品，且待遇不高，因此，人员不稳定，变动频繁，很难引进专业人才。此外，近年来，一些安全监管人员因事故被追究责任，影响到安监员的工作士气和积极性。2009年发生在重庆綦江区石壕镇26名安监员（14名事业编制，12名临时工）的集体风波就是集中反映。石壕镇是重庆市的产煤重镇，安监员不止管煤矿，还包括交通、非煤矿山、烟花爆竹、危险化学品、地质灾害、森林防火等25项，安全监管风险高、责任大、任务重、难度大、待遇低。同时，县、乡镇（街道）安监机构中，具备矿山、化工、冶金等专业知识背景的人少。即使是北京，专业人才也非常匮乏，具备理工类（含化工、安全工程、煤矿、非煤矿山）的人员仅约占15.4%。安监机构中军转干部安置比例很高，有些地方军转安置占总数的80%。

四、进一步深化改革方案考虑和政策建议

安全生产是国民经济和社会持续健康发展的前提和基础，切实解决好安全生产问题是确保我国经济社会持续发展的一项重要任务。党的十八届三中全会从党和国家战略的高度全面系统地关注安全问题，把安全生产纳入国家深化改革的重要议题。如何按照十八届三中全会决定的要求，推进安全生产监管体制改革，不断完善安全生产监管体系，通过改革，努力实现安全生产状况的根本好转，为全面建设小康社会提供强有力的安全保障，是当前必须要解决的问题。今年（2016年1月6日）全国安全生产工作会议上，习近平总书记对加强安全生产工作提出了五点具体要求。这为安全生产监管体制改革指明了方向。下一步，持续深化改革创新，强化依法治理，坚决用法治的思维和法治手段解决安全生产问题，加强基础设施建设，就成为了安全生产监管体制改革的方向。

本报告结合当前安全生产的实际，主要针对前文分析的几个重点问题，提出一些改革方案考虑和建议。

（一）对安监部门职责定位及职能转变的考虑和建议

安全生产监管职责的定位科学、合理、准确，是建立权责一致、分工合理、决策科学、执行顺畅、监督有力的安全生产监管体制的基础和前提。

一般而言，安全生产监管有行业监管、专项监管和综合监管三个层面，相对应，监管部门分为专项监管部门、行业监管部门和综合监管部门三类。其中，行业监管（包括行业监管）是计划经济时期安全监管的重要特征，监管部门既承担行业管理责任，又承担安全监管责任；随着市场经济体制的完善和政府职能的转变，行业的界限越来越模糊，行业管理的作用逐步弱化，专项监管的职能逐步加强。专项监管（或直接监管），通常依据专项法规，职责规定明确，专业性强，监管范围限于专项领域，一般由某个政府部门独立承担法定监管职责。专项监管部门承担监管主体责任，如特种设备安全监管，由质监部门依据《中华人民共和国特种设备安全法》，负责特种设备的生产（包括设计、制造、安装、改造、修理）、经营、使用、检验、检测和特种设备安全的监督管理。再如民用爆炸物品监管，是由国防科工部门依据《民用爆炸物品安全管理条例》全面负责民用爆炸物品的生产、销售、安全生产许可等方面监管工作。这种安全监管职责配置，一般不存在与其他部门职责交叉情况。由安监部门负责的非煤矿山、"八大行业"、危险化学品、烟花爆竹等也是专项监管。因此，专项监管是一种相对独立的监管主体责任。监管对象包括涉及专项领域的企业、事业单位和政府部门。综合监管，其对象不是生产经营单位，而是同级政府部门和下级政府，履行的是安全监察责任。监管的内容不是具体的安全生产状况，而是政府及其部门履行安全生产监管职责的情况。

目前，我们现行的安全生产监管体制是，在各级人民政府的统一领导下，由安全生产监督管理部门负责的综合监督管理与其他有关部门负责的专项监督管理相结合的安全生产监督管理体制。按照各级人民政府的授权，安全生产综合监管部门的职责分为两方面：直接监管部分行业的安全生产工作；对负责专项监管的有关部门进行指导、协调和监督。各有关行业（如公安、交通、铁道、民航、建筑、质检等）监管部门依法承担本行业特定的监管主体责任（即专项监管）。随着经济社会的发展，监管主体、监管方式都在发生变化，考验着政府的管理能力和水平。监管部门职责的多重性，也要求对安全生产监管职责准确定位，处理好监督与被监督、管理与被管理，以及宏观和微观、整体和局部的关系。

当然，考虑到任何一项重大改革，特别是体制机制改革，都必然牵涉到方方面面的利益，改革要审慎考虑外部环境条件的约束、历史的因素、现有的基础条件以及改革的成本代价，有些改革思路甚至与现行的法律规定不一致，因此，这里提出的改革方案均是前瞻性的、政策建议性的。

1. 第一种方案

保持安全生产监管体制的现状。通过法律法规的方式，进一步明确划分中央政府、地方政府的安全监管职责，进一步突出企业的安全生产主体职责，进一步优化安监部门的职责结构，明确不同属性监管职责的履行方式。同时，着力对现行安全生产监管体制中不合理的地方进行调整和完善。

第一，对安委会的职责进一步明确和细化，突出其在安全生产领域综合协调的角色定位，并强化其权威性。目前由安监部门承担的安委会的职责可考虑明确回归给安委会，首先要在职责划分上实现分离。因为，从职责属性上看，综合监管是一级政府的职责，属宏观层面的定位。若不考虑现行法律法规的约束，而仅从适应中国经济社会长期发展的需要来看，安委会的职责应逐步拓展到"大安全"的范畴，可考虑作为一个涵盖安全生产和公共安全在内的综合性的、更高层面的议事协调机构发挥其应有的作用。这更符合中国的长期发展需要。

第二，安委会的职责，可以单独设立办事机构承担，也可以继续由安监部门来承担。从现实可行性来看，增设机构和人员的成本高，与李克强总理提出的"约法三章"有悖，在目前阶段，单独设立办事机构可能性不大。若继续由安监部门来承担安委会的职责，既考虑了历史的延续性和工作积累，成本也相对较低。若继续由安监部门承担，安委会的职责和安监部门的综合监管职责要考虑实现机构载体上的分离，这有助于两种不同属性职责的有效履行。可考虑赋予安委会国家监察的职责，以强化其权威性。

第三，依法规范安监部门的综合监管职责。综合监管是安监部门的法定职责。进一步改革，重点是如何促使安监部门更好地履行职责。一方面，可考虑修改"三定"规定，对安监部门承担的综合监管职责进行明确细化，特别是对其的具体定位，监管方式和法律责任，要有更细化的规范。安监部门履行综合监管职责时，主要应扮演"裁判员"的角色，以保持综合监管的中立和超脱。具体来看，安监部门综合监管的职责定位建议主要包括五个方面内容：一是综合协调。调动跟踪本地区安全生产工作，及时掌握工作动态和突出问题，分析通报安全生产形势，协调解决跨部门、跨行业、跨地区的安全生产重大问题并监督落实；二是制定政策制度规划。研究提出方针政策、法规草案，制定修改综合性生产规章制度和技术标准规范。组织编制并推动实施安全生产发展规划；三是督查考核。代表政府组织开展综合性检查督查；分解安全生产控制考核指标，组织考核，严格奖惩，推动把考核结果纳入政绩业绩考核范畴；四是教育培训管理。统筹安全生产监管人员的培训工作；五是事故调查处理。依法组织开展事故调查处理，监督事故查处、责任追究和防范措施的落实，及时向社会公布调查处理结果。这五个方面的职责，明晰了安监部门综合监管的范畴，也厘清了安监部门综合监管与行业部门直接监管的边界，其履职重点应放在综合协调、制定法律标准、监督考核、教育培训和事故调查上，并不直接面对监管对象。另一方面，纵向各层级安监部门的职责结构也要做相应的调整。特别是基层安监部门，直接面对着数量庞大的监管对象，尤其要明确安监部门承担的综合监管的职责定位和范畴。

第四，安监部门继续承担综合监管和直接监管的职责，但直接监管的方式需要改革。一是政府监管理念要做出调整。新安法明确要求强化和落实生产经营单位的主体责任。这一思路符合监管的一般规律。各级安监部门的工作重心应放在强化和落实企业的主体责任上，也就是说政府只做政府应该做的事情，安监部门和安监人员决不能替代生产经营单位核查安全隐患，也不应该与企业一同被追责。可考虑尽快建立企业安全生产"黑名单"、征信和失信惩戒制度，将企业安全生产诚信状况作为企业信誉评级、项目核准、用地审批、证券融资、银行贷款、保险费率、财政奖补等重要参考依据，强化对企业诚信的约束力。二是精简下放行政审批事项。行政许可事项中那些可以由企业自行组织或委托给具备资质条件的社会中介组织完成，符合条件的向安监部门备案即可。安监部门做出许可的依据是这些第三方评价机构的评价结论，这样，也从制度上促使评价机构负起应负的责任。三是引入社会第三方监管，包括行业协会、社会组织、技术服务机构、保险机构、工会等。建议尽快在高危行业领域建立强制性安全生产责任保险制度，借助第三方保险公司的力量参与企业安全生产日常管理，督促企业加大投入、改善生产条件和强化安全管理，从源头上预防和减少各类安全生产事故。四是推动安全生产标准化建设。包括人员密集经营单位、建筑、交通、电力、市政、水务、园林、军工、民防等行业领域企业的标准化工作。标准就是制度，通过建立完善企业安全生产标准规范，推进责任落实和严格责任追究等举措，督促企业严格按照标准规范建设生产。

第五，推动实现双重监管相辅相成。新安法重新明确了综合监管与直接监管的关系，这是各级政府及部门实施安全生产监管的基础。依据新安法，企业是安全生产的第一责任人，政府承担安全监管的职责，无论是安监部门承担的综合监管还是行业部门承担的直接监管，都是"监管"职责。就落实生产经营单位主体责任来说，安监部门的综合监管应定位在"推动"上，行业部门的直接监管则是具体监督落实。综合监管部门要站在宏观管理的高度，对监管的具体范围、对象、场所和新生的危险作业等进行细分，并依法明确给相应的直接监管部门。

若在现行法律法规的基本框架下，需要通过制定并实施相关规章制度，明确监管手段、措施，规范综合监管和直接监管的职责，处理好综合监管与直接监管定位的关系。

综上，这一方案的优势很明显，它保持了现行体制的稳定性和连续性，通过持续改革的方式实现目标。其难点是，安委会的职责与安监部门综合监管职责有效分离如何实现，如何准确对安监部门综合监管职责进行重新定位，如何真正强化安监部门的直接监管职责。

2. 第二种方案

对安监部门职能进行调整，去掉直接监管职能，实现监管分离。

在目前的体制下，安监部门既承担着安委会的职责（实质上是更高层面的综合管理职责），又承担着法定的"综合监管"职责，这两者在载体上并没有区分清楚，实践中，也导致了安监部门的综合监管职责不明确、不规范，而安委会职责权威性也不高等问题。鉴于此，可考虑将安监部门做实为安委会的办事机构，承担安委会的综合监督管理职责，并通过法律的方式明确综合监管的职责范围、履行职责方式以及运作机制等，将安监部门目前承担的直接监管的职责剥离给相关部门，特别是轻工、纺织、冶金、有色、建材、机械等六大行业的安全监管职责，要将这些专项监管职责完整地划归相关行业主管部门，避免"监管真空"，安全监管部门只负责综合监管职责。

剥离直接监管职责，在目前阶段下，可行性较大的是涉及工业行业的直接监管职责。2008年大部门制改革中，新组建了工业和信息化部。依据职责划分，工信部门负责拟定并组织实施工业行业规划、产业政策和标准，监测工业产业日常运行，是主管工业、通信业和信息化的行业管理部门。从实际运行来看，既然"三定"规定已经明确了工信部的行业管理职责，按照"管行业必须管安全"的原则，工信部门应承担也具备条件承担有色、建材、纺织、轻工等行业的安全监管职责。

当然，如果按照这一改革思路，相应的职能、机构和人员要一并划转，逐步将相关行业或领域的安全监管职责写进"三定"规定中。

同时，对于安监部门的职责要重新定位。具体包括：一是明确安监部门履行综合监督管理的职责。综合监管定位重点是"监督、检查、指导、协调、统计政府有关部门和地方政府履行安全生产法律法规职责"，同时，强化综合监管部门的执法监察职责，明确由综合监管部门代表政府牵头开展事故调查。这是安监部门履行监管职责最有力的手段之一。考虑到安监部门职责发生了实质性的变化，建议部门名称可调整为"安全生产监察局"。二是既然安监部门代表政府履行综合监管职责，就必须承担起新生行业、新生领域的安全综合监管职责，也就是说在没有明确的行业部门安全监管的领域，安监部门要承担"兜底"职责。三是随着经济社会的发展，综合监管的范围要逐步从"安全生产"领域拓展到更大范围的安全领域，真正承担起综合监管的职责。

综上，这一方案有利有弊。其有利的地方是：一是从根本上解决了安监部门既是"裁判员"又是"教练员""运动员"的职责格局，改革后，安监部门只扮演"裁判员"一个角色，符合市场经济条件下政府职责的定位。二是从更长远发展需要来看，这有助于逐步构建起一个"大安全"领域的综合管理部门。弊端也很明显：一是改革方案不符合现行的法律法规。因为，直接监管是安监部门的法定职责，如果要去掉这一块职责，应履行相应的法律法规程序。二是改革的幅度大，阻力会很大。安监部门目前承担的直接监管的职责，历史上就是由其他部门陆续划转而来，如果再划转回行业部门，显然存在着"翻烧饼"的问题。一方面，行业部门不愿意承接安全监管的直接监管职责；另一方面，很多行业主管部门已经发生了很大的变化，不直接控制核心资源，承接安全监管职责确有困难。此外，如果划转职责给相关的行业主管部门，也要相应划转增加这些部门的机构、人员编制，这也会增加政府的成本，在当前编制总量严控、只减不增的背景下，现实可行性的难度也大。

3. 第三种方案

安监部门不承担综合监管的职责，只承担直接监管的职责，属性明确为行业管理部门。

目前，安监部门承担的综合监管职责是间接职责，在这些行业领域内，事实上都已经有相关的行业主管部门负责安全的直接监管职责，既然如此，在明确行业部门安全直接监管职责的前提下，安监部门可考虑不再承担综合监管职责，而是只承担直接监管职责。

综上，这一方案也是有利有弊。其有利的地方是：一是安监部门综合监管职责履行目前存在的问题就不存在了，综合监管和行业直接接管的关系理顺了，安监部门的监管职责也更加明确了。二是安监部门作为行业直接监管部门的职责明确了，也有更多的精力和人力进行直接监管。但也存在有两个突出问题：一是改革需要履行必要的修改法律法规程序，因为综合监管是安监部门现行的法定职责，这一调整不符合现行的法律法规。二是从其他国家的经验来看，"大安全"监管不论由谁承担，不论由哪个层级承担，都是政府必须履行的重要职责之一。如果安监部门不再履行安委会的职责，不承担综合监管的职责，那么，是否需要构建一个其他高层次的综合部门，由哪个部门来承担综合监管职责，这一系列后续问题都需要配套的解决方案。

上述三种方案，均是比较原则性的考虑和建议。有一些想法，需要与现行的法律法规的规定相衔接。今后，任何重大的改革都要于法有据，因此，如果改革进入实际操作，需要审慎进行。

（二）对煤矿安全监管体制调整的考虑和建议

无论是在煤炭工业可持续发展过程中，还是在全社会安全生产的大格局中，煤矿安全都处于重中之重的位置。从整体来看，现行的"国家监察、地方监管、企业负责"的体制格局与现阶段我国经济社会发展的状况、能源结构和需求现状以及煤炭行业高风险状况基本适应，有效地发挥了作用。这一体制与其他国家煤矿行业安全监管体制设计的整体趋势一致。建议保持现行的煤矿安全监管体制。当然，对于一些不合理的地方，也要进一步改进。

1. 对煤矿安全监察体制要做动态的评估

目前我国只有煤炭行业实行中央垂直的监管和监察体制，属独一无二。从客观现实来看，随着经济社会中结构性因素的变化，需要对煤炭行业的高风险程度进行长期的、科学的评估，特别是具体对各个产煤省煤矿安全的风险程度进行评估，根据评估情况来确定监管体制是否要调整及调整的时机选择。长期来看，煤矿安全监管体制不会是一成不变的，应进行动态调整，实行分类管理，允许地方根据自身的情况和风险评估结果作出有差别的制度选择。

2. 可考虑逐步将非煤矿山的安全监管从安监部门整体划入煤矿安全监察部门，由煤矿安全监察部门统一负责

目前煤矿安全监察部门只负责煤矿安全的监管，而非煤矿山安全监管则是由各级安监部门负责的。煤矿与非煤矿山安全分别监管的体制，与一个阶段以来我国煤矿安全问题特别突出有直接关系，因此，这种分立的体制，有历史原因。近年来，我国的煤矿安全生产形势有了很大的改善。据统计，1999年到2014年15年间，全国煤炭产量由10亿吨增长到37亿吨，煤矿事故死亡人数由当时的年近7000人下降到2013年的1067人，煤炭百万吨死亡率从最高点的接近5下降到2013年的0.288[①]。同时，非煤矿山事故呈现多发态势，2008年襄汾尾矿库溃坝事故造成巨大的人员伤亡和经济损失。非煤矿山的安全监管问题引起社会各界的关注。

从技术角度看，煤矿和非煤矿山这两个行业的生产安全要求差别并不大，行业接近，可参考其他国家的成熟经验进行整合，将非煤矿山的安全监管从安监部

---

① "中国煤矿事故死亡人数由15年前近7千人降至千人"，中国新闻网，2014-05-08。

门整体划入煤矿安全监察部门,由煤矿安全监察部门统一负责。整合之后,国家煤矿安全监察局名称也应做调整,名称似可调整为"国家矿山安全监察局",地方煤矿安监局的名称也做相应调整。这一整合,有助于节约行政资源,充分利用煤矿安全监察系统现有的资源优势,也有利于煤矿和非煤矿山安全监管力量的统筹整合,最大化利用执法监管监察资源。此外,内设机构也应做合理调整,特别是那些有共性的机构,资源可以共享。

3. 对国家煤矿安全监察部门的职责重新定位,强化行政监察的职责,保障监察的独立性和权威性

安全监察职责和对煤矿企业安全监管的职责不同。虽然目前煤矿安全监察部门同时被赋予了辖区内煤矿安全行政监管和行政监察双重职责,但从部门的职责定位来看,煤矿安全监察部门的职责应真正回归到"行政监察"上来。具体来看:

一是进一步明确细化煤矿安全监察部门的"行政监察"职责。《国务院办公厅关于完善煤矿安全监察体制的意见》明确煤矿安全监察机构行使国家煤矿安全监察职能,煤矿安全监察机构"加强对地方煤矿安全监管工作的检查指导";《煤矿安全监察条例》第十七条规定,"煤矿安全监察机构在实施安全监察过程中,发现煤矿存在的安全问题涉及有关地方人民政府或其有关部门的,应当向有关地方人民政府或其有关部门提出建议,并向上级人民政府或其有关部门报告。"这两个行政法规分别使用了"检查指导"和"提出建议",虽然没有明确使用"行政监察"的表述,但已经表达出了行政监察中"检查、指导、建议"等基本监察职能。煤矿安全行政监察权的主体、监察权的内容、监察意见及监察鉴定书的法律效力与实现、违法矿山安全行政监察的法律责任等,有必要进一步明确,并通过法律法规的形式确定下来。

二是明确安全监管和安全监察的职责范围。对于行业管理、安全监管、安全监察的边界划分,比较通俗的认识是:"行业管理"主要是解决"干什么"的问题,"安全监管"主要是解决"干没干"的问题,"安全监察"主要是解决"干没干好"的问题。可考虑将那些目前由国家煤矿安全监察部门承担的煤矿安全许可等"管理"职责尽快、完整地划转给地方煤矿安全监管部门,突出自己的主业"监察"。

三是调整煤矿安全监察部门的职责重心。重点加强对地方政府煤矿安全监管工作的监督监察,科学督导其履行职责和发挥职能,实行一票否决制度;强化煤矿生产安全事故调查处理工作,体现国家监察执法的权威性,通过事故查处的手段或途径督导地方政府改善工作和落实责任,督促煤炭企业落实安全生产主体责

任；煤矿现场监察定位于抽查、示范和对地方政府煤矿安全监管工作监督检查的考核，监督和促进地方政府发挥主导作用。

4. 煤矿安全监察职责在不同层级的划分

一方面，煤矿安全的监管必须依法进行。在当前的监管格局下，建议相关部门对国家、地方监察部门的职责划分进一步细化，可考虑"三定"规定修订时予以体现。二是对那些实行分级管理的事项，省、市、县不同层级政府及其部门的监管职责，原则上实行属地管理，由市县政府负责监管，以利于就近管理，减少层次，提高效率。同时，加强安全生产重点领域基层执法力量。省级政府部门原则上不再设置安全生产行政执法队伍，以防止对同一辖区内的企业主体分割管理、重复执法。对那些由市县和基层监管的事项，省政府部门主要行使执法监督指导、协调跨区域执法和重大案件查处职责，原则上不直接对企业主体实施具体检查和现场执法。设区的市政府也需解决安全生产行政执法权的合理配置问题，市与市辖区只在一个层级上设立执法队伍为宜，以便集中力量、统一执法。县级政府部门具体承担执法监管职责，可探索综合设置安全生产执法监管机构，原则上也不单设执法队伍。在一些经济发达、城镇化水平较高的乡镇政府，根据需要和条件委托其行使执法职能，或可以通过法定程序允许其行使部分执法职能。

5. 煤矿安全监察派出机构可考虑通过试点实行跨行政区域设置

目前，国家煤矿安全监察局在设立派出机构时基本遵循传统的按行政隶属区域原则设置，在产煤省设立省级煤矿安全监察局，在产煤市设立市级煤矿安全监察局，且机构与人员的行政级别也与地方政府基本对应，只有煤矿安全监察分局实行跨区域的管辖模式。总的来看，这一设置模式，不仅省级安全监察局和市级煤矿安全监察分局的区域管辖范围和重点存在交叉重叠，不利于集约利用资源，而且在省交界处容易出现不同地区的监察机构相对集中和分工不合理问题，也可能出现安全监察机构与地方不合理利益结合等问题。比如，以苏、鲁、豫、皖四省交界的徐州地区为例，在这片百余公里的区域内，分布着山东煤矿安全监察局鲁南分局、河南煤矿安全监察局豫东分局、安徽煤矿安全监察局淮北分局、江苏煤矿安全监察局徐州分局，不仅不同地区的机构相对集中，分工也不合理[①]（附图18）。

河南煤矿安全监察局豫东分局从驻地商丘至永城矿区直线距离87公里，但安徽淮北分局距离该矿区直线距离仅35公里，江苏徐州分局直线距离约76公里；再如江苏徐州分局距离大屯煤电公司矿区直线距离约65公里，但山东鲁南

[①] 汤道路：《煤矿安全监管体制与监管模式研究》，中国矿业大学博士论文，2014年，第55-56页。

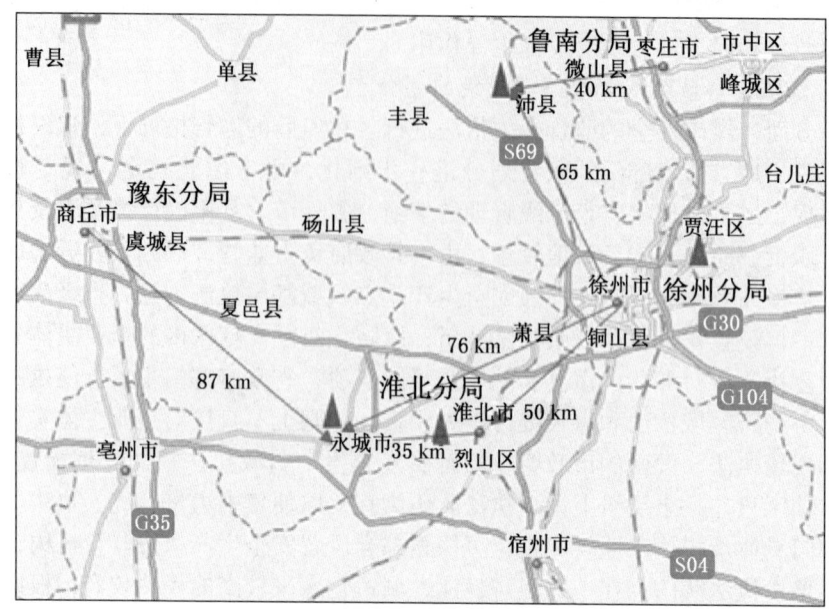

附图18　淮海经济区煤矿安全监察机构设置图

分局直线距离仅40公里。这种区域管辖上的舍近求远问题，导致安全监察员宝贵的时间有很大一部分浪费在路途上。若能跨越行政区域限制，在徐州（至区域内各主要矿区均在2小时车程以内）设置安全监察办公室，负责该区域内所有矿山安全监察工作，则有利于集中高效利用国家监察资源。

煤矿监察派出机构可考虑通过试点实行跨行政区域设置。若更进一步，综合考虑矿山和非煤矿山整合，改革实施中可有若干要点：第一，在主要矿区设立安全监察分局，在矿场集中的地方设立矿山安全监察办公室，分局与办公室的管辖范围不再受制于行政区划。即可能在一个矿业大省内设多个区域分局，也可能一个区域分局管辖范围跨越几个省。第二，在事务管辖方面，区域分局主要负责现场监管以外的矿山安全监察事项，包括组织管理、与地方政府关系协调、矿山安全教育培训、矿山应急救援、重大事故调查，监察办公室则只负责安全现场监管。第三，在级别管辖上，所有现场执法检查、行政处理与处罚均由监察办公室作出，区域分局原则上不对矿山企业进行现场执法。第四，监察分局与监察办公室都是国家矿山安全监察机构的派出机构，为了提高矿山安全监察的权威性，所有行政处理和处罚均以国家矿山安全监察机构的名义作出。第五，在区域分局内设立煤矿安全行政检查处，专门负责对区域内地方政府的煤矿安全监管行为实施行政监察。区域分局之间实行监察员定期轮调制度。一方面，有助于避免安监员与地方政府及矿山企业长期交往过程中可能形成的权力交易关系，另一方面，有助于调整监察力量内部结构更合理。

需要指出的是，这一思路涉及煤矿（含非煤矿山）安全监察机构布局的调整，改革幅度很大。可考虑在部分问题比较突出的地方先行先试，积累经验。

6. 建立有效的工作协调机制

一是国家安全监管总局、国家煤矿安监局与省级政府建立协调机制，有利于地方对煤矿安全监察工作的支持。二是建立完善煤矿安全监察监管各部门之间的协调机制，各司其职、各尽其能，协同做好煤矿安全工作。

（三）对基层安全监管执法力量配置的考虑和建议

对基层安全监管力量配置的考虑，一方面，可根据实际需要，大力调整结构，优化队伍，通过强化基层队伍的专业能力来加强基层监管；另一方面，切实转变监管理念，创新监管方式，通过理念创新、机制调整、方式改进，提高监管的效率和水平。

（1）加强安全的源头治理。充分发挥市场在资源配置中的决定性作用，积极通过政策引导扶持，促进各类企业扩大规模、转变性质、提升实力，进而优化产业结构，以转型升级促安全生产。

（2）厘清政府和市场之间的关系，明确政府监管的范围边界，突出企业在安全生产中的主体地位和承担的主体责任。关于这一点，新安法已经在法律层面给出了规范性支撑。在实践中，安监部门的"政府监管"决不能包办或替代企业"安全监管"或安全责任。如果政府监管的职责范围边界不清楚，无论哪个层级的监管力量都不可能够用，更何况是目前非常薄弱的基层安监部门。因此，基层政府的监管理念和方式要做大的调整。第一，执法监察重在预防和指导。注重事前预防和对企业实施有效的指导，惩罚和指导相结合。更多地依靠技术指导开展监管工作，注重提高企业加强安全的主动性和能动性。第二，根据企业安全风险程度逐步确立分级分类重点监察机制。实施分级分类监察，确定优先监管情况，将有限的监管资源用于风险最为突出的企业或行为。建议更高层次的安全监管部门尽快制定分级分类监管的规范要求，确定优先监管的情况，指导基层安监部门。第三，基层监管执法主要是通过建立完善企业安全生产标准规范，推进责任落实和严格责任追究等举措督促企业严格按照标准规范建设生产。在政府监管责任和企业主体责任划分清晰的基础上，如果政府监管尽到了责任，出现责任事故，就应免除监管部门的责任；如果政府监管没有尽责，出现责任事故应追究监管部门职责。

（3）明确基层安监部门的履职重点。在目前的安全监管体制下，安全监管层级多，纵向各层级政府安全监管职能存在交叉重叠问题，导致监管力量配置不合理。建议进一步明确纵向各层级政府安全监管部门的履职重点，可考虑监管职责错位设置，对县（区）这一层级而言，可明确其职责重点是依法开展监察执法工作。也就是说，县（区）安监部门主要履行监察执法任务。若职责如此配置，基层安监部门内部人员的结构要相应地调整，重点是加强执法队伍建设，县（区）安监部门人员绝大多数应是执法人员。

（略）

（2016年2月）

编 纂 后 记

经过努力,中国安全生产志之分册——《中国安全生产监督管理体制机构志》终于完成编纂任务,并且经过了中国安全生产协会史志委员会组织的初审和再审,接下来就要出版发行了。

在中国安全生产志的规划序列中,此志是最为重要的分册之一。编纂这部志书,其初衷在于理清新中国建立之后,重点是2000年底安全监管体制改革、国家安全生产监督管理局建立以来,我国安全生产监管体制和机构的一系列发展演变,包括国家层面安全生产综合监管职能及权利配置、机构设置、组织形式和运作方法等,既客观记载以往我们为应对工业化、城镇化快速发展所带来的事故高峰期,在探索建立、健全完善安全监管体制机制方面所付出的努力;也为后人了解和研究这一时期的安全生产工作,留下较为翔实、可信的历史资料。

在艰巨繁重的编纂任务基本完成之后,我们反复检识、认真阅读这部书稿,感到其尽管在讲述先期安全监管体制机构的演变与具体运作、后期相关机构负责人及其调整变化等方面存在着一些缺陷与不足,但其总体布局和篇章结构设计,尚能反映我国安全监管体制机构建设的历史进程和大致状貌;所收集和编入的资料、数据等,也还是比较完整、比较丰富的,基本达成了志书编纂的初衷和目的。

本志书在收集资料和编写过程中,得到了应急管理部办公厅、人事司、档案馆等单位和有关人员的支持帮助。原国家安全监管总局办公厅分管体制编制工作的负责人蔡燕莉在材料的初期收集整理、提纲设计等方面,做了大量艰苦细致的基础性工作。原国家安全监管总局办公厅领导田玉章、李万疆、欧广、林一胜、柏然等对书稿相关内容提出了宝贵意见。特别是田玉章,逐段逐句阅读了初稿,在章节结构、机构和相关人员任职情况等方面,提出了许多很好的意见建议。

本志书第三章和第四章由杨国顺执笔,其他章节由朱义长执笔。

由衷希望这部志书能够得到社会各界,特别是与安全生产及其体制机构密切相关人士的关注和指教。我们将极为珍视、认真对待各方面提出的修改、补充、完善的意见建议（特别是关于机构演变、单位负责人更迭变化等方面的具体修改意见），以便在再版时作出修改、补充和完善。

编　者

2021年4月8日

图书在版编目（CIP）数据

中国安全生产志. 中国安全生产监督管理体制机构志：1949.10—2018.3 /《中国安全生产志》编纂委员会编 . －－北京：应急管理出版社，2022

ISBN 978 - 7 - 5020 - 8996 - 2

Ⅰ . ①中… Ⅱ . ①中… Ⅲ . ①安全生产—概况—中国 ②安全生产—安全管理体系—概况—中国—1949 - 2018 Ⅳ . ①X93 ②X92

中国版本图书馆 CIP 数据核字（2021）第 224832 号

中国安全生产志·中国安全生产监督管理体制机构志
（1949.10—2018.3）

编　　者	《中国安全生产志》编纂委员会
责任编辑	唐小磊
编　　辑	王　晨
责任校对	邢蕾严
封面设计	解雅欣
出版发行	应急管理出版社（北京市朝阳区芍药居 35 号　100029）
电　　话	010 - 84657898（总编室）　010 - 84657880（读者服务部）
网　　址	www.cciph.com.cn
印　　刷	北京盛通印刷股份有限公司
经　　销	全国新华书店
开　　本	710mm×1000mm 1/16　印张 38　字数 702 千字
版　　次	2022 年 2 月第 1 版　2022 年 2 月第 1 次印刷
社内编号	20210549　　　　　定价 189.00 元

版权所有　违者必究

本书如有缺页、倒页、脱页等质量问题，本社负责调换，电话：010 - 84657880

ISBN 978-7-5020-8996-2